AF393490

DIE WISSENSCHAFTLICHE UND ANGEWANDTE PHOTOGRAPHIE

ERNEUERUNG UND FORTFÜHRUNG
DES HAY - v. ROHRSCHEN HANDBUCHS DER
WISSENSCHAFTLICHEN UND ANGEWANDTEN PHOTOGRAPHIE

HERAUSGEGEBEN VON

KURT MICHEL
AALEN / WÜRTTEMBERG

FÜNFTER BAND

DIE TECHNIK DER NEGATIV= UND POSITIVVERFAHREN

WIEN

SPRINGER-VERLAG

1955

DIE TECHNIK DER NEGATIV- UND POSITIVVERFAHREN

VON

EDWIN MUTTER
HAMBURG

MIT 91 TEXTABBILDUNGEN

WIEN
SPRINGER-VERLAG
1955

ISBN 978-3-7091-8030-3   ISBN 978-3-7091-8029-7 (eBook)
DOI 10.1007/978-3-7091-8029-7

Vorwort des Herausgebers

Das von A. Hay begründete, später von M. von Rohr weitergeführte und zum Abschluß gebrachte „Handbuch der wissenschaftlichen und angewandten Photographie" erfreute sich in interessierten Kreisen größter Beliebtheit. Um es auf dem neuesten Stand der Wissenschaft zu halten, bestand zunächst die Absicht, es durch je nach dem auftretenden Bedürfnis herauszugebende Ergänzungsbände zu erweitern. Diese Aufgabe hatte seinerzeit der Unterzeichnete als Herausgeber übernommen. Der erste dieser Ergänzungsbände erschien im Frühjahr 1943. Er war rasch vergriffen. Da inzwischen nun auch die Bestände des ursprünglichen Handbuches restlos ausgegangen sind, trat an Verlag und Herausgeber die Frage heran, ob eine Neuauflage durchführbar sei oder nicht, bzw. in welcher Form sich das Werk weiterführen oder erneuern ließe.

Dabei war zu berücksichtigen, daß ein Handbuch in der seinerzeit aufgebauten Form verschiedene Nachteile hat: Der Hauptnachteil ist der, daß im allgemeinen mindestens ein Teil der Beiträge bereits veraltet ist, wenn ein solches Handbuch abgeschlossen vorliegt. Eine Erneuerung kann nur in der Form einer Ergänzung gebracht werden, da sie wohl meist durch eine Neuauflage des betreffenden Bandes nicht oder erst nach längerer Zeit ermöglicht werden kann.

Der Herausgeber hat deshalb vorgeschlagen, das Handbuch in der alten Form nicht wieder aufleben zu lassen, sondern eine neue Form zu finden, welche die erwähnten Nachteile vermeidet. Es wurde dabei daran gedacht, statt eines aus mehreren Bänden bestehenden Handbuches eine Reihe von in sich abgeschlossenen, selbständigen Einzeldarstellungen herauszugeben. Diese Form hat den Vorteil, daß jedes Thema unabhängig von den anderen bearbeitet und verlegt werden kann, daß der Käufer nur das ihn besonders Interessierende zu kaufen braucht und daß ein noch im Fluß befindliches Gebiet schneller und leichter durch eine Neuauflage auf den neuesten Stand gebracht werden kann.

Dieser Vorschlag wurde vom Verlag begrüßt und es wurde demgemäß beschlossen, an Stelle des „Handbuches der wissenschaftlichen und angewandten Photographie" eine Reihe von Einzeldarstellungen unter dem zusammenfassenden Titel „Die wissenschaftliche und angewandte Photographie" herauszubringen.

Die ersten Bände dieser Reihe gelangen nunmehr zur Ausgabe. Mögen sie sich die gleiche Beliebtheit erwerben wie das Hay-von Rohrsche Handbuch.

Aalen/Württemberg
im Mai 1955

Dr. Kurt Michel

Vorwort des Verfassers

Vor über zwei Jahrzehnten erschienen die letzten klassischen photographischen Werke namhafter Fachwissenschaftler. Seitdem fehlt auf deutschem Sprachgebiet eine umfassende Darstellung der photographischen Negativ- und Positivtechnik, die sowohl dem Wissenschaftler wie dem Studierenden als auch dem Praktiker gerecht wird. Dieser Mangel ist umso fühlbarer, als die Photographie heute auf keinem Gebiet der Wirtschaft, Kunst, Technik und Wissenschaft entbehrt werden kann.

Die Grundlage dieser vielseitigen Anwendung der Photographie bildet der Negativ-Positiv-Prozeß auf Basis der Gelatine-Silbersalz-Emulsion. Im Rahmen des vorliegenden Werkes konnte nur dieser Prozeß eingehend behandelt werden; andere Verfahren, die heute mehr oder weniger nur noch für spezielle Techniken Anwendung finden, konnten dagegen keine Berücksichtigung finden.

Die vorliegende Technik der Negativ- und Positiv-Verfahren umfaßt inhaltlich drei Teile:

Zunächst werden einleitend die Grundlagen der Photographie und die heutige Anschauung über die Entstehung und Natur des latenten Bildes behandelt. Die Sensitometrie wird dabei nur soweit berücksichtigt, als deren Begriffe zum allgemeinen Verständnis erforderlich sind. Eine alphabetisch geordnete Chemikalienkunde gibt eine Charakterisierung aller photographisch bedeutsamen Chemikalien.

Der zweite Teil befaßt sich mit der Praxis der Verfahrenstechnik sowie den hierbei auftretenden Vorgängen und Erscheinungen in chemischer und physikalischer Hinsicht.

In einem besonderen Teil sind die wichtigsten Rezepturen und Vorschriften zur Erzielung optimaler Ergebnisse für die verschiedensten Zwecke zusammengestellt.

Bei der Darstellung war der Verfasser bestrebt, die gesamte historische Entwicklung zu berücksichtigen; insbesondere hat dies in der Literaturübersicht seinen Niederschlag gefunden.

Möge das vorliegende Buch im Sinne der genannten Zielsetzung seine Bestimmung finden und sich viele Freunde erwerben.

Der photographischen Industrie spreche ich für die freundliche Bereitstellung von Unterlagen meinen besonderen Dank aus.

Hamburg, Oktober 1955.

Dr. Edwin Mutter.

Inhaltsverzeichnis

Abbildungsverzeichnis

Seite

Seite

Tabellenverzeichnis

I. Die Grundlagen des photographischen Prozesses

A. Die prinzipiellen Grundlagen

Das Wesen und die heutigen Ausmaße der Photographie beruhen auf einigen eng miteinander verbundenen naturgegebenen Grundtatsachen:

a) Die Lichtempfindlichkeit der Silbersalze,

b) die Emulsionierung,

c) die Steigerung der Lichtempfindlichkeit durch besondere Maßnahmen (Reifung),

d) die chemische Entwicklung und

e) die Farbensensibilisierung.

a) Die Lichtempfindlichkeit der Silbersalze. Die Photographie ist die Kunst, mit Hilfe des Lichtes ein Bild zu erzeugen. Sie beruht auf Veränderungen, welche durch Lichtwirkung hervorgerufen werden. Das Licht kann Veränderungen in zweifacher Art bewirken, einer physikalischen und einer chemischen. Bei der physikalischen Wirkung bleibt der Stoff erhalten, es wird seine Zustandsform verändert. Diese Art der Lichtempfindlichkeit wird technisch ausgenutzt, z. B. bei den Photozellen, die im Tonfilm und für Belichtungsmesser Verwendung finden. Bei der chemischen Wirkung des Lichtes tritt eine stoffliche Veränderung ein. Der durch die Lichteinwirkung entstandene Körper ist stofflich verschieden von der Ausgangssubstanz. Einer derartigen chemischen Zersetzung unter Einwirkung des Lichtes unterliegen die in der Photographie verwendeten Silbersalze (Silberchlorid, -bromid und -jodid). Zahlreiche andere Stoffe erleiden durch Licht ebenfalls eine Zersetzung, wie z. B. Eisensalze, Chromsalze und Diazoverbindungen. Die Lichtempfindlichkeit der Eisensalze wird technisch ausgenutzt beim Lichtpausverfahren, die der Chromsalze im Pigmentprozeß und die der Diazofarbstoffe im Ozalidpausverfahren. Für technische Kopierverfahren (Positivprozeß), die sehr zahlreich sind, haben diese und andere lichtempfindliche Substanzen eine große Bedeutung erlangt. Für das Negativverfahren sind nur die Silbersalze infolge der Steigerung der Lichtempfindlichkeit und der Sensibilisierung bei geeigneter Emulsionierung und ihrer ausgezeichneten Entwickelbarkeit geeignet und werden voraussichtlich diese Ausnahmestellung noch lange einnehmen.

Die Lichtempfindlichkeit der Silbersalze ist schon lange bekannt. Als Entdecker dieser Eigenschaft ist J. H. SCHULZE, Professor in Halle, anzusehen (1727) (119). Unabhängig von diesem stellte G. BECCARIUS, Turin, die Lichtempfindlichkeit des Chlorsilbers fest (1757) (37). Der Entdecker der Lichtempfindlichkeit des Bromsilbers ist BALARD (1826) (32) und des Jodsilbers DAVY (1814) (101). Von allen Silbersalzen ist Bromsilber das lichtempfindlichste und aus diesem Grunde ist dieses Salz für die Photographie am bedeutsamsten. Das latente Bild, das auf einer mit Joddämpfen angeräucherten Silberplatte erhalten wird, kann mit Quecksilberdämpfen sichtbar gemacht, „entwickelt", werden, da sich die Quecksilberdämpfe an den belichteten Stellen niederschlagen. Diese Eigenschaft wurde von L. J. M. DAGUERRE (1839) entdeckt und DAGUERRE wurde damit der Erfinder der Photographie (16). Nach den neuesten Untersuchungen sind Kristalle aus reinstem Bromsilber oder Chlorsilber überhaupt nicht lichtempfindlich, bei starken Bestrahlungen tritt lediglich eine Verfärbung der Oberfläche ein. Ein photochemischer Umsatz ist nur möglich bei Anwesenheit von Verunreinigungen in Spuren, an welche sich die entstehenden Silberatome anlagern können (215). Als Zersetzungsprodukt bildet sich bei diesem Lichtprozeß unter anderem immer metallisches Silber (141, 142, 143, 144, 145, 287, 400, 601).

b) Die Emulsionierung. Das Bindemittel hat zunächst den Zweck, das lichtempfindliche Silbersalz in geeigneter Weise auf einer Unterlage aus Glas, Film oder Papier haftbar aufzubringen. Als Bindemittel haben zwei Substanzen in der Photographie Eingang gefunden, die auch heute noch angewandt werden: das Kollodium und die Gelatine.

Das Kollodiumverfahren, das von LE GRAY (1850) (18, 192) entdeckt wurde, besteht darin, daß ein jodsalzhaltiges Kollodium auf eine Glasplatte gegossen und diese nach dem Erstarren in Silbernitratlösung gebadet und in noch nassem Zustand belichtet wird. Dieses sog. „nasse Verfahren" wird heute noch in großem Maßstab in der Reproduktionstechnik angewandt. Trotz der geringen Empfindlichkeit derartiger Schichten hat das „nasse Verfahren" gegenüber der Bromsilber-Gelatine-Emulsion, der „Trockenplatte", verschiedene Vorteile, vor allem Wirtschaftlichkeit, Schnelligkeit des Bearbeitungsprozesses und ausgezeichnetes Auflösungsvermögen. Die Entdeckung der Bromsilber-Gelatine-Emulsion verdanken wir dem englischen Arzt MADDOX (1871) (183, 369). MADDOX ist damit als der eigentliche Erfinder der modernen Photographie anzusehen. Die Gelatine wirkt nicht nur als Bindemittel, in der das Silbersalz aufgeschwemmt ist, sondern bei geeigneter Verfahrenstechnik verhütet die Gelatine die Ausfällung und Zusammenballung. Es bildet sich eine Mischung von äußerst feinverteiltem, suspendiertem Bromsilber in Gelatine, die man als „Emulsion" bezeichnet. Für den Negativprozeß ist die Verwendung des Bromsilbers als Emulsion von ausschlaggebender Bedeutung. Die Bromsilber-Emulsion ist allein einer sehr beträchtlichen Empfindlichkeitssteigerung fähig. Weniger empfindliche Schichten, wie sie meist für photographische Papiere verwendet werden, enthalten neben Bromsilber noch Chlorsilber. Kontaktpapiere sind Chlorsilber-Emulsionen, ihre Empfindlichkeit ist gegenüber den Bromsilber-Emulsionen 40...500 mal geringer. Die Ursache der Empfindlichkeitssteigerung der Bromsilber-Emulsionen ist in den Vorgängen bei der Herstellung zu suchen.

c) Die Steigerung der Lichtempfindlichkeit durch besondere Maßnahmen (Reifung). Die Summe der bei der Herstellung der Gelatine-Emulsionen vor sich gehenden Veränderungen faßt man unter dem Begriff „Reifung" zusammen. Die Gelatine ist ein hochmolekularer Eiweißkörper nicht einheitlicher Zusammensetzung mit Glutin als Grundsubstanz. Der Zustand und die Beschaffenheit der Gelatine ist maßgebend mitbestimmend für den Charakter der Emulsion, wobei gewisse nur spurenhaft vorhandene Verbindungen von ausschlaggebender Bedeutung sind (7, 8). Diese lassen sich in „Reifungskörper", „Reifungshemmungskörper" und „gradationsgebende, desensibilisierende Substanzen" einteilen. Als Reifungskörper werden Verbindungen mit labilem Schwefel — Thiocarbamide und Thiosulfate — zusammengefaßt. Hauptvertreter der Reifungshemmungskörper ist Cystin. Die gradationsgebenden, desensibilisierenden Substanzen sind noch wenig erforscht. Die Bedeutung aller dieser Stoffe liegt in ihrem Einfluß auf die Eigenschaften der photographischen Schicht, insbesondere auf Lichtempfindlichkeit, Körnigkeit und Gradation. Die Reifung stellt bei der Herstellung der Emulsion eine besondere Technik dar. Vor allem spielen die Behandlung bei höherer Temperatur längere Zeit und die Einwirkung von Ammoniak und Kaliumbromid eine wichtige Rolle. Durch die Reifung erlangen die Bromsilberkörner ihre endgültige Gestalt und Größe. Es hängt dabei von den Bedingungen ab, ob eine „OSTWALD-Reifung", d. h. Wachstum der größeren auf Kosten der in Lösung gehenden kleineren Teilchen, oder eine „Berührungskristallisation", d. h. Ausbildung größerer durch Zusammenballung kleinerer Teilchen vorherrscht. Durch die Reifung erleidet das Korn auch ohne wahrnehmbare Änderung seiner Gestalt gewisse Strukturumbildungen, die insbesondere für die Lichtempfindlichkeit der Emulsion ausschlaggebend sind. Neben dieser „physikalischen" Reifung tritt gleichzeitig eine „chemische" Reifung auf. Die Reifungskörper der Gelatine wirken auf das Bromsilber ein, wodurch kleine Mengen von Silbersulfid und metallischem Silber, sog. „Reifkeime", entstehen (482, 483, 484, 496). Diesen sowie den vornehmlich von ihnen im Kristallgitter erzeugten „Störstellen" — gemeinsam als „Empfindlichkeitszentren" bezeichnet — kommt nach den heutigen Anschauungen die Eigenschaft zu, die photochemischen Reaktionsprodukte bei der Entstehung des latenten Bildes zu stabilisieren (64, 130, 194, 195). Die Empfindlichkeit des ganz ungereiften Bromsilbers verhält sich zu der des hochgereiften wie 1 : 180 000. Die Gelatine ermöglicht demnach einmal den Emulsionsprozeß überhaupt, sie verhindert die Ausflockung des Bromsilbers, zum anderen verursacht sie die Reifung, und zwar sowohl physikalisch im Sinne der Kornvergrößerung und Kornumbildung wie chemisch durch Bildung von Reifkeimen. Die Wirkung der Gelatine geht jedoch noch weiter, sie bedingt auch die Entwickelbarkeit des „latenten" Bildes.

d) Die chemische Entwicklung. Bindemittelfreies Bromsilber wird belichtet oder unbelichtet vom Entwickler gleich schnell reduziert. Wird eine Bromsilber-Gelatine-Emulsion belichtet, so verfärbt sie sich unter der Lichteinwirkung nur sehr wenig. Bei kurzer Belichtung entsteht überhaupt nur ein unsichtbarer Lichteindruck, das „latente" Bild. Schon frühzeitig (RUSSEL, 1863) hat man erkannt, daß durch geeignete Reduktionsmittel dieses latente Bild entwicklungsfähig ist, d. h. das in der Emulsion befindliche Bromsilber wird zu Silber reduziert, und zwar entsprechend dem vorher erfolgten Lichteindruck (457). „Hätte man den chemischen Entwickler nicht gekannt, so wäre die epochemachende Erfindung der empfindlichen Gelatineplatte nicht gemacht worden", stellte H. W. VOGEL fest (566). Durch die Entwicklung wird die Wirkung des photographischen Elementarprozesses um einen Faktor $10^8 \ldots 10^9$ verstärkt.

e) Die Farbensensibilisierung. Bromsilber-Emulsionen der bisher geschilderten Art sind nur empfindlich für das kurzwellige (blaue) Licht des Spektrums bis etwa 460 $m\mu$. Diese Tatsache hat für die Technik der Photographie eine sehr nachteilige Bedeutung, da dadurch farbige Objekte von der Bromsilberschicht in der Tonabstufung vollkommen falsch wiedergegeben werden. Diese technische Unvollkommenheit des Negativverfahrens wurde durch die Entdeckung der Sensibilisatoren durch H. W. Vogel (1873) behoben (567). Vogel fand, daß die Empfindlichkeit photographischer Schichten für rotes und grünes Licht durch Zusatz bestimmter Farbstoffe, sog. Sensibilisatoren, erheblich gesteigert wird. Seither sind durch

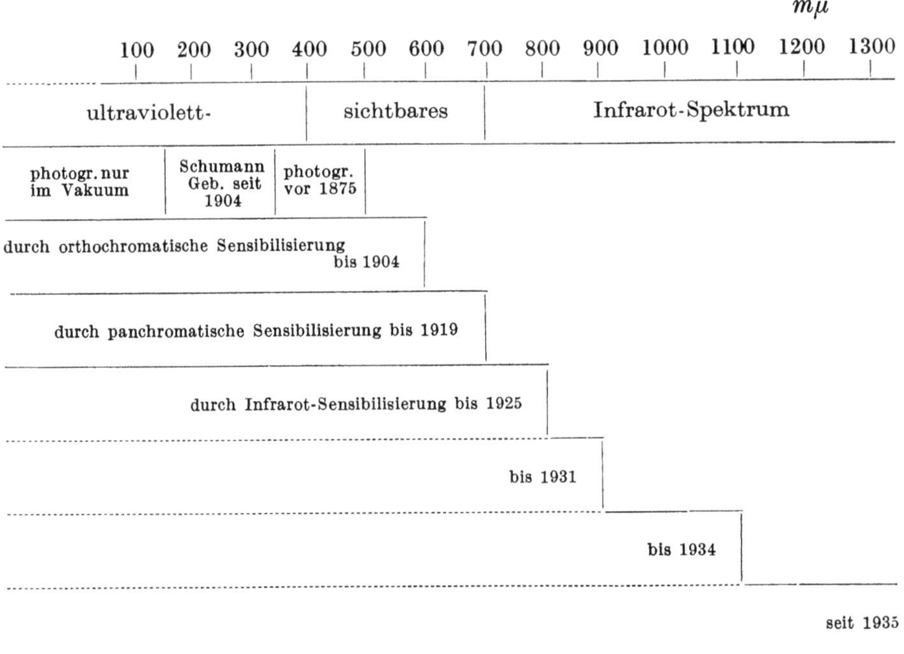

Abb. 1. Geschichtlicher Überblick über die Fortschritte der Farbensensibilisierung (schematisch)

eine Reihe von Forschern zahlreiche geeignete Sensibilisatoren entdeckt worden, so daß es heute möglich ist, die Bromsilberschicht für alle Farben des sichtbaren Spektralgebietes und darüber hinaus weit in das Infrarot zu sensibilisieren.

Die Infrarotsensibilisierung ist für Astrophotographie, Fernphotographie, Luftbildwesen und Kriminalistik von besonderer Bedeutung. Die Sensibilisierungsfarbstoffe färben nicht die Gelatine an, sondern das Bromsilber. Der Farbstoff kann auch nicht durch Auswaschen entfernt werden, er ist fest an das Bromsilberkorn gebunden, an ihm „adsorbiert". Durch spektrale Untersuchungen hat man festgestellt, daß das Sensibilisierungsvermögen eines Farbstoffes weitgehend mit seiner spektralen Lichtabsorption übereinstimmt. Über die Natur des inneren Vorganges bei der Lichtreaktion ist man sich noch nicht klar (502).

B. Der Aufbau und die Struktur des photographischen Aufnahmematerials

a) Die Emulsionsunterlage und der Gesamtaufbau. Je nach dem Verwendungszweck dienen als Schichtträger für die lichtempfindliche Emulsion: Glasplatten, Filmmaterial und Papier. Die Stärke der Glasplatten richtet sich nach dem Format und beträgt 0,7 ... 2,4 mm. Als Filmmaterial dient heute noch zum größten Teil Nitrozellulose (Zelluloid). Zelluloid hat die unangenehme Eigenschaft, daß es sehr leicht entflammbar ist. Deswegen ist man seit Jahren bestrebt, an seiner Stelle, insbesondere für Positivfilm in der Kinoprojektion, schwerentflammbare Azetylzellulose und andere Zelluloseester zu verwenden. Filme als Schichtträger kommen in drei verschiedenen Stärken zur Verwendung: etwa 0,08 mm für Roll- und Packfilme, etwa 0,13 mm für Kleinbild- und

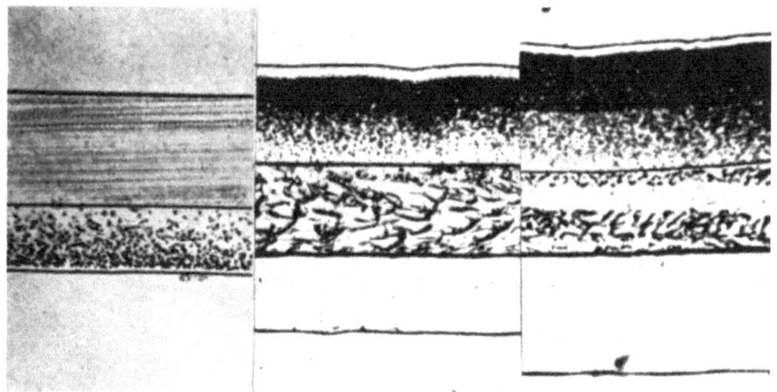

Abb. 2. Aufbau verschiedener Filmschichten (Schnitte) von links nach rechts: Kleinbildfilm, Rollfilm, Doppelschicht-Rollfilm

Kinofilme und 0,25 mm für Portrait- und Planfilme. Photographische Filme bestehen aus einer Anzahl von Schichten, die übereinander gelagert sind. Am einfachsten aufgebaut ist Positivfilm. Auf dem Schichtträger befindet sich zunächst eine Vorpräparation oder Haftschicht, darauf die lichtempfindliche Emulsionsschicht und als Abschluß eine weitere sehr dünne Gelatineschicht zum Schutz gegen Reibungen, Kratzer und „Verblitzen". Negativmaterial muß darüber hinaus mit einem besonderen Lichthofschutz versehen sein. Dieser Lichthofschutz kann in der einfachsten Form darin bestehen, daß der Schichtträger grau angefärbt ist. Diese Färbung („Grau-Basis") läßt sich nicht entfärben, sie ist jedoch beim Kopieren und Vergrößern keinesfalls störend. Andere heute gebräuchliche Arten des Lichthofschutzes sind: eine gefärbte Gelatine-Zwischenschicht zwischen Emulsion und Unterlage oder eine gefärbte Gelatine-Rückschicht. Bei orthochromatischen Filmen ist diese Färbung rotorange oder violett, bei Panfilmen blau-grün, violett oder grau-schwarz. Diese Anfärbungen absorbieren die ihnen komplementären Farben, die für das betreffende Material am wirksamsten sind. Die besonderen gefärbten Lichthofschutzschichten entfärben sich in den photographischen Bädern.

Negativ-Emulsionen auf Papier als Unterlage weichen in ihrem Aufbau von Vergrößerungspapieren nicht ab.

Bei Positivpapieren befindet sich zwischen der lichtempfindlichen Emulsion und der Papierunterlage eine Zwischenschicht von Bariumsulfat, das in Gelatine gleichmäßig unter Zusatz von geringen Mengen Kasein verteilt ist. Photographische Papiere werden in zwei Stärken hergestellt: in einer papierstarken Qualität von etwa 135 g Gewicht pro Quadratmeter und in Kartonstärke vom doppelten Gewicht. Papiere für maschinelle Umkehrung, bei der die Wässerung auf etwa eine Minute verkürzt ist, sind mit einem Zelluloselack imprägniert.

b) Die Emulsionsschicht. Schichtdicke: Die lichtempfindliche Emulsionsschicht hat je nach dem Verwendungszweck eine verschiedene Schichtdicke. Bei allen Emulsionen ist eine bestimmte Schichtdicke Voraussetzung für eine genügende Deckung des Bildes. Auch der Belichtungsspielraum und die Unterdrückung des Lichthofes hängen wesentlich von der Dicke der Schicht ab. Je dünner die Schicht ist, um so größer ist die Gefahr des Auftretens eines Lichthofes und um so kleiner ist auch der Belichtungsspielraum.

Normale Negativ-Emulsionen haben eine Schichtdicke von etwa 0,018 ... 0,020 mm, Positiv-Emulsionen sind etwas dünner, 0,015 mm. Die Blau-, Grün-, Rotschichten des Colornegativ-Filmes haben dagegen nur eine Schichtdicke von je 0,006 mm, die Gelbfilterschicht ist 0,002 und die Lichthofschutzschicht auf der Rückseite 0,001 mm stark.

Der Bromsilbergehalt der Emulsion ist schwankend und beträgt etwa 32 ... 33% (ca. 9 g Ag/qm), der Jodsilbergehalt bei Negativ-Emulsionen etwa 2 ... 3%. Photographische Papiere enthalten bedeutend weniger Silber, etwa 2 ... 3 g pro Quadratmeter. Die Deckkraft und damit in gewisser Hinsicht die Güte verschiedener Emulsionen kann nicht nach der Silbermenge pro Flächeninhalt beurteilt werden, hierfür sind vielmehr die Eigenschaften der Emulsion maßgebend. Der Jodsilbergehalt bei Negativ-Emulsionen beeinflußt sehr wesentlich die Kornbildung in ihrer Form und Größe. Es enthalten nicht alle Körner prozentual gleich viel Jodsilber, die großen Körner sind reicher an Jodsilber als die kleinen. Reines Bromsilber hat die Form von flachen Tafeln, mit Zunahme der Jodsilberkonzentration werden diese Tafeln dicker, während die Oberflächenausdehnung kleiner wird. Bei einer Schichtdicke von etwa 0,02 mm liegen etwa 40 Kornlagen übereinander.

Korngröße und Kornverteilung: Die photographischen Eigenschaften einer Emulsion werden neben dem Kornzustand entscheidend beeinflußt von der Korngröße und der Kornverteilung.

Die äußeren Formen der in den Emulsionen beobachteten Halogensilberkristalle sind sehr verschieden. Einige zeigen nadelförmige lange Kristalle, andere 3- ... 6-eckige Tafeln, wieder andere runde Scheiben (Abb. 3). Alle beobachteten Formen sind Variationen des Oktaeders, das im Gesichtsfeld des Mikroskopes als Sechseck erscheint. Die Größe des Kornes variiert in weiten Grenzen von mehreren $\mu = 1/1000$ mm an als untere Grenze der mikroskopischen Sichtbarkeit. Die größten Körner einer praktisch verwendbaren Emulsion sind selten über 5 μ groß. Im Gegensatz dazu sind Körner der LIPPMANN-Emulsionen durch das optische Mikroskop nicht sichtbar, jedoch durch das Elektronen-Mikroskop (Abb. 4). Ihre Größe schwankt zwischen 10 ... 40 $m\mu$ (= $1/1\,000\,000$ mm). Gewöhnliche Handels-Emulsionen bedecken ein sehr weites Feld zwischen diesen beiden Extremen. Die Körner der Emulsion, die in der Mehrzahl eine tafelförmige

Struktur zeigen, liegen zur Unterlage weniger als 45° geneigt (90,5% von 0 ... 45°, 9,5% über 45°). Es ist von Bedeutung, die Körner als Individuen in einer photographischen Emulsion zu betrachten. Jedes einzelne Korn ist eine Einheit für die Bildung des latenten Bildes, jedes ist auch eine Einheit für die Entwicklung. Im Gebiet der normalen Exposition wächst die Zahl der entwickelbaren Körner mit Zunahme der Belichtung.

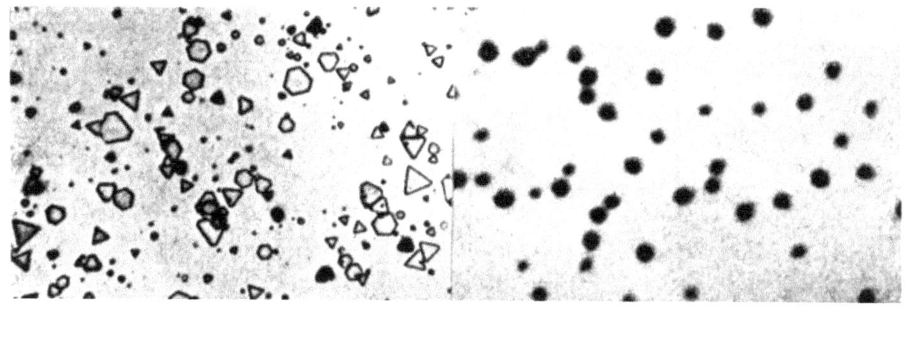

Abb. 3   Abb. 4

Abb. 3. Bromsilberkörner einer Negativ-Emulsion. Mikroaufnahme, Vergr. 2500×
Abb. 4. Bromsilberkörner einer LIPPMANN-Emulsion. Elektronen-Mikroaufnahme, Vergr. 50 000×. Nach C. E. K. MEES (375)

Die Bromsilberkörner einer Emulsion sind nicht alle gleich groß, sondern mehr oder weniger verschieden in Gestalt und Größe. Diese Verschiedenheit einzelner Emulsionen kann durch Ausmessen und Auszählen in sog. Kornverteilungskurven erfaßt werden, die wertvolle statistische Daten in Beziehung zu den photographischen Eigenschaften ergeben (176, 450, 472, 552, 596a, b). Eine höchstempfindliche Emulsion enthält etwa 500 000 000 Körner pro Quadratzentimeter von 0,2 ... 3,9 μ Durchmesser. Die projizierte Fläche der großen Körner ist etwa 400 mal so groß wie die der kleineren. Für die Größenverteilung fand man: kleinere Körner als 1 μ : 61%, von 1 ... 2 μ : 32%, von 2 ... 3 μ : 6%, größer als 3 μ : 1% (90).

Mit steigender Empfindlichkeit einer Emulsion nimmt die durchschnittliche Korngröße und die Verschiedenheit der Korngrößen zu. Unempfindliche Emulsionen haben einheitlichere Körner als hochempfindliche. Die Verteilung der in der Emulsion enthaltenen Korngrößen beeinflußt in weitem Maße auch die Gradation (551). Bei Vorhandensein einheitlicher Körner arbeitet die Emulsion härter. Positiv-Emulsionen sind nicht nur feinerkörnig, die Körner zeigen gleichzeitig geringe Unterschiede in ihrer Größe. Eine ähnliche Struktur weisen die in den letzten Jahrzehnten mit Rücksicht auf die Kleinbildtechnik hergestellten Feinstkorn-Emulsionen auf. Mit Zunahme der Verschiedenheit der Korngröße ist gleichzeitig eine Vergrößerung des Belichtungsspielraums verbunden. Da die größeren Körner im allgemeinen empfindlicher sind als die kleineren, werden erstere am leichtesten in das Gebiet der Überexposition fallen, hierbei können die kleineren Körner stellvertretend eingreifen und eine Verlängerung der Schwärzungskurve ermöglichen. Fabrikatorisch erreicht man die Abstimmung einer hochempfindlichen Negativ-Emulsion durch Herstellung von Misch-Emulsionen.

C. Die allgemeine photographische Technik

Die Herstellung eines Bildes auf photographischem Wege erfolgt in verschiedenen Arbeitsgängen:

a) Belichtung des lichtempfindlichen Materials (der Emulsion) in der Kamera oder mit einer anderen geeigneten Einrichtung. Hierbei entsteht ein unsichtbarer Lichteindruck, das „Latente Bild".

b) Entwicklung des belichteten Materials. Die Silbersalze der Schicht werden entsprechend der erfolgten Belichtung zu Silber reduziert, es entsteht ein negatives Bild neben unentwickelten Silbersalzen.

c) Fixierung des Negatives durch Umwandlung der lichtempfindlichen Silbersalze in eine wasserlösliche Form.

d) Wässerung. Die gelösten Silbersalze und das Fixiermittel werden ausgewaschen.

e) Trocknung und eventuelle Nachbehandlung.

Diese Arbeitsprozesse werden unter der Bezeichnung Negativ-Verfahren zusammengefaßt. Der Positivprozeß verläuft in analoger Weise. Eine Positiv-Emulsion wird unter Zwischenschaltung eines Negatives im Kontakt oder auf optischem Wege belichtet, anschließend folgen: Entwicklung, Fixierprozeß, Wässerung, Trocknung. Ein besonderes Positiv-Verfahren ist die Umkehrentwicklung, hierbei wird die Aufnahme direkt zum Positiv entwickelt.

D. Grundzüge der Sensitometrie

Die Sensitometrie hat der Bedeutung des Wortes entsprechend zunächst die Aufgabe, die Empfindlichkeit des photographischen Materials auf systematische und reproduzierbare Weise festzulegen. In der Praxis jedoch ist der Aufgabenbereich der Sensitometrie wesentlich umfangreicher, sie befaßt sich allgemein mit der quantitativen Messung der Beziehungen zwischen Bild und Objekt und deren Methodik. Die Sensitometrie versucht alle Eigenschaften der photographischen Schichten meßtechnisch zu erfassen.

a) Die Schwärzung. Bei der Entwicklung des latenten Bildes entsteht infolge der Silberausscheidung eine Schwärzung. Die Schwärzung ist proportional zur ausgeschiedenen Silbermenge, die Silberteilchen verhalten sich demnach wie gleichmäßig in der Schicht verteilte Farbstoffteilchen (490). Die Schwärzung ist außerdem proportional der Zahl der entwickelten Silberkörner (146). Am eindruckvollsten und der photographischen Technik am weitgehendsten angepaßt wird die Schwärzung deswegen als optische Dichte definiert. Nach HURTER und DRIFFIELD (223) bezeichnet man als *Transparenz* das Verhältnis I/I_o, wenn I_o die auf eine Schicht auffallende und I die hindurchgelassene Lichtmenge bedeutet. Das umgekehrte Verhältnis heißt *Opazität* (Undurchlässigkeit):

$$T = \frac{I}{I_o}; \quad 0 = \frac{I_o}{I}.$$

Ist die Transparenz $T = 1/10$, so beträgt die Opazität $0 = 10$, von der Schicht werden 10% des Lichtes hindurchgelassen. Da in der Praxis die Opazitäten in den Grenzen von $1 \ldots 10\,000$ und mehr schwanken, ist es zweckmäßig, nicht direkt mit diesen Werten zu rechnen, sondern man benutzt besser deren Logarithmen. Die logarithmische Ausdrucksweise wird auch der Tatsache gerecht, daß einer gleich großen Änderung des physikalischen Reizes der Lichtwirkung keinesfalls eine gleiche Empfindungsänderung entspricht.

Nach dem psycho-physischen Grundgesetz von WEBER-FECHNER ist der Logarithmus des Verhältnisses zweier Einwirkungen ein Maß für den Empfindungsunterschied und nicht das Verhältnis an sich.

$$\text{Schwärzung } S = \log 0 = \log \frac{I_o}{I} = \log \frac{1}{T}.$$

Es bedeutet also $S = 1$, daß $1/10$ des auffallenden Lichtes durchgelassen wird; dementsprechend $S = 2$, $T = 1/100$; $S = 3$, $T = 1/1000$. Die Schwärzungen sind additiv; werden zwei Schichten mit den Schwärzungen $S = 1$ übereinander gelegt, so hat die Doppelschicht die Schwärzung $S = 2$ und die Transparenz beträgt $1/100$.

b) Messung der Schwärzung. Die Messung der Schwärzung kann auf verschiedene Weise erfolgen. Derartige Geräte bezeichnet man als Schwärzungsmesser, Photometer, Densometer. Ein einfaches schreibendes Photometer ist der GOLDBERG-Densograph, dessen Arbeitsprinzip Abb. 5 aufzeigt (188). Der Densograph ist ein Vergleichsphotometer. Es wird eine unbekannte Schwärzung mit einer bekannten verglichen. Die bekannten Schwärzungen sind in fortlaufender Folge auf einem sog. Schwärzungskeil untergebracht. Die Schwärzungen steigen von 0 beginnend an, wobei die Schwärzungszunahme pro Zentimeter Keillänge als Keilkonstante bezeichnet wird. Diese beträgt meistens $K = 0,5$ oder weniger. Bei der Messung wird der Meßkeil solange verschoben, bis die Helligkeiten der Vergleichsfelder gleich sind. Durch einen Mechanismus kann der Schwärzungswert auf einem Kurvenpapier markiert werden.

Die photographische Schicht ist infolge ihrer Zusammensetzung aus einzelnen Silberkörnern kein homogenes Medium. Deswegen wird das auffallende Licht nicht nur absorbiert, sondern das Licht wird gleichzeitig gestreut (CALLIER-Effekt) (83). Ungestreutes Licht ist paralleles Licht, gestreutes Licht bezeichnet man als diffus. Infolge der Streuung des Lichtes in der Schicht werden bei

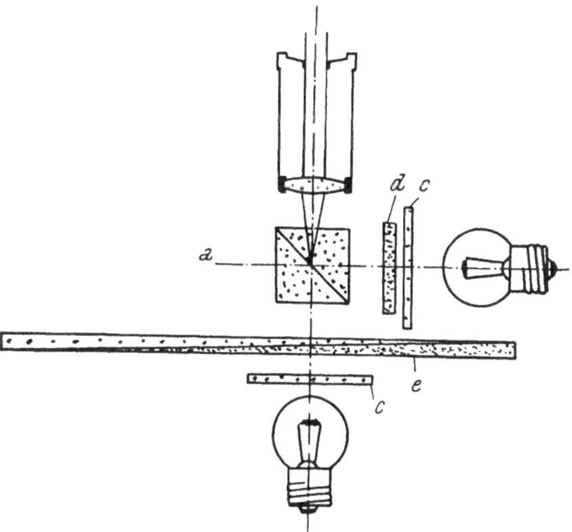

Abb. 5. GOLDBERG-Densograph (Arbeitsprinzip)
a Lummer-Brodhun-Würfel; *c* Milchglasscheiben; *d* Prüfling; *e* Meßkeil

Schwärzungsmessungen in parallelem und in diffusem Licht verschiedene Werte erhalten. Diese Verhältnisse müssen jeweils berücksichtigt und die Messung muß der photographischen Praxis angepaßt werden. Diffuses Licht entsteht immer beim Durchgang durch eine Matt-, bzw. besser

Milchglasscheibe. Beim Kontaktkopierprozeß und in verschiedenem Maße auch beim Vergrößerungsprozeß kommt nur die Schwärzung in diffusem Licht in Frage, bei der Projektion spielt die Schwärzung in parallelem Licht eine Rolle.

c) Die Schwärzungskurve. Um eine photographische Schicht zu charakterisieren, setzt man nun die erzeugten Schwärzungen in Beziehung zu den Belichtungen und man erhält auf diese Weise bei graphischer Darstellung die Schwärzungskurve. Der Belichtungswert setzt sich immer aus zwei Maßeinheiten zusammen, aus der Lichtintensität oder Beleuchtungsstärke und der Belichtungszeit, z. B. l x t = NK · sec oder lxsec (NK = Normalkerze, lx = Lux). Die gemessenen Schwärzungen werden auf der y-Achse (Ordinate) und die Belichtungswerte auf der x-Achse (Abszisse) aufgetragen, wobei auch die letzteren als Logarithmen zur Verwendung kommen. Diese Darstellung trägt dem zahlenmäßigen Umfang der Belichtungswerte Rechnung (1 : 1 000 000), außerdem leiten sich die Belichtungswerte der Positivkurven von den Schwärzungen des Negatives ab. Das maßstäbliche Verhältnis von Abszisse zu Ordinate wird dabei so gewählt, daß der Abstand von einer bestimmten Belichtung zu der zehnfachen auf der Abszisse mit der gleichen Strecke gezeichnet wird wie die Schwärzung l auf der Ordinate.

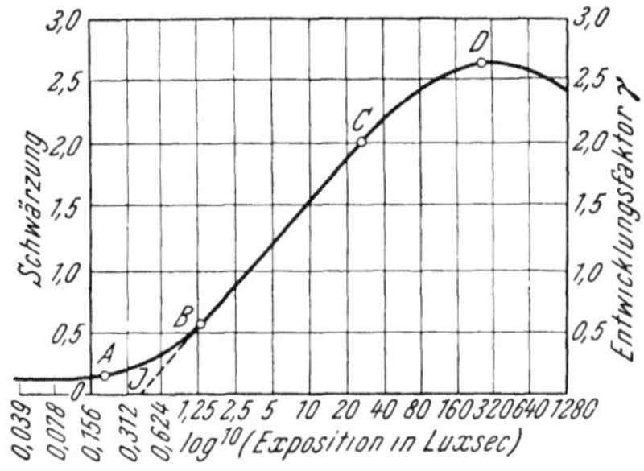

Abb. 6. Schwärzungskurve (schematisch)

Die Angaben einer Schwärzungskurve haben nur Sinn, wenn außer den wirkenden Lichtmengen angegeben wird, auf welche Art die Belichtung erfolgte; da die photochemische Wirkung eines Prozesses, in vorliegendem Fall die Schwärzung, nicht nur vom Produkt I · t entsprechend dem Gesetz von BUNSEN und ROSCOE (1857), sondern von der Art der Bestrahlung (kontinuierliche oder intermittierende Belichtung, ultrakurze Belichtung (s. S. 73) abhängig ist. Die Schwärzungskurve, auch Gradationskurve genannt, gestattet die Wiedergabe der Tonabstufungen eines aufgenommenen Gegenstandes im Negativ zu erkennen. Sie hat die Form eines schrägliegenden S (Abb. 6). Man kann fünf Abschnitte der Kurve unterscheiden. Unterhalb A liegen die Schwärzungen der unbelichteten Schicht, die mit „Schleier" bezeichnet wird. Der Schleier hängt von den Eigenschaften der Emulsion und den Entwicklungsbedingungen ab. Bei A ist die erste Schwärzung des Bildes meßbar, die über dem Schleier liegt. Hier beginnt die Schwärzungskurve. Die Abszisse von A ist der „Schwellenwert". Der Teil A bis B der Schwärzungskurve ist das Gebiet der Unterexposition, in das die Schattendetails des Bildes fallen. Von B nach C steigt die Kurve gradlinig an, die Schwärzung verläuft proportional zur erfolgten Belichtung, dies ist der Teil der „richtigen" Exposition. Von C nach D beginnt die Kurve umzubiegen, gleichen Belichtungen entsprechen immer geringere Schwärzungen, das Bild wird flau, dies ist das Gebiet der „Überexposition". Bei noch stärkerer Belichtung, bei D, erfolgt Schwärzungsabnahme. Diese Erscheinung nennt man „Solarisation". Praktisch kann man die Solarisation feststellen auf Aufnahmen von Lichtquellen, deren hellste Stellen häufig im Negativ heller sind als die dunklere Umgebung. Technisch wurde die Solarisation ausgenutzt bei der Herstellung des Direkt-Duplikat-Filmes, der früher im Handel war.

d) Gradation (Gammawert). Die Lage der Schwärzungskurve, d. h. die Neigung ihres geraden Teiles zu der Abszissenachse (Winkel x), ist in der wissenschaftlichen und praktischen Photographie von ganz besonderer Bedeutung. Bei einer Neigung von 45° entsprechen gleichen Belichtungsunterschieden, bzw. gleichen Helligkeitsunterschieden des aufgenommenen Objektes gleiche Schwärzungsunterschiede im Negativ. Die Neigung der Kurve ist demnach ein Maß für die Tonwiedergabe. Gebräuchlich ist jedoch nicht die Angabe in einem Winkelwert, sondern als Verhältniszahl der zusammengehörigen Schwärzungs- und Belichtungs-unterschiede. Zur Ermittlung der Neigung zieht man an den geradlinigen Teil der Schwärzungskurve eine Tangente und bestimmt den Tangens des Winkels x, den die Tangente mit der Abszisse bildet (Abb. 7). Dieser Wert wird mit dem griechischen Buchstaben „Gamma" (γ) bezeichnet; man nennt ihn deswegen auch „Gamma-Wert". Ebenfalls gebräuchlich sind auch die Ausdrücke: „Gradation", „Kontrastfaktor", „Steilheit" und „Entwicklungsfaktor". Mit fortschreitender Entwicklung nimmt zunächst die Steilheit sehr rasch zu, wächst dann allmählich langsamer

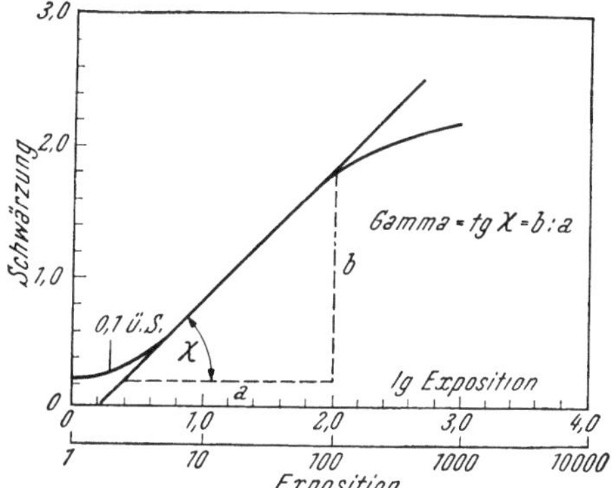

Abb. 7. Schwärzungskurve und Gamma-wert. Nach G. Schumann (516)

und nähert sich schließlich einem Grenzwert $\gamma \infty$ (Gamma unendlich). Dieses maximale Gamma hängt von der Art der Emulsion, von der Entwicklerzusammensetzung und häufig von der Art der Belichtung und Beleuchtung ab. Abb. 8 zeigt Schwärzungskurven desselben Negativmaterials bei verschiedenen Entwicklungszeiten im gleichen Entwickler bei gleicher Temperatur.

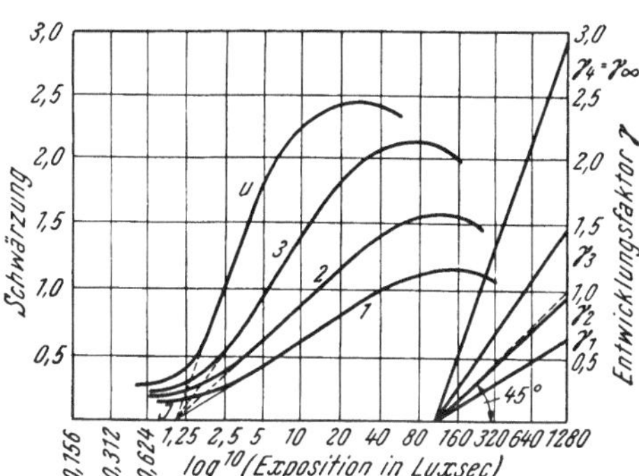

Abb 8. Abhängigkeit der Schwärzungskurve von der Entwicklungszeit (schematisch) Nach J. Eggert und W. Rahts (146)

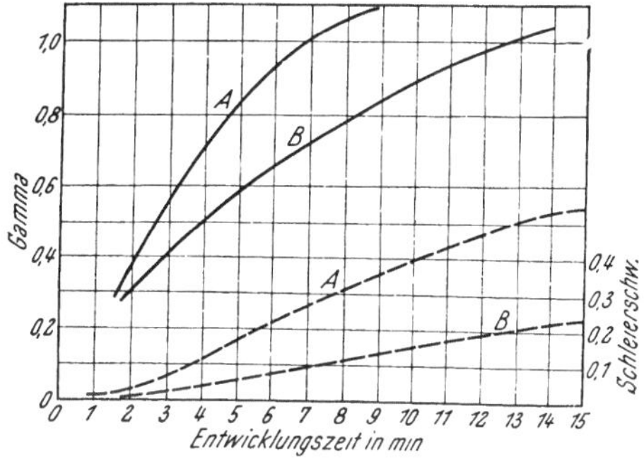

Abb. 9. Gammazeitkurven und Schleierkurven der gleichen Emulsion bei verschiedener Entwicklung (schematisch)

A Rapid-Entwickler, *B* Zeitentwickler

Die praktischen Eigenschaften einer empfindlichen Schicht bezüglich der Tonwiedergabe werden vollständig beschrieben, wenn man auf Grund einer Entwicklungsreihe die Abhängigkeit des „Gamma-Wertes" und des „Schleiers" von der Dauer der Entwicklung, die für die betreffende Emulsion angewandt wird, aufstellt (Abb. 9).

e) Die mittlere Gradation oder der Beta-Wert (β). Die Tangente des geradlinigen Teiles der Schwärzungskurve zur Bestimmung von Gamma ist nicht immer eindeutig festzulegen, besonders bei Schwärzungskurven mit einem sehr ausgeprägten Durchhang. Dieser Schwierigkeit versucht man durch die Definition der „mittleren Gradation β" zu begegnen (259, 260, 261, 262, 264, 265, 516). Der Begriff der mittleren Gradation hat in USA eine besondere Bedeutung erlangt, da er in die ASA-Norm zur Bestimmung der Empfindlichkeit übernommen wurde (604). Der „Beta-Wert" wird auf folgende Weise bestimmt (516) (Abb. 10):

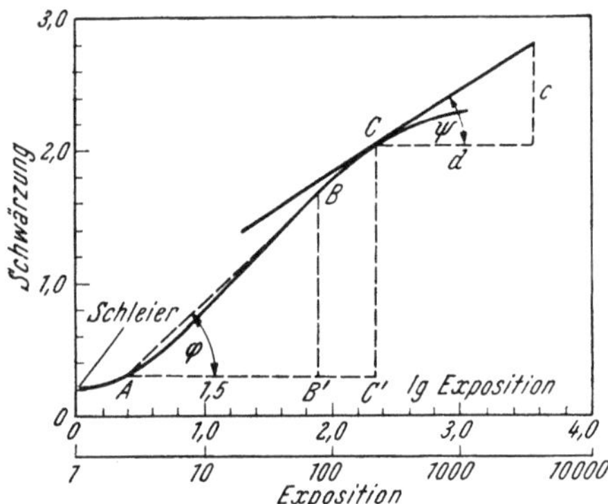

Man geht vom kritischen Punkt A (S = 0,1 über dem Schleier) um 1,5 logarithmische Einheiten nach rechts zum Punkt B' und dann in Richtung der Ordinate (Y-Achse), bis in Punkt B die Gradationskurve berührt wird. Die Punkte A und B werden verbunden. Der Tangens des Winkels φ ist dann die gesuchte mittlere Gradation β; tg $\varphi = \mathrm{BB'}/\mathrm{AB'}$.

Abb. 10. Mittlere Gradation Beta (β) und Belichtungsumfang

$A-C$ brauchbarer Teil der Schwarzungskurve, $A-C'$ Bildumfang

Es sei bemerkt, daß entsprechend der ASA-Vorschrift der kritische Punkt (Empfindlichkeitsmerkmal) nicht mit dem kritischen Punkt der deutschen Vorschrift zur Empfindlichkeitsbestimmung nach DIN 4512 übereinstimmt. Nach der ASA-Vorschrift ist die Lage des kritischen Punktes auf der Schwärzungskurve dadurch charakterisiert, daß sein Gradient (Neigung, Tangens) gleich $0,3 \cdot \beta$ beträgt. Zur Festlegung dieses Punktes dienen vielfach besondere Geräte (557, 557a).

Die Wahl der Belichtung = 1,5 als Bezugsbasis für den mittleren Gradationswert von Beta hat eine besondere Bedeutung. Die logarithmischen Werte der Belichtung entsprechen den Helligkeitsabstufungen des Objektes und ein bestimmter Belichtungsunterschied = Bildumfang entspricht dem Helligkeitsunterschied des Objektes = Objektumfang. Man hat nun festgestellt, daß dieser Objektumfang im „Normalfall"—Landschaft ohne sonnenbeschienene weiße Flächen — etwa 1 : 30 oder logarithmisch 1,5 beträgt (188). Der Beta-Wert gibt demnach die mittlere Steigung der Schwärzungskurve bei der Aufnahme eines richtig belichteten Normalobjektes an.

f) Die Empfindlichkeit. In einfachster Weise kann die Empfindlichkeit eines Negativmaterials festgelegt werden durch den geringsten sichtbaren Lichteindruck nach erfolgter Entwicklung. Diesen sog. „Schwellenwert" benutzten die Methoden nach WARNERKE (1880), SCHEINER (1894) und EDER-HECHT (1919) (117). Heute ist in Deutschland allgemein das DIN-Verfahren nach DIN 4512 üblich (1934). Das DIN-Verfahren benutzt als Merkmal, auf das sich die Empfindlichkeitsangabe bezieht, diejenige Belichtung, bei der, in zerstreutem Tageslicht gemessen, die Schwärzung den Betrag von 0,10 über dem Schleier hat. Dieser Wert ist aus zweifacher Überlegung gewählt worden: Die Schwärzung 0,10 entspricht angenähert derjenigen Mindestschwärzung von der an Schatteneinzelheiten auf dem Positiv bei der Kopie oder Vergrößerung sichtbar werden. Diese niedrige Schwärzung ist außerdem gegen den Entwicklungsgrad weniger empfindlich als höhere Beträge. Zur Ausführung des Verfahrens werden die Prüflinge hinter einem Stufenkeil (30 Stufen mit Schwärzungsanstieg $S = 0,10$ entsprechend Keilkonstante $K = \sqrt[3]{2}$) unter genau vorgeschriebenen Bedingungen belichtet und anschließend in einem besonderen Entwickler optimal entwickelt. Bei dieser Entwicklung sind Temperatur und Zeit nicht vorgeschrieben, sondern die höchste erzielte Empfindlichkeit bei einem Schleier unter 0,40 ist ausschlaggebend. Als kennzeichnende Zahl für die Empfindlichkeit wird unmittelbar die Schwärzung der Keilstufe angegeben, unter der auf dem Prüfstreifen die Schwärzung 0,10 über dem Schleier entstanden ist. Wird z. B. der Wert 1,7, d. h. die Keilstufe mit dieser Schwärzung abgelesen, so lautet die Empfindlichkeitsangabe $\frac{17^\circ}{10}$ DIN. $\frac{3^\circ}{10}$ DIN-Unterschied in der Empfindlichkeit bedeuten einen tatsächlichen Empfindlichkeitsunterschied um den Faktor 2.

g) Die Farbenempfindlichkeit (Sensibilisierung). Bei einer guten photographischen Wiedergabe verlangt man, daß die Farben der Gegenstände auf dem Bild in den vom Auge empfundenen Helligkeitswerten erscheinen, d. h. „tonrichtig" abgebildet werden. Die photographischen Schichten sind von Natur aus zunächst nur blauempfindlich und müssen durch Zusatz von besonderen Farbstoffen für andere Spektralgebiete besonders „sensibilisiert" werden. Man unterscheidet heute für die bildmäßige Photographie folgende farbenempfindliche Aufnahmematerialien:

orthochromatische,
panchromatische und
orthopanchromatische.

Orthochromatische Schichten sind außer für Blau auch noch für Grün und Gelb empfindlich. Das Verhältnis der Empfindlichkeiten Blau: Grün-Gelb kann verschieden sein; überwiegt die Blauempfindlichkeit, so spricht man von orthochromatischer Sensibilisierung; überwiegt dagegen die Grün-Gelb-Empfindlichkeit, so wird dieses Material als hoch- oder höchstorthochromatisch bezeichnet. Orthochromatisches Material ist bevorzugt geeignet für Landschaftsaufnahmen und für alle Aufnahmezwecke, bei denen die rote Farbe nicht auftritt, bzw. keine Beleuchtung mit langwelliger Strahlung (Kunstlicht) erfolgt.

Bei panchromatischer Sensibilisierung sind die Emulsionen zusätzlich auch für Rot empfindlich, sie sind für alle Strahlen empfindlich. Vielfach überwiegt die Rotempfindlichkeit, wobei die Grünempfindlichkeit gedrückt ist. Zur Herabsetzung der Rotwirkung und zur Betonung des Grünen müssen diese Schichten mit einem Grünfilter benutzt werden. Emulsionen mit erhöhter Grünempfindlichkeit und gemäßigter Rotempfindlichkeit bezeichnet man als orthopanchromatisch. Sehr hochempfindliches Material mit starker Rotsensibilisierung bei guter Grünempfindlichkeit ist als höchst-panchromatisches besonders für Kunstlichtzwecke geeignet.

Die Farbtonwiedergabe wird geprüft mit Farbtafeln (AGFA, LAGORIO). Die AGFA-Farbtafel gestattet, die Wiedergabe in Prozent auszudrücken. Für wissenschaftliche Zwecke erfolgt die Prüfung durch Spektralaufnahmen oder mit monochromatischem Licht (54...57).

h) Das Auflösungsvermögen. Als Auflösungsvermögen wird die Fähigkeit der Schicht bezeichnet, eine bestimmte Anzahl gleichabständiger Linien getrennt wiederzugeben; Auflösungsvermögen R = Striche pro Millimeter. Das Auflösungsvermögen einer Schicht ist von zahlreichen Faktoren abhängig: Von den lichtstreuenden Eigenschaften der Emulsion, also vom sog. „Diffusionslichthof", ferner vom Gammawert, der wieder von der Belichtung und Entwicklung beeinflußt wird, sowie von der Art und dem Kontrast des Prüfobjektes. Zur Bestimmung werden mikrophotographische Verkleinerungen von einem Testraster (JEWELLsches Radialgitter, Testobjekt nach SANDVIK, FOUCAULTsche Miren, SCHUMANN-Raster) auf das zu prüfende Material ausgeführt und im Mikroskop die Grenze der Auflösung bestimmt (157 ... 160, 175, 176, 178, 224, 256, 298, 321, 407, 408, 421, 452, 453, 465, 466, 467, 543). Das Auflösungsvermögen der Bromsilber-Gelatine-Emulsionen beträgt in den Grenzwerten etwa 40 ... 100 Linien pro Millimeter. Sehr hochempfindliches Material hat ein geringes Auflösungsvermögen, niedrig empfindliche Emulsionen ein hohes.

i) Die Körnigkeit. Die Negativschicht hat im unentwickelten wie auch im entwickelten Zustand immer eine körnige Struktur. Diese Struktur kann sich im positiven Bild als Zerrissenheit und körnige Auflockerung von Flächen besonders geringerer Schwärzung störend auswirken und man spricht dann von „Körnigkeit". Diese Körnigkeit wird nicht allein durch die mittlere Größe der Körner oder den mittleren Korndurchmesser verursacht, sondern es spielt außerdem die unregelmäßige Kornverteilung in der Schicht nach dem Gesetz des Zufalls eine Rolle. Bei der Vergrößerung kommen weiter nicht die einzelnen Körner projektiv in ihren verschiedenen Lagen zur Abbildung, sondern die Positivschwärzungen entstehen durch die Zwischenräume und Hohlräume des Negativkornes mit mehr oder weniger Lichtstreu-Effekten. Die Körnigkeit des Negatives wird maßgeblich von verschiedenen Faktoren beeinflußt: Korn- und Kornstruktur sowie Kornverteilung der Aufnahme-Emulsion, Belichtung der Aufnahme, Entwicklungsbedingungen.

Die Messung der Körnigkeit ist im letzten Jahrzehnt vielfach Gegenstand von Untersuchungen gewesen und es sind zahlreiche Methoden zur Charakterisierung dieser Eigenschaft vorgeschlagen worden. In einfachster Weise kann eine Vergleichsprüfung dadurch erfolgen, daß von einem geeigneten Objekt unter gleichen Bedingungen Aufnahmen ausgeführt, diese entsprechend entwickelt und Stellen gleicher Schwärzung gleichmaßstäblich vergrößert werden. Unterschiede in der Körnigkeit können auf dem positiven Bild qualitativ festgestellt werden (507). Eine objektive Meßmethode ermittelt mit einem Mikrophotometer aus den unregelmäßigen Zickzackkurven die Schwärzungsschwankungen einer anscheinend gleichmäßig geschwärzten Stelle und sucht daraus zahlenmäßige Beziehungen für die Körnigkeit festzulegen (186, 187, 299, 472, 499). EGGERT und KÜSTER legten der Charakterisierung der Körnigkeit den CALLIER-Quotienten zu Grunde (104, 137, 549). Nach diesen Autoren ist die Körnigkeit $K = 100 \cdot \log Q$, wobei der CALLIER-Quotient $Q = \dfrac{S\ (\text{parallel})}{S\ (\text{diffus})}$ ist. Für die Vergrößerungsfähigkeit von Negativen geben diese Zahlen K kein eindeutiges Maß. So nimmt z. B. bei mehrfachem Umkopieren die visuell beurteilte Körnigkeit immer mehr zu, obwohl K konstant bleibt (150). Die Körnigkeit in bezug auf die Vergrößerungsfähigkeit wird am besten definiert durch die Angabe der „Grenzvergrößerung" (175, 177, 200). Nach verschiedenen amerikanischen Vorschlägen wird die Körnigkeitsmessung auf ein Linienraster von 20 Strichen pro Millimeter bezogen (263, 368). Die zu messende Schicht wird unter Benutzung einer besonderen Vorrichtung soweit vergrößert, bis die zu prüfende Schicht mit dem Raster den gleichen Körnigkeitseindruck ergibt. Die Körnigkeit G ist dann definiert als $G = \dfrac{k}{n \cdot \dfrac{m_1}{m_2}}$; k ist eine Konstante, die zu 100 000 festgelegt wurden, = Anzahl der Rasterlinien pro Zentimeter, m_1 = Vergrößerung des Prüflings, m_2 = Vergrößerung des Prüfrasters.

k) Lichthoffreiheit. Für bestimmte Zwecke ist es wichtig, Überstrahlungen zu vermeiden, die an der Grenze von hellen Flächen und tiefen Schatten auftreten (z. B. an Fensterkreuzen bei Zimmeraufnahmen, an Blättern und Geäst bei Baumaufnahmen). Durch diesen sog. „Reflexionslichthof" werden dunkle Linien auf hellem Untergrund bis zum völligen Verschwinden zugeschwärzt. In extremen Fällen tritt dieser Reflexionslichthof als schwarzer Ring in einer bestimmten Entfernung um eine punktförmige Lichtquelle auf. Der Reflexionslichthof hat seine Ursache in der Reflexion der Strahlung nach Durchgang durch die Emulsion an der Grenzfläche Schichtträger-Luft. Zur Bestimmung des R-Lichthofes sind verschiedene Methoden vorgeschlagen worden (189, 190, 301, 303). Alle diese Verfahren bestimmen im Prinzip das Verhältnis der Lichtmenge, die den R-Lichthof verursacht, zu der auf die Schicht auffallenden Lichtmenge. Während ein Film ohne Lichthofschutz nur eine 20 ... 30fache Belichtung des Schwellenwertes verträgt, ist bei panchromatischen Filmen eine 7000fache und bei höchst orthochromatischen sogar eine 16 000-fache Überstrahlung möglich, ohne daß Störungen durch Lichthofbildung auftreten (513).

Vom R-Lichthof ist die Erscheinung des Diffusionslichthofes zu unterscheiden. Dieser

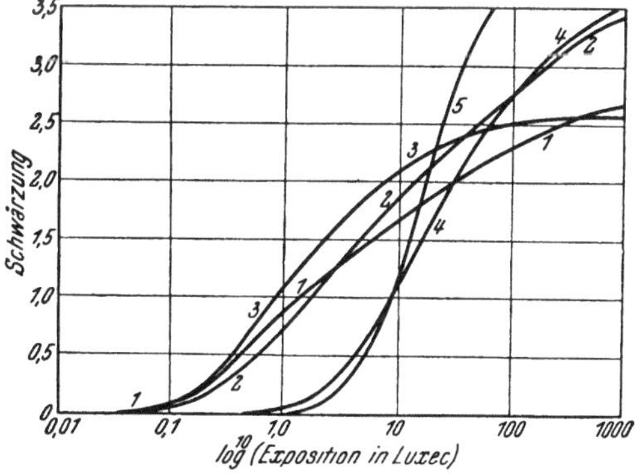

Abb. 11. Schwärzungskurven einiger typischer Negativ-Emulsionen. Nach J. EGGERT und W. RAHTS (146)

1 Porträt-Emulsion   4. Kine-Positiv-Emulsion
2 Kine-Negativ-Emulsion   5. Phototechnische Emulsion, Type A
3 normale Negativ-Emulsion

entsteht durch Beugung der Lichtstrahlen in der Schicht an den Bromsilberkörnern und verursacht vermindertes Auflösungsvermögen (s. S. 14). Feinkörnige Emulsionen zeigen im allgemeinen eine geringere

Streuung als grobkörnige. Über die Messung der Streuung sind eine Reihe von Methoden veröffentlicht worden (135, 537a).

1) Vergleichende Charakterisierung der photographischen Emulsionen. In Abb. 11 sind die Schwärzungskurven einiger typischer Negativ-Emulsionen gegenübergestellt (146). Entscheidend für die Qualität einer Negativ-Emulsion sind in erster Linie Empfindlichkeit und Gradation. Diese beiden Eigenschaften stehen auch in enger Beziehung zueinander. Im allgemeinen arbeiten höchstempfindliche Materialien weicher als geringer empfindliche. Porträt-Emulsionen sind höchstempfindlich und arbeiten ausgesprochen flach mit etwas erhöhter Gradation in den Schatten. Kine-Negativ-Emulsionen haben einen wesentlich steileren Gradationsverlauf, der sich besonders in kontrastreicherer Wiedergabe der Mitteltöne und Lichter ausdrückt. Der Amateur liebt besonders kräftige Bilder, Amateur-Aufnahmeschichten (Extrarapid) arbeiten ausgesprochen hart und sind meistens etwas geringer empfindlich. In der Reproduktionstechnik spielt die Empfindlichkeit eine untergeordnete Rolle, entscheidend für die Eignung ist allein die Gradation. Wird die Emulsion ausschließlich für Schwarz-weiß-Aufnahmen ohne Mitteltöne verwendet, so muß die Gradationskurve möglichst unter einem Neigungswinkel von 90° verlaufen. Zu derartigen Aufnahmen sind auch alle gerasterten Aufnahmen zur Herstellung von Druckklischees zu rechnen, da hierbei die Mitteltöne nur durch verschiedene Größe der Rasterpunkte jedoch nicht durch Schwärzungsunterschiede ausgedrückt werden. Für Halbtonaufnahmen ohne Rasterung muß ein Aufnahmematerial verwendet werden, dessen Gamma nahezu gleich 1 ist.

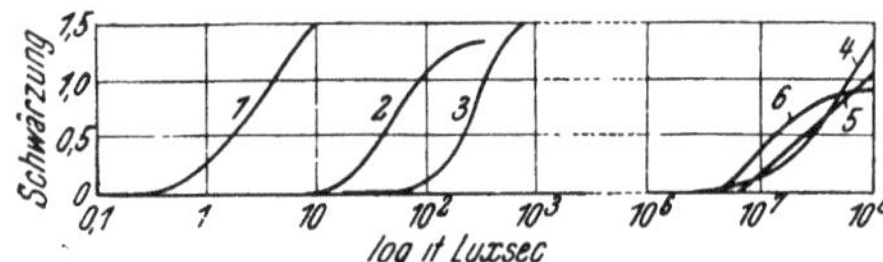

Abb. 12. Schwärzungskurven einiger typischer photographischer Positivmaterialien. Nach J. Eggert und W. Rahts (146)

1 Bromsilberpapier	4 Auskopierpapier
2 Chlor-Bromsilberpapier	5 Pigmentpapier
3 Chlorsilberpapier	6 Ozalidpapier (spiegelbildlich gezeichnet)

Abb. 12 zeigt die Schwärzungskurven der bekanntesten Positivschichten (146). Aus den Abszissenwerten der einzelnen Kurven können Angaben über die Empfindlichkeit der einzelnen Schichten gemacht werden. Die maximale Schwärzung der photographischen Papiere beträgt etwa 1,2 ... 1,4 dadurch ist der obere Punkt der ausnutzbaren Positivkurve festgelegt, der die Schattenschwärzung im Bild wiedergibt. Als Anfangspunkt der Positivkurve kann die Schwärzung 0,05 angesetzt werden, da die Papiere nahezu schleierfrei arbeiten. Die Gradation des Positivpapieres, das für ein gegebenes Negativ zu verwenden ist, richtet sich nach dem Negativumfang (Schwärzungsdifferenz der hellsten und dunkelsten Bildstellen), da dieser bei der Herstellung eines Positives an Stelle des Objektumfanges beim Negativ als maßgebliche Abszissendifferenz tritt. Flaue Negative, die einen geringen Negativumfang aufweisen, bedingen die Benutzung eines hartarbeitenden Positivmaterials; harte, kontrastreiche Negative oder Negative von Objekten mit großem Helligkeitsumfang (Gegenlichtaufnahmen) müssen auf weiche Papiergradationen kopiert und vergrößert werden. Daher werden alle Papiersorten in verschiedenen Gradationen von extraweich bis ultrahart hergestellt. Außerdem besteht noch die Möglichkeit, die Gradation der Papiere durch Veränderung der Entwicklungsbedingungen innerhalb gewisser Grenzen zu variieren.

II. Die photographischen Chemikalien, ihre Eigenschaften und ihre Verwendung (100)

A. Allgemeine Charakterisierung der Eigenschaften

Die Beschaffenheit einer Substanz ist durch folgende Eigenschaften charakterisiert:

a) Reinheitsgrad, b) Struktur, c) Farbe, d) Löslichkeit.

a) Reinheitsgrad. Die Chemikalien sind je nach dem Verwendungszweck in verschiedenen Reinheitsgraden im Handel. Die wesentlichsten Handelsbezeichnungen sind:

Technisch: starke Verunreinigungen von Beimengungen verschiedener Art, je nach dem Herstellungsprozeß.

Gereinigt (depuratum): Substanz ist von den stärksten Verunreinigungen beseitigt.

Rein (purum): Nahezu reine Substanz mit Spuren von Verunreinigungen.

Reinst (purissimum): Spuren von Verunreinigungen an der Grenze der chemischen Nachweisbarkeit.

Chem.-rein: Verunreinigungen chemisch nicht mehr nachweisbar.

Chem.-rein p. A. (pro Analysi): Größter Reinheitsgrad, für analytische Zwecke.

Zu diesen Reinheitsgradangaben kann vielfach die Bezeichnung DAB 6 oder Erg. B. 4 oder Erg. B. 5 oder Erg. B. 6 treten, wodurch gleichzeitig ausgedrückt wird, daß der Reinheitsgrad den Anforderungen des Deutschen Arzneibuches, 6. Ausgabe, 1926, bzw. den Ergänzungsbänden entspricht und für die vorgesehenen medizinischen Zwecke geeignet ist. Für photographische Zwecke kann von vornherein kein bestimmter Reinheitsgrad entsprechend obiger Einteilung vorgeschrieben werden; für manche Prozesse genügt eine technische Ware mit starken Verunreinigungen, während für andere reine oder sogar chemisch reine Substanzen erforderlich sind. Der erforderliche Reinheitsgrad muß jeweils entsprechend dem Verwendungszweck festgelegt werden. Vielfach hat sich die Bezeichnung des Reinheitsgrades ,,pro Photo" eingebürgert, d. h. der Hersteller garantiert in diesem Falle für die Eignung der Substanz für photographische Zwecke, ohne damit eine Aussage über den tatsächlichen Reinheitsgrad zu machen. Die Bezeichnung ,,pro Photo" ist demnach eine Parallele zur DAB 6 Bezeichnung, nur daß erstere nicht standardisiert ist. In USA sind die Reinheitsanforderungen der Chemikalien für photographische Zwecke bereits genormt (607). Reinste Substanzen haben vielfach einen charakteristischen Schmelzpunkt (Fp), bzw. Siedepunkt (Kochpunkt) (Kp), so daß Verunreinigungen sich durch eine Abweichung bemerkbar machen. Ebenfalls charakteristisch für eine Substanz, bzw. Flüssigkeit ist ihr spezifisches Gewicht (Dichte) (SpG).

b) Struktur. Sehr vielfältig ist die äußere Form und Beschaffenheit der Substanzen. Manche feste Substanzen haben eine ausgeprägte Kristallstruktur, andere sind pulverig mehlig, wieder andere von grießartiger Struktur (granuliert). Die Strukturbezeichnung tritt immer zur Reinheitsgradbezeichnung (krist., pulv., gran.). Manche Chemikalien kommen nebeneinander als kristallwasserhaltige und wasserfreie Substanz vor (Bezeichnungen: krist. und sicc.), andererseits ist aus der Angabe krist. nicht immer auf Kristallwassergehalt zu schließen, ebenso kann auch eine pulverisierte Ware Kristallwasser enthalten. Die Bezeichnungen krist. und pulv. beziehen sich lediglich auf die äußere Struktur, während wasserfrei oder sicc. oder siccatum oder calc. immer wasserfreie Ware anzeigen. Für photographische Zwecke werden pulverisierte, bzw. granulierte Substanzen bevorzugt. Diese Strukturformen lassen sich gegenseitig leicht mischen und zeichnen sich durch gute Löslichkeit aus.

c) Farbe. Jede Substanz hat eine spezifische Farbe. Eine Abweichung vom Farbton läßt meistens auf starke Verunreinigungen, bzw. chemische Veränderung schließen.

d) Löslichkeit. Für viele Zwecke ist die Kenntnis der Löslichkeit der Substanz in Wasser oder in einem anderen Lösungsmittel von Bedeutung. Unter Löslichkeit versteht man allgemein, wieviel Substanz (in Gramm) sich in 100 ccm Lösungsmittel bei 20° C auflösen. Rein graduell sind folgende Löslichkeitsangaben üblich:

	g/100 ccm Lösungsmittel
sehr leicht löslich	100
leicht löslich	100 ... 10
löslich	10 ... 3
schwer löslich	3 ... 1
sehr schwer löslich	1 ... 0,1

B. Die gebräuchlichsten photographischen Chemikalien (außer Entwicklersubstanzen)

Abkürzungen: F = Schmelzpunkt, Kp = Siedepunkt, SpG = spez. Gewicht, MG – Mol-Gewicht. Zulässige Verunreinigungen sind nach amerikanischen Normvorschriften angegeben (607).

Azeton, Dimethylketon, acetonum, $CH_3 \cdot CO \cdot CH_3$. MG: 58,05. SpG: 0,791. Kp: 55...56° C. Farblose, mit Wasser, Alkohol und Äther beliebig mischbare Flüssigkeit, leicht brennbar, von eigenartigem Geruch. Lösungsmittel für Fette, Harze, Nitro- und Azetylzellulose.

Verwendung für Lacke, Filmkitt, Zusatz zu Entwicklern: an Stelle von Alkalien in Gegenwart von Sulfit (199, 343a).

Azetonbisulfit, Azeton-Natriumbisulfit, $(CH_3)_2 \cdot C(OH) \cdot SO_3Na$. MG: 162,11. Weiße Kristalle mit stechendem Geruch, leicht löslich in Wasser. Entsteht durch Schütteln von Azeton mit Natriumbisulfitlösung. Wurde früher empfohlen zur Verwendung in Entwicklern an Stelle von Natriumsulfit (123, 343).

Äther, Äthyläther, Schwefeläther, aether sulfuricus, $C_2H_5 \cdot O \cdot C_2H_5$. MG: 74. Der Name rührt daher, daß er durch Erhitzen von Alkohol mit Schwefelsäure hergestellt wird. Leicht bewegliche, farblose, angenehm riechende, leicht verdunstende Flüssigkeit von narkotisierender Wirkung. SpG: 0,720. Leicht entflammbar. Lösungsmittel für Harze, Öle, Fette, in Verbindung mit Alkohol für Kollodiumwolle. Für photographische Zwecke ist reiner Äther erforderlich.

Verwendung: Im Kollodiumverfahren zur Herstellung des Kollodiums; Ein Gemisch von gleichen Teilen Äther mit Alkohol und 15% Wasser dient zum Abziehen der Gelatine von der Filmunterlage; zur Herstellung von Mattlacken.

Äthylalkohol, Alkohol, Sprit, Weingeist, spiritus vini, C_2H_5OH. MG: 46,05. Kp: 78,3° C. SpG: 0,736...0,88. Farblose, angenehm riechende

Flüssigkeit, brennbar. Handelssorten: absoluter 96%iger Alkohol, unvollständig vergällter Alkohol und Brennspiritus. Lösungsmittel für Fette, Öle, Harze, Ätzalkalien.

Verwendung zur Herstellung von Kollodiumemulsionen, von hochkonzentrierten Entwicklern, zur Schnelltrocknung von Emulsionen, zur mechanischen Abschwächung von Negativen, Zusatz zu Lacken, als Hochglanzmittel bei der Trocknung von Papieren.

Alaune sind gut kristallisierbare Doppelsalze der Sulfate des Aluminiums, Eisens, Chroms u. a. mit den Sulfaten des Kaliums, Natriums und Ammoniums.

a) **Kaliumalaun**, Kalialaun, meist Alaun schlechtweg genannt, Aluminiumkaliumsulfat, alumen calicum, $AlK(SO_4)_2 \cdot 12\ H_2O$. MG: 474,34. Im Handel in farblosen, harten, transparenten Kristallen oder als weißes Kristallmehl. Leicht löslich in Wasser, unlöslich in Alkohol.

Verwendung: Härtebäder, Härtefixierbäder, Schwefeltonbäder, Klärbäder. Reinheitsforderungen: Gehalt $\geqq 99{,}5\%$, unlösliche Bestandteile $\leqq 0{,}015\%$, Bleigehalt $\leqq 0{,}005\%$, Eisen $\leqq 0{,}01\%$; eine 5%ige Lösung muß klar und ungefärbt sein.

b) **Ammoniakalaun**, Aluminiumammoniumsulfat, $AlNH_4(SO_4)_2 \cdot$ $\cdot 12\ H_2O$. MG: 453,33. Farblose Kristalle oder weißes Pulver, leicht löslich in Wasser, unlöslich in Alkohol.

Verwendung an Stelle von Kalialaun.

c) **Chromalaun**, Chromkaliumsulfat, alumen chromicum, $Cr_2K_2(SO_4)_4 \cdot$ $\cdot 24\ H_2O$. MG: 998,85. Dunkle, rotviolette Kristalle, leicht löslich in Wasser, unlöslich in Alkohol, Äther. Kalte Lösungen sind violett, heiße grün gefärbt. Chromalaun verändert sich nicht beim Lagern.

Verwendung: Härte- und Härtefixierbäder. Stärker gerbend als Kalialaun. Die Gerbung wirkt sich besonders nach der Trocknung aus. Reinheitsforderungen: Gesamtgehalt $\geqq 98{,}5\%$, unlösliche Bestandteile $\leqq 0{,}015\%$, Halogene (NaCl) $\leqq 0{,}015\%$, Eisen $\leqq 0{,}04\%$.

d) **Eisenammoniakalaun**, Eisenammoniumalaun, Ammoniumferrisulfat, ferrum sulfuricum oxydatum ammoniatum, alumen ferricum ammoniacale, $(NH_4)_2Fe_2(SO_4)_4 \cdot 24\ H_2O$. MG: 964,37. Große, blaßviolette Kristalle, leicht löslich in Wasser, unlöslich in Alkohol.

Verwendung zur Blautonung von Entwicklungspapieren und Diapositiven.

Aluminiumchlorid-Hexahydrat, aluminium chloratum hexahydricum, $AlCl_3 \cdot 6\ H_2O$. MG: 241,43. Weißes oder gelblich-weißes, zerfließliches Kristallpulver, nahezu geruchlos, von süßlichem, sehr adstringierendem Geschmack.

Verwendung zur Herstellung von Härteschnellfixierbädern.

Aluminiumsulfat,· schwefelsaure Tonerde, schwefelsaures Aluminium, aluminium sulfuricum, $Al_2(SO_4)_3 \cdot 18\ H_2O$. MG: 666,42. Weiße, durchscheinende Kristalle. Im Handel auch granuliert und als Pulver. Sehr leicht löslich in Wasser, unlöslich in Alkohol und Äther.

Verwendung in Härtebädern.

Ammoniak, Salmiakgeist, Ammoniumhydroxyd, eiquor ammonii caustici, NH_4OH. MG: 35,05. Farblose, stechend riechende Flüssigkeit. Stark alkalische Reaktion. Handelswaren: Chemisch rein und technisch, von verschiedenem Ammoniakgehalt. 35% SpG: 0,880 = 30° Bé; 25% SpG: 0,910 = 24° Bé; 20% SpG: 0,925 = 22° Bé; 10% SpG: 0,960 =

= 16° Bé. Für photographische Zwecke wird hauptsächlich der 25%ige verwendet, chemisch rein.

Verwendung: Zusatz zu Entwicklern als Beschleuniger, Hypersensibilisierungsbäder, Verstärkerbäder, Entwickler für Ozalidpauspapiere, Reinigungsmittel für Glasplatten. Ammoniak muß in Flaschen mit eingeschliffenem Glasstopfen aufbewahrt werden. Korken werden allmählich angegriffen und undicht.

Reinheitsforderungen: $CO_2 \leqslant 0,002\%$; Blei $\leqslant 0,0005\%$; Eisen $\leqslant 0,0001\%$. Zur Prüfung auf reduzierende Substanzen werden 5 ccm mit 20 ccm Wasser verdünnt und 5 ccm einer 10%igen Silbernitratlösung hinzugefügt, nach zwei Minuten muß die Lösung ebenso klar sein wie eine wässerige Lösung bei gleicher Behandlung.

Ammoniumbichromat, ammonium bichromicum, $(NH_4)_2Cr_2O_7$. MG: 252,10. Orangerote Kristalle, leicht löslich in Wasser, unlöslich in Alkohol. Handelssorten: Chem. rein krist. und pulv.; krist. gereinigt; krist. techn. Für photographische Zwecke sind nur die chem. reinen Produkte geeignet.

Verwendung: Zur Sensibilisierung beim Pigmentdruck.

Ammoniumbromid, Bromammonium, ammonium bromatum, NH_4Br. MG: 97,96. Kleine farblose Kristalle mit salzigem Geschmack. Hygroskopisch, leicht löslich in Wasser. Für photographische Zwecke ist nur chem. reine Ware geeignet. Muß in gut verschlossenen braunen Gefäßen aufbewahrt werden, zersetzt sich unter Einwirkung von Luft und Licht und wird gelb.

Verwendung: Zur Emulsionsherstellung, Zusatz zu Entwicklern zur Erzielung von braunen Bildtönen. Ätzalkalische und stark karbonatalkalische Lösungen setzen Ammoniak in Freiheit, wodurch in Entwicklern Schleier entsteht.

Ammoniumkarbonat, kohlensaures Ammonium, Hirschhornsalz, ammonium carbonicum; Handelsware ist eine Mischung von Ammoniumbikarbonat und Ammoniumkarbaminat, $NH_4HCO_3NH_2CO_2NH_4$. MG: 157,11. Farblose, durchscheinende, faserige Stücke oder Kristalle mit Ammoniakgeruch. Zersetzt sich an der Luft in geruchloses Ammoniumbikarbonat. Leicht löslich in Wasser. In gut verschlossenen Gefäßen aufbewahren.

Verwendung: Zusatz zu Entwicklern als Alkali zur Erzielung von braunen Bildtönen.

Ammoniumchlorid, Chlorammonium, Salmiak, ammonium chloratum, NH_4Cl. MG: 53,50. Weiße, geruchlose Kristalle und Kristallmehl. Handelssorten: Chem. rein krist. DAB 6 weiß; krist. techn. weiß; krist. techn. Für photographische Zwecke soll chem. reine, klein kristalline Ware verwendet werden. Leicht löslich in Wasser, löslich in Alkohol.

Verwendung: Zusatz zu Schnellfixierbädern, zu Entwicklern als schwaches Lösungsmittel für Silbersalze.

Ammoniumferrizitrat, zitronensaures Eisenoxydammoniak, ferriammonium citricum. Es gibt ein braunes und ein grünes Salz. Das letztere ist in der Photographie gebräuchlicher. Dieses grüne Salz besteht aus einem Gemenge von Ferrizitrat und Ferriammoniumzitrat. Das Salz ist lichtempfindlich und muß dunkel aufbewahrt werden.

Verwendung für Lichtpauspapiere und zur Bläutonung von Silberbildern. Darf nicht mit Eisen(II)-Salzen verunreinigt sein.

Ammoniumpersulfat, überschwefelsaures ammonium, ammonium persulfuricum, $(NH_4)_2S_2O_8$. MG: 228,21. Farblose Kristalle oder weißes Pulver. Leicht löslich in Wasser. Zersetzt sich in heißem Wasser und an feuchter Luft. Handelssorten: Chemisch rein p. A. und rein.

Verwendung als Abschwächer. Muß beim Auflösen knistern. Zusatz zu Oxalat-Entwicklern; Fixiernatronzerstörer; zur Entfernung von Gelbschleier.

Ammoniumrhodanid, Ammoniumsulfocyanat, Rhodanammonium, ammonium rhodanatum, NH_4CNS. MG: 76,11. Farblose, manchmal blaßrosa, leicht zerfließliche Kristalle. Trocken aufbewahren! Sehr leicht in Wasser löslich. Handelssorten: chem. rein p. A., rein krist. Für photographische Zwecke muß eine wässerige Lösung neutral reagieren.

Verwendung: In Abschwächerbädern, Zusatz zu Entwicklern als Bromsilberlösungsmittel zur Erhöhung der Feinkornstruktur.

Ammoniumsulfid, Schwefelammonium, ammonium sulfuratum, $(NH_4)_2S$. MG: 68. Schwach- bis dunkelgelbe Lösung, die stark nach Schwefelwasserstoff riecht.

Verwendung gelegentlich zur Schwefeltonung.

Ammoniumthiosulfat, Ammoniumhyposulfit, ammonium thiosulfuricum, $(NH_4)_2S_2O_3$. MG: 148,21. Farblose, hygroskopische Kristalle, Löslich in Wasser, unlöslich in Alkohol.

Verwendung an Stelle von Natriumthiosulfat für Schnellfixierbäder. Eine 10 ... 15%ige Lösung fixiert rascher als eine 35 ... 40%ige Natriumthiosulfatlösung.

Antischleiermittel s. Stabilisatoren.

Benzin. Gemisch leicht flüchtiger Kohlenwasserstoffe, Rohbenzin, Lackbenzin. Petroläther, Kp: 40 ... 70°C, SpG: 0,64 ... 0,66; eigentliches Benzin, Kp: 70 ... 100°C, SpG: 0,66 ... 0,70; Ligroin, Kp: 100 ... ... 120°C, SpG: 0,70 ... 0,72; Putzöl, Kp: 150°C, SpG: 0,72 ... 0,74. Leicht brennbar. Lösungsmittel für Fette, Öle, Harze.

Benzol, benzolum, C_6H_6. MG: 78,05, SpG: 0,8846, Kp: 80°C. Farblose, klare Flüssigkeit. Leicht brennbar. Erstarrt bei 0°C und wird bei 6°C wieder flüssig. Handelswaren: gereinigt, rein kristallisierbar, reinst kristallisierbar, chem. rein p. A. Für Photozwecke ist die reine Ware geeignet.

Verwendung: Herstellung von Lacken, Negativ-Mattlack, Retuschiermitteln.

Bleinitrat, salpetersaures Blei, plumbum nitricum, $Pb(NO_3)_2$. MG: 331,22. Kleine weiße Kristalle, sehr leicht in Wasser löslich; löslich in Alkohol. Starkes Gift! Im Handel: gereinigt krist. und rein krist.

Verwendung in der Reproduktionstechnik zur Verstärkung.

Blutlaugensalz s. Kaliumferricyanid.

Borax, Natriumtetraborat, natrium boracicum, $Na_2B_4O_7 \cdot 10\,H_2O$. MG: 381,43. Rein weiße Kristalle oder Kristallmehl. Handelssorten: gepulvert, rein krist. DAB 6; rein gepulvert, DAB 6; rein geschmolzen, gebrannt geschmolzen, gebrannt geschmolzen gepulvert, gebrannt gepulvert; chem. rein p. A. Für Photozwecke ist die DAB 6 Ware geeignet.

Verwendung: Als Alkali in Feinkornentwicklern. Reinheitsforderungen: Gesamtgehalt $\geqslant$ 99 ... 103%; keine Ausfällung durch Zusatz von Salzsäure zu 50 ccm einer kalt gesättigten Lösung; Blei $\leqslant$ 0,001%; Eisen $\leqslant$ 0,003%. Zur Prüfung auf reduzierende Substanzen fügt man zu 20 ccm

einer 5%igen Lösung 10 ccm einer 10%igen ammoniakalischen Silbernitratlösung. Nach zwei Minuten Stehen muß die Lösung klar bleiben.

Borsäure, acidum boricum, H_3BO_3. MG: 61,84. Weiße, schuppen-
förmige, sich fettig anfühlende Kristalle und weißes amorphes Pulver.
Löslich in Wasser und Alkohol, leicht löslich in Glyzerin. Handelswaren:
rein krist.; rein geschmolzen, reinst. krist DAB 6; reinst gepulvert DAB 6;
reinst fein gepulvert DAB 6; chem. rein p. A. Für Photozwecke sind die
DAB 6 Sorten geeignet.

Verwendung: Zusatz zu Entwicklern in Verbindung mit Borax; Zusatz
zu Härtefixierbädern. Reinheitsforderungen: Gesamtgehalt $\geqslant$ 99,5%;
Halogene (NaCl) $\leqslant$ 0,008%; Arsen $\leqslant$ 0,003%; unlösliche Ausfällungen
durch Ammoniak $\leqslant$ 0,05%; Blei $\leqslant$ 0,001%; Eisen $\leqslant$ 0,001%. Eine
5%ige Lösung muß klar und farblos sein.

Calgon s. Wasserenthärtungsmittel.

Chinon, Benzochinon, $C_6H_4O_2$ (Oxydationsprodukt des Hydrochinon).
MG: 108,06. Gelbe, nadelförmige Kristalle von stechendem Geruch.
F: 116° C. Löslich in Alkohol und Äther, schwer löslich in Wasser.

Verwendung als Abschwächer mit Persulfat ähnlicher Wirkung.

Chloramin, p-Toluolsufonchloraminnatrium. $CH_3 \cdot C_6H_4 \cdot SO_2 \cdot$
$NNaCl \cdot 3 H_2O$. MG: 281.69. Weißes oder schwach gelbes Kristallpulver mit leichtem Chlorgeruch; zersetzt sich an der Luft allmählich.
Leicht löslich in Wasser, unlöslich in Benzol, Chloroform. Zersetzt sich
in Alkohol. Muß sehr gut verschlossen aufbewahrt werden. Handelssorten: chem. rein p. A. und DAB 6.

Verwendung als gelindes Oxydationsmittel zur Zerstörung von Fixiernatronspuren in Papieren und Negativen. Gebrauchskonzentration 0,2%ige
Lösung. (124)

Chloroform, Trichlormethan, chloroformium, $CHCl_3$. MG: 119,39.
Klare, farblose, süßlich riechende Flüssigkeit. SpG: 1,5...1,52; Kp: 62° C.
Leicht flüchtig, schwer brennbar. Wird vom Licht zersetzt und muß des-
wegen in dunklen Flaschen aufbewahrt werden. Lösungsmittel für fette
Öle, Harze und Kautschuk. Handelswaren: chem. rein p. A. und DAB 6.
DAB 6-Ware ist für photographische Zwecke ausreichend.

Verwendung für Kaltlacke und Negativlacke.

Dammarharz, resina Dammar; Harz der ostindischen Dammara
orientalis. Gelbliche bis bräunliche Stücke verschiedener Größe. Löslich
in Chloroform, Azeton, Benzol, Terpentinöl; in Alkohol und Äther löslich
mit Bodensatz. F: 120 ... 150° C.

Verwendung zur Herstellung von Retuschiermitteln.

Dextrin, Stärkegummi. Je nach dem Reinheitsgrad weißes oder gelbes
Pulver oder Stücke. Geruch- und geschmacklos. Dient zur Herstellung
von Klebestoffen.

Dioxan, Diaethylendioxyd, 1.4-Dioxan. MG: 88,1. Klare, farblose,
fast geruchlose Flüssigkeit von neutraler Reaktion. SpG: 1,033...1,035.
Kp: 98...102° C. Verunreinigungen: Spuren von Wasser, Aldehyd und
Acetal. Mit Wasser und fast allen organischen Lösungsmitteln in jedem
Verhältnis mischbar. Lösungsmittel für Nitro- und Azetylzellulose sowie
Benzylzellulose und Chlorkautschuk, außerdem für viele Natur- und Kunst-
harze, z. B. Schellack, Kopal, Dammar, Elemi, Kunstharz TS, Phenol-
und Harnstoff-Formaldehydharze. Verwendung als Extraktionsmittel für
Öle und Fette, zur Herstellung von Filmkitten. Dioxan ist giftig! Ein-

atmung der Dämpfe verursacht akute Reizwirkungen auf die Schleimhäute und ruft schwere Nieren- und Leberschäden hervor.

Essigsäure, $CH_3 \cdot COOH$. MG: 60,05. Klare, farblose Flüssigkeit von stechendem Geruch. Lat. Bez. acidum aceticum. Essigsäure mit 99...100% Gehalt bezeichnet man als Eisessig. Dieser erstarrt bei 16,5° C zu einer farblosen Kristallmasse. Kp: 118° C. SpG: 1,0553. Eisessig ist stark ätzend. Essigsäure von 60% Gehalt und weniger ist steuerfrei (techn. Essigsäure). Weitere gebräuchliche Handelswaren sind 80%ige und 99...100%ige (Eisessig). Diese beiden Sorten müssen normalerweise versteuert werden. Für photographische Zwecke kann jedoch unversteuerte auf Ankauferlaubnisschein bezogen werden.

Verwendung: Herstellung von Härtefixierbädern, Unterbrecherbädern und für Uranverstärker. Unterbrecherbäder werden 2%ig benutzt. Reinheitsforderungen: Gesamtgehalt $\geqq 99,5\%$; flüchtige Bestandteile (1 Stunde bei 105° C) $\leqq 0,005\%$; Halogene (NaCl) $\leqq 0,0008\%$; Blei $\leqq 0,002\%$; Eisen $\leqq 0,001\%$. Eine 10%ige Lösung muß klar und ungefärbt wie reines Wasser sein.

Eisensalze s. Ferri- und Ferroverbindungen.

Farbstoffe:

a) **Sensibilisatoren.** Farbstoffe, die der Halogensilberemulsion, die an und für sich nur für kurzwellige (blaue) Strahlen empfindlich ist, auch Empfindlichkeit für das Licht anderer Wellenbereiche verleihen, werden als Sensibilisatoren bezeichnet. Man unterscheidet vier verschiedene Klassen von Sensibilisatoren: Grünsensibilisatoren (orthochromatisch), Rotsensibilisatoren (panchromatisch), Sensibilisatoren für Papiere zur Erhöhung der Eigenempfindlichkeit und Infrarotsensibilisatoren. Neben den Chinolin- und Eosinfarbstoffen kommen heute hauptsächlich Cyaninfarbstoffe als Sensibilisatoren zur Verwendung (s. auch S. 4, 13).

b) **Desensibilisatoren.** Werden die photographischen Schichten vor oder während der Entwicklung der Einwirkung bestimmter Farbstoffe unterzogen, so wird die Empfindlichkeit derart herabgesetzt, daß eine Verarbeitung bei verhältnismäßig hellem Dunkelkammerlicht möglich ist. Derartige „Desensibilisatoren" sind z. B. Pinakryptolgrün und Pinakryptolgelb (s. S. 169).

c) **Filterfarbstoffe:** Diese dienen zur Herstellung von Lichtfiltern, um bestimmte Spektralbezirke auszuschalten. Derartige Filter sind: Dunkelkammerfilter, Aufnahme-Gelb- und -Grün-Filter sowie Dreifarbenfilter (221, 315, 404).

d) **Pinatypiefarbstoffe.** Bestimmte Farbstoffe haben die Eigenschaft, ungehärtete Gelatine anzufärben, dagegen gehärtete nicht. Hiervon macht man Gebrauch beim Pinatypieverfahren u. a. zur Herstellung von farbigen Diapositiven und Anaglyphen sowie farbigen Papierbildern (119, 387, 532) (s. auch S. 295).

e) **Beizfarben.** Unter Beizfarben versteht man Teerfarbstoffe, die auf Metall und anderen Beizen („Mordants") besonders leicht und fest haften. Beizfarbenverfahren werden zur Herstellung von farbigen Diapositiven sowie zum Anfärben von Kinefilmen verwendet. Das Silberbild wird durch Überführung in eine andere Verbindung durch Verwendung von Beizmitteln (z. B. Chromate, Ferrisulfat, Ferrizitrat, Ferrizyankalium u. a.) empfänglich gemacht zur Aufnahme von Farbstoffen (588a, 119) (s. auch S. 290).

Ferrichlorid, Eisenchlorid, ferrum sesquichloratum, $FeCl_3 \cdot 6\ H_2O$. MG: 270,3. Orangegelbe kristalline Stücke, sehr zerfließlich; leicht löslich in Wasser und Alkohol. Handelssorten: techn.; krist. und chem. rein p. A.

Verwendung zur Blautonung und als Abschwächer und im Eisenkopierverfahren.

Ferrioxalat, Oxalsaures Eisen, $Fe_2(C_2O_4)_3 \cdot 6\ H_2O$. MG: 484,71. Braungrüne oder grünlichgelbe Schuppen, sehr leicht in Wasser löslich.

Verwendung im Platindruck, Sepialichtpausverfahren, als Abschwächer nach BELITZKI.

Ferrisulfat, schwefelsaures Eisenoxyd, ferrum sulfuricum oxydatum, $Fe_2(SO_4)_3$. MG: 400. Gelblich weißes Pulver, hygroskopisch, in Wasser mit brauner Farbe löslich.

Verwendung als Abschwächer, beschleunigt Ammoniumpersulfat-Abschwächer zugesetzt dessen Wirkung. Darf mit Metallen nicht in Berührung kommen, da sich diese vielfach in Ferrisulfatlösungen auflösen.

Ferrooxalat, Eisenoxalat, oxalsaures Eisenoxydul, FeC_2O_4. MG: 144. Durch Eingießen einer Ferrosulfatlösung in Kaliumoxalatlösung entsteht Ferrooxalat als zitronengelbes Kristallpulver. Eisenoxalat ist ein kräftiges Reduktionsmittel. Beim nassen Verfahren findet diese Verbindung als Entwickler Verwendung.

Ferrosulfat, Eisenvitriol, schwefelsaures Eisenoxydul, ferrum sulfuricum, $FeSO_4 \cdot 7\ H_2O$. MG: 278,0. Hellgrüne Kristalle, leicht löslich in Wasser, unlöslich in Alkohol. Handelssorten: roh DAB 6; doppelt gereinigt krist.; rein krist.; rein krist. DAB 6; rein trocken, DAB 6; chem. rein p. A. Für Photozwecke ist die rein krist. Ware geeignet.

Formaldehyd, Formalin, Formol, HCHO. MG: 30,03. Farblose Flüssigkeit mit zu Tränen reizendem Geruch; neutrale oder schwach saure Reaktion. SpG: 1,08 ... 1,095. Zwecks größerer Haltbarkeit erhält Formaldehyd einen Zusatz von 12 ... 15% Methylalkohol. Handelssorten: 33 Vol.-%; 38 Vol.-% DAB 6; 40 Vol.-%; 38 Vol.-% chem. rein p. A. Für Photozwecke ist die 38 Vol.-% geeignet. Reinheitsforderungen: Gesamtgehalt $\geqq 37\%$; Ameisensäure $\leqq 0,2\%$; Blei $\leqq 0,0005\%$; Eisen $\leqq 0,001\%$.

Verwendung: Härtebäder (10%ige Lösung); zur analytischen Bestimmung von Natriumthiosulfat neben neutralen und sauren Sulfiten. Formaldehyd bildet mit letzteren Formaldehyd-Natriumbisulfit, so daß Natriumthiosulfat jodometrisch bestimmt werden kann (304).

Paraformaldehyd ist die polymere Form des Formaldehyds. Diese Substanz ist ein weißes Pulver.

Verwendung in gleicher Weise wie Formaldehyd. Außerdem dient p-Formaldehyd vorzugsweise als Alkali in Hydrochinon-Entwicklern für spezielle photomechanische Strichemulsionen (Kodalith, Peruline u. a.). Reinheitsforderungen: Gesamtgehalt $\geqq 95\%$; Ascherückstände $\leqq 0,1\%$; Blei $\leqq 0,0005\%$; Eisen $\leqq 0,001\%$; 3 g Substanz müssen sich in der Kälte in 15 Minuten in 100 ccm einer Lösung von 1 g Kaliummetabisulfit und 0,1 g Natriumsulfit sicc. vollständig lösen.

Gallussäure, Trioxybenzoesäure, acidum gallicum, $C_6H_2(OH)_3COOH \cdot H_2O$. MG: 138,07. F: 220 ... 240° C. Kleine, leichte, gelbweiße, seidenglänzende Kristalle. In kaltem Wasser schwer löslich, leicht löslich in Alkohol. Handelssorten: rein, reinst krist. DAB 6, reinst gepulvert.

Muß in gut verschlossener Flasche aufbewahrt werden. Für Photozwecke ist reinste Ware zu verwenden.

Verwendung: Verstärkung von Platindrucken, im Tintenkopierverfahren, Verstärkung von Pigmentbildern.

Gelatine, Glutin. Entsteht durch Auskochen von tierischen Abfällen in unreiner Form als Leim. Farblose oder gelbe, nahezu geruchlose Tafeln oder grobes Pulver. Quillt in Wasser auf und absorbiert die 5 ... 10fache Menge Wasser.

Verwendung zur Herstellung von photographischen Emulsionen als Emulgiermittel für die lichtempfindlichen Salze. Hierzu darf nur besondere, ausgesuchte Emulsionsgelatine verwendet werden. Verwendung für Lichtfilter (588a).

Gerbsäure, Tannin, acidum tannicum, $C_{14}H_{10}O_9$. MG: 322,08. Glänzendes, gelbliches oder auch weißes Pulver und Schuppen. Leicht löslich in Wasser, löslich in Alkohol, Äther, Chloroform, Benzin. Handelssorten: Tannin ALI pulverisiert; Tannin X gepulvert; Tannin X in Schuppen, Tannin rein gepulvert, DAB 6; Tannin reinst, sehr leicht, DAB 6. Für Photozwecke ist Tannin rein von ausreichender Reinheit.

Verwendung: Ferrisalze ergeben schwarze Niederschläge, deswegen Verwendung auch im Tintenkopierverfahren; Tannintrockenverfahren bei Kollodiumemulsionen.

Glyzerin, glycerinum, $C_3H_5(OH)_3$. MG: 92,09. Farblose, dickflüssige, stark hygroskopische Flüssigkeit von süßlichem Geschmack. Mit Wasser und Alkohol mischbar. Bewertung nach Glyzeringehalt. Handelssorten: Doppelt destilliert, reinst, 1,225 ... 1,235; doppelt destilliert, reinst 1,25; doppelt destilliert, reinst, 1,26; chem. rein, doppelt destilliert, 1,23, p. A. Alle Sorten sind in der Photographie verwendbar.

Verwendung: Als Feuchthaltemittel zur Verhütung von zu rascher Trocknung; Zusatz zu Papieremulsionen.

Glykokoll, Aminoessigsäure, $CH_2 \cdot NH_2 \cdot COOH$. MG: 75,0. Farblose Kristalle von süßem Geschmack. F: 223 ... 226° C. In Wasser und Alkohol leicht löslich.

Verwendung: Glykokollnatrium, $CH_2 \cdot NH_2 \cdot COONa$ ist an Stelle von Alkalien in Entwicklern verwendbar.

Glykol, Äthylenglykol, $CH_2OH \cdot CH_2OH$. MG: 62,07. F: — 11,2° C. Kp: 197° C. Farblose, klare Flüssigkeit von süßem Geschmack. SpG: 1,1131. Mit Wasser und Alkohol mischbar.

Verwendung als Zusatz zu wässeriger Lösung zur Herabsetzung des Gefrierpunktes (Kälteschutzmittel). Entwicklung bei tiefen Temperaturen.

Goldchlorid, salzsaures Gold, aurum chloratum, $AuCl_3 \cdot HCl \cdot 4 H_2O$. MG: 412,10. Gelbbraune, kristalline Stücke, sehr hygroskopisch. Im Handel in Röhren eingeschmolzen, Goldgehalt etwa 50%. Löslich in Wasser und Alkohol.

Verwendung zur Goldtonung. Lösungen müssen mit dest. Wasser angesetzt werden.

Gummi arabicum, Pflanzensekret von einer Akazienart in Ägypten, nicht Arabien, den Kohlehydraten verwandt. Für Photographie am besten geeignet Kordofan-Sudangummi, gelblich-weiße, von Rissen durchzogene, spröde, kugelige Stücke bis zu 2 cm Durchmesser. Gummi arabicum besteht hauptsächlich aus Arabin, Verbindung von Arabinsäure mit Kalk oder Magnesia. Quillt in Wasser auf und löst sich beim Erwärmen. Durch Boraxzusatz werden Gummilösungen zähflüssiger. Farblose und weiße Stücke führen die Handelsbezeichnung Gummi arabicum albissimum. Daneben gibt es noch den von Drogisten ausgesuchten Gummi arabicum electum in gelben und rötlichen Stücken. Neben Kordofangummi sind auch Gezirehgummi und Senegalgummi im Handel, die jedoch in ihrer Zusammensetzung sehr wechseln.

Verwendung: Im Gummidruckverfahren, zur Herstellung von Zinkplatten im Offsetdruck, für Klebemittel.

Harnstoff, $CO(NH_2)_2$. MG: 60,06. Weiße, prismenförmige Kristalle. F: 132°C. In Wasser und Alkohol leicht löslich. Handelssorten: rein; reinst krist. Letztere Ware ist in der Photographie zu verwenden.

Verwendung: Zusatz zu Entwicklern zur Erhöhung der Entwicklungsgeschwindigkeit, Regenerierung des Entwicklers. Bei Zusatz von 50 ... 150 g pro Liter Entwickler wird die Entwicklungszeit um etwa 30% verkürzt.

Hydrazinsulfat, Diaminsulfat, $NH_2 \cdot NH_2 \cdot H_2SO_4$. MG: 130,12. Farblose Kristalle oder weißes Kristallmehl. Löslich in Wasser, unlöslich in Alkohol.

Hydrazinchlorhydrat, $NH_2 \cdot NH_2 \cdot 2\,HCl$. MG: 104,96. Mit ähnlichen Eigenschaften wie das vorstehende Sulfat.

Verwendung: Zur direkten Silberausscheidung ohne Wiederbelichtung beim Umkehrprozeß; Emulsionen zugesetzt, verhüten Hydrazinverbindungen Solarisation; Schichten in Lösungen gebadet, erhalten die Eigenschaft, durch Auskopieren sichtbare Bilder zu geben. In neuester Zeit Zusatz zu Entwicklern zur Erhöhung der Empfindlichkeit.

Hydroxylaminchlorhydrat, $NH_2OH \cdot HCl$. MG: 69,5. Monokline farblose Kristalle, löslich in Äthylalkohol und Methylalkohol, sehr leicht löslich in Wasser, unlöslich in Äther. Das Salz schäumt beim Erhitzen im Reagenzglas. Handelssorten: techn., etwa 95 ... 98%; chem. rein p. A. Das techn. Salz, sog. Reduziersalz, kann als Silberfällungsmittel aus gebrauchten Fixierbädern verwendet werden. Das chem. reine Salz dient in Farbentwicklern zur Kontrolle des Kontrastes und zur Verhütung des Farbschleiers.

Jod, jodum, J_2. MG: 253,88. Grauschwarze, trockene, metallisch glänzende Täfelchen oder Blätter, verflüchtigen beim Erwärmen und der blauviolette Dampf schlägt sich an kalten Teilen nieder (sublimiert). Reinigung des Jod auf diesem Wege. Jod resublim. F: 113 ... 116. Jod in Wasser nahezu unlöslich, löslich in Kaliumjodid-Lösung, Alkohol (Jodtinktur), Chloroform, Benzol, Schwefelkohlenstoff. Jod färbt die Haut braun, Stärkelösung blau. Handelssorten: Jod doppelt subl., Jod doppelt subl. chem. rein p. A. Für Photozwecke ist die doppelt subl. Ware von ausreichendem Reinheitsgrad. Jod muß in Glasflaschen mit eingeschliffenem Glasstopfen aufbewahrt werden.

Verwendung im nassen Kollodiumverfahren, zur Entfernung von Silberflecken aus Wäsche und an den Händen. Silberflecke werden mit Kaliumjodid-Jod-Lösung betupft, anschließend das gebildete Silberjodid mit Natriumthiosulfatlösung gelöst und ausgewaschen. Abschwächer mit Kaliumzyanid für Papiere; Beize für Farbstoffe (Diachromie).

Kaliumbichromat, Kaliumdichromat, calium bichromicum, $K_2Cr_2O_7$. MG: 294,21. Große orangerote, luftbeständige Kristalle. Leicht löslich in Wasser, unlöslich in Alkohol und Äther. Gift! Handelssorten: gepulvert;

reinst krist. DAB 6; reinst gepulvert; chem. rein krist. p. A. Für photographische Zwecke ist krist. DAB 6-Ware zu verwenden.

Verwendung: Für Sensibilisierungsbäder im Pigmentprozeß; bei der Umentwicklung zur Verstärkung und zum Abschwächen von Negativen; als Bleichbad beim Direktumkehrverfahren; als Vorbad für weich zu entwickelnde Bromsilbervergrößerungen (Sterry-Effekt); in Tonbädern.

Kaliumbromid, Bromkalium, calium bromatum, KBr. MG: 119,01. Farblose, würfelförmige Kristalle oder Kristallpulver, etwas hygroskopisch, leicht löslich in Wasser, schwer löslich in Alkohol und Äther. Handelssorten: reinst krist.; reinst krist. DAB 6; reinst kristallinisches Pulver, DAB 6; reinst gepulvert DAB 6; chem. rein p. A. Die Ware reinst krist. ist für photographische Zwecke ausreichend. Aufbewahrung in Glasflaschen. Reinheitsforderungen: Gesamtgehalt $\geq 99,5\%$; NaCl $\leq 0,3\%$; $H_2O \leq 0,3\%$. Neutralität: 1 g in 50 ccm dest. Wasser gelöst darf mit Phenolphthalein keine Reaktion zeigen, nach Zufügen von 1 Tropfen 0,1 n NaOH muß dagegen eine Rosafärbung entstehen. Wird 1 g in 10 ccm dest. Wasser gelöst, 1 ccm Chloroform oder Schwefelkohlenstoff, 1 ccm 10%ige Schwefelsäure und 0,5 ccm Ferrichlorid-Lösung (10%ig) zugesetzt und geschüttelt, so darf keine Färbung durch Jod auftreten. Abwesenheit von oxydierenden Substanzen wird festgestellt durch folgende Reaktion: 1 g wird in 10 ccm dest. Wasser gelöst, sodann 0,5 g KJ zugefügt, ebenso 1 ccm 10%ige Schwefelsäure und 1 ccm Chloroform oder Schwefelkohlenstoff und dann geschüttelt. Es darf hierbei keine stärkere Färbung als in einer rein wässerigen Lösung auftreten. $Na_2S \leq 0,0005\%$; unlösliche Ausfällungen mit Ammoniak $\leq 0,75\%$; Blei $\leq 0,0005\%$; Eisen $\leq 0,0005\%$. Eine 20%ige wässerige Lösung muß vollkommen klar und ungefärbt sein.

Kaliumkarbonat, Pottasche, calium carbonicum, K_2CO_3. MG: 138,19. Weißes, an der Luft zerfließendes Pulver oder Granulate. Sehr leicht in Wasser unter Wärmeentwicklung löslich, unlöslich in Alkohol. Handelssorten: 80 ... 84% (rohe Pottasche); doppelt gereinigt; rein DAB. 6; rein fein gepulvert, chem. rein p. A. Für photographische Zwecke ist die doppelt gereinigte Ware geeignet. Granulierte Ware ist der pulverisierten vorzuziehen, da erstere an der Luft weniger zerfließt. Pottasche ist in Flaschen mit Korkstopfen aufzubewahren, eingeschliffene Glasstopfen fressen fest.

Verwendung: Als Alkali für Entwickler. In Lösungen 1 : 1 Verwendung zur Schnelltrocknung von Negativen. Reinheitsforderungen: Gesamtgehalt $\geq 97\%$; Wasser $\leq 2\%$; Kaliumbicarbonat $\leq 0,17\%$; Kaliumhydroxyd $\leq 1\%$; Blei $\leq 0,0001\%$; Eisen $\leq 0,001\%$. Eine 10%ige Lösung muß vollkommen klar und ungefärbt sein. Eine Lösung von 1 g in 20 ccm dest. Wasser darf sich nach Zusatz von 10 ccm einer 10%igen ammoniakalischen Silbernitratlösung innerhalb von zwei Minuten nicht trüben und färben.

Kaliumzitrat, Zitronensaures Kalium, calium citricum, $K_3C_6H_5O_7 \cdot$ $\cdot H_2O$. MG: 324,34. Weißes, granuliertes Pulver oder Kristallnadeln, leicht an der Luft zerfließend, in Wasser sehr leicht löslich, schwer löslich in Alkohol. Handelsware mit der Bezeichnung rein ist für photographische Zwecke ausreichend.

Verwendung zur Herstellung von Aristopapieren; Zusatz zu Kupfertonbädern; zur Erhöhung der Haltbarkeit von Pigmentschichten.

Kaliumzyanid, Zyankalium, calium cyanatum, KCN. MG: 65,10. Weißes, granuliertes Salz oder in Stücken und Stangen, auch Kugeln. Sehr leicht in Wasser löslich, schwer löslich in Alkohol. Leicht zersetzlich unter Lufteinwirkung. Äußerst starkes Gift! Handelssorten: 94 ... 96%, natriumfrei, Grießform; 98 ... 100% (Kaliumnatriumzyanid); 98 ... 100% (Kaliumnatriumzyanid) gepulvert; reinst; chem. rein p. A. Für photographische Zwecke ist reinst in Kugeln am besten geeignet.

Verwendung: Als Fixiermittel im nassen Kollodiumverfahren; als Klärmittel bei Photopapieren; Silberlösungsmittel; zum Ansatz des Monckoven-Verstärkers; zur Restaurierung von alten Daguerreotypien; für galvanische Bäder.

Kaliumferrizyanid, Ferrizyankalium, rotes Blutlaugensalz, calium ferricyanatum, $K_3Fe(CN)_6$. MG: 329,18. Rubinrote Kristalle mit glänzender Oberfläche. Leicht löslich in Wasser, schwer löslich in Alkohol. Nach verschiedenen Ansichten ist Kaliumferrizyanid giftig, doch sind hierüber die Meinungen geteilt. Handelssorten: techn.; rein krist.; rein gepulvert; chem. rein p. A.; rein krist. ist für Photozwecke geeignet.

Verwendung: In Verbindung mit Natriumthiosulfat als Abschwächer (nach FARMER); für Bleichbäder zur Schwefeltonung; zur Präparation von Blaueisenpapier (Blaupausen); als Beize für Farbstofftonungen. Reinheitsforderungen: Gesamtgehalt $\geq$ 99%; unlösliche Bestandteile $\leq$ 0,03%; Chlor (NaCl) $\leq$ 0,1%; Ferrozyankalium $\leq$ 0,1%.

Kaliumferrozyanid, Ferrozyankalium, gelbes Blutlaugensalz, K_4Fe $(CN)_3 \cdot 3 H_2O$. MG: 422,32. Luftbeständige, tafelförmige Kristalle oder Pulver von gelber Farbe. Leicht löslich in Wasser, unlöslich in Alkohol und Äther. Lösung ist lichtempfindlich. Handelssorten: techn.; techn. gepulvert; rein krist.; rein gepulvert; chem. rein p. A.; reine Ware entspricht den photographischen Anforderungen.

Verwendung: Zusatz zu Hydrochinon- und Pyrogallol-Entwicklern zur Beschleunigung, erhöht den Kontrast; Entwickler im Eisenkopierprozeß.

Kaliumhydroxyd, Ätzkali, calium causticum, KOH. MG: 56,10. Weiße, an der Luft sehr leicht zerfließende Stücke, Stangen, Plätzchen oder Schuppen. Sehr leicht in Wasser unter Wärmeentwicklung löslich, löslich in Alkohol. Von stark alkalischer Reaktion und ätzender Wirkung. Handelssorten: gereinigt, Plätzchen; gereinigt, Stangen; trocken gepulvert; rein, Plätzchen, DAB 6; rein, Stangen, DAB 6; reinst, Plätzchen; reinst, Stangen; chem. rein, Plätzchen und Stangen p. A. Die reine Ware ist für photographische Zwecke geeignet. Reinheitsforderungen: Gesamtgehalt $\geq$ 85%; Karbonate (K_2CO_3) $\leq$ 3%; Chloride (NaCl) $\leq$ 0,4%; Blei $\leq$ 0,003%; Eisen $\leq$ 0,002%; eine 10%ige Lösung muß klar sein und darf sich innerhalb von zehn Minuten nur schwach trüben.

Verwendung als starkes Alkali in Hydrochinon-Entwicklern; zum Ansatz des p-Amidophenol-Entwicklers; zur Entfernung der Gelatine von Glasplatten. Kaliumhydroxyd ist wegen seiner ätzenden Wirkung giftig. Es muß in Glasflaschen mit Gummistopfen aufbewahrt werden, Korken werden angegriffen und Glasstopfen backen fest.

Kaliumjodid, Jodkalium, calium jodatum, KJ. MG: 166,03. Weiße Kristalle, Granulate oder Pulver. Sehr leicht in Wasser löslich. Löslich in Alkohol. Handelsware, für Photozwecke geeignet: reinst, DAB 6. Reinheitsforderungen: Gesamtgehalt $\geq$ 99%; Wasser $\leq$ 0,3%; Neutralität: 1 g in 50 ccm dest. Wasser gelöst, darf sich mit Phenolphthalein nicht färben, nach Zusatz von 1 Tropfen 0,1 n NaOH-Lösung Rosafärbung. Oxydierende Substanzen: 1 g in 20 ccm dest. Wasser (CO_2-frei) gelöst, 1 ccm 10% Schwefelsäure hinzugefügt, keine Trübung und Färbung innerhalb 10 Sekunden;

Schwefelnatrium: $\leqslant 0,0005\%$; unlösliche Ausfällungen mit Ammoniak $\leqslant 0,5\%$; Blei $\leqslant 0,002\%$; Eisen $\leqslant 0,002\%$; eine 20%ige Lösung muß klar sein.

Verwendung im Kollodiumverfahren zur Emulsionsherstellung; zur Herstellung des Quecksilberjodid-Verstärkers, Zusatz zu Gelatine-Emulsionen, verhütet Emulsionsschleier; als Beize für Farbstoffbilder.

Kaliummetabisulfit, Kaliumpyrosulfit, $K_2S_2O_5$. MG: 222,32. Weiße, harte Kristalle von verschiedener Größe oder Kristallmehl. Löslich in Wasser, schwer löslich in Alkohol. Stark nach SO_2 riechend, zersetzt sich allmählich an der Luft. Wässerige Lösungen reagieren sauer. Für Photozwecke ist Kristallmehl vorzuziehen, da sich die großen Kristalle schwer lösen. Reinheitsforderungen: SO_2-Gehalt $\geqslant 54 \ldots 56\%$; Thiosulfat $\leqslant 0,1\%$; unlösliche Ausfällungen mit Ammoniak $\leqslant 0,5\%$; Blei $\leqslant 0,005\%$; Eisen $\leqslant 0,005\%$; reduzierende Substanzen: 1 g wird in 20 ccm dest. Wasser gelöst und 10 ccm einer 10%igen ammoniakalischen Silbernitratlösung zugefügt (hergestellt durch Mischen vor Gebrauch von gleichen Mengen 10% Silbernitrat mit konz. Ammoniak): innerhalb zwei Minuten darf sich die Lösung weder trüben noch färben.

Verwendung zum Ansäuren des Fixierbades, als Unterbrecherbad bei Papieren (4%ige Lösung); als Konservierungsmittel an Stelle von Natriumsulfit in hochkonzentrierten Entwicklern. An seiner Stelle kann mit gleicher Gewichtsmenge Natriumbisulfit verwendet werden. Natriumbisulfit wird heute in einer Form hergestellt, die an der Luft weniger zersetzlich ist als Kaliummetabisulfit.

Kaliumnitrat, Kalisalpeter, calium nitricum, KNO_3. MG: 101,11. Weiße Kristalle oder Kristallmehl. Sehr leicht in Wasser löslich, unlöslich in Alkohol. Für photographische Zwecke geeignet: Kaliumnitrat, reinst, DAB 6.

Verwendung: Zusatz zu Eisenentwicklern, erzeugt hellen Silberniederschlag. In Hydrochinon-Entwicklern wirkt es beschleunigend.

Kaliumnitrit, calium nitrosum, KNO_2. MG: 85,11. Gelbliche, leicht zerfließende Stangen, löslich in Wasser, unlöslich in Alkohol.

Verwendung als Zusatz zu Emulsionen zur Erzielung von Auskopierschichten.

Kaliumoxalat (neutral), oxalsaures Kalium, calium oxalicum, $K_2C_2O_4 \cdot H_2O$. MG: 184,21. Farblose, transparente Kristalle, leicht löslich in Wasser, unlöslich in Alkohol und Äther. Gift!

Verwendung: Eisenoxalat-Entwickler und Entwickler für Platindrucke.

Kaliumpermanganat, übermangansaures Kalium, Rotkali, calium permanganicum, $KMnO_4$. MG: 158,03. Dunkelviolette, längliche Kristalle von metallischem Glanz. Löslich in Wasser, Schwefelsäure und Essigsäure. Zersetzt sich durch Alkohol. Handelssorten: krist. DAB 6 und chem. rein p. A. Reinheitsforderungen: Gesamtgehalt $\geqslant 98\%$; unlösliche Bestandteile $\leqslant 0,25\%$; Halogene (NaCl) $\leqslant 0,05\%$.

Verwendung in saurer Lösung als Abschwächer, als Bleicher zur Umentwicklung, bzw. Direktpositiventwicklung; als Fixiernatronzerstörer; zur Entfernung von Flecken an Schalen und Händen, Nachbehandlung mit Natriumsulfit oder Kaliummetabisulfit, Natriumbisulfit.

Kaliumpersulfat, überschwefelsaures Kalium, calium persulfuricum, $K_2S_2O_8$. MG: 270,31. Farblose oder weiße und geruchlose Kristalle. Löslich in 50 Teilen Wasser, unlöslich in Alkohol. Muß kalt gelagert werden.

Die technische Qualität des Handels ist für Photozwecke von genügender Reinheit. Forderungen: Gesamtgehalt $\geqslant 98\%$; Halogene (NaCl) $\leqslant 0{,}01\%$; Blei $\leqslant 0{,}005\%$; Eisen $\leqslant 0{,}005\%$; eine 10%ige Lösung muß klar oder darf nur schwach opaleszierend sein.

Verwendung als Fixiernatronzerstörer; in Verbindung mit Schwefelammonium und Ammoniumbikarbonat als Brauntoner.

Kaliumrhodanid, Rhodankalium, Kaliumsulfocyanid, calium rhodanatum, KCNS. MG: 97,17. Farblose, leicht zerfließende Kristalle, sehr leicht in Wasser löslich, löslich in Alkohol und Azeton. Handelssorten: techn.; rein krist. und chem. rein p. A. Die rein krist. Ware ist für photographische Arbeiten zu verwenden.

Verwendung: In Tonbädern; Lösungsmittel für Gelatine; Beize für Farbstofftonungen; Lösungsmittel für Silberhalogene (Fixiermittel); Zusatz zu Feinkornentwicklern in Konzentrationen von 1,0 ... 1,5 g pro Liter; Zusatz bei physikalischer Entwicklung.

Kaliumsulfid, Schwefelkalium, Schwefelleber, hepar sulphuris. Gelblichbraune Stücke. Wechselnde Zusammensetzung, wesentliche Bestandteile Kaliumtrisulfid (K_2S_3).

In der Photographie wird technische Ware zur Wiedergewinnung des Silbers aus verbrauchten Fixierbädern *verwendet.*

Kobaltchlorid, $CoCl_2 \cdot 6\,H_2O$. MG: 238. Blaßrote, wasserlösliche Kristalle. Produkt mit Bezeichnung rein ist für Photozwecke geeignet.

Verwendung zur Brauntonung von Entwicklungspapieren und zur indirekten Grüntonung.

Kobaltsulfat, $CoSO_4 \cdot 7\,H_2O$. MG: 281. Dunkelrote, wasserlösliche Kristalle. Im Handel techn. und reinst.

Verwendung für Tonungen von Papieren (129, 406, 541).

Kollodiumwolle, Nitrozellulose. Faserige weiße Wolle. Man unterscheidet A- und E-Wollen verschiedener Viskosität (Zähflüssigkeit der Lösungen). Die Lösung in Ätheralkohol wird als Kollodium bezeichnet und ist in 2 ... 6%iger Lösung im Handel. Dient zur Ausübung des nassen Kollodiumverfahrens und zur Herstellung der Zelloïdinpapier-Emulsion. Die photographischen Filme bestehen aus Nitrozellulose. Nitrozellulose ist feuergefährlich. Lösungen müssen kühl aufbewahrt werden, die Flaschen sind mit Gummistopfen zu verschließen.

Kopalharz, copalum. Sehr harte, schwer lösliche Harze. Manilakopal, Sansibarkopal, Kaurikakopal, Angolakopal sind die wichtigsten. Leicht löslich in Chloroform, wenig in Benzol und Schwefelkohlenstoff, unlöslich in Alkohol.

Verwendung zu harten Negativlacken und Firnissen.

Kupferchlorid, Cuprichlorid, cuprum bichloratum, $CuCl_2 \cdot 2\,H_2O$. MG: 170,52. Grüne Kristalle, an feuchter Luft zerfließend, fluoreszierend in trockener Luft. Sehr leicht löslich in Wasser, leicht löslich in Alkohol und Methanol. Für photographische Zwecke ist das Produkt mit der Reinheitsbezeichnung rein krist. zu verwenden. Die Lösung des Salzes dient zum Ausbleichen (Chlorieren) von Negativen, Entwicklungskopien für den Bromöldruck und indirekte Tonungen sowie für Abschwächer.

Kupfersulfat, Cuprisulfat, Kupfervitriol, cuprum sulfuricum. $CuSO_4 \cdot 5\,H_2O$. MG: 249,71. Große, lasurblaue, durchsichtige, an der Luft oberflächlich verwitternde Kristalle. Leicht löslich in Wasser, unlöslich in Alkohol. Gift! Handelssorten: Roh, krist. DAB 6; roh gepulvert;

roh feingepulvert; reinst, krist. DAB 6; reinst gepulvert; reinst feingepulvert; chem. rein p. A. Für Photozwecke ist die Ware reinst krist.
DAB 6 geeignet.

Verwendung: Zusatz zu Eisenentwicklern im nassen Verfahren, für
Kupferverstärker, Kupfertonbäder, als Beize für Farbstofftonungen. Das
wasserfreie Salz dient zum Entwässern des Alkohols.

Leuchtfarben, Luminophore. Stark geglühte Sulfide des Bariums,
Strontiums und Kalziums. Leuchten nach Belichtung im Dunkeln blau,
gelb oder grün. Werden verwendet in der Luminographie als Lichtquelle
zur Herstellung von Photokopien. Als Dunkelkammerbeleuchtung mit
Vorsicht zu verwenden bei hochsensibilisiertem Negativmaterial.

Magnesiumsilikat, Talkum, Federweiß, magnesium silicicum, Mg_3H_2
$(SiO_2)_4$. Lockeres weißes Pulver, sich fettig anfühlend.

Verwendung zum Einreiben von Glasplatten zur Hochglanzerzeugung
auf Photopapieren.

Mastix, resina Mastiche. Harz von Pistacia lentiscus, hauptsächlich
aus der Levante. Längliche und runde Körner bis 2 cm Durchmesser.
Oberfläche ist bestäubt, jedoch nicht infolge Reibung der Körner, diese
Erscheinung ist ein natürliches Merkmal. Mastix ist härter als Dammar,
jedoch weicher als Sandarak. SpG: 1,04 ... 1,079. Löslich in Alkohol,
Äther, Chloroform, schwer löslich in Azeton, Benzin. Schmeckt würzig
und wird im Gegensatz zu anderen Harzen beim Kauen teigig.

Verwendung: Für Negativlacke.

Methylalkohol, Methanol, Holzgeist, alkohol methylicus, CH_3OH.
MG: 32,03. Farblose, mit nicht leuchtender Flamme brennbare, leicht
bewegliche, eigenartig riechende Flüssigkeit. SpG: 0,798. Kp: 66° C.
Mischbar mit Wasser, Alkohol, Äther. Lösungsmittel für Harze, Fette,
Öle, Farbstoffe. Handelssorten: Rein, reinst und reinst azetonfrei. Die
reine Ware ist für photographische Zwecke ausreichend. Giftig! Genuß
führt zur Erblindung!

Verwendung: Lösungsmittel für Farbstoffe und Farbkuppler in der
chromogenen Entwicklung; Trocknungsmittel für Negative. Zusatz zu
hochkonzentrierter Entwicklerlösung, um Ausfällungen zu verhüten.

Milchsäure, acidum lacticum, $CH_3CH(OH)COOH$. MG: 90,05. Farblose, geruchlose, sirupartige Flüssigkeit. F: 18°C. Kp: 119 ... 120°C.
Mit Alkohol und Äther mischbar. Handelssorten: techn., gelb, 50% und 80%;
chem. rein, weiß, SpG: 1,24; chem. rein, DAB. 6., SpG: 1,21.

Verwendung in Farbstoffbädern, Beizbädern, bei photomechanischen
Druckverfahren, als Ersatz für Essigsäure in sauren Härtefixierbädern
(24,0 ccm Milchsäure 80%ig können 28 ccm Eisessig (100%ig) ersetzen).

Natriumazetat, essigsaures Natrium, natrium aceticum, $CH_3COONa \cdot$
$\cdot\ 3\ H_2O$. MG: 136,07. Farblose, durchsichtige Kristalle. Sehr leicht in
Wasser löslich, löslich in Alkohol. Handelssorten: Natriumazetat (Rotsalz)
krist.; gereinigt, geschmolzen; reinst krist. DAB 6; chem. rein krist. p. A.
Für Photozwecke ist reinst krist. zu verwenden.

Verwendung: In Tonbädern; Verzögerer in Hydrochinon-Entwicklern;
als Puffer in essigsauren Lösungen.

Natriumbikarbonat, doppeltkohlensaures Natron, natrium bicarbo-
nicum, $NaHCO_3$. MG: 84,01. Feines weißes Pulver. Leicht löslich in Wasser,
zersetzt sich zum Teil in heißem Wasser. Schwach alkalisch, neutralisiert
Säuren. Handelssorten: rein gepulvert; reinst gepulvert DAB 6; chem.

rein p. A. Reinst DAB 6 ist in der Photographie zu verwenden. Ist in gut verschlossenen Gefäßen aufzubewahren.

Verwendung: In Hydrochinon-Entwicklern zur Schleierverhütung, in Goldtonfixierbädern.

Natriumbisulfat, Natriumhydrogensulfat, natrium bisulfuricum, $NaHSO_4 \cdot H_2O$. MG: 138,08. Farblose, geruchlose Kristalle. Sehr leicht in Wasser löslich. Handelssorten: rein krist., für Photozwecke geeignet; chem. rein, krist. p. A. Außerdem die wasserfreien Salze: rein geschmolzen und rein trocken.

Verwendung: Als Unterbrecherbäder; in Verbindung mit Natriumazetat als Ersatz für Essigsäure; das wasserfreie Salz kann in Trockenpackungen als Ersatz für die Schwefelsäure verwendet werden.

Natriumbisulfit, saures Natriumsulfit, Natriumpyrosulfit, natrium bisulfurosum, $NaHSO_3$. MG: 104,07. Weißes kristallines Pulver. Löslich in Wasser, unlöslich in Alkohol. Reinheitsforderungen: Gesamtgehalt $\geqslant 105\%$ (Anwesenheit von Natriummetabisulfit) (SO_2-Gehalt $\geqslant 56\%$); Thiosulfat $\leqslant 0,1\%$; unlösliche Ausfällungen mit Ammoniak $\leqslant 0,5\%$; Blei $\leqslant 0,005\%$; Eisen $\leqslant 0,005\%$; reduzierende Bestandteile und Lösung: wie Kaliummetabisulfit.

Verwendung: An Stelle von Kaliummetabisulfit als Unterbrecherbäder für Papiere (4%ig); zur Ansäuerung von Fixierbädern; zur Herstellung von hochkonzentrierten Entwicklerlösungen. Klärbad bei der Umkehrentwicklung. Die techn. Bisulfitlauge des Handels von 40° Bé ist etwa 60 ... 62%ig.

Natriumkarbonat, Soda, kohlensaures Natrium, natrium carbonicum. Kommt in drei Formen mit verschiedenem Wassergehalt in den Handel: Natriumkarbonat wasserfrei, Na_2CO_3. MG: 106,00. Weißes Pulver. Natriumkarbonat Monohydrat, $Na_2CO_3 \cdot H_2O$. MG: 124,00. Weißes Pulver. Natriumkarbonat Dekahydrat, $Na_2CO_3 \cdot 10\,H_2O$. MG: 286,00. Durchscheinende große Kristalle. Für photographische Zwecke wird bevorzugt in Deutschland reinst, getrocknet DAB. 6 verwendet. In angelsächsischen Ländern wird das Monohydrat bevorzugt. Reinheitsforderungen für Natriumkarbonat wasserfrei: Gesamtgehalt $\geqslant 98\%$; Natriumbikarbonat $\leqslant 0,17\%$; Natriumhydroxyd $\leqslant 0,4\%$; Natriumchlorid $\leqslant 0,1\%$; Blei $\leqslant 0,001\%$; Eisen $\leqslant 0,001\%$; reduzierende Substanzen: 1 g gelöst in 20 ccm dest. Wasser, hinzugefügt 10 ccm 10%ige ammoniakalische Silbernitratlösung, darf nach zwei Minuten keine Trübung und Färbung geben, die stärker ist als die gleiche Prüfung mit reinem Wasser. Eine 20%ige Lösung muß klar und ungefärbt sein.

Verwendung: Als Alkali in Entwicklerlösungen. 37 Teile des wasserfreien Salzes entsprechen 43 Teilen des Monohydrates oder 100 Teilen Soda krist.

Natriumchlorid, Chlornatrium, Kochsalz, natrium chloratum, NaCl. MG: 58,45. Farblose, transparente Kristalle oder weißes kristallines Pulver. Sehr leicht in Wasser löslich, schwer löslich in Alkohol. Für Photozwecke geeignet reinst krist. DAB 6.

Verwendung in Bleichbädern und als Zusatz beim Persulfatabschwächer.

Natriumhydrosulfit, Natriumdithionit, Blankit, $Na_2S_2O_4 \cdot 2\,H_2O$. MG: 210,15. Weißes bis grauweißes Pulver, sehr leicht in Wasser löslich. Zersetzt sich an feuchter Luft.

Verwendung als Silberfällungsmittel aus Fixierbädern und als Farbstoffbleicher.

Natriumhydroxyd, Ätznatron, kaustische Soda, natrium hydricum, NaOH. MG: 40,01. Weiße, zerfließliche Plätzchen, Schuppen oder Stangen. Sehr leicht unter Wärmeentwicklung in Wasser löslich. Handelssorten: techn.; depuratum; purum; purissimum; chem. rein p. A. Ware mit Reinheitsbezeichnung purum ist für Photozwecke ausreichend. Forderungen: Gesamtgehalt $\geqslant 95\%$; Karbonat $\leqslant 2,5\%$; Chloride (NaCl) $\leqslant 0,5\%$; Blei $\leqslant 0,003\%$; Eisen $\leqslant 0,002\%$. Eine 10%ige Lösung in dest. Wasser muß klar und nur von geringer Opaleszenz sein, es dürfen innerhalb zehn Minuten keine Ausfällungen und Trübungen entstehen.

Verwendung als Alkali für Entwickler.

Natriumnitrit, salpetrigsaures Natrium, natrium nitrosum, $NaNO_2$. MG: 69. Eigenschaften und Aussehen wie Kaliumnitrit, jedoch weniger zerfließlich.

Verwendung für Auskopieremulsionen. Entfärbt Rotfärbung von Negativen und Händen durch Phenosafraninlösungen.

Natriummetaborat, $Na_2B_2O_4 \cdot 4\,H_2O$. MG: 203,70. Monokline, weiße Kristalle. Leicht löslich in Wasser, unlöslich in Alkohol und Äther. Reinheitsforderungen für Photozwecke: Gesamtgehalt $\geqslant 98,5\%$; Azidität (Metaborsäure) $\leqslant 1\%$; freies Alkali (NaOH) $\leqslant 0,2\%$; Blei $\leqslant 0,001\%$; Eisen $\leqslant 0,003\%$. Reduzierende Substanzen: 0,6 g werden in 20 ccm dest. Wasser gelöst, 10 ccm einer 10%igen ammoniakalischen Silbernitratlösung zugesetzt, innerhalb von zwei Minuten darf weder Trübung noch Färbung auftreten.

Verwendung: Als Alkali in Entwicklern. Bei Verwendung von Metaborat tritt keine Blasenbildung der Schicht in sauren Unterbrecherbädern auf, wie gelegentlich bei Karbonatalkalien beobachtet, ebenso keine Schlammbildung in Alaunfixierbädern. Kodalk der Kodak Ltd. entspricht in seiner Wirkung dem Natriummetaborat.

Natriumphosphat, phosphorsaures Natrium, natrium phosphoricum. Es sind drei verschiedene Salze zu unterscheiden:

Natriumphosphat primär, Mononatriumphosphat, $NaH_2PO_4 \cdot H_2O$. MG: 138. Farbloso, in Wasser leicht lösliche Kristalle, deren Lösung sauer reagiert. Für Photozwecke geeignete H a n d e l s s o r t e : reinst. Verwendung in Platintonbädern.

Natriumphosphat sekundär, Dinatriumphosphat, $Na_2HPO_4 \cdot 12\,H_2O$. MG: 358,22. Farblose, transparente Kristalle, leicht löslich in Wasser. Lösung reagiert schwach alkalisch und wird durch Phenolphthalein schwach gerötet. Handelssorten: depuratum; doppelt gereinigt; reinst krist. DAB 6; reinst getrocknet mit 50 ... 100% Na_2HPO_4.

Verwendung: Für Goldtonbäder und Zusatz zu Entwicklern für Platindrucke.

Natriumphosphat tertiär, Trinatriumphosphat, dreibasisches Natriumphosphat, $Na_3PO_4 \cdot 12\,H_2O$. MG: 380,21. Leicht verwitternde, farblose Kristalle. Lösung von alkalischer Reaktion.

Verwendung: Als Alkali in Entwicklern, zur Wasserenthärtung.

Natriumsulfat, schwefelsaures Natrium, Glaubersalz, natrium sulfuratum. Kommt in kristallwasserhaltiger Form, $Na_2SO_4 \cdot 10\,H_2O$; MG: 322,06 und wasserfreier Form vor, Na_2SO_4; MG: 142,06. Das wasserfreie Salz wird bevorzugt in der Photographie verwendet. Erforderlicher Reinheitsgrad: reinst wasserfrei. Qualitätsansprüche: Gesamtgehalt $\geqslant 99\%$; Basizität (Na_2CO_3) $\leqslant 0,25\%$; Halogene (NaCl) $\leqslant 0,1\%$; unlösliche Ausfällungen durch Ammoniak, Ammoniumoxalat, Ammoniumphosphat primär $\leqslant 0,5\%$; Blei $\leqslant 0,005\%$; Eisen $\leqslant 0,005\%$; eine 25%ige Lösung muß klar und ungefärbt sein.

Verwendung: In Tropenentwicklern zur Verminderung der Schichtquellung.

Natriumsulfid, Schwefelnatrium, natrium sulfuratum, $Na_2S \cdot 9\ H_2O$. MG: 240,20. Farblose, sehr leicht zerfließende Kristalle. Leicht löslich in Wasser, schwer löslich in Alkohol. Die Lösung riecht nach faulen Eiern und ist stark alkalisch. Muß in gut verschlossenen Flaschen, deren Korken mit Paraffin vergossen sind, aufbewahrt werden. Handelssorten: techn. krist.; rein krist. sulfitfrei; chem. rein krist. p. A. Daneben kommt auch ein Schwefelnatrium in wasserfreier geschmolzener Form vor. Sorten: techn. geschmolzen 60 ... 62%; rein geschmolzen. Für photographische Zwecke ist die reine krist. sulfitfreie Ware zu verwenden.

Verwendung: Als Schwefeltoner; zur Schwärzung von Kollodiumnegativen; beim Umkehrprozeß an Stelle der zweiten Entwicklung. Die geschmolzene wasserfreie Ware kann verwendet werden, um die Hände von Entwicklerflecken zu reinigen. Abreiben der Hände mit Schwefelnatriumstücken, gut spülen und waschen. Vorsicht bei offenen Stellen und Wunden!

Natriumsulfit, schwefligsaures Natrium, natrium sulfurosum. Das Salz kommt in zwei Formen in den Handel: Natriumsulfit wasserfrei, Na_2SO_3; MG: 126,08. Natriumsulfit krist., $Na_2SO_3 \cdot 7\ H_2O$; MG: 252,16. Natriumsulfit krist. besteht aus farblosen Kristallen verschiedener Größe, verwittert leicht an der Luft und zersetzt sich hierbei zum Teil zu Natriumsulfat. Das verwitterte Salz ist für photographische Zwecke ungeeignet. Wasserfreies Natriumsulfit ist wesentlich beständiger und deswegen vorzuziehen. Natriumsulfit wasserfrei ist ein weißes, mehliges oder feingranuliertes Pulver, leicht löslich in Wasser, unlöslich in Alkohol. Reinheitsforderungen: Gesamtgehalt $Na_2SO_3 \geqslant 96\%$; Basizität $(Na_2CO_3) \leqslant 0,15\%$; Natriumthiosulfat krist. $\leqslant 0,1\%$; unlösliche Ausfällungen mit Ammoniak $\leqslant 0,5\%$; Schwermetalle (Pb) $\leqslant 0,002\%$; Eisen $\leqslant 0,005\%$. Reduzierende Substanzen und Klarheit der Lösung wie bei Natriumkarbonat. Natriumsulfitlösungen reagieren infolge Hydrolyse alkalisch. Es gibt kein neutral reagierendes Natriumsulfit; reinstes Natriumsulfit zeigt bei einer 10%igen Lösung einen pH-Wert von 9,6 ... 10,0. Neben der chemischen Beschaffenheit ist diese Eigenschaft für den photographischen Gebrauch von größter Bedeutung. Natriumsulfitlösungen sind nicht haltbar, wesentlich haltbarer sind sie bei Gegenwart von Alkalien.

Verwendung: Als Konservierungsmittel in photographischen Entwicklern; Bestandteil des sauren Fixierbades als Puffer. Ein Teil Natriumsulfit wasserfrei (sicc.) entspricht zwei Teilen Natriumsulfit krist.

Natriumsulfoantimoniat, Natriumthioantimoniat, Schlippesches Salz, $Na_3SbS_4 \cdot 9\ H_2O$. MG: 481,13. Farblose oder hellgelbe, große Kristalle. Sehr leicht in Wasser löslich, unlöslich in Alkohol. Handelssorte techn. ist für Photozwecke geeignet.

Verwendung: Negativverstärker und zur Tonung. Gibt auf Entwicklungspapieren orangerote Töne, die leicht nachdunkeln.

Natriumtetraborat s. Borax.

Natriumthiosulfat, Natriumhyposulfit, unterschwefligsaures Natron, Fixiernatron, natrium hyposulfurosum. Kommt in zwei Formen in den

Handel: als kristallwasserhaltiges Salz, $Na_2S_2O_3 \cdot 5\,H_2O$; MG: 248,20 und als wasserfreies Salz, $Na_2S_2O_3$; MG: 158,20.

Natriumthiosulfat krist., auch Antichlor genannt, sind transparente Kristalle verschiedener Größe. Ausgesuchte Ware sind Perlen nahezu gleicher Größe (Perlform). Sehr leicht in Wasser löslich, unlöslich in Alkohol, löslich in Terpentin. Bei der Auflösung wird Wärme verbraucht, die Lösung kühlt sich stark ab. Für Photozwecke ist die Handelssorte rein krist. geeignet. Reinheitsforderungen: Gesamtgehalt $\geqslant 99\%$; unlösliche Bestandteile $\leqslant 0,2\%$; Neutralität: Wenn Phenolphthalein in einer 5%igen Lösung eine schwache Rosafärbung gibt, muß diese durch Zusatz von 0,2 ccm 0,1n HCl auf 100 ccm entfärbt werden; $Na_2S \leqslant 0,002\%$; Schwermetalle (Pb) $\leqslant 0,002\%$; Eisen $\leqslant 0,005\%$; eine 40%ige Lösung muß klar, ohne Trübung sein.

Natriumthiosulfat wasserfrei (sicc.) ist eine pulvrige oder feingranulierte Substanz, von weißer bis grau-weißer Farbe. Löslichkeit wie bei der wasserhaltigen Substanz. Die Auflösung erfolgt schneller, da nur wenig Abkühlung auftritt. Das wasserfreie Salz ist etwas hygroskopisch und wird deswegen beim Lagern vielfach hart, es tritt hierbei keine chemische Zersetzung ein. Reinheitsforderungen: Gesamtgehalt $\geqslant 97\%$; unlösliche Ausfällungen durch Ammoniak $\leqslant 0,4\%$. Neutralität: 5 g werden in 100 ccm Wasser gelöst; tritt bei Zusatz von Phenolphthalein eine Rosafärbung ein, so muß diese durch Zusatz von 0,7 ccm 0,1 n HCl entfärbt werden; ist keine Färbung feststellbar, so muß diese erscheinen durch Zusatz von 0,1 ccm 0,1 n NaOH; $Na_2S \leqslant 0,002\%$; Schwermetalle (Pb) $\leqslant 0,005\%$; Eisen $\leqslant 0,01\%$. Eine 25%ige Lösung muß klar und ohne Trübung innerhalb vier Stunden sein und bleiben.

Verwendung: Lösungsmittel für Halogensilber, Fixiermittel für photographische Schichten; in Verbindung mit Ammoniumchlorid dient es zur Herstellung von Schnellfixierbädern; Bestandteil des Blutlaugensalzabschwächers. Fixiernatron greift Kupfer an, Lösungen dürfen deswegen nicht in kupferhaltigen Metallgefäßen angesetzt oder aufbewahrt werden. Ein Teil Natriumthiosulfat sicc. entspricht 1,57 Teilen Natriumthiosulfat krist.

Netzmittel sind wasserlösliche, grenzflächenaktive Verbindungen, die in den letzten Jahrzehnten in der Waschmittelindustrie große Bedeutung erlangt und in den letzten Jahren auch in der Photographie in vermehrtem Maße Eingang gefunden haben (289). Durch die besondere chemische Struktur werden diese Verbindungen bevorzugt orientiert in den Grenzflächen, welche die wässerige Lösung mit anderen Phasen, in der Photographie die Schicht bildet, adsorbiert. Infolge dieser Adsorption werden die Eigenschaften der Grenzfläche wesentlich verändert, es tritt hierdurch eine Erniedrigung der Grenzflächenspannung ein. Die Schicht wird schneller benetzt und der Flüssigkeitsfilm an der Oberfläche ist gleichmäßiger. Das Molekül der wasserlöslichen, grenzflächenaktiven Stoffe besteht zunächst aus einem langgestreckten Grundkörper oder einer Kette. Als solcher dient im einfachsten Fall ein aliphatischer, normaler, unverzweigter Kohlenwasserstoffrest mit etwa 8 ... 16 Kohlenstoffatomen:

$$CH_3 \cdot CH_2 \cdot CH_2 \cdot CH_2 \cdot CH_2 \cdot CH_2 \cdot CH_2 \cdot CH_2 \cdot CH_2 \cdot CH_2 \cdot CH_2 -$$

oder vereinfacht ——————— —

Diese Kette kann auch durch Heterogruppen unterbrochen sein, z. B.

——————— $CO \cdot NH \cdot CH_2 \cdot CH_2 -$

Das linke Ende dieses Grundkörpers ist immer gleich, hydrophobe (wasserabstoßende) Gruppe, während am rechten Ende drei verschiedene Arten von Gruppen stehen können: saure neutralisierte Gruppen (z. B. — COONa, — SO_3Na), basische neutralisierte Gruppen (z. B. — $NH_2 \cdot HCl$) und Häufungen von OH-Gruppen oder Äther-Brücken (z. B. — $O(CH_2 \cdot CH_2 \cdot O)_x \cdot H$). Je nachdem, ob diese wasserlöslichmachende Gruppe sauer, basisch oder keines von beiden ist, unterscheidet man anionaktive, kationaktive und nichtionogene Produkte.

Beispiel:	Grundkettenrest	Gegenion	Ionogenität
Alkylsulfonat	———— SO_3 —	Na^+	anionaktiv
Alkylpyridinium-chlorid	———— 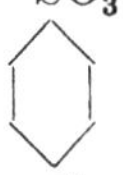 N^+	Cl^-	kationaktiv
Polyäthylen-äther	— $O(CH_2 \cdot CH_2 \cdot O)_x H$		nichtionogen

Untersuchungen über die Eignung der drei verschiedenen Gruppen für photographische Zwecke liegen bisher nicht vor. Besonders große Netzwirkung besitzen die sekundären Alkylsulfate (hydrophile Gruppe mittelständig) und die Polyäthersulfate. Diese Produkte sind anionaktiv und alle für photographische Zwecke im Handel befindliche Netzmittel gehören dieser Gruppe an. Bekannt als Netzmittel sind: *Natriumlaurylsulfat*, weiße Kristalle; *Alborit*, weißes Pulver; *Ochsengalle*, gelbliches, hygroskopisches Pulver, bezeichnet als sicc., oder als sirupartige schwarze Masse, bezeichnet mit inspissatum.

Verwendung: Netzmittel werden in der Photographie verwendet als Zusatz zu Entwicklern und Bädern zur Verhütung von Luftblasenbildung und zur Förderung der gleichmäßigen Einwirkung. Besonders von Vorteil ist ihre Verwendung zur Schlußbehandlung der Negative nach der Wässerung. Durch Behandlung in einem Netzmittelbad werden Wasserflecken auf den Negativen beim Trocknen verhindert, außerdem wird der Trocknungsvorgang beschleunigt. Netzmittel sind auch ein wirksames Hilfsmittel zur Hochglanzerzeugung auf Papieren bei der Heißtrocknung. Natriumlaurylsulfat sowie Alborit sind von universeller Anwendbarkeit, Ochsengalle dagegen dient nur zur Hochglanztrocknung auf heißem wie auf kaltem Wege (Glasplatten). Alle Netzmittel werden in äußerst verdünnten Lösungen angewandt.

Alborit ist cholsaures Natrium, Ochsengalle enthält Glykochol- und Taurocholsäure.

Oxalsäure, *Kleesäure,* acidum oxalicum, $(COOH)_2$. MG: 90,05. Transparente, farb- und geruchlose Kristalle, leicht löslich in Wasser, leicht löslich in Alkohol, schwer löslich in Äther. Gift! Für photographische Zwecke geeignete Handelssorte: reinst krist.

Verwendung: Beschleuniger in Eisenenwickler für nasses Verfahren; zur Entfernung von Tintenflecken und Entwicklerflecken; Zusatz in Farbstofftonbädern.

Paraffin, Gemisch von Kohlenwasserstoffen. Kristalline, wachsähnliche meist farblose Masse, löslich in Benzin, Äther, Schwefelkohlenstoff. Weichparaffin schmilzt bei 30 ... 50° C., Hartparaffin bei 50 ... 60° C.

Verwendung: In Benzin gelöst zum Durchsichtigmachen von Papieren, um sie kopierfähig zu machen; zur Abdichtung von Korken, um Lufteinwirkung bei empfindlichen Chemikalien zu verhindern.

Quecksilberchlorid, Merkurichlorid, Sublimat, hydrargyrum bichloratum, $HgCl_2$. MG: 271,52. Weiße Kristalle oder weißes Pulver, geruchlos, widerlich metallisch schmeckend. Leicht löslich in Wasser, Alkohol und Äther. Sehr starkes Gift! Handelssorten: Stücke, DAB 6; gepulvert DAB 6; rekrist. chem. rein p. A. Für Photozwecke ist die gepulverte Ware vorzuziehen.

Verwendung für Negativverstärker.

Quecksilberjodid, rotes Jodquecksilber, Merkurijodid, hydrargyrum bijodatum, HgJ_2. MG: 454,47. Scharlachrotes Pulver, schwer löslich in Wasser, leicht löslich in Kaliumjodid, Natriumsulfit, Natriumthiosulfat. Lösungen sind lichtempfindlich. Sehr starkes Gift! Für Photozwecke DAB 6-Ware geeignet.

Verwendung als Verstärker.

Salpetersäure, acidum nitricum, HNO_3. MG: 63,02. Farblose, bis schwach gelbliche, die Haut stark ätzende, stechend riechende Flüssigkeit. Handelssorten: Reinst, DAB 6; reinst 1,40 = 42° Bé (65%); reinst 1,42 = 43,5° Bé (72%); rauchend rein DAB 6 1,52 (98%) und chem. rein in verschiedenen Stärken. Alle diese Sorten sind in der Photographie verwendbar. Salpetersäure ist das wichtigste Lösungsmittel für Silber, hierbei entsteht Silbernitrat. Die Salze der Salpetersäure heißen Nitrate. Ihre Dämpfe sind gesundheitsschädlich.

Verwendung: Zum Säuern von Glasplatten; zum Ansäuern des Silberbades im nassen Verfahren; als Ätzmittel in der Photolithographie.

Salzsäure, Chlorwasserstoffsäure, acidum hydrochloricum, HCl. MG: 36,47. Farblose, in rohem Zustand gelbgefärbte, ätzende, in konzentriertem Zustand an der Luft rauchende und stechend riechende Flüssigkeit. Handelssorten: Rohe Salzsäure von 20 ... 22° Bé; gereinigt und arsenfrei SpG: 1,16; rein DAB 6. SpG: 1,16; rein SpG: 1,18; rein rauchend SpG: 1,19 und chem. rein in verschiedenen Stärken. Rauchende, SpG: 1,19 ist etwa 30%ig.

Verwendung: Im Platinverfahren zur Fixierung und Klärung; in Vanadium-, Eisen- und Kupfertonbädern; für Verstärker; zum Reinigen von Schalen und Tanks. Für Reinigungszwecke kann rohe Salzsäure verwendet werden. Zur chemischen Behandlung von Schichten muß reine Ware benutzt werden. Reinheitsforderungen: Gehalt $\geqslant 35\%$; Aschegehalt $\leqslant 0,05\%$; Arsen $\leqslant 0,0005\%$; Schwermetalle (Pb) $\leqslant 0,005\%$; Eisen $\leqslant 0,001\%$; Abwesenheit von freiem Chlor: 25 ccm werden mit der gleichen Menge Wasser verdünnt und 2 ccm einer frischen 2%igen Kaliumjodidlösung und 1 ccm Chloroform oder Tetrachlorkohlenstoff zugefügt und geschüttelt: das organische Lösungsmittel darf keine Färbung zeigen.

Sandarak, resina Sandaraca. Harz einer afrikanischen Conifere. Rundliche Körner von 0,5 ... 1,5 cm Durchmesser oder lange, tränenartige Stücke bis 3,5 cm. Die besten Sorten sind weingelb, gewöhnliche gelblich bis rotbraun. Beim Kauen bildet sich ein nicht klebendes Pulver, während Mastix teigig wird. Sandarac erweicht unter 100° C und schmilzt bei 145 ... 148° C. SpG: 1,96 ... 1,99. In Alkohol, Äther, Benzol, Chloroform teilweise bis vollkommen löslich. In Schwefelsäure löslich mit kirschroter Farbe.

Verwendung für Firnisse, Retuschierfirnisse; Negativmattlacke.

Schellack, lacca. Harzartige Masse, die durch den Stich einer Blattlaus an ostindischen Bäumen entsteht. Im Handel als helle bis dunkelbraune

Blättchen. Beste Sorte der blonde Schellack oder Orangeschellack. Löslich in Alkohol, Alkalien und Borax.

Verwendung: Als Kopierschicht in der Chemiegraphie; zur Herstellung von Glanzlacken; gebleichter Schellack in Boraxlösung dient als Negativfirnis; Trockenaufziehfolien für Bilder sind mit alkoholischer Schellacklösung getränkt.

Schwefelsäure, acidum sulfuricum, H_2SO_4. MG: 98,08. Schwere, ölige, farblose Flüssigkeit, sehr stark ätzend. Chem. reine Schwefelsäure hat SpG: 1,84. Verdünnte Schwefelsäure ist ein Gemisch von 5 Teilen Wasser mit 1 Teil konz. Säure, SpG: 1,112. Beim Mischen muß stets die Säure unter Umrühren dem Wasser zugesetzt werden, wobei starke Erwärmung auftritt. Niemals umgekehrt, da sonst Verspritzen eintritt. Akkumulatorensäure hat SpG: 1,24. Für photographische Zwecke ist chem. reine Säure zu verwenden. Reinheitsforderungen: *Gehalt:* $\geqslant 93,2\%$; Asche $\leqslant 0,03\%$; Halogene (NaCl) $\leqslant 0,0015\%$; Arsen $\leqslant 0,0001\%$; Schwermetalle (Pb) $\leqslant 0,005\%$; Eisen $\leqslant 0,005\%$. Abwesenheit von reduzierenden Bestandteilen: 20 ccm werden in 60 ccm Wasser gegossen, gekühlt und 0,5 ccm 0,1 n $KMnO_4$-Lösung zugesetzt; die Rosafärbung muß wenigstens 5 Minuten bestehen bleiben; eine 10%ige Lösung in Wasser muß klar und ungetrübt sein wie reines Wasser.

Verwendung: Zusatz zu Eisenentwicklern; zur Ansäuerung von Abschwächern und Zusatz zu Bleichbädern; Zusatz zu Chromalaunfixierbädern; zur Entfernung der Gelatineschicht von Glasplatten.

Selen, selenium, Se. Atomgewicht: 79,2. Kommt in zwei Arten vor: metallisches, graues Selen, in Schwefelkohlenstoff unlöslich, leitet den elektrischen Strom bei Belichtung (Selenzelle) und rotes, amorphes Selen. Letzteres löslich in Schwefelkohlenstoff und in Schwefelnatrium.

Verwendung: In der Photographie wird das rote Selen *verwendet* zur Herstellung von Tonbädern, zur Brauntonung von Entwicklungspapieren.

Silbernitrat, salpetersaures Silber, argentum nitricum, $AgNO_3$. MG: 169,89. Farblose, durchsichtige Kristallblättchen, sehr leicht in Wasser löslich, schwer löslich in Alkohol und Äther. Für photographische Zwecke ist chem. reine Ware zu verwenden. Giftig!

Verwendung: Alle in der Photographie verwendeten Silbersalze werden aus Silbernitrat hergestellt; direkte Verwendung für das nasse Verfahren; für Verstärker; zur physikalischen Entwicklung. Silberflecke an den Händen werden entfernt durch Betupfen mit Jodlösung bis zur Gelbfärbung und anschließende Behandlung mit Natriumthiosulfatlösung.

Stabilisatoren sind Substanzen, die der Emulsion bei der Fabrikation bzw. den Entwicklern bei der Verarbeitung zugesetzt werden, um das Auftreten des Gelb- und Grauschleiers zu verhüten und den Bildton zu beeinflussen. Bei derartigen Zusätzen zu den Entwicklern ist eine Beeinflussung der Gradation und vor allem der Empfindlichkeit mit einer negativen Wirkung unerwünscht, dagegen wird ihnen vielfach eine günstige Beeinflussung der Kornstruktur bei Negativen zugesprochen. Im folgenden sind eine Reihe von Stabilisatoren zusammengestellt, die als Zusätze zu Entwicklern geeignet sind.

Jod. Zusatz etwa 0,6 g je Liter zur Verhütung von Grau- und Gelbschleier bei überlagerten Papieren (498).

Azetylen. Zusatz 0,1 ... 1 g je Liter (658).

Thiosalizylnatrium. Zusatz 0,1 g je Liter (53).

Thiobarbitursäure. Zusatz bis 2 g je Liter Entwickler. Empfindlichkeitsabnahme beträchtlich, besonders bei Hydrochinon-Entwicklern, weniger bei Pyrogallol-Entwicklern. Antischleierwirkung gut, lösende Wirkung auf das Silberkorn (550).

Thioacetanilid. Zusatz 0,05 g je Liter.

Thioacetnaphthalid. Zusatz 0,04 g je Liter. Keine Veränderung der Gradation (276).

Jod substituierte, aliphatische Karbonsäuren. Zusatz 0,02 g je Liter (688).

Jodosobenzol. Zusatz 30 ... 50 ccm kaltgesättigter Lösung auf 1 Liter. (290, 529).

Jodoxybenzol (290, 529).

1,3,5-Triaminobenzol oder andere symmetrische Triaminobenzole zur Erzielung einer besonderen Feinkörnigkeit (701).

Thiosemikarbazide, bei denen mindestens zwei an verschiedenen Stickstoffatomen gebundene Wasserstoffatome durch einwertige aliphatische oder aromatische Radikale ersetzt sind, z. B. 2,4-Diphenylthiosemikarbazid. Zusatzmenge 0,05 g je Liter. *Thiosemikarbazide,* bei denen eines der an Stickstoff gebundenen Wasserstoffatome durch einen mit negativen Gruppen substituierten Sulfon- oder Karbonsäurerest und ein oder mehrere Wasserstoffatome der anderen Stickstoffatome durch Alkyl- oder Arylgruppen substituiert sind, z. B. 4-Methyl-2-m-nitrobenzylthiosemikarbazid. Zusatz 0,01 ... 0,02 g je Liter (673).

5-Nitroindazol, 1-Methyl-5-Nitroindazol. 5-Aminoindazol, p-Nitrobenzylaminoindazol. Zusatz 0,1 g je Liter (678).

Azimide, z. B. Azimidobenzol. Ähnliche Wirkung wie 5-Nitrobenzimidazol. Sehr starke Antischleierwirkung, etwa 50mal stärker als Kaliumbromid.

Azo-Indolizine. Antischleiermittel und Blautoner (58).

2-4-Thioketothiozolidin. Kondensationsprodukt mit basischen aromatischen Aldehyden (702).

Rhodamin, Kondensationsprodukt mit zyklischen Ketonen. Zusatz 0,5 g je Liter (617, 685).

Thiobenzothiazol, Merkaptobenzothiazol, Zusatz 0.1 g je Liter, Methylmerkaptobenzothiazol. Zusatz 0,2 g je Liter (371, 419).

Thiazolchinoline (278).

Benzotriazole. Wichtigste Antischleiermittelsubstanz mit Blautonwirkung bei Chlorsilberpapieren.

1,2,3-Benzotriazol, $C_6H_5N_3$, Strukturformel: MG: 110,12. Gelblichweißes, kristallinisches Pulver. F: 98° C. In Wasser schwer löslich, leicht löslich in Methanol und in Karbonatalkalischen Lösungen. Zusatzmengen: 0,05 ... 0,3 g je Liter. Bewirkt als Nachteil Empfindlichkeitsrückgang. Reinheitsforderungen: F: 95 ... 98° C; Gesamtgehalt $\geqslant 98\%$; 1 g Substanz muß sich bei schwacher Opaleszenz in 100 ccm Wasser, 100 ccm Alkohol abs. lösen; Ascherückstand $\leqslant 0,5\%$; flüchtige Bestandteile (fünf Stunden bei 70° C) $\leqslant 0,5\%$; Chlor. Das Filtrat nach Zusatz von ammoniakalischer Silbernitratlösung darf bei Ansäuerung mit Salpetersäure nur schwache Opaleszenz zeigen; Brom und Jod: zu 5 ccm einer 1%igen wässerigen Lösung werden zugefügt: 1 ccm Schwefelsäure konz., 5 ccm einer Lösung von 1,5% Schwefelsäure und 1,5% Zersulfat, dann 1 ccm Schwefelkohlenstoff oder Chloroform und geschüttelt. Hierbei darf sich die Lösung nicht färben (305, 388, 524, 531, 546, 550, 650—654).

Derivate des Benzotriazols: N-Oxymethyl-1,2,3-Benzotriazol (686); 5-Bromobenzotriazol (297) und weitere (654, 655, 674 a). Das am meisten angewandte Derivat ist das 5-Methylbenzotriazol, dessen Reinheitsforderungen in USA standardisiert sind: Kristallines, weißes bis bräunliches Pulver; Gehalt $\geqslant$ 98%; F: 80 ... 84°C; 1 g Substanz muß sich in 500 ccm heißem Wasser von 50°C lösen oder in 100 ccm Alkohol kalt oder in 208 ccm 10%iger Ätznatronlösung; Ascherückstand $\leqslant$ 0,5%; Chlor, Brom und Jodnachweis wie bei Benzotriazol.

Imidazole. Diese Substanzen sind besonders wirksam bei Bromsilberschichten. Als Antischleiermittel ist besonders wirksam *6-Nitrobenzimidazol*, ohne Wirkung auf Gradation und Empfindlichkeit. Diese Substanz ist identisch mit 5-Nitrobenzimidazol, die beiden Formen sind tautomer:

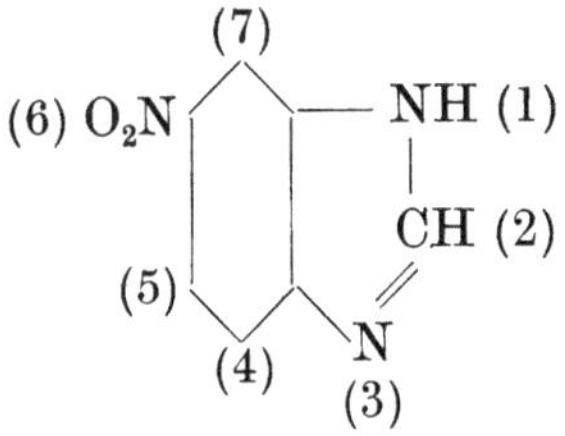

$$
\begin{array}{ll}
\text{(6) } O_2N \quad \text{---NH (1)} & \qquad \text{(5) } O_2N \quad \text{---N (3)} \\
\qquad\qquad \text{CH (2)} & \qquad\qquad\qquad \text{CH (2)} \\
\text{(5) ... (4) ... (3) N} & \qquad \text{(6) ... (7) ... (1) NH}
\end{array}
$$

6-Nitrobenzimidazol 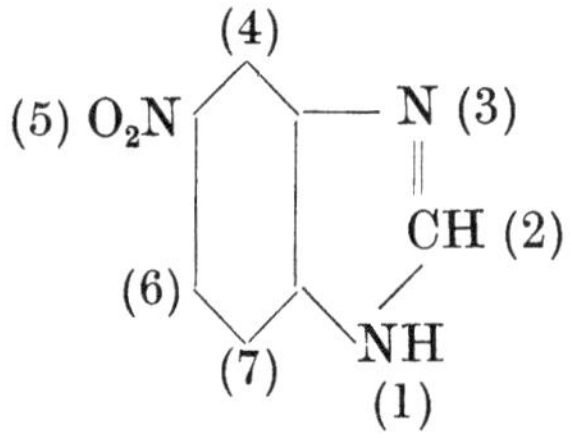   5-Nitrobenzimidazol

MG: 163,13; $C_7H_5O_2N_3$. Gelbes, aus verfilzten Nadeln bestehendes Pulver F: 207°C. In Wasser schwer löslich, leicht löslich in alkalischen Lösungen sowie Ammoniak, Salzsäure, Schwefelsäure, Essigsäure. Zusatzmenge zum Entwickler: 0,05 ... 0,35 g je Liter. Reinheitsforderungen für das Nitrat des 6-Nitrobenzimidazol: Kristallines, gelblich weißes Pulver; F: 215 ... ... 225°C. Die Base, ausgefällt mit einer gesättigten Soda-Lösung, gewaschen und getrocknet zwei Stunden bei 105°C schmilzt bei 204 ... 207°C. Aschegehalt $\leqslant$ 0,5%; flüchtige Bestandteile (1 Stunde bei 105° C) $\leqslant$ 0,2%; Löslichkeit: 0,5% in Wasser von 50°C; $\leqslant$ 0,1% in Alkohol abs. bei 20°C; 1% in 10%iger NaOH mit gelber Farbe. Wird zu 1 ccm einer 0,5%igen wässerigen Lösung 5 ccm einer 10%igen Silbernitratlösung hinzugefügt, so bildet sich ein gelber gelatinierter Niederschlag, der in Ammoniak unlöslich ist (60, 371, 502a, 651).

Derivate des Benzimidazols sind:
Pyrazol-, Polynitroverbindungen (676) und *Merkaptobenzimidazol* (81).

Guanin, Nitroguanidin (81).

Zystin, Zysteinhydrochlorid, in der Wirkung geringer als 6-Nitrobenzimidazol (550).

Protheine (674 b).

Talk, Federweiß, talcum s. Magnesiumsilikat.

Terpentinöl, oleum terebinthinae. Gelbes ätherisches Öl von angenehmem Geruch, das aus dem Harzsaft (Terpentin) von Nadelhölzern durch Destillation mit Wasserdampf gewonnen wird. Hauptbestandteil Pinen, $C_{10}H_{16}$ · SpG: 0,85 ... 0,875. Kp: etwa 160°C. Unlöslich in Wasser, mischbar mit Alkohol, Äther; verharzt durch Lufteinwirkung.

Verwendung: Lösungsmittel für Harze, Fette, Öle, Wachse; für Retuschiermittel.

Tetrachlorkohlenstoff, Tetra, carboneum tetrachloratum, CCl_4. MG: 153,45. Farblose, eigenartig riechende Flüssigkeit. SpG: 1,601; Kp: 77°C. Nicht brennbar.

Verwendung: Lösungsmittel für Harze, Fette; Verwendung für Negativlacke; Filmreinigungsmittel.

Thiocarbamid, Thioharnstoff, Schwefelharnstoff, $(NH_2)_2CS$. MG: 76,12. Farblose, in Wasser und Alkohol leicht lösliche Kristalle.

Verwendung: In Eikonogen-Entwicklern als Konservierungsmittel; in Verbindung mit Zitronensäure zur Entfernung von Gelbschleier; in stark alkalischen Lösungen als nicht riechendes Schwefeltonbad an Stelle von Schwefelnatrium.

Thiosinamin, Allylsulfoharnstoff, Allylsulfocarbamid, $NH_2 \cdot CS \cdot NH$ (C_3H_5). Nach Knoblauch riechende, farblose Kristalle von bitterem Geschmack. Leicht löslich in Wasser, Alkohol und Äther. F: 74°C.

Verwendung: Lösungsmittel für Halogensilbersalze; steigert die Lichtempfindlichkeit der Emulsion; chemische Sensibilisatoren; erzeugt in Verbindung mit Urannitrat Röteltöne auf Chlorsilberpapieren.

Thymol, Methylisopropylphenol, $C_{10}H_{14}O$. Nach Thymian riechende, farblose Kristalle. F: 50°C. Schwer löslich in Wasser, leicht löslich in Methanol, Alkohol, Äther. Dient als Konservierungsmittel in Klebepasten, Gelatine- und Gummilösungen.

Triaethanolamin, $N (CH_2 \cdot CH_2OH)_3$. MG: 149,2. Handelsprodukt: gelbliche, viskose Lösung, nicht flüchtig, geruchlos oder schwach nach Ammoniak riechend; besteht etwa 80...85% aus Triaethanolamin, 15 . 10% aus Diaethanolamin $[N(CH_2 \cdot CH_2OH)_2H]$ und 5% Monaethanolamin $[N(CH_2 \cdot CH_2 \cdot OH)H_2]$; Alkalität stärker als bei Ammoniak; übt keine Wirkung auf Gelatine und Schichtträger aus.

Verwendung: Für Feinkornentwickler als mildes Alkali (M. L. DUNDON, 1922) und chromogene Entwicklung (E. E. JELLEY, 1938). Muß in gut verschlossener Flasche aufbewahrt werden, da es Feuchtigkeit und Kohlensäure anzieht; unter der Einwirkung von Luft verfärbt es sich allmählich dunkelbraun.

Urannitrat, Uranylnitrat, uranium nitricum, $UO_2(NO_3)_2 \cdot 6 H_2O$. MG: 502,28. Große, gelb-grün fluoreszierende Kristalle. Sehr leicht löslich in Wasser, Alkohol und Äther.

Verwendung: Für Uranverstärker und Urantonbäder, Uranlichtpausverfahren, Uransilberpapiere. Uran getonte Bilder können mit basischen Farbstoffen getont werden, wodurch Doppeltöne erzielt werden.

Vanadiumchlorid, VCl_2. MG: 121,7. Apfelgrüne, glänzende Kristalle, stark hygroskopisch und leicht zersetzlich. In Wasser mit grauvioletter Farbe löslich.

Verwendung: Zur Grüntonung.

Wachs, cera, im besonderen Bienenwachs, bestehend aus Ceratinsäure und Palmitinsäuremyricylester. Angenehmer, honigartiger Geruch, SpG: 0,962 ... 0,966. F: 62 ... 64°C. Unlöslich in Wasser, leicht löslich in Benzin, Benzol, Terpentinöl.

Verwendung als Glanzwachs für Retuschierzwecke (Cerat).

Wasserenthärtungsmittel. Wasser ist das meist verwendete Lösungsmittel. Die natürlich vorkommenden Wasser enthalten verschiedene Stoffe in Lösung: Gase (Kohlendioxyd, Sauerstoff, Stickstoff), außerdem eine Reihe von Salzen (Karbonate, Sulfate, Chloride des Natriums, Kaliums, Magnesiums, Kalziums, Eisen- und Manganverbindungen). Die Salze der Erdalkalien, Magnesium und Kalzium, bezeichnet man als Härtebildner des Wassers (s. S. 128). Diese Härtebildner verursachen beim Ansatz von photographischen Lösungen eine Trübung und allmähliche Ausfällung. Durch besondere Zusätze beim Ansatz, sog. Wasserenthärtungsmitteln, können derartige Ausfällungen verhindert werden und es entstehen klare Lösungen. Zur Wasserenthärtung sind besonders geeignet: Natrium-hexametaphosphat $(NaPO_3)_6$, Natriumpyrophosphat, $Na_4P_2O_7 \cdot 10\ H_2O$ und Natriumtetraphosphat, $Na_6P_4O_{12}$. Natriumhexametaphosphat reagiert leicht sauer und bedarf zur Herstellung eines neutralen Enthärtungsmittels eines Zusatzes des alkalisch reagierenden Pyrophosphates. Das Handels-produkt „*Calgon*" ist eine Mischung dieser beiden Salze, je nach dem Ver-wendungszweck in wechselnder Zusammensetzung (664). Für photo-graphische Zwecke ist „*Calgon pro Photo*" allein verwendungsfähig. Zusatz-menge je Liter und Härtegrad des verwendeten Wassers etwa 0,2 g. Natriumtetraphosphat wird bevorzugt zur Wasserenthärtung in Amerika (USA) verwendet. Gegenüber dem Hexametaphosphat und dessen Mischung mit Pyrophosphat hat es die besondere Eigenschaft, daß ihre Lösungen längere Zeit stabil bleiben und bei längerem Stehen nicht trotzdem Kalk-ausscheidungen auftreten. In neuester Zeit sind andere wirksamere Ent-kalkungsmittel bekanntgeworden, die vielfach an Stelle der Phosphor-komplexsalze getreten sind. Erwähnenswert ist besonders: *Trilon B*, bzw. *BR*, das Natriumsalz einer Polykarbonsäure, Äthylendiamino-tetraessig-saures Dinatrium $(NaOOC \cdot CH_2)_2 \cdot N \cdot (CH)_2 \cdot N \cdot (CH_2COOH)_2$. Trilon ist ein nahezu weißes, hygroskopisches Pulver, leicht löslich in Wasser. Es bildet mit den Härtebildnern des Wassers sowie mit Metallsalzen wasser-lösliche Komplexverbindungen. Zusatzmenge: etwa 0,16 g je Liter und 1 Grad d H.

Trilon B ist besonders geeignet zur Wasserenthärtung beim Ansatz von ätzalkalischen Lösungen, bei derartigen Lösungen sind Phosphorsalze ohne Wirkung.

Wasserstoffsuperoxyd, hydrogenium peroxydatum, H_2O_2, MG: 34,0. Im Handel als 30%ige Lösung, Perhydrol, in paraffinierten Flaschen zur Verhütung der Zersetzung und als gebräuchlichste Sorte 3%ig.

Verwendung: Als Bleichmittel; zur Zerstörung von Fixiernatronspuren und zur Ausübung des Katatypieverfahrens.

Weinsäure, Weinsteinsäure, acidum tartaricum, $HOOC \cdot (CHOH)_2 \cdot COOH$. MG: 150,05. Farblose, transparente Kristalle oder granuliertes Pulver. Sehr leicht in Wasser löslich, leicht löslich in Alkohol. Für Photo-zwecke geeignete Sorte reinst krist. oder gepulvert DAB. 6.

Verwendung: Im Tintenkopierverfahren; in Eisenoxalatentwicklern; in Aristopapieremulsionen und als Ersatz für Zitronensäure.

Zitronensäure, Acidum citricum, $C_3H_4(OH) \cdot (COOH)_3 \cdot H_2O$. MG: 210,14. Farblose Kristalle oder Grießpulver von säuerlichem Ge-schmack. Handelssorten: rein bleifrei, Grießform; rein bleifrei gepulvert; reinst krist., Grießform, DAB 6; reinst gepulvert, DAB 6; chem. rein p. A. Für Photozwecke ist Zitronensäure reinst DAB 6 zu verwenden. Rein-heitsforderungen: Gesamtgehalt $\geqslant 99,5\%$; Ascherückstände $\leqslant 0,05\%$; Ha-logene (NaCl) $\leqslant 0,008\%$; Blei $\leqslant 0,005\%$; Eisen $\leqslant 0,001\%$. Eine 10%ige Lösung muß klar und ungefärbt sein.

Verwendung: Zusatz zu Entwicklern mit ähnlicher Wirkung wie Kaliumbromid; zur Herstellung von Klärbädern; Zusatz zu Kupfertonbädern; im Pigmentprozeß.

C. Chemie der Entwicklersubstanzen

a) Allgemeines

Bei der Entwicklung wird das belichtete Halogensilber entsprechend der bei der Aufnahme erfolgten Lichtwirkung zu Silber reduziert. Die Entwicklung ist demnach ein Reduktionsprozeß, aber nicht alle Reduktionsmittel sind in geeigneter Lösung zugleich auch Entwickler. Verschiedene Reduktionsmittel fallen deswegen als Entwicklersubstanzen aus, weil sie ein zu hohes Reduktionsvermögen besitzen, sie reduzieren das gesamte Halogensilber ohne Rücksicht auf die erfolgte Belichtung. Andere Reduktionsmittel sind zur Entwicklung wieder nicht geeignet, weil ihr Reduktionsvermögen zu gering ist. Auf die Entwicklung als Reduktionsprozeß wird an anderer Stelle näher eingegangen werden (s. S. 82).

Für die praktische Eignung einer Entwicklersubstanz sind außerdem noch weitere Gesichtspunkte maßgebend. Entwicklersubstanzen müssen eine möglichst leichte Löslichkeit in Wasser aufweisen. Erwünscht ist, daß sich konzentrierte Vorratslösungen herstellen lassen. Die gebrauchsfertigen alkalischen Lösungen müssen weiter eine gewisse Haltbarkeit aufweisen. Diese Forderung wird von den meisten Entwicklern nur unvollkommen erfüllt; durch Aufnahme von Luftsauerstoff werden sie oxydiert, sie werden zersetzt und ihr Entwicklungsvermögen verändert sich. Diese Neigung ist größer in alkalischer als in neutraler oder schwach saurer Lösung und wird beschleunigt durch höhere Temperatur. Die Entwicklerlösung darf nicht färbend auf die Gelatineschicht wirken. Viele Substanzen scheiden aus diesem Grunde als Entwickler aus. Weitere Forderungen sind: Ungiftigkeit, Wirtschaftlichkeit.

Die Entwicklersubstanzen können in chemischer Hinsicht in zwei Gruppen eingeteilt werden: in anorganische und organische Verbindungen. Die anorganischen Entwicklersubstanzen spielen in der heutigen photographischen Technik nur eine untergeordnete Rolle, erst in neuerer Zeit haben sie wieder einige Bedeutung, z. B. bei der elektrochemischen Entwicklung, erlangt.

b) Anorganische Entwicklersubstanzen

Als anorganische Entwicklersubstanzen kommen in erster Linie Metallsalzverbindungen in neutraler oder saurer Lösung in Frage. Große praktische Bedeutung hatte der von CAREY-LEA entdeckte (1877) *Eisenoxalat-Entwickler* (308), der von HURTER und DRIFFIELD, sowie von SHEPPARD und MEES für ihre klassischen Untersuchungen verwendet wurde (491, 494). Der Eisenoxalat-Entwickler wird hergestellt durch Mischen einer Eisen-(II)-sulfatlösung mit einer überschüssigen Kaliumoxalatlösung. Das Eisen in dieser Lösung ist in komplexer Form gebunden, $(Fe(C_2O_4)_2'')$. Dieser Eisenkomplex ist in Gegenwart eines Überschusses von Oxalsäure stabil:

$$Fe(C_2O_4)'' \rightleftharpoons FeC_2O_4 + C_2O_4''.$$

Der Reduktionsprozeß bei der Entwicklung erfolgt nach folgender Reaktionsgleichung:

$$Ag^+ + Fe(C_2O_4)'' \rightleftharpoons Ag \text{ (met.)} + Fe(C_2O_4)'.$$

In einfacher Weise kann der Reduktionsvorgang auch so ausgedrückt werden:

$$\text{AgBr} + \text{Fe}^{++} \rightleftharpoons \text{Ag(met.)} + \text{Fe}^{+++} + \text{Br}'$$

Fe (II) wird zu Fe (III) oxydiert und Ag^+ zu Metall reduziert.

Andere Eisensalz haltige Entwickler mit organischen Säuren sind: Die Laktate, Salizylate, Zitrate, Tartrate, Malonate, Formiate. Diese Verbindungen sind alle weniger wirksam als die Oxalate, sie werden verwendet in schwach sauren Lösungen (447). Eisensuccinate können auch in ammoniakalischer Lösung angewandt werden (310).

Auch Kupfersalze mit organischen Säuren, z. B. ammoniakalisches *Kupferoxalat*, wurde zur Entwicklung vorgeschlagen (309, 323).

A. und L. LUMIÈRE reduzierten Lösungen von fünfwertigen *Vanadiumsalzen* mit Zink zu zweiwertigen und fanden, daß diese Lösung entwickelt (325). TOBIN fand, daß die erschöpften Lösungen durch Behandlung mit Zink regeneriert werden können und schlug derartige Systeme zur immerwährenden Entwicklung vor (548).

R. E. LIESEGANG stellte anorganische Entwickler mit *Chrom-, Wolfram- und Molybdänsalzen* her (320).

Alle diese Entwickler erschöpfen sich sehr schnell, da das oxydierte Metall der Entwicklung entgegenwirkt. Das anfänglich ausgeschiedene schwarze metallische Silber wird wieder oxydiert, so daß das sichtbare Bild zerstört wird. In stark gebrauchten Entwicklern findet überhaupt keine Reduktion statt, es erfolgt sogar eine Zerstörung des latenten Bildes. Bei *Eisen(II)-sulfat*-Entwicklern ist der Zustand der Erschöpfung schon bei niedriger Eisen(III)-Ionen-Konzentration erreicht, so daß das Eisen(II)-sulfat überhaupt nicht mehr als Entwickler wirkt. AMMANN-BRASS fand, daß es möglich ist, durch Zusatz von Eisen- oder Zinkmetall die Bildung der höheren Oxydationsstufe des Eisensalzes zu verhindern (6). Dieselbe Wirkung wird erreicht durch elektrolytische Reduktion.

Außer diesen Metallsalzverbindungen sind noch andere anorganische Verbindungen zur Entwicklung geeignet.

Natriumhydrosulfit, $Na_2S_2O_4$, wurde zuerst von EDER und später von verschiedenen anderen Forschern wiederholt als Entwicklersubstanz untersucht (71, 112, 345, 418, 476, 528, 595). Diese Substanz ist in Lösung sehr wenig stabil, durch Luftsauerstoff findet Oxydation in Thiosulfat und Dithionat statt. Zusatz von Natriumsulfit in der gleichen Menge erhöht seine Stabilität, Chlor- und Bromsilber-Emulsionen schleiern jedoch sehr stark. Nach LÜPPO-CRAMER ist Natriumhydrosulfit zur Entwicklung von Jodsilber-Emulsionen geeignet. WHITE und WEBER empfehlen folgende Zusammensetzung der Entwicklerlösung:

Natriumhydrosulfit	20 g
Natriumbisulfit	30 g
Kaliumbromid.	7 g
Wasser bis auf	.1000 ccm.

Dieser Entwickler soll energisch mit nur geringem Schleier arbeiten. BROOKS und BLAIR beschreiben einen Hydrosulfit-Entwickler, der mit Cystein stabilisiert ist (71).

Formaldehyd-Natriumsulfoxylat (Rongalith C), $NaHSO_2CH_2O$, entwickelt nicht. In Lösungen von Natriumbisulfit reagiert jedoch diese Substanz unter Bildung von Formaldehydbisulfit und Natriumhydrosulfit, wodurch derartige Lösungen wie Natriumhydrosulfit-Entwickler wirken (391).

Natriumsulfit selbst allein hat in karbonatalkalischen Lösungen entwickelnde Eigenschaften (505). Diese Wirkung ist jedoch so gering, daß sie in den gebräuchlichen sulfithaltigen Entwicklerlösungen keine Rolle spielt (52).

Wasserstoffsuperoxyd, HO-OH, entwickelt in stark alkalischer Lösung und ruft ein Bild in 5 ... 10 Minuten hervor (13, 456).

Hydroxylamin, H_2N-OH, wurde zuerst als Entwicklersubstanz von EGLI und SPILLER (1884) beschrieben und wiederholt untersucht (152, 235, 409, 491). Hydroxylamin ist ein sehr schwacher Entwickler in alkalischen Lösungen, es entstehen in der Schicht sehr leicht Blasen durch gebildete Stickstoff- und Stickoxydgase.

Hydrazin, H_2N-NH_2, ist in alkalischen Lösungen ebenfalls ein schwacher Entwickler (10).

c) Die organischen Entwicklersubstanzen

Konstitution und Entwicklungsvermögen

Die heute gebräuchlichen Entwicklersubstanzen sind ausschließlich Derivate des Benzols. Schon frühzeitig erkannte man, daß das Entwicklungsvermögen dieser aromatischen Verbindungen an die Anwesenheit bestimmter wirksamer Gruppen gebunden ist und bestimmte Zusammenhänge zwischen der Struktur dieser Verbindungen und dem Entwicklungsvermögen bestehen (1891). Die auf Grund dieser Erkenntnisse von

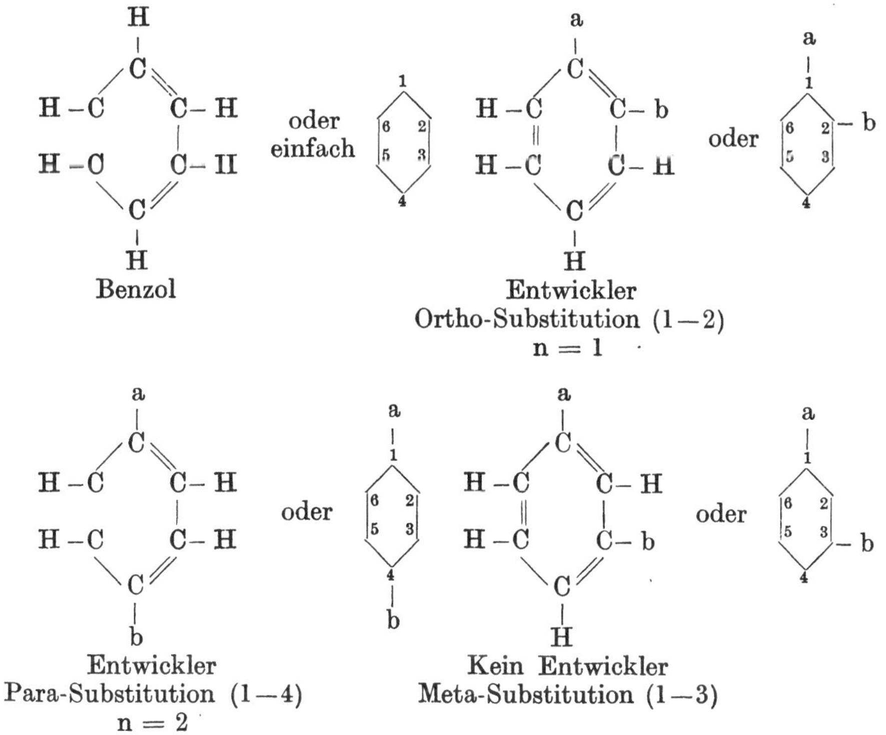

Benzol

Entwickler
Ortho-Substitution (1—2)
n = 1

Entwickler
Para-Substitution (1—4)
n = 2

Kein Entwickler
Meta-Substitution (1—3)

Abb. 13. Konstitution und Entwicklungsvermögen nach der KENDALL-Formel a—$(C=C)_n$—b. (a und b vertreten die wirksamen Gruppen —OH und —NH_2).

M. ANDRESEN (9—12) und A. und L. LUMIÈRE (324, 326) aufgestellten „Entwicklerregeln" besagen folgendes:

1. Alle organischen aromatischen Verbindungen, die das latente Bild entwickeln, müssen mindestens entweder zwei Hydroxylgruppen (— OH) oder zwei Amingruppen (— NH_2) oder eine Hydroxyl- und eine Amingruppe enthalten.

2. Bei Benzolderivaten müssen diese aktiven Gruppen in Ortho- oder Para-Stellung stehen, die Meta-Stellung zeigt kein Entwicklungsvermögen.

3. Werden die Wasserstoffatome der Amingruppen durch Alkyl-Gruppen ersetzt, so bleibt das Entwicklungsvermögen bestehen, während es durch die gleiche Substitution in den Hydroxylgruppen zerstört wird.

4. Substitution der Wasserstoffatome am Benzolring durch weitere Hydroxyl- oder Aminogruppen, Alkyl-Reste oder Halogenatome bewirken keine Änderung der Entwicklungseigenschaften.

5. Für mehrkernige aromatische Verbindungen (Naphthalinderivate) gelten dieselben Gesetzmäßigkeiten; weitere hinzukommende Benzolringe wirken wie Alkylsubstituenten.

In neuerer Zeit (1935) versuchte KENDALL diese Gesetzmäßigkeiten auf eine allgemeine Formel zu bringen (285). Nach KENDALL sind alle Verbindungen, deren struktureller Aufbau der Formel a—(C = C)$_n$—b entsprechen, Entwickler. Die Gruppe C = C symbolisiert zwei Kohlenstoffatome, verbunden mit einer Doppelbindung, n ist gleich Null oder eine ganze Zahl und a und b sind die wirksamen Hydroxyl-(—OH), Amin-(—NH_2 Gruppen oder substituierte Aminogruppen. In diesen substituierten Amino-

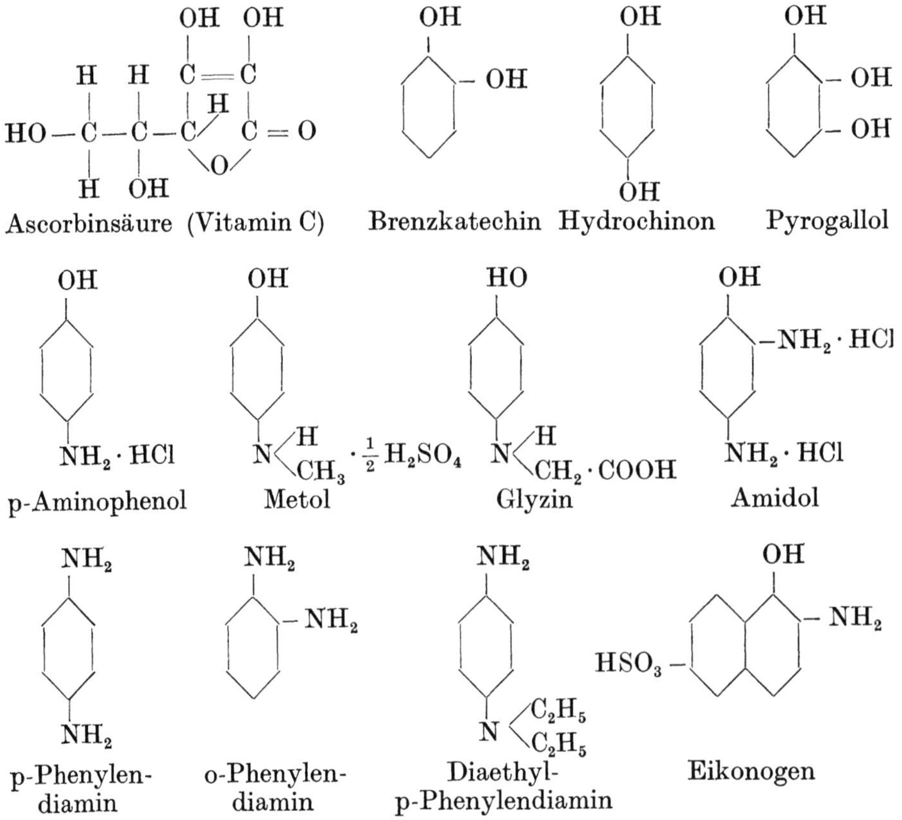

Abb. 14. Struktur verschiedener Entwicklersubstanzen.

gruppen kann eines oder beide Wasserstoffatome durch organische Gruppen wie Methyl- ($- CH_3$), Äthyl- ($- C_2H_5$) oder Azetyl- ($- CH_2COOH$)-Reste ersetzt sein. Die Symbole a und b können gleiche oder verschiedene Gruppen kennzeichnen.

Die KENDALL-Formel umfaßt die anorganischen Entwicklersubstanzen Wasserstoffsuperoxyd, Hydroxylamin, Hydrazin (n = O), die organische aliphatische Verbindung Ascorbinsäure (Vitamin C) sowie die meisten aromatischen Verbindungen (Benzol- und Naphthalinderivate sowie Mehrringsysteme). Diese Klassifikation schließt jedoch nicht mit ein: Natriumhydrosulfit und die Metallsalzverbindungen.

Abb. 14 vermittelt einen Überblick über den strukturellen Aufbau der gebräuchlichsten Entwicklersubstanzen.

Es sind nun eine Reihe von aromatischen Verbindungen bekannt, die den Entwicklerregeln widersprechen. So entwickeln beispielsweise folgende Verbindungen:

Naphtholhydrochinonmonoäthyläther (640):
(Widerspruch zu Punkt 3 der Entwicklerregeln)

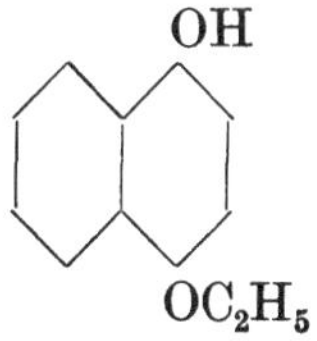

α-Naphthol:
(Widerspruch zu Punkt 1)

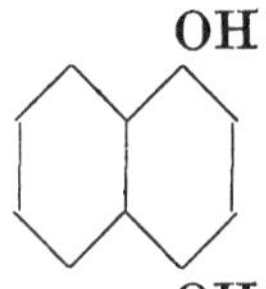

4-Methyl-1-naphthol:
(Widerspruch zu Punkt 1)

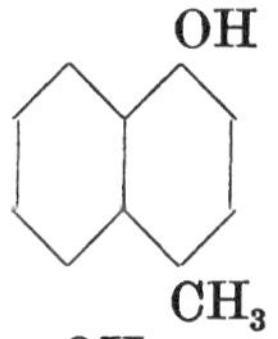

o-Cresol:
(Widerspruch zu Punkt 1)

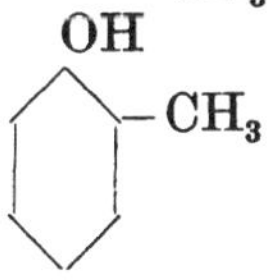

Brenzkatechin-monomethyläther:
(Widerspruch zu Punkt 3)

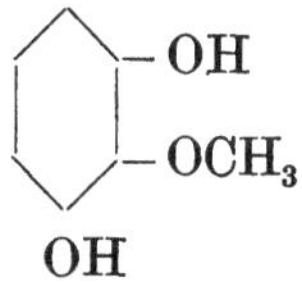

Verschiedene Xylenole:
(Widerspruch zu Punkt 1)

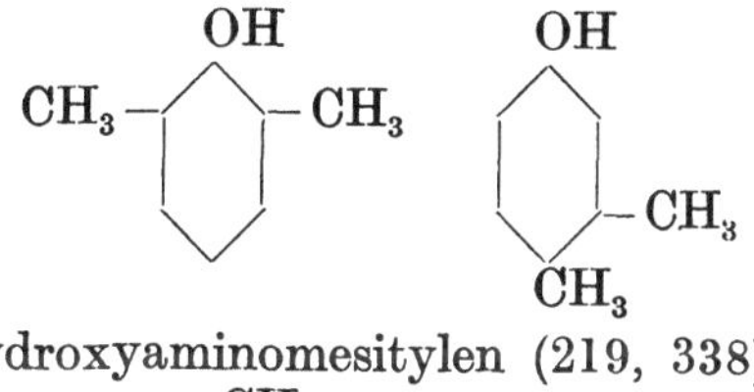

Dihydroxymesitylen und Hydroxyaminomesitylen (219, 338):
(Widerspruch zu Punkt 2)

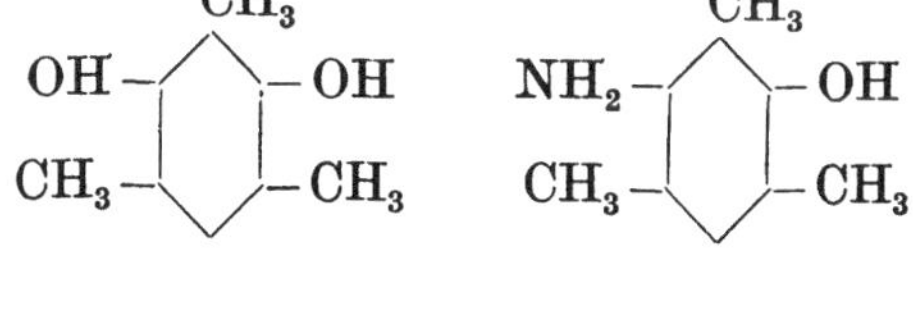

Außer diesen Widersprüchen gegen die Entwicklerregeln sind Verbindungen bekannt, die entwickeln, ohne die Kennzeichen zu haben: Die Homolkaschen Basen (z. B. Indoxyl, Thioindoxyl, 4-Oxykarbostyril (218) und viele Leukoverbindungen der Farbstoffe.

Die Entwicklersubstanzen zeigen in ihrem *Entwicklungsvermögen* sehr wesentliche Unterschiede. Rein qualitativ ausgedrückt arbeitet die eine *rapider* als die andere. Das Entwicklungsvermögen einer Substanz, auch mit „Aktivität" oder „Entwicklungskraft" bezeichnet. hängt sehr innig mit ihrer Struktur zusammen. Bei der Betrachtung dieser Verhältnisse hat man grundsätzlich zwei verschiedene Möglichkeiten zu unterscheiden. Einerseits können die nach der Entwicklerregel (1) erforderlichen zwei aktiven Gruppen verschieden gepaart sein, ihre Anordnung am Benzolkern kann verschieden sein, die Wasserstoffatome der Aminogruppe können teilweise oder gänzlich durch Alkylreste ersetzt sein oder es können noch weitere aktive Gruppen hinzutreten, andererseits können die Wasserstoffatome des Benzolkernes durch saure Gruppen ($COOH$, SO_3H u. a.) sowie durch Halogene, Alkylreste und andere Gruppen ersetzt sein. Die Wirkung dieser verschiedenen Substitutionen faßt A. H. Nietz, fußend auf den Untersuchungen von M. Andresen und A. und L. Lumière und Seyewetz (9—12, 324, 326, 338), in folgende Regeln zusammen (410):

1. Entwickler mit zwei aktiven Gruppen (OH, OH; NH_2, NH_2; OH, NH_2) in Parastellung entwickeln energischer als solche in Orthostellung.

2. Dihydroxybenzole (Hydrochinone) sind wirksamer als die Aminophenole, diese wiederum aktiver als die Diaminobenzole.

3. Substitution der Kernwasserstoffatome durch saure Gruppen ($COOH$, SO_3H und ähnliche) erniedrigt das Entwicklungsvermögen.

4. Durch Substitution der Kernwasserstoffatome durch Chlor oder Brom wird das Entwicklungsvermögen erhöht.

5. Enthält die Substanz zwei aktive Hydroxylgruppen allein, so ist zur Entwicklung Alkali erforderlich.

6. Substanzen mit zwei Amingruppen allein oder einer Hydroxyl- und einer Amingruppe entwickeln ohne Alkali.

7. Wenn die Entwicklersubstanz drei oder mehr aktive Gruppen (OH, NH_2) gemischt enthält, so ist das Entwicklungsvermögen ohne Alkali größer als bei Substanzen, bei denen es durch Alkali ausgelöst wird.

8. Wird ein Wasserstoffatom der Amingruppe eines Aminophenols durch eine Alkylgruppe ersetzt, so nimmt das Entwicklungsvermögen zu.

9. Wenn die Amingruppe eines Aminophenols zu einem Glyzin substituiert wird (Ersatz eines Wasserstoffatomes durch (— CH_2COOH), so wird das Entwicklungsvermögen geschwächt.

Es ist wiederholt versucht worden, das „Entwicklungsvermögen" der Entwicklersubstanzen zahlenmäßig festzulegen. Abegg erkannte wohl als erster die unterschiedliche Empfindlichkeit der Entwickler auf Zusatz von Bromkalium und schlug vor, den „Reduktionswert" eines Entwicklers zu charakterisieren durch die Kaliumbromidkonzentration, die das „Entwicklungsvermögen" gerade aufhebt (1). Diese Methode kann jedoch für organische Entwickler nicht angewandt werden. Sheppard und insbesondere Nietz bestimmten das „relative Reduktionsvermögen" von Entwicklersubstanzen dadurch, daß sie ihr „Entwicklungsvermögen" durch Bromidzusatz auf denselben Wert nivellierten (410, 479). Jede Entwicklersubstanz benötigt einen bestimmten Zusatz an Kaliumbromid, um bei der Entwicklung in derselben Zeit und unter denselben Bedingungen dieselbe Schwärzung, bzw. dieselben Abstufungen der Schwärzungen zu erzeugen. Auf diese Weise gibt die relative Kaliumbromidkonzentration ein Maß für das „relative Reduktionsvermögen", das Nietz als „Bromid-Potential" bezeichnet.

Folgende Tabelle und Abb. 15 nach den Untersuchungen von NIETZ vermitteln einen Überblick über das relative Reduktionsvermögen der Entwicklersubstanzen, charakterisiert als „Bromid-Potential" und über den Einfluß der Konstitution.

Tabelle 1. *Relatives Reduktionsvermögen (Bromid-Potential) von Entwicklersubstanzen (nach Nietz)*

	π_{Br}
Eisenoxalat	0,3
p-Phenylendiamin salzsauer, ohne Alkali	0,3
p-Phenylendiamin salzsauer, mit Alkali	0,4
N-Methyl-p-Phenylendiamin salzsauer, ohne Alkali	0,7
Phenylhydrazin	$<1,0$
Hydrochinon	1,0
2-Hydroxyhydrochinon	$>1,0$
p-Hydroxyphenylglyzin (Glyzin)	1,6
Hydroxylamin	2,0
Toluhydrochinon	2,2
N-Methyl-p-phenylendiamin salzsaures, mit Alkali	3,5
N-Dimethyl-p-phenylendiamin salzsaures	5,0
p-Hydroxydiphenylamin	$<6,0$
o-Hydroxymethyl-p-aminophenol	$<6,0$
o-Methyl-m-isopropyl-p-aminophenol	$<6,0$
p-Aminophenol	6,0
Chlorhydrochinon (Adurol)	6,0—7,0
Brenzkatechin	7,0
p-Amino-o-cresol	7,0
p-Amino-m-cresol	9,0
Dimethyl-p-aminophenol schwefelsaures	10,0
Dichlorhydrochinon	11,0
Pyrogallol	16,0
Methyl-p-aminophenol schwefelsaures (Metol)	20,0
Bromhydrochinon	21,0
p-Methylamino-o-cresol	23,0
2,4-Diaminophenol (Amidol), mit Alkali	30—40
Thiokarbamid	50

Die Löslichkeit der Entwicklersubstanzen in Wasser, die für ihre praktische Eignung von großer Bedeutung ist, wird ebenfalls von der Konstitution beeinflußt. Entwicklersubstanzen mit OH-Gruppen geben mit kaustischen Alkalien leicht lösliche Phenolate. Werden Sulfo- und Karboxylgruppen am Kern substituiert, so nimmt die Löslichkeit zu. Dieser Weg ist besonders wirksam bei den Entwicklern der Naphthalinreihe. Schwerlösliche Entwicklersubstanzen mit einer Aminogruppe können durch Umwandlung in Glyzine leichtlöslich gemacht werden (z. B. $C_6H_4(OH)NH_2$, p-Aminophenol, in $C_6H_4(OH)NH \cdot CH_2COOH$, Oxyphenylglyzin). Aminverbindungen werden auch leichter löslich durch Einführung einer Alkylgruppe in die Aminogruppe $C_6H_4(OH)NH_2$, p-Aminophenol, $C_6H_4(OH)NH \cdot CH_3$, Metol) Einführung von Halogenen in den Kern wirkt ebenfalls löslichkeitserhöhend (Hydrochinon, Adurol).

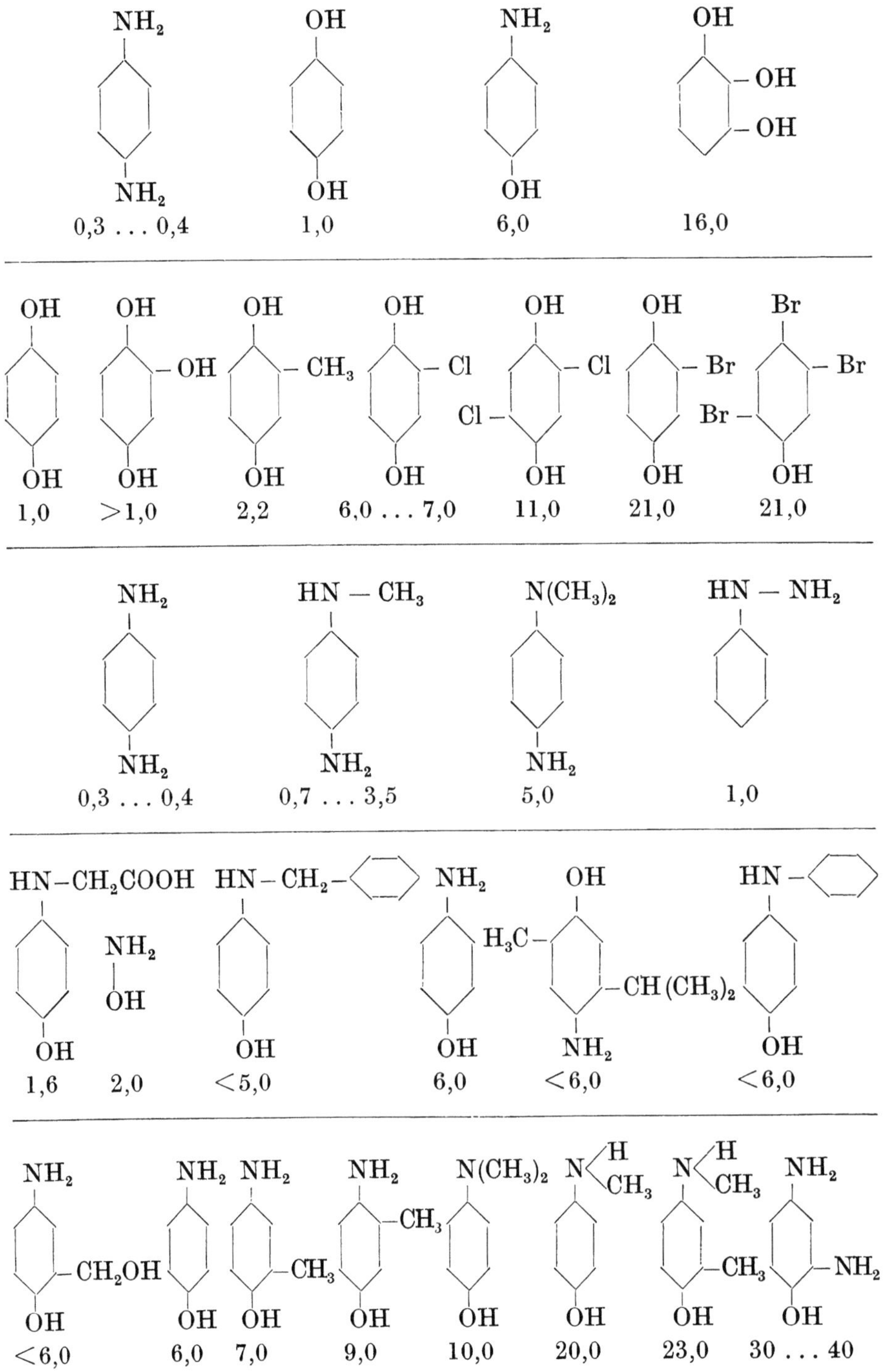

Abb. 15. Relatives Reduktionsvermögen (Bromid-Potential) von Entwicklersubstanzen und ihre Konstitution. Nach NIETZ.

Die bedeutendsten Entwicklersubstanzen, ihre Eigenschaften und Verwendung (274, 607)

Adurol s. Hydrochinon und Derivate.

Amidol s. Diaminophenole.

Aminophenole, auch Bezeichnung **Amidophenole** ist gebräuchlich.

Man unterscheidet zwei Gruppen von Aminophenolen; die sich von den Grundsubstanzen p-Aminophenol und o-Aminophenol ableiten.

p-Aminophenol wurde von ANDRESEN (1891) entdeckt (9, 622). Entwicklersubstanz in den hochkonzentrierten Entwicklerlösungen Paranol, Perinal, Rodinal, Unal, Azol u. a.

Die Verbindung bildet zwei Reihen von Salzen. Die eine, das salzsaure Salz, fällt aus konzentrierten, wässerigen Lösungen der Base durch Salzsäure aus, die andere, das sog. Phenolat, bildet sich in ätzalkalischen Lösungen.

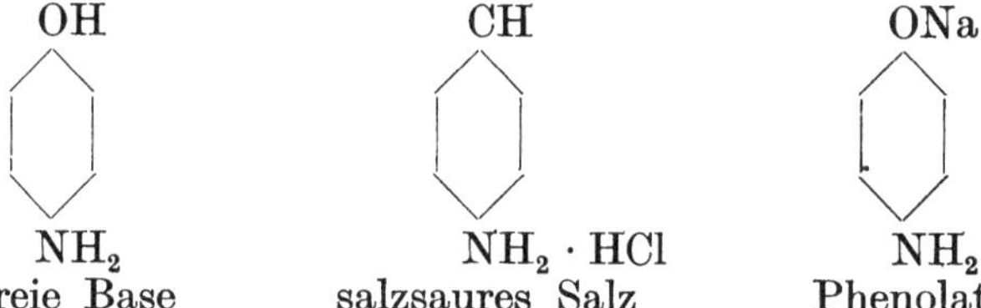

OH   CH   ONa

NH₂   NH₂ · HCl   NH₂

freie Base   salzsaures Salz   Phenolat

Die Substanz ist in der salzsauren Form im Handel. Diese bildet weiße bis bräunliche Kristalle, die in Wasser leicht, in Alkohol schwer löslich sind. Die freie Base fällt aus den Lösungen durch Natriumsulfit aus. Diese wird gewaschen und eine Stunde bei 70° C getrocknet; F: = 185 ... 190° C. 5 g des salzsauren Salzes müssen sich vollständig in 100 ccm kaltem Wasser lösen. Der lösliche Anteil in Äthyläther soll maximal höchstens 0,04% betragen; Chlorgehalt 24 ... 25%; Ascherückstand $\leqslant$ 0,5%; flüchtige Bestandteile (Erhitzen 4 Stunden auf 105° C), $\leqslant$ 0,5%; Eisen $\leqslant$ 0,005%; Schwermetalle (Blei) $\leqslant$ 0,001%.

Ein Derivat des p-Aminophenols ist die am meisten verwendete Entwicklersubstanz, das *Metol*. Wissenschaftliche Bezeichnung: Monomethyl-p-aminophenol, schwefelsauer. Seine entwickelnden Eigenschaften wurden zuerst von BOGISCH erkannt und die Substanz von HAUFF (1891) in den Handel gebracht (627). Handelsbezeichnungen: Elon, Monomet, Rhodol, Satrapol, Temal u. a.

Die Substanz besteht aus farblosen Kristallnädelchen. Sehr leicht in Wasser löslich, in Alkohol und Äther schwer löslich. In wässerigen Natriumsulfit und Karbonate enthaltenden Metollösungen ist die Substanz als freie Base vorhanden, die sich mit Äther ausschütteln läßt. Metol wird auf Zusatz von Salpetersäure rot, mit Eisenchlorid rotbraun, mit Ferrizyankalium gelbrot. Wässerige Metollösungen, zuerst mit verdünnter Schwefelsäure und dann mit eisgekühlter Kaliumnitritlösung versetzt, scheidet feine Nadeln von Nitrosometol aus. Dieses schmilzt bei 134 ... 136° C. Metol schmilzt bei gleichzeitiger Zersetzung bei 250 ... 260° C. 4 g Metol müssen in 100 ccm kaltem Wasser, dem 5 Tropfen 10%ige Schwefelsäure zugesetzt sind, vollständig löslich sein; 1 g Metol muß sich in 3 ccm konz. Salzsäure vollständig lösen ohne jede Trübung und Färbung. In Äthylalkohol abs. und Äthyläther soll der lösliche Anteil 0,04% nicht überschreiten. Ascherückstand: $\leqslant 0,10\%$; flüchtige Bestandteile bei vier Stunden erhitzen auf 105°C $\leqslant 0,3\%$; Eisen $\leqslant 0,005\%$; Schwermetalle (Blei) $\leqslant 0,001\%$; p-Aminophenol $\leqslant 2,5\%$. Eine 0,1%ige Metollösung muß sich durch Zusatz einer 0,2%igen Quecksilberazetatlösung purpur färben, die wenigstens fünf Minuten bestehen bleibt; ständige Gelbfärbung durch Zusatz von 1 ccm einer 2%igen Ätznatronlösung zu 50 ccm einer 2%igen Metollösung. Die Abwesenheit von Dimethyl-p-phenylendiamin (Hautgift!) wird folgendermaßen festgestellt: 2 g Metol werden in 10 ccm Wasser gelöst; filtriert und in einem Scheidetrichter von 100 ccm gesammelt; man fügt dann 10 ccm einer 40%igen Ätznatronlösung und 10 ccm Äther hinzu, schüttelt und läßt die wässerige Lösung auslaufen; die Wände werden ohne Bewegung mit 10 ccm Wasser gespült und man läßt auch dieses Wasser auslaufen; dann fügt man 10 ccm 10%iger Schwefelsäure zu, schüttelt und läßt auch die Säure auslaufen; es wird nunmehr die ätherische Lösung in zwei gleiche Teile in Erlenmeyerkolben geteilt, beim Schütteln des einen Kolbens während einer Minute darf keine Rosafärbung entstehen; der zweite Kolben wird mit 2 ccm 10%iger Natriumnitritlösung versetzt und geschüttelt, hierbei darf weder eine Braunfärbung (höchstens ganz schwach) noch ein brauner Niederschlag entstehen.

Metol zählt zu den meistgebräuchlichen Entwicklersubstanzen. Mit Karbonatalkalien arbeitet Metol rapid ohne große Deckkraft. Metol entwickelt auch ohne besondere Alkalien mit Natriumsulfit allein. Viel wird Metol verwandt in Verbindung mit anderen Entwicklersubstanzen, besonders Hydrochinon.

Glyzin ist ebenfalls ein Derivat des p-Aminophenols. Seine wissenschaftliche Bezeichnung heißt p-Oxyphenylaminoessigsäure.

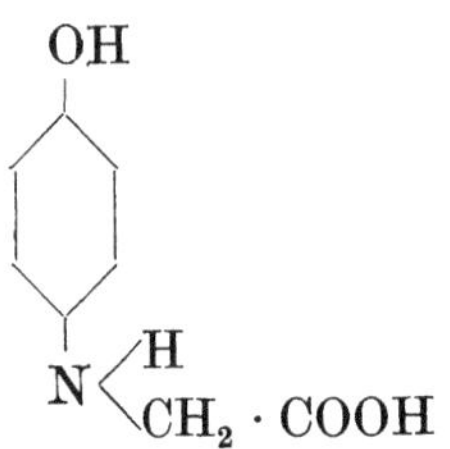

Es wurde 1891 von der Firma HAUFF in den Handel gebracht (629). Andere Handelsbezeichnungen: Kodurol (Kodak), Mozanol (Edwall).

Glyzin ist ein weißes bis gelbliches Pulver oder kleine Kristalle. In Wasser und Alkohol schwer löslich, in Äther unlöslich. Leicht löslich in schwefligsauren, kohlensauren und kaustischen Alkalien. Man muß deswegen beim Ansatz einen Teil des Sulfits zuerst lösen und dann die Substanz zusetzen. Glyzin schmilzt mit gleichzeitiger Zersetzung bei 220°C. 1 g Substanz muß sich vollständig in 10 ccm Salzsäure (verd. 1 : 1) lösen, ebenso in 10 ccm 10%iger Natronlauge; lösliche Bestandteile in kaltem Wasser oder Eisessig höchstens 0,04%; Ascherückstand $\leqslant 1\%$; flüchtige Bestandteile bei vierstündiger Erhitzung auf 105°C $\leqslant 0,5\%$; Eisen $\leqslant 0,005\%$; Schwermetalle (Blei) $\leqslant 0,001\%$; braunrote Färbung, übergehend in grün und dann in violett durch Zugabe von Ferrochlorid in salzsaurer Lösung; Orangefärbung der Substanz durch Übergießen mit einem Tropfen Salpetersäure. Mit kohlensauren Alkalien arbeitet Glyzin langsam und leicht abstimmbar, mit kaustischen Alkalien schnell. Glyzin erzeugt klare und gut gedeckte Negative. Glyzin-Entwickler sind sehr empfindlich gegen Temperaturunterschiede, ebenso gegen Spuren von Fixiernatron. Ohne Kaliumbromidzusatz arbeiten Glyzinentwickler als ausgesprochene Oberflächenentwickler (370).

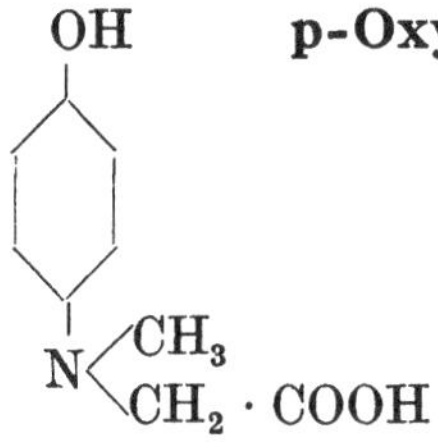

p-Oxyphenylmethylglyzin ist mit Glyzin verwandt, Weißes, kristallines Pulver, in heißem Wasser und in Alkohol leicht löslich, unlöslich in Äther. Mit dieser Substanz lassen sich konzentriertere Entwickler herstellen als mit Glyzin, da seine Löslichkeit größer ist (560 a).

Neol, p-Aminosalizylsäure, ist ein weiteres Derivat des p-Aminophenols. Wurde von der Firma HAUFF (1918) in den Handel gebracht (644). Die Substanz ist in Wasser leicht löslich. Durch konz. Salzsäure wird aus den wässerigen Lösungen das salzsaure Salz ausgefällt. Löslich in kohlensauren und kaustischen Alkalien. Verwendung zum Ausgleich hoher Lichtkontraste (351).

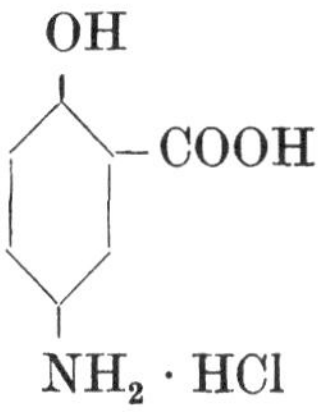

Vom o-Aminophenol leitet sich die Verbindung **Methyl-o-Aminophenol,** schwefelsauer ab, die gemischt mit Hydrochinon unter der Bezeichnung *Ortol* in den Handel kam (632).

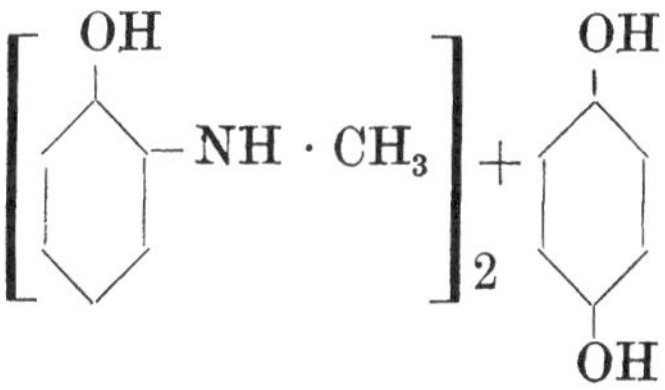

Kristallines, leicht in Wasser lösliches Pulver. In Alkohol teilweise löslich, da nur Hydrochinon in Lösung geht. Diese Substanz ist besonders geeignet zur Erzeugung von warmbraunen Bildtönen auf Entwicklungspapieren und Diapositiven (99).

Derivate des o-Aminophenols sind die Entwicklersubstanzen **Atomal** (AGFA) und **Promicrol** (MAY & BAKER, Engl.) (610, 616, 663). Die wissenschaftliche Bezeichnung dieser Verbindung ist: N-monohydroxyäthyl-o-aminophenol. Diese Substanz dient bevorzugt allein oder in Verbindung mit anderen Substanzen als Feinkornentwickler.

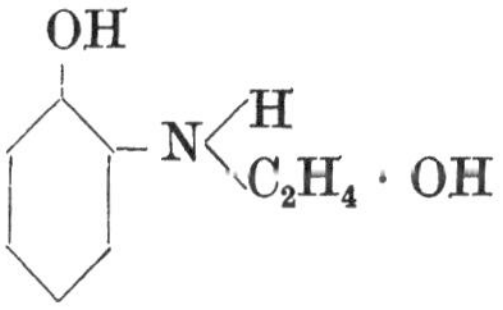

Askorbinsäure leitet sich nicht vom Benzol ab, sondern ist eine aliphatische Verbindung. Diese Verbindung entwickelt in Gegenwart von Sulfit und Karbonaten wie gebräuchliche aromatische Entwickler (53, 373). Die *iso-Askorbinsäure* (Vitamin C) soll besonders feinkörnige Bilder erzeugen (459). In der Praxis hat diese Substanz keine Bedeutung erlangt, da ihre Herstellung sehr teuer ist.

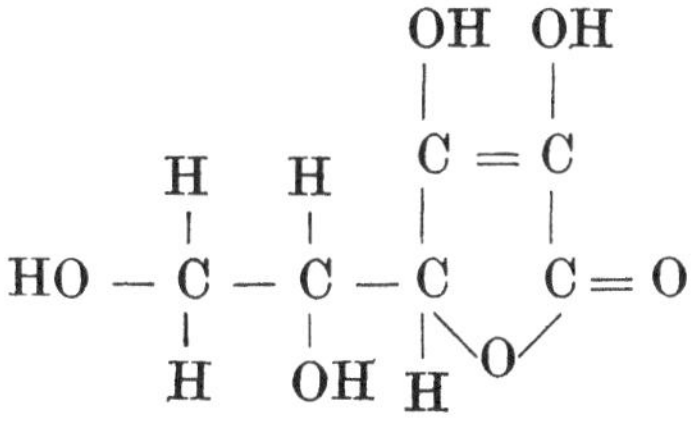

Brenzkatechin, o-Dioxybenzol, wurde von EDER und TOTH (1880) als Entwicklersubstanz entdeckt (125). Handelsnamen: Pyrokatechin, Dinol, Elkonal, Kachin. Farblose Blättchen, Nadeln und auch Kristalle vom Schmelzpunkt 101 ... 104° C. Leicht löslich in Wasser, Alkohol und Äther.

Salzsaure Lösungen lassen sich durch Äther ausschütteln, dagegen nicht alkalische Lösungen. Eisenchlorid-Lösung gibt mit wässeriger Brenzkatechinlösung smaragdgrüne Färbung, die durch Sodazusatz violettrot wird.

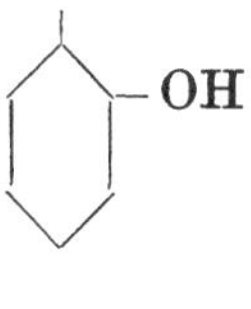

5 g Substanz müssen in 100 ccm dest. Wasser vollständig löslich sein, ebenso in 95%igem Alkohol oder Äther. Asche-

rückstand $\leqslant 0{,}10\%$; Eisen $\leqslant 0{,}001\%$; Schwermetalle (Blei) $\leqslant 0{,}001\%$. Schwefelsäure vernachlässigbar.

Brenzkatechin-Entwickler arbeiten sehr klar und schleierfrei. Besonders geeignet zur Entwicklung von Negativen mit hohen Lichtkontrasten. Sulfitfreie Brenzkatechin-Entwickler härten gleichzeitig die Schicht entsprechend der Silberausscheidung. Derartige Negative lassen sich mit heißem Wasser auswaschen (KOPPMANN-Verfahren). Gegen Fixiernatron ist Brenzkatechin sehr unempfindlich, deswegen Eignung zur Herstellung von Fixierentwicklern.

Chlor-Brenzkatechin wurde besonders empfohlen zur Braunentwicklung von Photopapieren (649).

2,4-Diaminophenol, Chlorhydrat; Amidol, Acrol, Dolmi, Diomet (9, 622). Farblose Nadeln oder weißes bis graues Pulver; leicht löslich in Wasser, schwer löslich in Alkohol und Äther. Konz. Salzsäure fällt Amidol aus wässeriger Lösung. Amidollösungen werden durch Zusatz von Pottasche blau, mit Ätzalkalien bordeauxrot. Mit Eisenchlorid wird die wässerige Lösung intensiv rot, durch Eisensulfat rosenrot, durch Ferrizyankalium rot, allmählich in braun übergehend. Bei der Oxydation entsteht kein Chinon. 5 g Substanz müssen in 100 ccm dest. Wasser vollständig löslich sein und dürfen nach 30 Minuten keinen Rückstand zeigen; bei Zusatz von 5 ccm 10%iger Sodalösung darf kein Ammoniakgeruch auftreten; die Löslichkeit in Äther soll unterhalb 0,04% sein. Chlorgehalt 35,5 ... 36,5%; Aschegewicht $\leqslant 1\%$; flüchtige Bestandteile bei vier Stunden erhitzen auf 85 ... 95° C $\leqslant 0{,}5\%$; Eisen $\leqslant 0{,}001\%$; Schwermetalle (Blei) $\leqslant 0{,}001\%$; dunkelrote Färbung durch Zugabe von 4 ccm einer 10%igen Natriumnitritlösung zu 100 ccm einer 1%igen Amidollösung. Blaue Färbung bei Zusatz von einem Tropfen einer Lösung von 10% Natriumsulfit und 1% Pottasche. Amidol entwickelt ohne Alkaligegenwart. Daher besonders geeignet als Tropenentwickler. Entwicklerlösungen sind nur kurze Zeit haltbar.

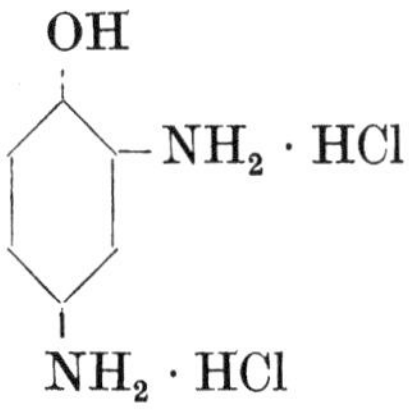

Diaminoresorcin, Chlorhydrat (622, 630). Rhombische Tafeln, die sich beim Erhitzen zersetzen. In Wasser leicht, in Alkohol und Äther schwer löslich. Pottasche färbt die wässerige sulfithaltige Lösung gelbbraun, Ätzalkalien blau, Eisenchlorid und Ferrizyankalium braun bis violett. Entwickelt ohne Alkali sehr energisch, besonders empfohlen für Bromöldruckverfahren (182).

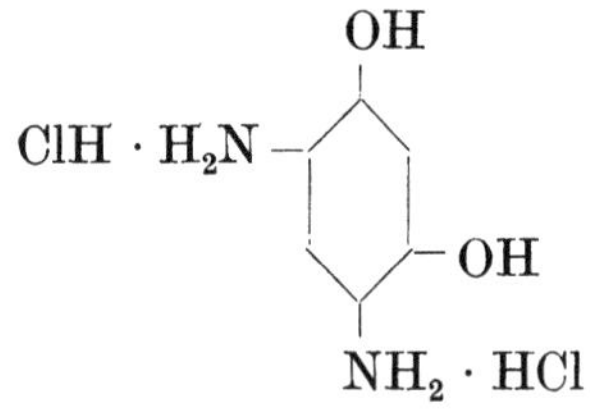

Diogen s. Naphthalin-Derivate.

Edinol. Wissenschaftliche Bezeichnung: o-Oxymethyl-p-aminophenol oder Oxyaminobenzylalkohol (659, 680). Braunes, bei 142° C schmelzendes Pulver. Das salzsaure Salz sowie die Base sind in Wasser leicht löslich. Ammoniumbichromatlösung sowie Kaliumpermanganatlösung erzeugen stark zunehmende Rotviolettfärbung. Edinol arbeitet schleierfrei und ergibt weiche und harmonisch abgestufte Negative. Nahezu unabhängig gegen Temperatureinflüsse, sehr beeinflußbar durch Kaliumbromid. Geeignet zur Braunentwicklung von Papieren.

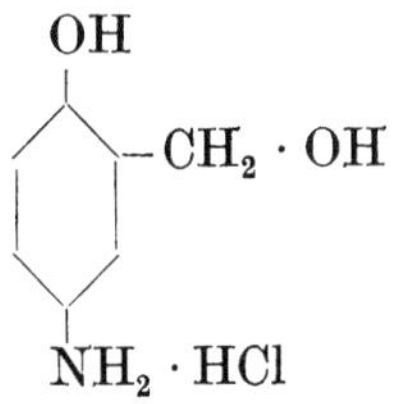

Eikonogen s. Naphthalin-Derivate.

Hydrochinon, p-Dioxybenzol. Weiße, glänzende Nadeln. In kaltem Wasser etwas schwer, in heißem Wasser leicht löslich; leicht löslich in Alkohol und Äther. Als Entwickler zuerst beschrieben von Abney (1880) (3). F: = 170 ... 174°C. 5 g Substanz muß sich vollständig in 100 ccm kaltem, dest. Wasser, 95%igem Alkohol oder in Äther lösen; Ascherückstand $\leqslant 0,075\%$; Schwermetalle (Blei) $\leqslant 0,001\%$; Eisen $\leqslant 0,001\%$; Abwesenheit von Resorzin, Nachweis durch Probe mit basischem Bleiazetat. Hydrochinon ist aus sauren Lösungen mit Äther ausschüttelbar. Eisenchloridlösungen verursachen Braunfärbung, Salpetersäure Dunkelrotfärbung. Oxydation mit Kaliumbichromat gibt Chinon. Hydrochinon entwickelt zuerst die Lichter, die Schatten erscheinen erst, wenn die Lichter nahezu ausentwickelt sind. Mit Karbonatalkalien arbeitet Hydrochinon langsam, mit Ätzalkalien energisch. Ätzalkalische Hydrochinon-Entwickler werden in der Reproduktionstechnik verwendet zur Erzielung höchster Deckung und höchstem Kontrast. Hydrochinon-Pottasche-Entwickler dienen zur Braunentwicklung von Papieren. Am meisten verwendet wird Hydrochinon in Verbindung mit Metol sowohl in der Negativ- wie Positivtechnik.

Derivate des Hydrochinons

Adurol Chlorhydrochinon (Hauff) und Bromhydrochinon (Schering) (618). Farblose Kristallblättchen oder Nadeln, in Wasser, Alkohol und Äther sehr leicht löslich. Durch Oxydation entsteht Chlorchinon vom Schmelzpunkt 57°C, bzw. Bromchinon vom Schmelzpunkt 55 ... 56°C. Chlorhydrochinon beginnt zu erweichen bei 90 ... 95°C und schmilzt bei 103 ... 106°C. Löslichkeit wie bei Hydrochinon; Ascherückstand 0,10%; Chlor 24,1 ... 25,1%; Eisen 0,005%; Schwermetalle (Blei) 0,001%. Adurol besitzt höhere Löslichkeit als Hydrochinon und arbeitet etwas rapider. Verwendung besonders zur Braunentwicklung von Papieren.

Chloranol, Verbindung von Adurol mit Metol, wurde von Lumière in den Handel gebracht (645). Weiße Blättchen vom Schmelzpunkt 100° C.

Metol s. p-Aminophenol-Derivate.

Meritol, Additionsverbindung von p-Phenylendiamin mit Brenzkatechin (Johnson, Engl.). Wird besonders zur Feinkorn-Entwicklung empfohlen.

Naphthalin-Verbindungen als Entwickler:

Von den zehn möglichen Dioxynaphthalin-Verbindungen wurden acht von Andresen und Leupold auf ihr Entwicklungsvermögen untersucht (115).

1 und 2 entwickeln außerordentlich energisch; 3 und 4 arbeiten mit mittlerer Kraft; 5 und 6 und 7 .entwickeln langsam; 8 besitzt kein Entwicklungsvermögen.

Praktische Verwendung haben von den Naphthalin-Derivaten bisher nur die Sulfosäuren des 1,2-Naphthols (Eikonogen und Diogen) gefunden.

Eikonogen, Aminonaphtholsulfosaures Natrium, wurde von ANDRESEN (1889) als Entwicklersubstanz entdeckt (620, 621, 631). Tafelförmige Kristalle, die bei 110° C ihr Kristallwasser verlieren und sich dann ohne zu schmelzen zersetzen. In kaltem Wasser schwer löslich, leicht in heißem Wasser, fast unlöslich in Alkohol und Äther. Mit Alkalien entstehen goldgelbe Lösungen. Als Entwickler wird es gerne mit Hydrochinon kombiniert.

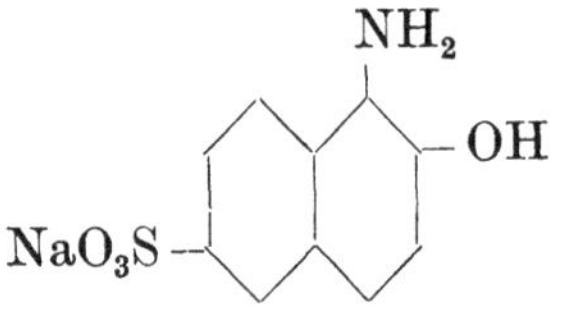

Diogen. Aminonaphtholdisulfosaures Natrium, ebenfalls von ANDRESEN entdeckt (620, 621, 631). Farblose, bis gelbliche, nach Schwefeldioxyd riechende Kristalle. Zersetzen sich ohne zu schmelzen. In kaltem Wasser schwer, leicht in warmem Wasser löslich. Unlöslich in Alkohol und Äther.

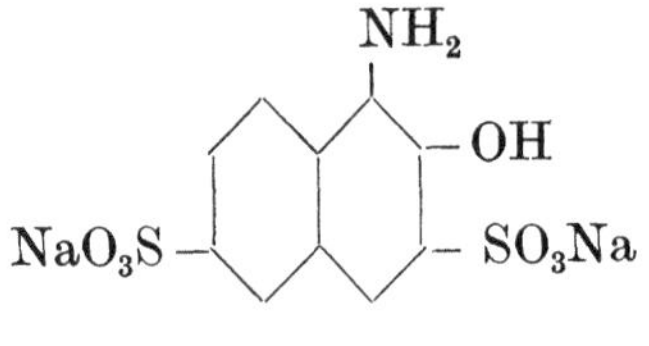

Eikonogen und Diogen sollen besonders gut die Schattendetails herausholen. Eikonogen ist bedeutend weniger empfindlich auf Kaliumbromid als Diogen. Beide Substanzen eignen sich zur Herstellung von konz. Vorratslösungen. Heute sind sie kaum noch im Gebrauch.

Neol s. p-Aminophenole.

Ortol s. o-Aminophenole.

Phenylendiamine

p-Phenylendiamin (Base), von M. ANDRESEN (1888) als Entwicklersubstanz entdeckt (619). Weiße bis grauweiße Blättchen, leicht löslich in Wasser, Alkohol und Äther. Aus der wässerigen Lösung scheidet Salzsäure das Chlorhydrat ab. Aus ätzalkalischen Lösungen ist die Base mit Äther ausschüttelbar. Mit Eisenchlorid entsteht eine sich allmählich von Grün oder Braun nach Violett ändernde Färbung. Ferricyankalium und Ferrosulfat bewirken eine braune Fällung. Schmelzpunkt 138 . . . 142° C. 1 g Substanz muß sich vollständig in 100 ccm kaltem Wasser oder in 20 ccm abs. Alkohol lösen. Ascherückstand $\leqslant 0,1\%$; Eisen $\leqslant 0,005\%$; werden zu 1 ccm einer 1%igen Lösung der Substanz in Wasser 5 ccm 3%ige Natriumazetatlösung zugesetzt, auf 45° C erhitzt, dann ein Tropfen einer gesättigten wässerigen Anilinlösung zugesetzt, geschüttelt und einige Kristalle Persulfat zugegeben, so muß innerhalb 5 Sekunden eine blaugrüne Färbung entstehen.

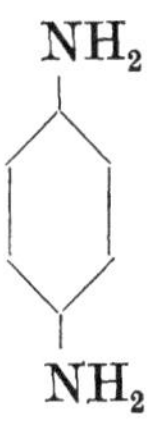

p-Phenylendiamin, salzsauer, weißes bis bräunliches Kristallpulver, in Wasser leicht löslich, dagegen schwer in Alkohol. Zersetzt sich beim Erhitzen ohne zu schmelzen. 5 g Substanz müssen sich vollständig in 200 ccm kaltem Wasser lösen; Löslichkeit in abs. Alkohol weniger als $0,08\%$, in Äther $\leqslant 0,04\%$. Chlorgehalt 39,5 . . . $41,0\%$; Aschegehalt $\leqslant 0,1\%$; flüchtige Bestandteile beim Erhitzen, 4 Stunden auf 150° C

$\leqslant 0{,}5\%$; Eisen $\leqslant 0{,}005\%$; Schwermetalle (Blei) $\leqslant 0{,}001\%$; Ferrichloridlösung gibt eine grüne nach braun übergehende Färbung.

p-Phenylendiamin, und zwar nur die **Base,** spielt in der Feinkornentwicklungstechnik eine ganz bedeutende Rolle (LUMIÈRE und SEYEWETZ) (331 a, b, 475). Es entwickelt schon mit Natriumsulfit allein, jedoch äußerst langsam. Kohlensaure Alkalien steigern seine Entwicklungsfähigkeit, jedoch nicht in einem für die Praxis ausreichenden Grade. Mit Ätzalkalien entstehen Entwickler mit sehr energischem Entwicklungsvermögen, doch sind diese sehr wenig stabil, da sie kein Pufferungsvermögen besitzen. Besonders bewährt hat sich Trinatriumphosphat als Alkali in Verbindung mit dieser Substanz. Die Feinkornwirkung des p-Phenylendiamins wird auf halbphysikalische Entwicklung zurückgeführt; die Substanz wirkt zunächst lösend auf das Bromsilberkorn und aus der Lösung erfolgt Abscheidung des Silbers am latenten Bild. Zur Steigerung seines Entwicklungsvermögens wird p-Phenylendiamin vielfach in Verbindung mit anderen rapide wirkenden Substanzen (Metol, Glyzin) verwendet. p-Phenylendiamin hat die unangenehme Eigenschaft giftig zu sein und stark färbend zu wirken. Außerdem erzeugen derartige Entwickler sehr leicht dichroitischen Schleier.

Derivate des p-Phenylendiamins

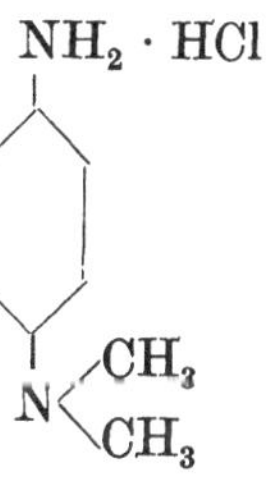

Dimethyl-p-Phenylendiamin, salzsauer oder schwefelsauer (HAUFF, 1891) (626), ebenso **Diäthyl-p-Phenylendiamin,** salz- oder schwefelsauer, spielen heute in der Farbentwicklungstechnik eine ganz besondere Rolle. R. FISCHER (1909) entdeckte, daß die Oxydationsprodukte des p-Phenylendiaminentwicklers bei der Reduktion des Bromsilbers mit bestimmten Komponenten, Phenolen, Naphtholen u. ä. zu tiefgefärbten Verbindungen zusammentreten (636, 637, 638). Nach der Entfernung des Silbers erhält man dann ein reines Farbstoffbild.

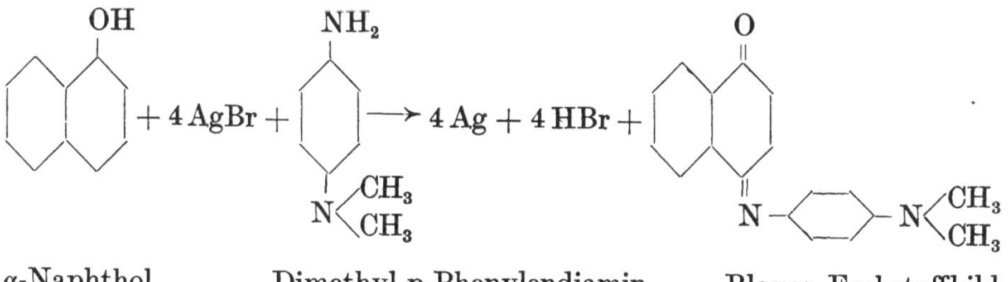

α-Naphthol   Dimethyl-p-Phenylendiamin   Blaues Farbstoffbild

Dialkylglyzine des p-Phenylendiamins (633) zeichnen sich durch größeres Entwicklungsvermögen und bessere Haltbarkeit der Lösungen aus. Diese Substanzen entwickeln in sulfithaltigen Lösungen ohne Alkalien. Sollen sich auch besonders für Feinkorn-Entwickler eignen.

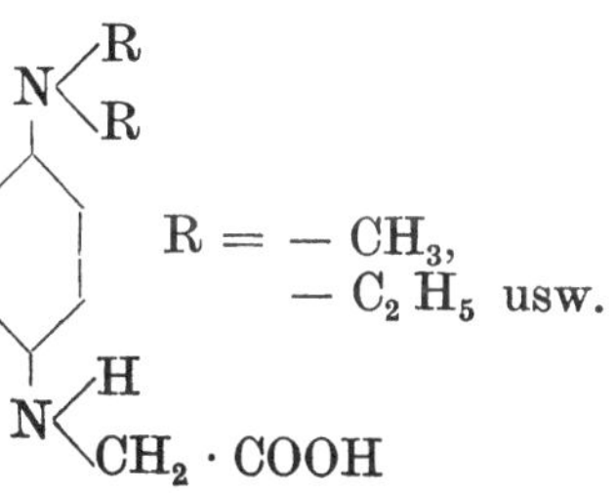

$R = - CH_3,$
$- C_2H_5$ usw.

o-Phenylendiamin wurde als Entwicklersubstanz von M. ANDRESEN (1891) entdeckt. Diese Substanz hat in der Feinkornentwicklungstechnik Bedeutung erlangt durch die Untersuchungen von WINDISCH (600). o-Phenylendiamin ist ein weißes bis graues kristallines Pulver. Sein Entwicklungsvermögen ist noch geringer als bei p-Phenylendiamin; in Lösungen von niedrigem pH-Wert kommt ihm kein Reduktionsvermögen zu, es wird deswegen immer in Verbindung mit anderen Entwicklersubstanzen (Metol, Glyzin) verwendet. o-Phenylendiamin hat keine färbenden Eigenschaften.

Additionsverbindungen des o-Phenylendiamins. Peroxyde wie Hydrochinon, Pyrogallol, Brenzkatechin u. a. verbinden sich mit p-Aminophenolen und o-Phenylendiamin in molekularen Verhältnissen von kleinen ganzen Zahlen zu einer einheitlichen Substanz (614). Diese neuen Substanzen eignen sich besonders zur Verwendung als Feinkornentwickler.

Pyrogallol, 1-2-3-Trioxybenzol, Pyrogallussäure, acidum pyrogallicum war die erste organische Substanz, deren Eignung als Entwickler erkannt wurde (ARCHER, 1850) (18). Weiße bis graue Kristallnadeln, die bei 130 ... 133°C schmelzen. Leicht löslich in Wasser, Alkohol und Äther. Oxydiert leicht an der Luft. Eine sulfithaltige Lösung wird nach Zusatz von Ätznatron bald blau. Eisenvitriollösung gibt blaue Färbung, auf weiterem Zusatz von Soda entsteht eine blauviolette Farbe und wird anschließend Salzsäure zugefügt, so färbt sie sich braungelb. Pyrogallol ist giftig! Pyrogallol färbt die Hände braun. Diese Färbung kann durch Abreiben mit Zitronensäurekristallen entfernt werden. Reinheitsprüfung: 5 g Substanz müssen in 100 ccm Wasser oder 95%igem Alkohol oder Äther vollständig löslich sein. Ascherückstand $\leqq 0{,}002\%$; Eisen $\leqq 0{,}001\%$; Schwermetalle (Blei) $\leqq 0{,}001\%$. Eine 5%ige Lösung muß sich durch Zusatz von Ferrichlorid rotbraun und durch Ferrosulfat blau färben.

Pyrogallol entfaltet sein Entwicklungsvermögen am besten in Verbindung mit kohlensauren Alkalien, mit Ätzalkalien verderben die Entwickler sehr rasch. Negativmaterialien, die Braunsteinlichthofschutzschichten tragen, dürfen mit Pyrogallol nicht entwickelt werden. Pyrogallol eignet sich wie Brenzkatechin zur Herstellung von Reliefgerbbildern (KOPPMANN-Verfahren). Pyrogallol-Entwickler werden vielfach auch zur Feinkornentwicklung empfohlen. Nachteil des Pyrogallol ist sein Anfärbevermögen für die photographische Schicht und Hände.

Pyrogallol-Additionsverbindungen, Pyrogallol-p-Phenylendiamin sollen letztere Nachteile nicht aufweisen (612, 613). Andere Additionsverbindung: Pyrogallol-p-Aminophenol-o-Phenylendiamin (614). Diese Verbindungen eignen sich besonders zur Feinkornentwicklung.

Vitamin C s. Askorbinsäure.

1-Phenyl-3-Pyrazolidon als Entwicklersubstanz erkannt von J. D. KENDALL (1953) (286). Weicht in seiner chemischen Struktur von den gebräuchlichen Substanzen vollkommen ab und entspricht auch nicht der Entwicklerregel (s. S. 46). Handelsbezeichnung „Phenidon", Hersteller JOHNSON, Engl. Farblose Kristalle, schwer löslich in Wasser, leicht löslich in alkalischen Lösungen. In Verbindung mit Natriumsulfit entwickelt Phenidon ungewöhnlich rasch und sehr weich. In den bisher gebräuch-

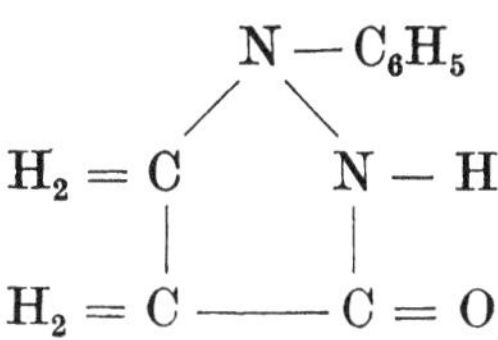

lichen Metol-Hydrochinon-Entwicklern kann es Metol ersetzen, wobei nur 1/5 der Menge erforderlich ist. Phenidon-Hydrochinon-Entwickler geben höhere Kontraste bei geringer Alkalität als Metol-Hydrochinon-Entwickler. Phenidon ist unschädlich und verursacht keine Hautschädigungen wie vielfach Metol.

D. Gifte, ihre Wirkung, Erscheinungen und Behandlung (156)

Eine genaue Definition der als Gifte zu bezeichnenden Stoffe ist nicht möglich. Wenn z. B. Kochsalz oder dest. Wasser in größeren Mengen eingenommen wird und eventuell zum Tode führen, so kann man keinesfalls diese Stoffe als Gifte bezeichnen. Im folgenden sollen die wichtigsten anorganischen und organischen Verbindungen als spezifische Gifte aufgeführt werden, die bei der Ausübung photographischer Verfahren Vergiftungen verursachen können.

Gifte können auf drei Wegen in wirksamer, zur Erkrankung führender Menge in den menschlichen Organismus gelangen: Über die Lunge durch Einatmen, über den Verdauungskanal und durch die Haut, selbst in unverletztem Zustand (Resorption).

Die Gefährdung durch giftige Gase und Dämpfe kann durch vorsichtiges Arbeiten, gute Raumlüftung weitgehend unterbunden werden, vorbeugend wirksam ist auch die Benutzung von Atemschutzgeräten. Bei akuten Vergiftungen, selbst in zweifelhaften Fällen, ist ärztliche Hilfe herbeizuholen oder die Überführung in ein Krankenhaus zu veranlassen. Als erste Hilfe bei Unfällen durch Gase und Gifte ist für Bewegung aus der Gefahrenzone und bequeme Lagerung in einem gut gelüfteten Zimmer bei Schutz gegen Abkühlung Sorge zu tragen. Beengende Kleidungsstücke sind zu entfernen und die Haut erforderlichenfalls mit lauwarmem Wasser zu reinigen. Bei Atemstörungen Sauerstoffzufuhr; künstliche Atmung nur bei drohendem Atemstillstand in tiefer Bewußtlosigkeit, jedoch niemals bei Vergiftungen mit Reiz- und Ätzgasen.

Bei Vergiftungen durch Verschlucken ist in erster Linie für Entleerung des Magens, eventuell durch Kitzeln des Rachens, zu sorgen. Zur Verdünnung und Neutralisation des Giftes im Magen sind reichliche Mengen Flüssigkeit — Wasser mit Zusätzen — zuzuführen. Als Zusätze kommen in Betracht: Natriumkarbonat, Magnesia usta, Tierkohle, Eiweißwasser oder Milch, in manchen Fällen auch das Gift fällende Stoffe wie Gerbsäure. Gegengifte sind meistens weniger wirksam. Jeder Versuch, Flüssigkeiten und Medikamente einzuflößen, ist jedoch zu unterlassen, da die Gefahr des Verschluckens besteht. Das Bewußtsein ist möglichst, eventuell durch äußere Reize, wachzuhalten. Bewußtlosigkeit hat vielfach nichts Beunruhigendes, so lange keine Atemstörungen auftreten.

Tabelle 2. *Giftige Gase und Dämpfe*
a) Anorganische Stoffe

Stoff	Tödliche bzw. gefährliche Konzentration	Giftwirkung
Chlorwasserstoff (Salzsäuregase)	1,5 mg/l = 0,1 Vol.-%	Ätz- und Reizwirkung auf obere Luftwege
Schwefeldioxyd	0,4 mg/l = 0,015 Vol.-%	Reizgas auf obere Luftwege, auch auf Augen- und Nasenschleimhaut
Ammoniak	4 mg/l = 0,5 Vol.-%	Ätzwirkung auf obere Luftwege, Augen- und Nasenschleimhaut
Schwefelwasserstoff	0,7 mg/l = 0,05 Vol.-%	Reizwirkung auf Schleimhäute, zentrale Nervengiftwirkung durch Lähmung der Zellatmung
Schwefelkohlenstoff	10—12 mg/l = 0,035 Vol.-%	Akute narkotische Wirkung, chronische, schädigende Wirkung auf das Nervensystem
Zyanwasserstoff	0,12 mg/l	Atemlähmung und Aufhebung der Zellatmung, „innere Erstickung". Vergiftung auch durch Aufnahme der Haut!

b) Organische Gase und Dämpfe

Stoff	Tödliche bzw. gefährliche Konzentration	Giftwirkung
Benzin	25—30 mg/l (Verschlucken > 10 g)	Betäubende Wirkung. S. Organische Lösungsmittel
Benzol	10—25 mg/l (Verschlucken > 20 g; chronisch 0,3 mg/l)	Betäubende Wirkung. Chronische Wirkung auf das Knochenmark u. die Blutbildung
Chloroform	75 mg/l = 1,5 Vol.-%	S. Chlorkohlenwasserstoffe

Erscheinungen	Maßnahmen
Heftige Bronchialkatarrhe, selten Lungenentzündung — —	Inhalation mit 0,3 % Natriumbikarbonatlösung oder Mentholspiritus; absolute Körperruhe; bei Atemnot Sauerstoffeinatmung ohne Atemgeräte
Reizung der Augen- und Atmungsorgane: Augenentzündung, Bronchialkatarrhe, Lungenentzündung. Bei starker Vergiftung Krämpfe, Betäubung, Tod durch Atemlähmung. Chronisch: Verdauungs- und Ernährungsstörungen, Nervosität	Sauerstoffatmung
Akut: Erregung mit nachfolgender Betäubung Chronisch: Geistesstörungen, Nervenlähmung	Große Vorsicht bei ständiger Einatmung
Bei hoher Konzentration Bewußtseinsverlust, Krämpfe und rascher Tod durch Atemlähmung. Bei leichter Vergiftung und erhaltener Atmung rasche Erholung nach Wiederkehr des Bewußtseins oder nur Kopfschmerzen, Schwindel, Erbrechen, Herzklopfen. Leichte Atemnot. Keine chronischen Vergiftungserscheinungen, jedoch Nachkrankheiten bei länger dauernden akuten Vergiftungen	Sauerstoffinhalation, bei Atemstörungen künstliche Atmung. Beobachtung und Nachbehandlung im Krankenhaus. Gegengifte wie Natriumthiosulfat, Methylenblau u. a. nur wirksam beim Einspritzen; Anwendung meist zu spät
— Bewußtseinsstörungen wie bei organischen Lösungsmitteln. Bei chronischer Vergiftung Blut- und Knochenmarkserkrankungen; Blutarmut (Verminderung der weißen Blutzellen), Haut-, Schleimhaut- und innere Blutungen. Tod durch septisch-infektiöse Prozesse —	— Schutzmaßnahmen durch Belüftung und Atemschutz —

Stoff	Tödliche bzw. gefährliche Konzentration	Giftwirkung
Chlorkohlenwasserstoffe (Trichloräthylen, Tetrachlorkohlenstoff u. ä.)	—	Narkotische Wirkung, Leber- und Nierenschädigungen, seltener Herzmuskelschädigungen
Organische Lösungsmittel (Kohlenwasserstoffe, Alkohole, Äther, Ketone, Ester)	—	Vergiftungserscheinungen außer durch Verschlucken durch Einatmung von Dämpfen. Narkotische Wirkung, chronische Nerven-, Blut-und Organschädigungen

c) Schwebestoffe

Phenylendiamine	—	Einatmung von Staub mit asthmaartigen Erkrankungen

Tabelle 3. *Berührungs- und Magengifte*
a) Anorganische Stoffe

Säuren, s. auch Ätz- und Reizgase und Dämpfe	—	Harte, trockene, schorfebildende Ätzwirkung auf Haut-und Schleimhäute
Ätzalkalien	—	Auflösung der Horn- und Eiweißsubstanz der Gewebe, tiefgreifende und weiterfressende Verätzungen
Chorate	5 g	Veränderung des roten Blutfarbstoffes und der Zellen
Nitrite (Kalium-, Natriumnitrit)	—	Blutgifte; Erschlaffung und Erweiterung der Blutgefäße, dadurch Senkung des Blutdruckes
Zyanide, Kalium-, Natriumzyanid	0,2—0,3 g	S. Zyanwasserstoff

Erscheinungen	Maßnahmen
Chronische Schädigungen organischer Art führen zu Gelbsucht und Leberentartung, Harnverminderung, Bewußtseinsstörungen. In schweren Fällen tödlicher Ausgang. Selten bei Chloroform und Tetrachlorkohlenstoff	—
Bei akuter Vergiftung rauschartige Zustände, anschließend Betäubung und in schweren Fällen tödliche Atem- oder Herzlähmung. Sonst meist rasche Erholung in frischer Luft, nur bei Tetrachlorkohlenstoff bisweilen nervöse oder organische Nachwirkungen; bei Benzol, Schwefelkohlenstoff auch chronische Vergiftungen	Verbringen in frischer Luft. Weckversuche durch äußere Reize; nur bei Atemstörungen künstliche Atmung
Anfälle schwerster Atemnot und mühsame Entleerung schleimigen Bronchialsekretes	Betriebliche Staubbekämpfung zur Vorbeugung. Atemschutz
Verätzung von Mund, Rachen, Speiseröhre, Magen. Heftiges Erbrechen, Heiserkeit, Atemnot, Herzschwäche, Ohnmacht	Nach Erbrechen reichlich Magnesia usta (100—200 g) in Milch, Eiweißwasser oder Haferschleim
Schmerzhafte Verätzungen der Lippen, Mund, Rachen, Erbrechen mit Schleimhautfetzen und blutigen Massen. Schmerzhafte Durchfälle, Puls- und Herzschwäche. Bei äußerer Einwirkung schmierige Ätzgeschwüre, die weiterfressen	Erbrechen nur beim allerersten Beginn herbeiführen, Gefahr der Magenzerreißung. Verabreichung neutralisierender Getränke, Essigwasser, Zitronensäure mit Milch oder Haferschleim. Bei Augenverätzung Spülen mit viel Wasser oder Borsäurelösung und Essigwasser
Graublaufärbung der Haut und Schleimhäute. Benommenheit, Durchfall, Durst, später Gelbsucht, Harnverhaltung, Blutharnen, Herzschwäche	Saure Getränke vermeiden. Allgemeine Maßnahmen gegen Vergiftungen vom Magen aus
Starke Blausucht, Blutdrucksenkung, Ohnmachtsanfälle, Benommenheit, Pulsschwäche und -beschleunigungen	Magen- und Darmentleerung, Karlsbader Salz, kein Alkohol; Sauerstoff-Inhalation
Wie bei Zyanwasserstoff	Magenentleerung, sonst wie bei Zyanwasserstoff

Stoff	Tödliche bzw. gefährliche Konzentration	Giftwirkung
Arsensalze	0,1—0,5 g	Lokale Zellvergiftungen; chronisches Nervengift
Antimonsalze	—	Wie Arsen, jedoch etwas schwächer
Bariumverbindungen (außer Bariumsulfat)	—	Krampferregende Wirkung auf die Blutgefäße, des Magendarmkanales und andere innere Organe
Bleiverbindungen (außer Bleisulfid)	—	Krampferregende Wirkung auf die Blutgefäße und innere Organe; Blut- und Nervengift
Chromverbindungen (metallisches Chrom und Chromoxyd, ungiftig)	—	Ätzwirkung auf Haut- und Schleimhäute; Ätzungen des Magendarmkanals; Nierenschädigungen
Kupfersalze	—	Erbrechende Wirkung. Wie alle Schwermetalle Ätzwirkung
Manganverbindungen	—	Chronische Gehirngiftwirkungen
Quecksilber und Quecksilberverbindungen	—	Zellgiftwirkung, vor allem auf Nieren; Nervengift; Ätzwirkung wie Schwermetalle

b) Organische Stoffe

Stoff	Tödliche bzw. gefährliche Konzentration	Giftwirkung
Methylalkohol	10 g	Narkotische Wirkung; Organ- und Nervenschädigungen
Phenole und Kresole	10 g	Ätz- und Abtötungswirkung auf Gewebe; Zentralnervöse Lähmung

Erscheinungen	Maßnahmen
Heftige Durchfälle, Wadenkrämpfe, keine Harnabscheidung mehr, Benommenheit und Lähmungen Chronisch: Nervenentzündungen mit Lähmungen in Händen und Füßen, Haarausfall, Verdickungen und Verfärbungen der Haut, Katarrhe, Verdauungsstörungen	Magenentleerung. Tierkohle, frischgefälltes Eisenoxyd in Milch oder Haferschleim, mehrere Male 2 Eßlöffel in Abständen von 10 Minuten
—	—
Magen- und Darmkrämpfe mit Stuhldrang, Blässe, Gefäß- und Herzkrämpfe, Muskelkrämpfe	Magenentleerung, innerlich Tierkohle. Milch, Eiweißwasser, Gegengift: Natriumsulfat 20—25 g in 1 Liter Wasser
Magen- und Darmkrämpfe, Erbrechen, Koliken, Herzbeklemmungen. Chronische Vergiftungen: Blutarmut, Blässe, Stuhlverstopfung, Koliken, Gliederschmerzen, Nervenlähmungen	Milch, Eiweißwasser, Karlsbader Salz oder Magnesium- oder Natriumsulfat 50 g in 1 Liter Wasser. Chronische Vergiftung meistens nur durch gewerbliche Einatmung
Hautgeschwüre und Ekzeme. Bei Einatmung von Chromstaub tiefgreifende Geschwüre an Nasenscheidewand, nach langer Einwirkung Geschwulstbildung an der Lunge	Benutzung von Gummihandschuhe und Decksalben bei der Arbeit. Bei Chromatstaub Atemschutz
Anhaltendes, fast unstillbares Erbrechen, später Durchfälle, Herzschwäche	Magenentleerung wiederholt, dann Milch, Haferschleim
Lähmungen, Schreib- und Sprachstörungen, auch seelische Veränderungen. Manchmal Neigung zu akuten Lungenentzündungen	Maßnahmen gegen Staubeinatmung zur Vorbeugung
Akut: Erbrechen, Durchfälle, Entzündung der Schleimhäute und des Zahnfleisches, Nierenschädigung, keine Harnbildung. Chronisch: Nervöse Störungen, Zittern, erhöhte Erregbarkeit	Magenentleerung, Eier in Milch eingerührt, Magnesia usta, Tierkohle
Akute Rauschzustände mit nervösen Nachwirkungen; lange dauernde Bewußtlosigkeit, Sehstörungen bis zur Erblindung, Herzstörungen	Tierkohle, Karlsbader Salz
Verätzungen, Erbrechen, Leibschmerzen, große Schwäche und Hinfälligkeit, grün-bläulicher Harn, Nierenentzündung	Tierkohle, Natriumsulfat 250 g auf 1 Liter Wasser mehrere Male 1 Eßlöffel

Stoff	Tödliche bzw. gefährliche Konzentration	Giftwirkung
Oxalsäure und Verbindungen	1,0 g	Kalkausfällungen im Blut und Gewebe; Herzgift
Aromatische Amido- und Nitroverbindungen (fast alle Entwicklersubstanzen)	–	Durchdringen leicht die Haut; Blutzellen auflösende Blutgifte und Nervengifte. Phenylendiamine chronische Lebergifte; Hautschädigungen und Ausschlagsbildungen

III. Die heutige Anschauung über die Entstehung und Natur des latenten Bildes (42, 202, 377, 576, 602)

Die heutigen Vorstellungen über das Wesen und die Vorgänge beim Aufbau des latenten Bildes basieren auf der vor etwa 20 Jahren aufgestellten „Silberkeimtheorie" (EGGERT, 1926; ARENS und LUFT, 1935) (130, 131, 133, 139, 140, 145, 162, 163, 322, 496). Für die Klärung der Entstehung des latenten Bildes waren vor allem die Untersuchungen der Vorgänge bei der Belichtung von Alkalihalogeniden von POHL und seinen Schülern (1938) sowie anderen Forschern F. SEITZ (1946) bedeutsam (215, 216, 423, 424, 436, 470). Weitere Grundlagen klärten die Untersuchungen über die Fehlordnung und die Ionenleitung der Silberhalogenide (FRENKEL, 1926; SCHOTTKY, 1935; LEHFELDT, 1935; KOCH und WAGNER, 1937; JOST, 1937) (172, 272, 291, 515). Die Ergebnisse dieser Forschungen faßten erstmalig GURNEY und MOTT (1938) bei der Aufstellung einer einheitlichen Theorie des latenten Bildes zusammen (194, 195). In den letzten Jahren sind einige neue Theorien aufgestellt worden, die insbesondere die Entstehung des latenten Bildes bei den Alkali- und Silberhalogeniden aus einheitlichen Gesichtspunkten zu deuten gestatten (14, 394, 520, 521, 522). Zwischen beiden Vorgängen scheint im wesentlichen ein gradueller Unterschied zu bestehen, die Grundzüge der GURNEY-MOTTschen Theorie bleiben bestehen.

A. Die Entstehung des latenten Bildes

Aus der Strukturanalyse unbelichteter Silberbromidkörner mit Röntgenstrahlen steht fest, daß diese aus einem Ionengitter aufgebaut sind. Die einzelnen Bauelemente bestehen aus positiv geladenen Silberatomen (Ionen) und negativ geladenen Bromatomen (Br-Ionen). Abb. 16 zeigt den Aufbau eines Silberbromidkristalles im Vergleich zum Aufbau des metallischen Silbers.

Wird dieselbe Strukturanalyse mit belichtetem Silberbromid ausgeführt, so treten neben den Linien des AgBr-Kristalles Linien auf, die auf die Anwesenheit von metallischem Silber in feinverteilter Form schließen lassen. HALL und SCHOEN (1941) konnten erstmalig photolytisch gebildetes Silber in photographischen Emulsionen elektronenmikroskopisch direkt nachweisen (196) (s. Abb. 17).

Erscheinungen	Maßnahmen
Krämpfe, Gliederschmerzen, Atemnot und Herzschwäche, Bewußtseinsverlust, Nierenentzündung, Blut im Harn	Magenentleerung, Kalziumchlorid oder -lactatlösungen
Benommenheit und Atemnot. Bei chronischer Vergiftung Blutarmut, Gelbsucht, Leberschädigungen und Bluterkrankungen, Blasengeschwülste und Blasenblutungen Bei Metol Bildung von Geschwüren an Händen, Gesichtsausschläge	Bei Vergiftung durch Verschlucken, aktive Kohle, Karlsbader Salz, keine alkoholische Getränke Vorbeugungsmittel gegen Metolvergiftungen Hände mit Essigwasser waschen und bürsten, Glyzerinsalben Gesichtsausschläge: UV-Bestrahlung

Die Entstehung des latenten Bildes bei der Belichtung erfolgt in zwei gekoppelten Phasen: im lichtelektrischen (primären) Prozeß (Elektronenprozeß) und im (sekundären) Zwischengitter-Silberionenprozeß.

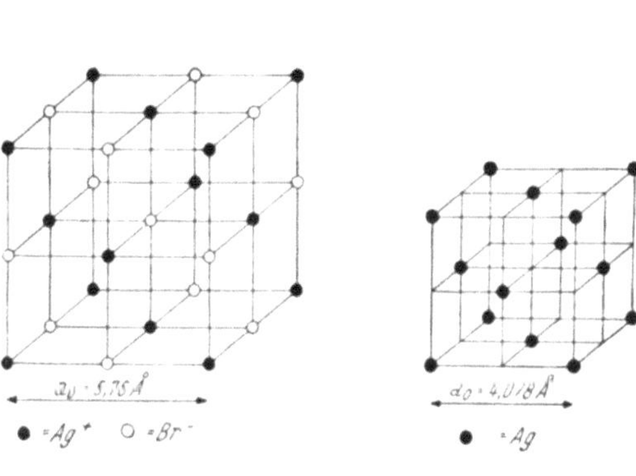

Abb. 16. Ionengitter des Silberbromids (links) und das kubisch flächenzentrische Gitter des metallischen Silbers (rechts)

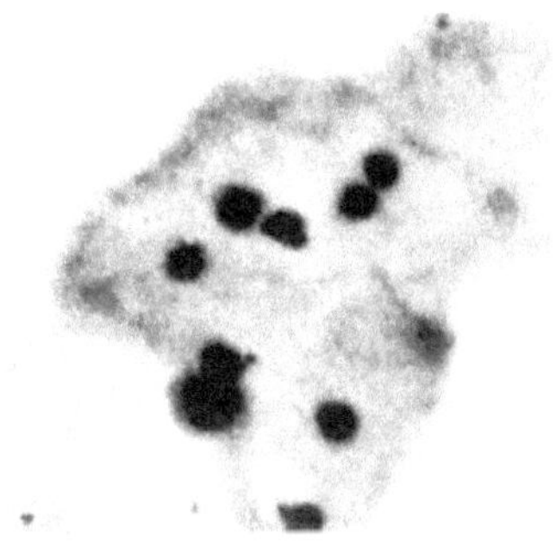

Abb. 17. Durch UV-Bestrahlung gebildetes Silber am Silberbromidkorn. Aufnahme mit Elektronenmikroskop, Vergr. 40 000× (HALL und SCHOEN). Nach C. E. K. MEES (375)

Elektronenprozeß:

1. Ein Brom-Ion des Gitters absorbiert ein Lichtquant ($h \cdot \nu$), wodurch von diesem das Elektron losgelöst wird.

$$Br^- + h\nu = Br + (e)$$

h = PLANCKsches Wirkungsquantum $= 6{,}62 \cdot 10^{-27}$ erg · sec.

ν = Schwingungszahl des Lichtes $= \dfrac{c}{\lambda} = \dfrac{3 \cdot 10^{10}}{\lambda}$ cm/sec.

c = Lichtgeschwindigkeit $= 3 \cdot 10^{10}$ cm/sec.

λ = Wellenlänge des Lichtes.

2. Das Elektron wandert im Gitter weiter, bis es von einer Unstetigkeitsstelle (Fremdkeim) festgehalten wird.

Diese Fremdkeime (schwefelhaltige organische Substanzen, Schwefelsilber, Silber, Gold) entstehen bei der Fabrikation und zwar bei der „chemischen Reifung". Diese Verunreinigungen werden „Reifkeime" bezeichnet.

Reinstes Silberbromid ohne jede Fremdkeime ist nicht lichtempfindlich, das Bromion bildet sich nach einiger Zeit wieder zurück.

3. Durch die an den Fremdkeimen festgelegten Elektronen entstehen Zentren mit negativen elektrostatischen Feldern.

Ionen-Prozeß:

4. Diese negativen Zentren ziehen die positiven Zwischengitter-Silberionen an und entladen diese unter Bildung von metallischem Silber, den Keimen des latenten Bildes.

Zwischengitter-Ionen sind Ionen, die sich nicht an ihren normalen Plätzen im Gitter befinden, sondern sich frei im Kristall bewegen können. Ihr Vorhandensein beweist die Ionenleitfähigkeit der Silberhalogenide (172, 272, 291, 312, 515).

Ein anschauliches Bild von diesen Vorgängen vermittelt Abb. 18 nach J. EGGERT (133).

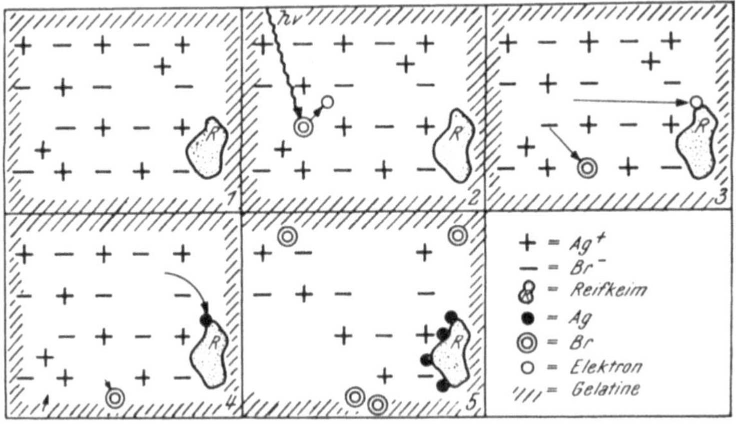

Abb. 18.   Schematische Darstellung der Entstehung des latenten Bildes in verschiedenen
Stadien des Vorganges.   Nach J. EGGERT (133)

1 Anfangszustand des Gitters vor der Belichtung
2 Absorption einer Lichtquants und: $Br^- + h\nu = Br + (e)$
3 Einfangen des Elektrons durch den Reifkeim
4 Annäherung von Ag + an den Reifkeim, dort: $Ag + + (e) = Ag$
5 Endzustand des Gitters nach mehreren gleichen Prozessen

B. Die Natur des latenten Bildes und seine Verteilung im Silberbromidkorn

Die Reifkeime allein können normalerweise, wenn sie eine bestimmte Größe nicht überschreiten, keine Entwicklungsfähigkeit zur Folge haben, sie sind hingegen Sammelzentren für das photolytisch gebildete Silber. Diese Konglomerate sind dann erst aktiv genug, um als „Entwicklungskeime" den Entwicklungsprozeß auszulösen. Größenordnungsmäßig beläuft sich die Anzahl der Moleküle Reifungsschwefelsilber auf 10^{14} je Quadratzentimeter der Schicht, die Anzahl der Silberatome des latenten Bildes an der Schwellenschwärzung beträgt dagegen nur 10^9 je Quadratzentimeter (481). Wie kommt es nun, daß dieser geringe Bruchteil an Silberatomen die relativ große Menge von Reifkeimen zu „Entwicklungskeimen" umwandeln kann? REINDERS und HAMBURGER haben auf Grund von Untersuchungen die Verteilung der Reifkeime pro Korn nach den Gesetzen der

Wahrscheinlichkeit berechnet und sind zu folgenden Feststellungen gekommen (322, 446):

Ein Silberbromidkorn enthält

  13.000 Reifkeime, bestehend aus 1 Silbersulfidmolekül,
    40 Reifkeime, bestehend aus 2 Silbersulfidmolekülen,
   0,12 Reifkeime, bestehend aus 3 Silbersulfidmolekülen,
  0,0017 Reifkeime, bestehend aus 4 Silbersulfidmolekülen.

Die Reifkeime sind demnach sehr dispers über das Korn verteilt, Aggregate aus drei und mehr Schwefelsilber-Molekülen sind nur etwa eines auf jedes zehnte Silberbromidkorn vorhanden, dagegen um so mehr Zweier- und Einer-Aggregate. In Verbindung mit der Anzahl der entwickelten Körner im Schleier wird geschlossen, daß die Größe der Reifkeime von Einer- und Zweier-Aggregaten zur Entwicklung nicht ausreicht, dagegen die größeren Aggregate bereits Entwicklungskeime sind. Treten hingegen zu einem Zweier-Aggregat, die an jedem Korn in genügender Menge vorhanden sind, ein oder wenige photolytisch gebildete Silberatome, so wird das Korn entwicklungsfähig. Die Einer-Aggregate werden auch durch den Hinzutritt von mehreren Silberatomen keine Entwicklungszentren. Nach neueren Untersuchungen sind etwa 4 ... 10 Silberatome zur Bildung eines Entwicklungskeimes erforderlich (KATZ, 1950/51) (279, 280). Diese Anschauung hat durch neue Versuchsergebnisse eine Modifizierung erfahren (BURTON, BERG, 1946, 1949) (44, 45, 46, 47, 79, 80).

Es wird zwischen einem „Vollbild" und einem „Subbild" und „Vollkeimen" und „Subkeimen" unterschieden, wobei letztere instabil und stabil sein können. In einer belichteten photographischen Schicht tragen nicht nur die entwickelbaren Körner ein „Bild", das „Vollbild", auch ein Teil der nicht entwickelbaren Körner ist mit einem „Bild" behaftet, das unter der Schwelle der Entwickelbarkeit liegt und als „Subbild" bezeichnet wird. Körner mit einem „Vollbild" besitzen wenigstens einen „Vollkeim" und Körner mit einem „Subbild" wenigstens einen „Subkeim". Die Bromsilberkörner einer belichteten Schicht können nach folgendem Schema aufgeteilt werden:

<table>
<tr><td rowspan="2">Alle Körner</td><td>nicht entwickelbare Körner</td><td>nicht affizierte Körner
Subbildkörner</td></tr>
<tr><td>entwickelbare Körner</td><td>Vollbildkörner
Schleierkörner.</td></tr>
</table>

Nicht affizierte Körner = Körner, die vom Licht nicht verändert
         wurden.

Subbildkörner = Körner, die durch photolytisch gebildetes Silber
       vergrößert wurden, deren Größe jedoch für die Ent-
       wicklung noch nicht ausreicht.

Vollbildkörner = Körner mit Entwicklungskeimen.

Schleierkörner = Reifkeime sind bereits vor der Belichtung so groß,
       daß sie die Entwicklung einleiten können und Schleier
       verursachen.

Bei niedriger Lichtintensität ist die Elektronenkonzentration gering, es bilden sich meist nur instabile, kleine Keime, deren Lebensdauer gering ist. Stabile Keime, einmal gebildet, werden in einer im Verhältnis zu seiner Bildungsdauer sehr kurzen Zeit zum Vollkeim, um auch dann noch weiter zu wachsen. Bei genügend langer Exposition mit schwacher Lichtintensität liegen demnach nur wenig stabile Subkeime und verhältnismäßig große Vollkeime vor. Da ihre Entstehung dort bevorzugt begünstigt wird, wo zusätzliche Kräfte wie Sensibilitätszentren und die Oberfläche selbst als Störstelle wirksam sind, so liegen die Entwicklungskeime bei schwachen Lichtintensitäten besonders an der Kornoberfläche.

Bei hoher Lichtintensität entsteht eine beträchtliche Elektronenkonzentration im Innern des Kornes, da nicht genügend Zwischengitterionen zur Verfügung stehen und die Störstellen deswegen die neuankommenden Elektronen durch ihr elektrostatisches Feld zurücktreiben. Bei hoher Lichtintensität entstehen demnach auch im Innern des Kornes Entwicklungskeime. Die Keimbildung ist außerdem sehr dispers und die Anzahl der Subkeime ist im Verhältnis zu den Vollkeimen relativ vermehrt.

Der Nachweis der Subkeime beruhte auf der Vorstellung, daß die Umwandlung eines Subkeimes in einen Vollkeim weniger Lichtenergie bedarf, als die vollständige Neubildung eines Keimes. Eine photographische Schicht kann beispielsweise durch kurzzeitige Vorbelichtung mit hoher Lichtintensität für eine spätere Bestrahlung mit niedriger Intensität sensibilisiert werden, d. h. ein Bild, das von Licht hoher Intensität bei kurzer Exposition erzeugt ist, kann durch Nachbelichtung mit niedriger Intensität verstärkt werden. Das Vorhandensein von Subkeimen folgt ferner aus dem Verschwinden des Durchhanges der numerischen Schwärzungskurve bei Nachbestrahlung mit schwacher Lichtintensität (Abb. 19). Die im Verlauf der ersten Belichtung gebildeten Subkeime werden bei der Sekundärbelichtung zu Vollkeimen ergänzt.

Ein weiterer Beweis für die Subkeime ist das spontane Wachstum des latenten Bildes mit der Lagerungszeit besonders bei der Aufbewahrung in der Wärme. Die größeren Keime wachsen auf Kosten der kleineren Subkeime. Diese Anschauung wird besonders bekräftigt durch die Feststellung, daß am Ende einer längeren Lagerungsperiode Nachbestrahlung mit niedriger Intensität keine Schwärzungszunahme mehr ergibt, da alle Subkeime inzwischen in Vollkeime umgewandelt sind, während zu Beginn der Lagerungszeit Nachbestrahlung mit Licht geringer Intensität die Schwärzung erhöht (Abb. 20 und 21).

Die Grenzen zwischen den einzelnen Stadien des Keimwachstums können jedoch nicht streng gezogen werden; einerseits kann verlängerte Entwicklungszeit das Subbild wirksam werden lassen, andererseits sprechen auch gewisse Entwickler auf das Subbild bereits an.

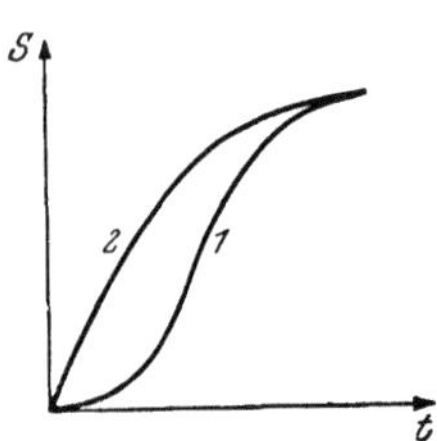

Abb. 19. Einfluß einer Nachbestrahlung mit schwacher Lichtintensität auf die Gestalt der numerischen Schwärzungskurve. Nach P. C. BURTON und W. F. BERG (47, 80)

1 ohne Nachbestrahlung, 2 mit Nachbestrahlung

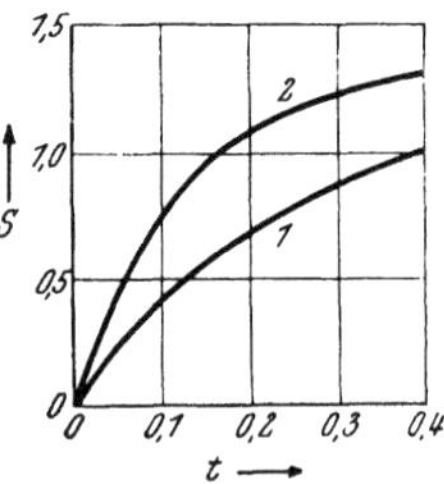

Abb. 20. Einfluß der Lagerung auf die numerische Schwärzungskurve. Nach P. C. BURTON (79)

1 Numerische Schwärzungskurve sofort nach der Belichtung entwikkelter Aufnahmen, 2 numerische Schwärzungskurve 525 Tage nach der Belichtung entwickelter Aufnahmen

Die Verteilung der Entwicklungskeime zwischen Kornoberfläche und Korninnern untersuchten insbesondere HAUTOT und Mitarbeiter (202) ebenso M. F. BERG und Mitarbeiter (45, 48). Durch besondere sog. „Oberflächenentwickler" können bevorzugt die Körner mit latentem Bild an der Oberfläche entwickelt werden. „Innenentwickler" nutzen auch das in der Tiefe des Kornes liegende latente Bild aus.

Oberflächenentwickler sind Entwickler ohne Bromsilber-Lösungsmittel vor allem ohne Sulfit. Beispiel hierfür ist der Glyzin-Entwickler. Innenentwickler enthalten Lösungsmittelzusätze für Bromsilber, wie hoher

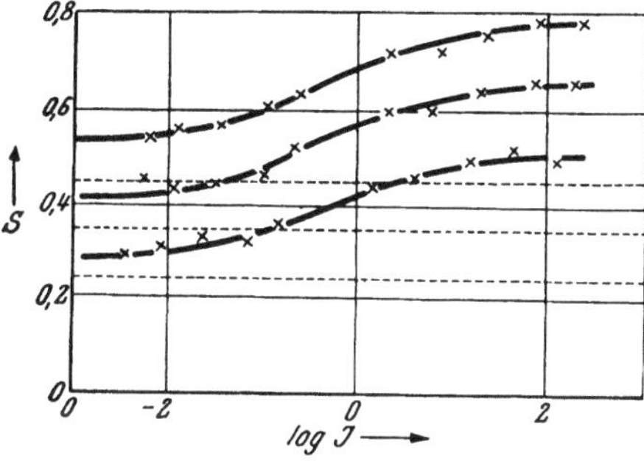

Abb. 21. Einfluß der Primärstrahlung auf die Zunahme der Schwärzung durch Nachbestrahlung mit schwacher Intensität. Nach P. C. BURTON (79)

S Schwärzung, *J* Intensität der Primärbelichtung. Horizontale Linien: Konstante Schwärzungen bei steigender Primärintensität ohne Nachbestrahlung. Ansteigende Kurven: Parallelversuche mit Nachbestrahlung

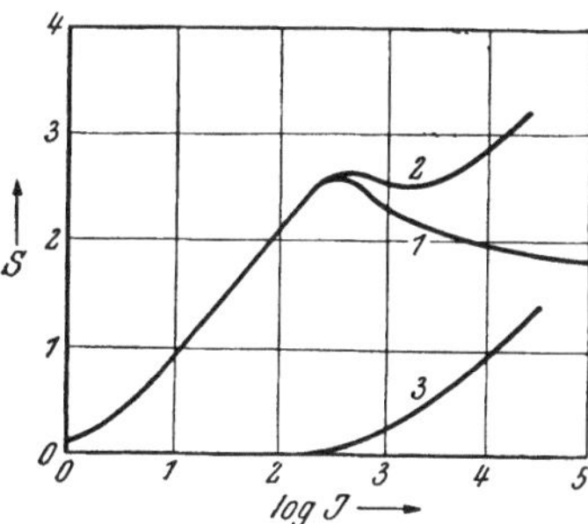

Abb. 22. Schwärzungskurven des „oberflächlichen" *1*, des „inneren" *3* und des normal entwickelten *2* latenten Bildes. Nach A. HAUTOT (283)

Sulfitgehalt, Kaliumrhodanid, Thiosulfat; Beispiel: Metol-Karbonat-Entwickler mit Natriumthiosulfat.

Das „innere" latente Bild kann auch nach „Ausbleichen" des äußeren latenten Bildes mit geeigneten Oxydationsmitteln wie Chromsäure allein entwickelt werden. Werden bestimmte Konzentrationen des Bleichbades eingehalten, so kann auch ein tiefliegendes inneres latentes Bild unterschieden werden.

Wie bereits dargelegt (s. S. 70) nimmt das innere latente Bild mit steigender Intensität zu. Es ist auch möglich, Emulsionen herzustellen, deren Körner nur ein inneres latentes Bild entwickeln.

Die beiden latenten Bilder stellen keine grundsätzlich voneinander verschiedene Arten latenter Bilder dar. Zwischen beiden besteht ein enger Zusammenhang, durch besondere Maßnahmen ist es sogar möglich, diese wechselseitig ineinander zu transformieren (s. HERSCHEL- und DEBOT-Effekt).

C. Latentes Bild und photographische Einzelerscheinungen (Effekte)

Die Vorstellungen über die Entstehung und das Wesen des latenten Bildes werden vertieft durch die Betrachtung und Erklärung der photographischen Einzelerscheinungen und zwar der Effekte, die ursächlich direkt mit dem latenten Bild in Beziehung stehen.

a) Temperatureffekt. Bei hochempfindlichen, nicht sensibilisierten Emulsionen fällt die Empfindlichkeit bei der Temperatur der flüssigen Luft, bei — 186° C, auf 7% und bei der Temperatur von flüssigem Wasserstoff, bei — 253° C, auf 4% des Wertes bei + 20° C. Der Hauptabfall liegt im Bereich zwischen Zimmertemperatur und der Temperatur der flüssigen Luft (BERG, WEBB und EVANS, MEIDINGER, EGGERT und KLEIN-

SCHROD) (41, 136, 382, 577). Der Empfindlichkeitsabfall ist sehr stark von der Korngröße der Emulsion abhängig, so liegt bei der AGFA-LAUE-Emulsion im Temperaturbereich von $+ 20°$ und $- 40°$ C ein Empfindlichkeitsanstieg (EGGERT und LUFT) (138), (s. Abb. 23).

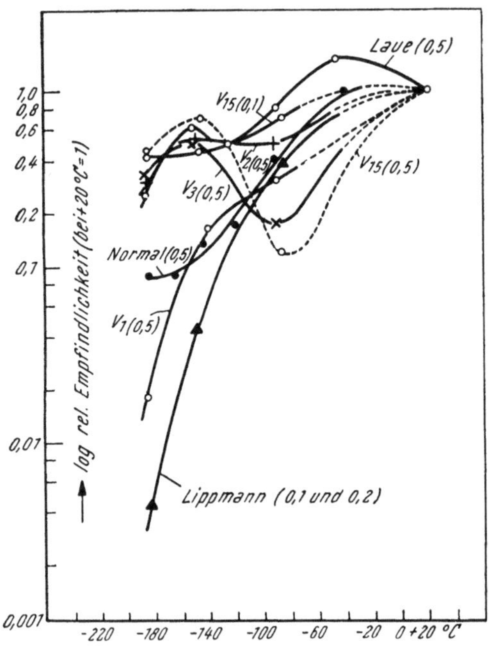

Abb. 23. Relative Empfindlichkeit verschiedener Emulsionen in Abhängigkeit von der Temperatur. Empfindlichkeitskriterium: Verschiedene Schwärzungen (Zahlen in Klammern). Nach W. MEIDINGER (383)

Die Menge des gefundenen Silbers bei intensiv belichteten Schichten fällt zwischen $+ 20°$ C

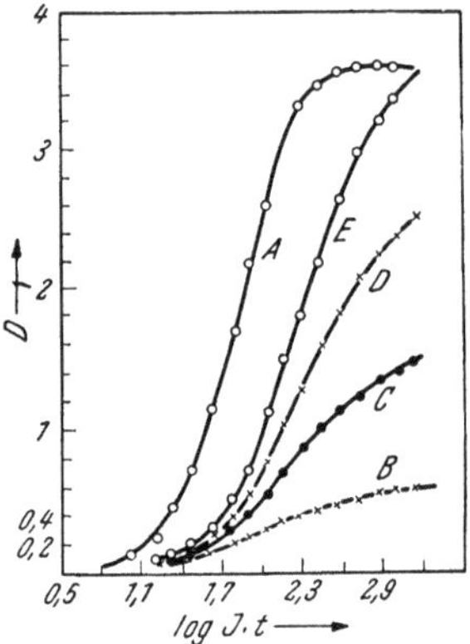

Abb. 24. Einfluß der Art der Aufstrahlung einer konstanten Lichtmenge bei tiefer Temperatur. Kontinuierliche und intermittierende Belichtung mit Erwärmung in den Dunkelperioden. Nach J. H. WEBB und C. H. EVANS (577)

Kurve	Temperatur bei Belichtung	Belichtung	Erwärmung
A	$+ 20°$ C	$1 \cdot 160$ sec	—
B	$- 186°$ C	$1 \cdot 160$ sec	0
C	$- 186°$ C	$2 \cdot 80$ sec	2
D	$- 186°$ C	$4 \cdot 40$ sec	4
E	$- 186°$ C	$8 \cdot 20$ sec	8

und $- 100°$ C steil ab und ist unterhalb $- 150°$ C kaum noch nachweisbar (MEIDINGER) (382).

Die Quantenausbeute der Silberausscheidung ist bei tiefen Temperaturen um Zehnerpotenzen kleiner als bei normaler Temperatur (MENDELSSOHN, MEIDINGER) (383, 387a).

Nach der GURNEY-MOTTschen Theorie werden diese Erscheinungen wie folgt erklärt:

Bei fallender Temperatur verringert sich die Ionenleitfähigkeit des Silberbromids durch Abnahme sowohl der Anzahl als auch der Beweglichkeit der auf Zwischengitterplätzen befindlichen Ionen. Hingegen ist die thermische Geschwindigkeit der Photoelektronen auch bei tiefen Temperaturen noch groß. In diesem Bereich vermag daher die Entladung der Empfindlichkeitszentren mit der Aufladung nicht Schritt zu halten. Infolgedessen findet eine geringere Abscheidung von Latentsilber statt. Bei geringen Intensitäten nimmt mit fallender Temperatur auch die thermische Energie der von Empfindlichkeitszentren eingefangenen Elektronen ab, so daß instabile Keime in geringerem Maße zerfallen. Diese Erscheinung wirkt sich in einer Vermehrung des Latentsilbers aus. Beide Mechanismen wirken gegensinnig. Diese Deutung erfuhr eine sehr wesentliche Stütze durch Nachweis der verschiedenen Ionenleitfähigkeit in Abhängigkeit von der Temperatur (WEBB und EVANS) (577). Die hierzu unternommenen Messungen veranschaulicht Abb. 24.

Kurve A ist die normale Intensitätsschwärzungskurve einer AgBr-Versuchsemulsion bei Zimmertemperatur. Kurve B gibt die Schwärzungskurve wieder bei der gleichen Belichtung jedoch bei der Temperatur von $-186°$C. Bei den Kurven $C-E$ erfolgte die gleiche Belichtung $(J \cdot t)$ bei $-186°$C, jedoch wurde sie in steigendem Maße in gleiche Teile unterteilt und dazwischen auf Zimmertemperatur erwärmt. Wie man sieht, wird mit steigender Zahl der Erwärmungsperioden die Wirkung der tiefen Temperatur in steigendem Maße verringert. Dieser Effekt kann als eine überzeugende Bestätigung der Theorie angesehen werden.

MEIDINGER konnte feststellen, daß bei gleicher Versuchsanordnung proportional der Anzahl der Erwärmungsperioden eine Zunahme der Masse des Latentsilbers stattfindet (382). Während der Erwärmungsphasen neutralisiert die aufgebaute Zwischengitterionenbewegung das von der Ladung der Empfindlichkeitszentren repräsentierte „potentielle“ latente Bild und ermöglicht so eine erneute Aufladung während des nächsten Belichtungsabschnittes. So erklärt sich die Zunahme der Schwärzung mit steigender Anzahl von Erwärmungsperioden. Die Beobachtungen MEIDINGERS (1940), daß bei tiefen Temperaturen belichtete photographische Schichten eine grünlich-blaue Fluoreszenz aufweisen, die unter Umständen 80 ... 90% des absorbierten Lichtes zurückstrahlt, rundeten diese Vorstellungen ab (383). Diese Erscheinung erklärt sich durch das Rückspringen nichtentladener Elektronen auf Halogenatome. Bei tiefen Temperaturen wird diese Energie als Strahlung abgegeben, während sie bei normalen Temperaturen in Wärmeschwingungen des Gitters übergeht.

b) Das Versagen der Reprozitätsregel (Schwarzschild-Effekt). Nach dem BUNSEN-ROSCOEschen Reprozitätsgesetz hängt die photochemische Wirksamkeit einer Strahlung nur von der absorbierten Lichtmenge, d. h. dem Produkt aus Strahlungsintensität und ihrer Dauer, jedoch nicht von diesen Größen einzeln ab. Dieses Gesetz ist primär stets gültig, es werden jedoch meistens auch die Folgevorgänge als unter das Gesetz fallend bezogen. Eine Erfüllung dieses Gesetzes in der Photographie würde bedeuten, daß bei Aufnahmen mit unterschiedlichen Lichtintensitäten und Belichtungszeiten immer die gleiche Schwärzung erzeugt wird, wenn nur das Produkt aus beiden gleichbleibt.

Das Reprozitätsgesetz ist jedoch beim photographischen Prozeß nicht erfüllt: Kurven gleicher Schwärzung verlaufen im log $(J \cdot t)$ — log J-Diagramm nicht, wie das Gesetz es verlangt, parallel, sondern gekrümmt zur Abszissenachse (Abb. 25). Bei normalen Temperaturen zeigt der Kurvenverlauf ein Minimum, d. h. es ist eine Lichtintensität mit optimaler photographischer Wirkung vorhanden. Sinkt die Temperatur, so wird die optimale Lichtintensität kleiner. Bei tiefen Temperaturen ist das Gesetz erfüllt, die Kurve verläuft parallel zur Abszisse.

Das Versagen der Reprozitätsregel bei niedrigen Intensitäten wird auf die thermische Unbeständigkeit der Keime im anfänglichen Stadium ihres Wachstumes zurückgeführt (577). Diese bewirkt, daß bei schwacher Beleuchtungsstärke stabile Keime sehr langsam gebildet werden, wodurch nur wenige Entwicklungskeime entstehen. Durch Anlegen eines Vorrats an stabilen Subkeimen durch kurzzeitige Vorbestrahlung mit hoher Intensität kann diese Beschränkung aufgehoben werden (44, 47, 79, 80).

Die Abweichung vom Reprozitätsgesetz bei hohen Intensitäten wird mit der Trägheit der Zwischengitterionen erklärt. Hohe Beleuchtungsstärken machen schneller Elektronen frei, als durch Anziehen von auf Zwischengitterplätzen befindlichen Ionen an den Empfindlichkeitszentren entladen werden können. Die Entladung vermag daher wie bei tiefen Temperaturen mit der Aufladung nicht Schritt zu halten, es ist daher die Bildung von Latentsilber vermindert. Eine bedeutsame Rolle spielt jedoch auch die Verteilung und die Dispersität der Keime; Vermehrung der Innenkeime gegenüber den Außenkeimen am Bromsilberkorn, sowie größere Anzahl stabiler Subkeime relativ zu den Vollkeimen (s. S. 70). Stabile Subkeime können durch Nachbestrahlung mit Licht schwacher Intensität zu Vollkeimen umgewandelt werden.

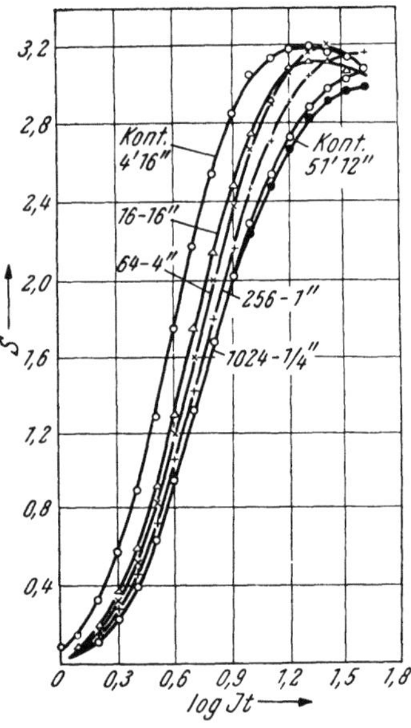

Abb. 26. Schwärzungskurven für kontinuierliche und intermittierende Belichtungen. Nach J. H. WEBB und C. H. EVANS (579)

Kontinuierliche Belichtung: 4'16''; Intermittierende Belichtungen: dieselbe Gesamtzeit mit 4 bis 1024 Dunkelpausen; Kontinuierliche gemittelte Belichtungszeit: 51'12''

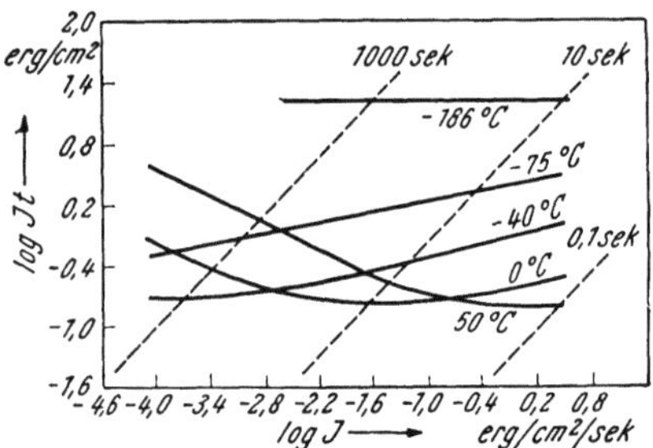

Abb. 25. Reziprozitätsdiagramme. Kurven konstanter Schwärzung im log J · t-log J-Diagramm bei verschiedener Temperatur

Gestrichelte Linien: „Orte" gleicher Belichtungszeit

Der Temperatureinfluß auf die Gestalt der Reprozitätsdiagramme erklärt sich entsprechend dem Temperatureffekt: Die Anzahl und die Beweglichkeit der Zwischengitterionen wird mit sinkender Temperatur verringert, so daß die optimale Lichtintensität zu kleineren Werten von J rückt. Der Abfall der thermischen Energie hemmt jedoch auch den Zerfall der Keime in Elektronen und Silberionen. Die größere Stabilität der Keime bedingt dann einen Rückgang der Regelabweichungen bei niedrigen Intensitäten, also eine Abflachung der Kurven bei kleinen J-Werten. Bei tiefen Temperaturen ist das Gesetz scheinbar erfüllt. Für die photographische Wirkung bestimmend ist nur die Anzahl der von den Empfindlichkeitszentren eingefangenen Zwischengitterionen. Diese sind jedoch eingefroren und ein Übergang findet erst bei Zimmertemperatur statt.

c) Der Intermittenzeffekt. Wird dieselbe Lichtmenge bei konstanter Intensität einmal kontinuierlich und das andere Mal intermittierend in einzelnen Lichtblitzen aufgestrahlt, so kann die Schwärzung in beiden Fällen gleich sein. Tritt jedoch eine Abweichung auf, so spricht man von einem Intermittenzeffekt. Die Schwärzung bei Intermittenzversuchen mit wachsender Frequenz der Lichtblitze nähert sich der Schwärzung bei kontinuierlicher Bestrahlung mit gemittelter Intensität (Abb. 26).

Die Erklärung des Intermittenzeffektes beruht einerseits auf der quantenhaften Natur des Lichtes und andererseits auf dem Versagen der Reprozitätsregel. Die Natur des Lichtes bedingt, daß eine intermittierende Belichtung mit zunehmender Frequenz in eine kontinuierliche Belichtung übergeht. Da dieser jedoch eine geringere Intensität als der vorgegebenen Bestrahlung zukommt, macht sich das Versagen des Reprozitätsgesetzes in Abweichungen der Schwärzungen gegenüber derjenigen der vorgegebenen Belichtung nach größeren oder kleineren Werten bemerkbar (579).

d) Herschel- und Debot-Effekt. Wird eine photographische Schicht, die für Rot und Ultrarot nicht sensibilisiert ist, mit blauem Licht bestrahlt, so entsteht ein latentes Bild in normaler Weise. Erfolgt vor seiner Entwicklung eine Nachbestrahlung mit rotem oder ultrarotem Licht, so ist die entwickelte Schwärzung gegenüber dem nicht nachbestrahlten Bild herabgesetzt. Diese Abschwächung der Schwärzung durch Rotnachbelichtung wird nach dem Entdecker als *Herschel-Effekt* bezeichnet.

Bezüglich der Temperaturabhängigkeit des *Herschel-Effektes* stellten WEBB und EVANS folgende bemerkenswerte Tatsachen fest: Das normale, bei 20° C entstandene latente Bild wird durch Nachbestrahlung bei — 186° C mit Infrarot nicht beeinflußt; Erfolgt die Erstbelichtung dagegen bei — 186° C und die Infrarotnachbelichtung ebenfalls bei der gleichen Temperatur, so ist der *Herschel-Effekt* größer als bei Zimmertemperatur. Wird zwischen den beiden Belichtungen die Schicht auf normale Temperatur erwärmt, so ist die Nachbelichtung bei — 186° C unwirksam (577).

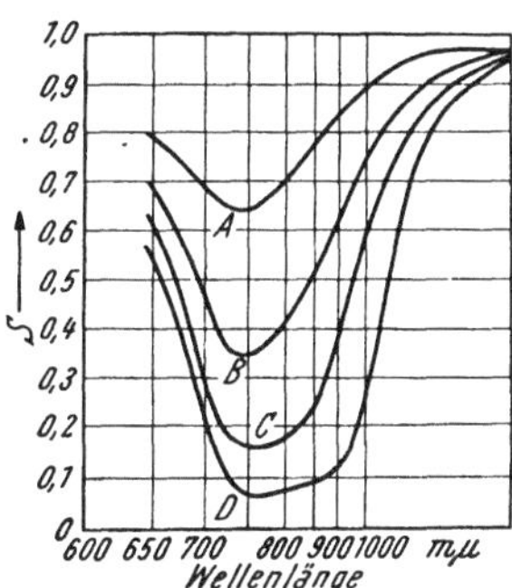

Abb. 27. Spektrale Verteilung des *Herschel-Effektes.* Nach O. BARTELT und H. KLUG (35)

Ordinate: Nach dem Ausbleichen gemessene Schwärzung; Abszisse: Wellenlänge der ausbleichenden Strahlung; Kurven *A—D:* Zunehmende Intensitäten der ausbleichenden Strahlung

Nach der Theorie von GURNEY und MOTT werden alle Erscheinungen des *Herschel-Effektes* folgendermaßen gedeutet (MEIDINGER) (377): „Der *Herschel-Effekt* besteht in einer der Vorbelichtung gegenüber entgegengesetzten Verlagerung der Elektronen im Korn, dergestalt, daß von den Metallkeimen des latenten Bildes Elektronen losgelöst und Ag-Ionen gebildet werden, welche als Zwischengitter-Ionen wegdiffundieren können. Die Keime des latenten Bildes werden auf diese Weise wieder mehr oder weniger zerteilt oder vernichtet. Bei — 186° C ist die Bildung von Zwischengitter-Ionen, bzw. eine Wegdiffusion, jedoch praktisch nicht mehr möglich. Wenn nun auch bei tiefer Temperatur primär wie bei + 20° C durch Infrarot Elektronen von den Keimen des latenten Bildes abgespalten werden, so werden diese zurückgezogen werden und der Keim wird nach Aufhören der Infrarotbelichtung unverändert sein. Erfolgen beide Belichtungen bei tiefer Temperatur, so sind die Keime des latenten Bildes negativ geladen: „die vom Licht abgespaltenen Elektronen sind an den Störstellen des Gitters gebunden, da die Zwischengitter-Ionen jedoch eingefroren sind, können sich diese nicht hinbewegen und entladen werden. Es wird nur ein ‚potentielles‘ latentes Bild aufgebaut. Wird jetzt ein solcher Zustand mit Infrarot nachbestrahlt, so werden die Elektronen aus ihren Bindungen gelöst und der potentielle Zustand wird vernichtet, und zwar offenbar leichter als wenn die Elektronen von dem stabilen metallischen Ag-Keim losgerissen werden müssen. Der *Herschel-Effekt* ist bei tiefen Temperaturen größer. Wird dagegen zwischen den beiden Bestrahlungen bei tiefer Temperatur auf Zimmertemperatur erwärmt, so wird durch die Erwärmung der potentielle Zustand in ein normales latentes Bild durch Nachrücken der Zwischengitter-Ionen übergeführt, ein Effekt kann in diesem Fall nicht mehr auftreten.‘‘

Über den Verbleib der während der Nachbestrahlung freigemachten Elektronen und Silberionen gab die Entdeckung des *Debot-Effektes* Auskunft.

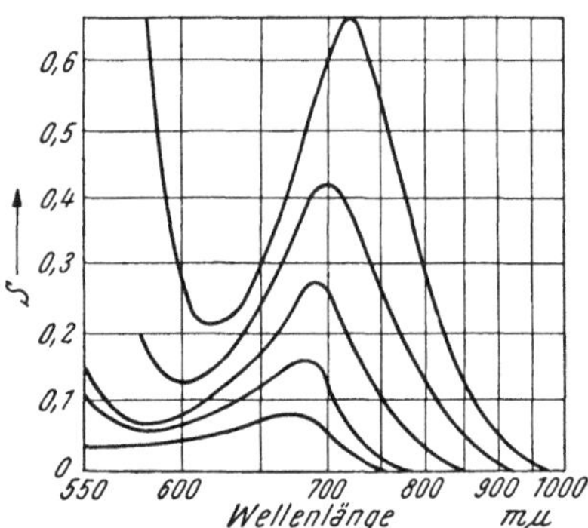

Abb. 28. Spektrale Verteilung des *Debot-Effektes*. Nach A. HAUTOT und H. SAUVENIER (203)

Abszisse: Wellenlänge der auslösenden Strahlung; Ordinate: Nach der Bestrahlung gemessene Schwärzung

Das äußere latente Bild kann, wie erwähnt (s. S. 71), durch Behandlung mit Chromsäure entfernt werden. Wird eine derart vorbehandelte Schicht mit rotem oder infrarotem Licht nachbelichtet und dann mit einem Oberflächenentwickler entwickelt, so zeigt sich erneut eine Schwärzung. Diese Erscheinung wird als *Debot-Effekt* bezeichnet. Nach HAUTOT (1949) wird der *Debot-Effekt* damit erklärt, daß die Wirkung der Nachbestrahlung mit in Bezug auf Bromsilber unwirksamem — inaktinischem — Licht zu einer Neuverteilung der dem inneren latenten Bild zukommenden Silbermenge führt (43, 203). Diese Umgruppierung wird bekräftigt durch die spektrale Abhängigkeit des Effektes (s. Abb. 28). Die Kurvenzüge bedecken den gleichen Spektralbereich und haben bei den gleichen Wellenlängen ein Maximum wie der *Herschel-Effekt*.

Die mit dem *Debot-Effekt* verbundene Abnahme der Silbermenge des inneren zugunsten des äußeren latenten Bildes zeigt die enge Verbundenheit zwischen *Debot-Effekt* und *Herschel-Effekt* und erklärt diesen als die Folge einer Übertragung von Silber des äußeren latenten Bildes ins Kristallinnere. Der *Herschel-Effekt* beruht demnach nicht auf einer Abnahme der Masse des latenten Silbers, sondern lediglich auf einer anderen Verteilung, welche die Menge des entwickelbaren zugunsten des der Entwicklung entzogenen Silbers verringert (WOLFF) (602).

e) Der Weinland-Effekt. Eine kurzzeitige Vorbestrahlung mit diffusem Licht hoher Intensität wirkt sensibilisierend für eine nachfolgende Belichtung mäßiger Intensität. Diese Erscheinung heißt *Weinland-Effekt*. Sie ist damit zu erklären, daß bei der Erstbelichtung Subkeime vorgebildet werden, auf denen die nachfolgende Belichtung aufbauen kann. Wird ein Bild „verstärkt‘‘ durch diffuse Nachbestrahlung mit Licht geringer Intensität, so handelt es sich hierbei um die umgekehrte Betrachtungsweise.

f) Der Clayden-Effekt. Eine sehr kurzzeitige Belichtung hoher Intensität wirkt für eine zweite Belichtung desensibilisierend. Diese Erscheinung wird als *Clayden-Effekt* bezeichnet. Sie tritt hauptsächlich bei Blitzaufnahmen auf, wenn der eigentlichen Aufnahme eine diffuse Nachbelichtung durch einen zweiten Blitz folgt. Bei derartigen Aufnahmen erscheint der Blitz hell auf dunklem Grund, während er sonst sich dunkel auf hellem Grund abhebt (im Negativ), Röntgenstrahlen, Radiumstrahlen und scherender Druck können dieselbe Erscheinung auslösen.

LÜPPO-CRAMER (1936) erklärte die Entstehung des Effektes damit, daß durch die hohe Intensität der Erstbelichtung Innenkeime entstehen, welche die so affizierten Körner gegen die Nachbelichtung

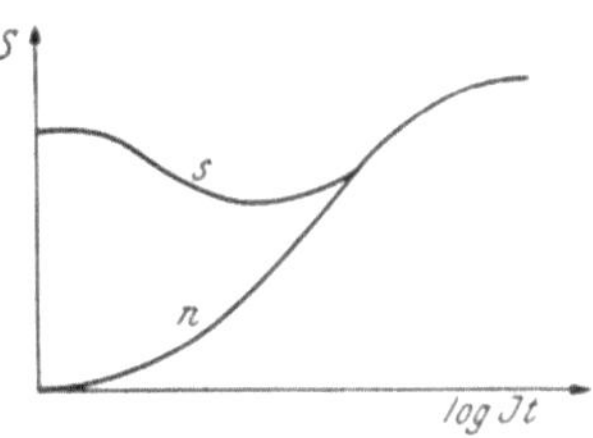

Abb. 29. Der *Sabattier-Effekt* in schematischer Darstellung
n Normale Schwärzungskurve,
s Schwärzungskurve des *Sabattier-Effektes*

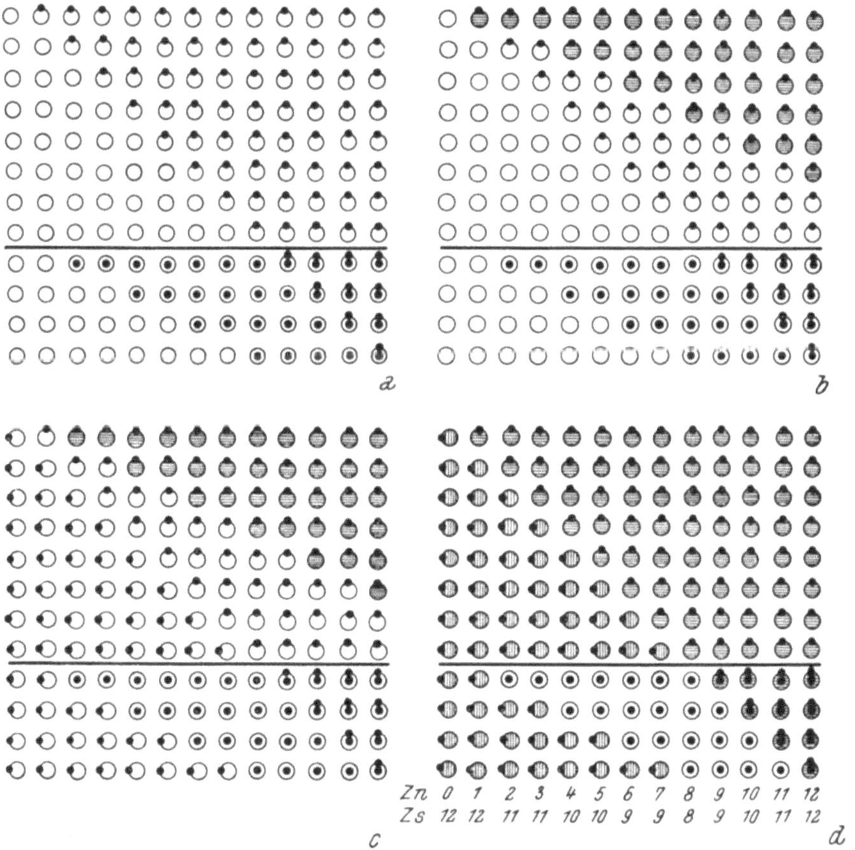

Abb. 30. Darstellung der Theorie des *Sabattier-Effektes*. Nach H. ARENS (21)

a Vorbelichtung, *b* Vorentwicklung, *c* Nachbelichtung, *d* Nachentwicklung

Oberhalb des Striches befinden sich die normalen — Oberflächenkeime anlegenden — Körner, unterhalb die Innenkeime anlegenden *Sabattier-Körner*. Ein peripherer Punkt bezeichnet einen Oberflächen-, ein zentraler Punkt einen Innenkeim. Schraffierung deutet Entwicklung an. Die verschiedenen Kolumnen entsprechen dem zeitlichen Fortschritt der einzelnen Phasen schützen (361). Auch nach der Gurney-Mottschen Theorie entstehen zahlreiche Innenkeime. Diese treten während der sekundären Belichtung mit den oberflächlichen Elektronenfallen in wirksame Konkurrenz, so daß nur ein schwaches oberflächliches latentes Bild entsteht (Berg, Marriage und Stevans, 1941) (48).

Weinland- und *Clayden-Effekt* widersprechen sich scheinbar, doch sind die Vorbedingungen für den *Clayden-Effekt* bei erheblich höheren Intensitäten als beim *Weinland-Effekt* gegeben (Berg und Burton, 1948) (47).

g) Der Sabattier-Effekt. Wird die Entwicklung einer normalen photographischen Aufnahme vorübergehend unterbrochen und diese einer gleichförmigen Nachbestrahlung mit aktinischem Licht ausgesetzt und dann weiter entwickelt, so tritt eine Umkehrung der Helligkeitswerte ein, es entsteht ein Positiv. Diese Erscheinung wird nach seinem Erfinder mit *Sabattier-Effekt* bezeichnet.

In Abb. 29 bezeichnet n die Schwärzungskurve einer normalen Belichtung, s ist die „*Sabattier-Kurve*" in Abhängigkeit von der Vorbelichtung. Der *Sabattier-Effekt* tritt, wie aus dieser Abbildung zu entnehmen ist nur bei mäßig belichteten Aufnahmen auf.

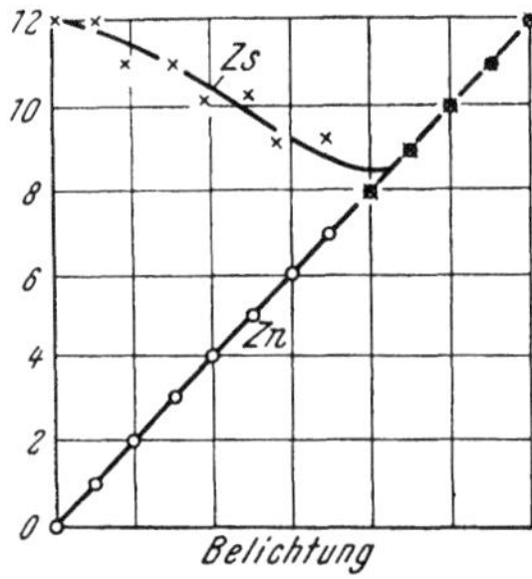

Abb. 31. Normale Schwärzungskurve und Sabattier-Kurve berechnet nach der Darstellung von Abb. 30. Nach H. Arens (21)

Nach den älteren Theorien wurde dieser Effekt teils als „Kopier-Effekt" erklärt, der durch Kopie des während der Vorentwicklung in den obersten Schichten gebildeten Negativs auf die darunter liegenden Schichten zustande kommt, und teils als „Desensibilisierungs-Effekt" gedeutet, der die anentwickelten Bromsilberkörner gegen die Nachbelichtung schützt. Über den Vorgang der Desensibilisierung bestanden verschiedene Ansichten. In neuester Zeit deutet H. Arens den Desensibilisierungsvorgang folgendermaßen (20..25, 69): Gewisse Körner, sog. „*Sabattier-Körner*", bilden primär nur Innenkeime. Diese werden bei der Vorentwicklung noch verstärkt, so daß sie bei der Nachbelichtung wirksame Elektronenfallen darstellen, ohne jedoch bei der Nachentwicklung eine Schwärzung der in dieser Weise affizierten *Sabattier-Körner* zu veranlassen. Die Vorentwicklung hebt auch gleichzeitig die Eigenschaft der *Sabattier-Körner* auf, nur Innenkeime anzulegen, es bilden sich oberflächliche Elektronenfallen (Störstellen), so daß die noch nicht affizierten *Sabattier-Körner* während der Nachbelichtung oberflächliche Entwicklungskeime bilden, die bei der weiteren Entwicklung eine Schwärzung ergeben.

Die zum Positiv führenden Vorgänge veranschaulicht folgendes Schema des Autors (s. Abb. 30).

h) Der Albert-Effekt. Wird eine Aufnahme vor der Entwicklung mit Chromsäure zur Wegätzung des oberflächlichen latenten Bildes behandelt, anschließend diffus nachbelichtet und dann entwickelt, so tritt Bildumkehrung ein. Diese Erscheinung wird *Albert-Effekt* genannt. Lüppo-Cramer erklärte diesen Effekt bereits damit, daß die zurückbleibenden Innenkeime ihre Körner gegen eine Nachbelichtung desensibilisieren (362). Nach der Gurney-Mottschen Theorie wachsen bei der Nachbelichtung die Innenkeime lediglich als Elektronenfallen; Körner ohne Innenkeime bilden bei der Nachbelichtung dagegen Oberflächenkeime, die auf die Entwicklung hauptsächlich ansprechen und damit eine Umkehrung verursachen.

i) Solarisation. Bei manchen Emulsionen tritt im Bereich der Überexposition eine Abnahme der Schwärzung ein, die als „Solarisation" bezeichnet wird (s. Abb. 6). Gewöhnlich wird diese nur beim äußeren latenten Bild beobachtet, dagegen nicht beim inneren latenten Bild (s. Abb. 20). Durch Überlagerung der Schwärzungskurven des äußeren und inneren latenten Bildes erklärt sich die zweite Umkehrung.

Die Solarisation hat bisher keine einheitliche Deutung gefunden.

Regressionstheorie. Das in großem Überschuß entstehende Brom kann von dem umgebendem Medium nicht gebunden werden, es tritt deswegen teilweise eine Wiedervereinigung der Photolysenprodukte ein. Für diese Deutung spricht, daß keine Solarisation zu beobachten ist, wenn die Emulsion Halogenakzeptoren oder der Entwickler Bromsilber-Lösungsmittel enthält (48, 362, 578).

Sperrschichttheorie. Nach dieser Theorie umgibt die an der Oberfläche des Kornes beginnende Entwicklung bei starker Belichtung das Korninnere mit einer Hülle metallischen Silbers, so daß die Entwicklung nicht vollständig durchdringen kann. Argumente dafür: Abnahme der Solarisation bei längerer Entwicklung, Deutung der zweiten Umkehrung als weitere Entwickelbarkeit des tieferen inneren latenten Bildes. Wirkung der Halogenakzeptoren spricht gegen diese Theorie (201, 468).

Koagulationstheorie. Stärkere Koagulation vermindert die katalytische Wirkung des latenten Bildes. Die Silbermenge nimmt im Solarisationsgebiet trotz Abnahme der Schwärzung zu (377 . . . 381).

k) Optische Sensibilisierung. Bei der optischen Sensibilisierung wird der spektrale Bereich der Empfindlichkeit nach dem langwelligen Gebiet erweitert. Diese wird bewirkt durch Farbstoffe, die an der Oberfläche des Bromsilberkornes adsorbiert sind. Klargestellt ist bisher, daß bei sensibilisierten Schichten die Lichtabsorption durch die Farbstoffmoleküle erfolgt (311, 587). Es besteht jedoch keine Klarheit, auf welche Weise die Übertragung der Lichtenergie vom Farbstoffmolekül auf das Bromsilber erfolgt. Jedes Farbstoffmolekül kann den Prozeß der Sensibilisation mindestens hundertmal verrichten, ohne daß es verändert wird (151). Entweder gibt der Farbstoff nach der Absorption des Lichtes ein Elektron ab, das die Vorgänge zur Entstehung des latenten Bildes verursacht, und erhält das abgetrennte Elektron von einem Brom-Ion zurück — oder der Farbstoff gibt die absorbierte Energie direkt an ein Brom-Ion weiter, von wo sich der normale Mechanismus abspielt. Beide Vorstellungen werden gegenwärtig diskutiert (171, 396).

IV. Der Entwicklungsprozeß

A. Das Wesen und der Vorgang der Entwicklung

Als Entwicklung bezeichnet man die bevorzugte Abscheidung metallischen Silbers an den belichteten Stellen, und zwar nach Maßgabe der erfolgten Belichtung. Das hierbei entstandene Silberbild stellt ein Negativ des Aufnahmegegenstandes (Objektes) in bezug auf die Helligkeitsverteilung dar. Die Entwicklung ist ein Reduktionsprozeß, die Halogensilbersalze (AgCl, AgBr, AgJ) werden zu Silber reduziert, das dabei gleichzeitig frei werdende Halogen geht als Ion (elektrisch geladenes Atom) in Lösung.

Das Silberkorn der photographischen Schicht besteht etwa aus 10^8 ... ... 10^{10} Molekülen Silberbromid. Bei der Bildung des latenten Bildes wird nur eine geringe Anzahl dieser Bausteine des Kornes verändert, während bei der Entwicklung das ganze Korn vollkommen durchgeschwärzt werden kann. Die Entwicklung verstärkt demnach die Wirkung des photographischen Elementarprozesses um einen Faktor 10^8 ... 10^9. Diese Leistung kommt der eines sehr guten Röhrenverstärkers gleich (424).

Grundsätzlich unterscheidet man zwei Arten der Entwicklung: die physikalische und die chemische Entwicklung. Bei der physikalischen Entwicklung enthält der Entwickler neben der entwickelnden Substanz gleichzeitig gelöste Silbersalze neben schwachen Säuren. Aus dieser Lösung wird das Silbersalz reduziert und das hierbei gebildete Silber schlägt sich an dem latenten Bild nieder. Bei der chemischen Entwicklung wird das Halogensilberkorn der Schicht direkt reduziert. Der chemische Entwickler enthält keine Silbersalze gelöst, er ist mehr oder weniger alkalisch und wirkt stärker reduzierend als die sauren physikalischen Entwickler. Die physikalische Entwicklung wird in der praktischen Negativtechnik nicht angewandt, sie ist jedoch neben der chemischen Entwicklung vielfach mehr

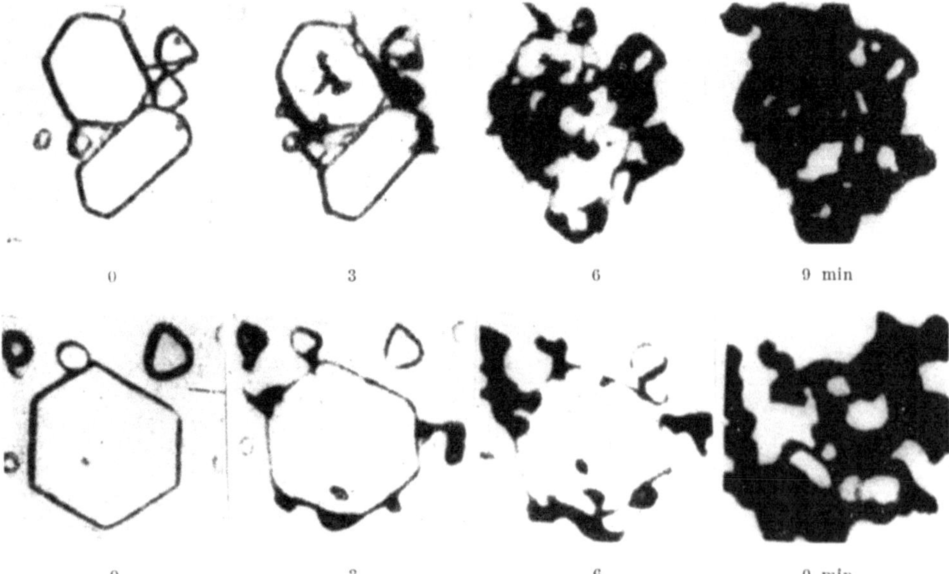

Abb. 32. Mikroaufnahmen von AgBr-Körnern während der Entwicklung, Vergr. 2000×.
Nach K. V. Tchibisoff (554)

oder weniger gleichzeitig wirksam, da die heute gebräuchlichen Entwickler vielfach Lösungsmittel für Silbersalze enthalten.

a) Die äußere Erscheinung des Entwicklungsvorganges. Zahlreiche Forscher haben den Entwicklungsvorgang mikroskopisch bei rotem

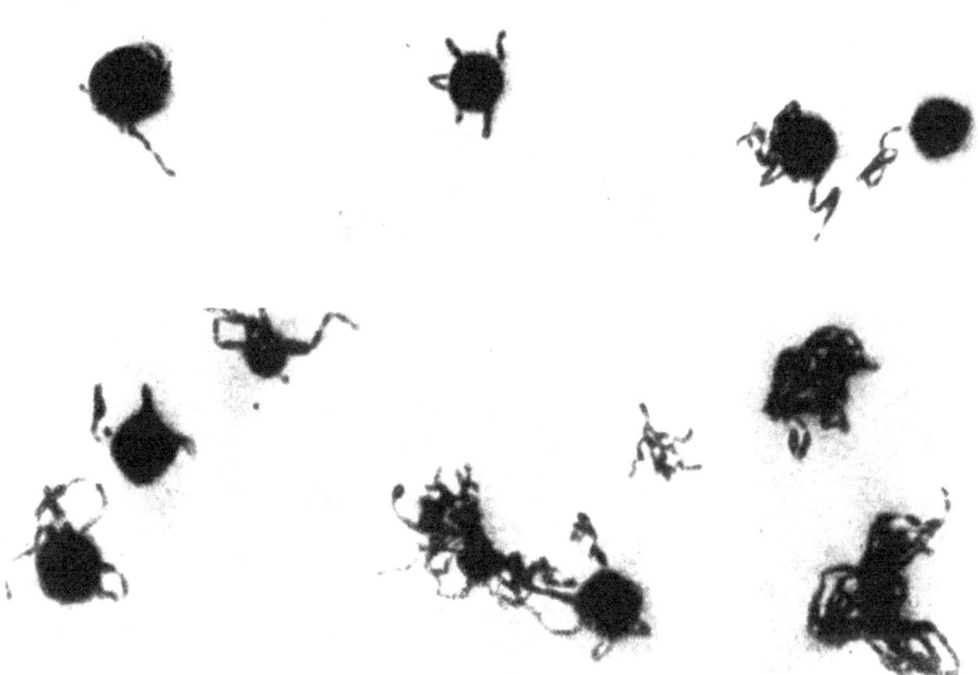

Abb. 33. Elektronen Mikroskop-Aufnahme eines AgBr-Kornes während der Entwicklung, Vergr. 50 000×. Nach C. E. K. MEES (375)

Licht studiert (173, 174, 375, 440 a, 554). Man hat hierbei festgestellt, daß beim Erreichen der Kornoberfläche durch die Entwicklerlösung nicht sofort die Reduktion einsetzt, sondern immer eine Verzögerung eintritt. Diese Verzögerungszeit wird mit „Inkubationszeit" oder „Induktionsperiode" bezeichnet. Das Korn schwärzt sich zuerst an einer begrenzten Zahl von Punkten an der Oberfläche, den Silberkeimen des latenten Silbers. Diese Stellen bezeichnet man als „Entwicklungszentren". Die Schwärzung schreitet dann nach der Kornmitte fort, bis schließlich das ganze Korn vollkommen durchgeschwärzt ist (s. Abb. 32).

Nicht alle Körner sind entwickelbar, obwohl sie vom Licht getroffen sind. Ein Korn kann nur nicht entwickelbar oder vollständig entwickelbar sein. Entwickelbare Körner werden jedoch nicht immer vollständig durchentwickelt bis zu dem Augenblick, bei dem die Entwicklung unterbrochen wird. Elektronenmikroskopische Untersuchungen haben gezeigt, daß beim Fortschreiten des chemischen Entwicklungsprozesses sich an der Oberfläche des Kornes faserartige Auswüchse bilden, bis das gesamte Korn schließlich vollständig zerteilt ist und sich eine Art Knäuel von lockeren Fäden bildet (s. Abb. 33).

Bei der physikalischen Entwicklung entsteht dagegen Silber in kompakter Form.

b) Der innere Mechanismus der Entwicklung (247, 248, 375, 524). Wenn eine Entwicklerlösung lange genug auf die photographische Schicht einwirkt, so werden schließlich alle Halogensilberkörner in Silber übergeführt, ob sie vom Licht getroffen sind oder nicht. Der Entwicklungsvorgang ist demnach ein kinetisches Problem, bei dem die genügend belichteten Halogensilberkörner gegenüber den unbelichteten in beträchtlich kürzerer Zeit zu metallischem Silber reduziert werden. Wie kann man sich nun nach den heutigen Erkenntnissen die Einleitung und Beschleunigung des Entwicklungsvorganges vorstellen? Der Mechanismus dieser Vorgänge dürfte in einem ähnlichen Prozeß vor sich gehen wie die Entstehung des

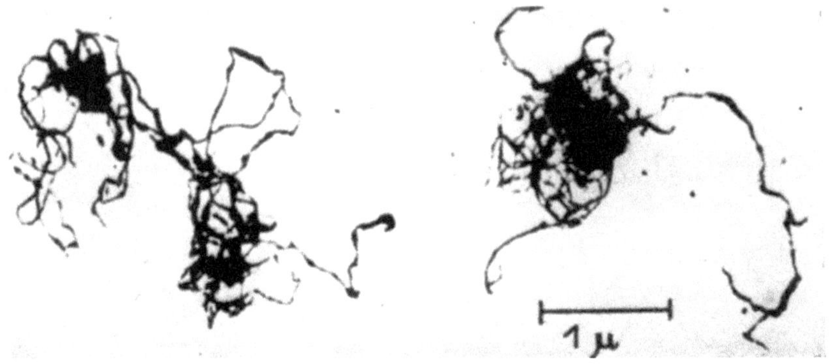

Abb. 34. Elektronenmikroskopische Aufnahmen von AgBr-Körnern nach der Entwicklung (Kodak Research Laboratories, *Harrow*). Vergr. 40 000×

latenten Bildes: Die Moleküle der gelösten Entwicklersubstanz geben an die oberflächlich gelegenen Entwicklungskeime (latentes Bild) Elektronen ab, wobei der Entwickler gleichzeitig oxydiert wird. Anschließend erfolgt dort die Entladung der Silberionen des Kristalls oder bei physikalischer Entwicklung der Lösung, so daß sich eine fadenförmige Abscheidung bildet (s. Abb. 34).

Die beiden Phasen dieses Prozesses können folgendermaßen symbolisiert werden:

1. Phase: Entwickler = (e) + oxydierte Form des Entwicklers.
2. Phase: Ag^+ + (e) = Ag.

Über den tatsächlichen Ablauf dieses Prozesses herrscht heute noch keine einheitliche Anschauung. Zwei Theorien versuchen die Vorgänge zu erklären:

1. Die Auffassung der Entwicklung als heterogene Katalyse an der Grenzfläche Bromsilber/Entwickler.
2. Die Betrachtung der Entwicklung als Elektrodenvorgang.

1. Die Entwicklung als heterogene Katalyse. Die katalytische Theorie der Entwicklung wurde zuerst von VOLMER (1921) präzisiert (569). Die Weiterentwicklung dieser Theorie auf Grund umfangreicher Untersuchungen erfolgte besonders durch H. T. JAMES (1939 ... 48) (236 ... 244).

Die Reaktion zwischen Entwicklermolekül und Bromsilberkorn findet an der Grenzfläche der Entwicklerlösung und des AgBr-Kornes statt. Durch die Anwesenheit von Entwicklungskeimen (latentes Bild) wird die

Reduktion des Silberions beschleunigt. Das Latentsilber ist mit dem Halogensilber des Kristalls, der diese als Ionen enthält, in engstem Kontakt. Das Latentsilber wirkt als Initialbeschleuniger (Katalysator) auf die Reaktion zwischen Entwickler und Silberion. Die Reduktion des Silberions ist verbunden mit einer Anlagerung des gebildeten Silbers an den Entwicklungszentren und durch die ständige Vermehrung des Silbers wird ständig die Reduktion katalytisch erhöht. Es ist nicht notwendig, daß das Bromsilber des Kornes zunächst von der Entwicklerlösung gelöst wird. Normale chemische Entwicklung kann stattfinden ohne Gegenwart von Halogensilber-Lösungsmittel. Enthält die Entwicklerlösung zusätzlich Lösungsmittel für Halogensilber (hoher Sulfitgehalt, Kaliumrhodanid u. a.), so gelangen die gelösten Silberionen in die das Korn umgebende, adsorbierte Bromidschicht und durchdringen diese an den Entwicklungszentren, wo sie zu Silber reduziert werden.

Die erforderliche Aktivierungsenergie für die beiden Vorgänge (1. Phase: Abgabe eines Elektrons des Entwicklers, 2. Phase: Übergang des Elektrons an das Silberion) ist als erheblich geringer anzusehen als für die direkte Übertragung eines Elektrons vom Entwickler zum Silberion in Abwesenheit eines Katalysators. Überdies kann der Übergang eines Elektrons zu einer Störstelle (Entwicklungskeim) an einer Stelle der Kornoberfläche des Kornes stattfinden, die Reduktion des Silberions kann an derselben oder an einer anderen Stelle erfolgen. Dadurch erscheint es möglich, daß die Katalyse mit fortschreitender Reaktion erhöht wird und eine ständige Beschleunigung des Prozesses erfolgt. Die Aktivierungsenergie nimmt ständig ab, da die Notwendigkeit von direkten Zusammenstößen zwischen Silberion und Entwicklermolekülen ausgeschaltet wird und beide Phasen gleichzeitig stattfinden können.

Die 2. Phase des Mechanismus basiert auf der Annahme, daß Silberionen oder Entwicklermoleküle oder auch beide an den Silberkeimen, bzw. am Bromsilberkorn adsorbiert werden. Verschiedene Forscher (RABINOWITSCH und Mitarbeiter) konnten eine Adsorption von Hydrochinon an kolloidalem Silber feststellen (440). Von anderer Seite wurden diese Ergebnisse jedoch nicht bestätigt (422). Eine direkte Untersuchung der Adsorption von Entwicklersubstanzen am Bromsilberkorn ist äußerst schwierig, da es unter den Bedingungen der Entwicklung nicht möglich ist, die Adsorption von der Reduktion zu trennen. WULFF und SEIDEL umgingen diese Schwierigkeit, indem sie für die Versuche Resorcin (m-Dihydroxybenzol) verwendeten, das keine Entwicklungseigenschaften besitzt, jedoch mit dem Hydrochinon verwandt ist. Bei dieser Substanz konnte eine Adsorption nachgewiesen werden (603).

Chromatographische Untersuchungsmethoden der neuesten Zeit haben gezeigt, daß bei einem pH-Wert der Lösung gleich 10 auch Brenzkatechin und Hydrochinon am Bromsilberkorn adsorbiert werden (252, 253) und daß die Entwicklung entsprechend der Hypothese von SHEPPARD und MEYER (495) eingeleitet wird durch adsorbierte Entwicklersubstanzen in ionisiertem Zustand am Bromsilberkorn.

Silberionen werden an Silber adsorbiert. Die Adsorption von Silberionen an einer oxydfreien Silberoberfläche beginnt bei einer Konzentration von 10^{-13}, einer Konzentration, die wesentlich geringer ist als beim Entwicklungsprozeß. Diese Tatsache ist ebenfalls eine bedeutsame Stütze der katalytischen Theorie der Entwicklung (236).

2. Die Entwicklung als Elektrodenvorgang. Für diese Vorstellung des Entwicklungsvorganges lieferten GURNEY und MOTT ein Modell (194). Das Energieniveau des Elektrons im adsorbierten Entwicklerion liegt über dem höchsten Niveau des Silbermetalls. Wenn daher ein Entwicklerion in Kontakt mit den Silberkeimen (latentes Bild) kommt, gibt es ein Elektron an die Silberkeime ab. Das dadurch negativ aufgeladene Entwicklungszentrum zieht Zwischengitter-Silberionen an und entladet diese. Die Abscheidung des metallischen Silbers erfolgt auf der dem Korninnern zugelegenen Seite der Entwicklungskeime. Hierbei müssen ständig Zwischengitterionen nachgebildet werden und der Prozeß wiederholt sich so lange, bis das ganze Korn vollständig reduziert ist. Die Bromionen, die gleichzeitig frei werden, gehen in die Entwicklerlösung und werden dadurch entfernt. Es scheint hierbei, daß die Nachbildung von neuen Zwischengitter-Silberionen nur in der Nähe der Oberfläche erfolgen kann, andernfalls kann ein Herausdiffundieren der schwerbeweglichen Bromionen nicht erklärt werden. Eine Anhäufung der Bromionen im Innern würde zu einer Raumladung und damit zum Stillstand des Prozesses führen. J. H. WEBB hat die Silber-Elektrodentheorie unter Berücksichtigung des Oberflächen-Ladungseffektes modifiziert (nach MEES) (375). Der Oberflächen-Ladungseffekt besteht darin, daß an der Kornoberfläche eine elektrische Doppelschicht infolge von Adsorption von Kaliumbromid, das auf Grund der Herstellung im Überschuß in der Emulsion sich befindet, vorhanden ist (s. Abb. 35).

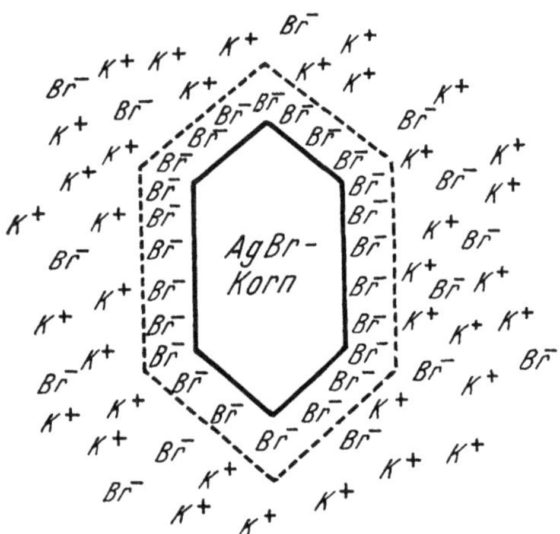

Abb. 35. Schematische Darstellung der elektrischen Doppelschicht um ein AgBr-Kristall. Nach H. WOLFF (602)

Die alkalische Gelatine der photographischen Emulsion erhöht noch die negative Oberflächenladung der eingebetteten Körner. Auf dieser Erscheinung hat SCHWARZ die Oberflächenladungstheorie der Entwicklung begründet (517). Silber adsorbiert nun Halogenionen nicht so gut wie Silberbromid. Infolgedessen ist an Stellen, wo ein Entwicklungskeim (latentes Bild) die Oberfläche berührt, die Oberflächenladung herabgesetzt und das Korn vor dem Angriff der Entwicklerionen weniger geschützt. Eine schematische Darstellung des Entwicklungsvorganges unter Berücksichtigung der natürlichen Größenverhältnisse veranschaulicht Abb. 36 nach WEBB.

Abb. 36 zeigt ein stark vergrößertes Modell eines Ausschnittes der Kornoberfläche. Der Korndurchmesser ist zu $0{,}4\,\mu = 0{,}4 \cdot 10^{-4}$ cm angenommen. Die Größe des Durchmessers entspricht 692 Silberbromidkristallen. Auf der ganzen Fläche befinden sich etwa 375.000 AgBr-Elementarteilchen nebeneinander. Die äußere Oberfläche des Kornes ist mit einer Doppelschicht adsorbierter Kaliumbromidionen umgeben.

die an der Stelle, wo sich ein Entwicklungskeim (latentes Bild) befindet, unterbrochen ist. Dieser Entwicklungskeim besteht aus etwa 200 Atomen Silber. WEBB nimmt nun an, daß die Entwicklung des Kornes an der Unterbrechungsstelle der Doppelschicht, die durch die Silberkeime verursacht ist, beginnt. Das latente Bild ist als Elektrode anzusehen, die in das Korn eindringt. Der Entwickler dringt bis zu den Silberkeimen vor und ladet diese durch Abgabe von Elektronen negativ auf. Diese negative Aufladung bewirkt, daß aus der Nachbarschaft freie positive Silberionen angezogen werden. Freie Silberionen existieren innerhalb des Gitters infolge der Temperaturbewegung. Diese diffundieren an die negativ geladenen Entwicklungskeime, wo sie entladen und als metallisches Silber abgeschieden werden. Durch diese Abscheidung wächst der Silberkeim mehr und mehr, die äußere Doppelladung wird gleichzeitig in laufend stärkerem Maße durchbrochen, so daß die Entwicklerionen zunehmende Angriffsflächen erhalten und das Korn schließlich ganz reduziert wird. Wenn die Entwicklung einmal eingeleitet ist, schreitet sie rapide weiter.

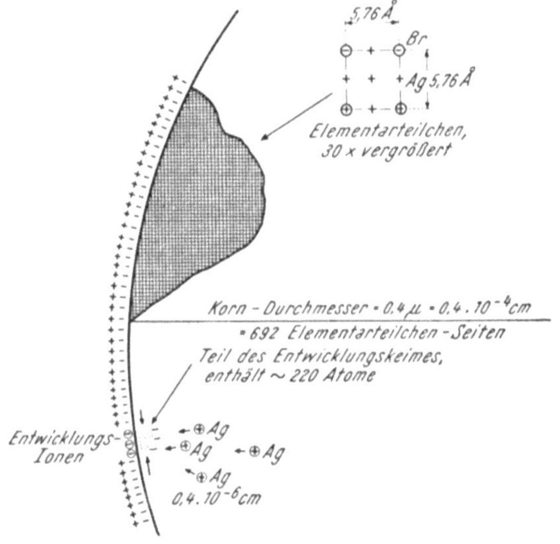

Abb. 36. Schematische Darstellung des Entwicklungsvorganges nach der Silber-Elektroden-Theorie (WEBB). Nach C. E. K. MEES (375)

Die fadenförmige Struktur des entwickelten Silbers bildet sich nicht im Innern des Kornes, es entstehen vielmehr bei der Entwicklung Auswüchse und das entwickelte Silber nimmt die Form eines losen Wollknäuels an. Bei sehr kleinen Körnern, wie z. B. der Lippmann-Emulsion, bilden sich kurze Fäden. Die Bildung von derartigem „Haarsilber‘‘ ist bei vielen Prozessen bekannt (293), z. B. Reduktion von Schwefelsilber mit Wasserstoff. Die Bildung hängt von verschiedenen Faktoren ab, wie: Schnelligkeit des Prozesses, Beweglichkeit der Silberionen im Kristall und von der Katalyse der Reaktion. Wenn das Silberion neutralisiert wird, wird es von den elektrostatischen Kräften des Gitters losgelassen und hat eine hohe Energie. Dadurch kann das Silberatom aus der Oberfläche herausgeschleudert werden.

B. Die Zusammensetzung des Entwicklers und die Rolle der einzelnen Bestandteile

Die Entwicklersubstanzen allein in wässeriger Lösung sind noch keine photographischen Entwickler. Derartige Lösungen besitzen meistens nur ein sehr geringes Entwicklungsvermögen; außerdem sind sie sehr unbeständig. Alle heute gebräuchlichen Entwicklerlösungen enthalten neben der eigentlichen Entwicklersubstanz (s. Abschnitt II C, S. 43) Alkalien,

Konservierungsmittel, Klärmittel und besondere Zusätze zur Erzielung bestimmter Effekte.

a) Die Wirkung der Alkalien in Entwickler-Lösungen.

Der Begriff der Wasserstoffionenkonzentration. (88, 296, 313.) Zum Verständnis der Kinetik der Entwicklung und insbesondere der Wirkung der Alkalien ist die Kenntnis des Begriffes der Wasserstoffionenkonzentration, bzw. des pH-Wertes unerläßlich.

Was sind Ionen: Wenn man eine wässerige Lösung einer Säure, einer Base oder eines Salzes herstellt, so bleiben die Moleküle als solche wenigstens zum Teil nicht bestehen, sondern sie zerfallen in zwei oder mehrere Teile. Diese Bruchstücke sind dadurch charakterisiert, daß sie elektrische Ladungen tragen. Da die Moleküle als Ganzes elektrisch neutral sind, müssen die Teilchen Ladungen tragen, die sich gegenseitig aufheben. Man nennt Teilchen, Atome oder Gruppen von mehreren Atomen, die eine oder mehrere elektrische Ladungen aufweisen, „Ionen" und spricht von „Kationen", wenn die Ladung positiv, von „Anionen", wenn sie negativ ist. In der chemischen Symbolsprache bezeichnet man das positive Ion durch ein $+$ oder Punkt, das negative durch einen $-$ (Na^+; Cl^-).

Jede Säure zerfällt in ein oder mehrere positive H-Ionen und negative Restionen, jede Lauge zerfällt in ein negatives OH-Ion und ein positives Metallion, bzw. auch mehrere:

$$HCl \rightleftharpoons H^+ + Cl^-$$
Salzsäure
$$NaOH \rightleftharpoons Na^+ + OH^-$$
Natronlauge

Alle Säuren haben demnach freie Wasserstoffionen, alle Basen freie Hydroxylionen. Die Konzentration der freien Ionen bestimmt die wirkliche Azidität, bzw. Basizität einer Lösung. Es sind nicht alle Säuren und Basen in demselben Verhältnis in Ionen gespalten (dissoziiert). Eine essigsaure Lösung ist viel weniger sauer als eine salzsaure Lösung von demselben Gehalt. Die Moleküle der Salzsäure sind viel stärker in Ionen gespalten als die der Essigsäure.

Der pH-Begriff. Reines Wasser (H_2O) ist ebenfalls in Ionen gespalten, allerdings nur zu einem äußerst geringen Teil: $H_2O \rightleftharpoons H^+ + OH^-$. Durch Leitfähigkeitsmessungen hat man festgestellt, daß in 10 Mill. Liter reinem Wasser 18 g (Molekulargewicht des Wassers), d. h. 1 Molekül des Wassers, in Ionen dissoziiert sind, und zwar sind vorhanden: 1 g H-Ionen und 17 g OH-Ionen. In *einem* Liter Wasser sind demnach $1 : 10^7$ H-Ionen, bzw. ebensoviel OH-Ionen anzahlmäßig vorhanden. Die H-Ionen-, bzw. OH-Ionen-Konzentration beträgt demnach 10^{-7} und das Ionenprodukt $(H^+) \cdot (OH^-) = 10^{-7} \cdot 10^{-7} = 10^{-14}$. Dieses Ionen-Produkt, das man als Dissoziationskonstante des Wassers bezeichnet, ist in jedem Fall immer konstant und unabhängig davon, ob zu dem Wasser eine Säure, eine Base oder ein Salz zugesetzt wird. Hieraus ergibt sich eine ganz neue Definition der Begriffe sauer, neutral und alkalisch. Reines Wasser reagiert neutral: die H-Ionen-Konzentration (H^+) ist gleich der OH-Ionen-Konzentration (OH^-). Sauer ist eine Lösung, die mehr H-Ionen als OH-Ionen enthält und in einer alkalischen Lösung sind mehr OH-Ionen als H-Ionen vorhanden. Zur Charakterisierung einer Lösung bezüglich ihrer Alkalität genügt also immer die Angabe der H-Ionen-Konzentration, da die zugehörigen OH-Ionen stets durch die Beziehung $H^+ \cdot OH^- = 10^{-14}$ gegeben ist.

Es ist: $\qquad$ $H^+ = OH^-$

$$
\left.
\begin{aligned}
1 \cdot 10^{-2} &= 1 \cdot 10^{-12} \\
1 \cdot 10^{-3} &= 1 \cdot 10^{-11} \\
1 \cdot 10^{-4} &= 1 \cdot 10^{-10} \\
1 \cdot 10^{-5} &= 1 \cdot 10^{-9} \\
1 \cdot 10^{-6} &= 1 \cdot 10^{-8}
\end{aligned}
\right\} \text{sauer}
$$

$$
1 \cdot 10^{-7} = 1 \cdot 10^{-7} \quad \text{neutral}
$$

$$
\left.
\begin{aligned}
1 \cdot 10^{-8} &= 1 \cdot 10^{-6} \\
1 \cdot 10^{-9} &= 1 \cdot 10^{-5} \\
\text{usw.} &
\end{aligned}
\right\} \text{alkalisch}
$$

Das Rechnen mit diesen Größen ist recht unbequem, weil die meistgebrauchten Werte in Wirklichkeit sehr kleine Brüche sind. Es kommt weiter hinzu, daß bei einer graphischen Darstellung der Abhängigkeit eines Prozesses von der H-Ionenkonzentration ein vollkommen falsches Bild entsteht und eine Darstellung überhaupt in übersichtlicher Weise nicht möglich ist, 10^{-3} z. B. ist 1/10 von 10^{-2}; 10^{-4} ist wieder 1/10 von 10^{-3}, dagegen 1/100 von 10^{-2}. Diesen Verhältnissen müßte bei der graphischen Darstellung Rechnung getragen werden, wodurch der erste Abschnitt überaus groß gewählt werden muß. Diese Schwierigkeit vermied SÖRENSEN in der Weise, daß er auf der Abszisse nicht die H-Ionen-Konzentration, sondern nur zahlenmäßig in gleichen Abständen die Exponenten auftrug. Diesen Exponenten ohne Vorzeichen bezeichnet man mit „Wasserstoffexponent" oder pH-Wert und schreibt dafür das Symbol pH. Einer H-Ionen-Konzentration von 10^{-7} z. B. entspricht der pH-Wert = 7. pH = 7 charakterisiert die neutrale Reaktion. Ist der pH-Wert kleiner als 7, so ist die Reaktion sauer; ist der pH-Wert größer als 7, so reagiert die Lösung alkalisch. Es soll noch erwähnt werden, daß man den pH-Wert rechnerisch erhält durch Bildung des negativen Logarithmus von der H-Ionen-Konzentration.

Pufferlösungen. Eine wässerige Lösung, die eine schwache Base und gleichzeitig ein Salz dieser Base enthält, oder die neben einer schwachen Säure gleichzeitig ein Alkalisalz dieser Säure enthält, bezeichnet man als Pufferlösung. Pufferlösungen sind z. B. Natriumborat und Borsäure, Essigsäure und Natriumazetat.

Pufferlösungen haben die Eigenschaft, daß sich die H-Ionen-Konzentration, also der pH-Wert der Lösung, nicht ändert, wenn man die Lösung verdünnt. Sie halten auch den pH-Wert allen anderen Einflüssen gegenüber mit besonderer Zähigkeit fest. Selbst geringe Zusätze von Säuren oder Laugen verändern den pH-Wert nur wenig und sind nahezu wirkungslos, und zwar um so mehr, je höher die Konzentration des Puffergemisches ist.

Die Ionisation der Entwicklersubstanzen unter dem Einfluß der Alkalien. Alle praktisch gebräuchlichen Entwicklersubstanzen sind Verbindungen des Benzols und zwar mit Amino- oder Hydroxylgruppen oder mit beiden Gruppen gleichzeitig. Die Aminoverbindungen werden fast ausschließlich in der Form ihrer Salze zur Herstellung von photographischen Entwickler-Lösungen verwendet. Diese Salze dissoziieren vollständig, wenn die Lösungen genügend alkalisch sind, so daß in Lösungen die freien Basen vorhanden sind. Entwicklersubstanzen mit einer oder mehreren Hydroxylgruppen bilden in Lösungen Entwicklerionen. Der Grad der Ionisierung ist abhängig von der Wasserstoffionenkonzentration. Je geringer die Wasserstoffionen-Konzentration, bzw. je höher die Alkalität der Lösungen ist, umso höher ist auch die elektrolytische Dissoziation (Ionisation). Die elektrolytische Dissoziation (Ionisation): Die elektrolytische Dissoziation von Monomethyl-p-Amidophenol (Metol) kann durch folgende Gleichung ausgedrückt werden:

$$\text{(Struktur: Metol-Dissoziation)} \quad \rightleftharpoons \quad \text{(ionisierte Form)} \ + \ H^+$$

Die Abhängigkeit der Dissoziation von der Wasserstoffionen-Konzentration ist nach dem Massenwirkungsgesetz gegeben durch die Beziehung:

$$K = \frac{[CH_3 \cdot NH \cdot C_6H_4 \cdot O^-] \cdot [H^+]}{[CH_3NH \cdot C_6H_4 \cdot OH]}$$

$$[CH_3NH \cdot C_6H_4 \cdot O^-] = \frac{K \cdot [CH_3NH \cdot C_6H_4 \cdot OH]}{[H^+]}$$

K ist ein konstanter Wert für eine gegebene Temperatur $= 4 \cdot 10^{-11}$ bei 20° C.

Die Konzentration des ionisierten Metols ist gleich der Gesamtkonzentration, wenn die Wasserstoffionen-Konzentration gleich der Konstanten K ist. Ist die Wasserstoffionen-Konzentration H^+ gleich 100 K, so ist die Konzentration des ionisierten Metols nur $^1/_{100}$ der Gesamtkonzentration. Da nur die ionisierte Form für das Entwicklungsvermögen ausschlaggebend ist, ist die Kontrolle der Wasserstoffionen-Konzentration für die Entwicklung besonders bedeutsam.

Enthält die Entwicklersubstanz zwei Hydroxylgruppen, so erfolgt die Ionisation in zwei Stufen, die von der Wasserstoffionen-Konzentration abhängig sind:

$$K_1 = \frac{[HO \cdot C_6H_4 \cdot O^-] \cdot [H^+]}{[C_6H_4 \cdot (OH)_2]} \qquad K_1 = 1{,}46 \cdot 10^{-10}$$

$$K_2 = \frac{[^-O \cdot C_6H_4 \cdot O^-] \cdot [H^+]}{[HO \cdot C_6H_4 \cdot O^-]} \qquad K_2 = 4 \cdot 10^{-12}$$

Durch Multiplikation der beiden Dissoziationsgleichgewichtsstufen erhält man:

$$[^-O \cdot C_6H_4 \cdot O^-] = K_1 \cdot K_2 \frac{[C_6H_4 \cdot (OH)_2]}{[H^+]^2}$$

Für manche Zwecke ist es vorteilhaft, die Klassifikation der Entwicklersubstanzen entsprechend des möglichen Dissoziationsgrades durch die Anzahl der negativen Ladungen auszudrücken (243a).

Tabelle 4. *Klassifikation der Entwicklersubstanzen nach dem möglichen Ionisierungsgrad*

Anzahl neg. Ladungen	Entwicklersubstanzen
0	p-Phenylendiamine, o-Phenylendiamine und Derivate
1	Monomethyl-p-Aminophenol (Metol), p-Aminophenol, p-Aminophenylglyzin
2	Hydrochinon, Adurol, p-Hydroxyphenylglyzin, Ferrooxalat, Askorbinsäure, Metolmonosulfonat
3	Natriumhydrochinonmonosulfonat
4	Natriumhydrochinondisulfonat

Die praktische Bedeutung dieser Einteilung wird bei der Kinetik des Entwicklungsprozesses behandelt werden (s. S. 106).

Die zur Entwicklung verwendeten Alkalien. Als Alkalien zur Herstellung von Entwicklern sind gebräuchlich:

Kaustische Alkalien: (Ätzalkalien)	Kaliumhydroxyd, Natriumhydroxyd
Phosphate:	Trinatriumphosphat
Kohlensaure Alkalien:	Natriumkarbonat (Soda), Kaliumkarbonat (Pottasche), Natriumbikarbonat
Borate	Borax, Natriummetaborat, Kodalk
Verschiedene organische Substanzen:	Triäthanolamin, Azetone, Aldehyde u. a.

Die folgende Tabelle enthält die pH-Werte einiger alkalischer Lösungen:

Tabelle 5. *pH-Werte verschiedener Lösungen*

Natriumhydroxyd, Kaliumhydroxyd	13,0
Natriumtriphosphat	12,0
Natriumkarbonat 5...10%	11,5
Natriummetasilikat (Metso) 0,1%	11,5
Triaethanolamin	10,6
Trinatriumphosphat 0,2%	10,6
Natriummetaborat 1...5%	10,5...10,8
Natriumkarbonat 0,1%	10,0
Kodalk 0,2%	9,9
Borax 0,1%	9,5
Natriumsulfit 10% + Borax 0,2%	9,5
Natriumsulfit 5...10%	9,0...9,7
Natriumsulfit 10% + Borax 0,2% + Borsäure 1,4%	8,1
Borsäure	6,3

Die kaustischen Alkalien wirken am stärksten, ihre Lösungen sind jedoch sehr inkonstant und können deswegen nicht für Entwickler zum wiederholten Gebrauch verwendet werden. Am besten eignen sich zur Entwicklerherstellung Alkalien, die als Puffer wirken. Die beste Pufferkapazität haben die Borate (444). Eine Beurteilung der Pufferwirkung einiger Puffergemische vermittelt folgende Abb. 37 nach REINDERS und BEUKERS (444).

Es wurden drei Entwickler mit gleichem Entwicklersubstanzgehalt, jedoch verschiedenem Puffergemischgehalt verglichen. Als Puffer wurden verwendet Borax (*B*), Natriumbikarbonat (*C*), Natriumhydrogenphosphat (*P*). Es wurde nun durch Zugabe von Natronlauge einmal die Veränderung des pH-Wertes beobachtet und außerdem gleichzeitig bei konstanter Belichtung und konstanter Entwicklungszeit die erzeugte Schwärzung gemessen. Die ausgezogenen Kurven zeigen, daß Borax (*B*) im pH-Bereich von 9 ... 10 einen guten Puffer darstellt, Bikarbonat (*C*) als Puffer noch annehmbar und Phosphat (*P*) mäßig wirksam ist.

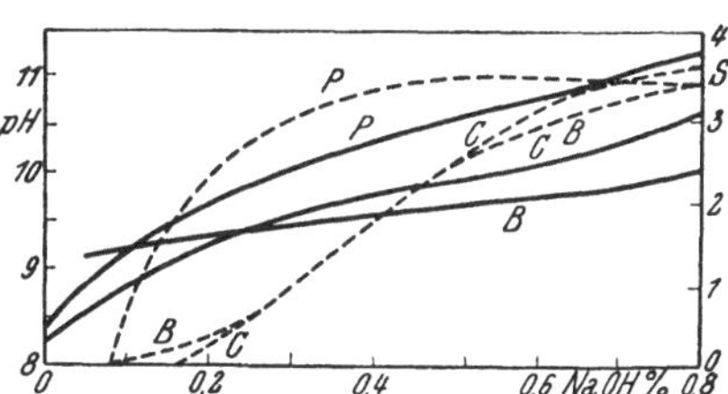

Abb. 37. Pufferkapazität eines Entwicklers beim Ansatz mit verschiedenen Puffergemischen. Nach W. REINDERS und M. C. F. BEUKERS (444)

B Boratpuffer, *C* Karbonatpuffer, *P* Phosphatpuffer, —— Änderung des pH-Wertes durch Zusatz von NaOH, ----- Änderung der Schwärzung durch Zusatz von NaOH

Die gestrichelten Kurven vermitteln einen Eindruck vom Einfluß des pH-Wertes auf die Entwicklungsgeschwindigkeit und eine Beurteilung der Entwicklungskonstanz bei konstanter Entwicklungszeit. Nach neueren Untersuchungen ergibt die beste Pufferkapazität für pH = 9,2 eine Mischung von Metaborat und Borax, für pH = 10,3 eine Mischung von Triphosphat mit Hydrogenphosphat. Ein guter saurer Puffer für pH = 5,25 ist Natriumsulfit mit Natriumbisulfit (5 a).

Der pH-Wert allein bestimmt jedoch nicht die Entwicklungsgeschwindigkeit; er sagt nur etwas aus bei ein und demselben Alkali. Verschiedene Alkalien können bezüglich ihrer Wirkung nur miteinander verglichen werden, wenn feststeht, daß das Anion des betreffenden Salzes nicht irgendwie mit der Gelatine, bzw. mit der Entwicklersubstanz reagiert. Trinatriumphosphat-Lösungen sind wesentlich alkalischer als Soda- oder Pottasche-Lösungen, und doch wirken bekanntlich Posphate in Entwicklern weniger energisch als die kohlensauren Alkalien. Phosphate werden als milde wirkende Alkalien zur Herstellung von Feinkorn-Entwicklern verwendet. Die Ursache dürfte unter anderem darin zu suchen sein, daß Phosphate gerbend auf die Gelatine wirken (524). Borat-Puffer können nicht verwendet werden bei Entwicklersubstanzen mit zwei Hydroxylgruppen in Orthostellung, wie Brenzkatechin und Pyrogallol; Borate bilden mit diesen Substanzen Komplexe, wodurch das Reduktionsvermögen beträchtlich geschwächt ist (444).

Alkalien können sich nicht ohne weiteres vertreten. Bei den Alkalikarbonaten ist die Hydrolyse zu berücksichtigen; die für die alkalische Reaktion erforderlichen Hydroxylionen (OH⁻) entstehen erst unter Mitwirkung des Wassers. Folgende Tabelle nach FAERMAN und SHISHKINA (165) gibt eine Übersicht über die erforderlichen Konzentrationen der Alkalien zur Erzielung gleicher pH-Werte.

Tabelle 6. *Konzentrationen verschiedener Alkalien zur Erzielung gleicher pH-Werte*

Alkali	pH	$\frac{g}{\text{pro Liter}}$	Gramm-Mol	pH	$\frac{g}{\text{pro Liter}}$	Gramm-Mol
K_2CO_3	9,2	1,52	0,011	10,7	27,64	0,20
Na_2CO_3	9,1	1,36	0,013	10,6	21,20	0,20
NaOH	9,1	0,33	0,008	10,6	0,63	0,016
KOH	9,1	0,67	0,012	10,6	1,36	0,024

Bei geringen Konzentrationen zur Erzielung eines niedrigen pH-Wertes ist Soda etwas weniger hydrolysiert als Pottasche, man muß deswegen etwas mehr Soda als Pottasche verwenden; bei höherem pH-Wert entsprechen in ihrer Wirkung Soda und Pottasche bei gleichen molaren Konzentrationen. Bei den Ätzalkalien reagieren Ätznatron-Lösungen alkalischer als entsprechend molare Ätzkalilösungen. SHEPPARD und ANDERSON (485) stellten fest, daß die photographische Wirksamkeit von Metol-Hydrochinon-Entwicklern beim Ansatz mit äquimolaren Soda- bzw. Pottaschemengen gleich ist; allerdings bemerkten sie auch, daß die Wirkung von der verwendeten Emulsion beeinflußt wird. Es dürfte deswegen überhaupt ausgeschlossen sein, eine allgemeine Regel über die Vertretbarkeit der Alkalien aufzustellen, da neben dem verschiedenen

Verhalten der Emulsionen auch die Entwicklersubstanzen unterschiedlich beeinflußt werden dürften (524).

Ammoniak und Ammoniumkarbonat kommen als Alkalien für normale Entwickler nicht in Frage, da diese Stoffe stark lösend auf die Silbersalze der Emulsion wirken und dadurch dichroitischen Schleier verursachen. Ammoniumkarbonat wird gelegentlich als Alkali bei Positiventwicklern verwendet, um ein braunes Silberbild zu erzeugen. Dem Ammoniak verwandt sind die organischen Amine. Von diesen können die sekundären und tertiären Amine, bzw. die Alkylaminsalze schwacher Säuren als Alkalien für die Entwicklung eine Rolle spielen. Da diese Verbindungen ebenfalls bromsilberlösende Wirkung besitzen, sind sie besonders für Umkehrentwicklung vorgesehen. Durch Patentanmeldungen sind bekannt geworden:

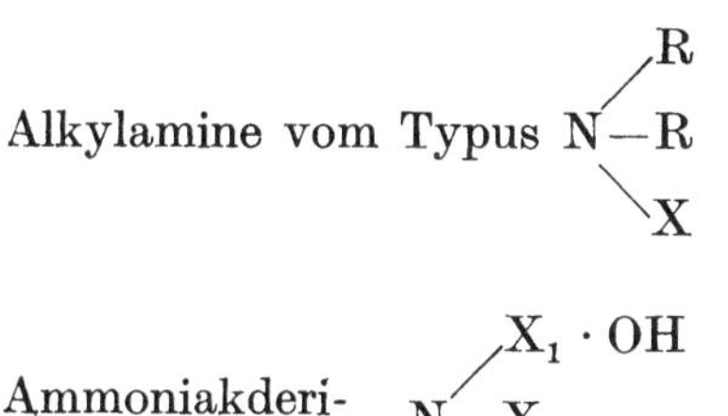

Alkylamine vom Typus $N\begin{cases} R \\ R \\ X \end{cases}$ — R-Alkyl- oder Oxyalkylgruppe, X = Oxyalkylgruppe; z. B. Monoäthanolamin, Diäthanolamin, Triäthanolamin, Diäthanolaminoäthylalkohol, N-Tripropylamin (692, 694).

Ammoniakderivate der Formel $N\begin{cases} X_1 \cdot OH \\ X_2 \\ X_3 \end{cases}$ — X_1 = Alkylrest, X_2 und X_3 = Wasserstoff oder aliphatischer Rest, Zyklischer-aliphatischer Rest, aromatischer Rest oder Alkylrest mit OH (611, 653, 694).

Für manche Entwicklerrezepturen werden anstelle der üblichen Alkalien Formaldehyd, Trioxymethylen (p-Formaldehyd), Azeton empfohlen (306, 327, 474). Diese Substanzen sind an und für sich keine Alkalien, sie erhöhen jedoch die Hydrolyse des gleichzeitig anwesenden Natriumsulfites unter Bildung von Formaldehydbisulfit bzw. Azetonbisulfit und dem Phenolat der Entwicklersubstanz.

Die Wahl der Konzentration des verwendeten Alkalis. Die Wahl und Konzentration des Alkalis richtet sich nach dem Verwendungszweck und nach der Entwicklersubstanz. Das Entwicklungsvermögen der Substanzen ist sehr unterschiedlich vom pH-Wert abhängig. Dies verschiedene Verhalten zeigt Abb. 38 nach Reinders und Beukers (444).

p-Aminophenol und Glyzin sind gegen pH-Änderungen am wenigsten empfindlich. Hydrochinon und Pyrogallol sind dagegen von pH-Änderungen sehr stark abhängig. Unter einem bestimmten pH-Wert entwickeln die Substanzen überhaupt nicht mehr. Diese Minimal-pH-Werte sind für Glyzin pH = 7,5, p-Aminophenol pH = 8,0, Pyrogallol pH = 8,2, für Hydrochinon pH = 9,4 und für p-Phenylendiamin pH etwa 10. Metol

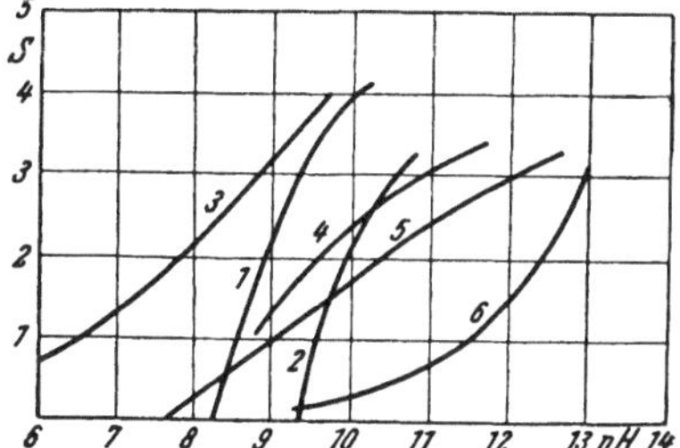

Abb. 38. Abhängigkeit des Entwicklungsvermögens verschiedener Substanzen vom pH-Wert bei konstanter Belichtung und Entwicklungszeit. Nach W. Reinders und M. C. F. Beukers (444)

1 Pyrogallol	*4* p-Aminophenol
2 Hydrochinon	*5* Glyzin
3 Metol	*6* p-Phenylendiamin

zeigt noch Entwicklungsvermögen bei pH = 6. Diese Ergebnisse basieren auf Versuchen mit Positiv-Emulsionen. Auf Grund neuerer Untersuchungen mit Negativ-Emulsionen müssen die Werte für Metol und Hydrochinon etwas korrigiert werden (5 a). Der Minimal-pH-Wert für Metol muß wenigstens 6,9 und für Hydrochinon 9,7 sein. Sehr gebräuchlich sind vielfach Entwickler, die gleichzeitig Metol und Hydrochinon nebeneinander enthalten und deren pH-Wert unter 9,4 bzw. 9,7 liegt. Unter diesen Bedingungen ist das Metol als Entwicklersubstanz allein wirksam. Das Hydrochinon wirkt jedoch regenerierend auf die Oxydationsprodukte des Metols und hält auf diese Weise das Entwicklungsvermögen konstant (317).

Für sehr energisch arbeitende Entwickler mit hohem Kontrast wird man Ätzalkalien verwenden. Derartige Entwickler sind jedoch nicht für ausgiebigen Gebrauch bestimmt, da im Laufe der Entwicklung der pH-Wert rasch absinkt und damit auch die Wirkung des Entwicklers nachläßt. Entwickler, die über lange Zeit konstant arbeiten, erhält man nur mit Alkalisalzen, die als Puffer wirken können. Die Konzentration des Puffergemisches darf hierbei nicht zu gering sein. Für Alkalikarbonat-Lösungen verwendet man meistens ein Gehalt von 5 ... 10%. Wird eine geringere Konzentration verwendet, um etwas langsamere Wirkung zu erzielen, so ist die Dissoziation des Salzes zu weit fortgeschritten, so daß die Pufferwirkung damit verlorengegangen ist. In diesem Falle ist es zweckmäßiger, gelinde wirkende Alkalien, wie Borax, eventuell in Verbindung mit Borsäure, in hoher Konzentration zu verwenden.

Es ist noch zu bemerken, daß auch die Haltbarkeit eines Entwicklers von seiner Alkalität abhängig ist. Je höher der pH-Wert ist, umso leichter und schneller findet Luftoxydation und Zersetzung statt.

b) Die Reaktionen der Entwicklersubstanzen und die Wirkung des Sulfits (Konservierungsmittels). In wässerigen Lösungen ohne besondere Konservierungsmittel oxydieren die Entwicklersubstanzen unter der Einwirkung von Luftsauerstoff sehr schnell, auch wenn die Lösungen zur Entwicklung nicht benutzt werden (156a, 445). Diesen Vorgang bezeichnet man als „Autoxydation". Diese Autoxydation erfolgt in zwei Phasen: 1. Bildung des ionisierten Entwicklermoleküls, 2. Oxydation durch Luftsauerstoff, wobei Wasserstoffsuperoxyd auftritt (372, 376). Von einigen Autoren wird auch die Bildung eines Entwicklerperoxydes angenommen (314, 545):

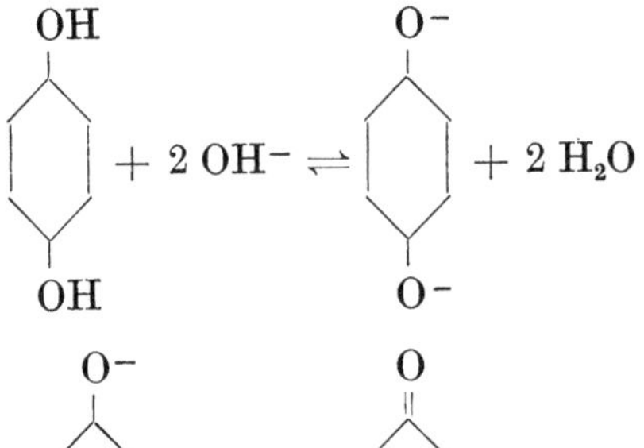

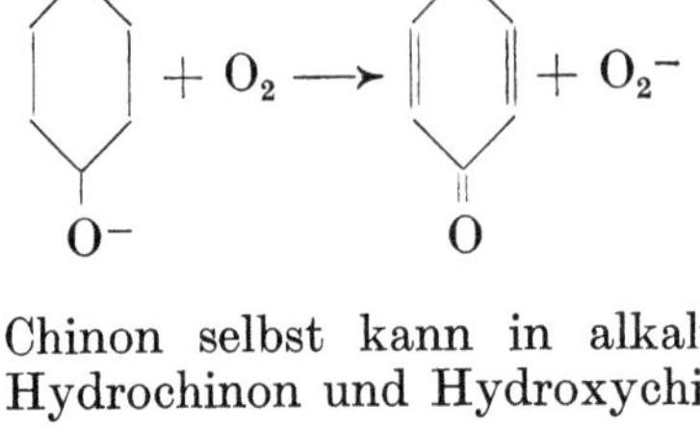

$$\text{Hydrochinon} + 2\,OH^- \rightleftharpoons \text{Hydrochinon-Dianion} + 2\,H_2O$$

$$\text{Hydrochinon-Dianion} + O_2 \longrightarrow \text{Chinon} + O_2^-$$

Das entstandene Chinon selbst kann in alkalischer Lösung wieder disproportionieren zu Hydrochinon und Hydroxychinon (314, 316):

$$2\ \text{[Chinon]} + H_2O \rightleftharpoons \text{[Hydrochinon]} + \text{[Hydroxychinon]}$$

Die Autoxydation von Hydrochinon nimmt mit Erhöhung der Alkalität zu, woraus zu schließen ist, daß diese hauptsächlich durch das doppelt geladene Hydrochinonion ausgelöst wird (156a, 251, 445). Es hat sich nun gezeigt, daß die Autoxydation sehr stark beschleunigt wird durch einmal gebildete Spuren von Chinon. Wenn die Bildung dieses Oxydationsproduktes verhindert wird, so kann die Zersetzung sehr stark gebremst und die Haltbarkeit der Lösungen erhöht werden. Als derartige Konservierungsmittel sind geeignet:

Stannosalze, Askorbinsäure, Zysteine (109, 249) und in ganz besonderem Maße Natriumsulfit. Die konservierende Wirkung des Sulfits auf Hydrochinon wurde zuerst von BERKELEY (1882) beobachtet (49). Heute werden fast ausschließlich Sulfitverbindungen als Konservierungsmittel für Entwickler-Lösungen verwendet.

Das am häufigsten verwendete Natriumsulfit kommt als kristallisiertes Salz (Natriumsulfit krist.) und als wasserfreies (siccum) in den Handel. 1 g wasserfreies Salz entspricht 2 g kristallisiertem. Die Reinheit der Handelsprodukte ist sehr stark schwankend. Das Natriumsulfit krist. enthält etwa 40 ... 45%, das Natriumsulfit sicc. etwa 90% nutzbares Sulfit. Bewertet wird die Wirksamkeit des Sulfits nach seinem Gehalt an Schwefeldioxyd; gute Qualitätsware Natriumsulfit sicc. hat einen SO_2-Gehalt von 46 ... 48%, Natriumsulfit krist. 23 ... 24%. Beide Produkte sind verunreinigt mit Natriumsulfat, Natriumdithionat, Soda, Natriumchlorid und vielfach auch mit Spuren von Natriumthiosulfat. Wässerige Lösungen von Natriumsulfit reagieren infolge Hydrolyse immer alkalisch, der pH-Wert einer 10%igen Lösung beträgt normalerweise etwa 8,6 ... 9,2. Es können jedoch auch pH-Schwankungen von 7,2 ... 10 auftreten. Diese Schwankungen werden insbesondere von den Verunreinigungen verursacht. Sie wirken sich besonders ungünstig aus beim Ansatz von Feinkorn-Entwicklern. Natriumsulfit krist. zersetzt sich sehr leicht an der Luft; es findet hierbei ein Verlust an Kristallwasser sowie auch eine teilweise Umwandlung in Natriumsulfat statt. Natriumsulfit sicc. ist dagegen sehr stabil. Die Verwendung von Natriumsulfit sicc. ist deswegen auf alle Fälle vorzuziehen.

Neben dem neutralen Natriumsulfit werden als Konservierungsmittel für Entwickler auch die sauren Sulfite, Kaliummetabisulfit und Natriumbisulfit, verwendet. Das Kaliummetabisulfit, richtigere Bezeichnung, Kaliumpyrosulfit, kommt in Kristallen verschiedener Größe sowie als Kristallmehl in den Handel. Alle verschiedenen Formen sind chemisch identisch, auch die Kristalle enthalten kein Kristallwasser. Kaliummetabisulfit ist gut beständig, bei längerer Lagerung bedeckt es sich allmählich mit einer Kruste von Sulfat und Dithionat. Das Natriumbisulfit kommt als Pulver in den Handel. Seine Qualität kann sehr unterschiedlich sein. Gute Handelsware ist ebenfalls beständig, während mindere Qualitäten vielfach bei der Lagerung steinhart werden. Die sauren Sulfite werden bevorzugt angewandt zur Herstellung hochkonzentrierter Vorratslösungen und beim getrennten Ansatz von Entwicklersubstanzen und Alkali in Lösungen. Die sauren Sulfite besitzen größere Löslichkeit als die neutralen und in sauren Lösungen sind die Entwicklersubstanzen praktisch unbegrenzt haltbar. Bei Verwendung der sauren Sulfite zum Ansatz ist zu beachten, daß ein erhöhter Zusatz an Alkalien erforderlich ist, da zunächst der saure Anteil des Sulfits neutralisiert werden muß.

Die Lösungen des neutralen Sulfits sind sehr leicht oxydierbar, umsomehr, je verdünnter sie sind, während die sauren Sulfit-Lösungen gut haltbar sind. Diese leichte Oxydierbarkeit hat zunächst zu der Ansicht geführt, daß das Sulfit im Entwickler den Sauerstoff wegfange und so die Entwicklersubstanz vor der Oxydation schütze. Auf Grund zahlreicher Untersuchungen ist jedoch heute geklärt, daß zwischen Entwicklersubstanz und Sulfit eine gekoppelte Reaktion stattfindet, bei der das Sulfit die Bildung des Chinons verhindert (314, 364, 365, 425 ... 429, 445, 512, 545). Nach diesen Feststellungen muß folgender Reaktionsmechanismus für die Schutzwirkung des Sulfits bei Hydrochinon angenommen werden:

1) Hydrochinon $+ O_2 \longrightarrow$ Chinon $+ H_2O_2$

2) $Na_2SO_3 + H_2O_2 \longrightarrow Na_2SO_4 + H_2O$

3) Chinon $+ Na_2SO_3 + H_2O \longrightarrow$ Hydrochinon-SO_3Na $+ NaOH$

1)—3) Hydrochinon $+ 2\,Na_2SO_3 + O_2 \longrightarrow$ Hydrochinon-SO_3Na $+ Na_2SO_4 + NaOH$

Bei weiterer Oxydation bildet sich Hydrochinon-Disulfonat:

4) Hydrochinon-SO_3Na $+ O_2 + 2\,Na_2SO_3 \longrightarrow$ Hydrochinon-$(SO_3Na)_2$ $+ Na_2SO_4 + NaOH$

Ein ähnlicher Reaktionsverlauf wie bei der Schutzwirkung des Sulfits auf das Hydrochinon liegt auch bei der Entwicklung vor (314, 477).

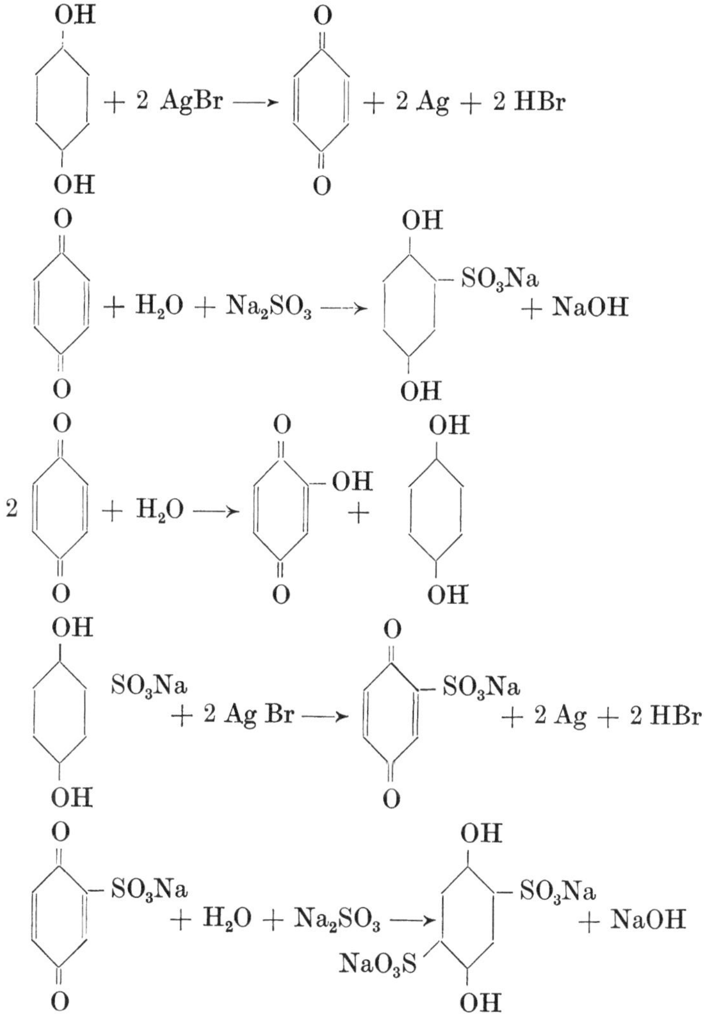

$$\text{Hydrochinon} + 2\,\text{AgBr} \longrightarrow \text{Chinon} + 2\,\text{Ag} + 2\,\text{HBr}$$

$$\text{Chinon} + \text{H}_2\text{O} + \text{Na}_2\text{SO}_3 \longrightarrow \text{Hydrochinon-}\text{SO}_3\text{Na} + \text{NaOH}$$

$$2\,\text{Chinon} + \text{H}_2\text{O} \longrightarrow \text{Chinon-OH} + \text{Hydrochinon}$$

$$\text{Hydrochinonmonosulfonat} \; \text{SO}_3\text{Na} + 2\,\text{Ag Br} \longrightarrow \text{Chinon-SO}_3\text{Na} + 2\,\text{Ag} + 2\,\text{HBr}$$

$$\text{Chinon-SO}_3\text{Na} + \text{H}_2\text{O} + \text{Na}_2\text{SO}_3 \longrightarrow \text{NaO}_3\text{S-Hydrochinon-SO}_3\text{Na} + \text{NaOH}$$

Hierbei tritt zunächst freie Bromwasserstoffsäure auf, die zum Teil durch das gleichzeitig gebildete Natriumhydroxyd neutralisiert wird. Hydrochinonmonosulfonat ist selbst eine Entwicklersubstanz, allerdings mit etwas geringerer aktiver Wirkung. In karbonathaltigen Lösungen entwickelt dagegen Hydrochinon-Disulfonat nicht mehr.

Die Reaktionsvorgänge des *Brenzkatechin* bei der Autoxydation und der Entwicklung wurden von Joslyn und Brauch (271) sowie Seyewetz Szymson und James (477, 478) untersucht. Als Endoxydationsstufe bildet sich o-Chinon. In Gegenwart von Sulfit entstehen durch gekoppelte Reaktion in analoger Weise wie bei Hydrochinon Mono- und Disulfonate des Brenzkatechins.

Pyrogallol besitzt in alkalischer Lösung eine sehr große Reaktionsfähigkeit mit Sauerstoff; diese Substanz wird deswegen in der Gasanalyse zur Absorption von Sauerstoff verwendet. Hierbei entstehen Oxydations-produkte und Polymerisationsprodukte [Purpurogalline (597)], Hexa-hydroxytriphenochinone (413). Bei der Entwicklung in Gegenwart von Sulfit ist folgender Reaktionsmechanismus anzunehmen (477, 478):

$$\text{Pyrogallol} + 2\,AgBr \longrightarrow \text{Pyrogallol-Chinon} + 2\,Ag + 2\,HBr$$

$$\text{Pyrogallol-Chinon} + Na_2SO_3 + H_2O \longrightarrow \text{Pyrogallol-Monosulfonat (SO_3Na)} + NaOH$$

Das gelbe Pyrogallol-Monosulfonat ist eine schwach wirkende Entwickler-substanz, das nicht merklich weiter oxydiert wird.

Die *Diamin- und Hydroxyamin-Verbindungen* sind bisher weniger Gegen-stand von Untersuchungen gewesen. Bei der Oxydation von p-Aminophenol entsteht als Oxydationsprodukt Chinonimin (478): $O = C_6H_4 = NH$

Auch ein polymeres Produkt konnte isoliert werden (68).

Monomethyl-p-Aminophenol (Metol) wird oxydiert durch Luftsauer-stoff zu: Hydroxy-N-Methylchinonimin:

$$CH_3NH \cdot C_6H_4 \cdot OH \qquad = CH_3NH \cdot C_6H_4 \cdot O^- + H^+$$
$$CH_3NH \cdot C_6H_4 \cdot O^- + O_2 = CH_3NH \cdot C_6H_4O_3^- \;(\text{Metolperoxyd})$$
$$CH_3NH \cdot C_6H_4O_3^- + H^+ = CH_3NH \cdot C_6H_4O_2 + H_2O$$

Natriumsulfit wirkt bei p-Aminoverbindungen auf die Oxydation stark verzögernd. Bei der Entwicklung wird *p-Aminophenol* in gelbes Mono-sulfonat übergeführt, das in schwach alkalischer Lösung nicht weiter re-agiert (314, 478). In ätzalkalischer Lösung wirkt p-Aminophenol-Mono-sulfonat schwach entwickelnd und es bildet sich Disulfonat. *Monomethyl-p-Aminophenol* (Metol) bildet bei der Entwicklung in karbonatalkalischer Lösung sowohl das 4-Methylamino-2-Sulfonat:

als auch das Disulfonat:

Das Monosulfonat des Metols hat schwächere entwickelnde Eigen-schaften als Hydrochinon.

Glyzin bildet bei der Entwicklung Monosulfonat, das nur in ätzalkalischer Lösung noch Entwicklungsvermögen besitzt (478).

p-Phenylendiamin oxydiert in alkalischer Lösung ohne Sulfit zu Chinon-diimin. Diese Oxydation erreicht ein Maximum bei pH etwa 8 und steigt nicht weiter bei Erhöhung des pH-Wertes. Die freie Base scheint demnach die reaktionsfähige Form zu sein. Bei der Entwicklung in karbonatalkalischer Lösung entsteht als Reaktionsprodukt p-Phenylendiamin-Monosulfonat, in ätzalkalischer Lösung das Disulfonat (478).

Die optimale Konzentration des Sulfits in einem Entwickler hängt von der Natur des Entwicklers, von der Alkalität, von der erforderlichen Haltbarkeit in verschlossenen Flaschen oder in Tanks bei der Entwicklung und von der Gebrauchstemperatur ab. Es genügt beispielsweise sehr wenig Sulfit in Entwicklern auf Glyzin-Basis, dessen Oxydationsprodukte auf die entwickelnden Eigenschaften von geringem Einfluß sind. Pyrogallol-Entwickler erfordern dagegen hohe Sulfitkonzentrationen. Stark alkalische Entwickler, wie Hydrochinon-Ätzkalientwickler, benötigen zur genügenden Haltbarkeit ebenfalls viel Sulfit. Stark verdünnte Entwickler müssen ebenfalls eine größere Menge Sulfit enthalten, da sie sich leichter zersetzen als konzentriertere. Erhöhung der Temperatur wirkt beschleunigend auf die Zersetzung. Dieser muß durch die Erhöhung der Sulfitmenge entgegengewirkt werden. Hoher Sulfitgehalt mäßigt in diesem Falle auch die Quellung der Gelatine. Konzentrierte Natriumsulfitlösung wirkt lösend auf Bromsilber (234). Von dieser Eigenschaft macht man vielfach Gebrauch bei der Herstellung von Feinkornentwicklern. Die Lösung eines Teiles des Bromsilberkornes während der verhältnismäßig langen Entwicklungszeit bewirkt eine Verminderung der Korngröße des gebildeten Silbers und damit der Körnigkeit.

Der Sulfitgehalt eines Entwicklers beeinflußt auch die Farbe des entwickelten Bildes. Wird durch geringen Sulfitzusatz die Autoxydation der Entwicklersubstanz nicht restlos verhindert, so bilden sich gleichzeitig mit dem Silberniederschlag Oxydationsprodukte. Das von diesen Oxydationsprodukten entstandene Bild kann festgestellt werden nach Entfernung des Silberbildes mit FARMERschem Abschwächer. Dieses Farbstoffbild wird als „Restbild" bezeichnet (258). Bei Pyrogallol-Entwicklern kann dieses Restbild auch durch hohen Sulfitzusatz nicht restlos unterbunden werden. Derartige Entwickler sind deswegen besonders geeignet zur Herstellung von bräunlichen Bildtönen bei Papieren. Der Farbton eines Silberniederschlages kann meßtechnisch erfaßt werden, indem man einmal das Gamma visuell durch Ausmessung und ein anderes Mal photographisch durch Kopieren bestimmt. Die Beziehung $\dfrac{\text{Gamma (phot.)}}{\text{Gamma (vis.)}}$ wird als „Farbkoeffizient" bezeichnet (266).

Bei Pyrogallol-Entwickler mit höchstem Sulfitgehalt beträgt der Farbkoeffizient 1,05, bei sulfitfreiem Entwickler 2,0. Das Restbild kann auch zur Verstärkung bzw. zur Abschwächung benutzt werden (598). Man kann das normale Bild zunächst ausbleichen und anschließend in einem Entwickler, der einen hohen Farbkoeffizient hat, wieder entwickeln.

c) Die Wirkung des Kaliumbromids. Kaliumbromid übt im Entwickler einen doppelten Einfluß aus; es verzögert einerseits die Entwicklung und hält andererseits die Bildung des Schleiers zurück. Die verzögernde Wirkung veranschaulicht Abb. 39. Bei gleichen Entwicklungszeiten sind die Gammawerte bei bromidfreiem und bromidhaltigem Entwickler gleich. Beim bromidfreien Entwickler schneiden sich jedoch die geradlinigen Verlängerungen der Schwärzungskurven in einem Punkt auf der Abszissenachse, während beim bromidhaltigen Entwickler dieser Schnittpunkt je nach der Höhe des Zusatzes nach unten verschoben ist. Über die Lage dieses Schnittpunktes unterhalb der Abszissenachse besteht keine einheitliche Anschauung. Nach NIETZ (410) liegt der Schnittpunkt senkrecht unter dem „Inertia"-Punkt, während nach anderen Forschern (LUTHER, FRÖTSCHNER) sich die geradlinigen Verlängerungen in einem Punkt auf der Gamma-Unendlich-Linie schneiden (170, 179, 180). Die „Inertia" (= Trägheit) (i) ist nach HURTER und DRIFFIELD ein Maß für die Empfindlichkeit. Bei bromidfreiem Entwickler ist die Inertia (i) unabhängig von der Entwicklungszeit bzw. vom Gammawert. Bei Bromid-Zusatz ist dagegen die Inertia bei Beginn der Entwicklung nach höheren Belichtungen (i_3) verschoben und rückt mit fortschreitender Entwicklung nach kürzeren Belichtungen (i_2, i_1) vor. Diese Abhängigkeit der Inertia von der Entwicklungszeit entsprechend der Bromidkonzentration bezeichnet man als „Regression der Inertia".

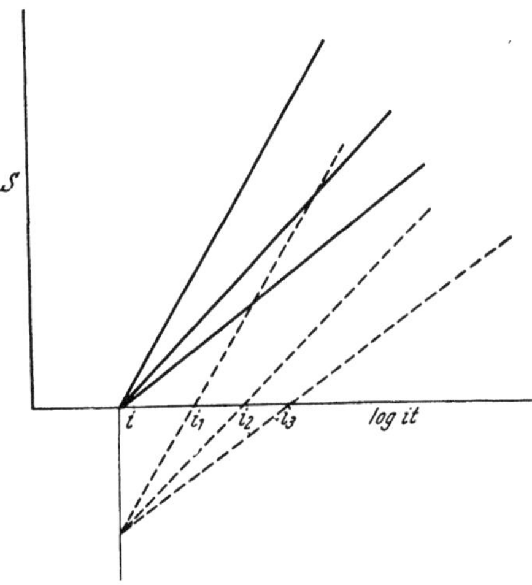

Abb. 39. Geradlinige Verlängerungen der Gradationskurven eines Entwicklers mit (— — —) und ohne (———) Kaliumbromidzusatz

Wegen der geringen Empfindlichkeitsausnutzung durch KBr-Zusatz im Entwickler werden Entwickler mit hohem KBr-Zusatz von jeher zur Entwicklung von überexponierten Aufnahmen empfohlen. Vielfach wird auch die Ansicht vertreten, daß durch KBr-Zusatz zum Entwickler der Kontrast des Negatives gesteigert wird. Dies entspricht jedoch nicht den Tatsachen; bei gleicher Entwicklungsdauer wird mit und ohne KBr-Zusatz dasselbe Gamma erzielt. Da jedoch Kaliumbromid den Schleier unterdrückt, kann für manche Zwecke, um ein höheres Gamma zu erreichen, die Entwicklung länger ausgedehnt oder sogar ein energischer arbeitender Entwickler verwendet werden.

Es sind nicht alle Entwickler gegen Bromid-Zusatz gleich empfindlich. Wesentlich für die Bromidempfindlichkeit ist sowohl die Entwicklersubstanz wie auch die Zusammensetzung. Bei weniger rapid arbeitenden Entwicklersubstanzen, z. B. Hydrochinon, übt ein geringer Zusatz eine sehr starke Wirkung aus, während bei rapid wirkenden Substanzen, z. B. Metol, eine sehr große Menge Kaliumbromid zugesetzt werden muß, um dieselbe verzögernde Wirkung auszulösen. Im allgemeinen sind Entwicklersubstanzen mit doppelter negativer Ladung (Hydrochinon) bromidempfindlicher als Substanzen mit einer Ladung (p-Aminophenol) oder Substanzen ohne Ladung (p-Phenylendiamin). Verschiedentlich wurde versucht, die Rapidität der Entwickler auf Grund der Bromid-Empfindlichkeit zu charakterisieren (410, 479) (s. S. 48). Wird der Zusatz bei verschiedenen Entwicklern so bemessen, daß das Entwicklungsvermögen bei allen Entwicklern, gleiche Bedingungen vorausgesetzt, gleich ist, so gibt die relative Bromid-Konzentration ein Maß für das relative Entwicklungsvermögen. Diese relativen Bromid-Konzentrationen, bezogen auf einen Standard-Entwickler, werden als „Bromid-Potential" bezeichnet. Je niedriger der Wert dieses Bromid-Potentiales ist, umso höher ist seine Empfindlichkeit gegen Kaliumbromid-Zusatz. In einigen Fällen ist die Rapidität verschiedener Entwickler proportional den Bromid-Potentialen, insbesondere wenn als Vergleichskriterium das Erscheinen der ersten Bildspur angenommen wird. Wird dagegen das Entwicklungsvermögen auf die maximale Schwärzung bzw. auf γ bezogen, so bietet hierfür das Bromid-Potential kein Maß. Die Bromid-Potentiale einer Reihe von Entwicklern sind zusammengestellt in Tabelle 1 (S. 49). Die Bromid-Empfindlichkeit ist umgekehrt proportional zu diesen Werten; das Bromid-Potential ist z. B. für Metol = 20, für Hydrochinon = 1, das heißt Metol ist etwa 20 mal geringer empfindlich gegenüber KBr-Zusatz als Hydrochinon. Die Bromid-Empfindlichkeit einer Entwicklersubstanz kann indessen sehr beeinflußt werden durch Veränderung des pH-Wertes und der Konzentration der Entwicklersubstanz.

Nach Ansicht einiger Forscher (170, 179, 180, 524) gibt der Einfluß des Kaliumbromids auf verschiedene Entwickler-Lösungen ein Mittel an die Hand, um zwischen Schicht-Oberflächen- und Schicht-Tiefen-Entwicklern zu unterscheiden. Oberflächen-Entwickler sind Entwickler, bei denen das Korn zunächst ohne Rücksicht auf die Belichtung unspezifisch entwickelt wird. Es erscheinen alle Teile des Bildes, ob schwach oder stark belichtet, gleich schnell und erst allmählich nimmt die Schwärzung in den Lichtern zu, während sie in den Schatten stehen bleibt. Bei Entwicklern dieser Art sind die Verlängerungen des geraden Teiles der Schwärzungskurven in einem Punkt auf der Abszissenachse vereinigt (Abb. 39, Entw. ohne KBr). Die Empfindlichkeitsausnutzung ist unabhängig von der Entwicklungszeit. Typische Vertreter dieser Klasse von Entwicklern sind: Metol-Alkalikarbonat, Brenzkatechin-Ätzkali, Hydrochinon-Ätzkali, p-Aminophenol, Amidol-Sulfit. Bei Tiefen-Entwicklern dagegen erscheinen die stark belichteten Teile des Bildes zuerst, die Schatten werden erst im Verlaufe der Entwicklung allmählich aufgebaut. Diese Entwickler zeigen demnach eine Regression der Inertia (Abb. 39, Entw. mit KBr). Substanzen für Schicht-Tiefen-Entwickler sind: Pyrogallol, Hydrochinon-Alkalikarbonat, Glyzin mit Alkalikarbonat und KBr. Zur Erklärung der Tiefen-Entwicklung wird die Wirkung auf das Korn herangezogen. Nach Untersuchungen anderer Forscher steht tatsächlich fest, daß das latente Bild bei hohen Belichtungen im Korninnern liegt (202). Der Bildaufbau bei dieser Klasse von Entwicklern scheint damit tatsächlich von der Korntiefe aus zu erfolgen. Infolgedessen ist die „Latenzzeit", bis das innere latente Bild wirksam wird, größer und der Entwickler hat Zeit in die Schicht einzudringen und mehr oder weniger von der Schichttiefe aus zu wirken. Die Schicht-Oberflächen- und Schicht-Tiefen-Entwicklung ist jedoch keine typische Eigenschaft der Entwickler-Substanz, sondern eine Frage der Entwickler-Zusammensetzung. Jeder Entwickler kann durch Änderung der Zusammensetzung umgestimmt werden. In der Praxis sind vielfach auch die Unterschiede zwischen Oberflächen- und Tiefen-Entwicklung nicht sehr ausgeprägt. Bei jeder Entwicklung kann sich auch ohne besondere Maßnahmen der KBr-Einfluß bemerkbar machen, auch wenn der Entwickler selbst kein Kaliumbromid enthält, da alle Emulsionen auf Grund der Fabrikation mehr oder weniger Kaliumbromid im Überschuß enthalten und außerdem bei der Entwicklung Brom-Ionen gebildet werden. Vielfach ist auch eine Aussage über die Art der Entwicklung, besonders bei Emulsionen mit starkem Durchhang, nicht eindeutig.

Die Wirkung des Kaliumbromid im Entwickler ist noch nicht restlos geklärt. Eine der Ursachen beruht sicherlich auf Adsorptionswirkung (s. S. 84). Die AgBr-Körner der Schicht sind infolge von adsorbierten KBr-Ionen auf Grund der Herstellung mit einer Doppelschicht umgeben. Diese Schicht bildet um das Korn eine Art Sperrschicht. Dadurch kann die Adsorption der Entwicklersubstanz am AgBr-Korn oder die Konzentration des aktiven Komplexes zwischen Entwicklersubstanz und Silberionen beeinflußt werden. Dem Entwickler zugesetztes Kaliumbromid wird als Ionen am Korn zusätzlich adsorbiert und dadurch die Umhüllung verstärkt. Durch Erhöhung der Bromidkonzentration wird auch das Redox-Potential des Entwicklers erhöht, so daß der Reduktionsprozeß bei der Entwicklung langsamer verläuft (s. S. 102).

Die Alkalichloride haben im Gegensatz zu den Bromiden, auch in größeren Mengen den Entwicklern zugesetzt, selbst bei Chlorsilber-Emulsionen nur einen äußerst geringen Einfluß.

d) Besondere Zusätze. Fast alle Entwickler enthalten heute neben den normalen, unbedingt erforderlichen Substanzen außerdem mehr oder weniger Zusätze, um besondere Wirkungen und Eigenschaften zu erzielen. Eine bedeutende Rolle in der Entwicklungstechnik spielen vor allem die sogenannten *Stabilisatoren* (s. S. 38). Unter dieser Bezeichnung versteht man Substanzen, die der Emulsion bei der Herstellung oder dem Entwickler bei der Verarbeitung zugesetzt, eine Verminderung des Schleiers, eine Verbesserung der Gradation und einen besonderen Farbton des Bildes erzeugen. Solche Substanzen zur Hervorrufung eines blauschwarzen Bildtones sind unter anderen: Nitrobenzimidazol, Triazole, Pyrazole und Homologe (676), Jodosobenzol (529), Thioazetanilid, Thioazetnaphthalid (276) u. a. m. (654, 658, 660, 677). Zur Erzielung von neutral- bis warmschwarzen Bildtönen bei gleichzeitiger Herabsetzung des Schleiers werden Zusätze von Blauschwarz-Stabilisatoren kombiniert mit Diaminobenzol oder Hexamethylentetramin verwendet. Eine besondere Wirkung üben Thiazolium- und Thiazaniumverbindungen aus (674). Diese heterozyklischen Verbindungen können je nach der zugesetzten Menge bei ein und derselben Emulsion entweder blauschwarze oder warmschwarze Bildtöne bei gleichzeitiger Herabsetzung des Schleiers erzeugen. Über den Mechanismus der Wirkung dieser Stabilisatoren bestehen verschiedene Ansichten (59). Durch chromatographische Untersuchungen steht heute fest, daß diese Körper mehr oder weniger stark am Bromsilber-Korn adsorbiert werden (252). Ihre Wirkung scheint damit in gleicher Weise zu erfolgen wie die von Kaliumbromid.

Ähnlich wie Kaliumbromid als Antischleiermittel, verhalten sich auch Zitrate (367), Tartrate und Bortartrate (366). Stark schleierverhütend wirken auch die Alkalijodide (503), wobei die Art des Kations nahezu bedeutungslos ist. Jodsalze als Zusatz im Entwickler rufen außerdem eine Beschleunigung der Entwicklung hervor (LAINER-Effekt) (349).

Neutralsalze wie Kaliumnitrat, Kaliumsulfat, Kaliumoxalat, Natriumnitrit, Natriumazetat und andere verursachen besonders in Hydrochinon-Entwicklern eine starke Beschleunigung. Diese Beschleunigung tritt vor allem bei starker Verdünnung in Erscheinung, während derartige Zusätze in hochkonzentrierten Entwicklerlösungen nicht wirksam sind. Beschleunigend wirkt vor allem auch Safranin (352). Harnstoff im Entwickler erhöht ebenfalls die Entwicklungsgeschwindigkeit (107). Die erforderliche

Zusatzmenge beträgt etwa 50 ... 150 g pro Liter. Dieser Zusatz wird besonders zur Entwicklung bei tiefen Temperaturen (bis − 5° C) empfohlen.

Natriumsulfat-Zusatz ist besonders geeignet bei der Entwicklung bei höheren Temperaturen. Diese Substanz verhindert eine zu starke Quellung der Gelatine und unterdrückt gleichzeitig die Schleierbildung. Günstigste Zusatzmenge beträgt etwa 100 g/l.

Das *Reduktionsmittel* Hydrazinsulfat wird in neuester Zeit als Zusatz zum Entwickler zur Steigerung der Empfindlichkeit empfohlen (Kodak SD 19a) (547). Zusatzmenge: 1 ... 3 g pro Liter in Verbindung mit Antischleierkörpern wie 6-Nitrobenzimidazol. Hydroxylamin, ebenfalls ein Reduktionsmittel, soll als Entwicklerzusatz besonders in Verbindung mit Tetramethylaminkarbonsäure (Trilon) die Haltbarkeit erhöhen (639). Zusatzmenge etwa 2 ... 3 g Hydroxylamin + 2 g Trilon pro Liter.

Lösungsmittel für Silbersalze. Seit man erkannt hat, daß die besonders feinkörnige Entwicklung des p-Phenylendiamins auf die bromsilberlösende Wirkung dieser Substanz zurückzuführen ist, versucht man diesen Effekt durch besondere Zusätze, die ebenfalls auf das Bromsilberkorn lösend wirken, zu erreichen. Von Lumière und Seyewetz (1904) wurden hierfür Ammoniumchlorid (328), und von Lüppo-Cramer (1907) Kaliumrhodanid (93, 345) empfohlen. Weitere derartige Zusätze, die verschiedentlich angewandt wurden, sind: Natriumthiosulfat (92), Thiosinamin, Ammoniak, Thiokarbamid, Äthylendiaminsulfocyanid. Alle derartige Zusätze bewirken gleichzeitig eine starke Herabsetzung der Empfindlichkeit. Es ist deswegen immer eine etwa 2 ... 3 fache Überbelichtung bei der Aufnahme erforderlich.

Zusätze zur Bewirkung einer Schichtoberflächenentwicklung. Traubenzucker, Glyzerin und anderes wurden gelegentlich angewandt, um die Diffusion des Entwicklers in die Schicht herabzusetzen und dadurch ein an der Oberfläche der Schicht liegendes Bild zu erzeugen.

Netzmittel. Netzmittel unterstützen vor allem die Gleichmäßigkeit der Benetzung der Schicht durch den Entwickler und verhüten das Festsetzen von Luftblasen (s. S. 35).

Entkalkungsmittel. Beim Selbstansatz von Entwicklern mit gewöhnlichem Wasser entstehen immer Kalkausfällungen, die den Entwickler trüben und eine Filtrierung erforderlich machen. Außerdem bildet sich bei Benutzung derartiger Entwickler sehr häufig ein weißer Belag auf der Schicht, der sogenannte „Kalkschleier". Dieser Kalkschleier tritt auch auf, wenn zum Ansatz destilliertes Wasser verwendet wird. Er wird verursacht durch die Kalksalze der Gelatine, die mit dem Sulfit und den Alkalikarbonaten des Entwicklers eine weißliche Ausfällung ergeben, die sich auf der Schicht absetzt. Die Trübung des Entwicklers beim Ansatz und die Bildung des Kalkschleiers auf den Emulsionen wird verhindert durch Zusatz von besonderen Entkalkungsmitteln. Als Entkalkungsmittel geeignet sind: Das Phosphorsalz „Calgon" und die Polykarbonsäure „Trilon" (s. S. 42). Die Menge des Zusatzes richtet sich nach dem Härtegrad des Wassers, es sind etwa erforderlich: 0,2 g pro °dH und je Liter. Diese Salze wirken gleichzeitig als Komplexbildner für eventuell vorhandene Eisensalze. Trilon verursacht bei Papieren häufig dichroitischen Schleier.

Härtende Zusätze. Zur Entwicklung bei höheren Temperaturen werden verschiedentlich Entwickler empfohlen, die gleichzeitig Zusätze enthalten, die die Schicht gerben. Der Zusatz von Kalialaun ist bei den alkalischen

Entwickler-Lösungen ohne weiteres nicht möglich, da durch die Alkalien das Aluminium ausgefällt wird. Zur Verhütung dieser Ausfällung wird nach einem amerikanischen Patent Alaun in Verbindung mit Salzen der Essigsäure, Zitronensäure, Weinsäure, Phosphorsäure, Milchsäure und Glyzerin als Zusatz empfohlen (695). Entwickler mit derartigen Zusätzen sollen verwendet werden können bis 45° C. Formalin als Härtezusatz bildet mit Sulfit eine Verbindung, wodurch die Alkalität des Entwicklers sehr stark erhöht wird. Derartige Entwickler verursachen sehr starke Schleierbildung. Von dem Zusatz von härtenden Substanzen zum Entwickler muß abgeraten werden. Alle derartigen Zusätze verändern die Zusammensetzung des Entwicklers beträchtlich, so daß sein ursprüngliches Entwicklungsvermögen nicht mehr vorhanden sein kann.

C. Allgemeine Kinetik der Entwicklung

a) Das Oxydations-Reduktionspotential (Redox-Potential) der Entwickler. Unter „Oxydation" versteht man chemisch eine Zufuhr von Sauerstoff oder eine Fortnahme von Wasserstoff, mit dem Begriff „Reduktion" pflegt man umgekehrt eine Zufuhr von Wasserstoff oder eine Fortnahme von Sauerstoff zu verbinden. Bei Ionenprozessen kommen diese Vorgänge elektrisch zum Ausdruck: Bei der Oxydation wird die positive Ladung erhöht, bzw. die negative verringert und bei der Reduktion findet eine Zunahme der negativen, bzw. Abnahme der positiven Ladungen statt. Das sinnfälligste Beispiel für diese Vorgänge ist der Entwicklungsprozeß mit Ferrosalzen:

$$Fe^{++} + (Ag^+Br^-) \rightleftharpoons Fe^{+++} + Ag + Br^-$$

Das Silberion (Ag^+) verliert seine positive Ladung, es wird zu metallischem Silber reduziert; gleichzeitig wird die Ladung des Ferroion erhöht, es bildet sich Ferriion, es tritt eine Oxydation ein. Bei diesem Prozeß wird nur eine geringe Menge des AgBr reduziert, da der Vorgang auch in umgekehrter Richtung verlaufen kann, er ist „reversibel", das Silber wird zum Teil wieder oxydiert. Über den tatsächlichen Verlauf des Prozesses in der einen oder anderen Richtung gibt die Kenntnis der elektromotorischen Kräfte Auskunft.

Taucht eine Elektrode aus unangreifbarem Material, z. B. Platin, in eine Lösung von Ferro- oder Ferriionen (Fe^{++}; Fe^{+++}), so tritt ein Potential zwischen der Elektrode und der Lösung auf. Die Größe dieses Potentials (Redox-Potential des Ferro-Ferrisystems) ist bestimmt durch das Verhältnis der Konzentrationen der beiden Ionen und es läßt sich nach der osmotischen Theorie der galvanischen Elemente von NERNST hierfür folgende Beziehung aufstellen:

$$E_{Fe} = E_O - \frac{R \cdot T}{n \cdot F} \log \frac{[Fe^{++}]}{[Fe^{+++}]} \tag{1}$$

Ebenso ergibt eine Silber-Elektrode in einer Silberionen enthaltenden Lösung ein Potential:

$$E_{Ag} = E_O{}' - \frac{R \cdot T}{n \cdot F} \log \frac{[Ag]}{[Ag^+]} \tag{2}$$

E_O bzw. $E_O{}'$ = Potentialunterschied einer Elektrode mit dem Gemisch $\frac{[\text{Red. Form}]}{[\text{Oxydiert. Form}]} = \frac{1}{1}$ gegen die Normalwasserstoffelektrode; R = Gaskonstante = 8,324 Voltcoulomb, T = absolute Temperatur, n = Anzahl der Elektronen, um die sich die beiden Formen unterscheiden; F = elektrochemisches Äquivalent = 96.500 Coulombs.

Das Potential wird nach obigen Formeln in Volt ausgedrückt. In der Gleichung (2) kann die Silberkonzentration [Ag] in die Konstante E_O' miteinbezogen werden, da die Lösung als mit Silber gesättigt angesehen werden kann. Die Konzentration der Silberionen Ag^+ ist von der Halogenionen-Konzentration abhängig und da diese meistens bekannt ist, dagegen nicht die Silberionen-Konzentration, so ergibt sich:

$$E_{Ag} = E_O'' - \frac{R \cdot T}{n \cdot F} \log \left[Br^- \right] \tag{3}$$

Die Potentialdifferenz der beiden getrennt dargestellten Prozesse ist entscheidend für den Ablauf der Reaktion. Ist $\delta E = E_{Ag} - E_{Fe} =$ negativ, so werden Ferriionen Silber oxydieren, der Prozeß verläuft in umgekehrter Richtung. Ist dagegen der Wert dieser Differenz positiv, so erfolgt Reduktion des AgBr zu Ag. Bei einer Potential-Differenz = 0 kommt die Reaktion zum Stillstand.

Das Potential E_{Ag} wurde in einer 0,01 molaren Kaliumbromid-Lösung (Gl. 3) gemessen bei 18° C zu 0,202 Volt, das Redox-Potential einer Mischung von Ferro- und Ferrizitrat mit Zusatz von 0,1 Mol Kaliumbromid pro Liter beträgt 0,100 ... 0,600 Volt. W. REINDERS (443) stellte Entwicklung fest in einer Lösung, deren Potential kleiner als 0,200 Volt war.

Unter Berücksichtigung des Einflusses des pH-Wertes hat PETERS (1898) für das Redox-Potential eines Entwicklers folgende allgemeine Beziehung aufgestellt (88, 420):

$$E_{Entw.} = E_O - \frac{R \cdot T}{n \cdot F} \ln \frac{[Red.\ Form]}{[Oxydiert.\ Form]} + \frac{RT}{F} \ln \left[H^+ \right] \tag{4}$$

Der Verlauf der Entwicklung ist abhängig von der Differenz des Silberpotentials (Gl. 2) und des Reduktionspotentials des Entwicklers (Gl. 4):

$$\delta E = E_{Ag} - E_{Entw.} \tag{5}$$

Nach CLERC (90) gilt in erster Annäherung für eine Entwicklersubstanz mit doppelter Ladung und unter Annahme, daß die Konzentration der Ionen während des Prozesses konstant bleibt, folgende allgemeine Form für das Redox-Potential:

$$\delta E = E_{Ag} - E_{Entw.} = 0,086 - 0,058 \log [Br^-] -$$
$$- E_O + 0,029 \log \frac{[Red.]}{[Oxydiert.]} + 0,058\ pH \tag{6}$$

Die Größe E_O in dieser Gleichung ist eine Konstante, die von der Entwicklersubstanz abhängig ist. Bei den gebräuchlichen Entwicklersubstanzen liegen die Werte dieser Konstanten zwischen 0,700 ... 0,800 Volt (255). Ist E_O größer als 0,800 Volt, so entwickelt das System nicht (Resorcin $E_O = 1,111$ Volt gegenüber Brenzkatechin $E_O = 0,792$ V). Enthält die Entwicklersubstanz in einer entwicklungsaktiven Gruppe anstelle eines H-Atoms eine CH_3-Gruppe, so erniedrigt sich das Potential um 0,052 V; Sulpho- oder Karboxylgruppen erhöhen dagegen das Potential E_O. Damit ist die Tatsache erklärt, daß Metol und Methyl-p-Phenylendiamin energischere Entwickler sind als p-Aminophenol oder p-Phenylendiamin. Die

Potentialdifferenz dieses Systems muß nach REINDERS (443) einen kritischen Wert übersteigen, damit Entwicklung stattfindet. Dieser kritische Wert ist von der Belichtung abhängig und wird mit zunehmender Belichtung kleiner. Für die üblichen Belichtungen liegt dieser kritische Wert zwischen 0,070 ... 0,100 V. Auch die Emulsion ist von Einfluß auf dieses Grenz-Redox-Potential, insbesondere ist von Bedeutung der Gehalt der Emulsion an verschiedenen Halogensilbersalzen (5). ABRIBAT mißt dem Grenz-Redox-Potential eine universelle Bedeutung bei und stellt folgende Regel auf (4,439a): Alle Redox-Systeme, deren wirkliches Potential (Reversible Systeme) oder scheinbares Potential (Irreversible Systeme) kleiner als 0,120 V ist, sind Entwickler ohne Rücksicht auf die chemische Struktur der Substanz. Er konnte tatsächlich Entwicklung erzielen mit alkalischen Lösungen verschiedener Zusammensetzung, wie z. B. Kulturen von Bakterien, Burgunderwein, Leukobasen verschiedener Farbstoffe.

Bei diesen Feststellungen handelt es sich jedoch um Sonderfälle. Manche Stoffe sind nur Reduktionsmittel und sind nicht imstande, zu entwickeln. Das Redox-Potential ist auch kein allgemeines Maß für die Aktivität eines Entwicklers. Bei gleichem Redox-Potential besitzen verschiedene Entwickler nicht dieselbe Aktivität (288). Diese elektrochemische Auffassung der Entwicklung kann insbesondere auch keine Aussage machen über die Reduktionsgeschwindigkeit.

Gemäß (Gl. 4 und 6) wird das Redox-Potential des Entwicklers bzw. des Systems beeinflußt durch die Konzentration der H-Ionen. Die meisten Entwicklersubstanzen besitzen in wässeriger Lösung kein genügend geringes Redox-Potential. Durch Zusatz von Alkalien oder allgemein durch Erhöhung des pH-Wertes wird das Potential ($E_{Entw.}$) erniedrigt, wodurch erst eine Entwicklung ermöglicht wird. Aus den Formeln ist weiter ersichtlich, daß die Entwicklung umso gleichmäßiger erfolgt, je konstanter der pH-Wert ist.

b) Die Entwicklungsgeschwindigkeit. Der Verlauf der Entwicklung unter normalen praktischen Bedingungen ist ein sehr komplizierter Prozeß, der von einer Anzahl von Faktoren bestimmt wird. Von besonderem Einfluß sind: Die Diffusion des Entwicklers in die Schicht, das Durchdringen des Entwicklers durch die Sperrschicht der Kornumhüllung, die Adsorption der Entwicklersubstanz am Korn, die Reduktion des Silberions zu Silber, die Auflösung des Halogensilberkornes durch die Entwicklerbestandteile und die Ansammlung, bzw. Entfernung der Reaktionsprodukte. Es ist deswegen nicht verwunderlich, daß unter diesen Verhältnissen die Deutung der Ergebnisse mehr oder weniger unbestimmt und abweichend ist.

Die Geschwindigkeit, mit der die Entwicklung unter gegebenen Bedingungen abläuft, bezeichnet man mit ,,Rapidität" (velocity) oder auch ,,Entwicklungsvermögen". Diese kinetische Eigenschaft eines Entwicklers, bzw. genauer ausgedrückt, die Kinetik des Entwicklungsvorganges, kann nach drei verschiedenen Methoden gemessen werden: Durch Bestimmung des Erscheinens der ersten Bildspur (Bildspurzeit), durch Messung der Schwärzung bei konstanter Belichtung und durch Bestimmung des Gammawertes (Gradation).

Der arithmetische Entwicklungskoeffizient (WATKINS-Faktor). Nach A. WATKINS (1894) ist die Bildspurzeit, wenn die Belichtung in normalen Grenzen gehalten wird, ein Maß für die erforderliche Ausentwicklung des Bildes (574):

$$t_D = W \cdot t_B.$$

Der WATKINS-Faktor (W) ist nahezu konstant bei Veränderungen der Konzentration und Temperatur, er hängt jedoch wesentlich von der Emulsion und von der Belichtung, und in ganz besonderem Maße von der Entwicklersubstanz ab. Sein Wert ist besonders hoch bei Entwicklern mit hohem Reduktionspotential, bei welchen die Induktionsperiode sehr kurz oder null ist. Bei Entwicklern mit langer Induktionsperiode (niedriges Reduktionspotential) ist der WATKINS-Faktor dagegen klein. Zusätze, wie Farbstoffe oder Spuren von Kaliumjodid, die die Induktionsperiode verkürzen, erhöhen den Entwicklungskoeffizienten.

Tabelle 7. *Entwicklungskoeffizienten einiger gebräuchlicher Entwickler (WATKINS-Faktor)*

Hydrochinon mit Alkalikarbonat	5...7
Pyrogallol	4...18
Brenzkatechin	10
Glyzin	12
p-Aminophenol	16
Amidol	18
Metol	30

Die Bestimmung des Entwicklungsfaktors ist nicht immer eindeutig, verschiedene Beobachter erhalten stark abweichende Ergebnisse, außerdem kann dieses Verfahren nur bei nicht hochsensibilisierten, bzw. nur schwach orthochromatischen Emulsionen angewandt werden. Heute hat deswegen die Bestimmung der Bildspurzeit zur Festlegung der Entwicklungsgeschwindigkeit für die praktische Photographie nur noch eine geringe Bedeutung. Von größerem praktischen Wert sind die Messungen der Schwärzung, bzw. der Gradation.

Die Schwärzungs- bzw. Gradations-Abhängigkeit von der Entwicklungszeit als Maß für das Entwicklungsvermögen. Die Schwärzung bei konstanter Belichtung ist bei einer gegebenen Emulsion und einem vorliegenden Entwickler von der Entwicklungsdauer abhängig. Mit steigender Entwicklungszeit nimmt die Schwärzung zu. Diese Abhängigkeit der Schwärzungszunahme von der Entwicklungszeit unter Einhaltung konstanter Versuchsbedingungen kann zur Beurteilung des Entwicklungsvermögens wertvolle Aufschlüsse geben. Diese Methode berücksichtigt jedoch nur *einen* Bezugspunkt. Bei der praktischen Photographie besteht das zu photographierende Objekt aus einem Komplex verschiedener Helligkeiten. Die photographische Wiedergabe dieser Helligkeitsabstufungen wird sensitometrisch durch die Schwärzungskurve des Negativs eindeutig beschrieben. Als Maß für die Beziehung zwischen Schwärzung und Belichtung (lx · sec) dient der Gammawert (Gradation, Kontrastfaktor) (s. S. 11). Dieser Gammawert wird auch als Entwicklungsfaktor bezeichnet, wodurch zum Ausdruck kommt, daß er von der Entwicklung stark abhängig ist und als Maß für das Entwicklungsvermögen, bzw. die Rapidität eines Entwicklers dienen kann. Die Geschwindigkeit des Entwicklungsprozesses unter gegebenen Bedingungen ist demnach charakterisiert durch die Gamma-Zeit-Kurve (s. S. 11). Eine vollständige, einwandfreie Beschreibung der photographischen Eigenschaften eines Entwicklers ist indessen auch nach dieser Methode nicht möglich, da der Gammawert nur auf einen Teil der Schwärzungskurve bezogen werden kann, jedoch insbesondere keine

Aussage macht über die Wiedergabe der Schatten. Hervorzuheben ist noch, daß die Gamma-Zeit-Kurve als Ausdruck des Entwicklungsvermögens sehr stark von der benutzten Emulsion abhängig ist. Es ist nicht möglich, bestimmte Ergebnisse von einer Emulsion auf eine andere zu übertragen.

Das numerische Gesetz der Schwärzung. Die Schwärzungszunahme in Abhängigkeit von der Zeit kann nahezu als proportional zu der Anzahl der in einem gegebenen Zeitpunkt vorhandenen, entwicklungsfähigen Bromsilberkörnern angesehen werden, d h. die Rapidität der Entwicklung ist proportional der Differenz der maximalen Schwärzung und der Schwärzung im betreffenden Augenblick (222):

$$\frac{dS}{dt} = k \, (S_\infty - S), \text{ oder als Exponentialfunktion ausgedrückt}$$

$$S = S_\infty \, (1 - e^{-kt})$$

(k = Geschwindigkeitskonstante der Entwicklung).

Wird die Rapidität statt auf die Schwärzung auf die Gradation bezogen, so ergeben sich folgende Formulierungen:

$$\frac{d\gamma}{dt} = K \, (\gamma_\infty - \gamma); \; \gamma = \gamma_\infty \, (1 - e^{-kt})$$

In der Praxis kann γ_∞ nicht sehr leicht bestimmt werden, da bei sehr starker Verlängerung der Entwicklungszeit der Schleier störend wirkt. Man verfährt deswegen so, daß man bei einem gegebenen Material für zwei Zeiten, wobei $t_2 = 2 \, t_1$ ist, die zugehörigen γ-Werte bestimmt. Es ist dann:

$$\frac{\gamma_2 - \gamma_1}{\gamma_1} = e^{-kt_1} \text{ und } K = \frac{1}{t} \ln \frac{\gamma_1}{\gamma_2 - \gamma_1}.$$

Durch Einsetzen der Werte von k und t in die Gleichungen kann dann γ_∞ erhalten werden. Das Verhältnis von γ_2/γ_1 darf nicht größer als 0,8 sein und die Entwicklungszeiten müssen entsprechend gewählt werden, da die Ungenauigkeit mit dem Verhältniswert sehr stark wächst.

Diese mathematische Formulierung der Rapidität der Entwicklung hat keine allgemeine Gültigkeit, insbesondere entspricht die Entwicklung bei einer großen Induktionsperiode nicht dieser Gleichung. Es sind deswegen wiederholt Versuche zur Aufstellung einer allgemeingültigen Formel unternommen worden (153a, 410, 492, 493). Elvegard (153a) (1943) kommt zu folgender Formulierung:

$$S = (A \log t + B) \log E + C \log t + G$$
$$= \log E + C \log t + G$$

A, B, C und G sind Konstanten, die von der Konzentration, pH, Temperatur und sicherlich auch von der Emulsion abhängen. Diese Formel gilt in einem weiten Konzentrations- und pH-Bereich für Metol-Hydrochinon-Lösungen, aber ebenfalls nur, wenn der gerade Teil der Schwärzungskurve und ein mittlerer Zustand der Entwicklung betrachtet wird. Abweichungen treten bei sehr geringem und sehr hohem Gamma auf.

c) Die Induktionsperiode bei der Entwicklung. Wird als Maß für das Entwicklungsvermögen die Schwärzungszunahme in Abhängigkeit von der Entwicklungszeit bei einer konstanten Belichtung angenommen, so kann man vier verschiedene Typen von Entwicklern unterscheiden, deren Eigenschaften nicht durch die chemische Natur der Substanz, sondern durch die elektrische Ladung bestimmt werden (243a).

Bei Entwicklern mit p-Phenylendiamin, das nicht ionisiert vorliegt, und demnach die elektrische Ladung O besitzt, ist die Rapidität der Entwicklung bei Beginn am größten und nimmt mit steigender Entwicklungsdauer ab. Die Kurve, die die Beziehung zwischen Schwärzung und Entwicklungszeit darstellt, hat einen konkaven Verlauf zur Zeitachse (s. Abb. 40).

Der größte Teil der Entwickler, wie p-Aminophenol, Metol, p-Aminophenylglyzin, die eine negative Ladung in Lösungen aufweisen, erreichen das Maximum der Rapidität sehr bald nach Entwicklungsbeginn und arbeiten lange Zeit konstant. Die Schwärzungs-Entwicklungszeit-Kurve verläuft weitgehend gerade.

Entwicklersubstanzen mit zwei ionisierbaren Hydroxylgruppen, wie Hydrochinon, Pyrogallol und Metolmonosulfonat, entwickeln zunächst mit schwacher Rapidität. Erst mit zunehmender Entwicklungsdauer wächst diese. Die Kurve zeigt zur Zeit-Achse bei Beginn der Entwicklung einen Durchhang.

Bei Entwicklersubstanzen mit drei negativen Ladungen, wie Hydrochinonmonosulfonat ist die Induktionsperiode am stärksten ausgeprägt. Die Entwicklung verläuft sehr lange Zeit äußerst träge und erfährt erst nach ausgedehnter Dauer eine allmähliche Beschleunigung.

Entwickler ohne Induktionsperiode sind gegen Kaliumbromid-Zusatz sehr unempfindlich; je größer die Induktionsperiode einer Substanz ist, umso empfindlicher ist er gegen Kaliumbromid-Einfluß und damit wächst seine Induktionsperiode.

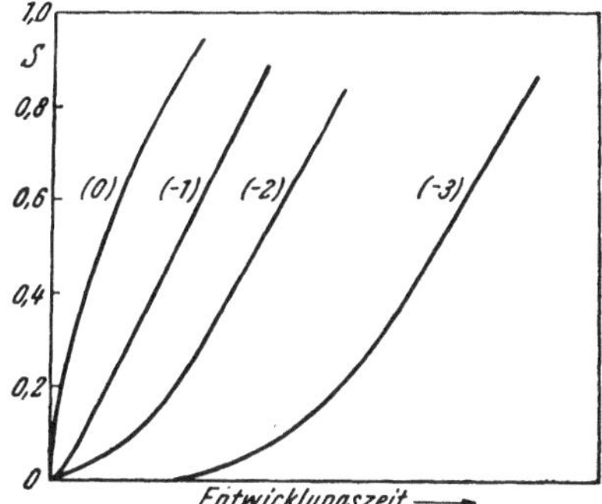

Abb. 40. Abhängigkeit der Schwärzung von der Entwicklungszeit bei Entwicklersubstanzen mit verschiedener Ladung. Nach T. H. JAMES (243a)

Die Induktionsperiode kann gedeutet werden als eine Veränderung der Sperrschicht-Wirkung der Umhüllung des Bromsilberkornes. In jedem Entwicklungszustand ist die Vergrößerung der Entwicklungskeime begleitet mit einer Abnahme der Sperrschicht. Die lokale Verkleinerung der Sperrschicht ermöglicht einem größeren Prozentsatz von Entwicklerionen das Durchdringen zur Kornoberfläche, wodurch das Entwicklungsvermögen wächst. Die relative Wirkung ist umso größer, je größer die negative Ladung des Entwicklers und der Sperrschicht ist. Eine Zunahme der Bromid-Ionen in Entwicklerlösungen vergrößert die Ladung der Sperrschicht und damit die Ausdehnung der Induktionsperiode. Die Sperrschicht wirkt nur auf ionisierte Entwickler und zwar umso stärker, je mehr Ladungen der Entwickler besitzt. Ungeladene, nicht ionisierte Entwicklersubstanzen zeigen deswegen überhaupt keine Induktionsperiode. Diese Anschauung stimmt mit Untersuchungen von MEIDINGER (1935) über die Kinetik des Entwicklungsvorganges bei einem sehr langsam arbeitenden Metol-Hydrochinon-Soda-Entwickler überein (378). Auf Grund von mikroskopischen Beobachtungen konnte festgestellt werden, daß im Gesamtgebiet der Schwärzungskurve die Zeit für die Durchentwicklung eines Kornes im Verhältnis zur Zeit der gesamten Entwicklungsdauer einer

Schicht nur sehr klein ist. Die Entwicklungsgeschwindigkeit ist von zwei Komponenten abhängig, von der Zeit des Eindringens des Entwicklers in das Korn bis zum Erscheinen der sichtbaren Schwärzung und der Dauer der Durchentwicklung des Kornes. Die erste Zeit wird bei steigender Belichtung kürzer und erreicht schließlich einen Maximalwert. Die Zeit der Durchentwicklung ist von der Belichtung weitgehend unabhängig. Bei Erhöhung der Bromid-Konzentration nimmt von einer bestimmten Konzentration an die Entwicklungsgeschwindigkeit der Körner plötzlich ab und zwar wird die einleitende Periode der Entwicklung verlängert.

Auch der elektrische Zustand der Gelatine vermag das Entwicklungsvermögen durch negative Ionen der alkalischen Lösung zu beeinflussen. Die verzögernde Wirkung der negativen Ladung der Gelatine auf den Entwicklungsvorgang kann bei einem Entwickler mit sehr geringer Gesamtkonzentration gut beobachtet werden. Setzt man einem derartigen Entwickler Neutralsalze zu, so wird die elektrische Ladung der Gelatine vermindert und die Rapidität des Entwicklers nimmt zu. Dieser Effekt (Salzeffekt) ist bei hoher Ladung der Entwicklersubstanz beträchtlich. Neutrale Kaliumsalze sind wirksamer als die entsprechenden Natriumsalze.

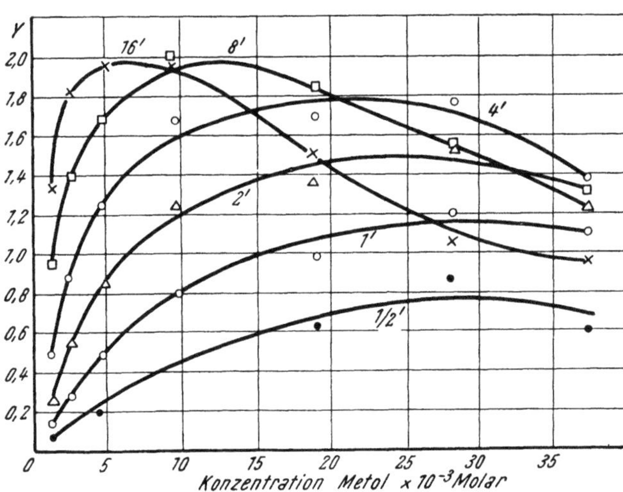

Abb. 41. Abhängigkeit der Rapidität (Gamma) eines Entwicklers von der Metol-Konzentration bei konstantem pH-Wert für verschiedene Entwicklungszeiten. Nach A. I. Kan-Kagan (277)

d) Konzentration und Entwicklungsgeschwindigkeit.

Einfluß der Konzentration der Entwicklersubstanz. Wird in einer Entwicklerlösung gegebener Zusammensetzung der Gehalt an Entwicklersubstanz erhöht und zugleich dafür gesorgt, daß der pH-Wert konstant bleibt, so nimmt im allgemeinen mit steigender Konzentration das Entwicklungsvermögen zu. Eingehende Untersuchungen über die Abhängigkeit der Rapidität von der Konzentration des Metols als Entwicklersubstanz wurden von Kan-Kagan (1934) ausgeführt (277). Der benutzte Entwickler enthielt 0,127 n Natriumsulfit und eine Soda-Menge, die jeweils zur Erzeugung eines pH-Wertes = 10,6 ausreichte. Bei sehr hohem Metol-Gehalt mußte als Alkali zusätzlich Ätznatron verwendet werden. Die Veränderung der Metol-Konzentration bei diesem Entwickler bewirkt eine beträchtliche Änderung der Gestalt der Schwärzungskurven. Die Gamma-Werte in Abhängigkeit von der Konzentration durchlaufen bei längeren Entwicklungszeiten ein Maximum (s. Abb. 41).

Der starke Gamma-Abfall bei hoher Konzentration und verlängerter Entwicklungszeit (8 min, 16 min) dürfte vermutlich durch übermäßigen

Schleier verursacht sein. Diese Ergebnisse wurden mit einer einzigen Emulsion erzielt; sie dürfen keinesfalls verallgemeinert werden.

Einfluß der Verdünnung des Entwicklers. Bei den gebräuchlichen Entwicklern verändert die Verdünnung der Entwicklerlösung nicht nur einfach die Konzentration der an der Entwicklung beteiligten Substanzen, sondern mit der Konzentrationsveränderung werden gleichzeitig andere Faktoren mitbeeinflußt, die für das Entwicklungsvermögen mitbestimmend sind. So hat die Konzentrationsveränderung des Alkalis eine Veränderung des pH-Wertes im Gefolge, besonders wenn der Entwickler schlecht gepuffert ist. Mit der Konzentrationsveränderung des Sulfits ändert sich auch gleichzeitig sein Lösungsvermögen auf das Bromsilberkorn. Die Wirkung des Kaliumbromids und anderer Antischleiermittel ist ebenfalls konzentrationsabhängig.

Vielfach wird die Ansicht vertreten, daß man übereinstimmende Gradation erhält, wenn das Produkt der relativen Konzentration eines bestimmten Entwicklers und der Entwicklungszeit konstant gehalten wird. Wird z. B. für einen bestimmten Entwickler zur Erzielung eines Gammawertes = 0,8 eine Entwicklungszeit von 5 Minuten benötigt, so ergeben sich nach dieser Regel bei Verdünnung 1 : 1 (1 Vol. Entwickler + 1 Vol. Wasser) eine Entwicklungszeit von 10 Minuten, da Konzentration = 0,5, Entwicklungszeit 2 x; bei Verdünnung 1 : 3, entsprechend einer relativen Konzentration von 0,25, eine Entwicklungszeit von 20 Minuten. Diese Regel entspricht nicht den tatsächlichen Verhältnissen. Die Abhängigkeit der Entwicklungsgeschwindigkeit von der Verdünnung wird am übersichtlichsten zum Ausdruck gebracht durch kurvenmäßige Darstellung der Beziehung zwischen dem Logarithmus der Entwicklungszeit zur Erzielung eines bestimmten

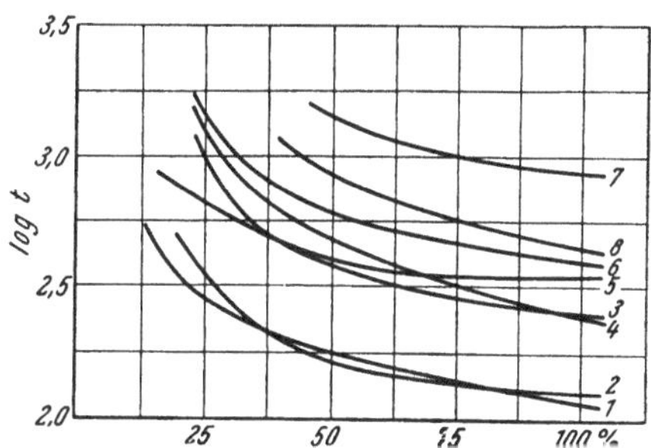

Abb. 42. Iso-Gammalinien für verschiedene Entwicklersubstanzen. Nach K. V. Tchibisoff (554)

1 Metol   5 p-Aminophenol
2 Amidol   6 Brenzkatechin
3 Pyrogallol   7 Glyzin
4 Adurol   8 Hydrochinon

Gammawertes und der Konzentration. Man erhält auf diese Weise sogenannte „Iso-Gammalinien" (555). Die Iso-Gammalinien verschiedener Werte laufen bei einem gegebenen Entwickler nahezu parallel. Abb. 42 zeigt die Iso-Gammalinien für die gebräuchlichsten Entwicklersubstanzen.

Bis zur Verdünnung auf Gesamtgehalt 50% verlaufen die Iso-Gammalinien gerade und zeigen weitgehend dieselbe Tendenz in der Abnahme der Rapidität; p-Aminophenol wird in diesem Bereich beinahe überhaupt nicht beeinflußt. Bei Verdünnung unter 50%-Gehalt sinkt die Rapidität in wesentlich verstärktem Maße und ist bei allen Substanzen sehr unterschiedlich.

Das Verhältnis der erforderlichen Entwicklungszeiten zur Erreichung eines bestimmten Gammawertes bei zwei verschiedenen Konzentrationen wird „Verdünnungs-Koeffizient" bezeichnet. Dieser Koeffizient ist unabhängig vom Gammawert, er ist jedoch vom Grad der Verdünnung abhängig.

Durch die Verdünnung wird die Empfindlichkeitsausnutzung der Emulsion nicht beeinflußt, wenn die Entwicklungszeit soweit ausgedehnt wird, daß in jedem Fall dasselbe Gamma erzielt wird (555). Nachteile zu starker Verdünnung sind: Zunahme des Entwicklungsschleiers infolge erforderlicher längerer Entwicklungszeit und schnelle Erschöpfung des Entwicklers. Konzentrierte Entwickler ergeben Gradationskurven, die auch in den hohen Schwärzungen weitgehend geradlinig verlaufen und erst spät in das Gebiet der Überexposition umbiegen. Bei verdünnten Entwicklern wird das Gebiet der Überexposition wesentlich früher erreicht. Dieser Einfluß kann von Nutzen sein, um extreme Lichtkontraste des Aufnahmeobjektes und damit hohe Schwärzungsunterschiede zu unterdrücken. Dieser Effekt ist jedoch nicht immer eindeutig, er ist sowohl von der Emulsion wie auch von der Zusammensetzung des Entwicklers abhängig.

Verdünnte Entwickler werden durch Luftsauerstoff infolge des geringeren Sulfitgehaltes leichter oxydiert als konzentrierte Ansätze. Konzentrierte Vorratslösungen, die zum Gebrauch jeweils entsprechend verdünnt werden, sind deswegen immer vorzuziehen.

e) Temperatur und Entwicklungsgeschwindigkeit. In allen Entwicklern wird durch Temperaturerhöhung eine Beschleunigung der Entwicklung hervorgerufen. Einerseits verlaufen alle chemischen Reaktionen, zu denen auch die Entwicklung zählt, bei höheren Temperaturen schneller, andererseits ist auch die Diffusion der Entwicklerlösung in die Schicht bei Wärme größer als bei Kälte. Diese letzte Wirkung kann zum Teil kompensiert werden durch den wesentlich längeren Weg infolge der gleichzeitig größeren Quellung der Gelatineschicht. Außer der Beschleunigung der Entwicklung durch Temperaturerhöhung ist meistens damit eine wesentlich bessere Ausnutzung der Empfindlichkeit verbunden. Temperaturerhöhung steigert jedoch in nachteiliger Weise auch den Entwicklungsschleier, und zwar nimmt der Schleier relativ zum Bildaufbau in verstärktem Maße zu. Entwickler für höhere Temperaturen, insbesondere in den Tropen, erfordern deswegen einen erhöhten Zusatz an Kaliumbromid oder anderen Antischleiermitteln.

Der Einfluß der Temperatur auf die Entwicklung wird gelegentlich durch den Temperatur-Koeffizienten ausgedrückt. Dieser Temperatur-Koeffizient bezeichnet das Verhältnis der zur Erzielung desselben Ergebnisses erforderlichen Entwicklungszeiten bei einem Temperaturunterschied von 10° C (166…169). Stellt man die Beziehung der Entwicklungstemperatur zur Entwicklungszeit graphisch dar, so erhält man keine gerade Linie. Wird dagegen die Temperatur gegen den Logarithmus der Entwicklungszeit aufgetragen, so entstehen nahezu gerade Linien (540). Diese Darstellung ist heute allgemein üblich geworden; viele Hersteller von konfektionierten Entwicklern geben zur Gebrauchsanleitung sogenannte „Zeit-Gamma-Temperatur-Entwicklungstabellen" für die gebräuchlichsten Aufnahme-Materialien heraus. Ohne diese Anleitung ist überhaupt eine „blinde" Entwicklung nicht denkbar.

Abb. 43 zeigt die Abhängigkeit der Entwicklungszeiten von der Temperatur für ein gegebenes Material bei den gebräuchlichsten Entwicklersubstanzen nach TCHIBISOFF (554).

Der Einfluß der Temperatur ist bei den verschiedenen Entwicklersubstanzen sehr unterschiedlich. Am geringsten ist der Temperatureinfluß bei Amidol und Pyrogallol, stark beeinflußt werden Metol, p-Aminophenol,

Glyzin-Entwickler. Die Abhängigkeit der Entwicklungsgeschwindigkeit von der Temperatur ist in verschiedenen Bereichen keinesfalls gleichmäßig. Metol zeigt bei 10° C eine wesentlich geringere Beeinflussung durch Temperaturunterschiede als bei 18 … 20° C. Umgekehrt verhält sich Brenzkatechin. Bei Entwicklern, die gleichzeitig verschiedene Entwicklersubstanzen von unterschiedlichem Charakter enthalten, kann die Temperatur des Entwicklers das Entwicklungsvermögen sehr wesentlich verändern. So wirkt z. B. bei einer Temperatur von 10° C in einem Metol-Hydrochinon-Entwickler nahezu allein nur das Metol, während bei 25° C ein überlegener Einfluß des Hydrochinons wirksam ist. Auch die Zusammensetzung eines Entwicklers ist von Einfluß auf seine Temperaturempfindlichkeit. Im allgemeinen wächst die Temperaturabhängigkeit mit erhöhtem Kaliumbromidgehalt und nimmt dagegen ab mit Erhöhung des pH-Wertes.

Abb. 44 enthält die Darstellung einer Zeit-Gamma-Temperatur-Entwicklungs-Tabelle für einen bestimmten Entwickler und ein bestimmtes Aufnahmematerial unter Berücksichtigung verschiedener Gamma-Werte. In Abb. 45 ist nach derselben Darstellungsmethode die Temperaturabhängigkeit verschiedener Entwickler für die gleiche Emulsion wiedergegeben.

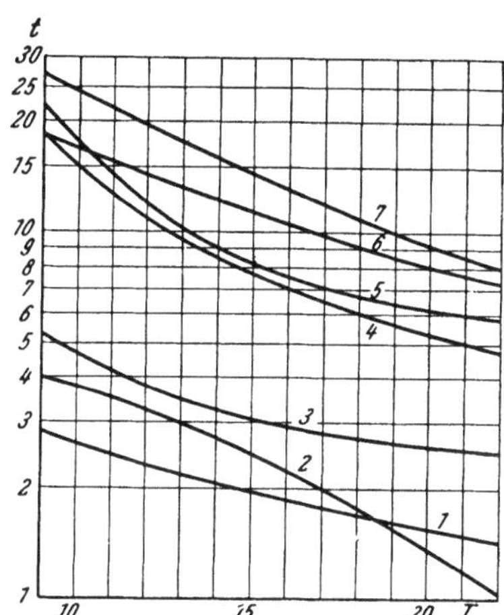

Abb. 43. Abhängigkeit der Entwicklungszeit verschiedener Entwicklersubstanzen von der Temperatur zur Erzielung desselben Gammawertes. Nach K. V. Tchibisoff (554)

1 Amidol   *5* Brenzkatechin
2 Metol   *6* Hydrochinon
3 Pyrogallol   *7* Glyzin
4 p-Aminophenol

Um gleichmäßige Entwicklungsergebnisse zu erzielen, ist die Einhaltung konstanter Tem-

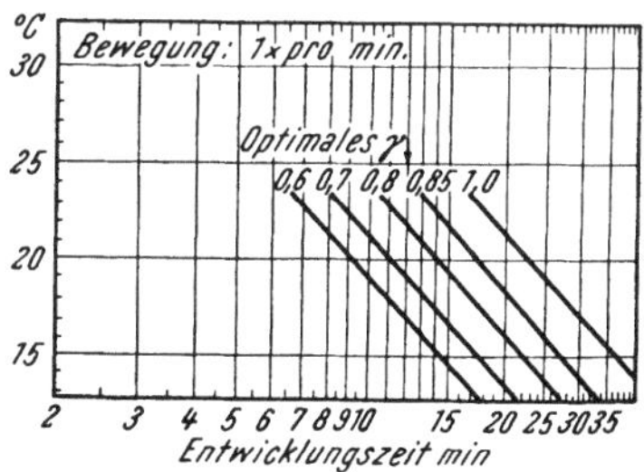

Abb. 44. Zeit-Gamma-Temperatur-Entwicklungstafel

Filmmaterial: Kodak Panatomic-X 35; Entwickler: Kodak D-76

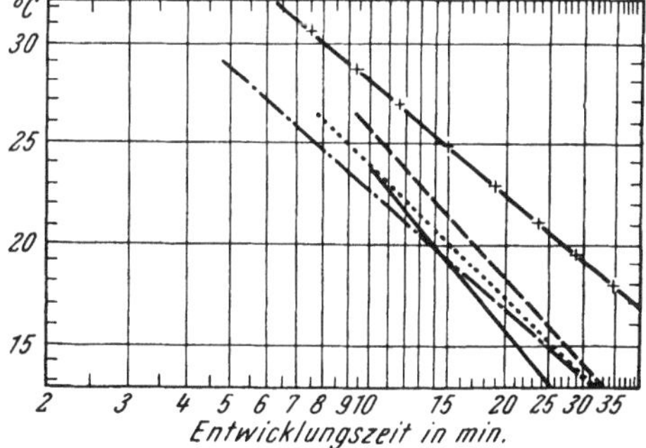

Abb. 45. Zeit-Gamma (= 0,8)-Temperatur-Entwicklungstafel für verschiedene Entwickler

Filmmaterial: Kodak Panatomic-X 35 mm, —×—×— Kodak D-25, ……… Kodak DK 20, ———— Kodak Microdol, — — — Kodak D-76, — · — · Kodak D-23

peratur unbedingt erforderlich. Als konventionelle Entwicklertemperatur gilt allgemein der Bereich von 18 … 20° C. Entwicklung bei höherer Temperatur erfordert eine Verkürzung der Entwicklungszeit, um dieselbe Gradation zu erreichen. Erhöhte Temperatur bis 26° C und verkürzte Entwicklungszeit ist auf die Körnigkeit und damit auf die Vergrößerungsfähigkeit der Negative ohne nachteiligen Einfluß (507). Von besonderem Vorteil ist die Entwicklung bei höherer Temperatur, wenn es sich um hochempfindliche, langsam entwickelnde Emulsionen handelt, bei denen die Entwicklungszeit wesentlich verkürzt wird und eine bessere Empfindlichkeitsausnutzung eintritt. Eine Entwicklung bei tiefen Temperaturen unter 16° C ist möglichst zu vermeiden, da hierbei die Entwicklungs-

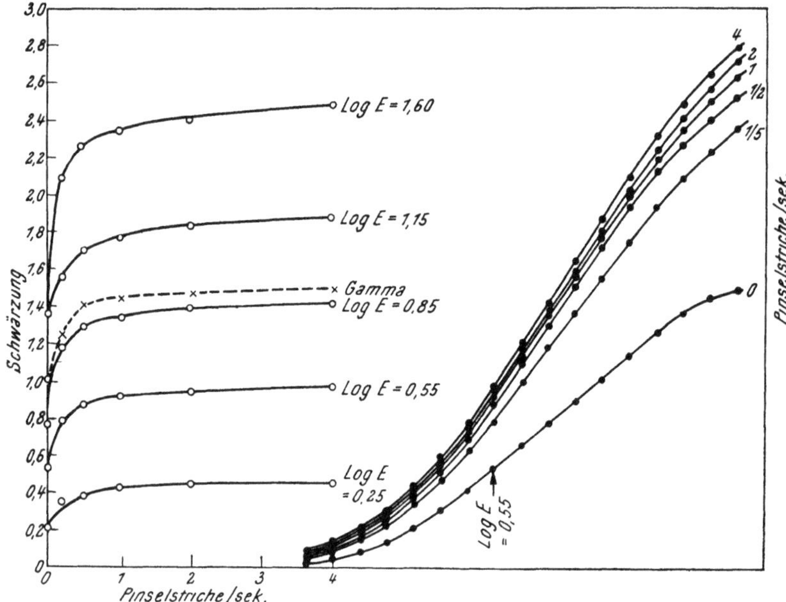

Abb. 46. Einfluß der Bewegung (Pinselentwicklung) auf die Entwicklungsgeschwindigkeit eines Rapid-Entwicklers. Nach C. E. Ives und E. C. Jensen (228)

zeiten sehr lange werden und die Ausnutzung der Empfindlichkeit zurückgeht.

f) Bewegung und Entwicklungsgeschwindigkeit. Nach Untersuchungen von Sheppard und Mees benötigt der Entwickler nur kurze Zeit, im allgemeinen nur wenige Sekunden, um die ganze Schicht vollständig zu durchdringen. Bei rapid arbeitenden Entwicklern kann die Entwicklerlösung in unmittelbarer Nachbarschaft der entwickelten Bromsilberkörner sehr verschieden von der ursprünglichen Zusammensetzung sein. Der Entwickler wird vollständig verbraucht, es bilden sich Oxydationsprodukte, und die Diffusion ist nicht ausreichend, um die ursprüngliche Zusammensetzung wiederherzustellen. Ein Beweis für diese Anschauung ist die Tatsache, daß Bewegung auf die Entwicklung von ganz besonderem Einfluß ist. Ohne Bewegung wird die Entwicklung stark verzögert und oft ungleichmäßig in ihrem Charakter. Gesteigerte Bewegung bei der Entwicklung erhöht das Entwicklungsvermögen in steigendem Maße bis nahezu zu einem Maximum. Abb. 46 veranschaulicht den Einfluß der Bewegung bei Pinselentwicklung, die äußerst intensiv wirkt und definierbare Versuchsbedingungen ermöglicht (228).

Durch Bewegung wird nicht die Diffusionsgeschwindigkeit geändert. Die in der Zeiteinheit in die Schicht diffundierende Menge einer Substanz ist jedoch abhängig von dem Konzentrationsunterschied an der Schichtoberfläche und in der Tiefe der Schicht (= Konzentrationsgradient). Ohne Bewegung bildet sich an der Schichtoberfläche eine ruhige Flüssigkeitsschicht. Es tritt hierbei selektive (bevorzugte) Diffusion der Entwicklerbestandteile, der Entwicklersubstanz, des Alkalis und anderer Bestandteile in verschiedenem Maße ein, die bestrebt sind, die Konzentration in der Schicht zu verändern. Neuer Entwickler kann nur ergänzt werden durch Diffusion der Hauptmasse des Entwicklers. Andererseits diffundieren Bromionen, die bei der Entwicklung gebildet werden, aus der Emulsionsschicht in die Flüssigkeitsschicht, welche sich gegenüber der Gesamtentwicklerlösung an Bromionen anreichert. Beide Effekte setzen den Konzentrationsgradienten herab. Bewegung zerstört die ruhige Flüssigkeitsschicht und bringt die Oberfläche der Emulsion in direkten Kontakt mit frischem, unverbrauchtem Entwickler. Hierdurch wird der Konzentrationsgradient erhöht, die Entwicklungsgeschwindigkeit nimmt zu. Infolgedessen wird ein bestimmtes Gamma bei Bewegung in kürzerer Zeit erreicht als ohne Bewegung. Der Einfluß der Bewegung ist umso wirksamer, je kürzer die Entwicklungszeit ist, sei es, daß man in einem normalen Entwickler zu einem niedrigeren Gammawert entwickelt oder sei es, daß in einem konzentrierten Entwickler zu hohem Kontrast entwickelt wird. In der amerikanischen Entwicklungspraxis wird unterschieden zwischen intermittierender Bewegung und konstanter Bewegung. Bei intermittierender Bewegung ist eine Entwicklungsbeschleunigung um durchschnittlich 20%, bei dauernder Bewegung von 50% gegenüber ruhender Entwicklung zu veranschlagen.

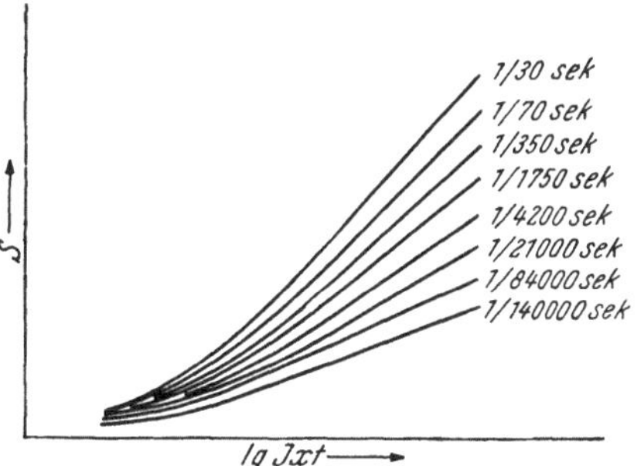

Abb. 47. Schwärzungskurven von Positivfilm bei gleichem J × t jedoch verschiedenen Belichtungszeiten (Ultrakurz-Zeit-Effekt). Nach J. EGGERT und R. SCHMIDT (149)

Bewegung während der Entwicklung verursacht in keinem Falle erhöhte Schleierbildung. Der Entwicklungsschleier ist um so geringer, je stärker die Bewegung erfolgt, da in letzterem Falle wesentlich kürzer entwickelt werden kann.

g) Kinetik der Entwicklung und Bildaufbau. *Kornoberflächen- und Korntiefen-Entwicklung.* Für den photographischen Prozeß gilt bekanntlich das photochemische Grundgesetz nach BUNSEN und ROSCOE (1857) nicht streng (s. S. 73). Wird eine photographische Schicht mit Licht hoher Intensität jedoch kurzer Dauer und in einem anderen Falle mit Licht niedriger Intensität jedoch langer Dauer belichtet und zwar so, daß in jedem Falle das Produkt aus Intensität mal Zeit (J × t) konstant ist, und werden beide Schichten gleichzeitig entwickelt, so zeigt die erste Schicht je nach der Belichtungszeit eine mehr oder weniger starke Gradationsverflachung, Abb. 47 zeigt übersichtlich diese Verhältnisse nach EGGERT und SCHMIDT (149).

Dieser sogenannte Schwarzschildeffekt (1900) spielte zunächst nur eine wesentliche Rolle in der Tonphotographie, mit Einführung der Blitzröhrentechnik hat er auch besondere Bedeutung in der bildmäßigen Photographie erlangt. Belichtungszeiten unter 1/1000 sec werden zum Unterschied von den „Kurzzeit"-Belichtungen der normalen Photographie von 1/10...1/1000 sec mit „Ultrakurzzeit" bezeichnet (149, 302). Der bei der Ultrakurzzeit-Belichtung auftretende Effekt der Gammasenkung im Vergleich zur normalen Belichtung heißt „Ultrakurzzeit-Effekt". Beim Ultrakurzzeit-Effekt wird der Gradationsunterschied betrachtet, während der eigentliche Schwarzschild-Effekt für eine bestimmte Schwärzung die Abweichung vom $J \times t$-Gesetz zum Gegenstand hat. Der Ultrakurzzeit-Faktor (UKZ-Faktor) stellt das Verhältnis dar des erreichten Gammawertes bei UKZ-Belichtung zu dem Gammawert bei normaler (Langzeit-) Belichtung: $UKZ = \gamma_L/\gamma_U$. Der UKZ-Faktor ist nach den Untersuchungen von KÜSTER und SCHMIDT (302) hauptsächlich von der Entwicklung abhängig und er muß jeweils für jeden Entwickler besonders bestimmt werden. Es konnten zwei verschiedene Entwicklertypen bezüglich des UKZ-Effektes unterschieden werden:

1. Entwickler vom Typus der Feinkorn-Ausgleichsentwickler (Agfa 12, Borax, Brenzkatechin), die als Oberflächenentwickler bezeichnet werden. Bei diesem Typ ist die Verflachung unabhängig von der Filmemulsion und stellt einen konstanten Wert dar, der für jeden Entwickler spezifisch ist.

2. Bei Entwicklern mit großer Tiefenwirkung, wie Agfa 12 und Rodinal, ist der Faktor weitgehend von der Entwicklungsdauer und von dem Aufnahmematerial abhängig. Der UKZ-Faktor (γ_L/γ_U) wird mit steigender Entwicklungsdauer kleiner.

Folgende Tabellenzusammenstellungen (302) veranschaulichen diese Ergebnisse:

Tabelle 8. *Gamma-Werte und UKZ-Faktoren des Agfa Tonnegativfilmes Tf 3 bei verschiedener Entwicklungsdauer in Borax-Entwickler (Type 1)*

Entwicklungszeit in Minuten	γ_L	γ_U	γ_L/γ_U
2,5	0,35	0,30	1,17
5	0,60	0,45	1,33
10	0,80	0,60	1,33
20	0,90	0,65	1,38
			1,35

Tabelle 9. *Gamma-Werte und UKZ-Faktoren verschiedener Filmemulsionen, entwickelt in Agfa 12, Entwicklungszeit 15 Minuten (Type 1)*

Emulsion	γ_L	γ_U	γ_L/γ_U
Tonnegativ Tf 2	1,50	0,85	1,8
Negativ Spezial	0,85	0,50	1,7
Extrarapid	0,85	0,50	1,7
Kinechrom	0,95	0,60	1,6
Positivfilm	1,05	0,80	1,7
Tonnegativ Tf 3	0,80	0,50	1,6
			1,7

Tabelle 10. *UKZ-Faktoren in Abhängigkeit von der Entwicklungszeit für verschiedene Emulsionen bei sog. Tiefenentwicklung (Rodinal, Type 2)*

Entwicklungszeit in Minuten	$UKZ = \gamma_L/\gamma_U$	
	Agfa Positivfilm	Tonnegativ Tf 3
1	1,75	2,0
2	1,4	1,8
3	1,35	1,7
5	1,25	1,6
10	1,05	1,6

Aus diesen Ergebnissen kann für die Entwicklungstechnik von UKZ-Aufnahmen die Schlußfolgerung gezogen werden, daß grundsätzlich alle Feinkorn-Ausgleichs-Entwickler geeignet sind. Bei diesen Entwicklern tritt zwar eine Gammasenkung auf, doch ist diese nicht vom Filmmaterial abhängig. Um mit diesen Entwicklern bei UKZ-Aufnahmen das bildmäßige Gamma zu erzielen, ist nur erforderlich die Entwicklungszeit um einen für jeden Entwickler spezifischen Faktor zu verlängern. Es gibt selbstverständlich auch Entwickler, bzw. Entwicklerzusammensetzungen, bei denen dieser Faktor = 1 ist. Derartige Entwickler sind als einzige geeignet zur Entwicklung von Filmstreifen, die gleichzeitig normalbelichtete und ultrakurzzeitbelichtete Aufnahmen enthalten.

Als Ursache für den Ultrakurzzeit-Effekt wird von einzelnen Forschern der photochemische Grundprozeß bei der Entstehung des latenten Bildes haftbar gemacht (194). Diese Auffassung ist jedoch nicht haltbar, da in diesem Falle die Abhängigkeit von der Entwicklung nicht verständlich ist. Es ist eher anzunehmen, daß das latente Bild bei Ultrakurzzeit-Belichtung einen anderen Aufbau, bzw. eine andere Verteilung an den Bromsilberkörnern besitzt als bei Langzeit-Belichtung. Auf Grund ihrer Versuche unterschieden KÜSTER und SCHMIDT Oberflächen- und Tiefen-Entwickler zur Deutung des verschiedenen UKZ-Effektes, wobei unter der Oberflächen- und Tiefenwirkung die Wirkung auf die Schichttiefe entsprechend der damaligen Ansicht zu verstehen ist. Neueren Anschauungen entsprechend muß man eher

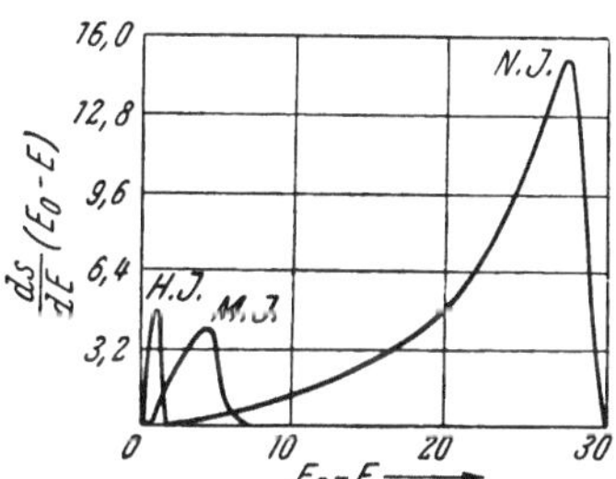

Abb. 48. Die Größe der Entwicklungskeime bei hoher, mittlerer und niedriger Lichtintensität. Nach W. F. BERG (44)

Abszisse: „Alter" der Entwicklungskeime, Ordinate: Silbermenge der Keime

die Oberflächen- und Tiefenwirkung in bezug auf das Bromsilberkorn dafür zur Erklärung heranziehen. BERG (1941) hat die numerische Schwärzungskurve zu orientierenden Aussagen über die relative Größe der Entwicklungskeime bei hoher und niedriger Intensität mathematisch ausgewertet (44). Abb. 48 stellt auf Grund dieser Ergebnisse die Beziehung zwischen Belichtungszeit („Alter") und Silbermenge der Entwicklungskeime dar.

Die Belichtungsverhältnisse bei diesen Versuchen waren so gewählt, daß die Endschwärzungen in allen Fällen gleich waren. Es ist daraus ersichtlich, daß bei niedriger Intensität und entsprechend langer Belichtungsdauer (hohes „Alter") sehr große und umgekehrt bei sehr hoher Intensität und kurzem „Alter" kleine Entwicklungskeime entstehen. Es kommt weiter hinzu, daß bei sehr hoher Intensität das latente Bild im Korn-

innern vermehrt wird (202), ebenso entstehen dabei mehr Subkeime als
Vollkeime (47) (s. S. 70). Es ist mit Sicherheit anzunehmen, daß diese
verschiedenen Verhältnisse, verursacht durch die Belichtung, sich bei verschiedenen Entwicklern ganz verschieden auswirken. Innenkeime und
Subkeime sind bei normalen Kornoberflächen-Entwicklern unwirksam und
bedingen eine Herabsetzung der Schwärzung, bzw. eine Verflachung der
Gradation. Bei Entwicklern, die auch das latente Bild im Korninnern
entwickeln, verschwindet dagegen der UKZ-Effekt. Man hat demnach zunächst eine Unterscheidung zu machen zwischen Kornoberflächen- und
Korntiefen-Entwicklern, die auf Grund ihrer verschiedenen Wirkungs-

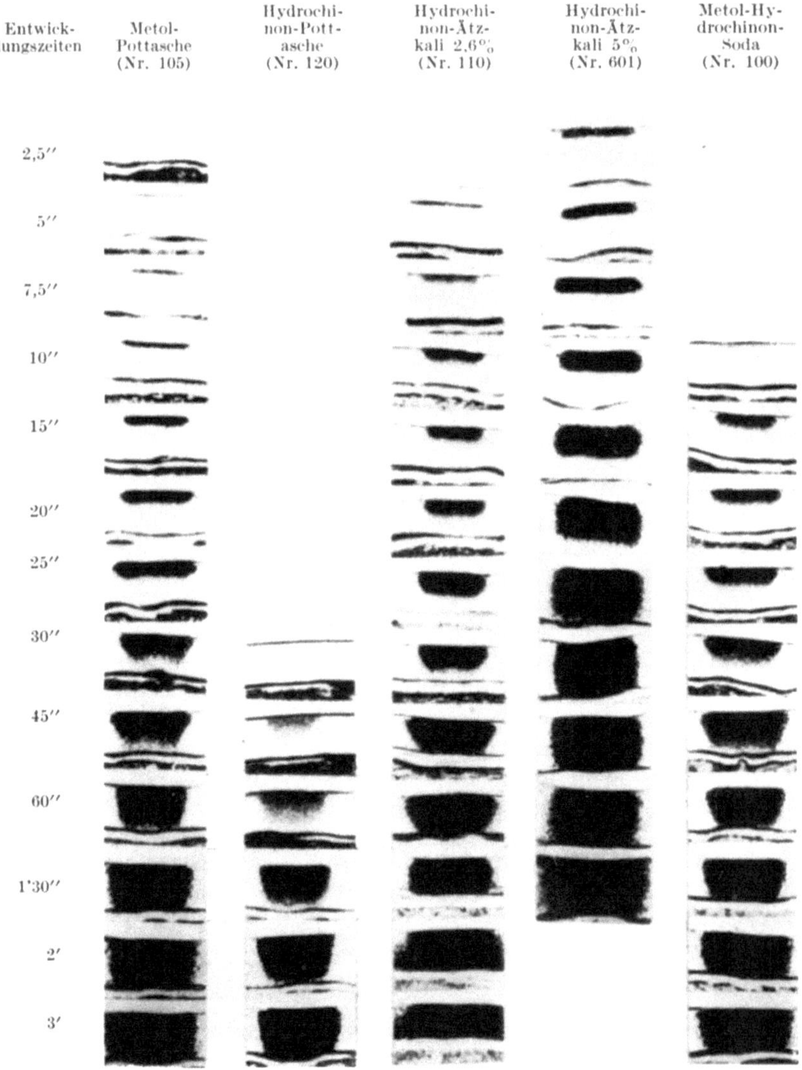

Abb. 49. Rapidität und Bildaufbau bei verschiedenen Entwicklertypen in Abhängigkeit
von der Entwicklungszeit. Belichtung konstant. Nach E. SCHLOEMANN und E. TRABERT
(509)

weise den Bildaufbau und die Struktur des Bildes beeinflussen. Damit ist noch keine Aussage gemacht über die Wirkung der Entwicklung in bezug auf die Schichtoberfläche, bzw. Schichttiefe.

Schichtoberflächen- und Schichttiefen-Entwicklung. Der Vorgang der Entwicklung in der Tiefe der Schicht ist von einer Reihe von Faktoren abhängig: Von der Belichtung, von der Zusammensetzung des Lichtes, das die Bildung des latenten Bildes bewirkte, von der Art und Zusammensetzung des Entwicklers und von allen Einflüssen auf die Kinetik der Entwicklung (Konzentration, Temperatur, Bewegung u. a. m.).

Die Gelatineschicht ist für kurzwellige Strahlung des Spektrums weniger durchlässig. Die Strahlen dringen umso weniger in die Schicht, je kürzer die Wellenlänge des Lichtes ist. Diese Eigenschaft erklärt die Tatsache, daß mit der Wellenlänge der Strahlung auch der Kontrast der entwickelten Emulsion zunimmt. Röntgenstrahlen werden von der Emulsion besonders schwach absorbiert. Das latente Röntgenbild ist deswegen gleichmäßig in der Schicht verteilt; die Verteilung des entwickelten Bildes hängt in diesem Falle nur von den Entwicklungsbedingungen ab. Bei kurzen Entwicklungszeiten ist die Tiefe des Bildes unabhängig von der empfangenen Belichtung und den Eigenschaften der Strahlung (217).

Vergleichende mikroskopische Studien über den Bildaufbau in der Tiefe der Schicht in Abhängigkeit von der Entwicklerzusammensetzung wurde in neuerer Zeit von SCHLOEMANN und TRABERT (1937) ausgeführt (509). Es wurden 5 Positiv-Entwickler verglichen:

Agfa 105-Metol-Pottasche
Agfa 120-Hydrochinon-Pottasche
Agfa 110-Hydrochinon-Ätzkali 0,25%
Agfa 601-Hydrochinon-Ätzkali 5%
Agfa 101-Metol-Hydrochinon-Soda

Eine bildhafte Darstellung der Ergebnisse bei konstanter Belichtung jedoch steigenden Entwicklungszeiten gibt Abb. 49 wieder.

Metol-Pottasche ist ein Entwickler hoher Rapidität, Hydrochinon-Pottasche dagegen geringer Rapidität. Durch Erhöhung der Alkalität beim Hydrochinon-Entwickler durch Ätzkali-Zusatz kann dessen Rapidität über Metol-Pottasche gesteigert werden. Der Bildaufbau verläuft bei den verschiedenen Entwicklertypen sehr unterschiedlich. Metol-Pottasche ist ein ausgesprochener Schichtoberflächen-Entwickler; die Schwärzung beginnt an der Oberfläche und greift erst im späteren Stadium auf die Tiefe über. Hydrochinon-Pottasche ist der Typ des Schichttiefen-Entwicklers. Nach einer gewissen Latenzzeit beginnt die Entwicklung der Schwärzung gleich von einer größeren Tiefe aus. Wird beim Hydrochinon-Pottasche-Entwickler das Alkali durch Ätzkali ersetzt, so wird der ursprüngliche Tiefen-Entwickler zu einem rapiden Oberflächen-Entwickler. Der Metol-Hydrochinon-Soda-Entwickler vereinigt im Bildaufbau die Eigenschaften eines Oberflächen- und Tiefen-Entwicklers.

Zu den Oberflächen-Entwicklern sind zu rechnen: p-Aminophenol (Rodinal, Paranol, Perinal), Metol-Pottasche, Hydrochinon-Ätzalkalien; Tiefen-Entwickler sind: Glyzin, Pyrogallol-Soda, Brenzkatechin-Pottasche, Hydrochinon-Soda.

Der Unterschied des Bildaufbaues bei Oberflächen- und Tiefen-Entwicklern, die in der Praxis Rapid-, bzw. Normal-Entwickler genannt werden, drückt sich auch in den Gradationskurven aus (Abb. 50 und 51).

Bei der Tiefen-Entwicklung liegen die Fußpunkte der Schwärzungs-kurven weit auseinander (Regression der Inertia) und die Steilheit nimmt zu. Bei Oberflächen-Entwicklung sind die Fußpunkte aneinander gerückt,

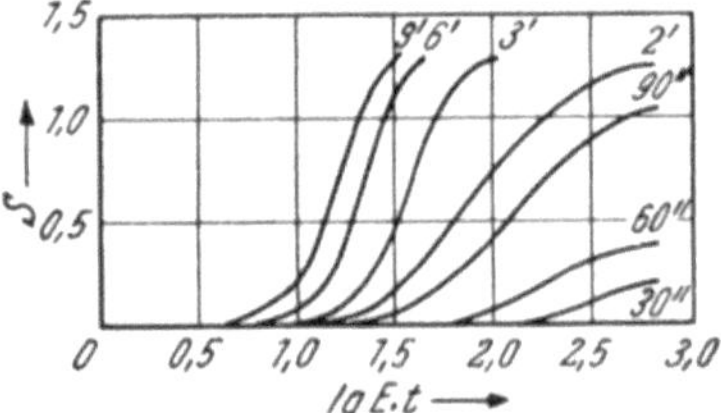

Abb. 50. Gradationskurven eines Positivpapieres bei Tiefenentwicklung mit Hydrochinon-Pottasche. Nach E. SCHLOEMANN und E. TRABERT (509)

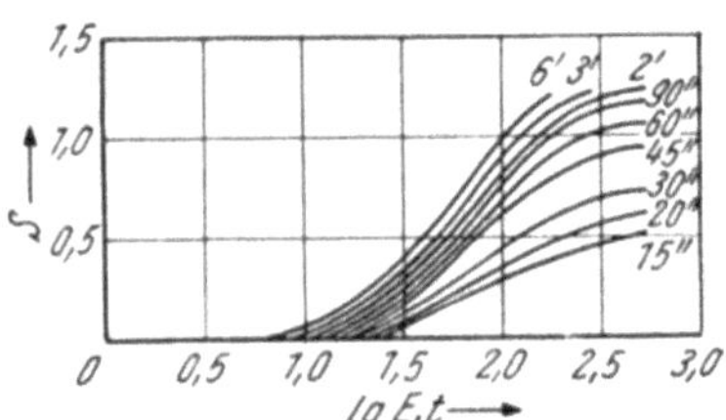

Abb. 51. Gradationskurven eines Positivpapieres bei Oberflächenentwicklung mit Metol-Pottasche. Nach E. SCHLOEMANN und E. TRABERT (509)

die Schwärzungen springen schnell an, jedoch bleibt die schwache Gradationstendenz erhalten (s. Induktionsperiode S. 106). Diese Ergebnisse sind eine Stütze für die Anschauung verschiedener Autoren, daß die Lage des Inertia-Punktes ein Kennzeichen für die Schichtoberflächen- bzw. Tiefen-entwicklung ist (s. S. 99).

Aus diesen Ergebnissen, die unter besonderen Versuchsbedingungen ausgeführt sind, dürfen keine Schlüsse auf die Lage und Struktur des entwickelten Bildes gezogen werden. In der Praxis sind die Verhältnisse wesentlich komplizierter. Bereits bei konstanter Entwicklungszeit und verschiedener Belichtung wird das Bild der Oberflächen- und Tiefen-Entwicklung vollständig verwischt (Abb. 52).

Systematische Untersuchungen über die Lage und Verteilung des Bildes bei Feinkorn-Entwicklern liegen bisher nicht vor, obwohl gerade hieraus wertvolle Schlüsse in bezug auf das Körnigkeitsproblem gezogen werden könnten. Vielfach wird die Ansicht vertreten, daß Ausgleichs-Feinkorn-Entwickler Schicht-Oberflächen-Entwickler sind (524). Das gemeinsame Kriterium dieser Entwicklerklasse ist ihr geringer pH-Wert. Die vorstehenden Versuchsergebnisse zeigen gerade, daß Oberflächen-Entwicklung sehr stark pH-abhängig ist.

Belichtungszeiten	Metol-Pottasche (Nr. 105)	Hydrochinon-Pottasche (Nr. 120)	Hydrochinon-Ätzkali (5%) (Nr. 601)
1″			
2″			
4″			
7,5″			
15″			
30″			

Abb. 52. Bildaufbau bei verschiedenen Entwicklern bei konstanter Entwicklungszeit und ansteigender Belichtung. Nach E. SCHLOEMANN und E. TRABERT (509)

Hydrochinon-Pottasche wirkt als Tiefen-Entwickler, Hydrochinon-Ätzkali ist dagegen ein reiner Oberflächen-Entwickler, bei Metol-Hydrochinon-Soda liegt ebenfalls Tiefentendenz vor. Daraus ist der Schluß zu ziehen, daß bei einem Entwickler ähnlich der Zusammensetzung wie Kodak D 76 (Metol-Hydrochinon-Borax) mit noch niedrigerem pH-Wert bestimmt keine Schichtoberflächen-Entwicklung gegeben ist. Bezüglich der Feinkörnigkeit einer Schicht steht ebenfalls fest, daß die „Körnigkeit" der Schicht wesentlich besser ist, wenn die Schwärzung aus einer Vielzahl kleiner, durch die ganze Tiefe der Schicht verteilter Körner aufgebaut ist, als wenn sie aus einer wesentlich geringeren Anzahl, jedoch größerer Körner, besteht, die an der Schichtoberfläche zusammengedrängt liegen. Vergleicht man gleiche Schwärzungen einer Schicht, die durch gleiche Belichtungen, aber verschiedene Entwicklung und zwar einmal in verdünntem Entwickler bei langer Entwicklungszeit und andererseits in konzentriertem Entwickler bei kurzer Entwicklungszeit erhalten sind, so werden im ersteren Falle alle entwickelbaren Bromsilberkörner der Schicht unvollständig reduziert, im konzentrierten Entwickler dagegen werden allein die Bromsilberkörner der Oberfläche vollständig reduziert. Der mittlere Korndurchmesser der entwickelten Körner und damit auch die Körnigkeit der Schicht ist geringer bei verdünnter langer Entwicklung als bei kurzer, ausgeprägter Schichtoberflächen-Entwicklung. Oberflächen-Entwicklung wirkt sich auch nachteilig auf die Wiedergabe der Lichter aus, die „Spitzlichter" liegen in der Tiefe der Schicht.

h) Der Schleier, die verschiedenen Arten und ihre Ursachen. Wenn ein Entwickler auf eine photographische Schicht einwirkt, so werden auch Bromsilberkörner, die nicht vom Licht getroffen sind, zu metallischem Silber reduziert. Die durch diese Silberausscheidung an unbelichteten Stellen entstandene Schwärzung wird als „Schleier" bezeichnet. Der Schleier kann eine Reihe von Ursachen haben: durch falsches Licht, durch Lagerung der Emulsion unter ungünstigen Bedingungen, durch Spuren von entwickelbaren Bromsilberkörnern auf Grund der Herstellung (chemischer Schleier), durch bestimmte Bestandteile des Entwicklers (Entwicklungsschleier), durch Lufteinwirkung auf die mit Entwickler getränkte Schicht (Luftschleier).

Schleier durch falsches Licht (Lichtschleier) ist auf undichte Verpackung oder nicht einwandfreies Dunkelkammerlicht zurückzuführen. Chemischer Schleier, auch Emulsionsschleier genannt, tritt infolge Überlagerung oder ungeeigneter Lagerung besonders an sehr hochempfindlichen Emulsionen auf. Emulsionsschleier und Schleier, der durch eine spezifische Wirkung der Entwicklung hervorgerufen wird, sogenannte Entwicklungsschleier, sind sehr schwer voneinander zu unterscheiden. Für jede Emulsion gibt es eine kritische Entwicklungszeit in einem bestimmten Entwickler. Diese Zeit ist umso kürzer, je höher die Temperatur ist, und umso länger, je mehr Zusätze an schleierverhütenden Substanzen (z. B. KBr, Benzotriazol) der Entwickler enthält. Sehr hochempfindliche Emulsionen schleiern bei kürzerer Entwicklungszeit, aber der Schleier nimmt nur langsam zu. Gering empfindliche Emulsionen verhalten sich umgekehrt, der Schleier erscheint erst nach Erreichung des maximalen Kontrastes und wächst dann sehr schnell. Die verschiedenen Entwicklersubstanzen zeigen unterschiedliche Neigung zur Schleierbildung. SHIBERSTOFF und BUKIN (1932) konnten auf Grund umfangreicher Untersuchungen die Entwicklersubstanzen bezüglich ihrer Schleierneigung in zwei typische Gruppen einteilen (506). Die eine Gruppe, zu denen p-Phenylendiamin, Glyzin, p-Aminophenol, Brenzkatechin gehörten, besitzen eine sehr geringe Schleierneigung.

Die zweite Gruppe neigt wesentlich leichter zur Schleierbildung. Zu dieser gehören: Eikonogen, Metol, Pyrogallol, Hydrochinon. Die Schleierbildung ist weiter abhängig von der Zusammensetzung des Entwicklers. Für jeden Entwickler gibt es einen bestimmten pH-Wert, bei dessen Überschreiten der Schleier in verstärktem Maße wächst. Verdünnung, die die Entwicklung des Bildes verzögert, unterdrückt den Entwicklungsschleier nur unwesentlich. Ein Bild, in einem konzentrierten Entwickler kurz entwickelt, erscheint bedeutend klarer als bei stärkerer Verdünnung und langer Entwicklungszeit. Der Entwicklungsschleier ist nicht gleichmäßig über das ganze Bild verteilt. An den wenig belichteten Stellen ist der Schleier größer als an den dichten, hohen Schwärzungen des Bildes. Im allgemeinen nimmt der Schleier linear mit der Schwärzung ab. Der Entwicklungsschleier tritt mehr oder weniger bei jeder Entwicklung auf. Für Negativ-Emulsionen ist eine Schleierschwärzung = 0,3 (nach DIN 4512 sogar 0,4) zulässig, dieser Schleier wirkt sich praktisch nur durch eine Verlängerung der Kopierbelichtung aus. Diapositiv-Emulsionen müssen dagegen vollkommen schleierfrei entwickelt werden, die zulässige Schleierschwärzung darf den Wert 0,05 nicht übersteigen. Durch zu hohen Schleier wird die Transparenz und der Kontrast des Diapositives herabgesetzt, und das projizierte Bild erscheint trübe und flau. Viele Fachleute klären deswegen grundsätzlich ihre Diapositive in FARMERschem Abschwächer. Störender Schleier bei der Entwicklung ist meistens auf unrichtigen Ansatz zurückzuführen. Die häufigsten Fehlerquellen bestehen darin, daß die Chemikalien in falscher Reihenfolge aufgelöst werden, daß die Lösung zu heiß angesetzt wird, daß man das Kaliumbromid vergißt oder daß unreine Chemikalien verwendet werden.

Eine besondere Art des Entwicklungsschleiers ist der „dichroitische" Schleier. Über diese Art des Schleiers sind in neuerer Zeit von HENN und CRABTREE umfangreiche Untersuchungen ausgeführt worden (205). Der dichroitische Schleier kann in den verschiedensten Erscheinungsformen auftreten: als leichter grauer Belag, sehr häufig als Abscheidung mit metallischem Glanz, der in der Aufsicht wie ein versilberter oder vergoldeter Spiegel glänzt und in der Durchsicht orange bis purpur aussieht; er kann gleichmäßig auf der Schicht verteilt sein und kann auch Strukturen und Muster bilden. Diese verschiedenen Formen hängen von der Eigenart der Emulsion, von der Dauer, von der Temperatur und von der Bewegung des Entwicklers und von seinem Gehalt an Silbersalzen und an Schwefel ab. Bei der Entstehung haftet der Schleier nur leicht auf der Schicht und kann in nassem Zustand der Schicht leicht durch Reiben entfernt werden. Ist die Schicht erst einmal getrocknet, so ist eine mechanische Entfernung nicht mehr möglich.

Dieser dichroitische Schleier besteht aus Schwefelsilber und einem größeren Anteil feinverteilten metallischen Silbers. Der Schleier wird verursacht durch sehr geringe Spuren von Schwefel im Entwickler. Er tritt bereits auf bei einer Konzentration von $0,2/10^6$ und ist sehr dicht bei einer Konzentration von $5/10^6$. Seine Bildung wird außerdem beeinflußt von dem Gehalt des Entwicklers an gelösten Silbersalzen sowie von der Alkalität. Hohe Sulfitkonzentration sowie bromsilberlösende Bestandteile im Entwickler, wie Kaliumrhodanid, Natriumthiosulfat, Ammoniumchlorid, begünstigen seine Bildung. Gebrauchte und ausgenutzte Entwickler neigen leichter zur dichroitischen Schleierbildung als frische.

Die Hauptursachen für die Verseuchung von Entwicklern mit Spuren von Schwefel sind: Sulfurierende Bakterien, die in der Luft enthalten sind; Schwefelwasserstoffgehalt der Luft, entstanden durch Schwefeltonung oder Silberrückgewinnung in der Nachbarschaft; Berührung mit schwefelhaltigen Gegenständen (rote Gummistopfen sind mit Schwefelantimon gefärbt); Verunreinigung des Entwicklers mit Natriumthiosulfat durch ungenügendes Wässern der Filmklammern, ungenügendes Waschen der Hände, Rührstäbe, Thermometer u. ä. Die letzte Ursache ist die häufigste, man hat bei nicht besonders gereinigten Filmbearbeitungsgeräten nach der Trocknung bis zu 2 g Natriumthiosulfat im Liter festgestellt.

Mit Schwefel verunreinigter Entwickler, der dichroitischen Schleier ergibt, kann regeneriert werden durch Zusatz von Bleinitrat, Bleiazetat oder noch besser Kadmiumchlorid. Pro Liter Entwickler ist ein Zusatz von 30 ccm 1%iger Kadmiumchlorid-Lösung erforderlich.

Der dichroitische Schleier kann auch durch das Fixierbad verursacht werden, wenn es zu wenig sauer, überaltert oder erschöpft ist. Eine andere Ursache ist ungenügende Unterbrechung der Entwicklung vor dem Fixieren. Hierbei wirkt die Entwicklung noch während der Fixierdauer kurze Zeit nach und es erfolgt eine teilweise physikalische Entwicklung, die zu dichroitischem Schleier führt.

Der dichroitische Schleier kann entfernt werden durch Behandlung in Permanganat-Abschwächer mit nachfolgender Klärung in Natriumsulfit-Lösung und Wässerung oder durch Umentwicklung.

Bei einigen Entwicklern, die insbesondere Metol und Hydrochinon enthalten, kann eine weitere Schleierform, der sog. „Luftschleier", auftreten. Dieser Schleier entsteht, wenn die mit Entwickler getränkte Schicht der Lufteinwirkung ausgesetzt wird. Nach neueren Anschauungen ist die Bildung des Luftschleiers auf Zwischenoxydationsprodukte des Hydrochinons zurückzuführen (110, 250). Kupferspuren fördern die Bildung des Luftschleiers. Er wird verhütet durch Desensibilisierung und durch Zusatz von gebrauchtem Entwickler (etwa 5%) zu frisch angesetztem Entwickler.

Eine besondere Art der Schleierbildung ist der sog. Kalkschleier. Dieser Schleier beruht jedoch auf keiner Schwärzungsbildung und trägt deswegen die Bezeichnung „Schleier" zu Unrecht. Der Kalkschleier ist ein grauer Belag in der Emulsionsschicht. Er wird verursacht durch den Kalkgehalt der Gelatine, dieser Kalk wird durch die Karbonate und Sulfite des Entwicklers ausgefällt. Der Kalkschleier ist keinesfalls auf den Kalkgehalt des beim Ansatz benutzten Wassers zurückzuführen, er entsteht auch beim Ansatz mit destilliertem Wasser. Das Auftreten des Kalkschleiers wird verhütet durch Zusatz von bestimmten Phosphatgemischen (Calgon) sowie Salzen einer Polykarbonsäure (Trilon) zum Entwickler (s. S. 42). Eine Entfernung des Kalkschleiers ist leicht möglich durch kurzes Baden des Filmes in 2%iger Essigsäure oder 0,5%iger Salzsäure.

i) Die Entwicklungseffekte. Durch bewußte Steuerung der Entwicklung können abnormale Erscheinungen, wie Beschleunigung, Gradationsverflachungen und Umkehrungen erzielt werden, die in Sonderfällen für die bildmäßige Photographie bedeutsam sein können. Daneben gibt es noch eine andere Art von Entwicklungseffekten, die unbeabsichtigt auftreten und zu Fehlergebnissen führen können. Diese Effekte haben ihre Ursache darin, daß nebeneinander liegende Bildelemente, insbesondere von kleiner Ausdehnung, entwicklungskinetischen Einflüssen unterliegen und dadurch Schwärzungsanomalien erzeugt werden. Eine Reihe derartiger Effekte können unter dem Sammelbegriff „Nachbareffekt" zusammengefaßt werden. Die Nachbareffekte verdienen besondere Beachtung in der Astrophotographie und Spektrophotographie, aber auch in der Kinotechnik und Tonphotographie können sie zu Störungen Anlaß geben.

Cabannes-Hoffmann-Effekt (82, 565). Werden auf einer Schicht zwei Belichtungen vorgenommen, einmal mit Licht schwacher Intensität und langer Zeitdauer und ein zweites Mal mit Licht hoher Intensität jedoch kurzer Zeitdauer und zwar in beiden Fällen so, daß jedesmal die gleiche Schwärzung erzeugt wird, so erscheint bei der Entwicklung erst die mit der geringen Intensität belichtete Stelle. Die mit Licht geringer Intensität belichtete Stelle behält auch bei Weiterentwicklung zunächst höhere Schwärzung bei, erst bei Ausentwicklung verschwindet der Unterschied der Schwärzungen. Je größer die Differenz der Belichtungszeiten, umso größer ist die Differenz der Schwärzungsunterschiede bei kurzer Entwicklung.

Ursache: Größere Körner empfindlicher als kleine; bei schwacher Intensität bildet sich ein latentes Bild an der Kornoberfläche, während es bei hoher Intensität im Korninnern liegt. Das äußere latente Bild entwickelt schneller als das innere; bei Entwicklern mit Bromsilberlösungsmitteln ist der Effekt geringer.

Lainer-Effekt (1891) (119, 347, 348, 495). Kaliumjodid (0,02 ... 0,2%) zum Entwickler zugesetzt, verkürzt die Induktionsperiode bei Entwicklersubstanzen mit niedrigem Reduktionspotential besonders bei Hydrochinon.

Das Bromsilberkorn wird oberflächlich jodiert, wodurch die Adsorption der Oxydationsprodukte des Entwicklers in größerem Umfange ermöglicht und so die Entwicklung beschleunigt wird. Geringer Zusatz von Kaliumjodid (0,2%) wird vielfach deswegen als Zusatz zu frisch angesetztem Entwickler bei sofortigem Gebrauch empfohlen.

Sterry-Effekt (1904) (355, 356, 536). Werden Entwicklungspapiere und Diapositivschichten nach der Belichtung in einem sehr verdünnten (0,5%) Kaliumbichromatbad behandelt (20 ... 30 sec), kurz abgespült und dann entwickelt, so wird der Kontrast des Bildes stark gemildert. Durch diese Behandlungsweise erhält man selbst von kräftigen Negativen normale und harmonische Kopien auf harten Papiergradationen. Statt Kaliumbichromat-Lösung kann auch Ammoniumpersulfat (1 : 1000) verwendet werden, hierbei soll keine Verlängerung der Belichtungszeit erforderlich sein (66).

Die Ursache dieses Effektes beruht auf einer Abschwächung des oberflächlichen latenten Bildes.

Sabattier-Effekt s. S. 78.

Die Nachbareffekte. Die Schwärzungsverteilung von nebeneinander liegenden Bildelementen wird durch die Art der Entwicklung beeinflußt. Eine Systematik aller dieser Effekte stellte Junkes (1937) auf (275). Lokale Unterschiede bei normalen Entwicklungsbedingungen können hervorgerufen werden durch Beförderung der Entwicklungsprodukte außerhalb und innerhalb der Schicht.

A. Bewegung der Entwicklungsprodukte außerhalb der Schicht verursacht Entwickler- und Kaliumbromidstreifen.

a) Dunkle Entwicklerstreifen bilden sich an gleichmäßig belichteten Stellen unterhalb Flächen geringer Schwärzung bei senkrechter Lage der Schichten. Ursache: Der unverbrauchte Entwickler läuft von den Stellen geringer Schwärzung nach unten ab und bewirkt hierbei eine Schwärzungszunahme (Streifenbildung).

b) *Bromid-Abläufe* sind helle Streifen unterhalb von Bildstellen größerer Schwärzung. Sie werden verursacht durch das Ablaufen des bei der Entwicklung entstandenen Kaliumbromids, wodurch die Rapidität des Entwicklers gehemmt wird.

Diese beiden Fehlererscheinungen können vermieden werden durch häufige Bewegung der Schichten beim Entwickeln.

B. Bewegung der Entwicklerprodukte innerhalb der Emulsion ruft sehr scharfe, dunkle und helle Streifen an den Rändern der Bildelemente, die verschieden belichtet sind, hervor.

1. Die reine Erscheinungsform dieses Effektes tritt an den Kanten von Bildelementen größerer Ausdehnung auf als *Rand-Effekt* oder *Saum-Effekt.*

a) Der *Rand-Effekt* besteht in einer Zunahme der Schwärzung des Randes in bezug auf die Schwärzung des gesamten Bildteiles. Ursache: Frischer, unverbrauchter Entwickler diffundiert von den angrenzenden, gering belichteten Bildteilen hinein; es entsteht dadurch am Rande eine höhere Schwärzung als an den anderen Bildteilen, obwohl alle gleich belichtet sind.

b) Der *Saum-Effekt.* Dieser Effekt erscheint als Verminderung der Schwärzung um die Ränder eines gut belichteten und scharf abgegrenzten Bildteiles. Ursache: Diffusion der Reduktionsprodukte aus den angrenzenden Stellen höherer Schwärzung und dadurch Verringerung des Entwicklungsvermögens.

Die an den Rändern einer Strichabbildung entstehenden dunklen (*Rand-Effekt*) und hellen (*Saum-Effekt*) Linien werden nach ihrem Entdecker auch „MACKIE-Linien" genannt (1895). *Rand-* und *Saum-Effekt* tragen auch die gemeinsame Bezeichnung *Kanten-Effekt.*

2. Wenn die nebeneinander liegenden Bildelemente genügend klein sind, so treten Überschneidungen des *Rand-* und *Saum-Effektes* auf und führen zu besonderen Erscheinungsformen der Schwärzungsverteilungen und neuen Effekten.

a) Sind die Bildelemente gleichmäßig und symmetrisch (runde Scheiben), so spricht man vom *Durchmesser-Effekt.* Betrachtet man z. B. ein kleines, rundes Bildelement, das stärker belichtet ist als seine Umgebung, so können sich die dunkleren Randlinien des *Rand-Effektes* überdecken und dadurch in der Mitte des Bildes eine Schwärzungserhöhung bewirken. Ist andererseits die Schwärzung des kleinen, runden Bildteiles geringer als die Umgebung, so tritt die Wirkung des *Saum-Effekets* in Erscheinung und das Bildelement ist in der Mitte weniger geschwärzt.

Die allgemeine Erscheinungsform des *Durchmesser-Effektes* ist der *Eberhard-Effekt* (1912), der sich auf symmetrische Flächen allgemein bezieht. Dieser Effekt ist wiederholt studiert worden (111, 161, 559).

b) Sind die Bildelemente, die *Kanten-Effekte* ergeben, ungleichmäßig und unsymmetrisch, so entsteht unter bestimmten Bedingungen der *Kostinsky-Effekt* (1906). Dieser besteht in einem wechselseitigen Zurückweichen der effektiven Schwärzungszentren von kleinen benachbarten Bildern. KOSTINSKY erklärte diese Erscheinung mit einer Anreicherung an verbrauchtem Entwickler und Kaliumbromid zwischen den beiden Bildpunkten.

Längen-Effekt. Gelatine-Schichten erleiden unter bestimmten Trocknungsbedingungen eine Ausdehnung. BERNDT stellte an Platten auf eine Meßlänge von 100 mm eine Längenabweichung von 15μ an den Kanten, 10μ in der Diagonale und 5μ an Parallelen in der Mitte der Platte fest (50, 51). Durch Behandlung mit Äthylalkohol (90%) kann dieser Längen-Effekt auf etwa die Hälfte vermindert werden.

Der Gelatine- und Ross-Effekt. Die Reaktionsprodukte der Entwicklung können die Gelatine an den Bildstellen gerben und dadurch ungleichmäßige Trocknung verursachen. Hierdurch wird die Lage des entwickelten Silbers verändert. Der *Gelatine-Effekt* tritt nur an der getrockneten Schicht in Erscheinung, dagegen nicht, solange die Schicht feucht ist. Der *Gelatine-Effekt*, auf zwei benachbarte, kleine Bildteile bezogen, wird als *Ross-Effekt* bezeichnet. Diese Effekte treten besonders bei ätzalkalischen Entwicklern auf.

V. Die Praxis der Negativ-Entwicklungstechnik

A. Das Ansetzen von Entwicklern und anderen Lösungen

a) Begriffe der Lösungen. Unter *Lösung* versteht man allgemein die Auflösung eines festen Körpers, einer Flüssigkeit oder auch eines Gases in einer anderen Flüssigkeit, zuweilen auch in einer anderen festen Substanz. Die Flüssigkeit, in der ein Stoff gelöst wird, ist das *Lösungsmittel*. Die Menge der Substanz in Gramm, die in 100 Gewichtsteilen der Lösung enthalten ist, bezeichnet man als *Prozentgehalt*. Das Maß, wie leicht und wie weit eine Substanz in einem Lösungsmittel löslich ist, nennt man die *Löslichkeit*. Diese wird ausgedrückt durch: g wasserfreier Stoff in 100 g reinem Lösungsmittel. Die Löslichkeit jeder Substanz hängt von der Natur des Lösungsmittels und von der Temperatur ab. Die Löslichkeit fast aller Substanzen nimmt mit steigender Temperatur zu, da bei der Auflösung *Lösungswärme* verbraucht wird. Diese Erscheinung tritt beispielsweise besonders stark auf beim Auflösen von Natriumthiosulfat krist. in Wasser (Fixierbadansatz). Im Gegensatz dazu steht die Herstellung einer verdünnten Schwefelsäure-Lösung durch Zugießen von Schwefelsäure konz. zu Wasser (niemals umgekehrt!), bei der Wärme frei wird. Vermag das Lösungsmittel keine weitere gelöste Substanz aufzunehmen, so spricht man von *gesättigten Lösungen.* Unter bestimmten Bedingungen, z. B. bei Freihalten von Staub und Erschütterungen, können Lösungen auch über ihren Sättigungspunkt für die betreffende Temperatur hinaus Substanzen gelöst aufnehmen, es bilden sich dann sogenannte *übersättigte* Lösungen, die jedoch sehr instabil sind.

b) Allgemeines über die Herstellung und den Gebrauch von photographischen Lösungen. Für den photographischen Prozeß werden ausschließlich wässerige Lösungen verwendet. Diese Lösungen werden nach Rezepturformeln und Angaben für ein bestimmtes Endvolumen hergestellt. Die *Beachtung des Endvolumens* ist zur Einhaltung der richtigen Konzentration von ausschlaggebender Bedeutung. Wenn man eine Substanz in Wasser löst, dann ist das Volumen der Lösung meistens größer als das des verwendeten Wassers. Man nimmt deswegen zur Herstellung einer Lösung von bestimmtem Gehalt stets zunächst eine geringere Wassermenge zur Auflösung, als es in der Vorschrift angegeben ist, und füllt erst am Ende auf das angegebene Volumen auf. Rezepturen von Lösungen verschiedener Substanzen, wie beispielsweise Entwicklerformeln, enthalten zu diesem Zwecke vielfach am Anfang ein bestimmtes Volumen Wasser, das zur Auflösung bei der gleichzeitig angegebenen Temperatur ausreicht. Nach Auflösung wird mit normaltemperiertem „Wasser bis zu" aufgefüllt.

Gesättigte Lösungen sind in der photographischen Praxis wenig gebräuchlich, da sie in bezug auf ihre Konzentration nicht genügend zuverlässig sind. Derartige Lösungen werden in einfachster Weise dadurch hergestellt, daß eine reichliche Menge der Substanz heiß in Wasser gelöst und anschließend unter gelegentlichem Rühren wieder auf Zimmertemperatur abgekühlt wird. Die vom Bodensatz filtrierte Lösung ist gesättigt.

Oft werden photographische Lösungen von einer bestimmten Stärke (*Konzentration*) in Prozent-Angaben benötigt. Abweichend vom streng wissenschaftlichen Sprachgebrauch beziehen sich derartige Prozent-Angaben auf die Menge des gelösten Stoffes in 100 ccm Wasser Endvolumen. 100 ccm Wasser sind nur unter bestimmten Bedingungen gleich 100 g Wasser. Unter einer 10%igen photographischen Lösung versteht man also eine Lösung, die in 100 ccm 10 g Substanz gelöst enthält. Prozentuale Angaben haben den großen Vorteil, daß sie ein anschauliches Bild über die relative Stärke einer Lösung vermitteln. Konzentrierte Lösungen, die zum Gebrauch mit Wasser verdünnt werden, bezeichnet man als *Vorratslösungen*. Derartige Vorratslösungen sind umso haltbarer, je höher ihre Konzentration ist, weil sie viel langsamer oxydiert werden als schwächere. Dies gilt ganz besonders von Sulfitlösungen und sulfithaltigen Lösungen. Die Höchstkonzentration hängt jedoch in jedem Falle von der Löslichkeit der Substanz ab und wird von der Temperatur begrenzt, außerdem wird sie noch erniedrigt von den anderen gleichzeitig mitgelösten Substanzen. Die unbekannte Konzentration einer Lösung (z. B. Bisulfit- oder Ammoniak-Lösung) kann ermittelt werden durch Bestimmung ihrer *Dichte* mit Hilfe eines Aräometers (BAUMÉ-Grade, WICHTE). Das Aräometer ist auch ein vorzügliches Hilfsmittel, um Lösungen von bestimmter Konzentration herzustellen, bei Verwendung von Chemikalien, die durch die Lagerung infolge Wasseraufnahme oder -abgabe eine Veränderung erlitten haben. So z. B. verwittert bekanntlich Soda krist. allmählich bei längerer Lagerung infolge von Wasserabgabe. Durch Auflösen einer abgewogenen Menge in einer bestimmten Wassermenge kann infolgedessen keine Lösung einer bestimmten Konzentration mehr hergestellt werden, hier kann nur das Aräometer noch helfen. Bei Aräometerablesungen ist auf die jeweilige Temperatur zu achten.

Vorratslösungen mit bestimmtem Prozentgehalt gestatten in einfachster Weise bestimmte Rezepte herzustellen, indem man ein bestimmtes Volumen jeder Vorratslösung abmißt und diese miteinander mischt. Z. B. soll folgende Lösung hergestellt werden:

<pre>
Kaliumferrizyanid . . . . . .   50,0 g
Kaliumbromid . . . .   10,0 g
Soda sicc. . . . .   20,0 g
Wasser bis zu . . . . 1000,0 ccm
</pre>

Stehen von allen drei Substanzen 10%ige Vorratslösungen zur Verfügung, so brauchen nur 500 ccm Kaliumferrizyanid-Lösung, 100 ccm Kaliumbromid-Lösung und 200 ccm Soda Lösung abgemessen, miteinander vermischt und dann mit Wasser auf 1000 ccm aufgefüllt zu werden. Die Verwendung von Vorratslösungen ist eine besondere Erleichterung als Ersatz für das Abwiegen von sehr kleinen Substanzmengen. Das Abwiegen von Substanzmengen von 0,1 g z. B. ist mit normalen Waagen unmöglich, das Abmessen von 10 ccm einer 1%igen Lösung jedoch, die diese Substanzmenge enthält, überwindet diese Schwierigkeit.

Zum *Abmessen* von Flüssigkeiten und Lösungen verwendet man am besten Meßzylinder aus Glas oder, wenn es sich um größere Mengen handelt, Mensuren aus Porzellan oder Emaille. Gefäße aus Steingut sind weniger geeignet, da diese mit der Zeit Risse bekommen und die Flüssigkeiten dann in die Poren eindringen und andere Lösungen verunreinigen. Beim Abmessen einer Flüssigkeit in einem graduierten Meßzylinder stellt man das Auge in der Höhe der Meßmarke ein und gießt solange Flüssigkeit zu, bis der sichtbare, nach unten gewölbte Meniskus des Flüssigkeitsspiegels auf dem Teilstrich aufsitzt. Außerdem ist zu beachten, daß Flüssigkeiten bei höherer Temperatur auch ein größeres Volumen einnehmen; man lese deswegen nach Möglichkeit nur bei Zimmerwärme der Flüssigkeit ab.

Als *Rührer* für kleinere Mengen sind Stäbe aus Glas geeignet. Für größere Mengen kann man sich einen Rührer aus einem runden oder flachen Holzstab herstellen, indem man ihn mit einem Gummischlauch überzieht. Für größere Mengen empfiehlt sich die Beschaffung eines Rührers aus nichtrostendem Stahl. Für jede Lösung soll stets nur ein und derselbe Rührer verwendet werden, um Verunreinigungen zu vermeiden. Man verwende unbedingt getrennte besondere Rührer für Entwickler- und Fixierlösungen.

Zur Herstellung größerer Lösungsmengen sind vor allem geeignet: Eimer aus Decellith (Vinidur) oder Emaille. Zinn-, Kupfer- und Zinkgefäße sind ungeeignet sowohl für Entwickler wie Fixierbäder.

Zur *Aufbewahrung* von Vorratslösungen bestimmter Konzentration gebrauche man ausschließlich Enghalsflaschen mit eingeschliffenem Glasstopfen oder mit Gummi-, Kork- oder Kunststoffschraub-Verschluß. Für stark alkalische Lösungen wie Ätzalkalien, Soda, Pottasche sind Glasstopfen nicht geeignet, da sie sich leicht festfressen; zweckmäßiger sind für derartige Lösungen Gummistopfen. Für stark ätzende Lösungen (Säuren, Ätzalkalien) sind Korkverschlüsse nicht zu verwenden. Bierflaschen gehören keinesfalls in ein Photolabor. Alle Flaschen sind eindeutig zu beschriften (Inhaltsangabe, Konzentration und möglichst Herstellungsdatum).

Als Vorratsgefäße für größere Mengen Positiv-Entwickler hat sich besonders folgende Einrichtung bewährt: Es wird eine 5- oder 10-Liter-Enghalsflasche mit einer seitlichen Abflußöffnung verwendet. In diese Abflußöffnung kommt ein Glasrohr mittels gesichertem Gummistopfen, auf das ein Gummischlauch von etwas größerer Länge als die Höhe der Glasflasche gesteckt ist. Im Ende des Gummischlauches befindet sich wieder ein kurzes Glasrohr. An diesem ist aus starkem Draht ein Haken befestigt, der um den Flaschenhals leicht abnehmbar herumgelegt werden kann. Diese Befestigungsvorrichtung kann auch so ausgebildet sein, daß um den Flaschenhals ein starker Draht mit einem vorderen Haken festgemacht ist und am vorderen Glasrohr des Schlauches befindet sich eine kleine Öse, die in den Haken eingehängt werden kann. Als Flaschenverschluß dient ein durchbrochener Korken mit einem Röhrchen, das mit

Glaswolle gefüllt ist. An Stelle des Röhrchens kann auch ein Glasrohr verwendet werden, das zu einer Kapillare ausgezogen ist. Bei eingehängtem Schlauch wird die Flasche mit Vorratslösung gefüllt und oben verschlossen. Solange der Schlauch hochhängt, kann keine Flüssigkeit ablaufen. Zur Entnahme von Vorratslösung wird der Schlauch oben ausgehängt, wobei gleichzeitig der Schlauch zwischen zwei Fingern abgeklemmt wird. Erst wenn die vordere Öffnung des Schlauches über dem zu füllenden Gefäß steht, läßt man mit dem Klemmdruck nach, wobei die Flüssigkeit zu fließen beginnt. Nach der Entnahme wird der Schlauch wieder abgeklemmt und oben eingehängt. Diese Methode hat sich bestens bewährt. Hähne aus Glas oder Kunststoff sind dagegen weniger geeignet, da sie meistens bald festsitzen und die ersteren außerdem sehr zerbrechlich sind. Eine kleine Öffnung im Flaschenverschluß muß vorhanden sein, da sonst beim Ablaufen der Flüssigkeit ein zunehmender luftleerer Raum entsteht und dadurch schließlich die Flüssigkeit nicht mehr ablaufen kann (s. Abb. 53).

Die Art und Größe des *Entwicklungsgefäßes* richtet sich nach der zur Entwicklung anfallenden Menge photographischen Materials und nach der Menge des Entwicklers. Einzelne Platten, Filme oder Papiere werden in Schalen, einzelne Filmbänder in Dosen und größere Mengen in Tanks entwickelt. Zur Herstellung derartiger Geräte sind Glas, V 2 A-Stahl, Porzellan, Hartgummi, hartglasiertes Steingut und Decellith oder Vinidur besonders geeignet. Letzteres Material zeichnet sich vor allem durch sein geringes Gewicht, seine Unzerbrechlichkeit und leichte Bearbeitbarkeit aus.

Abb. 53. Vorratsflasche für Entwicklerlösungen

Bei der *Herstellung einer Lösung* nach einer Rezepturformel achte man in erster Linie darauf, ob die angegebenen Chemikalien sich auf wasserfreie (sicc.) oder wasserhaltige (krist.) Salze beziehen. Wenn z. B. Soda wasserfrei angegeben ist und es steht nur Soda krist. zur Verfügung, so muß man von letzterer die 2,7fache Menge nehmen. Bei Natriumsulfit muß man aus demselben Grunde das Doppelte der angegebenen Menge verwenden, wenn an Stelle der wasserfreien die kristallisierte Ware genommen werden muß.

Die Geschwindigkeit der Auflösung einer Substanz hängt neben seiner Löslichkeit von der Temperatur des Lösungsmittels, von der Beschaffenheit der Substanz, ob sie fein pulverisiert, stückig oder verkrustet ist, und außerdem auch vom Umrühren ab. Grobkristallisierte und stückige Chemikalien werden zweckmäßig stets zur schnellen Auflösung in einem Porzellanmörser zerkleinert. Beim Auflösen von wasserfreien Substanzen füge man diese unter Umrühren stets dem Wasser zu und nicht umgekehrt, da sich sonst eine fest zusammengebackene Masse bildet, die sich nur sehr schwer auflöst. Die Verwendung von heißem Wasser fördert die Auflösung sehr stark. Da jedoch die meisten photographischen Bäder bei Temperaturen von 18 … 20° C gebraucht werden, müssen sie stets wieder abgekühlt werden, wenn sie sofort benötigt werden. Am praktischesten ist es, die Substanzen in einer kleinen Menge heißen Wassers aufzulösen, anschließend auf das Endvolumen mit kaltem Wasser aufzufüllen und dann auf Zimmertemperatur abzukühlen. Die Temperatur des Ansatzwassers steigere man keinesfalls über 50° C, da hierdurch die Oxydation durch den Luftsauerstoff beschleunigt und die Haltbarkeit der Lösung herabgesetzt wird. Die Temperaturen schätze man nie, sondern man messe sie stets mit einem einwandfreien Thermometer.

Werden zur Herstellung von Lösungen reine Chemikalien verwendet, so sind sie meistens ohne weiteres brauchbar. Lösungen, die nicht klar sind und abgeschiedene Stoffe, wie Schmutz, Sand und sonstige Rückstände enthalten, müssen durch ,,*Dekantieren*" oder *Filtrieren* gereinigt werden. Man läßt zu diesem Zweck die Lösung einige Zeit stehen, bis sich alle festen Bestandteile auf dem Boden abgesetzt haben, und gießt dann vorsichtig die darüber stehende klare Lösung ab. Dieses Verfahren nennt man ,,Dekantieren". Man kann auch die klare Lösung mit einem Schlauch abziehen. Zur Filtration verwendet man Trichter mit Stoff- oder Papierfiltern. Diese Art der Reinigung ist meistens etwas langwierig, außerdem kann sich die Lösung hierbei leicht oxydieren. In den meisten Fällen genügt es, die Lösung durch feinen, gewaschenen Stoff oder Musselin, der auf einen Holzrahmen gespannt ist, zu filtrieren. Dieser Filterbeutel kann nach jedem Gebrauch mit heißem Wasser gesäubert werden. Für Entwickler und Fixierbäder muß man getrennte Filtrierbeutel verwenden.

c) Das Wasser als photographisches Lösungsmittel. Alle photographischen Bäder bestehen fast ausschließlich aus wässerigen Lösungen. Das natürlich vorkommende Wasser, wie Quell-, Fluß- und Brunnenwasser, ist niemals rein, sondern es enthält *gelöste Salze,* wie Bikarbonate, Chloride und Sulfate des Kalziums, Magnesiums, Natriums und Kaliums. Der Gehalt des Wassers an Erdalkalien, Kalzium und Magnesium, wird als *Härte des Wassers* bezeichnet. Die Bezeichnung hartes Wasser im Gegensatz zu weichem Wasser ist abgeleitet vom Verhalten des Wassers gegen Seife. Hartes Wasser bildet beim Waschen mit Seife unlösliche fettsaure Kalk- und Magnesiumsalze, während bei weichem Wasser lösliche fettsaure Kalium- und Natriumsalze entstehen, die sich schlüpferig, weich anfühlen. Die Härte des Wassers wird nach *Härtegraden* gemessen. Ein deutscher Härtegrad (dH°) entspricht dem Gehalt von 10 Gramm Kalk, als Kalziumoxyd bestimmt, in 1000 l Wasser. Weiches Wasser hat bis 8° dH, mittelhartes 8 ... 12° dH. Ein gutes Nutz- und Trinkwasser soll nicht mehr als 18 ... 20° dH zeigen. Die als Bikarbonate im Wasser gelösten Erdalkalien fallen beim Kochen als Karbonate aus, das Wasser wird dadurch weicher. Diese Bikarbonate bedingen die sog. *temporäre* (vorübergehende) Härte. Der Unterschied zwischen der *Gesamthärte* und der temporären Härte bildet die *bleibende* Härte, die auf der Anwesenheit von Sulfaten und Chloriden beruht.

Beim Ansetzen von photographischen Lösungen, die Sulfite und Karbonate enthalten, bilden sich Ausfällungen von Kalziumsulfit und -karbonat, die eine Trübung verursachen und allmählich sich am Boden absetzen. Dieser Niederschlag ist an und für sich unschädlich, wenn während der Behandlung durch Bewegung verhindert wird, daß er sich auf die Emulsion festsetzt. Enthält das Wasser viel Chloride, so kann dadurch bei der Entwicklung eine Verzögerung ausgeübt werden.

An *weiteren Verunreinigungen* sind in natürlichem Wasser vorhanden: *Feste Stoffe* in Form von Staub, Sand und Rost, die Flecken verursachen können; *organische Substanzen* pflanzlichen oder tierischen Ursprungs, oft in kolloidaler Form, so daß sie nicht abfiltriert werden können, die sich jedoch allmählich zusammenballen (koagulieren) und absetzen; *gelöste*

Gase, hauptsächlich Sauerstoff und Kohlensäure, von denen das erstere Entwicklersubstanzen oxydieren kann.

Städtisches Leitungswasser enthält meistens zur Sterilisierung Zusätze von Hypochlorid oder Chlor. Geringste Spuren dieser Chemikalien sind für photographisches Material sehr schädlich, ganz besonders aber für Colormaterial.

Regen- und Eiswasser, das meistens für sehr rein gehalten wird, enthält im allgemeinen keine Salze des Kalziums und Magnesiums, dagegen ist es immer verunreinigt durch Staub und enthält Spuren von Salzen und gelösten Gasen.

Als absolut rein wird immer *destilliertes Wasser* angesehen. Dies ist keineswegs immer der Fall. Destilliertes Wasser reagiert vielfach infolge zu rascher Destillation sauer, außerdem enthält es immer Luft gelöst. Es ist weiter zu beachten, daß bei Aufbewahrung in Flaschen von normalem Glas kaltes destilliertes Wasser in einem Tag 0,2 mg basische Salze pro Quadratdezimeter Glasoberfläche, die mit dem Wasser in Berührung ist, aufnimmt. Bei der Destillation mit Kupferschlangen kann das Wasser Spuren von Kupfer enthalten, die bei der Entwicklung Schleier verursachen. Einwandfrei destilliertes Wasser ist für photographische Zwecke selbstverständlich bestens geeignet. Für die allgemeine photographische Praxis ist die Verwendung von destilliertem Wasser jedoch keinesfalls notwendig, während hingegen für Colorverfahren der Ansatz von Lösungen mit destilliertem, vollkommen neutralem Wasser empfohlen werden muß.

Die Reinigung des Wassers: Die einfachste Art der Reinigung ist das *Abkochen*. Stoffe kolloidaler Natur werden dadurch koaguliert und die gelösten Erdalkalibikarbonate fallen als Karbonate aus, gleichzeitig werden die gelösten Gase entfernt. Man läßt das abgekochte Wasser zum Absetzen stehen oder filtriert. Diese Methode der Reinigung ist besonders empfehlenswert für Amateure und kleinere Betriebe.

Werden größere Wassermengen dauernd verbraucht, dann kann eine *chemische Reinigung* angewandt werden. Zur chemischen Reinigung können folgende Chemikalien als Zusätze verwendet werden:

25 g Kalialaun auf 100 Liter Wasser *oder*
100 g Trinatriumphosphat auf 100 Liter Wasser.

Beide Substanzen fällen die Kalksalze aus und koagulieren die schleimigen Bestandteile, so daß das Wasser nach Stehen über Nacht klar ist. Das klare Wasser wird vom Bodensatz abgehebert und kann als gereinigtes und enthärtetes Wasser zum Ansatz der Lösungen verwendet werden.

Für große industrielle Betriebe mit sehr starkem laufendem Wasserbedarf ist die laufende Enthärtung des Wassers mit *Permutit*-Anlagen zu empfehlen, wie sie seit langer Zeit zur Kesselspeisewasser-Bereitung und in Bleichereien verwendet werden. *Permutite* und *Zeolithe* sind künstliche, pulverförmige Natriumaluminiumsilikate (R. Gans, 1906), die die Eigenschaft haben, dauernd das Natrium gegen die Härtebildner des Wassers Kalzium und Magnesium auszutauschen. Durch Behandlung mit etwa 12%iger Kochsalzlösung können diese Ionenaustauscher immer wieder regeneriert werden (Hersteller: Permutit A. G., Berlin). In neuerer Zeit werden auch Ionenaustauscher auf organischer Basis, Formophenol-Verbindungen, mit ähnlicher Wirkung hergestellt (Organolite, Adams und Holmes, 1935) (193).

An Stelle der Entfernung der Kalksalze werden heute in der photographischen Praxis in größerem Umfange Zusätze von besonderen Chemikalien verwendet, die eine Ausfällung durch *Bildung von löslichen Komplexsalzen* verhindern. Bei Verwendung dieser Komplexsalz-Bildner fallen beim Ansatz von Entwicklern durch Natriumsulfit und Soda keine Kalksalze mehr aus, die Lösungen bleiben klar und ohne jeden Niederschlag. Zur Komplexsalz-Bildung sind besonders Zusätze von Natriumhexametaphosphat $(NaPO_3)_6$, (R. E. HALL, 1934), Pyrophosphat $Na_4P_2O_7 \cdot 10 H_2O$ und Natriumtetraphosphat $Na_6P_4O_{12}$ geeignet (664, 514). Diese Salze sind bei trockener Lagerung gut beständig, in wässerigen Lösungen zersetzen sie sich allmählich durch Hydrolyse unter Bildung von Orthophosphaten (575).

Das Hexametaphosphat ist schwach sauer, bei der Hydrolyse entsteht Mononatriumphosphat. Das Pyrophosphat ist schwach alkalisch, es hydrolysiert zu Dinatriumphosphat und Tetraphosphat. Seine Lösungen wirken bei schwach alkalischen Entwicklern schwach beschleunigend. Tetraphosphat ist das einzige dieser Salze, das weder selbst noch durch seine Produkte bei der Hydrolyse eine Wirkung auf den Entwickler ausübt. Dieses Salz ist auch in Lösungen überaus beständig; in karbonathaltigen Entwicklern ist in 18 Monaten nur $^1/_4$ der Substanz hydrolysiert.

Als Entkalkungszusatz zu schwach alkalischen, mit Borax angesetzten Entwicklern wird 0,05% Natriumtetraphosphat benötigt, bei karbonathaltigen Entwicklern beträgt der erforderliche Zusatz 0,2%. Bei ätzalkalischen Entwicklern geht die Hydrolyse sehr schnell vor sich, so daß ein Zusatz nahezu wirkungslos ist. Ein Mischprodukt verschiedener Phosphate befindet sich im Handel unter dem Namen „Calgon". Dieses Produkt wird vom Hersteller für die verschiedenen Verwendungszwecke entsprechend eingestellt. Für photographische Zwecke ist nur „Calgon pro Photo" geeignet. Als Zusatz werden pro Härtegrad dH und Liter gebrauchsfertige Lösung 0,02 g benötigt (s. S. 42).

Konfektionierte, im Handel befindliche Entwicklerpackungen enthalten mehr oder weniger immer entkalkende Zusätze. Die Klarheit derartiger Entwickler ist mitentscheidend für die Beurteilung der Qualität.

d) Das Ansetzen von Entwicklern. Eine korrekte Rezepturformel enthält die einzelnen Bestandteile stets in der Reihenfolge aufgeführt, wie sie zu lösen sind (Intern. Kongreß 1900).

Ein Entwickler enthält gewöhnlich folgende Bestandteile:

    Entwicklersubstanzen (Metol, Hydrochinon, u. a.),

    Konservierungsmittel (Sulfite), Alkali (Soda, Pottasche, Borax),

    Verzögerer und besondere Zusätze (Bromkalium, Stabilisatoren, Netzmittel).

Wird die Entwicklersubstanz als erste in heißem Wasser gelöst, so oxydiert sie sich sehr rasch und es tritt eine Braunfärbung ein. Bei Zugabe des Konservierungsmittels entfärbt sich diese Lösung wieder. Die natürliche Auflösungsfolge ist demnach: Zunächst Auflösung des Konservierungsmittels, anschließend nach völliger Lösung wird die Entwicklersubstanz zugefügt und in Lösung gebracht. Nachdem auch diese aufgelöst ist, folgt Zugabe des Alkalis und schließlich die restlichen Bestandteile. Eine Ausnahme von dieser Regel ist grundsätzlich zu machen, wenn die Entwicklerformel die Entwicklersubstanz Monomethyl-p-aminophenolsulfat (Temal, Metol, Kodamet u. a. sind Handelsbezeichnungen für diese Substanz) enthält. Diese Substanz ist an und für sich leicht löslich. Wird jedoch das Sulfit zuerst gelöst und anschließend Monomethyl-p-amido-phenolsulfat zugegeben, dann bildet sich, besonders bei hoher Sulfitkonzentration, ein weißer Niederschlag, der aus Metol-Sulfit besteht und der nachträglich nicht mehr zur Lösung zu bringen ist. Ist das Metol einmal in Lösung, dann kann es aus der Lösung sehr schwer verdrängt werden.

Bei metolhaltigen Entwicklern verfährt man am besten so, daß man eine geringe Menge des Sulfits zunächst dem Ansatzwasser zufügt (pro Liter etwa 2 g) und anschließend nach Auflösung Metol zusetzt und in Lösung bringt. Es folgt dann Zugabe der restlichen Sulfit-Menge, wenn auch dieses aufgelöst ist, wird Hydrochinon nach Zufügen gelöst und dann weiter das Alkali und die weiteren Substanzen. Folgende Ansatzregeln sind demnach bei Entwicklern zu beachten:

1. Man löst das Konservierungsmittel immer zuerst, mit Ausnahme bei Ansätzen, die Metol enthalten. Bei Metol-Entwicklern und Metol-haltigen Entwicklern wird nur ein kleiner Teil des Konservierungsmittels gelöst, anschließend ist die Reihenfolge Metol-Sulfit-Hydrochinon-Alkali-Zusätze zu beachten.

2. Enthält eine Ansatzvorschrift gleichzeitig Natriumsulfit und Bisulfite (Natriumbisulfit, Kaliummetabisulfit), so löst man beide gleichzeitig oder nacheinander auf.

3. Kalkausfällende Zusätze („Calgon") setzt man am besten mit dem Konservierungsmittel zu, damit sich erst gar keine Ausfällungen bilden können.

4. Der Ansatz erfolge stets bei einer möglichst niedrigen Temperatur, 50° C soll keinesfalls überschritten werden.

5. Man füge die weiteren Chemikalien erst zu, wenn die vorhergehenden vollkommen gelöst sind.

6. Wasserfreie Chemikalien werden stets dem Wasser zugesetzt und nicht umgekehrt.

7. Nach Lösung aller Chemikalien fülle man auf das vorgeschriebene Volumen auf.

8. Beim Ansatz von konfektionierten Entwicklern beachte man stets die gegebene Gebrauchsvorschrift.

Die bisher geschilderte Ansatzmethode benutzt ein einziges Gefäß, in dem die Substanzen nacheinander aufgelöst werden. Für große Entwicklermengen hat sich auch die getrennte Auflösung von Entwicklersubstanzen und Konservierungsmittel in einem Gefäß und des Alkali und der Zusätze in einem zweiten Gefäß bewährt. Man beachte in diesem Falle, daß die jeweils benutzten Wassermengen weniger als die Hälfte des Gesamtansatzes betragen, auf das Endvolumen wird erst nach Mischung der beiden Teillösungen aufgefüllt.

Das *Ansetzen von konzentrierten Entwicklern* (Vorratslösungen) ist in dem Maße möglich, in welcher Konzentration der am wenigsten lösliche Bestandteil aufgelöst werden kann, ohne auszufallen. Eine Auskristallisation darf auch nicht stattfinden beim Abkühlen auf 4 ... 5° C. Hydrochinon und Metol scheiden sich beim Abkühlen in Vorratslösungen am leichtesten ab. Man kann dies weitgehend verhindern, indem man der Lösung bis etwa 10% Alkohol (Spiritus) zufügt. Diese Maßnahme beeinflußt nur günstig die Löslichkeit der Entwicklersubstanzen, sie verhindert jedoch nicht die eventuelle Abscheidung anderer Bestandteile, da anorganische Salze in alkoholischen Lösungen weniger löslich sind.

Alkohol-Zusatz ist auch in den Fällen zu empfehlen, wo durch falsche Ansatzmethode Metol-Sulfit ausgefallen ist. Ein anderes wirksames Hilfsmittel, diese Substanz in Lösung zu bringen, ist, dem Entwickler etwa 30% eines einwandfrei gelösten Entwicklers zuzusetzen.

Konzentrierte Entwickler sind zum Gebrauch stets zu verdünnen. Der Verdünnungsgrad wird bezeichnet durch die Angabe 1 : x oder 1 + x, wobei x die Anteile Wasser bedeutet. Diese Formel besagt demnach, daß auf 1 Volumenteil Entwickler x Volumenteile Wasser zu nehmen sind, z. B. 1 : 5 = 100 ccm Entwickler + 500 ccm Wasser. Vielfach werden auch Entwickler-Vorratslösungen in zwei *getrennten Ansätzen* verwendet, wobei die eine Teillösung die Entwicklersubstanzen und das Konservierungsmittel und die andere das Alkali und Bromkalium enthält. Derartige Entwickler zeichnen sich durch besonders hohe Haltbarkeit aus. Die Misch- und Gebrauchsvorschrift wird ausgedrückt durch die Angabe: n Teile A + m Teile B + x Teile Wasser, wobei A und B die Teillösungen bezeichnen. Auch die Ausdrucksweise = n A : m B : x Wasser ist üblich. Erfolgt nur eine Mischung der beiden Teillösungen, so entfällt selbstverständlich der Zusatz von Wasser.

e) Prüfung von Entwickler-Ansätzen. Die Rapidität eines Entwicklers ist, abgesehen von seiner generellen Zusammensetzung, in starkem Maße von seiner Alkalität abhängig. Die meßtechnische Größe für die Alkalität, bzw. auch für die Azidität (Säuregrad) ist allgemein der pH-Wert. Der pH-Wert eines Entwicklers beeinflußt seine Wirkungsweise ganz ausschlaggebend. Man kann mit ein und demselben Entwickler nur stets gleichbleibende Ergebnisse erwarten, wenn sein pH-Wert konstant ist. Geringe pH-Wert-Schwankungen sind besonders bei Negativ-Entwicklern von großem Einfluß, während sie bei den stark alkalischen Positiv-Entwicklern oder sogar den ätzalkalischen Repro-Entwicklern von geringer Bedeutung sind. Es kommt weiter hinzu, daß bei schwach alkalischen Lösungen Unreinigkeiten der Chemikalien oder gerinfügige Abweichungen der Ansatzmethode eine beträchtliche pH-Wert-Änderung verursachen. Aus diesem Grunde dient die Kontrolle des pH-Wertes einer Lösung vielfach zur Prüfung des Reinheitsgrades einer Substanz und des richtigen Ansatzes. Unerläßlich ist die pH-Wert-Prüfung bei reinen Metol-Sulfit-Entwicklern ohne jedes Alkali. Metol ist bekanntlich eine sauer reagierende Substanz (schwefelsaures Salz), während der pH-Wert des Sulfits des Handels sehr stark schwankend ist. Bei unkontrollierten Ansätzen kann man unter Umständen einen Entwickler erhalten, der neutral oder schwach sauer reagiert (pH = 7 oder kleiner). Ein derartiger Entwickler hat nur sehr schwache oder beinahe gar keine entwickelnden Eigenschaften. Es ist in der photographischen Literatur deswegen vielfach schon üblich geworden, bei Angaben von Entwicklervorschriften den pH-Wert des Entwicklers als charakterisierend mitanzugeben.

Zur Prüfung des pH-Wertes von Entwicklern und anderen photographischen Lösungen sind für den Verbraucher als einfach in ihrer Anwendung und billig die sog. Indikatorpapiere zu empfehlen, Hersteller: MERCK. Darmstadt, „Universalindikator-Papier"; LYPHAN-Werke, Leipzig. „Lyphan-Papiere". Diese Indikator-Papiere messen allerdings nicht sehr genau, doch ist ihre Genauigkeit vollkommen ausreichend, wenn man jeweils mit demselben Papier mißt und immer auf den gleichen pH-Wert einstellt. Bei der pH-Wert-Messung eines Entwicklers verdünnt man konzentrierte Ansätze zweckmäßig auf die Gebrauchsverdünnung, ebenso hält man auch die Gebrauchstemperatur ein.

Zeigt eine Entwickler-Lösung einen zu hohen pH-Wert, wobei eine Abweichung von 0,2 die erlaubte Fehlergrenze darstellt, so kann der pH-Wert gedrückt werden durch Zugabe von sauren Salzen, wie z. B. Natriumbisulfit oder Kaliummetabisulfit. Bei zu niedrigem pH-Wert wird die Alkalimenge erhöht. Es ist zu beachten, daß ganz geringe Zugaben schon eine beträchtliche pH-Änderung verursachen.

Die pH-Kontrolle eines Entwicklers berücksichtigt nur einen der zahlreichen die Entwicklung beeinflussenden Faktoren. Die Lösung kann beispielsweise den vorgeschriebenen pH-Wert zeigen, beim Ansatz wurde jedoch die Entwicklersubstanz oder das Bromkalium vergessen. Im ersteren Fall entwickelt die Lösung überhaupt nicht, im zweiten Fall arbeitet der Entwickler zu rapid oder es entsteht Schleier. Ein einwandfreies photographisches Arbeiten eines Entwicklers in jeder Beziehung kann deswegen immer nur garantiert werden auf Grund einer photographischen, sensitometrischen Prüfung.

Konfektionierte Entwicklerpackungen garantieren gleichbleibende konstante Wirkung. Bei diesen erfolgt die Prüfung im Fabrikationslaboratorium, eine nochmalige Kontrolle durch den Verbraucher ist vollkommen überflüssig. Durch Benutzung von konfektionierten Entwicklern spart sich der Verbraucher nicht nur Zeit und Arbeit, mancher Ärger wird vermieden und außerdem fördert er dadurch die Forschung und Weiterentwicklung.

f) Die Haltbarkeit von Entwickler-Lösungen. Wird ein frisch angesetzter Entwickler in einer bis zum Rande gefüllten und gut verschlossenen Flasche aufbewahrt, die zur Verhütung des Lichteinflusses braun gefärbt ist, so kann im allgemeinen mit einer Haltbarkeit von sechs Monaten gerechnet werden. Durch Lufteinwirkung, die in zunehmendem Maße bei Entnahme immer eintritt, erfährt der Entwickler, und zwar die Entwicklersubstanz und das Konservierungsmittel, eine Oxydation. Damit sinkt das Entwicklungsvermögen direkt proportional zum Umfang der Zersetzung der Entwicklersubstanz, wobei diese um so schneller fortschreitet, je mehr auch das Konservierungsmittel oxydiert wird. Die Oxydationsprodukte sind normalerweise gefärbt, so daß die Entwickler-Lösung sich bräunt. Hydrochinon wird in Gegenwart von Sulfit zu Dinatriumsulfonaten oxydiert, die farblos sind. Die Farblosigkeit eines alten Entwicklers ist deswegen nicht immer entscheidend für sein einwandfreies Arbeiten, ebenso kann auch ein schwach gefärbter Entwickler durchaus gut brauchbar sein. Frisch angesetzte Entwickler neigen vielfach zur Hervorrufung von Schleier; diese Eigenschaft verschwindet jedoch nach einiger Zeit. Diese Erscheinung ist auf die Wirkung der Oxydationsprodukte des Entwicklers zurückzuführen, welche bei der Aufbewahrung entstehen und die das Auftreten dieses sog. „Luftschleiers" verhindern. Es ist deswegen immer ratsam, Entwickler nie in ganz frischem Zustand zu verwenden, sondern sie möglichst eine Nacht oder wenigstens 6 Stunden vor dem Gebrauch stehen zu lassen.

Die Haltbarkeit eines Entwicklers ist abhängig von seiner Alkalität, dem Sulfit-Gehalt und seiner Konzentration. Stark alkalische Entwickler sind weniger haltbar als geringer alkalische. Ätzalkalische Entwickler sind selbst unter den günstigsten Lagerbedingungen nur einige Wochen haltbar statt normalerweise 6 Monate, wie eingangs erwähnt. Daß die Konzentration des Konservierungsmittels die Haltbarkeit wesentlich beeinflußt, ist ohne weiteres einleuchtend. Eine reine Natriumsulfit-Lösung oxydiert jedoch an der Luft sehr leicht, wenn ihre Konzentration weniger als 10% beträgt. Konzentriertere Lösungen sind dagegen gut haltbar. Vorratslösungen von Natriumsulfit oder konzentrierte Entwicklerlösungen sollten demnach mindestens einen Gehalt von 10% Natriumsulfit enthalten. Je höher ein Entwickler konzentriert ist, um so höher ist auch seine Haltbarkeit. Mit der Gesamtkonzentration nimmt auch die Konzentration des Konservierungsmittels zu. Es ist deswegen immer zu empfehlen, jeden Entwickler möglichst hochkonzentriert anzusetzen und diese Vorratslösung zum Gebrauch entsprechend zu verdünnen.

Sind Entwickler der Lufteinwirkung ausgesetzt durch nur teilweise gefüllte Flaschen, so wird die Haltbarkeit stark verkürzt. Ein normaler Entwickler ist statt 6 Monate in vollgefüllter Flasche nur noch etwa 2 Monate haltbar. Beim offenen Stehen in der Schale wird diese Zeit noch wesentlich stärker verkürzt, bei Papier-Entwickler kann sie nur 2 bis 3 Wochen, ja sogar manchmal nur Tage betragen. Bei sehr empfindlichen Negativ-Entwicklern, insbesondere Feinkorn-Entwicklern, kann als Folgeerscheinung der Oxydation eine derartige Veränderung in der Zusammensetzung eintreten, daß die Rapidität sogar erhöht ist oder durch andere Einflüsse die Feinkornwirkung verlorengegangen ist. Man muß deswegen bei mäßigem Entwicklerverbrauch und beim Aufbewahren von Entwicklern über längere Zeiträume unbedingt Maßnahmen treffen, die eine Oxydation und Veränderung durch Luftsauerstoff ausschließen. Eine dieser Maßnahmen ist, in teilgefüllten Flaschen die Luft zu verdrängen durch Auffüllen mit Kristallglasperlen. Eine andere Methode der Luftverdrängung benutzt als Hilfsmittel einen kleinen Gummiballon. Man bringt einen kleinen Gummiballon (Kinder-Luftballon) in die teilgefüllte Flasche, so daß der Einblasstutzen aus dem Flaschenhals ragt. Dann bläst man Luft hinein, bis die Entwicklerflüssigkeit zum Flaschenhals gestiegen ist, und klemmt dann mit dem Korken im Flaschenhals den Einblasstutzen ab. Dieses Prinzip läßt sich verschiedentlich mit etwas Findigkeit und Fertigkeit abwandeln. Eine andere Möglichkeit zur Erzielung von möglichst vollgefüllten Flaschen besteht darin, für den Ansatz nicht eine große Flasche zu verwenden, sondern eine Anzahl kleinerer, deren Volumeninhalt sich nach der für jede Entwicklung benötigten Entwicklermenge richtet.

Bisher wurde ausschließlich über die Haltbarkeit von Entwicklern gesprochen, bei denen alle Bestandteile gemeinsam in einer Lösung angesetzt sind. Bei diesen Ansätzen schützen sich die Entwicklersubstanzen, insbesondere Metol und Hydrochinon, und das Konservierungsmittel, Natriumsulfit, wechselseitig. Ursprünglich hatte man auf Grund der leichten Oxydierbarkeit von Sulfitlösungen angenommen, daß das Sulfit in Entwicklerlösungen den Sauerstoff wegfange und dadurch so die Entwicklersubstanz schütze. Gestützt auf neuere Forschungen nimmt man heute allgemein an, daß Sulfit mit den Entwickleroxydationsprodukten reagiert unter Bildung der Sulfonate. So wird z. B. beim Hydrochinon die Bildung von Chinon verhütet, das die Oxydation des Hydrochinons durch Luftsauerstoff sehr energisch beschleunigt. Günstig für die Haltbarkeit ist also in jedem Fall sowohl die Anwesenheit von Entwicklersubstanzen wie auch Konservierungsmittel. Das eine wirkt auf das andere und umgekehrt. Vollkommen verfehlt ist es deswegen, die Entwicklersubstanzen mit einem geringen, unzureichenden Zusatz von Natriumsulfit für sich anzusetzen und getrennt davon in einer zweiten Teillösung das Alkali mit dem Konservierungsmittel und Bromkalium. Wird dagegen die erste Teillösung der Entwicklersubstanzen mit ausreichendem Natriumsulfit-Zusatz, möglichst über 10% Gehalt, hergestellt, so erhält man einen Entwickler in zwei Teillösungen von sehr guter Haltbarkeit. Nahezu unbeschränkt wird seine Haltbarkeit, wenn statt des neutralen Natriumsulfits das saure schwefligsaure Salz, Natriumbisulfit oder Kaliummetabisulfit, verwendet wird. Auch verdünnte Lösungen dieser Salze sind sehr gut haltbar. Da sie sauer reagieren, müssen Entwickler mit Bisulfit als Konservierungsmittel einen entsprechend höheren Alkali-Zusatz erhalten. Bei Vorschriften, die Bisulfit verwenden, ist dies schon berücksichtigt. Getrennte Teillösungen für Entwicklersubstanzen mit Zusatz des Konservierungsmittels, und zwar als solche fast immer die sauren Sulfite, und für die Alkalien und Bromkalium, haben sich deswegen besonders für ätzalkalische Entwickler bewährt. Abschließend sei noch bemerkt, daß auch die Temperatur für die Haltbarkeit mitentscheidend ist. Jede chemische Reaktion verläuft bei höherer Temperatur schneller, dementsprechend wird auch die Oxydation durch Temperaturerhöhung beschleunigt. Kühle Lagerung der Entwickler erhöht ihre Haltbarkeit.

B. Die Entwicklungsmethoden

a) Die „individuelle" Schalenentwicklung. Bis um die Jahrhundertwende wurde jede einzelne Aufnahme einzeln für sich entwickelt. Das Entwickeln war eine Art heiliger Handlung. Von der Fähigkeit, sie richtig auszuüben, hing der ganze Erfolg ab. Das Endziel der Photographie war zwar schon damals wie auch heute noch naturgemäß das gute Positiv; um es zu erreichen, war aber in allen Teilen ein richtig abgestuftes Negativ die unerläßliche Vorbedingung. Die Kopierpapiere und die Vergrößerungspapiere waren damals hinsichtlich ihrer Gradationsverschiedenheit eng begrenzt. Ihrem beschränkten Wiedergabevermögen mußte der Negativcharakter unbedingt angepaßt werden. Deshalb überwachte man die Entwicklung jeder einzelnen Aufnahme und griff verbessernd in den Gang der Entwicklung ein. Man entwickelte „individuell". Die individuelle Schalenentwicklung wird heute, abgesehen von ihrer generellen Anwendung im Positivprozeß, mit Vorteil verwendet bei der Entwicklung von einzelnen Reproaufnahmen und von schwierigen technischen und Innen-Aufnahmen auf Platten, Plan- und Packfilmen. Die Entwicklung wird hierbei unter Verwendung von geeignetem Dunkelkammerlicht überwacht und nach Erzielung des optimalen Ergebnisses abgebrochen.

Für die Schalenentwicklung werden meistens rapid arbeitende und verhältnismäßig konzentrierte Entwickler verwendet.

b) Die Zeit- und Dosen-Entwicklung. Zur Entwicklung von Filmbändern, wie Roll- und Kleinbildfilmen, ist die Schalenentwicklung nur behelfsmäßig geeignet. Man zieht zu diesem Zwecke das Filmband, das an beiden Enden festgehalten wird, möglichst unter Verwendung einer Glasrolle durch den Entwickler in der Schale. Hierbei entstehen jedoch auf der in nassem Zustand leicht verletzlichen Schicht meistens Kratzer und Schrammen. Diese Nachteile werden vermieden bei der Verwendung von kleinen Trommeln, auf die der Film spiralförmig gespannt wird und die nach Einsetzen in die Entwicklerschale mit einer Handkurbel gedreht werden.

Neben diesen mehr behelfsmäßigen Methoden werden heute zur Entwicklung von einzelnen Filmbändern fast ausschließlich Entwicklungsdosen verwendet. Die Entwicklungsdose besteht aus zwei Teilen: dem mit Deckel verschließbaren Gefäß zur Aufnahme der Entwicklerlösung und der Spule zur Aufwickelung des Filmes. Beide Teile sind heute fast ausschließlich aus Kunststoff hergestellt. Die Filmaufwickelspule kann verschieden ausgebildet sein und zwar gibt es Spulen mit *Correx-Band* (z. B. LEITZ) und Spulen mit Spiralnuten (z. B. JOBO-Tank), Abb. 54 und 55. Bei der Spule mit *Correx-Band* wird der

Abb. 54. *a, b.* Entwicklungsdose mit *Correx-Band*. (LEITZ-Dose)

Film zusammen mit einem seitlich gekröpften Zelluloidband auf den Spulenkern gerollt. Das *Correx-Band* hat den Zweck, zu verhüten, daß die einzelnen Filmlagen bei der Entwicklung zusammenkleben, und es ermöglicht die gleichmäßige Entwicklung des ganzen Filmes. Bei der Spiralnutspule entfällt das *Correx-Band*. Die beiden Seitenflächen der Spule enthalten eine spiralförmig angebrachte Nut, in die der Film meistens hineingeschoben wird. Bei einer Abart von Spulenkonstruktionen kann der Film mit Hilfe einer besonderen Vorrichtung auch von innen nach außen in die Spiralnuten gezogen werden. Bei Spiralspulen können die Spulenteller verstellbar angeordnet sein, so daß in derselben Dose ohne besondere Hilfsmittel verschieden breite Filmbänder (Rollfilme und Kleinbildfilme) entwickelt werden können. Bei Spulen mit *Correx-Bändern*

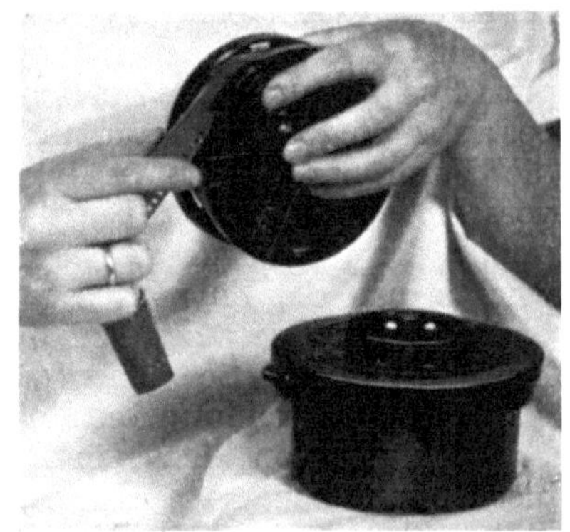

Abb. 55. Entwicklungsdose mit Spiralnut-Einsatz (JOBO-Tank 35 F) (seitliche Öffnungen ermoglichen ein Nachhelfen beim Einlegen des Filmes)

muß für jede Filmbreite ein besonderes *Correx-Band* verwendet werden. *Correx-Bänder* haben jedoch wieder unter anderen den Vorteil, daß bei doppelseitig gekröpftem Band gleichzeitig zwei Filmbänder aufgewickelt und entwickelt werden können. Bei den Spiral-Entwicklungsspulen treten häufig Schwierigkeiten beim Einschieben des Filmes in die Spiralnut auf.

Wird die Reibung des Filmes an den Nutflächen zu groß, so sperrt der Film und läßt sich nicht in seiner ganzen Länge in die Spule hineinschieben. Dies tritt besonders auf, wenn die Spule nicht vollkommen trocken oder wenn sie verschmutzt ist. Häufig kann der Widerstand durch Aufstoßen auf dem Tisch beseitigt werden. Falls dieses Mittel nicht hilft, muß man die Spule mit dem Film in reines Wasser bringen, wodurch die Reibung stark verringert wird und das weitere Hineinschieben des Films leicht vonstatten geht. Man mache jedoch von diesem Verfahren nur in Ausnahmefällen Gebrauch und beachte, daß Wasser- und Entwicklertemperatur nicht zu stark voneinander abweichen.

Die Spule mit dem Film wird in die mit einer genügenden Menge Entwickler gefüllten Dose gesetzt und ein paarmal langsam auf und ab bewegt und gedreht, um anhaftende Luftblasen zu beseitigen. Das Einsetzen der Spule in die leere Dose und nachträgliches Hinzugießen des Entwicklers verursacht meistens ungleichmäßige Entwicklung und die Bildung von Streifen und Flecken.

Während der Entwicklung in der Dose muß der Film durch Drehen der Spule mäßig bewegt werden. Die Spule ist immer links herum, also nicht im Uhrzeigersinn, zu drehen, anderenfalls kann sich der Film herausspulen. Die Bewegung beeinflußt, wie die Temperatur, das Entwicklungsergebnis. Unter mäßiger Bewegung versteht man das Drehen der Spule jede Minute einmal, wenn die Entwicklungszeit kürzer als 10 Minuten ist. Liegt die Entwicklungszeit über 10 Minuten, dann wird die Spule alle zwei Minuten einmal bewegt.

Die Dosen-Entwicklung hat den sehr schätzbaren Vorteil, daß nach dem Einlegen des Films die Entwicklung selbst und die nachfolgenden Prozesse im Tageslicht ausgeführt werden können. Eine Weiterentwicklung dieser einfachen Entwicklungsdosen sind die Tageslicht-Entwicklungsdosen (z. B. *Jobo, Rondinax*), bei denen auch das Einlegen des Filmes bei Tageslicht erfolgt.

Die Dosen-Entwicklung erfolgt „blind", nach Zeit und Temperatur. Nur in den wenigsten Fällen wird die Entwicklung überwacht, bei den Spiraldosen ist das gänzlich unmöglich, und eine individuelle Entwicklung jeder einzelnen Aufnahme des Filmbandes ist gänzlich ausgeschlossen. Roll- und Kleinbildfilme enthalten nebeneinander vielfach die verschiedensten Motive mit stark abweichenden Belichtungen. Ein für derartige Aufnahmen geeigneter Entwickler muß vor allem ein erhebliches Ausgleichsvermögen besitzen. Er muß sowohl jeden überhaupt entwickelbaren Lichteindruck herausholen wie auch zu hohe Lichterdeckung vermeiden. Außerdem muß er möglichst feinkörnig arbeiten, um gegebenenfalls eine ausreichende Vergrößerungsmöglichkeit zu gewährleisten. Als weitere Forderung tritt konstantes Entwicklungsvermögen bei wiederholtem Gebrauch hinzu. Entwickler, die diesen Anforderungen voll und ganz genügen, sind die sogenannten *Feinkorn-Ausgleichs-Entwickler*. Ihre Ausgleichswirkung ist das Primäre, die Feinkornwirkung eine Folge des Ausgleichsvermögens. Darüber hinaus gibt es jedoch noch besonders feinkörnig arbeitende Entwickler, deren Zweck in erster Linie die Feinkornwirkung ist und bei denen die Feinkörnigkeit durch die Verwendung einer besonderen Entwicklersubstanz verursacht wird. Diese Art Entwickler bezeichnet man als *„echte" Feinkorn-Entwickler*. Beide Entwicklertypen sind Zeit-Entwickler, d. h. sie arbeiten verhältnismäßig langsam.

Die erforderliche Entwicklungszeit zur Erzielung optimaler Entwicklungsergebnisse ist weder eine Konstante des betreffenden Entwicklers noch des Aufnahmematerials. In einem gegebenen Entwickler werden im allgemeinen wohl höher empfindliche Schichten langsamer hervorgerufen als niedrig empfindliche, doch können bei anderen Fabrikaten derselben Empfindlichkeit wesentlich andere Ergebnisse auftreten. Wesentlich beeinflußt wird die Entwicklungszeit durch die Temperatur und die Bewegung bei der Entwicklung. Unter optimaler Entwicklung versteht man die Entwicklung des Negativs zu einem bestimmten Kontrast (Gamma), so daß das Negativ gut kopier- und vergrößerungsfähig ist.

Auf Grund sensitometrischer und praktischer Vergleichsprüfungen wird heute allgemein ein Negativ-Gamma von etwa 0,9 ... 1,1 zur Herstellung von Kontaktkopien und von 0,7 ... 0,8 zur Herstellung von Vergrößerungen als optimal angesehen. Der Verbraucher hat meistens keine Möglichkeit, das Gamma zu bestimmen, er kann die Entwicklungszeit nur aus einer Reihe von Entwicklungsversuchen unter Variation der Zeit und Temperatur ermitteln. Ein wertvolles Hilfsmittel zur Erzielung einwandfreier und konstanter Entwicklungsergebnisse sind deswegen sog. Gamma-Zeit-Temperatur-Tabellen für alle gebräuchlichen Filmmaterialien, wie sie in einzigartiger Weise bisher nur von Tetenal für ihre Entwicklerprodukte herausgegeben werden. Kodak wählt graphische Darstellungen, berücksichtigt jedoch nur die eigenen Filmfabrikate (s. S. 111).

c) Die Tank-Entwicklung. Zur Entwicklung größerer Filmmengen, wie sie in der Kopieranstaltpraxis anfallen, dienen die sog. Entwicklertanks. Diese Tanks sind meistens Steingut- oder Kunststoffbehälter von 10, 15, 35 und 70 Liter Fassungsvermögen. Entwicklertanks müssen zwei wesentlichen Forderungen genügen: das Entwicklungsgut muß mit leichter Mühe in den Tank hineingehängt, im Entwickler leicht bewegt und zur Kontrolle herausgenommen werden können und außerdem darf die Berührungsfläche des Entwicklers mit der Luft nicht sehr groß sein. Es werden deswegen bevorzugt hohe schmale Tanks verwendet. Das Aufnahmematerial (Platten, Planfilme, Roll- und Kleinbildfilme) wird unter Benutzung besonderer Rahmen und Spannvorrichtungen in den Tank gehängt (Abb. 56).

Abb. 56. Tank-Anlage für die Negativ-Entwicklung. (Meteor)

Die Tankentwicklung ist gleichbedeutend mit der früher allgemein üblichen Bezeichnung „Standentwicklung", wie sie von Meydenbauer (1896) in die Entwicklungstechnik eingeführt wurde. Früher verwandte man für diese Standentwicklung ausschließlich stark verdünnte Normal-Entwickler. Derartige Entwickler haben den Nachteil, daß sie sehr schnell verbraucht werden und keine Konstanz bei wiederholtem Gebrauch auf-

weisen. Im Gegensatz dazu sind die heutigen Tankentwickler verhältnismäßig hochkonzentrierte Lösungen, die in ihrer Zusammensetzung und
Wirkungsweise zu den Feinkorn-Ausgleichs- und echten Feinkorn-Entwicklern zu rechnen sind. Die Tankentwicklung ergibt konstante und gleichmäßige Resultate, wenn automatisch nach der Zeit- und Temperatur-
methode gearbeitet wird. Der Kontrast eines Negatives wird bei einem
gegebenen Entwickler beeinflußt von der Bewegung, der Temperatur
und der Entwicklungszeit. Bei der Tankentwicklung entfällt die Bewegung
beinahe ganz. Man beachte jedoch, daß das Entwicklungsgut gleich nach
dem Einhängen mehrere Male langsam möglichst unter Stoßen oder Rucken
herausgezogen und wieder eingehängt werde, damit anhaftende Luftblasen
beseitigt werden. Während der Entwicklung hebe man das Material
wenigstens alle zwei Minuten heraus, es wird dadurch die Gleichmäßigkeit der Entwicklung gefördert und „Richtungseffekte" werden vermieden
(s. S. 122). Als konventionelle Entwicklertemperatur wird der Bereich
von 18 ... 20° C angesehen. Entwicklungstemperaturen unter 17° C sind
möglichst zu vermeiden, da bei tiefen Temperaturen die Empfindlichkeits-
Ausnutzung geringer ist. Es bestehen jedoch keine Bedenken, bei höheren
Temperaturen bis 24° C zu entwickeln, wenn die Entwicklungszeit entsprechend verkürzt wird. Meistens ist eine Erwärmung des Tankinhaltes
mit keinen Schwierigkeiten verbunden, dagegen ist es weniger leicht,
den Entwickler auf die richtige Temperatur abzukühlen.

Ist die Temperatur des Entwicklers unter 16° C, dann muß er ange-
wärmt werden. Am einfachsten geschieht dies mit Hilfe eines elektrischen
Badwärmers aus nichtrostendem Stahl. Hierbei ist darauf zu achten,
daß der Entwickler nicht lokal richtig temperiert wird und nicht besonders
am Boden Zonen niedriger Temperatur bestehen bleiben. Man hüte sich
auch davor, den Inhalt zu kräftig umzuwirbeln, wobei gleichzeitig der
Bodensatz aufgerührt wird. Zweckmäßiger sind deswegen vielfach sog.
„Bierwärmer", die aus einem langen, unten geschlossenen Metallrohr bestehen und mit heißem Wasser gefüllt werden. Mit diesem Hilfsmittel kann
man nach Einhängen in den Tank durch schwache Bewegung den Inhalt sehr
gleichmäßig aufwärmen. Wenn keine besonderen Hilfsmittel zur Verfügung stehen, dann kann man dem Tank einige Liter Entwickler entnehmen
und nach Anwärmen wieder dem Tank zusetzen. Auch hierbei ist ein Umrühren nicht zu vermeiden. Viel schwieriger ist das Abkühlen eines Entwicklers bei zu hoher Temperatur. Man hüte sich vor allem davor, dem
Entwickler Eis zuzusetzen. Diese Maßnahme wäre gleichzusetzen mit
einer Verdünnung mit Wasser. Dagegen kann man in den Entwickler
eine Blase aus Gummituch oder Polyäthylenfolie, wie sie jetzt als Frisch-
haltebeutel im Handel sind, mit Eis gefüllt in den Tank hängen. Ebenso
geeignet sind hierzu die vorher erwähnten Bierwärmer. Beträgt die Temperatur des Leitungswassers 20° C und niedriger, so berieselt man mit diesem
Wasser äußerlich den Tank, wobei man zweckmäßig Sackleinen um den
Tank wickelt zur Erhöhung der Wirkung. Bei allen diesen Kühlungsme-
thoden muß man stets auf gleichmäßige Temperatur des ganzen Tankinhaltes achten.

Bei größeren Entwicklungsanlagen verwendet man zur ständigen
Konstanthaltung der Temperatur der Bäder mehr oder weniger automatisch arbeitende Thermostaten. Derartige Thermostaten werden besonders für die Röntgen-Entwicklung in Instituten und Krankenhäusern

empfohlen (Hersteller: Dr. VOGLER, Hamburg). Bei Entwicklerkapazitäten über 1000 l erreicht man eine einheitliche Temperatur des Entwicklers nur durch dauerndes Umpumpen über in Thermostaten liegende Röhrensysteme.

Bei der Negativ-Entwicklung allgemein und in vorliegendem Fall bei der Tankentwicklung erstreben wir zarte, gut kopier- und vergrößerungsfähige Negative, die weder zu hart noch zu weich sind, die also eine mittlere Gradation (Gamma = 0,6 ... 0,9) haben. Zur Erreichung dieses Zieles ist der dritte veränderliche Faktor, neben der Temperatur und der Bewegung, die Entwicklungszeit. Da jede Filmsorte fast eine andere Entwicklungszeit zur Erreichung des optimalen Gammas erfordert, so erscheint es zunächst fast hoffnungslos, alle in einem größeren Laborbetrieb anfallenden Filmsorten automatisch nach Zeit zu entwickeln. TETENAL versucht dieses Problem dadurch zu lösen, daß den Entwicklern Tabellen beigelegt werden, die neben Angaben über die Temperaturabhängigkeit der Entwicklung noch Zeitangaben für die einzelnen Filmsorten enthalten und zwar derart, daß diese unter drei Entwicklungsgruppen aufgeteilt sind. Praktisch verfährt man danach folgendermaßen: schnell entwickelnde (Gruppe I) und langsam entwickelnde (Gruppe III) Filme werden aussortiert und so in den Tank eingehängt, daß sie ohne Verwechslungsgefahr früher oder später aus dem Tank herausgenommen werden können als die Filme der Gruppe II. Die Praxis hat gezeigt, daß in bestimmten Gegenden bestimmte Filme besonders häufig verwendet werden. Man kennt diese sehr bald hinsichtlich ihrer Entwicklungseigenschaften und eine Vorsortierung ist mit keinen Schwierigkeiten verbunden.

Es ist eine allbekannte Tatsache, daß bei jeder Entwicklung von Negativmaterial im Tank Entwicklerverluste auftreten und als Folge davon der Flüssigkeitsspiegel des Tanks stetig sinkt. Mit jedem entwickelten Filmstreifen entnimmt man dem Tank kleine Mengen Entwickler, die von der Schicht aufgesogen sind und dem Film auf der Vorder- und Rückseite anhaften. Diese Menge beträgt für einen Roll-, bzw. Kleinbildfilm etwa 15 bis 20 ccm. Bald ist es deswegen erforderlich, Flüssigkeit nachzufüllen, da anderenfalls die zu entwickelnden Filme nicht mehr in die Entwicklerflüssigkeit eintauchen. Es kommt weiter hinzu, daß der Entwickler ständig verbraucht wird, damit tritt gleichzeitig eine Anhäufung an Reaktionsprodukten ein, das Entwicklungsvermögen läßt allmählich nach und die Wirkungsweise des Entwicklers kann sich schließlich gänzlich ändern. Zur Ergänzung der Entwicklerverluste und zur Regenerierung sind deswegen besondere Nachfüll-Lösungen erforderlich. Eine richtig abgestimmte Nachfüll-Lösung muß so beschaffen sein, daß der Verlust an wirksamen Chemikalien fortlaufend ergänzt und der sich bei der Entwicklung bildende Überschuß an Bromsalzen kompensiert wird. Diese Forderung kann der Entwickler selbst als Nachfüll-Lösung niemals vollkommen erfüllen. Er kann wohl zum Teil, aber auch nur zum Teil, die verbrauchten Substanzen ergänzen; er erhöht jedoch gleichzeitig, wenn er Bromkalium enthält, die Bromsalz-Konzentration, wirkt also in diesem Falle sogar nachteilig. Vollkommen abwegig ist es, die Entwicklerflüssigkeit durch Nachfüllung von Wasser zu ergänzen. Durch Wasserzugabe wird der Entwickler laufend verdünnt. Man verliert dadurch vollkommen die Übersicht über sein Entwicklungsvermögen, außerdem wird seine Haltbarkeit dadurch sehr stark beeinträchtigt. Es ist selbstverständlich, daß man nicht unbegrenzt mit Nachfüll-Lösung arbeiten kann; auch das System der Regenerierung hat seine Grenzen. Der Regenerator vermag wohl die nachlassende Kraft des Entwicklers zu erneuern und die hemmende Wirkung der Bromsalze zu kompensieren, trotzdem verändert sich allmählich der ursprüngliche Charakter des Entwicklers und außerdem sammeln sich Verunreinigungen chemischer und mechanischer Art an.

Im allgemeinen soll die insgesamt nachgefüllte Lösungsmenge nicht mehr als die Hälfte des ursprünglichen Tankansatzes betragen. Aus dieser Regel läßt sich die Ergiebigkeit, die man von einem Tankentwickler fordern kann, errechnen. Werden pro entwickelten Film 15 ccm Entwickler verschleppt und wurden in einem 70-Liter-Tank die Entwicklerverluste durch 30 l Nachfüll- oder Regeneratorlösung ergänzt, so ergibt sich die Anzahl der entwickelten Filme zu 2000 Stück. Diese Zahl für die Ausnutzungsfähigkeit eines 70-Liter-Tankes gilt nur als Richtzahl, sie schwankt in engen Grenzen je nach der Sorgfältigkeit der Entwicklungsarbeiten, jedoch sind Abweichungen um 50% und mehr reine Phantasiezahlen. Diese Zahl ist für alle heute gebräuchlichen Tankentwickler mehr oder weniger gleich. Entscheidend für die Qualität eines Tankentwicklers ist, daß die Entwicklungszeit bis zu diesem Ausnutzungsgrad sich nicht sehr wesentlich verlängert. Im allgemeinen ist eine Entwicklerlösung unbedingt zu ersetzen, wenn die Entwicklungszeit, die notwendig ist, um ein Bild bestimmten Kontrastes zu entwickeln, etwa das Doppelte der anfänglichen Entwicklungszeit beträgt.

Bei großen Tankansätzen empfiehlt es sich, den Entwickler auf seine Wirkungsweise von Zeit zu Zeit zu überprüfen. Dies geschieht am einfachsten und besten nach folgender Methode: Man fertigt sich von einem guten, detailreichen Negativ ein Standard-Diapositiv an. Von diesem stellt man mit einer ein für allemal festgelegten Belichtung auf Negativmaterial eine Kopie her, die man in dem zu prüfenden Entwickler entwickelt. Man beobachtet dabei die Temperatur, die Zeit und auch den erzielten Kontrast. Das entwickelte Bild vergleicht man dann mit anderen in ähnlicher Weise früher hervorgerufenen Kontrollbildern, und zwar sowohl hinsichtlich der Deckung der Spitzlichter als auch der Durchzeichnung der Schatten. Wenn die Deckung der Spitzlichter, durch die vor allem der Kontrast bestimmt wird, nachläßt, so muß entsprechend länger entwickelt werden. Zeigt das Negativ eventuell bei verlängerter Entwicklungszeit gleichen Kontrast wie das Kontrollnegativ und sind Einzelheiten in den Schatten nach wie vor gut wiedergegeben, so ist der Entwickler noch gut weiter gebrauchsfähig. Bleiben jedoch die Schattenzeichnungen trotz verlängerter Entwicklungszeit bei gleichem Kontrast zurück und kommen nicht mehr heraus, dann muß der Entwickler durch einen Neuansatz ersetzt werden.

d) Die Maschinen-Entwicklung. In der ersten Zeit der Kinoindustrie wurden die Kinefilme (Negativ und Positiv) auf Rahmen in Tanks ähnlich der Tankentwicklung oder vereinzelt auch auf Trommeln mit *Correx-Bändern* entwickelt. Mit „Rahmenentwicklung" arbeiten heute nur noch kleinere Betriebe, ihr Nachteil ist neben häufig auftretenden Entwicklungsfehlern (s. Fehler, Rahmenmarken), daß nacheinander entwickelte Szenen nicht genau in ihrer Dichte und Gradation übereinstimmen, und außerdem ist die Leistungsfähigkeit dieses Verfahrens sehr beschränkt. In Großbetrieben erfolgt heute die Kinefilm-Entwicklung ausschließlich mit Entwicklungsmaschinen. Die Entwicklungsmaschine besteht im Grundprinzip aus einer Transporteinrichtung für den Film und einer Anzahl von mehr oder weniger röhrenförmigen Tanks aus Kunststoffen (Vinidur, Plexiglas, früher Glas), die mit den verschiedenen Behandlungsbädern gefüllt sind und durch die der Film über Rollen und Walzen geführt wird. In den ersten Tanks erfolgt die Entwicklung, in dem anschließenden Tank

Abb. 57. Maschinen-Entwicklungsanlage für Umkehr-Schmalfilm (ARNOLD & RICHTER, München)

die Zwischenwässerung, in weiteren (ein oder auch mehrere) die Fixage und schließlich am Schlusse die Wässerung. An die Wässerung schließt sich die Trocknung an. Sie erfolgt in einem Trockenschrank, in dem der Film in verschiedener Weise über Walzen und Rollen läuft und dabei durch einen staubfreien, angewärmten Luftstrom mit einer Eintrittstemperatur von maximal 45° C getrocknet wird. Die dabei eintretende Schrumpfung wird durch Nachgeben des Rollensystems ausgeglichen. Die Leistungsfähigkeit einer Maschine hängt von der Länge des Filmweges und der Geschwindigkeit ab. Ist die Geschwindigkeit konstant, so wird die Entwicklungszeit reguliert durch Verlängerung, bzw. Verkürzung des Entwicklungsweges. Das Antrieb- und Führungssystem ist meistens so eingerichtet, daß auf den Maschinen sowohl Normal- wie auch Schmalfilme von 16 mm entwickelt werden können (Abb. 57).

Zur Entwicklung von Kinefilmen werden, je nachdem es sich um die Entwicklung von Negativ- oder Positivmaterial handelt, Negativ- oder Positiv-Entwickler verwendet. Negativ-Entwickler für die Maschinenentwicklung sind Ausgleichs-Entwickler ähnlich in ihrer Zusammensetzung den Tankentwicklern. Positiv-Kinefilm-Entwickler arbeiten wesentlich brillanter und rapider, es werden fast ausschließlich karbonatalkalische

Metol-Hydrochinon-Zusammensetzungen verwendet. Besonders kontrastreich arbeitende Entwickler zur Titelherstellung sind die sog. Titel-Entwickler.

Die Konstanthaltung der Entwicklungseigenschaften bei Maschinen erfolgt durch dauernde und automatische Regenerierung, während sie bei der Tankentwicklung diskontinuierlich, mit Unterbrechungen ausgeführt wird. Diese Regenerierung wird meistens auf folgende Weise durchgeführt: Die Entwicklungsröhren der Maschine sind über ein Röhrensystem mit Zu- und Ablauf mit einem besonderen Mischbehälter verbunden. Der Mischbehälter enthält eine bestimmte Menge frischen gebrauchsfertigen Entwicklers, der nun dauernd mittels Pumpen über die Röhren in den Entwicklungstank der Maschine zirkuliert. Nach Maßgabe des Verbrauches bei der Entwicklung erfolgt im Mischbottich automatisch Zugabe von entsprechender Nachfüll-Lösung und damit Regenerierung. An welcher Stelle der Maschine der Zulauf stattfindet, ist nicht gleich. Amerikanische Praktiker empfehlen als Zulauf bei der Negativ-Entwicklung zu einem niedrigen Gamma mit langsam arbeitenden Entwicklern von hohem Sulfit-Gehalt die Einlaufstelle des Filmes, damit die Entwicklung stets in frischem regeneriertem Entwickler beginnt und so kein Empfindlichkeitsverlust durch die Oxydationsprodukte eintritt. Bei der rapider arbeitenden Positiv-Entwicklung wird dagegen der Zulauf des regenerierten Entwicklers in den letzten Entwicklungstank gelegt, damit die Entwicklung immer in gebrauchtem Entwickler beginnt und so mit größerer Sicherheit das Auftreten eines Schleiers vermieden wird.

Zur Überwachung des Entwicklungsvorganges werden bei Maschinen-Entwicklung Gradationsteststreifen vielfach mitentwickelt. Die automatische Maschinenentwicklung hat sich in neuester Zeit auch bei der Mikrofilm-Dokumentation bewährt.

e) Die Umspul-Entwicklung. Im Luftbild werden heute Filmbänder von 20 und 30 cm Breite und 30 und 60 m Länge verwendet. Zur Entwicklung derartig abnormbreiter Filme haben sich in vorzüglicher Weise in allen Ländern besondere Filmumspulgeräte bewährt. Dieses Umspulgerät besteht aus einem Gestell aus nichtrostendem Stahl mit zwei drehbaren Rollen. Der Film wird zunächst auf der einen Spule in trockenem Zustand aufge-

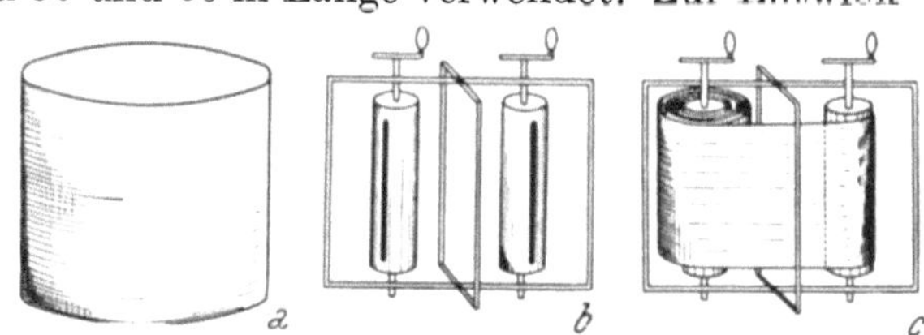

Abb. 58. Umspul-Entwicklungsgerät für Filmbänder beliebiger Breite (insbesondere für Luftbildfilme)

a Entwicklungsgefäß, *b* Umspulvorrichtung mit Handkurbeln, *c* Umspulvorrichtung im Betrieb (Handkurbeln können durch automatisch umschaltbaren Motor ersetzt werden)

wickelt und dann das lose Ende an der anderen Spule befestigt. Das Gestell wird nunmehr in einen mit Entwickler gefüllten Bottich gesetzt und der Film durch abwechselndes Drehen an Handkurbeln dauernd von der einen Spule auf die andere umgerollt und umgekehrt. Statt der Handkurbeln kann auf das Gestell auch ein Motor aufgesetzt werden, der die Umspulung ausführt. Der Motor enthält eine automatische Umschaltvorrichtung, die in Tätigkeit tritt, wenn nach der Abspulung von der einen Rolle ein starker Zug erfolgt (Abb. 58).

Für die Luftbildphotographie haben sich kräftig arbeitende Entwickler bewährt. Nachfüll-Lösungen werden nicht verwendet, der Entwickler wird nur einmal benutzt.

Die Umspul-Entwicklung beginnt sich allmählich auch in anderen Anwendungsgebieten der Photographie Eingang zu verschaffen. Für die Dokumentation befinden sich heute schon derartige Geräte auf dem Markt.

f) Die Reinigung der Entwicklungsgeräte. Bei wiederholtem Gebrauch setzen sich an die Entwicklungsgeräte Abscheidungen vielfacher Art und Natur ab: Silberniederschlag, Entwickleroxydationsprodukte, Gelatinereste und andere mehr. Von Zeit zu Zeit ist deswegen eine Reinigung aller Geräteteile unbedingt erforderlich.

Zur *Reinigung von Schalen, Tanks, Dosen* ist folgende Lösung zu empfehlen:

Wasser . . . . 1,0 l

Kaliumbichromat . . . . 90,0 g

Schwefelsäure, konz. . . . . 90,0 ccm.

Kaliumbichromat wird zunächst in Wasser gelöst und dann unter Umrühren die Schwefelsäure zugesetzt (nicht umgekehrt!).

Diese Lösung wird in die zu reinigenden Gefäße nach Entfernung der Metallteile gefüllt. Es genügt zur Reinigung eine kleine Menge der Lösung, wenn man die Gefäße so hin- und herbewegt, daß die Reinigungsflüssigkeit überall hinkommt. Dieses Reinigungsmittel entfernt alle Oxydationsprodukte, Silberniederschlag und Farbstoffflecken. Es wirkt äußerst schnell. Nach der Reinigung ist sehr ergiebig mit klarem Wasser zu spülen (6- bis 7mal).

Zur Reinigung von Metallteilen ist dieses Mittel nicht geeignet, da diese angegriffen werden. Man arbeite damit sehr vorsichtig, da es ätzend auf die Haut wirkt.

Ein anderes Reinigungsmittel für denselben Zweck besteht aus folgenden Teillösungen:

Lösung A: Wasser . . . . 1,0 l

Kaliumpermanganat . . . . 15,0 g

Schwefelsäure, konz. . . . . 5,0 ccm.

Kaliumpermanganat wird zunächst in Wasser gelöst, anschließend Schwefelsäure unter Umruhren zugesetzt (keinesfalls umgekehrt!).

Lösung B: Wasser . . . . 1,0 l

Kaliummetabisulfit . . . . 50,0 g.

Man läßt die Lösung A etwa 5 Minuten lang auf alle zu reinigenden Geräteteile einwirken. Anschließend wird zunächst mit Wasser gespült und dann erfolgt die Behandlung mit Lösung B, bis jede Braunfärbung verschwunden ist. Abschließend wird reichlich gewässert. Diese Reinigung wirkt weniger energisch als die mit Kaliumbichromat-Schwefelsäure.

Diese Methode kann auch angewandt werden zur *Reinigung der Hände.* Die Hände werden in der Lösung A etwa 5 Minuten lang unter starkem Reiben gewaschen, sie färben sich hierbei braun. Anschließend wird abgespült und in der Lösung B bis zur Entfärbung gebadet. Es folgt schließlich reichliches Abspülen mit klarem Wasser. Zur Schlußbehandlung ist Einkremen mit einer guten Fettkreme zu empfehlen. Entwicklerflecken, wie sie vielfach bei Metol-Hydrochinon-Entwicklern und vor allem bei speziellen Feinkorn-Entwicklern an den Händen entstehen, lassen sich nur sehr schwer entfernen. Ein absolut sicher wirkendes Mittel gibt es nicht. Am energischesten wirkt folgendes Mittel: Man reibt die Hände an den zu reinigenden Stellen mit einem Schwefelnatriumstück (techn. geschmolzen) solange unter Benutzung von Wasser ab, bis die Flecken entfernt sind. Anschließend spült man mit Essigwasser, bis sich die Haut nicht mehr glitschig anfühlt und dann weiter mit reinem Wasser. Zum Schluß kremt man die Hände gut ein. Diese Methode ist sehr wirksam, sie greift jedoch die Haut sehr stark an. Sie sollte deswegen nur in Ausnahmefällen angewandt werden und nur, wenn die Hände keine Verletzungen aufweisen.

Desinfektion und Reinigung von Entwicklertanks: Gelatinereste und Schlammansammlungen im Tank sind ein guter Nährboden für Bakterien. Bleiben derartige Reste beim Neuansatz im Tank, so kann seine Haltbarkeit sehr stark beeinträchtigt werden. Für Entwicklertanks ist deswegen eine öftere Reinigung, verbunden mit einer gründlichen Desinfektion, sehr zu empfehlen. Zu diesem Zwecke wird der Tank zunächst gründlich mit Wasser gespült. Alle Metallteile werden entfernt, da auch Metallteile aus nichtrostendem Stahl durch die folgende Weiterbehandlung angegriffen werden. In den gespülten Tank gießt man etwa 1 l oder 1 kg rohe Salzsäure (auf 70 l Tankinhalt) und füllt mit Wasser auf. Man gibt dann weiter 50 g pulverisierten Chlorkalk zu, rührt gut um und schließt mit dem Deckel, der so gleichzeitig mit desinfiziert wird. Nach Stehen über Nacht läßt man den Tankinhalt ablaufen und spült mit reichlich Wasser nach. Der so behandelte Tank ist gereinigt und desinfiziert und kann für einen Neuansatz verwendet werden.

Reinigung von Metallteilen: Metallteile, auch nichtrostender Stahl, werden durch die vorstehenden Reinigungsverfahren allmählich angegriffen. Gerade bei diesen Teilen, wie Filmklammern, Filmentwicklungsrahmen, Plattenkästen usw., wird jedoch eine häufige Reinigung für unerläßlich gehalten, da diese immer durch alle Behandlungsbäder wandern und sich deswegen in den Winkeln häufig Fixierbadreste festsetzen, die bei der Schlußwässerung nicht entfernt werden. Man sollte deswegen diese Teile bei starker Inanspruchnahme täglich einmal gründlich in heißem Wasser unter Bürsten und Spülen reinigen. Eine sichere und restlose Entfernung der Fixierbadreste erfolgt, wenn man sie in eine Lösung von 5 g Chlorkalk in einem Liter Wasser legt und sie damit bürstet. Anschließend müssen sie mit reinem Wasser gut abgespült werden.

Reinigung von Wäsche: Entwicklerflecken in Wäsche (Labormäntel) lassen sich fast immer durch Kochen entfernen. In besonders hartnäckigen Fällen kann man ein Bleichen mit Chlor anschließen. Um schädliche Nachwirkungen des Chlors auszuschließen, kann man dem ersten Spülwasser eine Spur Natriumthiosulfat („Antichlor") zusetzen. Zur Entfernung von Flecken aus empfindlicher Wäsche wird vielfach das Wasch- und Netzmittel „Rei" empfohlen.

C. Die Kinetik der Entwicklung in der Praxis

a) Die Vorwässerung und ihr Einfluß. Vor der Entwicklung wird in manchen Fällen eine Vorwässerung des lichtempfindlichen Materials vorgenommen mit dem Zweck, das Anhaften von Luftblasen bei der nachfolgenden Entwicklung und dadurch verursachte Fehler zu verhindern.

Dieses Verfahren stammt noch aus einer Zeit, da noch keine wirksamen „Netzmittel" zur Verfügung standen. Die Vorwässerung gestattet nur eine vollkommen gleichmäßige Entwicklung, wenn die Schicht durch die Wasserbehandlung vollkommen aufgequollen ist. Ist dies nicht der Fall, so bilden sich in der Schicht Konzentrationsunterschiede des Entwicklers, außerdem übt die teilweise gequollene Gelatine durch Saugwirkung ein besonders starkes Haftvermögen für Luftblasen und Verunreinigungen im Entwickler aus. Die Vorwässerung löst gleichzeitig die auf Grund der Herstellung in der Schicht verbliebenen löslichen Bromsalze heraus. Hierdurch kann die Entwicklung von sehr schwachen Lichteindrücken bei Entwicklern ohne Kaliumbromid-Gehalt begünstigt werden. In konzentrierten Entwicklern verursacht die Vorwässerung wenigstens im Anfang eine Beschleunigung des Prozesses, da seine Diffusion (Eindringvermögen) erleichtert wird. In verdünnten Entwicklern findet dagegen durch die Vorwässerung eine „Verwässerung" des Entwicklers statt, wodurch die Entwicklung verlangsamt wird. Die Härtung der Schicht vor der Entwicklung verzögert die Entwicklung nur, wenn Zwischentrocknung erfolgt. Desensibilisierungsvorbäder haben dieselbe Wirkung bezüglich Netzwirkung und die dadurch verursachte Beeinflussung des Entwicklungsprozesses wie die Vorbehandlung mit Wasser.

Heute wird die Vorwässerung nur noch vereinzelt ausgeführt, es ist auch aus den geschilderten Gründen dringend davon abzuraten. Mit Nutzen kann sie angewandt werden zur Entfernung von Lichthofschutzschichten auf Platten, um Verunreinigungen des Entwicklers zu verhüten. Zu diesem Zwecke werden die Platten bis zur vollständigen Aufweichung der Schicht in Wasser gelegt, die Schutzschicht mit einem Schwamm abgerieben und dann vor der Entwicklung abgespült.

b) Die Entwicklung nach Sicht. Man kann die Entwickler auf Grund ihrer Wirkungsweise in zwei Gruppen einteilen: in die sog. Rapid- und in die Normal- auch Universal-Entwickler. Auf ihre besonderen Eigenschaften wird an anderer Stelle (s. S. 153) näher eingegangen. Maßgebend für die Beurteilung jeder Entwicklung ohne Berücksichtigung des Entwicklertyps ist der erzielte Kontrast und die Zeichnung in den Schatten. Man hat bei der Entwicklung mit drei Möglichkeiten zu rechnen: Richtige Belichtung, Unterbelichtung und Überbelichtung des Negativs.

Die Entwicklung bei richtiger Belichtung. Ist das Negativ richtig belichtet, so erscheinen bei Rapidentwicklern alle Teile des Bildes, sowohl die Lichter, weil Schattenschwärzungen, beinahe gleichzeitig. Bei Fortsetzung der Entwicklung bleiben die Schatten gleichsam stehen und die Lichter, kräftigen sich ständig zusehends. Bei Normalentwicklern baut sich das Bild von den Lichterschwärzungen ausgehend auf; diese erscheinen zuerst und allmählich, erst gegen Ende der Entwicklung, die Schattenzeichnungen. Erscheint das Negativ bei beiden Entwicklertypen in der Durchsicht noch nicht kräftig genug oder etwas flau (geringe Unterschiede der Lichter- und Schattenschwärzungen), so wird man die Entwicklung fortsetzen, selbst wenn alle bildwichtigen Teile in den Schatten deutlich erkennbar sind. Kräftige Bewegung beschleunigt den Entwicklungsvorgang.

Die Entwicklung bei Unterbelichtung. Ist ein Negativ unterbelichtet, so erscheinen in Normalentwicklern wohl zunächst die Lichter und anschließend die Mitteltöne, trotz verlängerter Entwicklungszeit bleiben jedoch die Schattenpartien ohne jede Zeichnung. Bei Rapid-Entwicklern erscheinen sofort die Lichter und Mitteltöne, die Schatten bleiben dagegen gleich ohne Schwärzung. Verlängerte Entwicklungszeit erhöht in jedem Fall die Lichterschwärzungen, ohne die Schattendetails zum Vorschein zu bringen. Zusatz von konzentriertem Entwickler führt zu einem sehr harten Negativ, ohne jedoch in den Schatten etwas zu verbessern. Zweckmäßiger wäre eine Verdünnung des Entwicklers, hierdurch werden die Lichterschwärzungen zurückgehalten und der Kontrast wird gemildert. Liegt die Belichtung der Schatten unter dem sog. Schwellenwert, dann kann auch durch noch so stark verlängerte Entwicklungszeit kein Silberbild entwickelt werden, es entsteht schließlich nur ein störender allgemeiner Entwicklungsschleier. Eine nachträgliche Verstärkung ist ebenfalls ausgeschlossen, da keine Schwärzungsdetails zur Verstärkung vorhanden sind. Eine starke Unterbelichtung ist immer schädlich und unbedingt zu vermeiden. In Zweifelsfällen soll man stets reichlich belichten, da deren Folgen weitestgehend ausgeglichen werden können.

Die Entwicklung bei Überbelichtung. Ein Zeichen, daß Überbelichtung vorliegt, ist es, wenn in Normalentwicklern fast gleichzeitig das ganze Bild erscheint, in ähnlicher Weise wie bei einem Rapidentwickler. Der Kontrast des Negativs nimmt insbesondere bei Rapidentwicklern sehr langsam zu. Der unkundige Amateur hat oft das Gefühl, die zu rasche Entwicklung durch Wasserzusatz abstoppen zu müssen. Das wäre jedoch grundfalsch. Verdünnung bewirkt eine Kontrastverminderung, während in diesem Fall eine Kontraststeigerung erforderlich ist. Man läßt also das Negativ selbst auf die Gefahr hin, daß es allgemein zugedeckt wird, weiter im Entwickler, bis ausreichender Kontrast herausgeholt ist. Kontraststeigernd und vorteilhaft ist eventuell ein Zusatz von Kaliumbromidlösung, wodurch die Schattenschwärzungen zurückgehalten werden und trotz verlängerter Entwicklungszeit jede Schleierbildung unterdrückt wird. Zu dichte Negative können später durch Abschwächung wesentlich verbessert werden.

Die Beurteilung des Negativs während der Entwicklung. Die Dichte und Gradation des Negativs kann während der Entwicklung durch Betrachten gegen die Dunkelkammerlampe (in der Durchsicht) beurteilt werden. Voraussetzung hierfür ist jedoch, daß das Dunkelkammerlicht für das entsprechende Material einwandfrei ist. Bei panchromatischem Material ist diese Beurteilung etwas schwierig, da das hierfür erforderliche grüne Dunkelkammerlicht verhältnismäßig dunkel ist. Es ist deswegen zweckmäßig, derartiges lichtempfindliches Material vor der Entwicklung zu desensibilisieren (s. dort). Man nähere auch das Negativ auf keinen Fall der Lichtquelle mehr als erforderlich, besonders wenn sie evtl. warm ist. Die photographische Schicht ist besonders empfindlich auf Störlicht in trockenem Zustand, nach begonnener Entwicklung ist die Empfindlichkeit stark gedrückt. Die Prüfung wiederhole man stets so wenig wie möglich und verlängere sie auch nicht unnötigerweise.

Bei photographischen Schichten mit undurchsichtiger Lichthofschutzschicht und bei starker Überbelichtung ist eine Beurteilung in der Durchsicht nicht möglich. Diese beurteilt man am besten in der Aufsicht.

Die farbige Beleuchtung, die Gegenwart des unentwickelten Silbers innerhalb des Bildes und die physiologische Wirkung des negativen Bildes führen vielfach zu Fehlbeurteilungen der Dichte und des Kontrastes: Schwärzungsunterschiede auf Negativen von schwacher Dichte werden meistens unterschätzt, während solche auf dichten Negativen überschätzt werden. Insbesondere bei der Rapidentwicklung wird die Dichte meistens überschätzt.

Die Entwicklung ist in jedem Fall zu unterbrechen, wenn an unbelichteten Stellen der Schicht Schleier entsteht. Die Entwicklung ist normalerweise als beendet anzusehen, sobald auf der Rückseite der Schicht das Bild in seinen Einzelheiten sich deutlich zeigt. Diese Merkmale für die Beendigung der Entwicklung können durch zahlreiche Umstände Veränderungen erfahren, sei es durch Lichtschleier, ungeeigneten Entwickler, zu starke Verdünnung, zu hohe Temperatur oder auch besonders durch mehr oder weniger hohen Silbergehalt der Schicht.

c) Die Entwicklung zu einem bestimmten Gamma-Wert. Die Entwicklung nach Sicht findet heute nur noch, abgesehen von einigen speziellen Anwendungsgebieten wie Reproduktionstechnik, technischen Aufnahmen, Innenaufnahmen u. a., bei großen Formaten statt. Mit der Einführung des Roll- und Kleinbildfilmes wurde sie abgelöst von der Gamma-Zeit-Entwicklung.

Wird ein Negativ, dessen Belichtung als nahezu normal erfolgte, zu einem bestimmten Gamma (Kontrast) entwickelt, so wird der Unterschied der extremen Schwärzungen nur bedingt durch die Helligkeitsunterschiede im Aufnahmeobjekt und die maximale Dichte durch die Belichtung bei der Aufnahme. Um die Unterschiede der extremen Schwärzungen auf einem bestimmten Wert zu halten, müßte man demnach die Entwicklung jeweils den Helligkeitsunterschieden des Aufnahmeobjektes anpassen, d. h. man müßte bei hohem Objektkontrast durch verkürzte Entwicklungszeit zu einem niedrigen Negativ-Gamma und umgekehrt bei niedrigem Objektkontrast zu einem höheren Gamma durch Verlängerung der Entwicklungszeit entwickeln. Bei Filmbändern, auf denen sich Aufnahmen von den verschiedensten Objekten befinden, ist diese Maßnahme von vornherein ausgeschlossen, auch hat der entwickelnde Laborant vielfach keine Kenntnis von den Lichtverhältnissen bei der Aufnahme. Die größte Gleichmäßigkeit der Ergebnisse ist demnach zu erwarten, wenn grundsätzlich zu einem feststehenden Gammawert entwickelt wird. Wenn die Wahl dieses feststehenden Negativkontrastes so getroffen ist, daß das Negativ von Aufnahmen mit normalem Helligkeitsumfang 1 : 30 auf normaler Papiergradation beim Kopierprozeß ein vollbefriedigendes Bild ergibt, so wird man von Negativen, die zu demselben Gamma entwickelt sind, bei denen jedoch das Aufnahmeobjekt einen wesentlich höheren Helligkeitsumfang (z. B. 1 : 100 und mehr) aufweist, ein gutes positives Bild auf einer weicheren Papiergradation erzielen können. Ebenso werden Negative derselben Gradation von Aufnahmen mit geringem Objektumfang (kleiner als 1 : 30) auf harte Papiere kopiert werden können.

Zur helligkeitsgetreuen Wiedergabe eines Aufnahmeobjektes mit dem Helligkeitsumfang 1 : 30, das als Normalobjekt anzusehen ist, ist für das Negativ ein Gamma von 1,1 erforderlich. Zu diesem Gammawert müssen alle Negative mittleren und größeren Formates entwickelt werden, wenn die Herstellung des positiven Bildes kopiertechnisch vorgenommen wird. Dieser optimale Gammawert ($\gamma = 1,1$) für Negative zur Herstellung von Kontaktkopien ist sensitometrisch begründet. Auch andere Gründe lassen es geraten erscheinen, zu diesem verhältnismäßig hohen Gammawert zu entwickeln. Rollfilmemulsionen zeigen verhältnismäßig oft fabrikatorisch bedingte Schwankungen bezüglich ihrer Empfindlichkeit und Entwicklungseigenschaften. So wurde z. B. festgestellt, daß der gleiche Emulsionstyp, unter gleichen Bedingungen entwickelt, Gammawerte von 0,65 ... 1,2 ergab, außerdem traten Empfindlichkeitsunterschiede von 1 : 4 bei gleichem Negativgamma auf (R. F. W. SELMAN, 1936). Der Empfindlichkeitsverlust bei der Entwicklung ist umso höher, je niedriger das entwickelte Gamma ist. Wird grundsätzlich zu einem Gamma von 1,1 entwickelt, treten praktisch keine Empfindlichkeitsverluste auf, die fabrikatorisch oder entwicklungstechnisch bedingt sind.

Für die Entwicklung von Kleinbildfilmen und Filmen allgemein, die stark vergrößert werden sollen, ist als optimales Gamma der Gradationsbereich von 0,7 ... 0,8 anzusehen. Dieser niedrige Gammawert wird gewählt, um das Auftreten einer störenden Körnigkeit beim Vergrößern zu verhindern. Der Wert ist bestimmten Schwankungen unterworfen, da die Lichtführung und seine Beschaffenheit einen beträchtlichen Einfluß ausüben. Gerichtetes Licht arbeitet hart, diffuses Licht weich. Bei dem niedrigen optimalen Gamma für die Kleinbildtechnik muß dem Zustand und der Beschaffenheit des Entwicklers besondere Achtung geschenkt werden. In der Kinematographie werden Negativfilme zu einem Gamma von 0,55 ... 0,80 (Mittelwert 0,7) und Positivfilme, bei denen auf die Tonwiedergabe Rücksicht genommen werden muß, zu einem Gamma von 2,00 ... 1,80 (Mittelwert 1,9) entwickelt.

Die Kontrolle des Gammawertes während der Entwicklung und ebenso die Feststellung des Gammawertes eines Negativs nach der Entwicklung ist nur möglich mit sensitometrischen Hilfsmitteln. Man stellt zu diesem Zwecke auf dasselbe Aufnahmematerial Kopien von Schwärzungskeilen (Stufenkeilen oder kontinuierlichen Keilen mit bekannter Keilkonstante) her, welche gleichzeitig mitentwickelt werden. Nach Ausmessung und Konstruktion der Schwärzungskurve kann die Gradation ermittelt werden. Zur Schnellauswertung sind auch vielfach besondere Geräte im Gebrauch (Gammameter, Gammagraph) (67, 148). Vollkommen unmöglich ist es, an einem Negativ nachträglich noch den Gammawert zu bestimmen.

Die Entwicklung einer gegebenen Emulsion zu einem bestimmten Gammawert in einem vorliegenden Entwickler hängt von drei zueinander in Beziehung stehenden Faktoren ab: von der Temperatur, der Bewegung und von der Entwicklungsdauer.

Der *Einfluß der Temperatur und der Bewegung* auf die Entwicklung wurde bereits an anderer Stelle betrachtet (s. S. 110ff.). Als normale, gebräuchliche Entwicklertemperatur wird allgemein der Temperaturbereich von 18 ... 20° C angesehen. Alle Behandlungsbäder sollen möglichst innerhalb dieses Bereiches liegen, bei zu großer Temperaturabweichung der einzelnen Behandlungsbäder kann sog. „Runzelkorn" auftreten. In normalen Entwicklern ist jedoch eine Entwicklertemperatur bis 26° C unbedenklich, wenn die Entwicklungszeit entsprechend verkürzt wird. Insbesondere Feinkorn-Entwickler zeigen bei höherer Temperatur eine bessere Empfindlichkeitsausnutzung, wobei keine nachteilige Strukturbeeinflussung eintritt (507). Bei einigen Entwicklern wird sogar eine höhere Entwicklertemperatur zur günstigeren Feinkornwirkung als unerläßlich vorgeschrieben (Kodak D 23). Hierbei handelt es sich immer um Entwickler, die Bromsilber lösende Substanzen (hoher Sulfitgehalt u. a.) enthalten und deren Wirksamkeit im Vergleich zur Rapidität des Entwicklers durch

Temperaturerhöhung stärker beschleunigt wird. Temperaturen über 26° C sind möglichst zu vermeiden, da der Entwicklungsschleier hierbei stark zunimmt und in stärker alkalischen Entwicklern zu starke Aufquellung der Schicht mit der Gefahr der mechanischen Verletzung erfolgt. Tiefe Temperaturen unter 16° C hemmen das Entwicklungsvermögen sehr beträchtlich, die Negative werden flau und kraftlos, außerdem sinkt die Empfindlichkeitsausnutzung sehr stark ab und kann auch nicht durch stark verlängerte Entwicklungszeit ausgeglichen werden. Während die Temperatur eine sehr gut definierte und leicht meßbare Größe ist, kann die Bewegung weniger eindeutig festgelegt werden. Trotzdem darf dieser Faktor in der Entwicklungstechnik keinesfalls unbeachtet bleiben. Der Einfluß der Bewegung ist umso wirksamer, je kürzer die Entwicklungszeit ist, sei es, daß man in einem normalen Entwickler zu einem niedrigeren Gamma entwickelt oder sei es, daß in einem konzentrierten Entwickler zu hohem Kontrast entwickelt wird. In der amerikanischen Praxis wird unterschieden zwischen intermittierender Bewegung und konstanter Bewegung. Bei intermittierender Bewegung ist eine Beschleunigung der Entwicklung um durchschnittlich 20%, bei dauernder Bewegung von 50% gegenüber ruhender Entwicklung zu veranschlagen. Als intermittierende Bewegung bei kurzen Entwicklungszeiten, bis 10 Minuten Entwicklungszeit, ist anzusehen: Bewegung einmal je Minute; bei längeren Entwicklungszeiten wird alle 2 Minuten der Entwickler oder das Entwicklungsgut bewegt. Diese Maßnahme gilt als Vorschrift für jede Entwicklung nach Zeit zu einem bestimmten Gammawert, also sowohl für die Dosenentwicklung in der Amateurpraxis wie für die Tankentwicklung in der Kopieranstaltpraxis. Bei kontinuierlich arbeitenden Maschinen ist eine Bewegung des entwickelnden Filmbandes allein meistens nicht ausreichend. Die Entwicklungsgeschwindigkeit bleibt nahezu konstant bei Geschwindigkeiten bis 0,80 m pro sec, wächst dann bis zu einem Maximum bei 2,50 m pro sec. und nimmt dann ständig ab, um bei 10 m pro sec einen Wert zu erreichen, der nur wenig höher liegt als bei vollständig ruhender Entwicklung (486, 487). In der Maschinenentwicklungstechnik werden zur Bewegung der Entwicklerflüssigkeit komprimierte Gase oder Luft und häufig Sprühentwicklung angewendet.

Die *Entwicklungsdauer* unter gleichbleibenden Bedingungen beeinflußt den Kontrast des Negativs. Mit zunehmender Entwicklungszeit wird der Kontrast ständig bis zu einem Endgamma ($\gamma\infty$) erhöht. Bei reichlicher Aufnahmebelichtung kann man von einer einzigen optimalen Entwicklungszeit nicht sprechen, sondern nur von einem mehr oder weniger ausgeprägten Bereich der Entwicklungszeit, innerhalb dessen auf bestimmte Positivgradationen einwandfreie Bilder zu erzielen sind. Die kürzeren Entwicklungszeiten führen zu Negativen geringerer Körnigkeit infolge der niedrigeren Gradation und sind für Negative, die stark vergrößert werden sollen, vorzuziehen. Für knapp oder unterbelichtete Negative, bei denen die Schattendetails bei der Entwicklung herausgeholt werden müssen, gibt es eine optimale Entwicklungszeit, bzw. existiert ein optimales Gamma, bis zu welchem diese Negative entwickelt werden dürfen. Dieses optimale Gamma wird bestimmt durch das Auftreten des Entwicklungsschleiers, in dem die Schattenzeichnungen allmählich versinken (75, 75a). Bei stark kaliumbromidhaltigen Entwicklern entstehen Negative von sehr hohem Kontrast, die eine normale Verwendung ausschließen. Photographische

Emulsionen, deren Schwärzungskurven im unteren Teil einen sehr starken Durchhang aufweisen, können in kaliumbromidfreien Entwicklern zu einem sehr hohen Kontrast entwickelt werden, ohne daß störender Schleier auftritt, und es ist deswegen möglich, Aufnahmen von Objekten mit geringem Helligkeitsumfang zum Ausgleich von Unterbelichtungen eine beträchtlich verlängerte Zeit zu entwickeln. Auf Grund dieser Erscheinung ist es manchmal vorteilhafter, bewegte Objekte auf eine Emulsion mittlerer Empfindlichkeit als auf eine sehr hochempfindliche Emulsion unter Inkaufnahme einer Unterbelichtung aufzunehmen (Langzeitentwicklung).

Die Entwicklungszeiten verschiedener Emulsionstypen und Fabrikate können sich unter sonst gleichen Bedingungen im Verhältnis 1 : 8 verhalten und gleiche Emulsionen desselben Fabrikates können immer noch Unterschiede in der Entwicklungszeit von 1 : 2 zeigen (90). Hochempfindliche, grobkörnige Emulsionen entwickeln im allgemeinen langsamer als gering empfindliche Feinkorn-Emulsionen.

Die Beziehung zwischen Gradation, Temperatur und Entwicklungszeit ist eindeutig festgelegt durch das Gamma-Temperatur-Zeit-Diagramm, das für jede Emulsion und für jeden Entwickler besonders bestimmt werden muß. Diese Diagramme oder auch entsprechende Tabellen gewährleisten allein die Entwicklung zu einem bestimmten Gammawert (s. S. 138). Ungefähre Angaben, wie z. B. 5 bis 10 min Entwicklungszeit für einen bestimmten Entwickler sind vollkommen unzureichend.

d) Die Entwicklung von Ultrakurzzeit-Aufnahmen (Röhrenblitz). Ultrakurzzeit-Aufnahmen bewirken eine Gradationsverflachung (s. S. 113). Bei Feinkorn-Ausgleichsentwicklern ist diese Gammasenkung vom Aufnahmematerial unabhängig. Um mit diesen Entwicklern bei Blitzröhrenaufnahmen das bildmäßig optimale Gamma zu erzielen, ist nur erforderlich, die Entwicklungszeit um einen für jeden Entwickler spezifischen Faktor zu verlängern. Es gibt selbstverständlich auch Entwickler, bzw. Entwicklerzusammensetzungen, bei denen dieser Faktor gleich 1 ist. Derartige Entwickler sind als einzige geeignet zur Entwicklung von Filmstreifen, die gleichzeitig normalbelichtete und ultrakurzzeitbelichtete Aufnahmen enthalten.

e) Die Über- und Langzeit-Entwicklung. Es ist möglich, Entwickler mit einer besonders hohen Empfindlichkeitsausnutzung herzustellen, wenn man auf die guten Kopiereigenschaften und die Vergrößerungsfähigkeit der Negative keinen Wert legt, bzw. diese Bedingungen nicht berücksichtigt werden brauchen. Die Wirkung dieser Entwickler beruht jedoch nicht auf der Verwendung einer besonderen Entwicklersubstanz. Durch besondere Zusätze, vor allem Amine und ähnliche Verbindungen, wird die Entwicklung beschleunigt, so daß bei gleicher Entwicklungszeit ein wesentlich höheres Gamma erzeugt wird. Entwickelt man zum gleichen Kontrast mit diesen sog. „Super-Entwicklern", so erreicht man tatsächlich keine wesentlichen Unterschiede gegenüber normalen Entwicklern (2). Die Wirkung der Superentwickler beruht auf Überentwicklung. Dasselbe Ziel wird erreicht durch eine abnorme Entwicklungstechnik, die Langzeit-Entwicklung. Verlängert man die Entwicklungszeit bei normalen Feinkorn-Entwicklern auf das doppelte und dreifache, ja sogar auf 2 bis 3 Stunden, so tritt eine Empfindlichkeitserhöhung bei gleichzeitiger Kontraststeigerung ein. Der Empfindlichkeitsgewinn hängt sehr wesentlich vom benutzten Aufnahmematerial und zum Teil auch von der Aufnahmebeleuchtung ab. Besonders geeignet sind Emulsionen, die einen ausgeprägten starken Durchhang im unteren Teil der Schwärzungskurven haben; diese Tatsache wurde schon vor vielen Jahren bekannt (342, 349). Die Überentwicklung steigert den Kontrast des Negativs ins Extreme. Nur im Gebiet des Durchhanges am Anfang der Schwärzungskurve bleibt die normale kopierfähige Gradation erhalten. Im Gebiet dieses Durchhanges muß auch das Bild liegen, um noch gut kopier- und vergrößerungsfähige Negative zu erhalten. Es ergibt sich hieraus die wichtige Forderung und Bedingung, daß zur Überentwicklung nur Aufnahmen von Objekten mit geringem Kontrast geeignet sind.

Bei Überentwicklung nimmt der Schleier sehr stark zu, bei manchen Entwicklern entsteht dichroitischer Schleier; das Auflösungsvermögen sinkt sehr beträchtlich ab und die Körnigkeit wächst sehr stark. Die Überentwicklung ist für normale Aufnahmezwecke, wobei entsprechend kürzer belichtet wird, nicht geeignet. Es ist zwecklos und unratsam, ein feinstkörniges Aufnahmematerial von geringer Empfindlichkeit für normale Aufnahmen zu verwenden und hierbei mit Rücksicht auf eine beabsichtigte Überentwicklung entsprechend kürzer zu belichten. Hoher Schleier, größere Körnigkeit, vermindertes Auflösungsvermögen und die überaus schwierige Vergrößerungsfähigkeit infolge des gesteigerten Negativkontrastes bei überaus geringem Empfindlichkeitsgewinn sind die Folgen. Gerade bei Feinkorn- und in noch stärkerem Maße bei Feinstkorn-Emulsionen ist die Empfindlichkeitssteigerung durch Überentwicklung sehr mäßig, da diese meistens einen nur sehr schwachen oder vielfach gar keinen Durchhang aufweisen. Die Empfindlichkeit der heutigen Emulsionen ist bereits so hoch getrieben, wie es mit ihren übrigen wünschenswerten Eigenschaften in Einklang zu bringen ist. Es ist deswegen immer empfehlenswerter, z. B. für einen bestimmten Zweck ein Aufnahmematerial von der höchsten Empfindlichkeit zu verwenden und dieses normal zu entwickeln, als für denselben Zweck ein Aufnahmematerial geringerer Empfindlichkeit zu wählen und dieses wie das höchstempfindliche zu belichten und die an und für sich fehlende Empfindlichkeit durch Überentwicklung ausgleichen zu wollen. Nur wenn die Empfindlichkeit des höchstempfindlichen Materials für einen bestimmten Zweck nicht ausreichend und dadurch die Aufnahmemöglichkeit überhaupt in Frage gestellt ist, dann kann die Überentwicklung mit Nutzen angewandt werden. Bei derartigen Aufnahmen ist meistens der Kontrast des Objektes so gering, daß eine Steigerung des Negativgammas, wie sie die Überentwicklung bewirkt, gleichzeitig erforderlich ist. Bei Aufnahmen von Objekten mit normalem Helligkeitsumfang (etwa 1 : 30 und höher) ist eine Methode der Hypersensibilisierung oder Latensifikation zur Empfindlichkeitssteigerung erfolgversprechender.

f) Klassifizierung der Negative. Der Charakter eines Negativs wird bestimmt durch die allgemeine Dichte und durch den Unterschied der extremen Dichten. Dichte und Schwärzung sind gleichbedeutende Bezeichnungen. Die allgemeine Dichte (auch Deckung) wird beurteilt nach ihrem Grad in den Schattenzeichnungen. Ist die Schwärzung in den Schatten hoch, so spricht man von „gedeckten" Negativen; sind die Schattenzeichnungen dagegen klar und der Schwärzungsgrad niedrig, so bezeichnet man ein derartiges Negativ als „klar". Bei der Beurteilung der Schattenschwärzungen muß man sich davor hüten, daß ein vorhandener

Schleier eventuell mit der Bildschwärzung verglichen wird. Der Schleier wird beurteilt an unbelichteten Stellen (Bildrand, Perforation) des Negativs. Die Dichte der Schatten bestimmt die erforderliche Belichtung beim Kopieren und Vergrößern. Der Unterschied der Schwärzungen in den Lichtern und Schatten, den man als Negativumfang bezeichnet, charakterisiert den Kontrast des Negativs, die Härte. Negative verschiedener allgemeiner Deckung können die gleiche Härte, Kontrast, aufweisen, maßgebend sind dafür lediglich der Schwärzungsunterschied der hellsten Schatten und der höchsten Lichter, nicht jedoch die absoluten Schwärzungswerte. Ist der Schwärzungsunterschied groß, bei einem Normalobjekt vom Helligkeitsumfang 1 : 30 über 1,5, so wird das Negativ als „hart" bezeichnet; bei mittlerem Kontrast, Schwärzungsunterschied bei einem Normalobjekt gleich 1,5, daher auch der Gammawert gleich 1, ist das Negativ als „normal" anzusehen; „weich" ist ein Negativ, dessen Schwärzungsunterschied gering ist (Gamma kleiner als 1). Bei sehr niedrigem Kontrast spricht man von einem „flauen" Negativ. Diese Charakterisierung eines Negativs hat nur relative Bedeutung. Ein Kleinbildnegativ, das für die Vergrößerung geeignet sein muß, ist als „normal" anzusehen, wenn sein Gammawert etwa 0,7 ... 0,8 beträgt, es muß weicher sein als ein „normales" Negativ für den Kontaktkopierprozeß. Es ist zu beachten, daß nach sensitometrischen Grundsätzen zur einwandfreien Charakterisierung eines Negativs nach seinem tatsächlichen Gammawert die Kenntnis des Objektumfanges (Objektkontrast) erforderlich ist. Ein Negativ einer Aufnahme von einem Objekt mit hohem Kontrast (Innenaufnahmen, Gegenlichtaufnahmen u. ä.) weist in den extremen Schwärzungen große Unterschiede auf, aber trotzdem kann seine Gradation vollkommen normal sein (Gamma = 1 oder sogar 0,8 bei Kleinbild).

Tabelle 11. *Klassifizierung der Negative (Zusammenstellung)*

Schwärzungsgrad der Schatten	Schwärzung der Lichter	Charakter des Negativs	
		nach dem Kontrast (Gamma[1])	Bezeichnung
niedrig, „klar"	niedrig	kleiner als 1	weich, klar
„ „	mittel	1	normal, klar
„ „	hoch	größer als 1	hart, klar
groß, „gedeckt"	niedrig	viel kleiner als 1	flau, gedeckt
„ „	mittel	kleiner als 1	weich, gedeckt
„ „	hoch	1	normal, gedeckt
„ „	sehr hoch	größer als 1	hart, gedeckt

[1] Unter Zugrundelegung eines Aufnahmeobjektes mit Helligkeitsumfang 1 : 30 (Normal-Objekt, Landschaftsaufnahme mit Vordergrund).

D. Die Entwicklertypen und ihre Anwendung

a) Rapid- und Normal-(Universal-)Entwickler. Eine charakterristische Eigenschaft eines Entwicklers ist u. a. seine Entwicklungsgeschwindigkeit, die sog. „Rapidität". Im allgemeinen versteht man unter Rapidität den relativen Wert der Zeit, die erforderlich ist, um ein bestimmtes Endergebnis (Gradationswert) zu erreichen (s. S. 105). Entwickler, die in einer kürzeren Zeit eine gegebene photographische Schicht desselben Typs zu einem bestimmten Gamma entwickeln als andere, arbeiten entsprechend dem Verhältnis ihrer Entwicklungszeiten „rapider". Man kann jedoch auch die Rapidität auf das Erscheinen des ersten Lichteindruckes, der sog. „Bildspurzeit" oder „Latenzzeit", bei der Entwicklung beziehen. Diese „Latenzzeit" steht sogar in vielen Fällen in einem mehr oder weniger konstanten Verhältnis zur Ausentwicklung. Auf dieser Erscheinung hat WATKINS das Faktorenentwicklungssystem aufgebaut (1894) (574), das allerdings kaum jemals praktische Bedeutung erlangt hat. Bezieht man die Rapidität auf das Erscheinen der Lichteindrücke, so kann man zwei große Gruppen von Entwicklertypen unterscheiden; die Rapid-Entwickler und die Normal-Entwickler.

Die Rapid-Entwickler. Bei den Rapid-Entwicklern erscheint das Bild nach verhältnismäßig kurzer Latenzzeit in allen seinen Teilen fast gleichzeitig. Die Entwicklung ist zunächst vollkommen unspezifisch und unabhängig von der Belichtung. Die Entwicklung beginnt oberflächlich sowohl in den höchsten Lichtern wie in den Schatten. Die Kräftigung der Lichter und Halbtöne schreitet mit der Entwicklung nach der Tiefe hin allmählich fort, während die Schattendetails gewissermaßen stehen bleiben. Das Endresultat ist meist ein sehr kontrastreiches Negativ. Entwickler dieses Typus sind: Metol-Alkalikarbonat, p-Aminophenol, Amidol-Sulfit und alle ätzalkalischen Entwickler. Auch Metol-Hydrochinon-Alkalikarbonat ohne Bromkaliumzusatz wirkt als Oberflächen-Entwickler.

Rapid-Entwickler eignen sich besonders zur Hervorrufung von kürzesten Momentaufnahmen und allgemein für Aufnahmen bei ungünstigen Lichtverhältnissen, bei denen die letzten Belichtungsspuren aus dem Negativ herausentwickelt werden müssen. Die Anwendung der Rapid-Entwickler in ihrer typischen Form ist beschränkt. Sie sind für die Positiv-Entwicklung weniger geeignet, außerdem erzeugen sie ein verhältnismäßig grobkörniges Silberbild. Über die Zusammenhänge zwischen Oberflächen-Entwicklung und Struktur des Bildes wird an anderer Stelle eingehend noch zu berichten sein (s. Feinkorn-Entwicklung).

Die Normal- oder Universal-Entwickler. Bei richtiger Belichtung erscheinen in Normal-Entwicklern nach einer verhältnismäßig langen Latenzzeit zunächst nur die hohen Lichter. Diese von der Belichtung abhängige Latenzzeit (auch Inkubationszeit) ist vor allem eine Funktion von den im Entwickler vorhandenen Bromionen (Bromidkonzentration), und zwar ist sie umso länger, je höher diese Konzentration ist. Bei Fortschreiten der Entwicklung schwärzen sich die Mitteltöne und erst gegen Ende der Entwicklung erscheinen die Schattendetails. Solche Entwickler werden als Tiefenentwickler bezeichnet (s. S. 117). Als Substanzen für Tiefenentwickler kommen in Frage: Hydrochinon-Pottasche, Pyrogallol, Glyzin. Metol-Entwickler geringer Alkalität mit hohem Kaliumbromid-Gehalt (über 10 g/l) arbeiten ebenfalls als Tiefenentwickler. Werden die genannten Entwicklersubstanzen in Ansätzen ohne Kaliumbromid verwendet, so wirken sie bei Beginn der Entwicklung wie Oberflächen-Entwickler, erst das bei der Reduktion von Bromsilber gebildete Bromkalium stimmt sie allmählich zu Tiefenentwicklern um. Die Wirkungsweise eines Entwicklers, ob er als Oberflächen- oder Tiefen-Entwickler wirkt, ist im wesentlichen von der Zusammensetzung des Entwicklers und nicht von der verwendeten Substanz abhängig (STAUDE, 1938) (524).

Die Normal-Entwickler sind die gebräuchlichsten Entwickler. Sie eignen sich für alle Zwecke, sowohl Negativ- wie Positiv-Entwicklung, wie auch für Schalen- und Tank-Entwicklung in entsprechender Verdünnung. Man bezeichnet sie deswegen auch als „Universal"-Entwickler. Die Tiefen-Entwicklung spielt eine besonders bedeutsame Rolle bei der Feinkorn-Entwicklung.

Von wirklich universeller Anwendbarkeit sind die *Mehrfach-Entwickleransätze*, die sich besonders für die Entwicklersubstanzen Metol und Hydrochinon bewährt haben. Bei dieser Mehrfachtechnik werden die Entwicklersubstanzen getrennt für sich mit Konservierungsmittel, ebenso das Alkali als karbonatalkalische und eventuell auch als Borax-Lösung und getrennt davon in einer weiteren Lösung das Kaliumbromid als konzentrierte Vorratslösungen angesetzt. Je nach dem Verwendungszweck können verschiedene Teillösungen in variablen Verhältnissen gemischt und erforderlichenfalls noch Wasser zugesetzt werden. In Deutschland hat diese Art der Technik besondere Verbreitung gefunden durch den dreiteiligen Entwickler der Luftwaffe.

b) Die Ausgleichs-Entwickler. Das Normalobjekt besitzt einen Helligkeitsumfang von 1 : 30 (log. Wert = 1,5). Es ist gegeben durch eine Landschaft ohne große Fernsicht, ohne sonnenbeschienene weiße Flächen und ohne stark beschattete Einschnitte (GOLDBERG, 1925) (188). Dieses Normalobjekt ergibt auf normal entwickelten Negativen (Gamma etwa 1) ein auf normaler Papiergradation voll befriedigendes Bild. In der Natur ist jedoch der Helligkeitsumfang oft wesentlich größer und gerade große Kontraste geben vielfach den Anreiz zur Aufnahme. Objekte mit großen Lichtkontrasten sind beispielsweise: Portraits, enge Gassen, dunkle, sonnendurchstrahlte Wälder, einseitig beleuchtete Räume, Objekte im Gegenlicht u. a. m.

Folgende Zusammenstellung enthält den für die Bildwirkung maßgebenden Objektumfang bei einigen verschiedenen Aufnahmebedingungen nach GOLDBERG:

Offene Landschaft ohne Himmel	1 : 4 ... 1 : 10
Offene Landschaft bei voller Sonne (Normalobjekt)	1 : 30 ... 1 : 40
Offene Landschaft mit Himmel und Sonne	1 : 40 ... 1 : 60
Köpfe mit blondem Haar	1 : 10
Köpfe mit dunklem Haar	1 : 100
Zimmer mit hellem Fenster	1 : 1 000 000
Toreingänge mit ferner Landschaft	1 : 10 000 000
Maschinen, blank schwarz	1 : 100 ... 1 : 10 000
Abbildungen	1 : 4 ... 1 : 16
Luftbildaufnahmen	höchstens 1 : 10

Aufnahmen mit sehr großem Helligkeitsumfang müssen wie allgemein alle Aufnahmen auf die Schatten belichtet werden; die Folge davon ist, daß die Lichter ungemein starke Überbelichtung ergeben. Werden derartige Aufnahmen normal entwickelt, so weisen die Lichter eine sehr hohe Deckung auf. Ein derart kontrastreiches Negativ läßt sich auf keiner Papiergradation befriedigend kopieren oder vergrößern, die Lichter bleiben selbst bei extrem weichen Papieren ohne jede Zeichnung oder die Schattenpartien laufen zu schwarzen Flächen zusammen.

Die Entwicklung derartiger Aufnahmen ist nur möglich mit den sog. Ausgleichs-Entwicklern. Ausgleichs-Entwickler sind Entwickler mit reduziertem Entwicklungsvermögen, das besonders bewirkt wird durch Verwendung von schwachen Alkalien; Metol-Sulfit, wobei das Sulfit als

Alkali wirkt, Metol-Hydrochinon-Borax, Soda-Borsäure, Soda-Bikarbonat und andere. Auch durch besondere Zusätze kann eine zu starke Schwärzung der Lichter vermieden werden, wie Tannin, Zucker mit gerbender oder diffusionshemmender Wirkung. Eine Schichtoberflächen-Entwicklung ist zur Zurückhaltung der starken Schwärzungen günstig. Bei Verwendung von gerbenden Entwicklern, wie Brenzkatechin und Pyrogallol, kann die Diffusion der Entwicklerlösung ebenfalls durch die Gerbung an den entwickelten Stellen der Schicht behindert werden. Da hierbei die stark belichteten Stellen am stärksten gegerbt werden, können die nicht verbrauchten Entwicklersubstanzen nicht mehr völlig ungehindert durch die gegerbte Gelatineschicht diffundieren, wodurch eine Zurückhaltung der Lichter bewirkt wird (JÜRGENS, 1950) (273). Bei Brenzkatechin-Ätznatron ist die Ausgleichswirkung besonders ausgeprägt, dieser Entwickler zählt deswegen zu den meist gebrauchten Entwicklern für Gegenlicht-Aufnahmen.

Vergleichende Untersuchungen über die Wirkungsweise von Rapid-Entwicklern und Ausgleichs-Entwicklern wurden von WENSKE (588) durchgeführt. Nach diesen Feststellungen ergeben Rapid-Entwickler an einigen Stellen schwarze Kornzusammenballungen, während Ausgleichs-Entwickler das Korn im Verhältnis der vorhandenen Belichtungskeime reduzieren. Das abgeschiedene Silber bei Rapid-Entwicklern zeigt eine schwammige Struktur und schwarze Farbe. Bei den Ausgleichs-Entwicklern ändert sich jedoch die Gestalt der Körner nicht, das reduzierte Silber ist kompakt von grauer Farbe. Rapid-Entwickler erzeugen an der Schichtoberfläche einen dichten Silberniederschlag, wobei sich das Korn bis in die Tiefe des Bromsilberkristalls durchentwickelt (Schichtoberflächen- mit Korntiefenentwicklung). Die abgeschiedene Silberschicht setzt dem weiteren Eindringen des Entwicklers in die Tiefe einen bestimmten Widerstand entgegen. Rapid-Entwickler ergeben bei normalbelichteten Aufnahmen bei ungenügender Entwicklungszeit leicht Negative von kraftlosem, weichem Charakter; sie sind deswegen gerade zur Entwicklung von Aufnahmen mit hohen Lichtkontrasten besonders geeignet.

Die *Verdünnung eines Entwicklers* wirkt ebenfalls ausgleichend auf den Negativ-Kontrast. Bei verdünnten Entwicklern tritt eine vorzeitige Erschöpfung an den Stellen hoher Schwärzungen ein, wodurch die Schwärzungskurve in den Lichtern verflacht wird. Nach SCHWARZ (518, 519) (1934, 1937) zeigen verdünnte Entwickler Empfindlichkeitsverlust.

Planliege-Entwicklung. Ausgleichs-Entwicklung wird auch erreicht durch das sog. „Planliegeverfahren" nach R. WALTER (1906) (571). Bei diesem Verfahren wird die Platte horizontal in die gut ausnivellierte Entwicklerschale gelegt und sich selbst überlassen. Das an den starkbelichteten Stellen gebildete Kaliumbromid hat keine Möglichkeit wegzudiffundieren, da jede Bewegung fehlt. Dadurch werden die hohen Schwärzungen zurückgehalten. Ein ähnliches Verfahren hat HEPNER (1927) (648) unter Verwendung eines Glyzin-Entwicklers sich patentieren lassen.

Intermittierende Entwicklung. Läßt man eine Schicht nur solange im Entwickler, bis sie vollgesaugt ist, und entfernt sie dann aus der Entwickler-Lösung, so wird in den hohen Lichtern das Entwicklungsvermögen bald erschöpft sein, während in den schwach belichteten Schatten der Entwickler noch weiter wirksam ist. Man hat es auf diese Weise in der Hand, die Schatten länger zu entwickeln als die Lichter, wodurch der Kontrast des Negativs stark herabgesetzt wird (GAEDICKE, 1911) (184). Diese

„intermittierende" Entwicklung hat in der heutigen Labortechnik in der „*Zweibad-Entwicklung*" in modifizierter Form vielfache Anwendung gefunden (JANOVITCH, 1907, CRABTREE, PARKER und RUSSEL, 1933, STAUDE, 1935, 1938) (98, 257, 693). Die zwei Bäder bestehen aus Lösung A: Entwicklersubstanzen (Metol-Hydrochinon) mit Konservierungsmittel und eventuell ein Teil des Alkali und Bromkalium; Lösung B: Alkali mit Konservierungsmittel. Die zu entwickelnde Schicht wird zunächst in die Lösung A gebracht, normale Badezeit etwa 4 min, anschließend wird ohne abzuspülen in der Lösung B ebenfalls etwa 4 min. weiter entwickelt. Nach STAUDE (1938) (524, 525) ist es wesentlich, daß auch im zweiten Bad Sulfit vorhanden ist, da sonst die höheren Oxydationsprodukte der Entwickler die Schicht gerben und so Reliefbilder entstehen, und ferner darf die Alkalität der beiden Bäder nicht zu stark voneinander abweichen. Durch zu große Unterschiede der Alkalität tritt sehr leicht „Runzelkorn" auf. Aus demselben Grund wird die Benutzung eines neutralen oder eventuell alkalischen Fixierbades empfohlen. Der Vorteil dieser Entwicklungsmethode besteht darin, daß die Entwicklung nicht beobachtet werden muß und daß vollkommen konstante Entwicklungsergebnisse erzielt werden. Die Gradation kann durch Veränderung der Konzentration des ersten Bades variiert und so für jedes Material eingestellt werden. Die Ausgleichswirkung dieser Methode ist beträchtlich. Von den Autoren (STAUDE, 1938) wird als Nachteil angeführt, daß sie sich für überbelichtete Negative nicht gut eignet, da bei diesen die aufgesaugte Entwicklermenge sich zu rasch erschöpft und dadurch leicht flaue und detailarme Lichter entstehen. Dieser Nachteil bei Aufnahmen von Objekten mit normalem Helligkeitsumfang wirkt sich günstig als Ausgleich bei Aufnahmen mit großem Kontrast aus.

c) Die Feinkorn-Entwickler. Man muß unterscheiden zwischen der Größe der einzelnen Silberkörner, aus welchen das negative Bild aufgebaut ist, und der Körnigkeit oder der Ungleichmäßigkeit des Silberniederschlages. In vielen Fällen kann die individuelle Größe von bedeutendem Einfluß sein. Für die Kleinbildtechnik, bei der ein photographisches Negativ mäßig stark vergrößert wird, wirkt sich jedoch eine Ungleichmäßigkeit des Silberniederschlages, hervorgerufen durch Silberkörner der verschiedensten Größen oder durch die ungünstige allgemeine Verteilung in der Schicht, wesentlich nachteiliger aus. Entwicklungstechnisch kann diese „Körnige Struktur" des Negatives, die erst auf dem positiven Bild die sog. „Körnigkeit" hervorruft, günstig beeinflußt werden durch (400a, 400b, 508, 535):

Entwicklung zu niedrigem Gamma (Ausgleichs-Entwicklung).

Entwicklung in Lösungen geringer Aktivität, die gleichzeitig Bromsilber-Lösungsmittel enthalten.

Entwicklung mit p-Phenylendiamin, ihren Derivaten und ähnlich wirkenden Substanzen.

Physikalische Entwicklung.

Entwicklung zu niedrigem Gamma, die Feinkorn-Ausgleichs-Entwickler. Als günstigstes Gamma für Negative, die zur Vergrößerung bestimmt sind, wird heute allgemein ein Wert von 0,7 ... 0,8 angesehen. Die geringere körnige Struktur bei niedriger Gradation wird dadurch verursacht, daß durch das gehemmte Reduktionsvermögen die Bromsilberkörner nur zum Teil entwickelt werden, es bildet sich eine große Anzahl kleiner Körner.

In diesem Sinne wirken die sog. Feinkorn-Ausgleichs-Entwickler. Bei den Ausgleichs-Entwicklern liegt der Schwerpunkt ihrer Wirkung auf dem unübertrefflichen Ausgleichsvermögen sonst kaum bildlich wiederzugebender Lichtkontraste, die eventuell damit verbundene Feinkörnigkeit des Silberniederschlages ist eine angenehme Beigabe. Bei den Feinkorn-Ausgleichs-Entwicklern dagegen wird die Ausgleichswirkung benützt, um ein Bild feinkörniger Struktur zu erzeugen. Reine Ausgleichs-Entwickler sind nicht immer durchaus gleichzeitig auch Feinkorn-Entwickler. Auf Grund ihrer Wirkungsweise können Ausgleichs-Entwickler als Schichtoberflächen- und Korntiefen-Entwickler angesehen werden. Über die Wirkungsweise der Feinkorn-Ausgleichs-Entwickler liegen keine systematischen Untersuchungen vor. Einige Schlußfolgerungen können nur aus verschiedenen Beobachtungen gezogen werden. Vergleicht man gleiche Schwärzungen einer Schicht, die durch gleiche Belichtungen, aber verschiedene Entwicklung, und zwar einmal in verdünntem Entwickler bei langer Entwicklungszeit und andererseits in konzentriertem Entwickler bei kurzer Entwicklungszeit erhalten sind, so werden im ersten Falle alle entwickelbaren Körner der Schicht unvollständig reduziert, im konzentrierten Entwickler dagegen werden allein die Bromsilberkörner der Schichtoberfläche vollständig reduziert. Die Körnigkeit der Schicht ist geringer bei verdünnter langer Entwicklungszeit als bei konzentrierter kurzer Entwicklung CLERC (1950) (90). Zu stark ausgeprägte Schichtoberflächen-Entwicklung im negativen Bild wirkt sich sehr nachteilig auf die Detailwiedergabe der Lichter aus, die sog. „Spitzlichter" liegen in der Tiefe der Schicht. Für die Feinkorn-Ausgleichs-Entwickler scheint demnach die Forderung berechtigt, daß sie im wesentlichen als Schichttiefen- und Kornoberflächen-Entwickler wirksam sind, d. h. die „Körnigkeit" einer Schicht ist wesentlich besser, wenn die Schwärzung aus einer Vielzahl kleiner, durch die ganze Tiefe der Schicht verteilter Körner aufgebaut ist, als wenn sie aus einer wesentlich geringeren Anzahl, jedoch großer Körner, besteht, die an der Schichtoberfläche zusammengedrängt liegen.

Zur Erreichung dieser Wirkungsweise der Feinkorn-Ausgleichs-Entwickler kann man vielfach dieselben Mittel wie bei den Ausgleichs-Entwicklern anwenden, es ist jedoch gleichzeitig dafür Sorge zu tragen, daß eine Schichtoberflächenwirkung möglichst unterbunden wird. Rapid wirkende Entwicklerzusammensetzungen, die normalerweise als Schichtoberflächen-Entwickler wirken, wie z. B. p-Aminophenol (Paranol, Perinal, Rodinal), müssen zu diesem Zwecke stark verdünnt werden. Dadurch erfolgt im Laufe der langen Entwicklungszeit eine Umstimmung, bzw. ist die Möglichkeit zu einer Schichttiefenwirkung gegeben, eine Tiefenwirkung auf das Korn unterbleibt jedoch, da die lösenden Eigenschaften auf das Bromsilberkorn nicht vorliegen.

Feinkorn-Ausgleichs-Entwickler mit Bromsilber-Lösungsmitteln. Entwickler mit erhöhtem Zusatz von Natriumsulfit wirken bei gehemmtem Reduktionsvermögen besonders feinkörnig. LÜPPO-CRAMER (357, 358, 359) erklärte diese Erscheinung mit einer Verzögerung der chemischen und Beschleunigung der physikalischen Entwicklung: Das Sulfit wirkt lösend auf die Bromsilberkörner, die Abscheidung des Silbers an das latente Bild erfolgt teilweise aus dieser so entstandenen Bromsilberlösung. Im Laufe der Zeit wurden die verschiedensten Zusätze als bromsilberlösend und damit günstig auf die Feinkornwirkung empfohlen: Ammoniumchlorid, Natriumthiosulfat, Kaliummetabisulfit, Rhodanide u. a. Bei allen Entwicklern mit Bromsilberlösungsmitteln ist die Entwicklertemperatur von ganz besonderer Bedeutung. Meistens wird erhöhte Temperatur von 22 ... 24° C als besonders vorteilhaft vorgeschrieben.

Feinkorn-Ausgleichs-Entwickler mit Zusätzen von bromsilberlösenden Substanzen wirken einerseits wie die vorher besprochenen einfachen Feinkorn-Ausgleichs-Entwickler, abweichend davon ist ihnen jedoch gleichzeitig eine Korntiefenwirkung zuzuschreiben. Derartige Entwickler sind als Schichttiefen- und Korntiefen-Entwickler anzusprechen.

Feinstkorn-Entwickler. Eine Ausnahmestellung unter den Entwicklersubstanzen bezüglich der Feinkornwirkung nahm lange Zeit allein das p-Phenylendiamin ein. Bei allen anderen bekannten Entwicklersubstanzen hängt die Wirkung mehr oder weniger nur von der Zusammensetzung und den besonderen Zusätzen ab. p-Phenylendiamin-Entwickler und in neuerer Zeit auch andere ähnlich wirkende Entwicklersubstanzen werden deswegen als „Feinstkorn-Entwickler" oder „echte" Feinkorn-Entwickler bezeichnet. Eine exakte Erklärung ihrer Wirkung ist bisher nicht eindeutig bewiesen, doch nimmt man an, daß die Entwicklung halbphysikalisch erfolgt (85, 360). Die Reduktion des Bromsilberkornes erfolgt nicht direkt, sondern es findet zunächst eine teilweise Auflösung des Bromsilberkornes statt, und aus dieser Lösung wird das Silber reduziert und an die latenten Silberkeime angelagert. P-Phenylendiamin hat den Nachteil, daß es starkes Färbevermögen besitzt und giftig ist, außerdem entwickelt es, allein benützt, äußerst langsam. Den photographischen Nachteil suchte man durch Kombination mit rapid wirkenden Entwicklersubstanzen wie Metol und Glyzin zu beseitigen. Derartige Zusammensetzungen haben jedoch meistens nur eine sehr beschränkte Haltbarkeit, so daß nach längerem Stehen der Lösungen mehr oder weniger nur die rapid wirkende Substanz noch als Entwickler wirkt SCHILLING (1937) (507). In neuerer Zeit hat man im Ausland Verbindungen von p-Phenylendiamin mit anderen Entwicklersubstanzen hergestellt, z. B. Meritol, eine Verbindung mit Brenzkatechin, die diese Nachteile nicht aufweisen sollen. Verschiedene deutsche Firmen verwenden seit einer Reihe von Jahren Entwicklersubstanzen, deren Konstitution bisher nicht bekannt gegeben wurde, die jedoch ähnlich wie p-Phenylendiamin arbeiten und deswegen ebenfalls zu den „echten" Feinkornentwicklern zu rechnen sind (z. B. Ultrafin SF, Atomal, Perufin, Atofin).

Die echten Feinkorn-Entwickler sind als Korntiefen- und Schichttiefen-Entwickler anzusprechen.

Physikalische Feinkorn-Entwicklung. Bei der physikalischen Entwicklung wird die photographische Schicht zunächst fixiert und anschließend in einer silbersalzhaltigen Reduktionsmittel-Lösung behandelt. Durch den Fixierprozeß wird das unbelichtete Halogensilber aus der Schicht herausgelöst, während die Belichtungskeime, das „latente" Bild, in der Schicht verbleiben. Im nachfolgenden Reduktionsmittelbad erfolgt Reduktion der gelösten Silbersalze zu metallischem Silber, das sich an den Belichtungskeimen niederschlägt. Die physikalische Entwicklung ergibt sehr feinkörniges Silber (ODELL) (417, 418), doch wurde auch verschiedentlich eine starke Kornvergröberung festgestellt (FERERO) (273). Die Nachteile dieses Verfahrens sind außerdem der sehr große Empfindlichkeitsverlust und die sehr lange Entwicklungszeit. Für die Praxis der bildmäßigen Photographie ist die physikalische Entwicklung ohne Bedeutung.

Zusammenfassende Ergebnisse über die Feinkorn-Entwicklung. Die Feinkornwirkung verschiedener Entwickler tritt am deutlichsten in Erscheinung bei besonders grobkörnigen Emulsionen. Vergleiche der verschiedenen Feinkorn-Entwickler haben nur Wert, wenn die Negative unter gleichen Bedingungen aufgenommen sind und die Entwicklung in jedem Falle zu gleichem Gamma durchgeführt wird. Zum Vergleich dürfen weiter stets nur Negativstellen gleicher Schwärzung herangezogen werden.

Die Leistungsfähigkeit verschiedener Feinkorn-Entwickler vermittelt folgende tabellarische Gegenüberstellung nach DEHIO und SCHILLING (1937) (508).

Tabelle 12. *Eigenschaften verschiedener Feinkorn-Entwickler bei Gamma = 0,7*

	t	E	K	d
Metol-Hydrochinon	2,2	6	18	1,2
Final	8	19	17	1,1
Atomal	11	22	22	0,8
Sease	21	8	10	0,7

t = Entwicklungszeit in Minuten zur Erzielung von Gamma = 0,7.
E = Relative Empfindlichkeit, bezogen auf Schwärzung 0,1.
K = Körnigkeitszahl, bestimmt aus dem Callierquotienten.
d = Korndurchmesser in 1/1000 mm.

Durch gehemmtes Reduktionsvermögen und Entwicklung zu niedrigem Gamma wird die Körnigkeit unterdrückt. Die Größe der Körner ändert sich bei Feinkorn-Ausgleichs-Entwicklern gegenüber Normal-Entwicklern nicht wesentlich, das Entscheidende bei diesen Spezial-Entwicklern ist jedoch, daß ihre Empfindlichkeitsausnützung beträchtlich höher ist als bei einer normalen Unterentwicklung. Feinstkorn-Entwickler arbeiten wesentlich feinkörniger als die Ausgleichstypen, ihre K-Zahlen sind beträchtlich niedriger und gleichzeitig sind die Einzelkörner von geringerem Durchmesser. Der Empfindlichkeitsverlust bei Feinstkorn-Entwicklern hängt von der verwendeten Substanz ab.

Obwohl laufend neue Feinkorn-Entwicklungsrezepte veröffentlicht werden und sich die Zahl der Handelsentwickler ständig vermehrt, sind wirklich fortschrittliche Ergebnisse nicht zu verzeichnen. Immer mehr setzt sich die Erkenntnis durch, daß für die Feinkörnigkeit eines Negatives in erster Linie die Emulsion verantwortlich ist. Hinzu kommt ein weiterer Faktor: Jede Feinkorn-Entwicklung beeinflußt nachteilig das Auflösungsvermögen, die Schärfe des Bildes. Bekanntlich tritt die Wirkung der Feinkorn-Entwickler nur bei an und für sich grobkörnigen Schichten in Erscheinung, bei niedrig empfindlichen Feinstkornfilmen besteht bei der Entwicklung kein Problem der Körnigkeit, sondern nur der Gradation. Feinkorn-Entwickler sind deswegen nur angebracht bei hochempfindlichem, grobkörnigem Aufnahmematerial, dagegen nicht bei niedrig empfindlichen, feinstkörnigen Emulsionen. Für diese Schichten werden vielmehr Entwickler benötigt, die eine weiche Gradation ermöglichen bei vollster Empfindlichkeitsausnutzung. In neuester Zeit scheint die deutsche Photoindustrie diesen Forderungen Rechnung zu tragen durch Schaffung von Spezial-Entwicklern für niedrig empfindliche Filme (TETENAL).

Die körnige Struktur eines Negativs hängt nicht allein von den Entwicklungsbedingungen ab. Abgesehen vom emulsionstechnischen Zustand können auch andere Ursachen einen sehr wesentlichen Einfluß ausüben. Untersucht man Negative extrem verschiedener Belichtung, so muß man feststellen, daß die Körnigkeit sowohl durch Unter- wie Überbelichtung ungünstig beeinflußt wird. Die alte Regel „reichlich belichten und kurz entwickeln", die mit Rücksicht auf den Empfindlichkeitsverlust bei Unterentwicklung angewandt wurde, hat für die Feinkorn-Entwicklung eine sehr zweifelhafte Bedeutung. Sie hatte nur ihre Berechtigung in einer Zeit, in der die Entwicklung zu einem bestimmten Gamma nicht mit der erforderlichen Sicherheit durchgeführt wurde. Der Einfluß der Belichtung tritt häufig zutage, wenn sich auf demselben Filmstreifen Aufnahmen mit verschiedener Deckung befinden, die beim Vergrößern Bilder sehr unterschiedlicher Körnigkeit ergeben. Die Temperatur der Bäder bis 30° C beeinflußt die Körnigkeit nicht, wenn gleiche Schwärzungen und Negative vom gleichen Kontrast verglichen werden. Bei der Trocknung tritt eine ungünstige Beeinflussung nur auf bei ausgesprochener Schnelltrocknung bei hoher Temperatur und niedrigem Feuchtigkeitsgehalt, wobei gleichzeitig eine Kontraststeigerung verursacht wird (SCHILLING, MEES). Einen bedeutenden Einfluß auf die Körnigkeit besitzt die Art des Vergrößerungsapparates; gerichtetes Licht steigert die Körnigkeit, günstig wirkt diffuses, gestreutes Licht; starke Abblendung vergrößert die Körnigkeit. Günstig für eine Verhinderung der Körnigkeit sind matte, körnige und nicht glänzende Papieroberflächen. Auf harten Papiergradationen wird die Körnigkeit begünstigt. Für starke Vergrößerungen muß man deswegen darauf achten, daß die Negative nicht zu weich entwickelt werden, damit man nicht gezwungen ist, bei der Vergrößerung auf extrem-harte Papiere überzugehen (SCHILLING) (507).

d) Gerbende Entwickler. Verschiedene Entwicklersubstanzen haben die Eigenschaft, während der Entwicklung durch die gebildeten Oxydationsprodukte die Gelatineschicht entsprechend der Schwärzung zu gerben, so daß sie in Wasser unlöslich wird. Diese Eigenschaft besitzen vor allem Brenzkatechin und Pyrogallol (119, 572). Die Zusammensetzung der Entwickler enthält kein oder nur sehr wenig Sulfit, sie müssen deswegen aus Teillösungen kurz vor dem Gebrauch gemischt werden, da sonst durch die Oxydationsprodukte infolge der Lufteinwirkung auch die Schicht an den unbelichteten Stellen gegerbt wird. Man kann die Luftoxydation unterdrücken, wenn etwa 0,4% Askorbinsäure zugesetzt wird (WEISSBERGER und KURZNER, 1943). Als schleierverhütendes Mittel wird ebenfalls Zusatz von Bromkalium verwendet. Schleier verursacht eine allgemeine Oberflächengerbung der Schicht. Zur Unterbrechung der Entwicklung werden Bäder mit Sulfit verwendet, um eine gerbende Oxydation zu verhüten. Die starke Gerbung der Gelatine durch die Oxydationsprodukte wurde verwertet im KOPPMANN-Reliefverfahren und im Jos-Pe-Verfahren (294, 295, 641, 642, 643). Beim KOPPMANN-Prozeß werden besonders hergestellte Diapositivplatten von der Rückseite belichtet, in einem gerbenden Entwickler hervorgerufen, anschließend kann die ungegerbte Gelatineschicht mit heißem Wasser weggewaschen werden, so daß ein Reliefbild entsteht. Dieses Relief kann mit Farbstoff-Lösungen eingefärbt werden und als Farbstoffbild auf gelatiniertes Papier übertragen werden. Bei dieser Technik erhält man Auswaschreliefs. Daneben unterscheidet man auch Quellreliefs; diese werden von der Vorderseite belichtet. Auf der Grundlage der Gerbung der Gelatine durch bestimmte Entwickler sind eine

Reihe von Verfahren zur Herstellung von farbigen Papierbildern entwickelt worden: Jos-Pe, Hydrotypie, Pinatypie, Duxochrom (292, 533).

Abschließend soll bemerkt werden, daß gerbende Entwickler oder Entwickler mit besonderen Zusätzen zur Gerbung zur Verwendung bei höheren Temperaturen insbesondere in den Tropen, nicht verwendet werden. Für diesen Zweck werden Entwickler mit geringem Quellungsvermögen, eventuell mit besonderen Zusätzen verwendet (s. Entwicklervorschriften für höhere Temperaturen und Tropenvorschriften).

e) Fixier-Entwickler. Der Gedanke, den Entwicklungs- und Fixierprozeß zu vereinigen und gleichzeitig auszuführen, ist schon sehr alt (W. D. RICHMOND, ESTEVE und LLATAS, 1889) und wiederholt versucht worden, in die Praxis einzuführen (115). Verschiedene Schwierigkeiten treten dabei auf, deren einwandfreie Lösung bisher nicht möglich war. Die Schnelligkeit des Entwicklungs- und Fixierprozesses ist sehr verschieden und sehr stark vom Material der verwendeten Schicht abhängig, selbst bei Emulsionen vom gleichen Typ und derselben Firma treten große Abweichungen auf. Der Fixierprozeß verläuft relativ zur Entwicklung in der Kälte langsamer und in der Wärme schneller (MEES, 1921) (90). Ein Teil des Bromsilbers der Schicht wird gelöst, bevor die Entwicklung eingesetzt hat, wodurch ein beträchtlicher Empfindlichkeitsverlust und eine Abnahme der maximalen Schwärzungen verursacht wird. Der Entwickler erschöpft sich durch die gleichzeitige Reduktion der gelösten Silbersalze sehr schnell und kann nur einmal verwendet werden.

Zur Herstellung von Fixier-Entwicklern sind mehr oder weniger alle kontrastreich arbeitenden Entwickler geeignet, z. B. Kodak D-82. Zur gleichzeitigen Fixierung ist ein Zusatz von $0{,}5\%$ Ätznatron und $6 \ldots 16\%$ Natriumthiosulfat krist. erforderlich. Der optimale Zusatz des Natriumthiosulfats muß für jede Emulsion in Abhängigkeit von der Temperatur und dem erforderlichen Gamma bestimmt werden. Wird der Gehalt des Thiosulfats vermindert oder der des Ätznatrons erhöht, so wird der Kontrast gesteigert. Tiefere Temperatur erhöht ebenfalls den Kontrast.

Wenn man Entwicklungs- und Fixierprozeß auf gleiche Schnelligkeit abstimmt, so erhält man eine Verminderung der Schwärzungen, des Schleiers und der Empfindlichkeit. Unter den günstigsten Bedingungen wird die Empfindlichkeit mindestens auf die Hälfte herabgesetzt.

J. M. KELLER, K. MÄTZIG und F. MÖGLICH (1947) (284) haben festgestellt, daß die schwankenden und unkontrollierbaren Ergebnisse bei der Fixier-Entwicklung verursacht werden durch den Zusatz von Ätzalkali, der zur Erhöhung der Entwicklungsgeschwindigkeit immer erforderlich ist. Die Alkalität des Bades ist sehr hoch und instabil, wodurch die Gelatine angegriffen und eine sehr schnelle Zersetzung des Thiosulfats verursacht wird. Diese Nachteile können vermieden werden durch Verwendung eines Puffers von pH $= 11{,}5$. Als Puffer wird Natriumaluminat verwendet, das sich bildet bei der Reaktion von Ätznatrium mit Kalialaun. Auch Zinksalze sind als Puffer verwendbar. Als Entwicklersubstanz diente den Forschern Glyzin. Die Fixierentwicklung kann vorgenommen werden bei Temperaturen bis $30°$ C, wobei infolge Gerbung durch die Anwesenheit von Aluminiumsalzen keine Schwierigkeiten auftreten. Durch Bewegung kann die Behandlungszeit variiert werden. Der Empfindlichkeitsverlust ist bei diesem Verfahren im Vergleich zu anderen gering.

f) Die Schnell-Entwicklung. Die Schnellbehandlung einer photographischen Schicht ist nicht so sehr ein Erfordernis der bildmäßigen Photographie, sie ist dagegen vielfach von ganz ausschlaggebender Bedeutung für technische, medizinische und militärische Zwecke zur Schnellregistrierung von Zuständen und Vorgängen.

Der normale Negativprozeß erfordert vier Arbeitsgänge: Entwicklung, Fixage, Wässerung und Trocknung. Von diesen Prozessen sind die letzten drei die langsamsten. Die beiden letzten Prozesse können vielfach zunächst unterlassen werden und erforderlichenfalls nach der Auswertung zu gegebener Zeit nachgeholt werden. Auf das Fixieren kann dagegen in den wenigsten Fällen verzichtet werden, da das neben dem geschwärzten Negativsilber eingelagerte helle Bromsilber den Kontrast des Negativs sehr stark mäßigt und sowohl eine Auswertung wie auch ein Kopieren sehr beeinträchtigt. Ein mäßiger Gewinn an Entwicklungszeit ist von umso geringerem Interesse, wenn nicht gleichzeitig die nachfolgenden Operationen mit verkürzt werden.

Die Mittel, um die gesamte Behandlungsdauer zu beschleunigen, sind: Auswahl des geeignetsten Aufnahmematerials, Temperaturerhöhung der Bäder und intensive Bewegung während der Behandlung. Eine dünngegossene Emulsionsschicht saugt sich schnell in den Behandlungsbädern voll und ebenfalls schnell erfolgt ein Austausch der verschiedenen Lösungen. Dünne Schichten absorbieren auch weniger Wasser und trocknen deswegen äußerst schnell. Wenn die Schichten fabrikationsmäßig schon vorgegerbt sind, so erübrigt sich eine eventuelle Vorgerbung, die meistens weniger wirksam ist und einen weiteren Zeitverlust bedeutet. Fabrikationsmäßig gegerbte Emulsionen erlauben meistens eine Behandlungstemperatur bis 50° C, während Gerbung vor der Entwicklung nur eine Temperatur bis etwa 40° C gestattet (86, 87, 227, 228, 458a).

Als Schnell-Entwickler sind nur Entwickler mit Zusatz von Ätzalkalien geeignet, bei denen gleichzeitig der Sulfitgehalt erhöht ist. JAENICKE (1938) (231, 232) kommt auf Grund umfangreicher Untersuchungen zu folgenden Ergebnissen: Wird in einem Hydrochinon-Ätzkali-Entwickler die Konzentration auf 60 g/l erhöht, dann dauert die Entwicklungszeit für Gamma = 1 statt 50 nur 25 sec. Viel günstiger ist es, zwei Bäder nacheinander anzuwenden, von denen das erste aus Hydrochinon ohne Alkali, das zweite aus 15 ... 30% Ätzkali besteht. Man behandelt zunächst die Schicht 15 ... ... 60 sec in einer 5%igen Hydrochinon-Lösung, darnach wird sie einige Sekunden in die Ätzkali-Lösung gelegt. Als Unterbrecherbad dient eine 4%ige Kaliummetabisulfit-Lösung. Alle Lösungen können vollständig bis auf den letzten Rest verbraucht werden. Bei normaler Entwicklung diffundieren die Hydroxylionen des Ätznatrons viel schneller in die Schicht hinein als die großen Entwicklermoleküle. Es ist deshalb sehr von Vorteil, wenn die Entwicklersubstanz vorher in die Emulsion gebracht wird. Zu diesem Zwecke wird die Schicht 30 ... 60 sec in einer wässerigen Hydrochinon-Lösung gebadet und dann getrocknet. Eine derartige Schicht ist monatelang haltbar. Nach der Aufnahme erfolgt die Behandlung in 30%iger Ätzkali-Lösung. Nach 1 sec Entwicklungszeit ist ein Negativgamma = 1,1 erreicht, nach 5 sec ist die Entwicklung bei einem Gamma = 1,75 beendet.

Im Jahre 1946 wurde vom Kodak-Forschungsinstitut zur Registrierung von Radar-Aufzeichnungen eine Schnellmethode veröffentlicht (72), bei der der gesamte Prozeß von der Aufnahme auf 16 mm Kodak-Feinkornfilm bis zur Projektion nur 15 sec dauert.

Die Entwicklung und der Fixiervorgang dauern insgesamt nur 5 sec. Als Entwickler dient die Kodak-Vorschrift D-82, deren Ätznatron-Gehalt verdoppelt ist. Außerdem enthält er Glyzerin, um irgendwelche unerwünschten Kristallisationserscheinungen bei der Trocknung zu verhüten. Das Fixierbad enthält Alaun zur Schichthärtung. Der Vorgang verläuft folgendermaßen: Nach der Aufnahme wird bei 60° C entwickelt, Die Entwicklungszeit beträgt 4 sec. Der Entwickler wird abgesaugt und der Behälter mit Fixierbad gefüllt. Der Fixiervorgang, der ebenfalls bei 60° C vorgenommen wird, dauert 6,5 sec. Danach wird dieses Bad ebenfalls abgesaugt und die Trocknung in dem Gefäß durch einen Luftstrom vorgenommen.

In neuester Zeit scheint für die Schnellbearbeitung ein weiteres Verfahren an Bedeutung zu gewinnen, das als *Stabilisierungs-Entwicklung* bezeichnet wird und von den SIGNAL CORPS-ENGINEERING LABORATORIES U. S. A. ausgearbeitet wurde. Dieses Verfahren ist sowohl für Negative wie Positive geeignet (76, 458 b).

Die *Entwicklung* erfolgt in folgendem Hervorrufer:

Natriumkarboxymethylzellulose	1 g
Methylalkohol	10 ccm
Ammoniumsulfat	75 g
Amidol	6,8 g
Ammoniumbromid	2,0 g
Wasser bis zu	1000 ccm

Natriumkarboxymethylzellulose 1 g, Methylalkohol 10 ccm } gelöst

Entwicklungszeit: 2 ... 3 Min. bei 20° C.

Unterbrecherbad für Negative: Ammoniumsulfat 30 g,
Wasser bis zu 1000 ccm,
Zeitdauer 1 ... 2 Minuten.

Unterbrecherbad für Papiere: Natriumbisulfit 30 g,
Wasser bis auf 1000 ccm.

Stabilisator: Thiokarbamid 30 g,
Glyzerin 10 ccm,
Wasser bis zu 1000 ccm,
Behandlungszeit 2 ... 3 Minuten,
Für Papiere 1 : 1 zu verdünnen.

Dieses Stabilisierungsbad tritt an Stelle des Fixierbades, die behandelten Filme werden ungewässert und noch naß weiterverarbeitet.

g) Die physikalische Entwicklung vor und nach dem Fixieren. Die gebräuchliche normale Entwicklung wird als „chemische" Entwicklung bezeichnet. Hierbei wird das Bromsilber des Kornes nach Maßgabe des vorhandenen latenten Bildes reduziert. Bei der „physikalischen" Entwicklung ist das Bromsilber des Kornes nicht beteiligt, die Entwickler-Lösungen enthalten gleichzeitig gelöste Silber- oder Quecksilbersalze, diese werden zu Silber, bzw. Quecksilber reduziert und schlagen sich je nach der Stärke des latenten Bildes an dieses nieder. Die physikalische Entwicklung eignet sich in hervorragender Weise zur Entwicklung von Daguerreotypien und für „nasse" Kollodiumplatten, während die chemische Entwicklung für die heutige bildmäßige Photographie ausschließlich verwendet wird. „Hätte man die chemischen Entwickler nicht gekannt, so wäre die epochemachende Erfindung der empfindlichen Gelatineplatte nicht gemacht worden" (H. W. VOGEL) (566).

Die physikalische Entwicklung verlangt 5- bis 10fache Überbelichtung, der Empfindlichkeitsverlust ist sehr von der Behandlungsart abhängig. Hoher Empfindlichkeitsverlust kann vermieden werden durch Ersatz der Silberkeime, die durch die Belichtung gebildet wurden, durch Gold mit Hilfe einer verdünnten Goldrhodanid-Lösung (T. H. JAMES, 1948) (246). Die physikalische Entwicklung ist nicht für alle farbenempfindlichen oder auch desensibilisierten Emulsionen anwendbar; basische Farbstoffe, die am Korn adsorbiert sind, wirken der Anlagerung des reduzierten Silbers entgegen (LUMIÈRE und SEYEWETZ 1924) (330, 331), während saure Farbstoffe vielfach eine Beschleunigung verursachen (LÜPPO-CRAMER, 1939) (96).

Zur physikalischen Entwicklung müssen möglichst frische Emulsionen verwendet werden und absolute Sauberkeit ist eine Grundforderung. Man verwende nur Gefäße aus Glas, metallische Hilfsmittel müssen ganz besonders vermieden werden, oder sie müssen vorher mit einer Schutzschicht aus Zaponlack überzogen werden.

Der Grund, warum die chemische Entwicklung der physikalischen ganz beträchtlich überlegen ist, liegt zum Teil darin, daß die Silberkeime des latenten Bildes sehr erheblich im Innern des Kornes liegen und deswegen nicht der Ablagerung des Silbers zugänglich sind (LÜPPO-CRAMER, 1921) (115).

Zur physikalischen Entwicklung können nur Fixierbäder Verwendung finden, die das latente Silberbild möglichst wenig angreifen. Saures Fixierbad scheidet deswegen gänzlich aus. Gut geeignet ist eine Thiosulfat-Lösung mit neutralem Sulfit. Vielfach werden auch Zusätze von Ammoniak und Alkalien empfohlen. Als Entwickler dienen Lösungen von Silbernitrat mit Natriumsulfit und einer Entwicklersubstanz (p-Phenylendiamin). Statt des Silbersalzes können auch Quecksilbersalze verwendet werden (115).

Die physikalische Entwicklung hat besonderes Interesse zur Erforschung der photographischen Grundprozesse (19, 141). In neuerer Zeit wurde ihre Anwendung wieder empfohlen in Verbindung mit der Latensifikation (254).

h) Entwicklung mit kontrollierter Diffusion. Ein neues Entwicklungsverfahren, das auf kontrollierter Diffusion beruht, hat in den letzten Jahren eine sehr große Bedeutung erlangt. Die chemischen Grundlagen dieses Verfahrens wurden bereits in den Jahren 1938 bis 1943 von den Firmen AGFA, Leverkusen, und GEVAERT, Antwerpen, erforscht. Die Weiterentwicklung und die Anwendung mußten jedoch aus kriegsbedingten Gründen zurückgestellt werden (307, 455, 538, 564, 608, 623, 624, 625, 628, 679, 681, 682, 683, 687, 700).

Dieses Verfahren beruht auf folgendem Prinzip: Das Negativ wird in Kontakt mit einem besonderen Papier entwickelt. Dieses Papier enthält eine Gelatineschicht, in die kolloidales Silber eingebettet ist, das jedoch nicht lichtempfindlich ist. Als Entwickler wird ein Fixierentwickler verwendet. Durch diesen Entwickler werden in der Negativschicht die belichteten Körner entsprechend der Belichtung entwickelt und gleichzeitig die unbelichteten aufgelöst. Dieses aufgelöste Bromsilber gelangt mit dem Entwickler durch Diffusion in die Positiv-Schicht, wo es reduziert und an dem kolloidalen Silber niedergeschlagen wird. Die Reduktion im Positivpapier ist begrenzt, entsprechend dem Verbrauch des Entwicklers und der Konzentration des gelösten Bromsilbers bei der Fixierentwicklung des Negativs. In den Lichtern des Negativs, wo starke Schwärzung erfolgt, wird der Entwickler stark verbraucht; ebenso bleibt wenig gelöstes Bromsilber übrig, die gemeinsam in die positive Schicht diffundieren können. Es erfolgt also auf dem Positivpapier an diesen Stellen eine geringe Silberabscheidung, die Lichter bleiben weiß. In den Schattenpartien ist es gerade umgekehrt. Es entsteht also auf dem Papier ein positives Bild.

Unter Verwendung dieses Entwicklungsverfahrens hat E. H. LAND, Cambridge, die sogenannte „Ein-Minuten-Kamera" konstruiert (307). Diese Kamera gleicht in ihrem äußeren Aufbau einer überdimensionalen Rollfilmkamera. Film- und Papierband werden unterhalb des Bildfensters über zwei Andruckrollen geführt. Diese Andruckrollen pressen den Fixierentwickler (Hydrochinon-Ätznatron-Fixiernatron) in hochviskoser Lösung (Karboxymethyl-Zellulose oder Hydroxyäthyl-Zellulose) aus einer Ampulle zwischen die beiden Schichten und bringen sie gleichzeitig in Kontakt. Nach einer Minute Einwirkungszeit kann das positive Bild vom Negativ abgezogen werden.

Auf derselben photochemischen Grundlage beruht das von der Firma GEVAERT, Antwerpen, herausgebrachte „Transargo"-Papier und das „Diaversal"-Umkehrpapier. Das „Diaversal"-Umkehrpapier enthält zunächst auf der Papierunterlage eine Gelatineschicht, die Spuren von kolloidalem Silber und besondere Verbindungen zur Beeinflussung des Bildtones trägt. Diese Schicht ist gehärtet und nicht lichtempfindlich. Darüber befindet sich eine zweite ungehärtete, lichtempfindliche Schicht. Das Papier wird in Kontakt oder optisch vergrößert hinter einem Diapositiv belichtet. Die Entwicklung erfolgt wieder in einem besonderen Fixierentwickler, wobei wieder durch Diffusion in der unteren Gelatineschicht ein positives Bild entsteht, während in der oberen Schicht gleichzeitig ein Negativ entwickelt wird. Dieses obere Negativ wird mit warmem Wasser abgewaschen und dadurch entfernt. Das übrigbleibende positive Bild kann in einem besonderen Bad noch gekräftigt und getont werden.

Nach dem Prinzip der kontrollierten Diffusion arbeitet das „Copyrapid"-Verfahren der AGFA, das in der Dokumentation zur schnellen Herstellung von Photokopien von Druckschriften und Dokumenten eine große Bedeutung erlangt hat. Das „AGFA-Copyrapid"-Papier ist ein lichtempfindliches Spezialpapier, das in Verbindung mit einem besonderen Übertragungspapier benutzt wird. Das Negativ wird wie eine Kopie oder Reflexkopie belichtet, dann gemeinsam mit dem Übertragpapier kurz durch den Entwickler gezogen und unter Druck Schicht auf Schicht gepreßt. Nach einer Minute Einwirkungszeit werden die beiden Papiere voneinander abgezogen. Das Positiv ist nahezu trocken und sofort gebrauchsfertig. Als Entwickler dient ein ätzalkalischer Hydrochinon-Entwickler, das Fixiermittel ist in neuester Zeit im Papier eingelagert. Copyrapid-Kopien vergilben allmählich unter Lichteinwirkung, ihre Haltbarkeit kann einwandfrei gestaltet werden, wenn sie nachträglich gewässert werden.

Von historischem Interesse ist, daß diese Verfahren, bei denen das verschiedene Reduktionsvermögen nach der Diffusion je nach dem bereits erfolgten Verbrauch bei der Negativ-Entwicklung zum Teil eine Rolle spielt, obwohl unverkennbar der Diffusion die entscheidende Wirkung zukommt, auf einen Vorschlag von E. STENGER und F. HERZ vom Jahre 1923 zurückgehen.

i) Die elektrolytische Entwicklung. Bei der chemischen Entwicklung wird bekanntlich das Bromsilber der photographischen Schicht zu Silber reduziert. Elektrochemisch kann dieser Vorgang als Zuführung einer negativen Ladung angesehen werden:

$$\mathrm{Ag^+ + (-) = Ag \ (Metall)}$$

Im Jahre 1893 hat erstmalig LIESEGANG versucht, diese Reduktion durch Zufuhr der notwendigen negativen Ladungen mit Hilfe der Elektrolyse durchzuführen (33, 34, 319, 320, 325). LIESEGANG verwandte als Elektrolyten Natriumbisulfit, das er elektrolytisch zu Natriumhydrosulfit ($Na_2S_2O_4$) reduzierte, welches bei seiner Entstehung als Entwickler wirken sollte.

Späterhin versuchte u. a. FUCHS (1930) durch Elektrolyse von 10%iger Kalialaun-Lösung photographische Schichten zu entwickeln, konnte jedoch nur einige unzulänglichen Ergebnisse auf unempfindlichen Positivemulsionen erzielen (181).

1935 brachten K. BENNEWITZ und E. KELLNER den Nachweis, daß atomarer Wasserstoff zu entwickeln vermag (39).

Erstmalig gelang es J. RZYMKOWSKI im Jahre 1937 nach vielen eingehenden Versuchen das erste Porträt elektrolytisch zu entwickeln (460, 461).

Für die elektrolytische Entwicklung sind von ausschlaggebender Bedeutung die sog. Redox-Systeme und die Theorie vom Reduktions-Oxydations-Potential des Entwicklers (4, 5a, 443) (s. Theoretischer Teil). Betrachtet man die Oxydation der Entwicklersubstanz bei der Entwicklung als elektrochemischen Prozeß, so kann man diesen bei p-Derivaten als eine p-Abspaltung, bei o-Derivaten als eine o-Abspaltung von 2 Elektronen auffassen. Hydrochinon kann beispielsweise als eine zweibasische Säure aufgefaßt werden, es können je nach dem pH-Wert ein- und zweiwertige Ionen des Hydrochinons in Lösung vorhanden sein. Gibt das Hydrochinon bei der Entwicklung die beiden negativen Ladungen ab, so entsteht das Chinon:

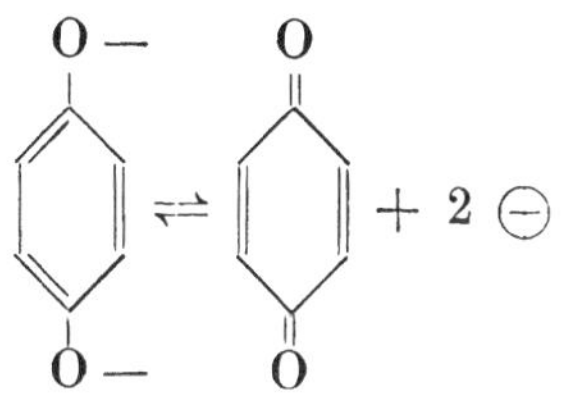

Dieselben Überlegungen gelten auch für Aminogruppen. Der Entzug von Elektronen erfolgt jeweils nur von einem ionisierten Stickstoff- oder Sauerstoffatom, jedoch niemals von einem Kohlenstoffatom. Eine elektrolytische Entwicklung wäre nun insofern denkbar, als man die beim Entwicklungsvorgang oxydierte Stufe (O-Form) immer wieder in einer Art Kreisprozeß durch Elektrolyse in die reduzierte Form (R-Form) überführt. Dies ist beim Hydrochinon (R-Form) nicht möglich, da Chinon (O-Form) nur in saurer Lösung beständig ist und im alkalischen Gebiet nicht umkehrbare Verbindungen entstehen. Dasselbe ist in ähnlicher Weise auch bei allen anderen gebräuchlichen Entwicklersubstanzen der Fall, diese sind nicht umkehrbare (irreversible) Reduktionsmittel. Eine stetige elektrolytische Regenerierung ist nur mit umkehrbaren (reversiblen) Systemen möglich. J. RZYMKOWSKI hat eine Vielzahl derartiger Systeme anorganischer und organischer Natur untersucht und sich verschiedene Verfahren patentieren lassen (665—671). Geeignete Systeme sind u. a. Chromalaun, Ferriammoniumoxalat, Ferriammoniumsulfat, Eisenmalonat-Lösung, Anthrachinon-2, 7-disulfosaures Natrium, p-Nitrosophenol, alkalische Phenol-Lösung u. a. m. Zur Entwicklung des ersten Porträt-Bildes auf elektrolytischem Wege verwendete er ein Redox-System von Silbersalz. Das Elektrolysiergefäß zur Entwicklung kann mannigfaltig ausgestaltet sein.

Bei einer Ausführungsform trennt in dem Batterieglas eine poröse Tonzelle die beiden die Elektroden umgebenden Flüssigkeiten (s. Abb. 59).

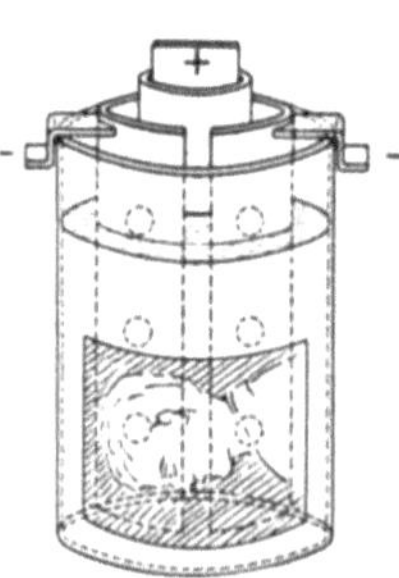

Abb. 59. Schema einer elektrolytischen Zelle zur „elektrischen" Entwicklung. Nach J. Rzymkowski (461)

Die Kathode (—) ist ringförmig ausgebildet und zwischen Glas und Tonzelle angebracht. Innerhalb der Tonzelle befindet sich die Anode (+). Die Apparatur kann unter Zwischenschaltung eines Widerstandes an die Lichtleitung angeschlossen werden. Die belichtete photographische Schicht wird in den Raum zwischen Kathode (—) und Gefäßwand gebracht, der ersteren zugekehrt. Besonders geeignet zur elektrolytischen Entwicklung sind neutrale Salze einbasischer Mono- und Polykarbonsäuren, z. B. milchsaure Salze (462). Ein derartiger Entwickler kann hergestellt werden durch Auflösung nacheinander von:

Kaliumoxalat. . . . . 250 g
Eisenlaktat (II) . . . . 100 g
Wasser bis auf . . . . 1000 ccm.

Als Anodenflüssigkeit wird 10%ige Schwefelsäure benützt. Zur Stromerzeugung dient ein 6 V Akkumulator.

Der Strom muß so reguliert werden, daß keine Wasserstoff-Entwicklung auftritt. Ein derartiger Entwickler hat gegenüber einem normalen chemischen Entwickler sehr große und viele Vorteile. Er ist praktisch unbegrenzt brauchbar, da er immer wieder regeneriert wird. Sein Reduktionsvermögen steht kaum dem anderer Entwickler zurück. Außerdem ist er äußerst billig im Gebrauch und empfiehlt sich deswegen besonders für die kontinuierliche Maschinen-Entwicklung in der Kinotechnik.

Auf Grund eingehender Untersuchungen verschiedener Systeme, von Titansalzen, Wolframsalzen und Vanadiumsalzen, Chromsalzen, hat in neuester Zeit das Kodakforschungsinstitut die Verwendungsfähigkeit der elektrolytischen Entwicklung durch Vergleich mit der chemischen Entwicklung unter Beweis gestellt (453). Als besonders geeignet hat sich hierbei folgender Elektrolyt ergeben:

Vanadium(II)-bromid . . . . . 0,42 M
Bromwasserstoffsäure . . . . . 1,35 M
Schwefelsäure . . . . 0,17 M

Zur Entwicklung kann ein ähnliches Gefäß benutzt werden wie in der Abbildung aufgezeichnet. Der Strom wird dem Lichtnetz entnommen. In folgender Tabelle sind die Vergleichsergebnisse mit Kodak D-16 für eine Kinepositiv-Emulsion zusammengestellt:

Tabelle 13. *Vergleichsergebnisse Redox-System Vanadium (II)-bromid und Kodak D-16.*

Entwickler	Entwicklungszeit	Schleier	Empfindl.	Gamma
Vanadiumbromid. . . .	5 sec	0,02	21,8	1,85
bei 15° C	10 „	0,03	28,2	2,41
	15 „	0,05	30,2	2,74
	20 „	0,06	34,5	2,82
	30 „	0,07	36,2	3,27
Kodak D-16 bei 20° C	1 min	0,02	4,78	0,735
	2 min 30 sec	0,03	10	1,80
	5 „	0,03	17	2,35
	5 „	0,03	17	2,35
	10 „	0,05	24	2,81

Empfindlichkeit = 10/E, wobei E Belichtung in Lxsec zur Erreichung der Dichte 0,3.

Die elektrolytische Entwicklung mit Vanadium (II)-bromid arbeitet
wesentlich rapider als die chemische Entwicklung. Die Empfindlichkeitsausnützung ist weiter beträchtlich höher. Der gebildete Schleier ist kaum
wahrnehmbar höher.

Bei der elektrolytischen Entwicklung biegt
der obere Teil der Schwärzungskurven bei
Entwicklungszeiten unter 15 sec frühzeitig
ab (nur aus Kurven zu ersehen).

Die elektrolytische Entwicklung ist als
Korntiefenentwicklung anzusehen, je nach
der Bromid-Konzentration und der Dauer
der Entwicklungszeit. Die entwickelten Silberkörner zeigen bei 2000facher Vergrößerung keinen merkbaren Unterschied gegenüber normal entwickelten Körnern. Folgende Abb. 60 zeigt einen Vorschlag zur
kontinuierlichen Maschinen-Entwicklung mit
dem elektrolytischen Verfahren. Hierbei kann
die Aktivität des Entwicklers konstant gehalten werden durch automatische Steuerung mit
einer Photozelle. Die reduzierte Form des
Vanadiumsalzes (V^{++}) ist farblos, während
die oxydierte (V^{+++}) grün ist.

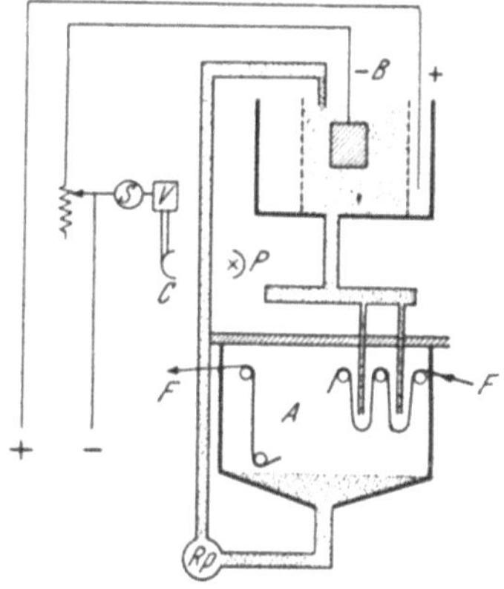

Abb. 60. Elektrolytische Maschinen-Entwicklung.   Nach
H. ROMAN (453)

A Entwicklungsgefäß, *B* Regenerierung, *C* Photozelle, *P* Projektions-
lampe, *S* Schalter, *V* Verstärker,
F Film, *Rp* Pumpe

VI. Die Desensibilisierung

Unter Desensibilisierung versteht man die Behandlung einer photographischen Schicht, um ihre Lichtempfindlichkeit abzuschwächen. Die Desensibilisierung ist das Gegenstück zu der Sensibilisierung, die den Zweck
hat, die Lichtempfindlichkeit im allgemeinen und im besonderen auf einzelne
Spektralbereiche zu erhöhen. Vielfach wird desensibilisieren auch mit
„narkotisieren" bezeichnet. Die Desensibilisierung hat die Aufgabe, die
Entwicklung der photographischen Schicht zur besseren Beurteilung oder
auch aus anderen Gründen bei möglichst hellem Dunkelkammerlicht zu
ermöglichen. Man nennt deswegen die Entwicklung mit Desensibilisierung
auch die Hellicht-Entwicklung.

Ist eine Emulsion bei der Entwicklung mit Flüssigkeit getränkt, so
zeigt sie bereits einen beträchtlichen Rückgang ihrer Empfindlichkeit.
Wie LÜPPO-CRAMER (1901) feststellte, ist diese Eigenschaft allen gebräuchlichen Entwicklersubstanzen eigen, mit Ausnahme von Hydrochinon (344).
Im Jahre 1915 stellte derselbe Forscher fest, daß die normale Empfindlichkeit einer Emulsion durch Baden in einer 0,2 ... 0,5%igen Lösung von
Diaminophenol, salzsauer von 1 Minute Dauer auf 1/50 geschwächt wird
(350). Er erkannte weiter, daß diese desensibilisierende Wirkung auf
Oxydationsprodukte des Entwicklers zurückzuführen ist. Das latente
Bild wird hierbei nicht angegriffen. Als ersten wirklichen Desensibilisator
entdeckte LÜPPO-CRAMER im Jahre 1920 den roten Farbstoff Phenosafranin (352—354). Dieser Farbstoff ist als Desensibilisator noch wirksam in

einer Verdünnung 1 : 20 000, wobei er als Vorbad benützt oder dem Entwickler zugesetzt werden kann. Die höchste verwendbare Konzentration für Phenosafranin ist 1/2000. Dieser Desensibilisator ist für Hydrochinon, Brenzkatechin und Pyrogallol-Entwickler nicht geeignet, da er ausfällt. Ähnlich verhalten sich auch andere Farbstoffe, die sich von den Safraninen ableiten und mit Phenosafranin verwandt sind. Ein weiterer großer Nachteil dieser Farbstoffklasse ist, daß sie sehr stark die Gelatine und die Hände anfärben, ihre Lösungen sind stark gefärbt. Die Färbung kann erheblich zurückgedrängt werden, wenn man Phenosafranin in Verbindung mit Chrysoidin zu gleichen Gewichtsteilen verwendet (198). Chrysoidin, allein verwendet, ist ebenfalls ein schwacher Desensibilisator, der sehr starkes Färbevermögen für die Haut und Nägel besitzt.

Die heute gebräuchlichsten Desensibilisatoren sind:

Pinakriptolgelb, Pinakryptolgrün und Pinaweiß. Pinakriptolgelb wurde im Jahre 1922 von R. Schuloff und E. König (Meister, Lucius & Brüning, I. G. Farbenind.) entdeckt (647). Verschiedene Produkte waren unter diesem Namen im Handel. Einer dieser Farbstoffe war die Verbindung: 1-Methyl-2(3-Nitrostyryl)-6-äthoxychinolein (90). Die Lösungen dieses Desensibilisators sind schwach gelblich gefärbt; er wirkt sehr stark desensibilisierend besonders bei hochempfindlichen panchromatischen Emulsionen. Er wird jedoch durch gelöstes Sulfit zerstört und kann deswegen nicht als Zusatz zum Entwickler sondern nur als Vorbad benutzt werden.

Pinakryptolgrün ist ebenfalls ein Produkt derselben Firma, sein Entdecker ist B. Homolka im Jahre 1925 (191, 220). Dieser Farbstoff gibt sehr stark grün gefärbte Lösungen, die jedoch kein Färbevermögen auf die Schicht besitzen. Seine desensibilisierende Wirkung ist für nicht sensibilisierte Schichten ähnlich der von Safraninen, bei panchromatischen Emulsionen ist sie beträchtlich höher. Pinakryptolgrün kann dem Entwickler zugesetzt werden. Ungeeignet ist er zum Gebrauch bei ätzalkalischen Entwicklern, da die Gelatine in diesem Fall stark angefärbt und fleckig wird. Pinakryptolgrün ist eine isomere Verbindung des Safranins, 1,3-diamino-5-phenylphenazoniumchlorhydrat (609, 684). B. Wendt (Agfa Wolfen, IG. Farbenindustrie) entdeckte 1928 das Pinaweiß (661, 662, 691). Dieser Desensibilisator ist kein Farbstoff, sondern ein Säurederivat des Anthrachinons. Zahlreiche derartige Derivate sind inzwischen synthetisiert und als geeignet befunden worden: Anthrachinon-2-sulfonsäure, 1-Chloranthrachinon-2-carboxylsäure, Anthrachinon-2-carbonyltaurid, Anthrachinonsarcosid.

Pinaweiß ist vollkommen farblos, es wird in einer Konzentration von 0,2 ... 1% verwendet. Es ist besonders geeignet als Desensibilisierungszusatz zum Entwickler; wenn es als Vorbad gebraucht wird, muß gleichzeitig Zusatz von etwa 4% Natriumsulfit erfolgen. Pinaweiß zerstört die Farbensensibilisierung ohne Wirkung auf die Eigenempfindlichkeit des Bromsilbers, man muß deswegen für die Hellicht-Entwicklung ein helleres Filter benützen, das die Empfindlichkeit der Emulsion in unsensibilisiertem Zustand zuläßt, also für panchromatisches Material hellgrün und nicht hellrot. Nach neueren Untersuchungen soll Pinaweiß nur auf panchromatische Emulsionen desensibilisierend wirken, jedoch nicht auf orthochromatische (463). Orthochromatische Schichten werden in hellrotem Licht umgekehrt (Sabattier-Effekt).

1. Technik der Desensibilisierung

Ein für die photographische Praxis geeigneter Desensibilisator muß folgenden Anforderungen genügen: Er muß möglichst schnell und so stark wie möglich die Empfindlichkeit der Emulsion herabsetzen; das latente Bild darf bei der Einwirkung nicht angegriffen werden; es darf kein Schleier auftreten, bzw. darf ein gebildeter Schleier keinesfalls störend sein; der Desensibilisator muß leicht löslich sein und die Herstellung von hochkonzentrierten Lösungen gestatten; er muß haltbar sein sowohl in Substanz wie auch in Lösungen; er muß universell sowohl als Vorbad wie auch als Zusatz zum Entwickler verwendet werden können; er muß für alle photographischen Schichten in gleicher Weise geeignet sein; er darf die Eigenschaften des Entwicklers nicht beeinflussen; er muß möglichst farblos sein oder darf die Schichten nicht anfärben; er darf nicht giftig sein (197). Diesen Anforderungen entspricht keiner der bisher bekannten Desensibilisatoren. Besonders hervorzuheben ist, daß die Desensibilisierung bei der Entwicklung von Röntgen-Aufnahmen grundsätzlich nicht angewandt werden kann. Die Desensibilisierung ist bei Röntgenaufnahmen unwirksam.

Die Desensibilisierung kann im allgemeinen als Vorbad oder als Zusatz zum Entwickler angewandt werden, einige eignen sich jedoch nur für das eine oder das andere. Die Wirkung eines Desensibilisators ist im allgemeinen bei gleicher Konzentration größer, wenn er als Zusatz zum Entwickler an Stelle der Vorbehandlung verwendet wird. Es ist jedoch zu beachten, daß die Konzentration im Entwickler beträchtlich geringer sein muß. Jede Desensibilisierung beeinflußt den Entwicklungsvorgang; das Bild erscheint wohl meistens schneller, aber die Entwicklung selbst verläuft langsamer. Zur Erreichung eines bestimmtem Gammawertes nach der Gamma-Zeit-Temperatur-Methode ist eine verlängerte Zeit erforderlich. Bei Desensibilisierungsvorbädern wird auch das Erscheinen des Bildes verzögert. Die Safranine als Desensibilisatoren verhalten sich von dieser Regel etwas abweichend: die Entwicklung wird beschleunigt bei Entwicklersubstanzen wie Hydrochinon, Pyrogallol, Glyzin, die durch Sulfit in ihrer Wirkung gehemmt werden. Bei Entwicklersubstanzen, deren Wirkung durch Sulfit beschleunigt wird, üben die Safranine keinen Einfluß auf die Entwicklung aus (242).

Desensibilisierungsbäder wirken nicht nur desensibilisierend, sie haben gleichzeitig die Eigenschaft, das Entstehen des Luftschleiers zu unterdrücken.

Für die häufige Verwendung am besten geeignet ist der Ansatz von konzentrierten Lösungen. Bei diesen Ansätzen ist ganz besonders auf vollständige Lösung der Substanzen zu achten, da sonst Fehlererscheinungen in der Emulsion verursacht werden. Es ist empfehlenswert, den Vorratslösungen eine geringe Menge eines Antiseptikums (Formol, Nipagin, Benzohexa o. ä.) zuzusetzen, um Bakterienbildung zu verhüten. Die Lösungen müssen gegen Lichteinwirkung geschützt in braunen Flaschen aufbewahrt werden. Desensibilisierungsvorbäder können wiederholt benützt werden, ohne daß ihre Wirksamkeit nachläßt. Ist die Lösung beim Gebrauch trübe geworden, so kann sie filtriert werden. Bei Benützung von desensibilisierenden Vorbädern erfolgt keine Zwischenwässerung oder Spülung vor der Entwicklung.

Die Desensibilisierung ist in jedem Fall bei einwandfreiem inaktinischem Licht entsprechend der benützten Emulsion vorzunehmen. Helleres Licht darf erst nach einer Einwirkungszeit des Desensibilisators von etwa 3 Minuten erfolgen. Auch bei Benutzung eines Desensibilisators im Entwickler ist auf diese Vorschrift zu achten. Höchstpanchromatisches Material behandelt man zweckmäßig überhaupt 3 Minuten im Dunkeln und schaltet dann erst das geeignete hellere Dunkelkammerlicht ein. Nach der Desensibilisierung ist folgendes Dunkelkammerlicht zulässig:

Höchstpanchromatisches Material: hellgrün, z. B. Agfa 103.

Orthopanchromatisches Material: hellgrün, z. B. Agfa 103 mit Ausnahme von Pinaweiß auch rot, Agfa 107.

Höchstorthochromatisches Material: hellrot, z. B. Agfa 104.

Infrarotmaterial: hellgrün, z. B. Agfa 103.

2. Desensibilisierungsbäder

Phenosafranin:

Vorratslösung: Phenosafranin 1 g,
                          Wasser bis auf 1000 ccm.

Gebrauchsverdünnung: Als Vorbad 1 : 10, 2 ... 3 min,
                       im Entwickler 50 ccm/1000 ccm.

Kann nicht als Zusatz zu Hydrochinon-, Pyrogallol-, Brenzkatechinhaltigen Entwicklern verwendet werden.

Eventuelle Farbflecken in der Gelatine können entfernt werden durch Baden in sehr verdünnter Salpetersäure (1%) oder einer Lösung von Kaliumnitrat (0,1%) und 1% Salzsäure; häufig tritt dabei eine Abschwächung des Bildes mit auf.

Phenosafranin + Chrysoidin:

Vorratslösung: Chrysoidin   20 g,
                          Phenosafranin   20 g,
                          dest. Wasser   200 ccm,
                          Alkohol   5 ccm.

Gebrauchsverdünnung: Nur als Vorbad zu verwenden 1 : 50.

Pinakryptolgrün:

Vorratslösung: Pinakryptolgrün   1 g,
                          Wasser   500 ccm.

Gebrauchsverdünnung: Als Vorbad 1 : 9, 2 min,
                       im Entwickler 50 ccm/1000 ccm.

In hydrochinonhaltigen Entwicklern kann es nicht verwendet werden, da es ausgefällt wird. Außerdem sehr leicht Schleierbildung. Die Entwicklung wird durchschnittlich um 30% verlangsamt, die Entwicklungszeit ist dementsprechend zu verlängern. Besonders geeignet für Ortho- und Panmaterial, dagegen weniger für Infrarot-Schichten.

Pinakryptolgelb:

Vorratslösung: Pinakryptolgelb   1 g,
                          Wasser   200 ccm.

Gebrauchsverdünnung: Nur als Vorbad 1 : 10, 2 min.

Ist sehr empfindlich gegen Sulfit und kann deswegen den Entwicklern nicht zugesetzt werden. Wirkt auch als Vorbad bei Hydrochinon-Entwicklern stark verzögernd. Ist für alle Schichten gut geeignet und ganz besonders für Infrarot-Emulsionen.

Pinaweiß:

1 g wird in 15 ... 20 ccm heißem Wasser gelöst. Nach dem Abkühlen wird diese Lösung auf 1000 ccm gebrauchsfertigen Entwickler zugesetzt.

Zur Benützung als Vorbad wird 1 g Pinaweiß gemeinsam mit 30 g Natriumsulfit sicc. in einem Liter Wasser gelöst. Diese Lösung dient als gebrauchsfertiges Desensibilisierungsvorbad. Die Verzögerung der Entwicklung beträgt bei Pinaweiß etwa 25%. Pinaweiß desensibilisiert Orthomaterial nicht, es kann nur für Pan-Material verwendet werden (463). Manche Feinkornentwickler erfordern zur vollständigen Desensibilisierung die doppelte Substanzmenge Pinaweiß.

3. Über den Mechanismus der Desensibilisierung

Der Desensibilisierungsvorgang ist noch nicht restlos geklärt. Mehrere Desensibilisatoren für Bromsilber-Emulsionen können auf Jodsilber-Emulsionen als Sensibilisatoren wirken und alle Sensibilisatoren der Cyaninfarbstoffe für Bromsilberschichten, die besonders im langwelligen Spektralgebiet empfindlichkeitssteigernd wirken, sind schwache Desensibilisatoren für die kurzen blauen Strahlen bei denselben Schichten. LÜPPO-CRAMER (352—354) hat für die Safranine festgestellt, daß diese oxydierenden Charakter haben. Nach seiner Ansicht ist diese Oxydationswirkung ausreichend, um eine weitere Bildung des latenten Bildes bei schwacher Lichteinwirkung zu verhindern, ohne gleichzeitig das bereits bestehende Bild anzugreifen. Diese Theorie wird unterstützt durch die Tatsache, daß Desensibilisatoren bei gleichzeitig hoher Bromid-Konzentration das latente Bild zerstören können. Für die Wirkung der Desensibilisatoren ist die Gegenwart von Sauerstoff von ausschlaggebender Bedeutung. In einer Stickstoffatmosphäre beispielsweise kann keine Regenerierung des Desensibilisators mehr erfolgen, so daß die desensibilisierende Wirkung sehr stark geschwächt wird. Die Desensibilisatoren sind auch nur wirksam bei Licht schwacher Intensität, bei hoher Intensität regeneriert sich der Desensibilisator nicht genügend schnell, sodaß er nicht wirksam sein kann (61...63, 562, 580...582). Als feststehende Tatsache ist anzunehmen, daß ein wirksamer Desensibilisator am Bromsilberkorn adsorbiert sein muß. Auf Grund von Leitfähigkeitsmessungen verschiedener Schichten mit und ohne Behandlung von Desensibilisatoren muß weiter geschlossen werden, daß die Desensibilisierung keinen Primärprozeß bewirkt, sondern eine sekundäre Erscheinung ist (586). Die durch die Lichtabsorption freigewordenen negativen Elektronen werden in anderer Weise verwendet als bei der Entstehung des Bildes (s. S. 67). Auf Grund der bisherigen Befunde kann man annehmen, daß diese vom Desensibilisator abgefangen werden, wobei er sich selbst zersetzt und wieder durch Luftsauerstoff regeneriert wird. Dem Sauerstoff fällt hierbei die Hauptrolle zu, der Desensibilisator wirkt als photochemischer Katalysator (375).

VII. Hypersensibilisierung und Latensifikation

Die Empfindlichkeitssteigerung bei der Fabrikation bezeichnet man allgemein mit „Sensibilisierung"; man unterscheidet hierbei chemische Sensibilisierung und optische Sensibilisierung. Die erstere Art der Empfindlichkeitssteigerung wird erzielt durch den „Reifungsprozeß" (Kornvergrößerung, Bildung von Reduktionskeimen, „Reifkeime"). Die optische Sensibilisierung, auch Farbensensibilisierung genannt, macht die photographische Schicht empfindlich für die langwellige Strahlung, man erhält so orthochromatische (gelb-grün-empfindliche) und panchromatische (zusätzlich rot-empfindliche) Schichten. Von diesen emulsionstechnischen Sensibilisierungsverfahren sind zu unterscheiden die verarbeitungstechnischen Verfahren zur Steigerung der Empfindlichkeit. Werden derartige Verfahren zur Empfindlichkeitssteigerung *vor* der Aufnahme angewandt, so spricht man von „Hypersensibilisierung". Im Jahre 1937 haben Fr. DERSCH und H. H. DÜRR (108) in einem speziellen Fall festgestellt, daß man ebenfalls eine Empfindlichkeitssteigerung erhält, wenn man das Verfahren nicht nach der Methode der Hypersensibilisierung *vor*, sondern *nach* der Aufnahme vor der Entwicklung anwendet. Diese Verfahrenstechnik bezeichneten sie mit „Verstärkung des latenten Bildes". Diese Methode hat das Kodakforschungsinstitut weiterentwickelt und ausgebaut und hierfür im Jahre 1946 den Ausdruck „Latensifikation" geprägt (246, 254). „Latensifikation" ist abgeleitet von „latent image intensification", der englischen Übersetzung der Bezeichnung der deutschen Forscher. Heute bezieht sich die „Latensifikation" nicht ausschließlich auf die Behandlung der photographischen Schicht *nach* der Aufnahmebelichtung, sondern es werden darunter auch Verfahren zur Empfindlichkeitssteigerung verstanden, die *während* der Aufnahmen angewandt werden.

Die Methoden zur Empfindlichkeitssteigerung können auf Grund der Technik in folgende Gruppen eingeteilt werden:

1. Einfache Badeverfahren,
2. Trockenverfahren (Dampfbehandlung),
3. zusätzliche, diffuse Belichtung,
4. Sonderbehandlung während der Aufnahme,
5. Fluoreszenz-Badeverfahren,
6. empfindlichkeitssteigernde Entwicklung.

1. Einfache Badeverfahren

Badeverfahren werden empfohlen zur Behandlung der Negativschichten vor und nach der Aufnahmebelichtung, also sowohl zur Hypersensibilisierung wie zur Latensifikation.

a) Hypersensibilisierung. Einfaches Baden der Schichten. 1...5 min in Leitungswasser bewirkt in vielen Fällen bereits eine Empfindlichkeitssteigerung (359a). Von Vorteil sind Zusätze von schwachen Basen wie Ammoniak, Triaethanolamin, Borax, Soda. Auch Zusätze von Silbersalzen werden vielfach verwendet. Gechlorte Stadtwässer oder sauer reagierendes destilliertes Wasser können die Sensibilisierungsfarbstoffe zerstören. Im Zweifelsfalle fügt man dem Leitungswasser etwas Ammoniak zu und kocht den Überschuß wieder weg. Nach der Abkühlung kann das so behandelte

Wasser verwendet werden. Die Temperatur des Behandlungsbades soll möglichst niedrig, 10 ... 12° C, sein, da sonst Schleier entsteht. Folgende Vorschriften haben sich besonders bewährt:

Vorschrift nach K. Jacobsohn (229):

1,5 g Silbernitrat werden in 50 ccm dest. Wasser gelöst. Zu dieser Lösung wird tropfenweise Salzsäure zugesetzt, bis kein Chlorsilber mehr ausfällt. Der Niederschlag wird abdekantiert oder filtriert und mehrmals mit dest. Wasser gewaschen. Anschließend wird der Silberchlorid-Niederschlag in 200 ccm Ammoniak (0,910) gelöst.

Diese Lösung kann als Vorratslösung längere Zeit in brauner Flasche aufbewahrt werden. Zur Herstellung des Hypersensibilisierungsbades werden gemischt: 200 ccm destilliertes Wasser und 4 ccm Silberchlorid-Lösung. Die Emulsionen werden in dieser Lösung 2 min gebadet und anschließend möglichst rasch getrocknet.

Vorschrift nach R. Mecke und A. Zobel (374):

Methanol	50 ccm
Wasser	50 ccm
Soda, krist.	0,5 g,
Ammoniak (0,910)	4 ccm.

Behandlungsdauer: 3 min bei 15° C. Nach der Hypersensibilisierung erfolgt 1 ... 2 min Abspülen in Wasser und anschließend schnelles Trocknen in bewegter Luft (Ventilator). Die hypersensibilisierten Schichten haben nur eine kurze Haltbarkeit und müssen baldigst verbraucht werden. Bei niedriger Lagertemperatur sind panchromatische Schichten etwa eine Woche und infrarotempfindliche Schichten nur einen Tag haltbar.

Die Empfindlichkeitssteigerung durch Behandlung nach dem Badeverfahren hängt sehr von der Herstellungsart der Emulsion ab. Emulsionen, die nach dem Ammoniak-Verfahren hergestellt sind, werden im Gegensatz zu den Siede-Emulsionen wenig beeinflußt. Bei diesem Verfahren wird die spektrale Empfindlichkeit nach den längeren Wellen erhöht, ohne daß gleichzeitig die Empfindlichkeit im blau-violetten Spektralgebiet (im Gebiet der Eigenempfindlichkeit des Bromsilbers) zunimmt. Die Filterfaktoren werden dadurch etwas niedriger und gleichzeitig wird die Gradation etwas härter. Die Zunahme der Empfindlichkeit beträgt bei den Badeverfahren etwa 100%. Infrarot-Platten mit Sensibilisierungsmaximum bei 700 mμ können eine Steigerung um das 8fache erfahren.

b) Latensifikation. Zur Behandlung der Schichten *nach* der Aufnahmebelichtung können dieselben Bäder verwendet werden wie zur Hypersensibilisierung. Außerdem werden Behandlungsbäder mit Oxydationsmitteln wie Kaliumpermanganat, salpetrige Säure, Wasserstoffsuperoxyd u. a. und auch mit Reduktionsmitteln wie z. B. Bisulfite empfohlen (246, 254). Als besonders wirksam wird folgendes Behandlungsbad empfohlen: 0,5% Kaliummetabisulfit und 0,85% Natriumsulfit sicc. Behandlungsdauer 5 min bei 18 ... 20° C. Anschließend kurzes Abspülen und schnelles Trocknen bei Zimmertemperatur, hierauf folgt dann die Entwicklung. Folgendes Goldchlorid-Bad ist besonders zur Empfindlichkeitssteigerung von Positiv-Emulsionen geeignet: 40 ccm Kalium-Gold (III)-chlorid-Lösung 0,1% und 0,5 g Kaliumrhodanid werden zum Sieden erhitzt und anschließend 0,6 g Kaliumbromid zugesetzt und auf 1000 ccm aufgefüllt. Bei Anwendung dieses Bades soll die Empfindlichkeit von Positiv-Emulsionen soweit gesteigert werden, daß sie physikalisch entwickelt werden können und dabei gute Deckung aufweisen. Bei Negativ-Emulsionen soll dagegen diese Behandlung weniger wirksam sein.

2. Trockenverfahren (Dampfbehandlung)

Die nassen Badeverfahren sind wegen ihrer Umständlichkeit und Unsicherheit nicht beliebt. Besonders einfach und sicher ist dagegen die Dampfbehandlung, insbesondere mit Quecksilber, Quecksilbersalzen und Amalgamen. Diese Behandlung kann ebenfalls *vor* und *nach* der Aufnahme angewandt werden.

a) Hypersensibilisierung. Die empfindlichkeitssteigernde Wirkung des Quecksilbers auf Bromsilber- und Jodsilber-Emulsionen ist bereits 1928 von K. BAUKLOH (36) beschrieben worden. Die Behandlung mit Quecksilberdampf wird auf einfache Weise nach den Angaben von DERSCH und DÜRR (108) folgendermaßen ausgeführt: Das lichtempfindliche Material wird in einen lichtdichten Behälter gelegt, in dem sich einige Tropfen Quecksilber in einer Schale oder in porösem Papier befinden. Filmrollen brauchen nicht aufgerollt zu werden, nur dauert dann die Behandlung wesentlich länger. Bei 10 ... 16° C ist eine Behandlungsdauer von etwa 6 Tagen erforderlich, bei höherer Temperatur über 32° C ist die maximale Wirkung schon nach 24 Stunden erreicht. Die verhältnismäßig lange Einwirkungsdauer ermöglicht auch eine Behandlung bei hellem Licht. Filme und Platten können in ihrem Verpackungsmaterial bleiben, es sind lediglich die Kartons, die Metallfolien und Glanzpapiere zu entfernen. Kinefilme verbleiben in ihren Originalblechdosen, es wird nur etwas Quecksilber, in porösem Papier eingewickelt, an Stelle des Kernes gelegt. Rollfilme und Leicafilme bringt man nach Entfernung der äußeren Verpackung in ein Konservenglas zusammen mit einer geringen Menge Quecksilber. Die Hypersensibilisierung ist selbst bei großen Rollen durch die ganze Filmlänge äußerst gleichmäßig.

Die Empfindlichkeitssteigerung durch Quecksilberdampfbehandlung beträgt etwa 75 ... 100%. Im Gegensatz zu den Badeverfahren nimmt die Empfindlichkeit in allen Spektralgebieten in gleichem Maße zu. Die Filterfaktoren bleiben unverändert, ebenso tritt keine Gradationssteigerung auf. Die Empfindlichkeitssteigerung mit Quecksilber ist etwa 6 Stunden haltbar. Nach längerer Lagerung geht der Effekt zurück und allmählich tritt sogar eine Abnahme der ursprünglichen Empfindlichkeit und eine Verflachung der Gradation ein. Es ist jedoch möglich, die Hypersensibilisierung mehrmals zu wiederholen, ohne die Klarheit der Emulsion zu verschlechtern. Es tritt keine Verschleierung wie bei der Naßbehandlung auf (154, 500).

b) Latensifikation. Auf die Latensifikation mit Quecksilberdampf haben DERSCH und DÜRR 1937 schon hingewiesen, sie haben diesen Effekt mit „Verstärkung des latenten Bildes" bezeichnet (108). Die Arbeitsweise ist die gleiche wie bei der Behandlung *vor* der Aufnahme (Hypersensibilisierung), auch die erforderlichen Einwirkungzeiten sind praktisch dieselben. Der Empfindlichkeitsgewinn bei dieser Methode ist höher als bei der Hypersensibilisierung, es findet eine Steigerung um etwa 150% statt. Verschiedene Forscher haben eine Abhängigkeit der Latensifikation mit Quecksilberdampf von der Luftfeuchtigkeit festgestellt (416). Ein Maximum der Wirkung wird erreicht bei hochempfindlichen panchromatischen Negativ-Emulsionen bei 50% relativer Feuchtigkeit, bei technischen Emulsionen bei 75% relativer Feuchtigkeit. Ist die Feuchtigkeit zu hoch, so tritt erhöhter Schleier auf, außerdem wird Desensibilisierung bewirkt.

Hypersensibilisierung mit Quecksilberdampf ist bei geringer Beleuchtung und langen Belichtungszeiten (Astrophotographie, Spektrographie) empfehlenswert; die Latensifikation ergibt dagegen ein Maximum an Wirkung bei hohen Beleuchtungsstärken und kurzen Belichtungszeiten, also in der normalen praktischen Photographie.

Es ist besonders darauf hinzuweisen, daß Quecksilberdämpfe äußerst giftig sind. Selbst kleinste Mengen können bei längerer Einwirkungsdauer schwere Gesundheitsschädigungen verursachen (539).

Empfindlichkeitssteigernd wirken auch Behandlungen nach dem Latensifikations-Verfahren mit Schwefeldioxyd-Gas und Dämpfen von organischen Säuren und Aminen (398).

3. Zusätzliche diffuse Belichtung

Die Empfindlichkeitssteigerung durch diffuse Belichtung *vor* und *nach* der Aufnahme ist schon sehr alt; R. W. WOOD hat schon vor mehr als 30 Jahren darauf hingewiesen, daß man durch Vorbelichtung die erforderliche Schwellenenergie bei der Aufnahme erniedrigen kann (16). Die optimalen Bedingungen, unter denen eine zusätzliche Belichtung vor und vor allem nach der Aufnahme erfolgreich angewandt werden kann, wurden jedoch grundlegend in den letzten Jahrzehnten untersucht (105, 414, 442, 586).

a) Hypersensibilisierung. Bei diffuser Vorbelichtung des lichtempfindlichen Materials wird ein Optimum an Empfindlichkeitssteigerung erzielt, wenn die Lichtintensität verhältnismäßig intensiv und die Belichtungszeit entsprechend kurz gewählt werden. Die Vorbelichtung hebt den unteren Abschnitt der Schwärzungskurve (Gebiet der Unterexposition), ohne den geraden Teil zu beeinflussen.

b) Latensifikation. Zur Latensifikation muß die Zusatzbelichtung hingegen von äußerst schwacher Intensität und langer Dauer sein (30 ... ... 60 min). Die Empfindlichkeitssteigerung beträgt etwa 300% bei einer geringen Gradationsverflachung. Die Kontrastminderung ist umso geringer, je schwächer die diffuse Beleuchtung und je länger die Belichtungsdauer ist. Verschiedentlich wurde auch ein Einfluß der Lichtfarbe festgestellt. Eine diffuse Zusatzbelichtung kann auch während der Aufnahme angewandt werden und soll eine Steigerung der Empfindlichkeit bewirken.

Hypersensibilisierung und Latensifikation durch zusätzliche Belichtung kann gemeinsam als Vor- und Nachbelichtung erfolgen. Die Empfindlichkeitssteigerung wird hierdurch wesentlich erhöht.

4. Sonderbehandlung während der Aufnahme

Alle chemischen Prozesse sind bekanntlich mehr oder weniger temperaturabhängig, meistens erfahren sie eine Beschleunigung durch Temperaturerhöhung. Die Empfindlichkeit der photographischen Emulsion ist im Temperaturbereich von 0 ... 30° C ganz schwach abnehmend, von 40 ... ... 100° C steigt sie dagegen stark an; bei tiefen Temperaturen von 0 ... — 50° C nimmt die Empfindlichkeit ebenfalls zu, um dann bis — 250° C auf etwa 0,2% abzufallen (138). Durch Erwärmen der Schicht bei der Aufnahme auf 40 ... 80° C läßt sich deswegen in vielen Fällen ein beträchtlicher Empfindlichkeitsgewinn erzielen. Diese Methode soll besonders beim Arbeiten mit Röntgenstrahlen zu empfehlen sein (15). Auch eine trockene Atmosphäre während der Aufnahme soll empfindlichkeitssteigernd wirken.

Als weitere Sonderbehandlungen werden empfohlen: Wasserstoffsuperoxyd-Dämpfe in Druckluft, Ameisensäure- und Essigsäure-Dämpfe. Alle diese Verfahren bedingen jedoch eine besondere Kamerakonstruktion; sie haben deswegen wohl kaum eine Bedeutung, zumal der Effekt in keinem nutzbringendem Verhältnis zum Aufwand steht.

5. Fluoreszenz-Badeverfahren

Bestrahlt man bestimmte Substanzen mit Licht, so erhalten diese die Eigenschaft, wieder Licht auszustrahlen, und zwar ist das erregte Licht langwelliger als das eingestrahlte Licht. Diesen Effekt bezeichnet man mit „Fluoreszenz". Hält die Ausstrahlung der erregten Strahlung auch noch nach Aufhören der Bestrahlung an, so spricht man von „Phosphoreszenz". Die Fluoreszenz kann zur Empfindlichkeitssteigerung während der Aufnahmebelichtung herangezogen werden, insbesondere wenn die photographische Schicht, für das eingestrahlte Licht weniger empfindlich ist als für das Fluoreszenzlicht. Als Sensibilisierungsbad hat sich hauptsächlich eine 2 ... 10%ige Natriumsalizylat-Lösung bewährt (205c, 395, 547b—g). Durch Ausnützung der Fluoreszenzstrahlung findet im sichtbaren Spektralgebiet eine Empfindlichkeitssteigerung um etwa 50% statt. Gleichzeitig nimmt die Steilheit etwas zu. Der Effekt ist im Ultraviolett wesentlich stärker, Natriumsalizylat soll bis 160 mμ übersensibilisieren.

Für die praktische Photographie ist die Ausnützung der Fluoreszenz kaum von Bedeutung, dagegen kann sie in der wissenschaftlichen Photographie von außerordentlichem Nutzen sein.

6. Empfindlichkeitssteigernde Entwicklung

Von Zeit zu Zeit treten in der Literatur immer wieder Ankündigungen auf von wunderbaren und eigentümlichen Entwicklern, die die Empfindlichkeit beträchtlich zu steigern vermögen. Mit dieser Frage haben sich MILLER, HENN und CRABTREE vom Kodak-Forschungsinstitut eingehend befaßt (393b). Die Empfindlichkeit der normalen photographischen Emulsionen ist bereits so hoch getrieben, wie es mit ihren übrigen, wünschenswerten Eigenschaften in Einklang zu bringen ist. Kein wesentlicher Empfindlichkeitsgewinn ist zu erreichen, ohne eine gewisse Zunahme des Schleiers und ohne Verluste an photographischen Qualitäten. Nur wenn der Empfindlichkeitsgewinn von solcher Bedeutung ist, daß er einen Verlust anderer Eigenschaften aufwiegt, nur dann können derartige Entwickler mit Vorteil benutzt werden. Es ist seit langem bekannt, daß bestimmte Zusätze wie Hydrazin-Derivate die Empfindlichkeit von Entwicklern steigern. Einen derartigen Entwickler hat Kodak unter der Bezeichnung SD 19a bekannt gegeben:

Lösung A. 0,2%ige 6-Nitrobenzimidazol-Lösung (als Antischleier-
mittel) . . . . 20 ccm
Hydrazinchlorhydrat (Beschleuniger) . . . . 1,6 g
Wasser bis auf . . . . 30 ccm
Lösung B. Metol . . . . 2 g
Natriumsulfit sicc. . . . . 100 g
Hydrochinon . . . . 9 g
Soda sicc. . . . . 50 g
Kaliumbromid . . . . 5 g
Wasser bis auf . . . . 1000 ccm.

Zum Gebrauch werden 1 Teil A mit 32 Teilen B vermischt. Entwicklungszeit: 12 ... 20 min.

Dieser Entwickler bewirkt nach Kodak-Angaben eine Empfindlichkeitssteigerung um mehr als das Doppelte. Der Kontrast der Negative wird etwas erhöht, kann jedoch immer noch durch eine passende Papiergradation ausgeglichen werden. Der Schleier nimmt etwa bis zur Schwärzung 0,6 zu.

Empfindlichkeitssteigernde Entwickler durch besondere Zusätze arbeiten in derselben Weise wie die Langzeitentwicklung (s. d.), ihre Wirkung kann in jedem Fall als Überentwicklung angesehen werden. Überentwicklung verursacht vielfach einen Empfindlichkeitsgewinn, der jedoch sehr wesentlich vom Aufnahmematerial und auch von der Art der Beleuchtung abhängt (401, 402).

Hochempfindliches Material erfährt eine größere Empfindlichkeitszunahme, ebenso scheint kurzwelliges (blaues) Licht günstiger zu sein. Bei jeder Überentwicklung nimmt der Schleier immer sehr stark zu, ebenso wächst die Körnigkeit, hingegen nimmt das Auflösungsvermögen ab.

Die Überentwicklung ist für normale Aufnahmezwecke, wobei entsprechend kürzer belichtet wird, nicht geeignet. Dagegen kann sie von Nutzen sein bei Aufnahmen von Objekten mit geringem Helligkeitsumfang, insbesondere wenn es sich nicht um rein bildmäßige Aufnahmen handelt.

Die verschiedenen verarbeitungstechnischen Sensibilisierungsverfahren (Hypersensibilisierung, Latensifikation und Überentwicklung) können vielfach nebeneinander gemeinsam angewandt werden. Eine derartige Kombination bringt meistens mehr Gewinn als eine Überbehandlung nach *einer* Methode. So z. B. können kombiniert werden: Quecksilberdampf-Vor- und Nachbehandlung mit diffuser Nachbelichtung und mäßiger Überentwicklung. Bei diesem kombinierten Verfahren ist ein Optimum an Empfindlichkeitssteigerung zu erzielen.

7. Theoretische Betrachtungen

Die Entwickelbarkeit eines Halogensilberkornes ist abhängig von der Größe der vorhandenen Silberkeime. Die unbelichtete Emulsion enthält bekanntlich auf Grund der Reifung sogenannte „Reifkeime", die aus Silber und Verunreinigungen der Gelatine bestehen. Diese Teilchen sind jedoch in unbelichtetem Zustand so klein, daß sie die Entwicklung nicht einzuleiten vermögen. Bei der Belichtung tritt zu diesen Reifkeimen photolytisch gebildetes Silber, so daß sie eine bestimmte Größe erreichen und die Entwickelbarkeit bewirken.

Bei der Hypersensibilisierung ist anzunehmen, daß die „Reifkeime" vergrößert werden und dadurch eine geringere Menge zusätzliches photolytisch gebildetes Silber erforderlich ist, um die Halogensilberkörner entwickelbar zu machen. Hieraus resultiert eine Empfindlichkeitssteigerung. Bei der Latensifikation wird das latente Bild verstärkt, d. h. es werden dadurch Keime, die die kritische Größe zur Einleitung der Entwicklung noch nicht erreicht haben, vergrößert. Dieser Vorgang kann erfolgen durch Anlagerung von Quecksilber beispielsweise oder auch photolytisch durch Bildung von zusätzlichen Silberkeimen infolge Belichtung.

VIII. Die Unterbrechung der Entwicklung

Ist die Entwicklung beendet, so muß sie möglichst schnell unterbrochen werden. Die Unterbrechung verfolgt einen doppelten Zweck: Einmal dient sie zur schnellen Abstoppung der Entwicklung, zum zweiten soll dadurch vermieden werden, daß alkalische Entwickler-Lösung in das Fixierbad verschleppt wird, wodurch seine Beschaffenheit stark beeinträchtigt wird. Bei Nachwirkung der Entwicklung im Fixierbad tritt häufig dichroitischer Schleier und Fleckenbildung auf. Die Gefahr dieser Fehlererscheinung wird umso größer, je mehr Alkali durch Entwicklerverschleppung in das Fixierbad gelangt. Bei Härtefixierbädern wird außerdem durch das Alkali allmählich das Aluminium ausgefällt, es wird trübe und verliert seine Wirksamkeit.

Im Negativverfahren verwendet man zur Unterbrechung der Entwicklung meistens Wasser. Einzelne Negative können zu dieser *Zwischenwässerung* unter einem leichten Wasserstrahl vor- und rückseitig abgespült werden. Bei der Dosenentwicklung ist zweimaliger Wasserwechsel ausreichend. Bei Tankentwicklungsanlagen kann die Zwischenwässerung im Schlußwässerungstank oder in einem besonderen Tank ausgeführt werden. Es ist hierbei auf fließende Wässerung besonders zu achten; durch Bewegen wird die Unterbrechung wesentlich beschleunigt. Die Dauer der Zwischenwässerung im Tank soll etwa $1/_2$ ... 1 min betragen.

Wirksamer als Zwischenwässerung zur Unterbrechung der Entwicklung sind *saure Unterbrechungsbäder*. Als solche werden heute fast ausschließlich nur noch 2%ige Essigsäurebäder oder 4%ige Natriumbisulfit- oder Kaliummetabisulfit-Bäder verwendet. Borsäure- und Zitronensäure-Lösungen sind ebenfalls prinzipiell zur Unterbrechung geeignet, doch arbeiten diese zu unwirtschaftlich. Anorganische Säuren, wie verdünnte Salz- und Schwefelsäure bewirken sehr leicht Schwefelausscheidung und damit Zersetzung des Fixierbades. Saure Unterbrecherbäder (Essigsäure oder saure Sulfite), werden fast immer beim Positivprozeß verwendet, es bestehen jedoch keine Bedenken, sie auch beim Negativprozeß zu gebrauchen. Die Unterbrechungsdauer in sauren Bädern von Photopapieren soll möglichst nicht länger als $1/_2$ min währen. Zu hohe Säurekonzentration oder zu lange Behandlungsdauer im Unterbrechungsbad wirkt sich ungünstig auf den Säuregrad des Fixierbades und im Anschluß daran als weitere Folgeerscheinung auf die Auswaschbarkeit der Fixiersalze bei der Schlußwässerung aus (591, 592). In Kopierbetrieben, wo größere Mengen Bilder laufend zur gemeinsamen Fixage anfallen, ist es zweckmäßig, die Bilder einzeln kurz im sauren Unterbrechungsbad zu behandeln und dann in einem Wasserbad vor der Fixage zu sammeln. Nach E. WEYDE können in einem Liter Unterbrecherbad, bestehend aus 2% Essigsäure oder 4% Kaliummetabisulfit, etwa 500 Blatt Photopapier 9 × 12 papierstark behandelt werden, wobei ein normaler Papierentwickler mit etwa 30 g Soda-Gehalt zugrunde gelegt ist (592).

Härtende Unterbrecherbäder: Bei Verarbeitungstemperaturen über 26° C ist eine Härtung der Schicht unbedingt zu empfehlen. Vorteilhaft ist es, diese Härtung bereits im Unterbrecherbad durchzuführen, wobei sich ein härtendes Fixierbad erübrigt. Das saure Fixierbad ist bedeutend stabiler als ein härtendes Fixierbad, außerdem ist die Silberrückgewinnung einfacher.

Als härtende Unterbrecherbäder können Lösungen von Chromalaun oder Kalialaun verwendet werden.

Vorschrift für härtendes Unterbrecherbad mit Kalialaun:

> Kalialaun . . . .   50 g
> Wasser bis zu . . . . . .   1000 ccm.
> Behandlungsdauer: 2 ... 3 min.

Wirksamer ist folgendes Chromalaun-Unterbrecherbad:

> Chromalaun . . . .   30 g
> (Natriumsulfat sicc.   . . .   100 g)
> Wasser bis zu . . . . . .   1000 ccm.
> Behandlungsdauer: 2 ... 3 min.

Natriumsulfat-Zusatz ist nicht unbedingt erforderlich; in den Tropen ist seine Verwendung jedoch sehr angebracht.

Verschleppung des Entwicklers beeinflußt seine Wirksamkeit nur allmählich. Das Chromalaunbad hat in normalem Zustand eine grau-violette Färbung. Tritt ein Farbumschlag nach grün-gelb ein, so hat es seine Wirksamkeit verloren und muß erneuert werden. Es ist sehr wichtig, daß die Negative die erste Zeit der Behandlung, etwa 1 min lang, kräftig bewegt werden, dadurch wird partielle Weiterentwicklung verhütet und außerdem wird verhindert, daß durch das verschleppte Alkali des Entwicklers Chrom bzw. Aluminium ausgefällt wird.

Mit Härtebädern behandelte Schichten müssen nach der Schlußwässerung sorgfältig von eventuellen oberflächlich anhaftenden Ausfällungen der härtenden Salze gereinigt werden.

IX. Der Fixierprozeß

1. Zweck und Aufgabe des Fixierprozesses

Bei der Entwicklung wird nur ein Teil der Silbersalze der photographischen Emulsion zu Silber reduziert, der größte Teil (etwa 75%), bleibt unverändert in der Schicht. Diese unveränderten Silbersalze, die ein weißliches Aussehen haben, vermindern den Kontrast des negativen Bildes und erschweren dadurch die weitere Verarbeitung, außerdem ist als schwerstwiegendes Moment ein derartiges Negativ vollkommen unbeständig. Der Fixierprozeß hat die Aufgabe, diese festen, in der Schicht eingebetteten Salze, in eine lösliche Form überzuführen, so daß sie durch die anschließende Wässerung entfernt werden können.

Für die Silbersalze (Chlor-, Brom- und Jodsilber) gibt es in strengem Sinne kein wirkliches Lösungsmittel. Wenn man Zucker in Wasser auflöst und das Lösungsmittel wieder verdampft, so bleibt als Rückstand der Zucker unverändert zurück. Ein derartiges Verhalten ist das Charakteristische einer echten Lösung. Wenn Bromsilber mit einer Salzlösung behandelt und zur Lösung gebracht wird und man verdampft das Lösungsmittel wieder, so erhält man als Rückstand niemals wieder das ursprüngliche Bromsilber, sondern eine Verbindung des Silbers mit dem lösenden Salz, eine sogenannte Komplex-Verbindung. Diese Erkenntnis ist für die Praxis des Fixierprozesses von ganz ausschlaggebender Bedeutung (90).

2. Chemie des Fixiervorganges

Als Halogensilber-Lösungsmittel sind eine Reihe von Salzen bekannt: Natrium-, Kalium-, Ammoniumthiosulfate und Rhodanide, Natrium- und Kaliumzyanide, Natriumsulfit, Thiosinamin, Ammoniak und Kaliumjodid in hoher Konzentration. Für ein geeignetes Fixiermittel der photographischen Emulsion ist jedoch das Lösungsvermögen für die Silbersalze nicht die einzige Eigenschaft, die erforderlich ist. Die beim Fixierprozeß entstehenden Silber-Komplexverbindungen müssen leicht und ohne Zersetzung auswaschbar sein, außerdem darf weder die Gelatine noch die Substanz des Bildes angegriffen werden. Die Zyanide werden in sehr verdünnten Lösungen beim „nassen" Kollodiumverfahren angewandt, bei der Gelatineemulsion wird die Schicht sehr stark angegriffen; außerdem sind diese Salze äußerst giftig. Als Fixiermittel werden heute ausschließlich die Thiosulfate, und zwar die Natrium- und Ammoniumsalze verwendet.

Das Natriumthiosulfat wurde von HERSCHEL im Jahre 1819 als Lösungsmittel für Silbersalze entdeckt (206). Natriumthiosulfat kommt in zwei Formen in den Handel, als Salz mit Kristallwasser-Gehalt in großen oder kleinen Kristallen ($Na_2S_2O_3 \cdot 5\,H_2O$) und in entwässerter Form als Pulver oder Grieß ($Na_2S_2O_3$). 1 g Natriumthiosulfat sicc. (entwässert) entspricht 1,6 g Natriumthiosulfat krist. (wasserhaltig). Photographisch und chemisch sind beide Salze vollkommen gleichwertig. Das kristallisierte Salz neigt in feuchter Luft zum Zerfließen, in trockener Luft zum Verwittern, während das entwässerte Salz (sicc.) selbst unter ungünstigsten Lagerbedingungen vollkommen beständig ist. In feuchter Atmosphäre tritt bei der entwässerten Ware häufig eine Verhärtung auf, die jedoch seine Qualität in keiner Weise beeinflußt. Bei der Auflösung von kristallisiertem Natriumthiosulfat kühlt sich die Lösung sehr stark ab. Diese Erscheinung ist beim Gebrauch zu berücksichtigen, da kalte Fixiersalzlösungen sehr langsam fixieren. Das entwässerte Salz löst sich dagegen ohne Temperatur-Erniedrigung auf; es löst sich infolgedessen ohne Zuhilfenahme von Wärme beträchtlich schneller und ist ohne weiteres zum Gebrauch geeignet.

Der Reaktionsmechanismus zwischen Natriumthiosulfat und Silberhalogeniden verläuft je nach der Natur der vorhandenen Silbersalze und je nach den Konzentrationsverhältnissen ganz verschieden. Nach den Ergebnissen neuerer Forschungen (28, 87, 558) sind folgende Umsetzungen anzunehmen:

$$2\,AgBr \quad + Na_2S_2O_3 = Ag_2S_2O_3 + 2\,NaBr \tag{1}$$
$$\text{(unlöslich)}$$

$$AgBr \quad + Na_2S_2O_3 = Na \cdot Ag(S_2O_3) + NaBr \tag{2}$$
$$\text{(schwer löslich)}$$

$$Na \cdot Ag(S_2O_3) + Na_2S_2O_3 = Na_3 \cdot Ag(S_2O_3)_2 + \tag{3}$$
$$\text{(leicht löslich)}$$

$$Na_3 \cdot Ag(S_2O_3)_2 + Na_2S_2O_3 = Na_5 \cdot Ag(S_2O_3)_3 \tag{4}$$
$$\text{(leicht löslich)}$$

Die Bildung von Komplexen mit mehreren Silberatomen ($Na_4 \cdot Ag_2$ $[S_2O_3]_3$; $Na_5 \cdot Ag_3\,[S_2O_3]_4$), wie sie bisher von einigen anderen Autoren angenommen wurde (30, 31, 70, 341), scheint nur in sehr geringer Menge und bei niedrigen Konzentrationen stattzufinden, außerdem scheint ihre Bildung begünstigt zu werden bei Emulsionen mit Silberchlorid-Gehalt.

Beim Fixierprozeß muß dafür gesorgt werden, daß das Thiosulfat im großen Überschuß vorhanden ist, damit die leicht löslichen Komplexe nach 3) und 4) entstehen, die beim anschließenden Waschprozeß leicht entfernt werden können. Ist die Thiosulfatkonzentration gering und ist ein Überschuß an löslichen Silbersalzen vorhanden, so entstehen die Silber-Thiosulfatverbindungen nach 1) und 2), die sich in Wasser fast augenblicklich in braunes Schwefelsilber und Schwefelsäure zersetzen (90, 206). Auf diese Weise entstehen auf Negativen und Bildern die bekannten Abdrücke der mit Thiosulfat verunreinigten Finger.

Chlorsilber und Bromsilber zeigen nur geringe Unterschiede in ihrer Löslichkeit in Fixiernatron-Lösungen, Bromsilber ist etwas schwerer löslich. Jodsilber ist dagegen bedeutend schwerer löslich und seine Anwesenheit drückt die Löslichkeit der anderen Halogenide sehr beträchtlich (77, 560). Emulsionen mit Jodsilber-Gehalt fixieren deswegen sehr langsam.

Wird ein fixiertes und gewässertes Negativ mit einer Lösung von Ferrizyankalium (rotes Blutlaugensalz) und Kaliumbromid behandelt, bis das Silberbild restlos entfernt ist, so hinterbleibt vielfach ein ganz schwach gefärbtes Bild, das sog. „Restbild". Dieses Restbild besteht aus Schwefelsilber. Seine Entstehung wird auf die Zersetzung des im ersten Fixierstadium gebildeten Natrium-Silberthiosulfat-Komplexes (Reaktion 2) zurückgeführt (337, 346, 348). Das Restbild kann vermieden werden, wenn man dem Fixierbad eine genügende Menge Kaliumjodid zusetzt (399).

3. Die Fixiergeschwindigkeit

Bei der Fixiergeschwindigkeit von photographischen Emulsionen spielt die absolute Löslichkeit der Silbersalze eine weniger bedeutende Rolle; die Fixiergeschwindigkeit ist vielmehr von anderen chemischen und physikalischen Einflüssen abhängig. Das Verschwinden der milchigen Färbung der Schicht im Fixierbad zeigt die vollständige Lösung der Silbersalze nicht an, der Gehalt an Silbersalzen ist nur so weit vermindert, daß sie nicht mehr wahrnehmbar sind. Die Menge an ungelösten Silberhalogeniden beträgt beim Verschwinden der milchigen Trübung der Schicht immer noch etwa 5% der Gesamtmenge, sie enthält besonders auch Jodsilber. Um eine vollständige Fixierung zu erreichen, muß man die Emulsionen mindestens die doppelte Zeit, die zum Verschwinden der Halogensilberschicht erforderlich ist, im Fixierbad belassen. In dieser doppelten Fixierzeit werden von den verbliebenen 5% Bromsilber nochmals 95% gelöst, so daß an ungelöstem Bromsilber noch ein Rest von 0,25% übrigbleibt. Diese werden größtenteils im ersten Waschwasser weitergelöst, da sich dieses infolge Verschleppung sehr stark an Thiosulfat anreichert.

Auf die Fixiergeschwindigkeit sind folgende Faktoren von Einfluß: die Natur der Emulsion, die Konzentration des Fixierbades, die Art des Thiosulfates und die Gegenwart von anderen Salzen, die Temperatur, die Bewegung und der Grad der Erschöpfung.

a) Einfluß der Natur der Emulsion. Von emulsionstechnischer Seite sind für die Fixiergeschwindigkeit bestimmend: der Gehalt an Silbersalzen, die Zusammensetzung dieser Salze (AgCl, AgBr, AgJ) und in ganz besonderem Maße die Korngröße und die Schichtdicke. Die Härtung der Gelatineschicht ist dagegen nur von sehr geringem Einfluß. Vergleichsversuche mit Emulsionen vom Schmelzpunkt von 41° C und 100° C haben

keine Unterschiede erkennen lassen (491). Den Unterschied der Fixiergeschwindigkeit für zwei Emulsionen von verschiedenem Charakter zeigt
Abbildung 61.

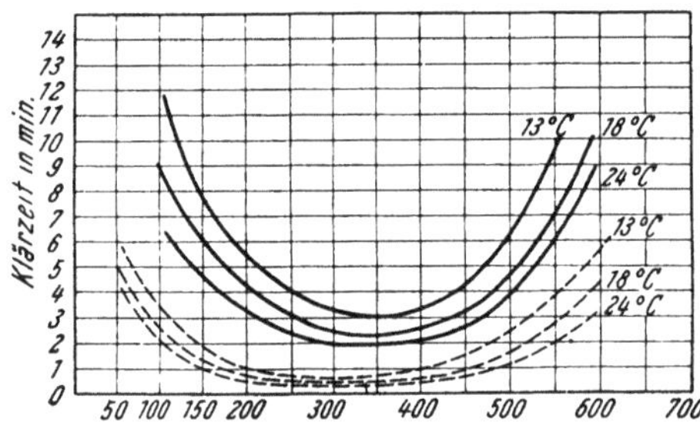

Abb. 61. Fixiergeschwindigkeit in Abhängig-
keit von der Thiosulfat-Konzentration bei
Negativ- (—) und Positivfilm (---). Nach
C. E. K. Mees (375)

Feinkornemulsionen fixieren wesentlich schneller als grobkörnige
Schichten, außerdem ist bei dünnen Schichten der Fixiervorgang
schneller beendet als bei dicker
gegossenen Emulsionsschichten.
Durch Jodsilbergehalt in der
Schicht wird der Fixierprozeß dagegen sehr stark verlangsamt.
Diese drei Umstände sind die
Ursachen, daß Positivfilme etwa
5 mal so schnell fixieren wie Kinenegativfilme. Ähnliche Verhältnisse sind auch gegeben bei den
Fixiergeschwindigkeiten von Feinstkornfilmen und höchstempfindlichen
Kleinbildfilmen.

b) Einfluß der Thiosulfatkonzentration. Die Fixierzeit wird bei
allen Temperaturen durch Erhöhung der Thiosulfatkonzentration bis auf
40% Gehalt sehr stark verkürzt, die Geschwindigkeit nimmt also zu.
Bei weiterer Erhöhung der Konzentration über 40% nimmt die Fixiergeschwindigkeit wieder ab. Auf Grund dieser Tatsache haben sich allgemein
für Negativ-Emulsionen Fixierbäder mit einem Thiosulfatgehalt von 20%
(bezogen auf das kristallisierte Salz) eingebürgert. Für Positivpapier-
schichten verwendet man dagegen nur 10%iges Fixierbad, da diese Schichten bedeutend dünner sind und viel weniger Silbersalze enthalten, so
daß in einem konzentrierten Bad sehr leicht die Gefahr des „Ausfressens"
der Bilder gegeben ist (375, 432).

c) Einfluß von Zusätzen und der Art des Thiosulfates. Die Fixiergeschwindigkeit wird beim Gebrauch allmählich verlangsamt. Diese Erscheinung ist auf eine Anreicherung der gelösten Silbersalze zurückzuführen.
Bemerkenswert ist, daß durch Zugabe von Chloriden (Kochsalz) die Fixiergeschwindigkeit für Bromsilber erhöht wird (542). Natrium- und Magnesi-
umsulfate und ebenso alle Sulfate der Schwermetalle, wie Kupfer-, Blei-
sulfat, verzögern in geringem Maße die Fixage. Alkalinitrate, in geringer
Menge zugesetzt (1,5%), bewirken eine Beschleunigung. Ammoniumsalze,
vor allem Ammoniumrhodanid, erhöhen die Fixiergeschwindigkeit in ganz
beträchtlichem Maße. Diese Erscheinung ist sehr beachtlich bei jodsilber-
haltigen Emulsionen, die an und für sich sehr langsam fixieren. Die Beschleunigung der Fixage durch Chlorammonium-Zusatz veranschaulicht
folgende Abb. 62 nach eingehenden Untersuchungen von C. W. Piper
(338a, 433). Für jede Thiosulfatkonzentration besteht eine optimale Zugabe
von Chlorammonium; die erforderliche Zusatzmenge ist bei höheren Thio-
sulfatkonzentrationen geringer: bei 10% Thiosulfat-Lösung = Zusatz 5%
Ammoniumchlorid, bei 20% = Zusatz 4%, bei 40% = Zusatz 2%.

Die Beschleunigung durch Ammoniumchlorid hat einen wesentlichen
Nachteil aufzuweisen. Die bei der Fixage gebildeten Ammonium-Silber-
thiosulfat-Komplexverbindungen zersetzen sich wesentlich rascher als die
entsprechenden Natriumverbindungen. Die Ausnutzungsfähigkeit der

Bäder ist dadurch nur etwa halb so groß wie beim normalen sauren Fixierbad, und die Gefahr der Bildzerstörung ist außerdem noch beträchtlich vermehrt. Man muß aus diesen Gründen den Gebrauch des Schnellfixierbades mit Ammoniumchlorid-Zusatz auf dringende Fälle beschränken und bei Filmmaterial für Archivzwecke möglichst eine Nachbehandlung in normalem Fixierbad zu gegebener Zeit folgen lassen. Die anderen Ammoniumsalze wirken ebenfalls beschleunigend, besonders ist dies beim Ammoniumrhodanid der Fall, das selbst ein wirksames Fixiermittel darstellt.

Schon im Jahre 1868 hat SPILLER (England) an Stelle von Natriumthiosulfat als Fixiermittel den Gebrauch von Ammoniumthiosulfat wegen seiner wesentlich größeren Fixiergeschwindigkeit vorgeschlagen (504). Auch die Salze des Lithiums, Kaliums und Kalziums waren Gegenstand von Untersuchungen (5, 435). Die Ergebnisse dieser Untersuchungen zeigten, daß die Fixiergeschwindigkeit weit mehr von der Art der (damals) verwendeten Emulsionen abhängig ist als von der Art des Fixiersalzes. Nach dem Stand dieser

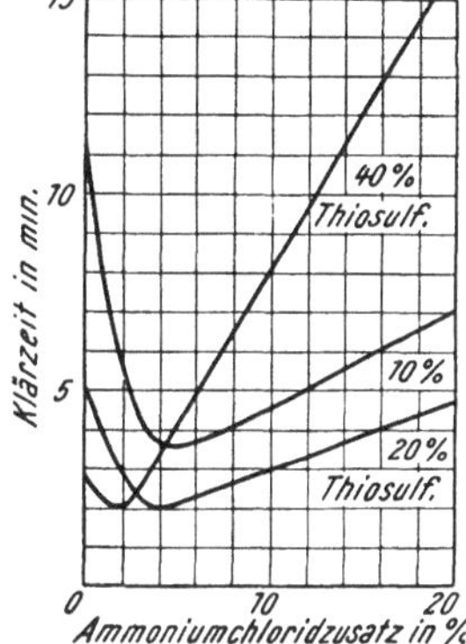

Abb. 62. Einfluß von Ammoniumchlorid-Zusatz auf die Fixiergeschwindigkeit. Nach C. W. PIPER (433)

Forschungsergebnisse bis vor dem 2. Weltkrieg lag demnach kein Bedürfnis vor, das Natriumsalz des Thiosulfats durch ein anderes Salz zu ersetzen, zumal auch kein anderes Salz so billig hergestellt werden konnte. Im letzten Halbjahrzehnt hat sich dieser Stand gewandelt. Zunächst fand in Amerika Ammoniumthiosulfat als Schnellfixiersalz die weiteste Verbreitung. Nachdem in Deutschland durch großtechnische Herstellung die wirtschaftlichen Voraussetzungen gegeben sind, wird auch bei uns ein Schnellfixiersalz auf Ammoniumthiosulfat-Basis von verschiedenen Firmen (HAUFF, TETENAL) in den Handel gebracht. Dieses Schnellfixiersalz ergibt wesentlich kürzere Fixierzeiten bei allen heutigen Emulsionen als die vordem üblichen Schnellfixiersalze mit Ammoniumchlorid-Zusatz. Diese Bäder sind auch wesentlich stabiler und haben eine Ergiebigkeit ähnlich der des normalen sauren Fixierbades. Über die Auswaschbarkeit der komplexen Ammonium-Silberthiosulfat-Verbindungen, die bei der Fixage in diesem Schnellfixierbad entstehen, liegen noch keine Ergebnisse vor.

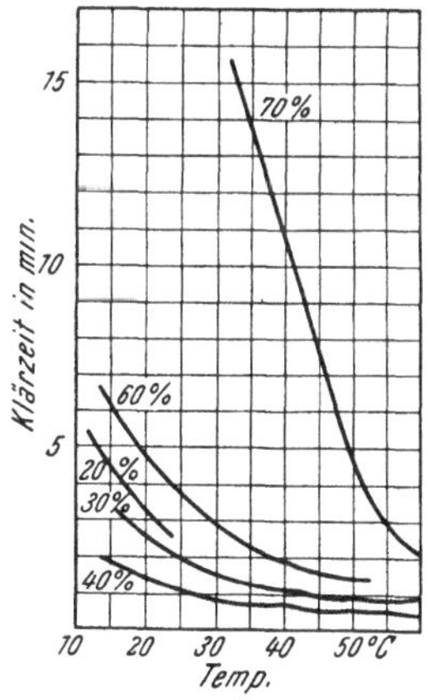

Abb. 63. Einfluß der Temperatur auf die Fixiergeschwindigkeit bei verschiedenen Konzentrationen. Nach C. W. PIPER (432)

d) Einfluß der Temperatur. Die Temperatur beeinflußt die Fixiergeschwindigkeit in verschiedener Weise, je nach den Konzentrationsverhältnissen. Bei einem 40%igen Fixierbad ist der Temperatur-Einfluß am geringsten, bei höherem und geringerem Gehalt wird die Fixiergeschwindigkeit durch Temperatur-Erhöhung wesentlich stärker beschleunigt. Die günstigste Fixiertemperatur liegt zwischen 16 und 21° C (s. Abb. 63). Werden Temperaturen über 21° C angewandt, so ist es empfehlenswert, Zusätze zu verwenden, die eine starke Aufquellung der Gelatine verhindern (Härtebäder) (338a, 375, 432, 433).

e) Einfluß der Bewegung. Der Fixiervorgang wird in ähnlicher Weise reguliert wie die Entwicklung; das Fixiermittel muß in die Schicht hineindiffundieren und die gebildeten und gelösten Komplexverbindungen müssen aus der Schicht herauswandern. Diese doppelte Diffusion wird durch Bewegung stark gefördert, wodurch die Fixierzeit verkürzt wird. Wird die Schicht im Fixierbad nicht bewegt, so ist die Lage der Schicht im Bad, ob horizontal oder vertikal oder im oberen oder unteren Teil aufgehängt, für die Fixiergeschwindigkeit mitentscheidend, da die Unterschiede in den spezifischen Gewichten von frischem und gebrauchtem Fixierbad eine starke Flüssigkeitsströmung verursachen, die die Emulsionsoberfläche mehr oder weniger entsprechend ihrer Lage bestreichen kann.

f) Einfluß der Erschöpfung. Das Fixierbad erfährt bei seinem Gebrauch eine sehr vielseitige Veränderung. Das Natriumthiosulfat wird verbraucht, es bilden sich Silberthiosulfat-Komplexe, die sich zusammen mit den ebenfalls gebildeten Natriumhalogeniden ansammeln. Durch Wasser und Entwickler, die der Schicht beim Beschicken anhaften, durch Verschleppung von Fixierbad bei der Entnahme wird das Fixierbad ständig verdünnt. Diese Vorgänge verursachen eine sehr merkbare Verzögerung der Fixiergeschwindigkeit. Wird das Bad durch ungenügende Zwischenwässerung oder Unterbrechung nach der Entwicklung zusätzlich mit Alkali allmählich neutralisiert, so tritt schließlich dichroitischer Schleier oder eine Anfärbung des Silberbildes auf. Eine zu starke Anreicherung von gelösten Silbersalzen im Fixierbad hat besonders schwerwiegende Folgen. Die Komplex-Verbindungen, die hier vorliegen, werden von der Gelatine und den Silberkörnern des Bildes adsorbiert, so daß sie selbst durch reichliche Wässerung nicht entfernt werden können (375). Diese Verbindungen verbleiben nach dem Waschen und Trocknen in der Schicht, wo sie später durch Luft- und Lichteinwirkung zersetzt werden und das Bild zerstören. Diese Adsorption findet wesentlich früher statt, als das Fixierbad an gelösten Silbersalzen gesättigt ist. Die Löslichkeit von Halogensilber in einem Fixierbad ist deswegen kein Maß für seine Ausnutzungsfähigkeit. In einem 20%igen Fixierbad darf nur eine Anreicherung von 20 g Bromsilber pro Liter stattfinden, während der Sättigungsgehalt etwa bei 75 g liegt (338b). Die Bromsilbermengen von 20 g sind etwa in 50 Platten 9 × 12 cm oder 5000 qcm Negativfilm enthalten. Die Adsorption von Silberverbindungen tritt besonders stark in sauren, mit Silber angereicherten Fixierbädern auf (15), eine Verlängerung der Fixierzeit beseitigt diesen Effekt nicht, dagegen hilft Nachfixierung in einem frischen Fixierbad. Aus diesem Grunde wird vielfach zur einwandfreien Fixage der Gebrauch von zwei Fixierbädern nacheinander, und zwar von einem gebrauchten und anschließend einem frischen, empfohlen. Folgende Tabelle enthält eine Zusammenstellung der Ausnutzungsfähigkeit von Fixierbädern für verschiedene Negativ- und Positivschichten. Diese Tabelle hat selbstverständlich nur informatorischen Charakter, da sie nicht die verschiedenartige Zusammensetzung der Emulsionsschichten berücksichtigt. So kann beispielsweise schon allein der Silbergehalt bei verschiedenen Papieren zwischen 1 g und 7 g pro qm schwanken.

Tabelle 14. *Ausnutzbarkeit von Fixierbädern*

Fixierbadmenge in Liter Positivfixierbad 10% Neg. Fixierbad 20%	Anzahl der in einer bestimmten Menge ausfixierbaren Schichten							
	Positive			Negative, Platten, Planfilme			Rollfilme	Kleinbildfilme
	6 × 9	9 × 12	13 × 18	6 × 9	9 × 12	13 × 18	6 × 9	
1/4	150	60	30	25	12	6	3	3
1/2	300	150	60	50	25	12	6	6
1	600	300	150	100	50	24	12	12
5	3000	1500	750	500	250	120	60	60

4. Über die Beständigkeit des photographischen Bildes in den Fixierbädern

Alle Fixierbäder, ob neutral, alkalisch oder sauer wirken mehr oder weniger lösend auf die Bildsubstanz, das metallische Silber. Diese abschwächende Wirkung ist jedoch nur bemerkenswert, wenn die Fixage über die normale Zeit beträchtlich ausgedehnt wird (534). Neutrale Fixierbäder schwächen weniger ab als saure Fixierbäder, bei beiden Bädern ist die Wirkung auch gänzlich verschieden. Neutrale konzentrierte Bäder schwächen weniger ab als verdünnte; bei sauren Bädern wächst dagegen die abschwächende Wirkung mit steigender Konzentration. Bei neutralen Fixierbädern geht die Abschwächung nur bis zu einem bestimmten Grad, der etwa nach 48 Stunden erreicht ist und bleibt dann stehen. Bei sauren Fixierbädern läuft die Abschwächung dagegen dauernd weiter und kann bei genügend langer Einwirkungszeit zur vollständigen Auflösung des Bildsilbers führen. Feinkörnige Silberschichten werden wesentlich merklicher angegriffen als grobkörnige. Vielfach werden deswegen von verschiedener Seite zur Fixage von Feinkornfilmen neutrale Fixierbäder empfohlen. Diese Maßnahme ist jedoch vollkommen überflüssig, wenn die Fixierzeit in sauren Bädern nicht übermäßig lange ausgedehnt wird. Das sogenannte Zurückgehen der Bilder beim Fixieren hat mit der abschwächenden Wirkung, die bei längerer Fixierdauer auftritt, nichts zu tun. Das „Zurückgehen" ist eine rein optische Erscheinung und ist auf die Mattscheibenwirkung des noch nicht ausfixierten Bildes zurückzuführen (116).

5. Die gebräuchlichsten Fixierbäder und ihre Zusammensetzung

Natrium- und Ammoniumthiosulfat, die heute ausschließlich als Fixiermittel verwendet werden, können als Fixierbad in folgenden Lösungen benutzt werden:

a) in reiner wässeriger Lösung (neutrales Fixierbad),

b) gemeinsam gelöst mit bestimmten sauer reagierenden Substanzen (saures Fixierbad),

c) in saurer Lösung mit Zusätzen von Kalialaun, Chromalaun zur gleichzeitigen Härtung der Gelatineschicht (Härtefixierbad).

a) Reine wässerige Fixierbadlösungen stellt man her, indem man in einem Liter Wasser 200 g Fixiernatron krist. auflöst. Ein derartiges Bad ist 20%ig und kann zur Fixierung von Negativen verwendet werden. Für Papierbilder wird es zweckmäßig auf das doppelte Volumen verdünnt. Bei der Benutzung von wasserfreier Ware benötigt man nur $^2/_3$ der Menge

(s. Seite 182). Neutrale Fixierbäder werden durch Verschleppung von Entwicklerresten, selbst nach der Unterbrechung durch Zwischenwässerung. sehr schnell alkalisch, so daß anfangs die Entwicklung neben der Fixage fortgesetzt wird, wodurch dichroitischer Schleier und Fleckenbildung entsteht. Außerdem können die Oxydationsprodukte des Entwicklers die Gelatineschicht anfärben. Neutrale Fixierbäder sind heute deswegen fast gänzlich außer Gebrauch gekommen; es werden fast ausschließlich nur noch saure Fixierbäder verwendet, die diese Fehlererscheinungen vermeiden.

b) Saure Fixierbäder. Zur Ansäuerung eines Fixierbades ist nicht die Zugabe einer einfachen Säure möglich. Starke Säuren, wie Salzsäure und Schwefelsäure, zersetzen das Fixierbad unter Schwefelausscheidung. Zur Ansäuerung haben sich insbesondere bewährt: die sauren Salze Natriumbisulfit und Kaliummetabisulfit (Zusatz etwa 10%), außerdem die schwachen Säuren Borsäure (unter 6%) und Essigsäure in Gegenwart von Natriumsulfit (306). Bezüglich des Säuregrades (Azidität) müssen zwei Forderungen erfüllt sein: die Azidität darf nicht zu hoch sein, um eine Zersetzung zu bewirken, und andererseits muß eine genügende Säurereserve vorhanden sein, um eine möglichst große Menge an verschlepptem Entwickler zu neutralisieren. Der pH-Wert der sauren Fixiersalzlösungen schwankt je nach dem Zusatz zwischen pH = 4,2 ... 5,0.

c) Gerbende Fixierbäder. In allen Fällen, wo eine Gerbung der Gelatineschicht erforderlich ist und diese nicht bereits im Zwischenbad erfolgt, werden gerbende Fixierbäder durch Zusatz von Kalialaun oder Chromalaun verwendet. Gerbende Fixierbäder verhindern außerdem die Aufquellung der Gelatine, so daß die Schicht weniger Wasser aufnimmt und der Trocknungsprozeß schneller verläuft. Härtefixierbäder müssen sehr sorgfältig hergestellt werden. Bei einfacher Mischung von Fixierbad-Lösungen mit Alaun-Lösungen tritt Zersetzung ein. Die gerbende Eigenschaft des Kalialaunfixierbades bleibt erhalten im pH-Bereich von 4,5 ... 6,3 (458). Bei Härtefixierbädern für Papiere soll jedoch der pH-Wert nicht unter pH = 4,9 absinken, da in stark sauren Bädern die Silber-Thiosulfatverbindungen unauswaschbar festgehalten werden.

Der Mechanismus des Härtevorganges ist noch nicht vollständig geklärt. Es ist wahrscheinlich, daß sich einige Typen von Aluminium-Gelatine-Komplexen bilden, in welchen sich das Aluminium-Ion mit den Säure-Gruppen der Gelatine verkettet.

Neben dem Kalialaun ($KAl\,[SO_4]_2 \cdot 12\,H_2O$) kann als härtender Zusatz zu Fixierbädern allein noch Chromalaun ($KCr\,[SO_4] \cdot 12\,H_2O$) verwendet werden.

Die optimale Härtewirkung der Chromfixierbäder liegt wesentlich niedriger als bei den Kalialaunfixierbädern, etwa im pH-Bereich = 3 ... 4.

6. Die Ausführung der Fixage

Der Fixierprozeß und die Wässerung werden meistens weniger sorgfältig vorgenommen als die Entwicklung. Aus dieser Nachlässigkeit entstehen Schädigungen des Bildes, die erst nach einer längeren Zeit auftreten. Unvollständig fixierte Schichten, sei es, daß sie zu kurz im Fixierbad behandelt wurden oder das Fixierbad zu stark ausgenutzt war, zersetzen sich unter Einwirkung des Luftsauerstoffes und des Lichtes. Es entstehen Ausbleichungen und Verfärbungen. Nach der Entwicklung werden die photographischen Schichten zunächst reichlich mit Wasser abgespült oder in einem besonderen Unterbrechungsbad behandelt und anschließend in das Fixierbad gebracht. Dieser Vorgang muß bei inaktinischem Licht erfolgen. Zur schnellen Prüfung kann erst nach etwa 1 Minute bei Verwendung von saurem Fixierbad helles Licht eingeschaltet werden. Die Schichten müssen vollständig mit Fixierbad bedeckt sein. Es ist sehr nützlich, am Anfang des Fixiervorganges die Schichten zu bewegen. Das Verschwinden der milchigen Trübung der Schicht durch das Halogensilber kann als Anhaltspunkt für die erforderliche Fixierzeit dienen. Im allgemeinen gilt die Regel, daß in frischem Fixierbad die Zeit bis zum Verschwinden des milchigen Belages, die sogenannte „Klärzeit", zur vollständigen Fixierung zu verdoppeln ist.

Diese Prüfung ist in einfacher Weise nur bei Negativen möglich. Bei Papieren kann man die Klärzeit dadurch ermitteln, daß Streifen des Papieres verschiedene Zeiten im Fixierbad belassen werden (z. B. 1/2, 1, 1½, 2, 3, 4, 5 Minuten), darnach kurz abgespült und der Lichteinwirkung ausgesetzt werden. Diejenige Zeit, bei der das Papier im Licht nicht mehr anläuft, ist die Klärzeit.

In sehr sauren Fixierbädern (pH kleiner als 4,9) muß die Klärzeit bei sehr strengen Anforderungen an die Haltbarkeit sogar vervierfacht werden (95). Bei stark ausgenutzten Bädern kann vollständige Fixierung nur durch Einschaltung eines weiteren frischen Fixierbades erreicht werden.

Mit Fixiernatron muß man unter allen Umständen sehr sorgfältig und mit äußerster Sauberkeit umgehen. Nach jeder Verunreinigung mit Fixiernatron-Lösungen müssen die Hände stets mit frischem Wasser abgespült und abgetrocknet werden. Man verwende für Fixiernatron-Lösungen stets besondere und gekennzeichnete Gefäße. Bei der Dosen-Entwicklung, bei welcher die Entwicklung und die Fixage in der gleichen Dose erfolgen, ist besonders auf Sauberkeit zu achten.

7. Die Prüfung von Fixierbädern

Über den allgemeinen Zustand eines Fixierbades gibt die darin fixierte Menge an photographischem Material Auskunft (s. Tabelle S. 187). Im allgemeinen gilt die Regel, daß ein Fixierbad zu erneuern ist, wenn die Klärzeit derselben Emulsion die doppelte Zeit wie bei der Verwendung von einem frischen Bad erreicht hat.

Für den Zustand eines Fixierbades sind zwei Faktoren maßgebend: der Säuregrad und der Silbergehalt. Der Säuregrad ist besonders wichtig bei härtenden Fixierbädern (s. d.). Dieser kann festgestellt werden durch geeignete Indikatorpapiere (MERCK, LYPHAN). Eine geeignete Indikator-Lösung für saure Fixierbäder ist Bromthymolblau: Man löst zur Herstellung dieses Indikators 0,4 g Bromthymolblau in 75 ccm einer 0,5%igen Ätznatron-Lösung und füllt auf 1000 ccm mit destilliertem Wasser auf. Diese Lösung ist tiefblau. Zur Prüfung des Fixierbades fügt man 1 ccm Indikator-Lösung zu 10 ccm Fixierbad. Tritt hierbei Gelbfärbung auf, so hat das Fixierbad noch den richtigen Säuregrad, bleibt die Blaufärbung erhalten, so ist das Bad zu wenig sauer.

Für Kalialaunfixierbäder ist als Indikator Bromkresolpurpur geeignet. Die Indikator-Lösung wird in derselben Weise hergestellt wie die vorgenannte, ebenso erfolgt die Prüfung. In frischem Fixierbad entsteht eine Gelbfärbung, in gebrauchtem, nicht mehr genügend angesäuertem Bad eine Rotfärbung.

Der Silbergehalt darf aus Gründen der Auswaschbarkeit bei Papierfixierbädern höchstens 2 ... 3 g Silber, bzw. bei Negativ-Fixierbädern 4 ... 5 g Silber pro Liter betragen (592). Die Bestimmung des Silbergehaltes kann auf verschiedene Weise erfolgen, die bei ausreichender Genauigkeit verhältnismäßig umständlich sind.

Der Erschöpfungszustand wird angezeigt durch die Kaliumjodid-Probe. Man entnimmt zur Prüfung dem Fixierbad 10 ccm Lösung und fügt im Reagenzglas 2 Tropfen einer 5%igen Kaliumjodid-Lösung zu. Bildet sich ein gelblicher Niederschlag von Silberjodid, so muß das Bad erneuert werden.

WEYERTS und HICKMANN (594) haben ein besonderes „Argentometer" angegeben, das die kolloidale Bildung von Schwefelsilber durch Zusatz von Schwefelnatrium zur Fixierbad-Lösung verwendet und den Gehalt an Silber nach Messung durch eine Photozelle direkt abzulesen gestattet.

Für eine schnelle Prüfung eignet sich ferner die Verwendung von Zink- oder Kadmiumsulfid in alkalischer Lösung als Fällungs- oder Färbungsmittel (27), Das Silber fällt dabei als gelbbraunes Silbersulfid aus. Man kann zu diesem Zwecke aus diesen Reagenzien Papieranstriche auf Papier herstellen, deren Farbe sich beim Eintauchen in das Fixierbad bei gleicher Eintauchzeit je nach dem Gehalt an Silber mehr oder weniger stark verändert. Am besten eignen sich hierzu Anstriche von Kadmiumsulfid, das als Malerfarbe im Handel erhältlich ist, unter Verwendung von Sichelleim als Streich- und Emulgiermittel. Zur Bestimmung des Silbers auf Grund dieser Papierverfärbung stellt man sich eine Vergleichsskala mit bekannten Silbermengen her. Man kann auch so vorgehen, daß man die Verfärbung des Reagenzpapieres bis zu einem festen Farbwert fortschreiten läßt und die dazu benötigte Zeit bestimmt (26).

Wesentlich einfacher im Gebrauch sind die handelsüblichen Fixierbadprüfer und Fixierhilfen (Agfa, Tetenal).

8. Die Regenerierung des Fixierbades

a) Die Konstanthaltung bei nicht gerbenden Fixierbädern. Bei der Verschleppung von Entwicklern in das Fixierbad bildet sich aus dem sauren Sulfit neutrales Sulfit. Die Herstellung der ursprünglichen Azidität könnte an und für sich durch Zufügung einer bestimmten Menge Säure erfolgen, doch besteht hierbei die Gefahr der Zersetzung bei Nichteinhaltung einwandfreier Bedingungen. In kinotechnischen Betrieben wurde versuchsweise die Einleitung von Schwefeldioxydgas verwendet, doch hat sich diese Methode der Regenerierung ebenfalls nicht bewährt, da bei einem Überschuß die Luft verpestet wird. Am einfachsten wird der Säuregrad dadurch wiederhergestellt, daß dem Fixierbad nach Absinken des pH-Wertes unter 6,5 die Hälfte der ursprünglichen Menge Natriumbisulfit oder Kaliummetabisulfit zugefügt wird.

Wird nach der Entwicklung ein saures Unterbrecherbad verwendet, so steigt der Säuregrad des Fixierbades. Sinkt der pH-Wert unter 4,0 hierbei ab, so fügt man dem Fixierbad etwas Natriumsulfit und eventuell etwas Soda zu.

b) Die Konstanthaltung des Säuregrades bei gerbenden Fixierbädern. Kalialaunfixierbäder mit Borsäure sind sehr stabil: In einem Liter Fixierbad können etwa 32 m Kinonegativfilm fixiert werden, ohne daß eine Regenerierung des Säuregrades erforderlich ist. Bei Plan- und

Rollfilmen ist zu beachten, daß diese meistens gleichzeitig eine Gelatinerückschicht tragen, die ebenfalls etwa dieselbe Menge Entwickler, bzw. Unterbrecherbad verschleppt wie die Emulsionsschicht. Bei derartigen Schichten können etwa 50 qdm ohne Regenerierung des Härtefixierbades behandelt werden. Bei ungenügendem Säuregrad (Indikator: Bromkresolpurpur) wird pro Liter Fixierbad 7,5 ccm Essigsäure zugesetzt, die zunächst auf etwa 75 ccm mit Wasser verdünnt wird. Beim Zusetzen muß das Bad stark umgerührt werden, damit keine lokale Anreicherung von Säure und damit Zersetzung stattfindet.

c) Die Regenerierung des Fixierbades durch Beseitigung des Silbergehaltes. Die Erschöpfung des Fixierbades tritt hauptsächlich ein durch Anreicherung an Silber. Es hat deswegen nicht an Versuchen gefehlt, dieses Silber durch chemische Mittel oder durch Elektrolyse zu entfernen, um das Fixierbad wieder verwendungsfähig zu machen. Zur Gewinnung des Silbers aus gebrauchten Fixierbädern sind zahlreiche Methoden bekannt (26). Zur gleichzeitigen Regenerierung können jedoch nur wenige und diese auch nur sehr bedingt angewendet werden. Metalle, wie Magnesium, Zink, Aluminium, Eisen und Kupfer, scheiden Silber aus ihren Lösungen ab, da sie nach der Spannungsreihe unedler sind als Silber. Bei der Silberabscheidung aus Fixierbädern gehen alle diese Metalle mit Ausnahme von Aluminium als Thiosulfate gleichzeitig in Lösung, wodurch eine Regenerierung verhindert wird. Aluminium bildet Aluminiumhydroxyd, gleichzeitig tritt Wasserstoffbildung auf, wodurch eine teilweise Zersetzung erfolgen kann. Weitere Nachteile sind: schwere Absetzbarkeit des Silbers und Unwirtschaftlichkeit. Außer diesen Metallen zur Silberabscheidung kann das Silber in metallischer Form durch gelöste Reduktionsmittel abgeschieden werden. Als solche werden besonders empfohlen: Ferrosulfat und Natriumhydrosulfit. Nach STEIGMANN (530, 646) versetzt man das Fixierbad mit 3 g Natriumhydrosulfit (Blankit) für je 1 g Silber und 15 g Soda sicc. je Liter Fixierbad. Darauf läßt man kurze Zeit kochen, wobei das Silber als schwarzes Pulver ausfällt. Hierbei tritt Regenerierung des Bades ein. Das sehr nachteilige Kochen soll vermieden werden können durch beschleunigende Katalysatoren, wie Methylenblau und auch Natriumsulfit.

Alle diese chemischen Mittel zur Regenerierung sind nur sehr bedingt zur Regenerierung zu verwenden, da immer Verunreinigungen in das Bad geschleppt werden und eine genaue Dosierung praktisch undurchführbar ist.

Eine einwandfreie Regenerierung des Fixierbades ist durch elektrolytische Abscheidung des Silbers möglich (212), doch sind die Anschaffungskosten der hierfür erforderlichen Geräte sehr beträchtlich und außerdem müssen besondere Betriebsbedingungen eingehalten werden. Bei der Elektrolyse einer einfachen Metallsalzlösung wandert das Metallion, das positiv geladen ist, an die Kathode, wo es entladen und als Metall abgeschieden wird; das Säureion ist negativ elektrisch und wird an der Anode entladen. Bei der Fixierbad-Elektrolyse sind die Reaktionen nicht so einfach: An der Anode wird das S_2O_3''-Ion entladen, wobei zwei solcher Ionen zu Tetrathionat-Ionen (S_4O_6'') unter Abgabe von zwei negativen Ladungen zusammentreten. An der Kathode werden aus dem Silberthiosulfat-Komplex dissoziierte Silberionen entladen. Hierbei spielt der Gehalt an Sulfit eine entscheidende Rolle. Ohne Sulfit bildet sich an der

Kathode im wesentlichen Silbersulfid, es tritt demnach Schwefelwasserstoff auf. Zur Kathode gelangende S_4O_6''-Ionen werden zu Thiosulfat-Ionen (S_2O_3'') regeneriert. Diese Reaktion wird besonders begünstigt außer durch Sulfit durch Bewegung, hohe Temperatur und den Säuregrad.

Abschließend kann zusammenfassend gesagt werden, daß sich bis heute Regenerierungsverfahren für den praktischen Gebrauch nicht bewährt haben. Außerdem sind die Kosten für eine Regenerierung beträchtlich höher als ein Neuansatz des Fixierbades. Wird dagegen aus gebrauchten Fixierbädern das Silber zurückgewonnen, so deckt der Verkaufserlös zu einem beträchtlichen Teil die Fixierbadkosten.

X. Die Wässerung von photographischem Material

1. Die Rolle des Waschprozesses

Genügende Wässerung des photographischen Materials ist entscheidend für die Haltbarkeit. Beim Wässern diffundieren die beim Fixieren gebildeten Silberthiosulfat-Komplexe und ebenso unverbrauchtes Thiosulfat aus der Schicht in das Waschwasser und werden dadurch je nach dem Grad der Wässerung mehr oder weniger vollständig entfernt. Eine restlose Entfernung dieser Thiosulfatsalze ist grundsätzlich nicht möglich; man kann die Konzentration der in der Schicht verbliebenen Salze nur jeweils auf ein Minimum herabsetzen, so daß kein schädigender Einfluß auf das Bild nach dem Trocknen eintritt. Je nach den Anforderungen bezüglich Haltbarkeit über verschiedene Zeiträume sind die kritischen und zulässigen Mengen von Thiosulfat im Bild als verschieden anzusetzen. Das Kodak-Forschungsinstitut ist auf Grund umfangreicher Haltbarkeitsversuche zu den in folgender Tabelle zusammengestellten Ergebnissen bezüglich der zulässigen Thiosulfat-Mengen in photographischem Material gekommen (96).

Tabelle 15. *Zulässige Thiosulfatmengen in photographischem Material*

	für normale Haltbarkeit (20 Jahre) mg pro qdm	für Archivzwecke mg pro qdm
Kinenegativfilm (hochempfindl.)	3,0	0,8
Kinepositivfilm	0,8	0,15
Positiv-Duplikatfilm	0,3	0,08
Rollfilme	2,3 — 3,9[1]	0,8[1]
Röntgenfilm	2,3 — 3,9[1]	0,8[1]
Photopapiere:		
kartonstark	3,0 — 3,9	—
papierstark	1,5 — 2,0	—

[1] Werte bei einseitig begossenen Filmen, bei Filmen mit Rückschicht erhöhen sich diese auf das Doppelte.

Erhöhte Mengen von Thiosulfat im Negativ und im positiven Bild nach dem Trocknen werden allmählich unter der Einwirkung von Luft und Licht zersetzt, es bildet sich zunächst Tetrathionat, das weiter zerfällt und teilweise das Bildsilber in Schwefelsilber umwandelt. Es entstehen gelbe und braune Flecken und Vergilbungen. Feinkörniges Silber wird wesentlich leichter angegriffen als grobkörniges, deswegen ist die maximal zulässige Menge an Thiosulfatrückständen in Feinkorn-Negativfilmen und bei Positivfilmen wesentlich geringer.

2. Der Mechanismus der Wässerung

Die Schnelligkeit des Auswaschprozesses, ausgedrückt durch die in der Zeiteinheit ausgewaschene Thiosulfatmenge, ist, bezogen auf die Flächeneinheit, proportional dem Konzentrationsunterschied in der Schicht und an der Oberfläche der Schicht (247):

$$\frac{dM}{dt} = F \cdot P \frac{dc}{dx} \tag{1}$$

$dM =$ Menge des Thiosulfats, die in der Zeit dt aus der Schicht diffundiert, $F =$ Oberfläche des Filmes, $dc/dx =$ Konzentrationsgradient in der Gelatineschicht und $P =$ Diffusionskoeffizient.

Erfolgt die Wässerung eines bestimmten Filmes unter Einhaltung gleicher Bedingungen (gleiche Temperatur und gleicher pH-Wert), so ist der Diffusionskoeffizient konstant und der Grad der Auswässerung hängt nur von dem Konzentrationsgradienten ab. Wird das Waschwasser dauernd erneuert, so daß die Thiosulfat-Konzentration an der Schichtoberfläche gleich null ist, so erreicht der Konzentrationsunterschied einen Maximalwert, unabhängig vom tatsächlichen Thiosulfat-Gehalt in der Schicht. Steigt dagegen die Thiosulfatkonzentration im Waschwasser, so wird der Konzentrationsgradient stetig kleiner. Damit verlangsamt sich auch gleichzeitig der Auswaschprozeß und kommt schließlich zum Stillstand, wenn die Konzentrationen in der Schicht und an der Oberfläche gleich sind, d. h. der Konzentrationsunterschied gleich null ist.

Man unterscheidet zwei Arten der Wässerung:

a) die stehende Wässerung,

b) die fließende Wässerung.

Bei der *stehenden Wässerung* wird Wasserwechsel in bestimmten Zeitabschnitten vorgenommen. Eine Platte oder ein Planfilm 13 × 18 cm ist nach dem Fixieren mit etwa 5 ccm Thiosulfatlösung vollgesaugt. Bei Benutzung eines 20%igen Fixierbades beträgt der Thiosulfatgehalt der Schicht etwa 1 g. Bringt man diese Schicht in 95 ccm Waschwasser und bewegt das Gefäß oder die Emulsion, so tritt ein Konzentrationsausgleich im Waschwasser und in der Schicht ein; bei Gleichheit beträgt der Thiosulfat-Gehalt 1%, d. h. 1/20 der Anfangskonzentration. Erfolgt nunmehr wieder ein Wasserwechsel mit 95 ccm, so tritt erneut eine Konzentrationsänderung auf 1/20 ein. Man erhält also folgende Reihe:

Zahl der Wässerungen:	0	1	2	3	4	5
Konzentration in %:	20	1	0,05	0,0025	0,000125	0,000006

Wird dagegen die Platte 13 × 18 einmal in einer Wassermenge von 500 ccm gewaschen, so beträgt die Konzentration nach der Wässerung 5 : 500 = 1/100 der Anfangskonzentration, also 20 × 1/100 = 0,2 %. Wirkungsvolles Waschen besteht demnach darin: Wenig Wasser verwenden und häufig Wasserwechsel vornehmen! Die Wässerungsdauer in den einzelnen Bädern soll etwa 5 Minuten betragen. Diese Zeit ist erforderlich, damit der Konzentrationsaustausch möglichst vollständig ist. Für je 1 qdm Gelatineoberfläche sind jeweils etwa 200 ccm Waschwasser erforderlich; hierbei muß eine eventuell vorhandene Rückschicht besonders mitgerechnet werden. Um ausreichende Wässerung zu erreichen, muß das Waschwasser mindestens 5 mal erneuert werden (153, 208—211, 573).

Der Wirkungsgrad der *fließenden Wässerung* ist vom Wasserverbrauch unabhängig, ausschlaggebend ist allein die Wassermenge, die beim Waschprozeß mit der Emulsionsschicht in Kontakt kommt und dauernd erneuert wird.

Nach HICKMAN, CRABTREE und Mitarbeiter (95) ist die in einer bestimmten Zeit t ausgewaschene Thiosulfatmenge M proportional einer Konstanten k und der Restthiosulfatmenge:

$$\frac{dM}{dt} = k\,(A - M); \quad (A = \text{ursprüngliche Thiosulfatmenge}) \tag{2}$$

Durch Umformung erhält man für den Wert k:

$$k = \frac{1}{t} \log \frac{A}{A - M} \tag{3}$$

bzw. für die praktische Anwendung:

$$k = \frac{1}{t_2 - t_1} \log \frac{\text{Konz. bei } t_1}{\text{Konz. bei } t_2} \tag{4}$$

Die Konstante k ist offenbar identisch mit der Diffusionskonstanten P der Formel (1); eine Vorstellung von dem zahlenmäßigen Wert dieser Konstanten kann man sich machen, wenn man sie als sog. „Halbwertszeit" auffaßt, d. h. die Zeit, die erforderlich ist, um den Thiosulfatgehalt der Schicht auf die Hälfte zu reduzieren. Nach den Feststellungen derselben Forscher beträgt diese Halbwertszeit bei Negativmaterial zwischen 10 und 40 sec. Ist die Halbwertszeit beispielsweise 30 sec, so sinkt der Thiosulfat-Gehalt der Schicht nach 3 min Wässerung auf den $1/2^6$ Teil oder auf 1,6% der Anfangskonzentration; in 6 min Wässerungszeit auf 1,6% von 1,6% = 0,03%. Dieses schnelle Absinken der Thiosulfatkonzentration in der Schicht läßt sich in der Praxis nur zu einem Teil verwirklichen, da an der Schichtoberfläche im Waschwasser die Thiosulfatkonzentration = 0 nur annähernd bei Anwendung besonderer Maßnahmen zu verwirklichen ist (Sprühwässerung!) und andere Faktoren die Wässerung mitbeeinflussen. Sehr eindeutig ergibt sich jedoch auf Grund der theoretischen Betrachtung, welche Bedeutung einer einwandfrei arbeitenden Tankwässerung zukommt und welche Forderungen an diese zu stellen sind. Bei fließender Wässerung ist vor allem darauf zu achten, daß keine Anreicherung an Fixiernatron eintritt.

Das an Fixiernatron angereicherte Wasser ist spezifisch schwerer und sinkt im Tank zu Boden. Bei der Tankwässerung muß deswegen der Abfluß nach Art der Syphon-Wirkung vom Boden und der Zulauf von oben erfolgen. Bei rationeller Handhabung des Waschprozesses kann man eine Schicht in etwa 20 min hinreichend auswässern, bei schlechter Tankanlage kann der Prozeß dagegen mehrere Stunden dauern und dann auch noch nicht genügend sein.

3. Kinetik der Wässerung

a) Einfluß der Temperatur. Der Waschprozeß ist temperaturabhängig, und zwar verläuft er bei höherer Temperatur schneller als bei niedriger (s. Abb. 64). Bei höherer Temperatur quillt jedoch die Gelatine sehr stark auf und die Gefahr einer Verletzung und Beschädigung vergrößert sich. Für normale praktische Zwecke ist eine Temperatur des Waschwassers von 18 ... 24° C zu empfehlen, wobei darauf zu achten ist, daß die gewählte Temperatur sich nicht wesentlich von der Temperatur des Fixierbades unterscheidet (375).

b) Einfluß des pH-Wertes und der Zusammensetzung des Fixierbades. Wird zwischen Fixierbad und Wässerung ein schwaches Alkalibad (0,03 ... 0,3% Ammoniak) von einigen Minuten Dauer eingeschaltet, so verläuft der Waschprozeß wesentlich schneller. Sodabäder bei Negativschichten führen manchmal zu Mißerfolgen, da hierdurch die Gelatineschicht aufquillt und die Schichthärtung verlorengeht. Die Beschleunigung der Auswässerung durch Erhöhung des pH-Wertes ist vermutlich verursacht durch eine Veränderung des elektrischen Ladungszustandes der Gelatine.

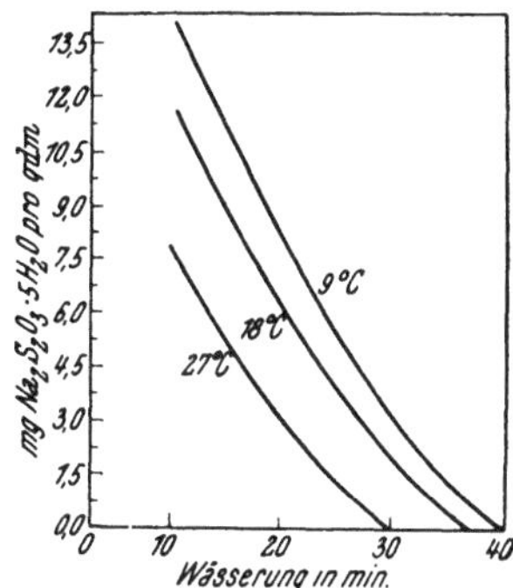

Abb. 64. Einfluß der Temperatur auf die Auswässerung von Natriumthiosulfat bei Filmmaterial. Nach C. E. K. Mees (375)

Emulsionen, die in gerbenden Fixierbädern mit Kalialaun behandelt sind, waschen sich langsamer aus als solche, die in normalem sauren Fixierbad behandelt wurden (96). Der pH-Wert des *Kalialaunhärtebades* beeinflußt den Auswaschprozeß sehr eingehend. Bei einem pH-Wert um 4,1 wird der Waschprozeß stark verlangsamt. Bei Erhöhung des pH-Wertes bis auf 4,7 ... 5 findet in zunehmendem Maße eine Beschleunigung statt, bei weiterer Erhöhung ist der Waschprozeß von der Gegenwart von härtenden Aluminiumsalzen im Fixierbad unabhängig. Die Ursache dieser Wirkung des Kalialaunfixierbades auf den Waschprozeß ist bisher nicht geklärt. Die verzögernde Wirkung geht nicht parallel mit der Härtung der Gelatine, welche ihr Maximum bei einem pH-Wert = 5 erreicht. Mit der gerbenden Wirkung kann diese Erscheinung überhaupt nicht in Beziehung stehen, da gerbende *Chromalaunfixierbäder* auf den Waschprozeß überhaupt keinen Einfluß, weder einen verzögernden noch beschleunigenden, ausüben.

c) Einfluß von Neutralsalzen auf den Waschprozeß. In Natriumsulfat-Lösungen oder in Seewasser, dessen Natriumchlorid-Gehalt bekanntlich beträchtlich ist, verläuft der Waschprozeß schneller als in gewöhnlichem Leitungswasser. Bei Benutzung von Seewasser zur Wässerung muß unbedingt eine Nachwässerung in reinem Wasser erfolgen, da geringe Spuren von Thiosulfat, die in der Schicht verbleiben, bei Gegenwart von Chloriden besonders leicht zersetzt werden. Eine Tatsache ist bei jeder Wässerung zu beachten, daß das gewässerte und getrocknete Objekt keinesfalls reiner und sauberer sein kann als das zur Wässerung verwendete Waschwasser (90). Von der Benutzung von destilliertem Wasser zur Wässerung muß jedoch abgeraten werden, da die Gelatineschicht hierbei zur bleibenden Aufquellung neigt und die Wässerung vielfach langsamer erfolgt; kalkarmes (weiches) Wasser kann dagegen als Schlußwässerungsbad empfohlen werden (90).

d) Über die Auswaschbarkeit der Silber-Thiosulfatkomplex-verbindungen. Nach dem Fixieren enthält die Schicht neben Thiosulfat die beim Fixierprozeß gebildeten Silber-Thiosulfatkomplexe in gelöster Form. Diese Verbindungen werden bei der Wässerung gleichzeitig mitentfernt. Die Auswässerung der Silberkomplexe wird allgemein durch dieselben Faktoren in der gleichen Weise beeinflußt wie des Thiosulfates, nur in einem Falle wurde von CRABTREE und Mitarbeiter (96) eine Ausnahme festgestellt. Erfolgt die Fixage von Negativmaterial im Kalialaunhärtefixierbad vom pH-Wert = 4,1, das zum Teil erschöpft ist, so wird eine geringe Menge Silbersalz auch bei verlängerter Wässerung unauswaschbar festgehalten, und die Größe dieser Restmenge ist abhängig vom Ausnutzungsgrad des Fixierbades. Steigt der pH-Wert des Härtefixierbades über 5 an, so kann das Silberkomplexsalz vollständig ausgewässert werden. Wird die Fixage in normalen, sauren, nicht härtenden Fixierbädern vorgenommen, so kann keine Zurückhaltung von Silberverbindungen beim nachfolgenden Waschprozeß unabhängig vom Ausnutzungsgrad des Fixierbades beobachtet werden.

4. Der Waschprozeß bei Papieren

Der Auswaschprozeß der Negative erfolgt nach einer geometrischen Reihe, bei photographischen Papieren ist dagegen die Wässerung wesentlich komplizierter. Bei Beginn der Wässerung von Papieren tritt zunächst eine schnelle Entfernung des Natriumthiosulfates in geometrischer Reihe wie bei Negativ-Emulsionen ein, sehr bald jedoch wird der Prozeß stark verlangsamt. Der Hauptteil der absorbierten Salze wird bei einer Wässerung von 5 Minuten entfernt, es bleibt eine schädliche Menge zurück, die bei verlängerter Wässerung von 10 ... ... 30 min etwa nochmals auf die Hälfte reduziert werden kann. Die letzten Spuren von Fixierbadresten können auch durch sehr lange ausgedehnte Wässerung nicht entfernt werden. Dieser Verlauf des Wässerungsprozesses von Papieren hat seine

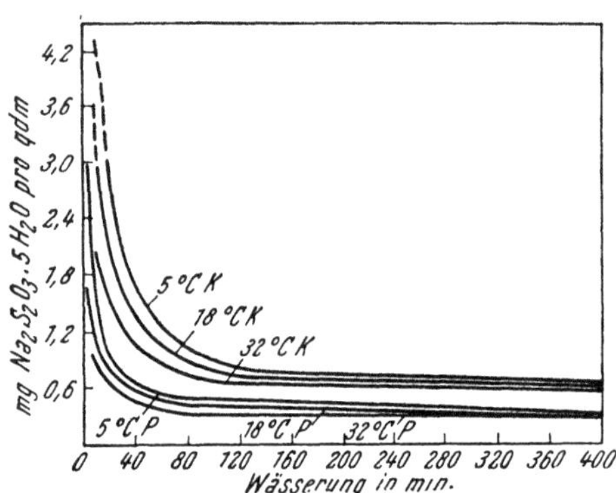

Abb. 65. Auswässerung von Natriumthiosulfat bei verschiedenen Papieren. Nach J. I. CRABTREE, G. T. EATON und L. E. MUEHLER (95)

P Papierstark, K Kartonstark

Ursache im Papierfilz. Der Papierfilz hält Reste des Fixierbades je nach der Behandlungsart sehr zähe fest. Versuche von CRABTREE und Mitarbeiter (96) lassen darauf schließen, daß dieses Festhalten weniger auf Adsorptionswirkung beruht, sondern vielmehr durch Reibungskräfte verursacht wird. Beim Auswaschen müssen die gelösten Salze eine Reihe von Zellwänden des Papierrohstoffes durchdringen. Je stärker der Papierrohstoff ist, umso mehr Thiosulfat wird zurückgehalten (s. Abb. 65).

Einfluß verschiedener Faktoren auf die Auswaschbarkeit des Natriumthiosulfates bei Papieren

Die Behandlung der Papiere in den Unterbrecher- und Fixierbädern sowie ihr Zustand ist für die Auswaschbarkeit mitentscheidend (589…592).

Das *Unterbrecherbad* darf nicht zu sauer und die Behandlungsdauer darf nicht zu lange Zeit ausgedehnt sein. Geeignet sind als Unterbrecherbäder: 2% Essigsäure oder 4% Kaliummetabisulfit. Die Wirkungsweise verschiedener Unterbrecherbäder auf den Verlauf der Wässerung zeigt nebenstehende Abb. 66.

Das *Fixierbad* darf gleichfalls nicht zu sauer sein und die Fixierdauer darf nicht mehr als 10 min betragen.

Das Fixierbad soll nicht zu stark ausgenutzt sein. In einem Liter sollen möglichst nicht mehr als 200 Blatt 9 × 12 Papiere ausfixiert werden (Silbergehalt etwa 2 g).

Vorteilhaft zur schnelleren Auswässerung ist die Einschaltung eines 1%igen Sodabades (Soda sicc.) (s. Abb. 66) nach der Fixage. Die *Temperatur* des Waschwassers darf nicht zu tief sein und, um die Papiere stetig mit frischem Wasser in Berührung zu bringen, ist auf *Bewegung* der Papiere während der Wässerung besonders zu achten.

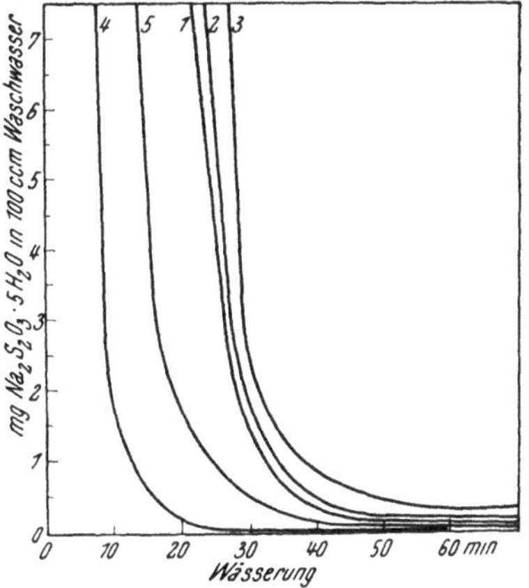

Abb. 66. Einfluß des Unterbrecherbades auf die Auswässerung (1 Blatt 9×12 jeweils in 100 ccm Wasser gewässert bei Wasserwechsel alle 10 Minuten)

1 Unterbrecherbad: Wasser
2 Unterbrecherbad: 4% Kaliummetabisulfit oder 2% Essigsäure, ½ min
3 Unterbrecherbad: wie 2, jedoch 3 min
4 Unterbrecherbad: Wasser, jedoch fließende [illegible] 240 l/h
5 Unterbrecherbad: Wasser; nach Fixage Zwischenbad 1% Soda, 3 min

5. Die Praxis der Wässerung von Negativmaterial

Bei jeder Wässerung muß grundsätzlich darauf geachtet werden, daß eine ständige Erneuerung des Wassers erfolgt. Werden einzelne Filme in der Dose gewässert, so ist diese sehr wenig wirksam, wenn der Wasserstrahl einfach in die Dose fließt. Hierbei fließt der größte Teil des frischen Wassers unbenutzt wieder ab. Um eine derartige Wässerung wirksam zu gestalten, leitet man zweckmäßig das zulaufende Wasser mit einem Schlauch in die Dose, so daß Frischwasser ständig die Dose durchspült. Ist fließende Wässerung nicht möglich, so wendet man stehende Wässerung an, indem man alle 5 min das Wasser erneuert. Um eine ausreichende Wässerung zu erzielen, soll die Dauer bei fließender Wässerung etwa 30 min betragen, bei stehender Wässerung soll wenigstens 6maliger Wasserwechsel erfolgen.

Zur Wässerung von einzelnen Planfilmen und Platten können Schalen verwendet werden. Bei fließender Wässerung ist auch hierbei der Wasserzulauf mit einem Schlauch, der bis auf den Boden der Schale reicht, zu empfehlen. Starke Wasserstrahlen, insbesondere bei Benutzung einer Brause, sind nicht nur unwirksam, sie führen auch sehr leicht zu mechanischen Schädigungen der Emulsionen. Größere Mengen von Platten und Planfilmen werden zweckmäßig in Plattenkörben und Filmhaltern in besonderen Wässerungstanks vom Fixiernatron befreit. Einfache Waschbecken mit Abfluß des Wassers durch Überlauf sind für fließende Wässerung vollkommen ungeeignet, da das mit Fixiernatron angereicherte Wasser spezifisch schwerer ist und sich am Boden ansammelt, während das frische Wasser oben abfließt. Derartige Becken sind nur für stehende Wässerung zu verwenden, indem man alle 5 min das Wasser ablaufen läßt und wieder erneuert. Tanks für fließende Wässerung müssen stets so eingerichtet sein, daß der Ablauf vom Boden des Gefäßes und der Zulauf von oben erfolgt (Syphon-Wirkung).

Durch einen einfachen Versuch kann für jeden Wässerungstank bei einer Beschickung mit einer bestimmten Menge Negativmaterial und bei feststehendem Wasserverbrauch die erforderliche Wässerungszeit leicht bestimmt werden. Auf 1 qdm zu wässernde Gelatineschicht, die Lichthof-, bzw. Rückschicht zählt besonders mit, werden dem Wässerungstank 32,5 ccm einer 2%igen Safraninlösung oder dieselbe Menge gesättigte Kaliumpermanganat-Lösung zugesetzt und die Zeit bestimmt, bis bei normalen Wässerungsbedingungen die Farblösung vollkommen farblos geworden ist. Um die Entfärbung festzustellen, füllt man eine Probe in ein Reagenzglas und vergleicht diese mit klarem Wasser in einem zweiten Reagenzglas vor einem weißen Hintergrund. Sind z. B. zur Entfärbung 35 min erforderlich, so addiert man hierzu noch 10 min, die für den Konzentrationsausgleich in Schicht und Flüssigkeit benötigt werden. Zur Auswässerung benötigt demnach der Tank im vorliegenden Fall 45 min. Der Tank braucht für diesen Versuch nicht mit photographischem Material beschickt zu sein. Kaliumpermanganat darf zu dieser Bestimmung nur bei Glas-, Keramik- und Kunststoffmaterial benutzt werden. Bei Holz- und Metalltanks ist nur Safranin-Lösung zu verwenden, da Kaliumpermanganat Korrosion bewirkt (90).

Um den Wasserverbrauch auf ein Mindestmaß einzuschränken, ist früher vielfach die sog. „Kaskadenwässerung" empfohlen worden. Bei der Kaskadenwässerung sind mehrere Wässerungswannen übereinander angeordnet, das oben zulaufende Wasser passiert durch Überlauf die darunter stufenweise angeordneten Wannen nacheinander, die Wässerung selbst wird nach dem Gegenstromprinzip vorgenommen. Sie beginnt in der untersten Wanne und wird in der obersten, im Frischwasser, beendet. Die Schichten müssen nach einem Zeitintervall von etwa 5 min umgelegt werden. Wird diese Maßnahme nicht befolgt, sondern werden alle Wässerungsbäder gleichzeitig beschickt und kein Badwechsel vorgenommen, so wird das Material im untersten Bad erst vollständig ausgewässert, nachdem alle vorhergehenden Bäder frei von Fixierbadresten sind.

Das Gegenstromprinzip wird auch angewandt bei der Wässerung von Kinefilmen in Entwicklungsmaschinen.

Um eine möglichst wirksame Wässerung zu gewährleisten, müssen die Seitenwände des Tanks glatt und möglichst blank poliert sein, die Wässerungsbehälter dürfen außerdem nicht überdimensioniert sein. Bei gleichem Wasserverbrauch dauert die Wässerung in kleinen Behältern immer kürzer als in großen. Die Wirksamkeit der Wässerung steigt mit der Bewegung des Wassers.

In den Wässerungsbehältern können sich besonders bei höheren Temperaturen sehr leicht Algen und Bakterienansammlungen bilden, die auch eine Schädigung der Schicht veranlassen. Die Wässerungstanks müssen deswegen von Zeit zu Zeit gereinigt werden. Das wird am zweckmäßigsten vorgenommen durch Bürsten der Wände mit einer warmen Seifenlösung oder mit einer 5%igen Lösung von Natriumtriphosphat. Anschließend ist eine Desinfektion mit Chlorkalk und Spülung mit Wasser zu empfehlen (s. Tankreinigung).

6. Die Praxis der Wässerung von Positivmaterial

Der Wässerung von Photopapieren ist besondere Achtsamkeit zu schenken, da der Papierrohstoff Fixiernatronreste sehr energisch festhält, so daß der Prozeß wesentlich langsamer verläuft und eine vollständige Entfernung der letzten Reste überhaupt nicht möglich ist. Die Auswässerung von kleinen Mengen kann in Schalen oder sonstigen Behältern erfolgen, wobei auf Erneuerung des Wassers wie bei der Negativwässerung besonders geachtet wird. Eine ausreichende Wässerung von größeren Mengen Papieren kann nur vorgenommen werden in besonderen Wässerungsmaschinen und Wässerungswannen, bei denen eine ständige Bewegung des Wässerungsgutes und Erneuerung des Waschwassers gewährleistet ist.

Sehr bewährt hat sich in der Praxis der Positivwässerung die Einschaltung eines 1%igen Sodabades nach der Fixage (s. S. 197). Hierdurch wird die Wässerungszeit erheblich abgekürzt. Einwirkungsdauer des Sodabades: 2 ... 3 min. Das Sodabad kann benutzt werden, solange es alkalische Reaktion zeigt.

Tabelle 16. *Wässerungsdauer von Positiv- und Negativmaterial*

a) in fließendem Wasser; b) in stehendem Wasser bei Erneuerung in Zeitabständen von 5 min		
a) Wässerungsdauer; b) Anzahl der Wassererneuerungen		
kürzeste zulässige Dauer	normale Wässerung	Wässerung f. Archivzweck
Negative . . . . a) 7 min b) 3 ×	30 min 6 ×	1 St. 12 ×
Papiere: papierstark . . a) 20 min b) 5 ×	30 min 8 ×	90 min 15 ×
kartonstark . . a) 40 min b) 10 ×	90 min 15 ×	120 min 20 ×

Bei stehender Wässerung sind pro qdm Fläche etwa 100 ccm Wasser erforderlich.

7. Die Kontrolle der Wässerung

Die Kontrolle auf genügende Auswässerung kann auf zwei verschiedene Arten ausgeführt werden, einmal durch Prüfung des Waschwassers, bzw. des Tropfwassers von dem photographischen Material auf Spuren von Fixiernatron, und zweitens durch Prüfung der Schicht direkt.

Die Prüfung des Waschwassers kann nach folgender Methode ausgeführt werden (90): In ein Reagenzglas wird das Tropfwasser vom gewässerten Material und in ein zweites dieselbe Menge frisches Leitungswasser gefüllt. Zu beiden Gläsern gibt man dann je 1 Tropfen einer Lösung von 0,1% Kaliumpermanganat + 2% Soda sicc. Bleibt die Färbung im Waschwasser ebenso lange bestehen wie im Leitungswasser, dann kann die Wässerung als ausreichend angesehen werden. Enthält das Leitungswasser organische Substanzen, so können diese eine Entfärbung der Testlösung verursachen. In diesem Falle gibt man zunächst zum Frischwasser soviel Tropfen der Testlösung, daß eine schwache violette Färbung bestehen bleibt. Dieselbe Tropfenanzahl muß man dann auch zu der Prüflösung zusetzen. Die Empfindlichkeit dieser Prüfmethode kann durch Modifizierung mit der Zeit sehr wesentlich gesteigert werden. Wird *ein* Tropfen der Testlösung in 15 ccm Prüflösung augenblicklich entfärbt, so enthält diese noch 0,1% Natriumthiosulfat; tritt die Entfärbung erst nach 2 sec ein, so sind noch 0,01% Natriumthiosulfat vorhanden; bleibt die Färbung *eine* Minute bestehen, so beträgt die Thiosulfatkonzentration 0,001%; bei geringerem Thiosulfatgehalt bleibt die Färbung mehrere Minuten bestehen. Die Auswässerung kann als ausreichend angesehen werden, wenn die Färbung wenigstens eine Minute bestehen bleibt.

HICKMANN (208) schlägt vor, den Auswässerungsprozeß nach einer elektrischen Methode zu verfolgen, indem die Leitfähigkeit des Waschwassers im Vergleich zum Frischwasser bestimmt wird. Diese Methode eignet sich besonders für große industrielle Betriebe.

Die zweite Art der Prüfung, die direkt am photographischen Material vorgenommen wird, gestattet sowohl den Grad der Auswässerung wie auch die einwandfreie Fixage festzustellen. Zur Bestimmung der Thiosulfatreste in Filmmaterialien dient folgende Testlösung (607a):

> Quecksilberchlorid . . . . 25 g
> Kaliumbromid . . . . 25 g
> Wasser dest. bis auf . . . . 1000 ccm.

Ein Filmstück von 10 qcm wird mit 15 ccm dieser Lösung unter starker Bewegung 15 min behandelt. Bei Anwesenheit von Fixiernatronresten im Filmstück bildet sich eine weiße Trübung. Diese Trübung vergleicht man dann mit einer Serie von Filmstücken, die mit Standard-Lösungen von Thiosulfat und anschließend mit derselben Testlösung in der gleichen Weise behandelt wurden. Nach dieser Methode kann in der Schicht noch ein Thiosulfatgehalt von 0,0008 mg pro qcm bestimmt werden.

Zum Nachweis von Natriumthiosulfat nach der Wässerung in Papieren werden Proben 1 bis 3 min in einer 1%igen Silbernitrat-Lösung gebadet, wobei sich anwesendes Thiosulfat in braunes Silbersulfid umsetzt. Anschließend wird kurz mit Wasser abgespült und nachbehandelt, mit einer 5%igen Kochsalzlösung fixiert und nochmals gewässert. Die Beurteilung der Braunfärbung erfolgt am zweckmäßigsten in der Durchsicht besonders bei kartonstarken Papieren, da diese die Braunfärbung in der Aufsicht heller erscheinen lassen. Papiere, die auf 1 qdm noch 0,01 g Fixiernatron enthalten, zeigen nach dieser Behandlungsmethode eine intensive Braunfärbung, die etwa einer Wässerungszeit von 10 min entspricht. Ein Thiosulfatgehalt von 0,001 g je qdm Papier ergibt mit Silbernitrat noch eine schwache Gelbfärbung (entsprechend einer Wässerungszeit von 40 min). Auch dieser sehr geringe Thiosulfatgehalt genügt höchsten Ansprüchen an die Haltbarkeit nicht und kann bei der Lagerung zu Umtonungen besonders in den Weißen führen. 0,0001 g Fixiernatron in 1 qdm Papier sind nach dieser Methode nicht mehr nachweisbar und so weit ausgewaschene Bilder zeigen nach den bisherigen Erfahrungen eine „unbegrenzte" Haltbarkeit (592). In USA ist die Methode zur Bestimmung von Thiosulfat, bzw. Tetrathionat in photographischen Papieren nach der Wässerung normenmäßig festgelegt (606). Zu dieser Bestimmung werden folgende Lösungen verwendet:

<pre>
Lösung A. Wasser . . . .   750 ccm
           Eisessig . . . .   30 ccm
           Silbernitrat . . . .   10 g
           Wasser bis auf . . . .   1000 ccm
Lösung B. Wasser . . . .   750 ccm
           Natriumchlorid . . . .   45 g
           Wasser bis auf . . . .   1000 ccm
Lösung C. Wasser . . . .   750 ccm
           Natriumsulfat sicc. . . . .   15 g
           Natriumthiosulfat krist. . . . . .   45 g
           Wasser bis auf . . . .   1000 ccm.
</pre>

Das zu prüfende Papier, das keine Silberschwärzung enthalten darf, wird zunächst 5 min in Lösung A gebadet unter gelegentlicher Bewegung, anschließend ebenfalls jeweils 5 min in Lösung B und darnach in Lösung C behandelt, dann 5 ... 10 min gewässert und getrocknet. Bei dieser Behandlung entsteht in der Schicht eine mehr oder weniger starke Braunfärbung durch Bildung von Schwefelsilber. Die Beurteilung und Messung der Dichte dieser Färbung erfolgt in der Durchsicht in blaugrünem Licht. An Hand einer Eichkurve kann aus den Meßergebnissen auf den Thiosulfatgehalt geschlossen werden. Diese Methode erlaubt noch einen Natriumthiosulfatgehalt (krist.) von 0,05 mg je qdm zu bestimmen.

8. Fixiernatronzerstörer zur Abkürzung der Wässerung

Da der Waschprozeß in der Photographie eine der umständlichsten Operationen und stets mit einem großen Unsicherheitsfaktor behaftet ist, und außerdem bei Papieren die letzten Spuren von Fixiernatron überhaupt nicht entfernt werden können, sind im Laufe der Zeit immer wieder besondere chemische Behandlungsmethoden zur Abkürzung der Wässerung und zur Entfernung der letzten Spuren Fixiernatron vorgeschlagen worden. Alle diese chemischen Mittel sind Oxydationsmittel, die das Natriumthiosulfat in das stabile Natriumsulfat überführen.

Wirksam als Fixiernatron-Zerstörer ist ein Alaunbad. Nach einer Wässerung von etwa 10 min erfolgt eine Behandlung von 5 ... 10 min in einem etwa 0,5%igen Alaunbad. Anschließend muß nochmals gewässert werden. Auch Chromalaun wurde zur Zerstörung empfohlen (VIDAL, 1881). Wesentlich wirksamer als Oxydationsmittel für Natriumthiosulfat sind schwache Lösungen von Kaliumpermanganat (JANKO, 1896), unterchlorigsaure Salze und Hypochlorite (STOLZE, 1883), Kaliumperkarbonat (von HANSEN, 1897), Kaliumpersulfat (SCHERING, 1894), Perborate (1898), Wasserstoffsuperoxyd (115, 469, 561). Alle diese Mittel haben sich in der Praxis nicht bewährt, da sie immer als schwache Abschwächer wirken und bei nicht genauer Dosierung, die praktisch nicht möglich ist, die Bildsubstanz angreifen. Als wirksamen Fixiernatronzerstörer empfahl J. M. EDER Chloramin (124). Die oxydierende Wirkung des Chloramins beruht auf einer hydrolytischen Zersetzung, bei welcher aktiver Sauerstoff frei wird:

$$C_6H_4 \cdot CH_3 \cdot SO_2 \cdot NNaCl + H_2O = C_6H_4 \cdot CH_3 \cdot SO_2NH_2 + NaCl + O.$$

Das Chloramin wird in einer 0,2%igen Lösung verwendet. Höhere Konzentration und lange Einwirkungsdauer führen ebenfalls zu einer Abschwächung des Silberbildes.

Nach neueren Untersuchungen vom Kodakforschungsinstitut (95) wird zur Zerstörung der Fixiernatronreste in photographischen Papieren folgende Methode als einwandfrei empfohlen: Nach 20 min Wässerung werden die Papiere etwa 10 min in ein Wasserstoffsuperoxyd-Ammoniak-Bad gelegt (1000 ccm Wasser, 125 ccm Wasserstoffsuperoxyd 3%, 15 ccm Ammoniak von 22 Bé). Anschließend muß nochmals etwa 10 min gewässert werden. 1 l dieses Bades ist ausreichend zur Behandlung von 12 Bildern 18 × 24. Bei dieser Behandlung erfolgt eine restlose Umsetzung des Thiosulfates in Sulfat:

$$Na_2S_2O_3 + 4\,H_2O_2 + 2\,NH_4OH = Na_2SO_4 + (NH_4)_2SO_4 + 5\,H_2O.$$

Bei Behandlung von Platten und Filmen ermöglicht diese Methode der Fixiernatronzerstörung in dringenden Fällen eine Kurzwässerung: Die Negative werden zunächst 2 … 5 min gewässert, anschließend 5 min in obiger Lösung gebadet und dann nochmals 1 … 2 min nachgewässert. Eine andere Vorschrift aus demselben Forschungsinstitut empfiehlt folgendes Behandlungsbad: 1% Natriumchlorit ($NaClO_2$), 3% Borax und Natriummonophosphat-Zugabe bis zur Erreichung eines pH-Wertes = 5. Nach 15 min Vorwässerung erfolgt eine Behandlung von 5 min in diesem Bad und anschließend Nachwässerung von etwa 5 min Dauer in fließendem Wasser.

XI. Die Trocknung des Negativmaterials

1. Die Kinetik des Trockenvorganges

a) Allgemeines. Nach der Wässerung des Negativ-Materials bei 18 … 20° C enthält die photographische Schicht nach dem Abstreifen des oberflächlichen Wassers etwa das 6- bis 10fache des Gewichtes der Gelatine an Wasser, das sind etwa 1 … 2 g je qdm. Ist das Material mit einer Gelatinerückschicht versehen, so verdoppelt sich das Gewicht der Wassermenge. Positiv-Emulsionen nehmen infolge des wesentlich dünneren Gusses weniger Wasser auf als Negativ-Emulsionen. Wird bei höherer Temperatur gewässert oder erfolgte die Entwicklung in einem ätzalkalischen Bade, so ist die Schicht stärker gequollen und dadurch enthält die Schicht eine höhere Wassermenge als bei Normalbehandlung.

Beim Trockenprozeß muß die von der Schicht aufgenommene Wassermenge verdampft werden, ohne daß Schädigungen, wie Schmelzen der Gelatineschicht, Verziehen und Deformieren, Änderung der Schwärzungen und des Kontrastes und mechanische Verunreinigungen eintreten. Das Abstreifen des oberflächlichen Wassers verkürzt nicht nur die Trocknung sehr wesentlich, da hierdurch eine beträchtliche Wassermenge mechanisch entfernt wird, es sind auch andere Vorteile damit verbunden: Entfernung von Verunreinigungen, Vermeidung von Wasserflecken. Der Trockenvorgang erfolgt in zwei Phasen: Diffusion des Wassers aus der Gelatine an die Oberfläche und Verdampfen des Wassers an der Oberfläche. Wenn die Verdampfung schneller verläuft als die Diffusion, d. h. wenn das Wasser nicht so schnell aus der Schicht herauskommt wie es verdampft, so trocknet die Schichtoberfläche schneller als das Schichtinnere. Hierdurch wird eine Deformierung des Filmes (Krümmen) verursacht, andererseits können derartige Schichten nach dem Aufrollen die Feuchtigkeit gleichmäßig abgeben, wodurch ein Zusammenkleben der Schichtlagen bewirkt werden kann. Die beiden Trocknungsphasen müssen, um gleichmäßige Trocknung zu gewährleisten, im Gleichgewicht stehen. Entscheidend für dieses Gleichgewicht sind: der relative Feuchtigkeitsgehalt der Trockenluft und die Trockentemperatur. Ist die Trockentemperatur zu hoch, bzw. die Trockenluft zu trocken, so verläuft die Wasserverdampfung oberflächlich zu schnell. Für die Gesamttrockendauer ist außerdem noch als weiterer Faktor die Bewegung der Trockenluft ausschlaggebend.

b) Relative Luftfeuchtigkeit und Trockentemperatur. Der Gehalt der Luft an Wasserdampf heißt „Feuchte der Luft". Man gibt diesen Wert in Gramm Wasserdampf auf ein cbm Luft an. Diese Größe wird als „absolute Feuchte" bezeichnet. Hat die Luft soviel Wasserdampf aufgenommen, wie sie überhaupt aufzunehmen vermag, so bezeichnet man diesen Zustand als „Sättigungszustand". Der Sättigungszustand ist von der Temperatur abhängig; mit steigender Temperatur kann die Luft wesentlich mehr Wasserdampf aufnehmen. Das Verhältnis der absoluten Feuchte zu der bei derselben Temperatur im Sättigungszustand maximal möglichen Menge Wasserdampfes wird „relative Feuchte" genannt. Diese wird gewöhnlich in Prozent ausgedrückt. Der Sättigungsgehalt der Luft bei 20°C ist z. B. 17,3 g/cbm. Beträgt der tatsächliche Wasserdampfgehalt (absolute Feuchte) 12,8 g, so ist die relative Feuchte $= \dfrac{12,8 \cdot 100}{17,3} = 74\%$. Kühlt sich diese Luft ab, so ändert sich an der absoluten Feuchte nichts, dagegen nimmt der Sättigungsgehalt ab. So ist bei Abkühlung auf 15° C die Sättigungsmenge ebenfalls 12,8 g und damit die relative Feuchte $= \dfrac{12,8 \cdot 100}{12,8} = 100\%$. Die relative Feuchte wird in der Praxis mit dem Haarhygrometer gemessen.

Luft von 50% Feuchtigkeitsgehalt ist als trocken anzusehen. Bei kalter und feuchter Jahreszeit hat die äußere Luft eine relative Feuchte von etwa 30%, noch weniger, wenn sie im Zimmer oder Arbeitsraum wieder auf Zimmertemperatur erwärmt ist.

Trockene Gelatine absorbiert Wasser in feuchter Atmosphäre und feuchte Gelatine verliert Wasser in trockener Luft. In gesättigter Luft wird jede Wasserverdunstung verhindert und ein feuchter Gegenstand kann nicht trocknen. Die Dauer der Trocknung ist nahezu proportional der relativen Luftfeuchtigkeit. Erwärmte Luft besitzt niedrigere relative Feuchte und die Verdunstungsgeschwindigkeit nimmt zu. Die Grenze der Erwärmung ist gegeben durch die Schmelztemperatur der Gelatine. Bei der Trocknung nimmt die Luft allmählich Feuchtigkeit auf, so daß eine ständige Erneuerung erforderlich ist. Diese Erneuerung geht leicht vor sich, da die mit Feuchtigkeit beladene Luft spezifisch leichter ist als trockene Luft und nach oben steigt. Trockene Luft ist dichter als feuchte. Wärmezufuhr ist bei der Trocknung nicht nur erforderlich, um die relative Feuchte der Luft zu erniedrigen, die Verdunstung des Wassers erfordert gleichfalls Wärme. Bei der Trocknung ohne besondere Wärmezufuhr kühlt sich deswegen das restliche Wasser in der Schicht ab. Die Trocknung verläuft umso langsamer bei gleicher relativer Feuchte je kälter das Wasser ist, so daß der Trocknungsvorgang sich stetig verlangsamt. Diese Erscheinung macht sich besonders bei Filmen mit Rückschicht bemerkbar, wodurch die Bildung von Wasserflecken begünstigt wird.

Die Trocknung wird niemals bis zur vollständigen Entfernung der letzten Spuren Wasserdampfes durchgeführt. Gelatineemulsionen sind als trocken anzusehen, wenn sie nicht mehr als 10 ... 15% Wasser enthalten. Eine restlose Durchtrocknung macht das Material brüchig. Kinefilme enthalten nach der Trocknung pro Meter noch etwa 0,25 g Wasser, z. T. auch in der Unterlage. Wird der Film aufgerollt, so verteilt sich die Feuchtigkeit und bei der Projektion kann eine Verdampfung (Beschlagen) eintreten.

Die günstigsten Trockenbedingungen für normale Zwecke sind 30... ... 45° C Trockentemperatur bei 30 ... 60% relativer Luftfeuchte. Die Trocknungsdauer beträgt unter diesen Bedingungen für Positivfilme 8 ... 20 min und für Negativfilme 15 ... 40 min.

c) Einfluß der Luftbewegung und Schnelltrocknung.

In der Kinotechnik stellt der Trockenprozeß ein besonderes Problem dar. Unter obigen Normalbedingungen können Trockenleistungen nur dadurch erzielt werden, daß Schränke mit abnormen Abmessungen verwendet werden, die eine genügend große Menge Filmmaterial aufnehmen können. Es sind deswegen wiederholt Versuche zur Schnelltrocknung von Filmen, insbesondere für Registrier- und Fernsehzwecke, unternommen worden (106, 281, 392). Nach diesen Versuchen hat sich gezeigt, daß die Luftbewegung ein bedeutsamer Faktor bei der Trocknung ist und durch geeignete Anwendung sich eine rapide Trocknung ermöglichen läßt. Obenstehende Abb. 67 gibt die Abhängigkeit der Trockenzeit bei verschiedenem Feuchtigkeitsgehalt für Kodak Plus X von der Luftbewegung und der Trockentemperatur wieder.

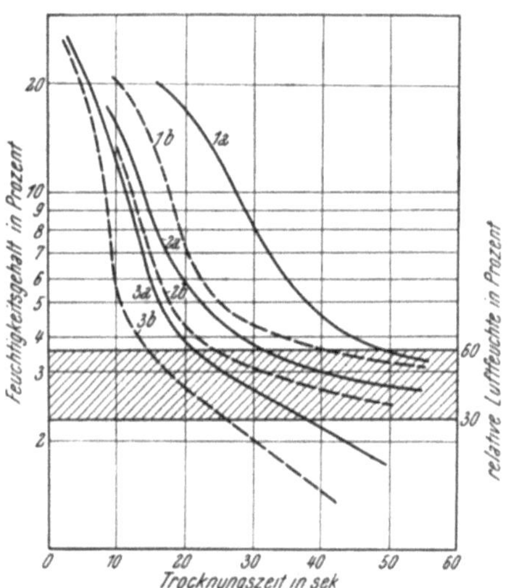

Abb. 67. Abhängigkeit der Trockenzeit von der Bewegung bei verschiedenen Temperaturen. Nach L. KATZ (281)

1. 52° C, *2.* 65° C, *3.* 93° C. *a* Luftgeschwindigkeit jeweils 600 m/min. *b* Luftgeschwindigkeit jeweils 1200 m/min

Nach einer kurzen Initialperiode folgt eine Trocknung konstanter Geschwindigkeit und dann eine Abnahme. Für jede Temperatur existiert ein Optimum der Geschwindigkeit, von welcher an die Trocknungszeit konstant bleibt. Bei 1200 m/min Luftgeschwindigkeit auf die Filmschicht und 90° C Trockentemperatur konnten bei zweckmäßiger Ausführung 90 m Positivfilm pro Minute getrocknet werden. Abmessungen des Schrankes: 30 × 60 cm ohne Zusatzaggregate; Strombedarf: 19,5 kW; Luftbedarf: 25 cbm/min; Abstreifdruck: 0,2 kg/qcm. Wichtig ist bei dieser Schnelltrocknung, daß die relative Luftfeuchte am Ende der Trocknung wie bei den Normalbedingungen ebenfalls zwischen 30 ... 60% beträgt. Die auf diese Weise getrockneten Filme zeigten bezüglich ihres Zustandes keine Abweichung von normal getrockneten Filmen.

2. Trockengeräte

a) Trockentrommeln. Kopier- und Entwicklungsanstalten, die nicht mit automatischen Entwicklungsmaschinen und anschließender kontinuierlicher Trocknung, sondern mit Rahmen-Entwicklung in Tanks arbeiten, sind bei der Trocknung von längeren Filmbändern auf die Verwendung von Trockentrommeln angewiesen. Die Filme werden in nassem Zustand auf Trockentrommeln aus Holz, Kunststoff oder Metall gespannt und durch Rotieren zum Trocknen gebracht. Zur Beschleunigung der Trocknung werden häufig Heizkörper, Tiefstrahler oder auch in neuerer Zeit Infrarotstrahler verwendet. Obwohl der Film mit dem Schichtträger auf den Leisten der Trommel aufliegt, entstehen hierbei vielfach Schrammen, Kratzer und Trockenstellen. Diese Fehlererscheinungen können dadurch vermieden werden, daß die Leisten in einer Nut eine Einlage aus Schwammgummi tragen.

b) Trockenschränke. Zur staubsicheren und schnellen Trocknung sind heute in jedem mittleren Betrieb besondere Trockenschränke unent-

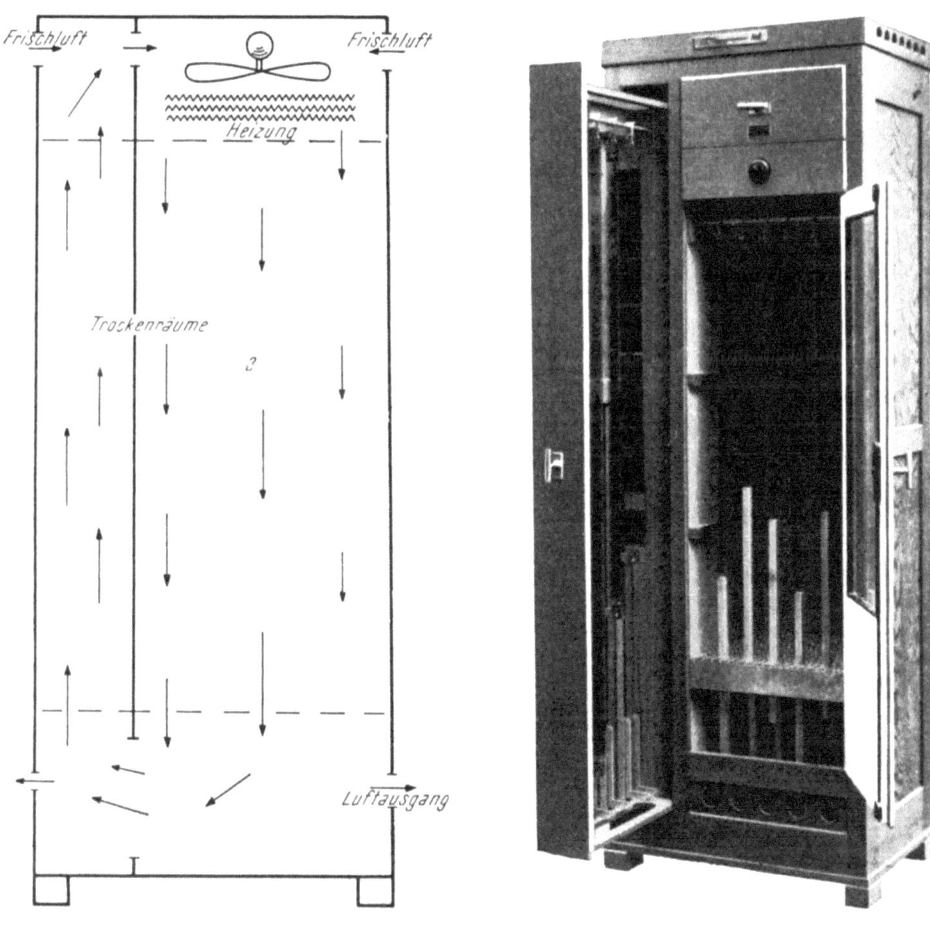

Abb. 68. *a* Querschnitt durch einen Trockenschrank (Prinzip der Luftumwälzung), *b* Trockenschrank (Gesamtansicht). HOMRICH & SOHN, Hamburg

behrlich. Alle handelsüblichen Trockenschränke arbeiten derzeit fast ausschließlich nach dem Luftumwälzsystem.

Die Frischluft wird durch einen Ventilator von außen angesaugt, in den Trockenraum gedrückt und an dem Negativmaterial vorbeigeführt. Der Ventilator sitzt meistens oben, da hierbei keine Gefahr der Beschädigung durch Spritzwasser besteht. Die mit Feuchtigkeit beladene Luft wird unten zum Teil abgeführt, ein anderer Teil steigt in einem parallelen zweiten Trockenteil oder auch in einem besonderen Schacht nach oben hoch, wird an Heizkörpern erwärmt und vom Ventilator wieder angesaugt. Die Trockenluft wird auf diese Weise mit sehr geringer Energie auf die erforderliche Temperatur gebracht und wirtschaftlich ausgenutzt. Vielfach sind die Trockenschränke mit automatisch arbeitender Temperaturregelung ausgestattet. Da die Trocknungsgeschwindigkeit von der außerhalb des Trockenschrankes herrschenden Temperatur und Luftfeuchtigkeit abhängig ist, ist eine Luftkontrolle des Raumes sehr angebracht. Die Messung der Feuchtigkeit mittels eines Hygrometers erinnert rechtzeitig an die Lüftung des Raumes. Der Strombedarf für einen Trockenschrank mittlerer Größe, der unter normalen Verhältnissen zur Trocknung der fortlaufend anfallenden Negativmengen einer vollbeschäftigten Tankbatterie ausreicht, beträgt etwa 800 ... 1000 W.

In Großlaboratorien und Kopieranstalten werden oftmals besondere Negativ-Trockenkammern mit besonderen Heizungen, Luftfiltern und großen Hängevorrichtungen eingebaut. Besser bewährt hat sich das Aufstellen von mehreren Trockenschränken nebeneinander. Eine derartige Serie von Trockenschränken paßt sich jeweils der Betriebsbelastung an, während große Trockenschränke auch bei geringerem Arbeitsanfall voll in Betrieb genommen werden müssen. Der Gebrauch von mehreren Trockenschränken gestattet die wahlweise Verwendung entsprechend dem Arbeitsanfall und verhindert, daß der Trockenprozeß bereits halbgetrockneten Materials durch Hinzuhängen nasser Filme verzögert wird.

3. Behandlungsverfahren zur Schnelltrocknung

a) Netzmittel. Nach dem Wässern muß das Negativ-Material zur Beschleunigung der Trocknung, zur Entfernung von Verunreinigungen und zur Verhütung von Trockenflecken mit einem Lederlappen oder Schwammgummi abgestreift werden. Diese Maßnahme kann entbehrt werden, wenn das Material kurze Zeit in einem geeigneten Netzmittel gebadet wird. Durch diese Behandlung wird die Bildung von Trockenflecken vermieden, außerdem wird die Trockenzeit sehr wesentlich verkürzt. Das Netzmittel bildet auf der Schicht und dem Schichtträger einen dünnen, leicht abfließenden Flüssigkeitsfilm und gleichzeitig diffundiert das Wasser schneller aus der Schicht an die Oberfläche.

b) Härtung der Schicht zur Trocknung bei hohen Temperaturen. Negativmaterial hält Trockentemperaturen bis 40° C ohne besondere Behandlung ohne weiteres aus. Soll jedoch unter Anwendung größerer Hitze zur schnelleren Fertigstellung oder unter Bedingungen, wie sie in den Tropen vorliegen, getrocknet werden, so muß das Material besonders gehärtet werden. Diese Härtung kann erfolgen durch Behandlung in einem Härtefixierbad oder in einem härtenden Unterbrecherbad auf Chromalaun- oder Kalialaun-Basis oder auch durch ein Formalin-Härtebad

(s. S. 264, 347). Durch die Behandlung in Alaunbädern können Negative einer Temperatur von 50 ... 60° C ausgesetzt werden. Die Formalinhärtung macht die Schicht sogar widerstandsfähig gegen Wärmeeinflüsse bis 100° C; derartig gehärtete Schichten können ohne Schädigungen im direkten Sonnenlicht getrocknet werden. Bei der Härtung in Formalin verliert die Gelatine-Schicht jedes Vermögen der Ausdehnung und Elastizität. Es kommt deswegen häufig vor, daß Glasplatten, die hohen Temperaturschwankungen unterliegen, zerbrechen.

Gegerbte Negativschichten trocknen wesentlich schneller als ungegerbte.

c) Behandlung der Schichten mit Flüssigkeiten von niedrigem Siedepunkt zur Schnelltrocknung. Zahlreiche Flüssigkeiten verdampfen schneller als Wasser, einerseits ist ihr Siedepunkt niedriger, andererseits wird geringere Verdampfungswärme benötigt. Besonders vorteilhaft ist die Verwendung von sog. azeotropischen Gemischen, d. h. von solchen Lösungsmischungen, die gemeinsam verdampfen und nicht durch Destillation getrennt werden können. Isopropylalkohol gibt mit 9% Wasser ein azeotropisches Gemisch. Bei Gleichheit der Flüssigkeitszusammensetzung innerhalb und außerhalb der Schicht verdunsten Isopropylalkohol und Wasser gemeinsam und es tritt schnelle Trocknung ein. Aethylalkohol gibt eine azeotropische Mischung bei 5% Wassergehalt. Da handelsüblicher Alkohol bereits mehr als 5% Wasser enthält, so bleibt nach der Verdunstung des azeotropischen Gemisches in der Schicht immer eine geringe Menge Wasser zurück, die schwer verdampft. Methylalkohol und Azeton bilden keine azeotropischen Gemische. Isopropylalkohol verursacht in der Schicht selbst bei einer Konzentration von nur 50% eine weißliche Opaleszenz, die bei normalem Alkohol erst bei höheren Konzentrationen auftritt. Azeton und Methylalkohol greifen Zelluloid sehr stark an und sind deswegen für Filme nicht zu gebrauchen. In der Praxis kommt deswegen und aus ökonomischen Gründen nur Spiritus (Brennspiritus) in Frage. Die Verwendung von Spiritus ist jedoch ebenfalls an die Beachtung besonderer Vorsichtsmaßnahmen gebunden. Normalkonzentrierter Spiritus löst aus Filmschichten beträchtliche Mengen von Weichmachern und führt zu einer Deformierung der Emulsionsunterlage. Außerdem verursacht Spiritus in der Gelatineschicht eine milchige Trübung, die auf eine Strukturänderung durch Dehydrierung der Gelatinezellen zurückgeführt wird (91). Die milchige Trübung kann vermieden werden, indem man zwei Spiritusbäder nacheinander verwendet, wobei dem zweiten Bad geringe Mengen von hygroskopischen Substanzen, wie Glyzerin, Chlorkalzium zugesetzt werden (SCHERING-KAHLBAUM, 1920). Bei Methylalkohol tritt diese Erscheinung nicht auf.

Zur Trocknung von Glasnegativen wird der Spiritus mit 10 Teilen Wasser verdünnt (etwa 80% Gehalt); für Filmnegative darf die Konzentration des Spiritus höchstens 70% betragen. Nach 10 min Badedauer kann ein derartig behandeltes Negativ in 1 min mit einem Ventilator getrocknet werden. Spiritus (denaturierter Alkohol) bildet beim Verdünnen mit Wasser eine Trübung durch die Kalksalze des Wassers, bzw. durch die Vergällungsmittel. Man kann diese Trübung absitzen lassen oder die Lösung filtrieren.

Spiritus-Behandlung bewirkt eine Kontraktion der Gelatine und erhöht ihren Schmelzpunkt beträchtlich.

d) Schnelltrocknung mit konzentrierten Salzlösungen (Pottasche). Eine originelle Methode zur Schnelltrocknung von Negativen wurde von LUMIÈRE und SEYEWETZ angegeben (329). Man bereitet eine kaltgesättigte Lösung von Pottasche (90 g Pottasche auf 100 ccm Wasser), badet die Negative darin 1 ... 2 min, trocknet oberflächlich mit Filtrierpapier ab und wischt dann die Schicht mit einem Tuch trocken. Durch die konzentrierte Pottasche-Lösung wird der Schicht das Wasser entzogen. Die auf diese Weise getrockneten Negative sind nach der Verarbeitung möglichst bald nochmals zu wässern und normal zu trocknen.

4. Deformationen des Bildes durch die Trocknung

Durch den Trockenvorgang können sowohl mechanische Verformungen wie auch Veränderungen des Bildes bezüglich Dichte und Kontrast eintreten.

Die mechanischen Verformungen sind bei Trocknung unter normalen Bedingungen (30 ... 45° C und 30 ... 60% rel. Feuchte) äußerst gering und erfordern eine Beachtung nur bei Aufnahmen für Meßzwecke (Photogrammetrie, Astronomie, Spektralaufnahmen u. a.). Photographische Platten sind meistens zur Schicht gewölbt, da die Gelatine bei der Trocknung eine Kontraktion erfährt. Jede Verlangsamung des Trockenprozesses (niedrige Trockentemperatur bei hoher rel. Feuchte) fördert die Gleichmäßigkeit der Trocknung.

Der Trockenprozeß kann sehr wesentlich die Dichte und den Kontrast beeinflussen. Diese Veränderungen sind indessen nicht von der Trocknungsdauer abhängig, sondern nur von der Trockentemperatur und der relativen Feuchte. Es hat sich gezeigt, daß zwei identische Negative in nassem Zustand, einmal getrocknet in 90 min in ruhender Luft und das zweite Mal getrocknet in 15 min mit einem Ventilator unter sonst gleichen Bedingungen, auch in trockenem Zustand bezüglich Dichte und Gradation keine Unterschiede aufwiesen. Dagegen ergab eine Schwärzung von 2,5, in nassem Zustand gemessen, nach der Trocknung bei 30° und 75% rel. Feuchte die Schwärzung 3,8 und nach der Trocknung bei 22° C und 35% rel. Feuchte die Schwärzung 2,35. Niedrige Temperatur und niedrige rel. Feuchte sind demnach mit Rücksicht auf Schwärzung und Gradation die günstigsten Trockenbedingungen. Härtung der Schicht erweitert diese Grenzen der Trocknungsbedingungen. Hochempfindliche, grobkörnige Emulsionen neigen stärker zu Schwärzungsänderungen bei der Trocknung als feinerkörnige Emulsionen.

Rapidarbeitende Entwickler können ebenfalls Dichte- und Gradationsänderungen bei der Trocknung verursachen. Bei der Trocknung tritt meistens eine Schwärzungszunahme ein. Durch erneutes Wässern kann diese Schwärzungszunahme zum Teil rückgängig gemacht werden, in anderen Fällen bleibt sie jedoch vollständig bestehen (reversible und irreversible Schwärzungsänderungen). Die reversiblen Veränderungen werden gedeutet als eine Drehung der Silberkörner aus der Lage entsprechend der Herstellung, wodurch eine andere Projektion der Körner entsteht. Bei irreversibler Schwärzungsänderung nimmt man eine Kontraktion der Körner an, die umso größer ist, je mehr die Emulsion gehärtet ist (90).

Durch ungünstige Trocknungsbedingungen kann gleichzeitig mit der Schwärzungs- und Gradationsänderung auch die Körnigkeit ungünstig beeinflußt werden. Wird dafür Sorge getragen, daß die ersteren sich nicht ändern, so ist auch keine nachteilige Wirkung auf die Körnigkeit zu befürchten.

XII. Die Korrektur des Negatives durch Nachbehandlung

Das Ziel der Photographie ist im allgemeinen ein gutes positives Bild, das Negativ ist nur Mittel zu diesem Zweck. Da heute für den Positivprozeß eine Vielzahl von Papiergradationen mit den verschiedensten Eigenschaften zur Verfügung steht, wird in den wenigsten Fällen eine Korrektur des Negatives erforderlich sein, um fehlerhafte Negative kopier-, bzw. vergrößerungsfähig zu gestalten. Trotzdem soll man die Möglichkeiten, den Charakter des Negatives zu verbessern, nicht außer acht lassen.

Negativfehler bezüglich des allgemeinen Charakters werden verursacht durch Aufnahme-Fehlbelichtungen und durch ungeeignete Entwicklung. Die Belichtung wirkt sich grundsätzlich auf die Dichte aus, die Entwicklung beeinflußt die Gradation (Kontrast) des Negatives. Es sind demnach besondere Behandlungsmethoden erforderlich, die mit grundsätzlich verschiedener Wirkungsweise arbeiten:

a) Verbesserung der Dichte ohne Gradationsänderung und

b) Verbesserung der Gradation.

Die Gradationsänderung hat auch immer gleichzeitig eine Dichtebeeinflussung im Gefolge, infolgedessen schließt die letztere Möglichkeit auch das Ziel der Dichteänderung mit gleichzeitiger Gradationsverbesserung in sich. Korrekturmethoden, die die Dichte oder die Gradation vermindern, bezeichnet man als „Abschwächen"; das gegenteilige Ziel verfolgt das „Verstärken". Eine besondere Art der Korrektur ist die Umentwicklung, die sowohl zur Abschwächung wie zur Verstärkung angewandt werden kann.

1. Die Abschwächung

a) Klassifizierung und Wirkungsweise. Erscheinen die Negative nach der Wässerung, bzw. Trocknung allzu dicht oder zu kontrastreich, so können sie abgeschwächt werden. Die Abschwächung einer photographischen Schicht beruht auf der Löslichkeit des Bildsilbers in verschiedenen Reagenzien. Die als solche Silberlösungsmittel bekannten Substanzen wirken ganz verschieden und es ist deswegen zur Verhütung von Fehlergebnissen eingehende Kenntnis der besonderen Wirkungsweise der verschiedenen Abschwächer erforderlich.

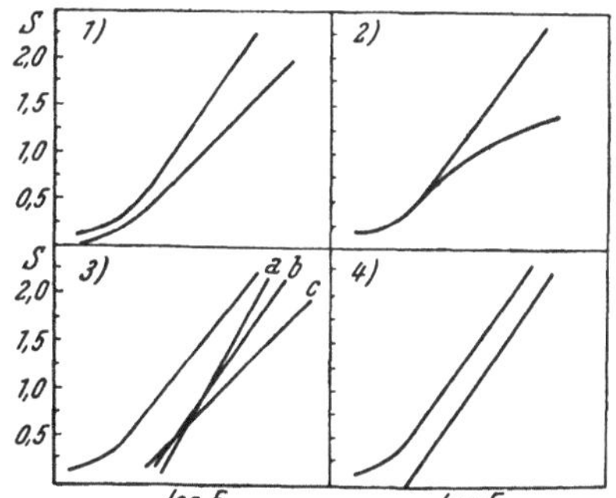

Nach R. LUTHER unterscheidet man vier verschiedene Abschwächertypen (339, 570):

1. *Proportionale Abschwächung.* Alle Schwärzungen werden um den gleichen Bruchteil verringert; das Negativ wird weicher.

2. *Superproportionale Abschwächung.* Es findet hauptsächlich eine Abschwächung in den hohen Schwärzungen statt; der Kontrast wird sehr stark verringert.

Abb. 69. Wirkungsweise der verschiedenen Abschwächertypen. Nach R. LUTHER (339)

1 proportional, *2* superproportional, *3* subproportional, *4* subtraktiv

3. *Subproportionale Abschwächung.* Je kleiner die Schwärzung, desto mehr wird sie verringert; das Bild wird härter.

4. *Subtraktive Abschwächung.* Alle Schwärzungen werden um den gleichen Betrag geschwächt; die Gradation bleibt unverändert.

Diese Art der Abschwächung ist ein Spezialfall der subproportionalen Abschwächung.

Abb. 69 veranschaulicht in graphischer Darstellung die Wirkungsweise der verschiedenen Abschwächertypen.

b) Zusammensetzung der verschiedenen Abschwächertypen

1. *Proportionale Abschwächer:*

Kaliumpermanganat allein (40) oder mit schwachen Säuren (185, 225, 405),
Kaliumpermanganat-Persulfat mit Schwefelsäure (103),
Ferriammoniumsulfat mit Schwefelsäure (300),
Benzochinon (336).

2. *Superproportionale Abschwächer:*

Ammonium- oder Kaliumpersulfat, (122, 213, 214, 332, 333, 336, 480).
Kaliumferrizyanid-Kaliumbromid-Bleichbad mit anschließender Wiederentwicklung und Fixage (128, 434),
Kaliumbichromat-Bleichbad und Wiederentwicklung; Säuregehalt des Bleichbades muß groß sein; bei geringem Säuregehalt erfolgt Verstärkung (127).

3. *Subproportionale Abschwächer:*

Ferrizyanid-Thiosulfat (Abschwächer nach FARMER, 1883) (164, 533),
Ferrizyanid-Thiozyanat (126),
Ferrichlorid-Oxalsäure-Thiosulfat nach BELITZKI (38, 226),
Permanganat-Schwefelsäure (185, 225),
Kaliumbichromat-Schwefelsäure,
Cersalze mit Salpetersäure oder Schwefelsäure (335).

4. *Subtraktive Abschwächer:*

Ferrizyanid-Thiosulfat (FARMER) wirkt auf Emulsionen mit Silberkörnern gleicher Größe (Positiv-Schichten, photomechanisches Material) subtraktiv (94),
Kaliumpermanganat in saurer Lösung.

c) Chemische Reaktionen bei der Abschwächung.

Alle Abschwächer sind Oxydationsmittel. Ihre chemische Wirkung besteht darin, daß sie das metallische Silber direkt in ein in Wasser lösliches Salz verwandeln, bzw. es ist gleichzeitig ein zweites Lösungsmittel zur Umwandlung in eine wasserlösliche Form vorhanden. Permanganat, Bichromat, Ferriammoniumsulfat, Persulfat und Cersalze bilden in Gegenwart von Schwefelsäure das in Wasser lösliche Silbersulfat:

$$10\ Ag + 2\ KMnO_4 + 8\ H_2SO_4 = 5\ Ag_2SO_4 + K_2SO_4 + 2\ MnSO_4 + 8\ H_2O$$

$$2\ Ag + (NH_4)_2S_2O_8 = Ag_2SO_4 + (NH_4)_2SO_4$$

$$2\ Ce\,(SO_4)_2 + 2\ Ag = Ag_2\,SO_4 + Ce_2\,(SO_4)_3$$

Kaliumferrizyanid bildet mit dem Silber zunächst Silberferrozyanid, das mit dem gleichzeitig anwesenden Natriumthiosulfat einen in Wasser löslichen Silberthiosulfat-Komplex eingeht:

$$4\ K_3Fe\,(CN)_6 + 4\ Ag = Ag_4Fe\,(CN)_6 + 3\ K_4Fe\,(CN)_6.$$

Bei der Umentwicklung wird zunächst das metallische Bildsilber oxydiert und es entstehen in Gegenwart von Halogensalzen die Silberhalogenide; diese können anschließend durch Entwicklung teilweise wieder zu Silber reduziert werden. Das restliche Halogensilber wird ausfixiert.

d) Der Blutlaugensalz-Abschwächer nach Farmer. Der zuverläßlichste und am meisten gebrauchte Abschwächer ist der Farmersche Abschwächer. Dieser Abschwächer ist besonders auch zur Klärung von Diapositiven, die schleierig ausgefallen sind, zu empfehlen. Die Negative können unmittelbar nach dem Fixieren oder nach der Wässerung, bzw. auch nach dem Trocknen abgeschwächt werden. Bleibt ein Negativ genügend lange in der Abschwächerlösung, so wird es vollkommen klar und alle Details verschwinden. Neutraler Farmerscher Abschwächer greift die Schatten stärker an, wirkt also subproportional; alkalische Lösung, Zusatz von Soda verursacht subtraktive Wirkung (544). Durch Zusatz von Soda wird auch die Haltbarkeit der Gebrauchslösung wesentlich erhöht, die sich sonst durch Oxydation des Thiosulfates durch Ferrizyankalium schnell zersetzt (94).

e) Der Ammoniumpersulfat-Abschwächer. Dieser Abschwächer ist der charakteristische Typ für superproportionale Abschwächung. Er dient zur Abschwächung von Negativen mit übermäßig hohen Kontrasten. Leider arbeitet Ammoniumpersulfat nicht immer zuverlässig; Verunreinigungen aller Art können für seine Wirkungsweise eine sehr ausschlaggebende Rolle spielen und zu Fehlresultaten Veranlassung geben (213, 214). Von besonderem Einfluß sind: Silber, Wasserstoff, Eisen, Kupfer und Chloride. Die beiden ersteren sind Produkte, die im ersten Stadium der Abschwächung entstehen und eine Beschleunigung verursachen. Kochsalz im Persulfat-Abschwächer übt eine Schutzwirkung für die Schatten aus (480a). Die Grenze dieser Schutzwirkung macht sich durch einen deutlichen Knick in der Schwärzungskurve bemerkbar. Die Entwicklungs-, Fixier- und Wässerungsbedingungen sind entscheidend für das einwandfreie Arbeiten des Abschwächers. Durch Behandlung gehärtete Negative sind für diese Abschwächung nicht geeignet, dagegen können fabrikatorisch gehärtete Schichten gut abgeschwächt werden. Die Negative müssen äußerst gut fixiert und vollständig ausgewässert sein. Sehr zu empfehlen ist nach der Fixage eine Behandlung mit einem Sodabad (3%). Zur Herstellung eines einwandfreien Persulfat-Abschwächers genügt eine 2%ige Lösung ohne weitere Zusätze. Bei der Auflösung des Salzes muß ein Knistern auftreten, anderenfalls ist die Substanz zersetzt und untauglich. Innerhalb der ersten Minuten der Abschwächung muß eine immer stärker werdende Trübung auftreten, dies ist das Zeichen für ein einwandfreies Arbeiten. Der Abschwächungsprozeß dauert etwa 5 ... 6 min. Anschließend folgt Spülung mit Wasser und dann Behandlung mit einer etwa 3%igen Natriumsulfit-Lösung (5 ... 7 min) zur Zerstörung der Persulfatreste.

2. Die Verstärkung

a) Klassifizierung und Zusammensetzung. Die Verstärkung von Negativen wird in der Praxis noch weniger angewandt als die Abschwächung. Grundsätzlich kommt eine Verstärkung nur in Frage bei richtig belichteten, jedoch unterentwickelten Negativen; es können nur vorhandene Schwärzungen verstärkt werden, dagegen ist es unmöglich, fehlende Schattendetails zu erzeugen (s. S. 212).

Die Verstärkung kann auf Grund der Ergebnisse in gleicher Weise wie die Abschwächung in verschiedene Typen eingeteilt werden (40, 94, 570):

1. *Proportionale Verstärkung.* Die Schwärzungen nehmen direkt proportional zu den bereits vorhandenen Schwärzungen zu; die Gradation wird steiler. Diese Art der Verstärkung ist die gebräuchlichste. Besonders ausgeprägt ist diese Art der Wirkung bei:

Bleichen in Kaliumbichromat-Salzsäure und Wiederentwicklung in Metol-Hydrochinon;

Bleichen in Quecksilberchlorid-Kaliumbromid, Schwärzung in Silber-Kaliumzyanid;

Silberverstärker.

2. *Superproportionale Verstärkung.* Die Schwärzungen in den Lichtern nehmen prozentual mehr zu als die Schattenschwärzungen; Steigerung des Kontrastes. Nach dieser Art sind wirksam:

Monckhovens-Verstärker mit geringem Überschuß von Kaliumzyanid in der Schwärzungslösung;

Bleichen in Quecksilberbromid und Schwärzung in Natriumsulfit.

3. *Subproportionale Verstärkung.* Verminderte Schwärzungszunahme in den Lichtern, es werden hauptsächlich die geringen Schwärzungen in den Schatten verstärkt; verminderter Kontrast. Bekannteste Verstärker dieser Art sind:

Uranverstärker.

Unvollständige Bleichung in Kaliumbichromat-Salzsäure und Wiederentwicklung.

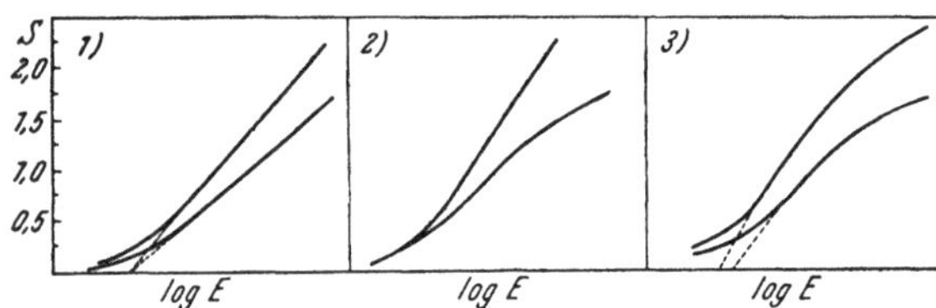

Abb. 70. Wirkungsweise der verschiedenen Verstärkertypen. Nach C. E. K. MEES (375)

1 proportional, *2* superproportional, *3* subproportional

Abb. 70 zeigt graphisch die unterschiedliche Wirkungsweise der verschiedenen Verstärkertypen.

b) Der Vorgang der Verstärkung. Die Verstärkung beruht darauf, daß an das vorhandene Silber des Bildes teilweise oder vollständig weiteres Silber oder ein optisch dichteres Material chemisch angelagert wird oder eine Erhöhung der photometrischen Konstante erfolgt. Die Bleichung mit Kaliumbichromat in Gegenwart von Salzsäure und nachfolgender Wiederentwicklung führt ebenfalls zu einer mäßigen Verstärkung. Es ist noch nicht geklärt, ob bei diesem Vorgang Chromverbindungen sich an das Silber anlagern oder ob durch die Umentwicklung das Silber in einer poröseren Form mit größerer Deckkraft abgeschieden wird. Daß Chromverbindungen eine maßgebende Rolle bei diesem Vorgang spielen, ist indessen anzunehmen, da bei starker Ansäuerung des Bleichbades die Verstärkung weniger intensiv ist (94). Die meisten Verstärker vergrößern die Masse des Bildsilbers. Man unterscheidet auf Grund des verschiedenen Vorganges physikalische und chemische Verstärkertypen. Die physikalischen Verstärker scheiden metallisches Silber oder Quecksilber am entwickelten Silberkorn der Schicht ab. Sie enthalten ein energisches Reduktionsmittel, das Silberkorn des Bildes wirkt als Anlagerungskeim. Derartige Verstärkerlösungen bestehen aus: Silbernitrat, Pyrogallol und Zitronensäure oder Quecksilbersalze, Metol und Zitronensäure. Auch alkalische Verstärkerlösungen, die auf die gleiche Art wirken, sind bekannt (94, 570), z. B. Silbernitrat, Natriumsulfit, Natriumthiosulfat und Metol. Ein derartiger Verstärker wirkt proportional und gibt einen neutralgrauen Silberniederschlag.

Die chemischen Verstärkertypen arbeiten im allgemeinen in zwei Stufen: Das Silberbild wird zunächst gebleicht und in einem weiteren Behandlungsbad geschwärzt. Das Bleichbad enthält ein oxydierendes Salz, das eine unlösliche Silberverbindung und ein unlösliches Salz erzeugt. Am bekanntesten ist der Sublimatverstärker (267—269). Das Bleichbad dieses Verstärkers besteht aus einer Sublimat-(Quecksilberchlorid-)Lösung, welche das metallische Bildsilber angreift und eine Mischung von Silberchlorid mit Quecksilber(I)chlorid bildet. Die Schwärzung dieses weißlichen Niederschlages kann bewirkt werden durch Ammoniak, Natriumsulfit oder Entwickler.

Die Sublimatverstärkung verläuft nach folgenden chemischen Reaktionen:

Bleichung:

$$Ag + HgCl_2 = AgHgCl_2.$$

Schwärzung:

mit Natriumsulfit:
$$AgHgCl_2 + Na_2SO_3 + H_2O = Ag + Hg + Na_2SO_4 + 2\,HCl,$$
mit Ammoniak:
$$AgHgCl_2 + NH_3 = NH_2 \cdot HgAgCl + HCl.$$

Die Schwärzung mit Ammoniak ist kräftiger als mit Natriumsulfit, sie ist jedoch weniger beständig. Bei der Ammoniakschwärzung muß besonders gründlich gewässert werden.

Schwärzung mit Entwickler:

Hierbei entstehen metallisches Silber und Quecksilber. Geeignet hierzu sind besonders Hydrochinon-Entwickler, dagegen dürfen keine Metol- und p-Aminophenol-Entwickler verwendet werden. Bei der Schwärzung mit Entwickler kann der Verstärkungsprozeß mehrmals wiederholt werden.

Die Quecksilberverstärkung kann rückgängig gemacht werden durch Baden in einer 10%igen Natriumthiosulfat-Lösung.

Neben den Zweibad-Verstärkern auf Quecksilberbasis ist auch eine Anzahl Vorschriften zur Einbadbehandlung bekannt. Diese Lösungen enthalten neben Quecksilber(II)chlorid als oxydierende Substanz Kaliumjodid in Verbindung mit Natriumthiosulfat oder Natriumsulfit (334, 473). Kaliumjodid kann auch durch Kaliumrhodanid ersetzt sein (634), wobei Thiosulfat und Natriumsulfit entbehrt werden können. Die Verstärkungen mit diesen Einbad-Lösungen sind unbeständig; ihre Haltbarkeit kann durch Nachbehandlung in Natriumsulfit-Lösung oder durch Entwickeln gesichert werden.

Der *Uran-Verstärker* ist in Wirklichkeit ein Toner. Diese Verstärker-Lösung besteht aus Kaliumferrizyanid, Uranylnitrat, Oxalsäure oder besser Essigsäure. Der Uranverstärker wurde zuerst von SELLE (1865) empfohlen (471); H. W. VOGEL hat durch Verwendung von Essigsäure als Zusatz seine Anwendung sehr gefördert (115).

Die Reaktion der Verstärkung verläuft nach folgenden Gleichungen:
$$4\,K_3Fe\,(CN)_6 + 4\,Ag = Ag_4Fe\,(CN)_6 + 3\,K_4Fe\,(CN)_6,$$
$$Ag_4Fe\,(CN)_6 + 2\,UO_2\,(NO_3)_2 = Fe\,(UO)_2(CN)_6 + 4\,AgNO_3.$$

Es bildet sich hierbei eine braune Substanz, die das hochaktinische kurzwellige Licht stark absorbiert. Der Uranverstärker verstärkt besonders kräftig die äußerst schwach belichteten Teile des Bildes. Die Verstärkung ist sehr unbeständig, sie kann zum Teil rückgängig gemacht werden durch reichliches Wässern. Restlos aufgehoben wird sie durch Behandlung mit Ammoniak.

c) Die Beizfarbenverstärkung. Die bisher beschriebenen Verstärkungsmethoden beruhen auf einer Vermehrung der Bildsubstanz. Daneben gibt es auch Methoden, bei denen das Silberbild in ein Bild von anderer spektraler Absorption umgewandelt werden kann. Zu diesen Verfahren gehören die Beizfarbenverstärker. Das Silberbild wird hierbei zunächst durch geeignete Bleichbäder in Ferri-, Kupfer- oder Uranylferrozyanide umgewandelt, die dann durch Farbstoffe angefärbt werden können. Beizfarbenverstärkung ist besonders geeignet zur Verbesserung von Kleinbildnegativen.

d) Verstärkung durch Umkopierung. Man kopiert oder vergrößert das Negativ auf Diapositiv- oder Reproduktionsmaterial und entwickelt in einem kräftig arbeitenden Entwickler. Von diesem Diapositiv fertigt man auf dasselbe Material ein Duplikatnegativ an. Auf diese Weise erhält man eine sehr kräftige Verstärkung, wobei allerdings als nachteilig alle Fehler und Verunreinigungen mitverstärkt werden (84).

XIII. Die Positivtechnik

1. Positivsensitometrie und Theorie der Tonwertwiedergabe (247, 375).

Das Ziel der bildmäßigen Photographie ist das positive Bild. Das Negativ ist nur Mittel zum Zweck. Zur Herstellung des positiven Bildes wird das photographische Papier unter Zwischenschaltung des Negatives im Kontakt oder auf optischem Wege belichtet, anschließend entwickelt, fixiert, gewässert und getrocknet. Der Positivprozeß verläuft photochemisch prinzipiell in gleicher Weise wie der Negativprozeß.

Für die bildmäßige Photographie unterscheidet man drei verschiedene Sorten Positivpapiere: Chlorsilberpapiere, Bromsilberpapiere und Chlorbromsilberpapiere. Die Chlorsilberpapiere besitzen geringe Empfindlichkeit und entwickeln sehr schnell. Sie werden fast ausschließlich zur

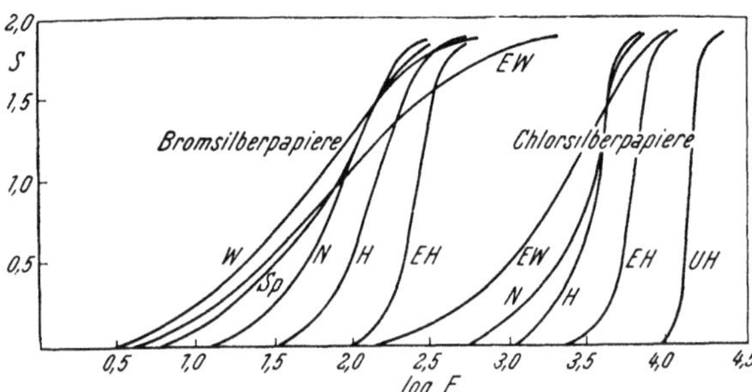

Abb. 71. Schwärzungskurven der verschiedenen Härtegrade (Gradationen) der Bromsilber- und Chlorsilber-Papiere. Nach L. Busch (78)

Herstellung von Kontaktkopien benutzt, man bezeichnet sie deswegen auch als Kontaktpapiere; auch die ältere Bezeichnung „Gaslichtpapiere" ist gelegentlich noch gebräuchlich. Die Bromsilberpapiere sind dagegen hochempfindlich und entwickeln wesentlich langsamer. Sie werden hauptsächlich für Vergrößerungszwecke benutzt und auch als Vergrößerungspapiere bezeichnet. Die Chlorbromsilberpapiere nehmen zwischen den beiden vorgenannten Papieren eine Mittelstellung ein, sie dienen sowohl für Kontakt- wie Vergrößerungszwecke.

Neben diesen Positivpapieren gibt es noch eine Reihe von Spezialpapieren, wie Negativkarton und verschiedene technische Papiere, von denen letztere besonders in der Dokumentation Verwendung finden. Das Negativ wird heute in der Praxis fast ausschließlich zu einem bestimmten Gammawert entwickelt (s. S. 148). Wenn daher die aufgenommenen Objekte sehr verschiedenen Helligkeitsumfang aufweisen, so unterscheiden sich die erhaltenen Negative sehr stark in ihrem Schwärzungsumfang. Um Negative von verschiedenem Schwärzungsumfang kopieren zu können, benötigt man eine Reihe von Positivpapieren mit verschiedenen Gradationen. Abb. 71 zeigt die charakteristischen Schwärzungskurven für die verschiedenen Gradationen der Kontakt- und Vergrößerungspapiere (78).

Jedes photographische Papier ist charakterisiert durch den Gammawert (Gradation), den Kopierumfang, die maximale Schwärzung und die Empfindlichkeit (Abb. 72).

Als Gradation wird in Übereinstimmung mit der Negativ-Sensitometrie die Neigung des geradlinigen Teiles der Schwärzungskurve angesehen.

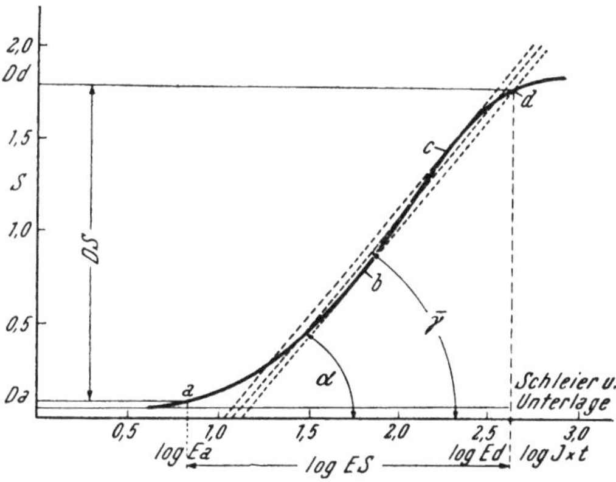

Abb. 72. Sensitometrische Charakterisierung eines Positivpapieres. Nach ASA PH 2. 2-1953

a = $S_{0,02}$ + Unterlage und Schleier
b = Berührungspunkt an der rechten Hilfsparallelen
c = Berührungspunkt an der linken Hilfsparallelen
d = Schnittpunkt der rechten Hilfsparallelen, Abstand der Hilfsparallelen = 0,05 Einheiten
a—b = Durchhang; c—d = Schulterbereich
Da = $S_{0,02}$ + Unterlage und Schleier
Dd = $S_{max.}$ (nützliche)
DS = Schwärzungsumfang
$\bar{\gamma}$ = tg α = Bar-Gamma
log ES — Gesamt-Belichtungsbereich
log Ed = Schatten-Belichtungs-Index
log Ea = Spitzlicht-Belichtungs-Index
$\bar{\gamma}$ = 1,176 — 1,328 = Härtegrad 10 (extra weich)
   1,412 — 1,594 =   „   11 (weich)
   1,694 — 1,913 =   „   12 (normal)
   2,033 — 2,295 =   „   13 (hart)
   2,439 — 2,754 =   „   14 (extra hart)
   2,927 — 3,305 =   „   15 (ultra hart)

sehen. Der Kopierumfang ist die Projektion der Schwärzungskurve zwischen den Schwärzungspunkten 0,03 und der maximalen Schwärzung. Die Größe des Kopierumfanges ist ausschlaggebend für die Wiedergabe des Schwärzungsumfanges eines Negatives (des Negativumfanges). Die maximale Schwärzung der Positivpapiere einer bestimmten Klasse ist nahezu von der Gradation unabhängig, sie hat einen konstanten Wert, der nur von der Oberflächenbeschaffenheit des Papieres beeinflußt wird. Für glänzende Papiere beträgt die maximale Schwärzung etwa 1,7, für halbmatte Papiere 1,55 und für matte etwa 1,3. Als Empfindlichkeitskriterium kann die Lage der maximalen Schwärzung auf der Abszissenachse, bzw. das geringste noch kopierbare Schattendetail dienen.

Die Gradationsreihen derselben Klasse, wie sie sich von den verschiedensten Herstellern im Handel befinden, zeigen keine Übereinstimmung. Es kann von einem Hersteller eine Papiersorte als normal oder hart bezeichnet werden, während dieselben Sorten von einem anderen Hersteller wesentlich weicher oder härter arbeiten. Bestrebungen zur Normung der Kennzeichnung der Papiere sind in Deutschland im Gange, in USA liegen bereits Normvorschriften vor (78, 403, 605). In neuerer Zeit wurde von DU PONT (USA) ein Vergrößerungspapier unter der Bezeichnung „Verigam" in den Handel gebracht, das nur in einer Gradation geliefert wird, jedoch durch Zwischenschaltung von verschiedenfarbigen Lichtfiltern eine sehr weitgehende Gradationsbeeinflussung gestattet (438, 439, 699). Bei Verwendung eines Gelbfilters arbeitet das Papier beispielsweise weich, in Verbindung mit einem Violettfilter hart. Es stehen zur Verarbeitung insgesamt 10 verschiedene Lichtfilter zur Verfügung. Ein anderes Papier mit variablem Kontrast ist das „Multigrade"-Papier der Firma ILFORD (England) (389, 390).

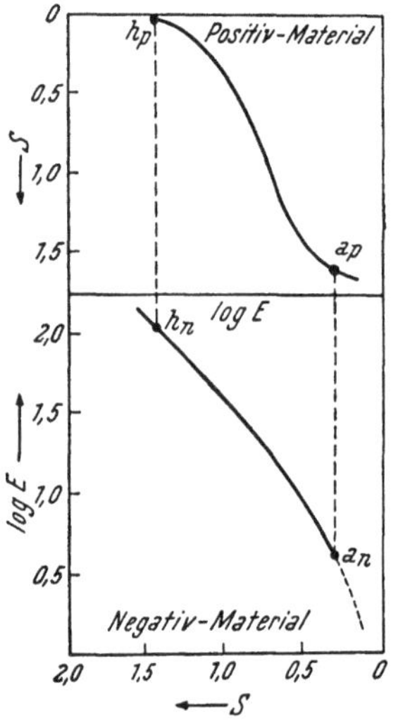

Abb. 73. Kombination der Negativ- und Positiv-Schwärzungskurven. Nach T. H. JAMES und G. C. HIGGINS (247)

Das positive photographische Bild, welches das Objekt naturgetreu und harmonisch abgestuft wiedergeben soll, baut sich auf den beiden Schwärzungskurven des Negativ- und Positivmaterials auf. Die Kombination dieser beiden Kurven zeigt die Abb. 73, in der die Schwärzungsskala des Negatives aufgetragen ist als log E-Skala für das Positiv. Die exakten Werte für log E hängen von der Beleuchtungsstärke des Negatives ab.

Die Umwandlung der Helligkeitsabstufungen des Objektes über das Negativ- und Positivmaterial zum fertigen Bild mit der erzielten objektiven Tonwertwiedergabe zeigt Abb. 74. Die Abszisse der Bildkurve (4. Quadrant) stimmt überein mit der log B-Skala der Objekthelligkeiten (1. Quadrant), und die Ordinate der Bildkurve ist dieselbe Schwärzungsskala wie für das Positivpapier (3. Quadrant). Wir nehmen an, es liege ein Objekt vor, an dem wir die Helligkeiten verschiedener charakteristischer Punkte messen und diese auf einer logarithmischen Skala (log B_0) als Leuchtdichten (apostilb) eintragen. Diese Helligkeitsverteilung im Objekt erfährt bereits auf dem Wege der optischen Abbildung in der Kamera durch Streuung und Reflexionen eine Umformung, man erhält die sog. „Lichtkurve" (flare-curve) mit den Punkten a_c—h_c. Diese Kurve zeigt die Beleuchtungsstärken in log. Maß auf, die tatsächlich auf das Negativmaterial in der Kamera wirksam sind. Man zieht nunmehr von den Punkten a_c—h_c ausgehend parallele horizontale Linien. Diese schneiden die Schwärzungskurve des Negativmaterials in den korrespondierenden Punkten a_n—h_n. Überträgt man diese Negativ-Schwärzungspunkte durch senkrechte parallele Linien auf die Schwärzungskurve des Positivmaterials, so erhält man die Punktreihe a_p—h_p. Horizontale Linien durch diese Punktreihe bestimmen die Schwärzungen, die durch die Objekthelligkeiten a—h in den Punkten a_r—h_r erzielt werden. Die Kurve durch diese Punkte ergibt die objektive Tonwertwiedergabe; sie ermöglicht einen Vergleich zwischen den Objekthelligkeiten und den erhaltenen Bildschwärzungen. Für exakte Tonwertwiedergabe muß die Bildkurve eine gerade Linie sein, die zur Horizontalen einen Winkel von 45° bildet und deren Ausgangspunkt bei der Schwärzung 0 beginnt. Diese Forderung kann in strengem Sinn die Photographie nicht erfüllen, da die Schwärzungskurven des Negativ- und Positivmaterials eine S-Form haben und namentlich beim Positivpapier der Kopierumfang sehr begrenzt ist.

Bezeichnet man die Neigung der einzelnen Punkte von a—h der vier Kurven mit Gc_{a-h}, Gn_{a-h}, Gp_{a-h} und Gr_{a-h}, so läßt sich für jeden einzelnen Meßpunkt die Tonwertwiedergabe durch folgende Beziehung ausdrücken:

$$Gr = Gc \cdot Gn \cdot Gp$$

d. h. der Gradient eines Bildpunktes ist gleich dem Produkt der Gradienten des entsprechenden Punktes auf der Positiv-, Negativ- und Lichtkurve.

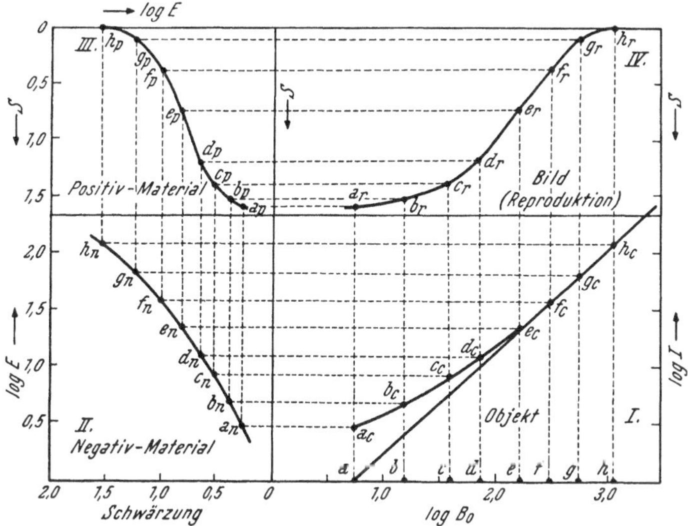

Abb. 74. Die Tonwiedergabe im positiven Bild nach der graphischen Methode. Nach T. H. JAMES und G. C. HIGGINS (247)

Für volle Tonwertwiedergabe muß dieses Produkt gleich 1 sein. Wenn zwei Gradienten bekannt sind, so kann der dritte Wert berechnet werden. Auf dem geraden Teil einer Kurve haben die Gradienten verschiedener Punkte denselben Wert und man bezeichnet die Neigung dieses geraden Kurvenabschnittes als Gradation oder Gammawert. Für den geraden Teil der Schwärzungskurve gilt die allgemeine Beziehung für tonwertrichtige Wiedergabe:

$$\gamma_r = \gamma_c \cdot \gamma_n \cdot \gamma_p = 1$$

Aus dieser allgemeinen Beziehung folgt, daß ein Negativ von einem gegebenen Objekt einmal zu einem Gamma = 1 entwickelt auf einem Positivmaterial, das ebenfalls zu einem Gamma = 1 entwickelt wird, ein tonwertrichtiges positives Bild ergibt [Goldberg-Bedingung (188)]. Wird dieselbe Aufnahme dagegen zu einem niedrigeren Gamma entwickelt, so muß die Gradation des Positivpapieres entsprechend größer sein, damit wieder ein tonwertrichtiges Bild erzeugt wird. In der Praxis hat sich gezeigt, daß für Papierbilder das Gammaprodukt etwas größer als 1 sein muß, da Verluste in der Brillanz, die durch die Reflexion bedingt sind, eintreten.

2. Die Auswahl des Positiv-Materials

a) Die Papierart. Wie bereits bemerkt (s. S. 214) unterscheidet man drei verschiedene Sorten von Photopapieren: Chlorsilber-, Bromsilber- und Chlorbromsilberpapiere. Zur Herstellung von Kontaktkopien dienen fast ausschließlich die niedrig empfindlichen Chlorsilberpapiere. Neben diesen gibt es im Handel ein verhältnismäßig gering empfindliches Chlorbromsilberpapier, das ebenfalls für Kontaktzwecke dient und sich besonders für künstlerische Aufnahmen eignet. Die Chlorsilberpapiere können bei hellgelbem Dunkelkammerlicht verarbeitet werden.

Bromsilberpapiere dienen wegen ihrer hohen Empfindlichkeit vornehmlich für Vergrößerungszwecke. Hochempfindliches (rapid) Chlorbromsilberpapier ist ebenfalls ein künstlerisches Papier für Vergrößerungen. Die Verarbeitung der Vergrößerungspapiere kann bei gelbgrünem Licht erfolgen.

b) Die Stärke des Schichtträgers. Die Photopapiere werden in zwei Stärken hergestellt, in Papierstärke und Kartonstärke. Für kleine Formate, besonders zum Einkleben in Alben, sind papierstarke Papiere vorzuziehen. Kartonstarke Papiere eignen sich hauptsächlich zur Herstellung von größeren Formaten und für Postkarten.

c) Der Papierton. Die Untergrundfarbe des Papieres bestimmt den Papierton. Man unterscheidet hauptsächlich: weiß, elfenbein und chamois. Für die Wahl des Papiertones ist der Bildinhalt entscheidend, dieser muß mit der Färbung harmonieren. Aufnahmen technischen Inhaltes sowie Winterbilder wird man bevorzugt auf weiße Papiere kopieren, bzw. vergrößern. Dagegen wirken Personenaufnahmen, Gruppen, sommerliche Landschaften und Architekturen besonders günstig auf chamoisfarbigen Papieren. Elfenbeinton liegt zwischen den beiden genannten Tönungen.

d) Die Oberflächenstruktur. Die Oberflächenstruktur der Photopapiere ist sehr vielseitig: glänzend, halbmatt (satino), matt, seidenglanz, matt gekörnt (Studio), Filigran, Pastell, Sedal, Percal, Topal u. a. m. Die Papieroberfläche ist ausschlaggebend für die Wirkung des fertigen Bildes. Die Wahl der Papieroberfläche ist nicht nur eine Frage des Geschmackes, entscheidend dafür sind auch technische Erwägungen. Neben Motiv und Bildformat spielt auch der Zweck, dem das Bild dienen soll, eine Rolle. Für Reproduktionszwecke müssen ohne Rücksicht auf den Inhalt alle Bilder auf glänzender Oberfläche hergestellt werden. Bei sehr starken Vergrößerungen und bei Vorherrschen schwerer und zusammenhängender Schattenpartien wird man dagegen matte Papiere oder Papiere mit einer Oberflächenstruktur bevorzugen, die Kornstrukturen unterdrücken, bzw. pechartige Wirkungen vermeiden.

3. Die Auswahl der Papiergradation und die Belichtung

Bei der Entwicklung von Filmbändern im Tank oder in der Dose ist eine individuelle Behandlung der einzelnen Negative vollkommen unmöglich. Man entwickelt heute fast ausschließlich nach Temperatur und Zeit zu einem bestimmten Gammawert. Wird dieses Ziel erreicht und weisen die Negative gleichzeitig denselben Schwärzungsumfang auf, so können sie auf die gleiche Papiergradation kopiert, bzw. vergrößert werden. Vielfach werden jedoch einzelne Filme, da immer im Tank gemeinsam Filme verschiedenster Fabrikate entwickelt werden, von dem normalen

Gamma abweichen. Außerdem sind auf demselben Filmstreifen die verschiedensten Objekte photographiert, die ganz unterschiedliche Kontraste aufweisen. Durch die letztere Tatsache können Negative bei gleichem Gamma sehr große Unterschiede im Schwärzungsumfang zeigen. Die Negativgradation sowie der Schwärzungsumfang sind jedoch entscheidend für die Tonwertwiedergabe auf einer bestimmten Papiergradation. Es ist

Abb. 75. Anpassung der Positivgradation an den Kontrast des Negatives
Dasselbe Negativ auf die Papiergradation Weich, Normal und Hart kopiert

Abb. 76. Die Belichtung des positiven Bildes
Von links nach rechts: Unterbelichtung, richtige Belichtung und Überbelichtung

daher unmöglich, alle anfallenden Negative auf ein und dieselbe Papiergradation zu kopieren. Eine der schwierigsten und wichtigsten Aufgaben beim Positivprozeß ist die Auswahl der richtigen Papiergradation, deren Bewältigung nur durch Erfahrung möglich ist. Abb. 75 zeigt die Unterschiede der Kopien eines normalen Negatives auf drei verschiedenen Papiergradationen.

Auf das Bildergebnis ist ebenfalls von sehr großem Einfluß die Belichtungszeit. Die Belichtungszeit muß so gewählt werden, daß die Papiere nahezu ausentwickelt sind, d. h. daß die Kontaktpapiere etwa 1 bis $1^1/_2$ Minuten und die Vergrößerungspapiere 2 bis 3 Minuten entwickelt werden können. Bei sehr reichlicher Belichtung und entsprechend kürzerer Entwicklungszeit wird das Bild weicher; wird dagegen sehr knapp belichtet und muß deswegen die Entwicklung sehr lange ausgedehnt werden, so werden die Bilder härter und außerdem besteht vielfach die Gefahr des Schleierns. Die verschiedenen Papiergradationen einer Sorte haben keine einheitliche Empfindlichkeit. Nimmt man die Empfindlichkeit der normalen Gradation als Bezugsnormale an, so sind im allgemeinen die weicheren Papiergradationen empfindlicher und die härteren unempfindlicher. Diese Regel gilt jedoch nur als Anhaltspunkt, es können in der Praxis sehr große Abweichungen und umgekehrte Verhältnisse auftreten.

Das harmonische, gut abgestufte Bild darf kein Papierweiß zeigen; die Lichter müssen gut detailliert, ohne zu starke Tonung sein; die Schatten dürfen nicht grauschwarz, sondern müssen kräftig gedeckt sein. In der Praxis der Positivtechnik verfährt man zweckmäßig zur Erreichung dieses Zieles auf folgende Weise: Man wählt zunächst auf Grund der Erfahrung die für das betreffende Negativ günstigste Papiergradation und belichtet nun unter dem Negativ das Papier so lange, bis die Schatten bei normaler Entwicklungszeit kräftig und einwandfrei sind. Sind diese nur grau, ohne Tiefe, so war zu kurz belichtet; kommen sie dagegen sehr schnell und werden sie rußig und die Details verschwinden, so war zu reichlich belichtet. Hat man die richtige Belichtung für die betreffende Papiergradation getroffen, so beurteilt man die Eignung der Gradation für das betreffende Negativ. Sind die Lichter zu stark belegt und grau, so arbeitet die betreffende Papiersorte zu weich; weisen die Lichter keine Details auf und sind kalkig, so ist das betreffende Papier zu hart. Diesem Ergebnis entsprechend wählt man dann die nächste geeignete Papiersorte. Muß man eine weichere Gradation als die erste Versuchsgradation verwenden, so muß gleichzeitig etwas kürzer belichtet werden; bei Verwendung von einer härteren Papiergradation muß dagegen die Belichtungszeit verlängert werden.

Es ist noch zu bemerken, daß einwandfreies, physiologisch helles Licht in der Positiv-Dunkelkammer das Arbeiten sehr erleichtert. Bei rotem und zu dunklem Licht wird die Positivschwärzung fast immer überschätzt; im Tageslicht erscheinen die Bilder dann meistens zu hell und kraftlos.

4. Die Kopiertechnik

Die Herstellung von Kopien im Kontakt mit dem Negativ ist von der Erfüllung von zwei Grundforderungen abhängig: von der Möglichkeit der Herstellung eines innigen Kontaktes zwischen Negativ- und Positivschicht und der gleichmäßigen Beleuchtung des Negatives. Zur Anfertigung von einzelnen Kopien werden sog. Kopierrahmen verwendet. Bei diesen wird das Negativ in einen Rahmen gelegt und das Positivmaterial Schicht an Schicht mit einer Andruckplatte mit Hilfe von Spannfedern dagegen gedrückt. Als Lichtquelle zur Belichtung kann jede Beleuchtung dienen, wobei durch genügend großen Abstand die Gleichmäßigkeit erreicht wird. Bei sehr großen Formaten werden auch heute noch gelegentlich derartige Vorrichtungen in der Kopiertechnik verwendet, wobei allerdings der Andruck mit Spannfedern keinen genügenden Kontakt bewirkt. Man muß hierbei zu pneumatischen Andruckvorrichtungen wie bei Großkopiergeräten greifen. Zur Herstellung

Abb. 77. Kopierapparat mit automatischer Gewichtsuhr (F. HOMRICH & SOHN, Hamburg)

von größeren Mengen von Kopien im Kontakt dienen heute ausschließlich Kopiergeräte und vollkommen automatisierte Kopiermaschinen. Die Grundbestandteile jedes Kopiergerätes sind: das Lichtgehäuse und die Kopierfläche. An diese sind alle zusätzlichen Hilfseinrichtungen, je nach der erforderlichen Leistung, angebaut. Sachgemäße Lampenanordnung, weißer Innenanstrich sowie Lichtstreuung durch eine Mattscheibe gewährleisten eine gleichmäßige Ausleuchtung der Kopierfläche. Lüftungsanlagen sowie Abdeckvorrichtungen von zu hellen

Abb. 78. Kopierapparat mit Belichtungsuhr für Formate bis 18 × 24 (MAFI, Freudenstadt)

Abb. 79a. Kopierapparat mit automatischer Belichtungsauslösung und Lichtmessung für Formate bis 6,5 × 11 cm (MAFI, Freudenstadt)

Teilen des Negatives zum Ausgleich der Schwärzungen im Positiv ergänzen die Beleuchtungsanlage. Die Lampen müssen möglichst einzeln geschaltet werden können. Eine Rotlichtlampe ermöglicht die Beurteilung des Negativausschnittes und die Papieranlage. Der Kopierrahmen dient zur Aufnahme des Negatives und des Positivpapieres; er gewährleistet innigen und gleichmäßigen Kontakt mit schneller Wechselmöglichkeit von Negativ und Positivpapier. Das Kopierfeld selbst besteht aus einer fehlerfreien plangeschliffenen Spiegelglasplatte, auf der das Negativ durch eine Vorrichtung festgeklemmt wird und deren Ränder mit Maskenbändern abgedeckt werden. Zum An-

druck des Papieres dient ein Andruckdeckel, mit Schwammgummi oder Filz belegt. Der Deckel ist meistens geteilt, enthält einen Vorfalldeckel oder vorauseilenden Teil, durch den das Papier festgehalten wird. Federn und Polsterungen des Deckels müssen zwar kräftig, doch auch so elastisch sein, daß die unterschiedlichen Stärken der Glas- und Filmnegative überbrückt werden. Die Belich-

Abb. 79b. Kopierapparat in Lichtmeßstellung (MAFI, Freudenstadt)

tung kann bei Kopiergeräten durch einen Schalter von Hand erfolgen. Zweckmäßiger ist jedoch ihre Steuerung durch eine Belichtungsuhr. Die Benutzung einer Schaltuhr ist besonders erforderlich bei den extrem harten Papiergradationen, bei denen sich geringe Belichtungsschwankungen sehr deutlich bemerkbar machen. Bei vollständig automatisch arbeitenden Kopiermaschinen werden alle Vorgänge, die sich regelmäßig immer wiederholen, durch einen Fußantrieb mechanisch erledigt. Drei Handgriffe müssen bei derartigen Geräten tatsächlich nur noch individuell ausgeführt werden: Einlegen des Negatives und Einstellen des gewünschten Ausschnittes, Einlegen des Positivpapieres nach Auswahl der geeigneten Gradation für das betreffende Negativ, Einstellen der Belichtungszeit je nach der Empfindlichkeit des Papieres und der Dichte des Negatives. Durch mechanische Auslösung einer Fußraste folgen automatisch folgende Arbeitsgänge:

1. Festhalten des Papieres durch Federn,

2. Schließen des Kopierdeckels,

3. Andruck des Kopierdeckels, meistens mit magnetischem Verschluß,

4. Auslösung der Belichtung entsprechend der eingestellten Zeit,

5. Lösen des Deckelverschlusses,

6. Abheben des Deckels,

7. Lösen der Haltefedern des Papieres, wodurch das Papier auf der schrägen Kopierfläche selbsttätig abgleitet.

Abb. 80. Kopierapparat mit elektromagnetischer Deckelschließvorrichtung, automatischer Belichtungsauslösung und Lichtmeßeinrichtung (Firma HOMRICH & SOHN, Hamburg)

Die Abb. 77, 78, 79, 80 zeigen verschiedene Typen von Kopiergeräten, wie sie heute von einer Reihe von Firmen hergestellt werden.

Die erforderliche Belichtungszeit bei Negativen verschiedener Dichte und selbst, wenn abweichender Kontrast die Verwendung verschiedener Papiergradationen erforderlich macht, stellt ein geübter Kopierer mit großer Sicherheit nach Schätzung auf Grund der Erfahrung ein. Im Laufe der letzten Jahrzehnte sind vielfach auch optisch und elektrisch messende Kopierapparate in Gebrauch gekommen. Derartige Meßgeräte arbeiten nach zwei verschiedenen Prinzipien: die einen messen die allgemeine Transparenz eines größeren bildwichtigen Ausschnittes des Negatives (integrierende Messung), die anderen führen eine Punktmessung des noch bildwichtigen minimalsten Schattendetails durch. Die erste Art der Messung ist verhältnismäßig willkürlich und stellt die Auswahl der Meßstelle vollkommen in das Belieben des Laboranten. Die zweite Art der Messung (Punktmessung) ist sensitometrisch richtiger und genauer festgelegt, das minimalste Schattendetail ist das Empfindlichkeitskriterium bei Negativemulsionen nach dem DIN-System (DIN 4512). Derartige Transparenz-

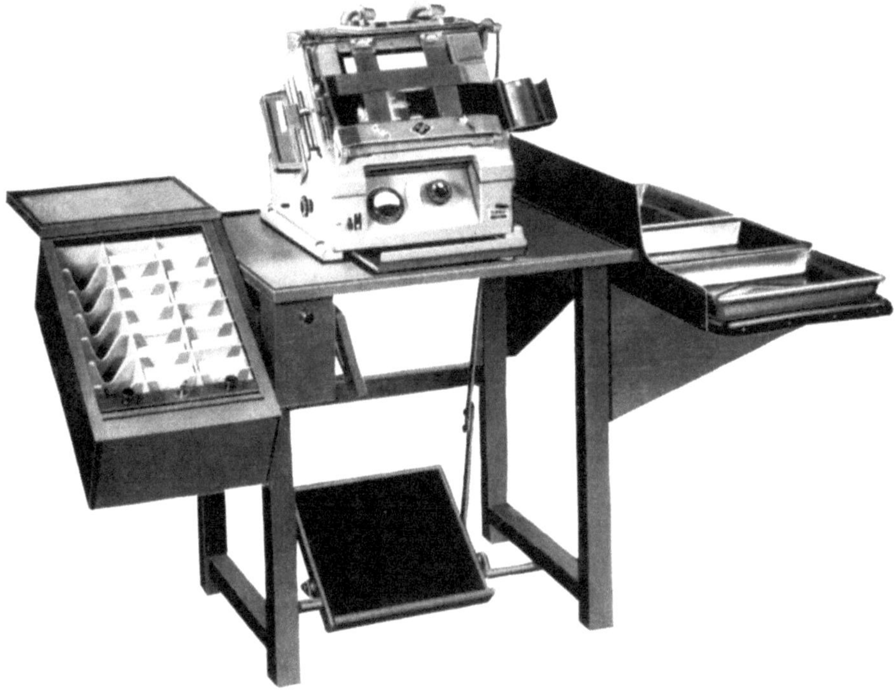

Abb. 81. Schnellkopiermaschine mit Entwicklungstisch und Papierschrank (AGFA Kamerawerk, München)

messungen in der Kopierpraxis haben nur Sinn und Zweck, wenn gleichzeitig die Empfindlichkeiten der Positivpapiere, wenigstens in relativem Verhältnis zueinander, festgelegt sind. Die Messung kann ausgeführt werden am Negativ nach dem Einspannen auf der Kopierfläche im sog. Zwischenmeßverfahren oder es wird der Ablauf der Belichtungszeit für die Messung des nächsten Negatives im sog. Parallelmeßverfahren ausgenutzt.

5. Die Vergrößerungstechnik

a) Das Vergrößerungsgerät. Die Herstellung eines vergrößerten positiven Bildes von einem Negativ ist die Umkehrung der Aufnahmetechnik. Bei der Vergrößerung ist das beleuchtete Negativ das Objekt, von dem mit Hilfe eines Objektives ein vergrößertes Bild nach den optischen Gesetzen entworfen wird. Jede Balgenkamera läßt sich behelfsmäßig als Vergrößerungsgerät verwenden. Das Vergrößerungsgerät besteht aus folgenden Hauptteilen: Beleuchtungshaube, Negativhalterung, Objektiv und Auffangfläche für das Bild, die gemeinsam an einem Stativ befestigt sind. Die Anordnung ist fast immer vertikal, so daß die Bildauffangfläche bequem in Tischhöhe liegt, nur die Vergrößerungsautomaten arbeiten nach dem Aufbauprinzip der Kopiergeräte. Bei einfacheren Vergrößerungsgeräten und bei Geräten für größere Negativformate erfolgt die Einstellung des Vergrößerungsmaßstabes von Hand. Vergrößerungsgeräte für Massenauflagen in der Kopieranstaltpraxis sind mit automatischer Scharfeinstellung bei variablem Vergrößerungsmaßstab ausgerüstet. Diese Steuerung erfolgt über eine Kurvenscheibe, die jeweils für eine bestimmte Objektivbrennweite gilt und bei Auswechslung des Objektives ebenfalls durch eine dazugehörige Kurvenscheibe ersetzt werden muß. Eine halbautomatische Scharfeinstellung nehmen Geräte mit dem sog. Schärfeindikator ein. Bei diesen Geräten ist zwischen Lichtquelle und Beleuchtungslinse (Kondensor) ein Schlitz eingebaut, von dem nach dem Prinzip der Entfernungsmesser zwei Abbildungen auf der Bildebene erzeugt werden. Bilden diese beiden Schlitzabbildungen eine Gerade bei geringster Stärke, so ist auch die optimale Scharfeinstellung bei dem betreffenden Vergrößerungsmaßstab erreicht. Dieser Schärfeindikator ist nicht von der Brennweite abhängig. Für die günstigste Brennweite des Objektives bei der Vergrößerung gilt die alte Faustregel, daß die gleiche Brennweite für Aufnahme und Vergrößerung verwendet werden soll. Diese Regel hat sachlich nur nach einer Richtung eine Berechtigung, daß die Brennweite zur Auszeichnung des Negativformates ausreichen muß und deswegen nicht zu kurz sein darf. Bei der Kleinbildvergrößerung werden an die Bildschärfe besonders hohe Anforderungen gestellt, die am besten befriedigt werden durch kurzbrennweitige Objektive. Ebensogut kann man zum Vergrößern eine längere Brennweite verwenden, nur muß dann zur Erzielung gleicher Schärfe (Brillanz) etwas stärker abgeblendet werden.

Die Vergrößerungsapparatur hat einen erheblichen Einfluß auf die Bildqualität, insbesondere auf die Gradation, die Brillanz, die Reinheit und die Körnigkeit des Bildes.

b) Die Art der Beleuchtung und ihr Einfluß auf die Bildqualität. Man unterscheidet bei Vergrößerungsapparaten grundsätzlich zwei extreme Arten der Beleuchtung: gerichtete und diffuse. Gerichtete Beleuchtung liegt vor, wenn nach dem Prinzip der Projektionsapparate die von einer möglichst kleinen Lichtquelle (Punktlicht- oder WendelLampe) ausgehenden Strahlen von einem Kondensor gesammelt werden und eine Abbildung der Lichtquelle im Objektiv erzeugt wird. Jeder Punkt des Negatives wird hierbei von Lichtstrahlen durchsetzt und die Helligkeit des Bildes ist sehr groß. Dient als Beleuchtungssystem eine Klarglaslampe unter Vorschaltung einer Mattscheibe oder Opalglasscheibe, so wird das Licht nach allen Seiten gestreut, es ist diffus. Das Negativ wird in diesem Falle nicht von gerichtetem Licht durchsetzt, die Strahlen treffen vielmehr aus den verschiedensten Richtungen kommend auf das Negativ. Die

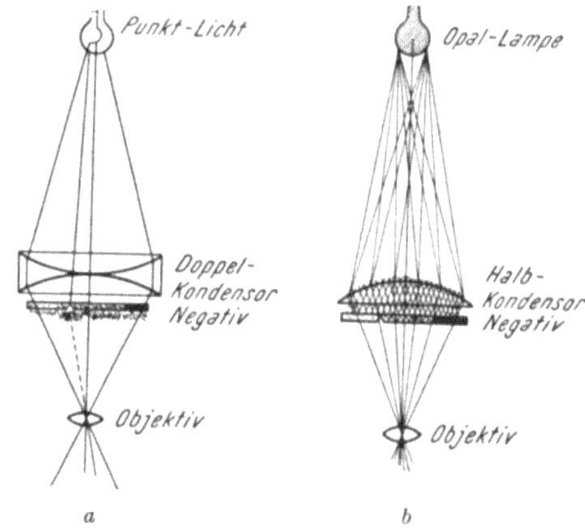

Abb. 82. Arten der Beleuchtung bei Vergrößerungs-Geräten und ihre Wirkungsweise
a gerichtetes Licht (*Callier-Effekt*), Sichtbarwerden von Schichtbeschädigungen); *b* diffuses Licht

stärkste Streuung zeigt das von einer matten weißen Fläche reflektierte Licht. Zwischen vollständig diffuser und gerichteter Beleuchtung können eine Reihe von Übergängen liegen; das bei Kleinbildvergrößerungsgeräten heute am meisten benutzte Licht ist als halbdiffus anzusehen. Bei dieser Beleuchtungsart wird eine Opalglaslampe in Verbindung mit einem Kondensor benutzt, wobei der Vollkondensor (zwei plankonvexe Linsen) durch einen Halbkondensor ersetzt ist, der auf dem Negativ mit der ebenen Fläche aufliegt (plankonvexe Linse) (Abb. 82a, b).

Das photographische Negativ besteht in seinem strukturellen Aufbau aus kleinen Silberpartikelchen, die in einer Vielzahl von Schichtlagen in der Gelatine eingebettet sind. Bei der Vergrößerung dringt das Licht durch die Lücken, die die Silberkörner bilden und wird an diesen, je nach der Art der Beleuchtung, mehr oder weniger gestreut. Bei der Vergrößerung in gerichtetem Licht (Abb. 82a) erfolgt eine Lichtstreuung allein durch die Negativschicht, und zwar in verschiedenem Grade je nach der vorliegenden Schwärzung. In hohen Schwärzungen wird das Licht stärker gestreut als in geringeren und bei sehr kleinen Schwärzungen wird das gestrahlte Licht nahezu unbeeinflußt durch die Schicht, ungestreut, gehen. Der durch diese Streuung zusätzlich verursachte Lichtverlust erhöht die Schwärzungen und bewirkt eine optische „Verstärkung" der Negativgradation. Diese Erscheinung bezeichnet man als „*Callier*"-*Effekt*. Beim Vergrößern in gerichtetem Licht erhält man dadurch wesentlich härtere positive Bilder als bei diffuser Negativbeleuchtung. Die Benutzung von gerichtetem Licht kann sich noch in anderer Weise unliebsam bemerkbar machen. Bei diffuser Beleuchtung trifft das Licht, aus den verschiedensten Richtungen kommend, auf die Silberkörner der Schicht, die Konturen der Kornlücken werden dadurch verwischt und größere Schwärzungsflächen zeigen größere Gleichmäßigkeit, es tritt geringere Körnigkeit auf. Bei gerichtetem Licht trifft das Licht in einer Richtung auf die Körner der Negativschicht, bzw. deren Lücken, es erfolgt dadurch eine mehr oder weniger starke projektive Abbildung der einzelnen, übereinanderliegenden Körner, die Konturen dieser Lücken werden weniger verwischt und es entsteht dadurch eine größere Körnigkeit im positiven Bild. Gerichtetes Licht läßt auch Unsauberkeiten und Schichtverletzungen in verstärktem Maße zum Vorschein kommen. An diesen Stellen findet eine verstärkte partielle Streuung statt, es geht Licht verloren und die Stelle wird dadurch in der Vergrößerung sichtbar. Bei diffusem Licht treten Schichtverletzungen (Kratzer) und Unsauberkeiten dagegen bedeutend weniger in Erscheinung, da durch das Auftreffen der Lichtstrahlen aus allen Richtungen eine wesentlich geringere Schwärzungsverminderung erfolgt. Noch wirksamer zur Unterdrückung von Schichtverletzungen sind Einbettung der Schicht in ein Medium von größerem Lichtbrechungsvermögen als Luft, wie z. B. Glyzerin und besonders Lacke. Man überzieht deswegen zerkratzte Filme vor der Vergrößerung mit einer Lackschicht (Tetenal Repolisan) oder bringt auf die Negativauflagefläche etwas Glyzerin und drückt das Negativ ohne Bildung von Luftblasen mit der Andruckplatte dagegen. Nach der Vergrößerung kann das anhaftende Glyzerin durch Wässerung wieder entfernt werden.

c) Die Wirkung der Blende bei der Vergrößerung. Mit Verkleinerung der Blende nimmt die Körnigkeit des positiven Bildes sowohl bei gestreutem wie auch bei gerichtetem Licht zu. Diese Erscheinung beruht ebenfalls auf Lichtbeugung, und zwar bevorzugt an den Rändern der

Blende. Mit Rücksicht auf geringe Körnigkeit ist für eine 4fache Vergrößerung eine Lichtstärke des Objektives von 1 : 11, für eine 6fache 1 : 8, für eine 13fache 1 : 4 und für eine 25fache die Lichtstärke 1 : 2 erforderlich. Es ist demnach nicht möglich, mit einem lichtschwachen Vergrößerungsobjektiv die Vergrößerung beliebig zu steigern. Bei gut korrigierten Anastigmaten ist eine Abblendung zur scharfen Auszeichnung des Bildfeldes bei richtiger Brennweite nicht erforderlich. In der Vergrößerungspraxis ist es vorteilhaft, dennoch abzublenden, einmal, um bei nicht einwandfreier Planlage des Negatives einen Tiefenausgleich zu bewirken, ferner zur Minderung der Bildhelligkeit, damit nicht zu kurze Belichtungszeiten gewählt werden müssen.

d) Der Schwarzschild-Effekt bei der Vergrößerung. Werden zwei Vergrößerungen von einem Negativ in verschiedenem Maßstab, jedoch sonst unter gleichen Bedingungen hergestellt, z. B. 3fache und 12fache Vergrößerungen, so verhalten sich die Bildhelligkeiten nach physikalischen Gesetzen umgekehrt wie die Quadrate der Vergrößerungen. In vorliegendem Beispiel ist das Verhältnis der Bildhelligkeiten: $3^2/12^2 = 1/16$, d. h. die 12fach vergrößerte Abbildung ist nur 1/16 so hell wie die 3fache Vergrößerung. Würde das photochemische Grundgesetz nach Bunsen-Roscoe (s. S. 10) in vollem Umfange gelten, so müßte das 12fach vergrößerte Bild 16mal länger belichtet werden als die 3fache Vergrößerung. Man muß jedoch tatsächlich bedeutend länger belichten, und zwar zwei- bis dreimal mehr. Diese Erscheinung nennt man Schwarzschild-Effekt. Er tritt in der Praxis bei sehr großen Intensitätsunterschieden auf und ist bei verschiedenen Papiersorten verschieden groß.

e) Newtonsche Ringe. Vielfach erscheinen auf dem positiven Bild bei Vergrößerungen muschelartige, ringförmige Zeichnungen. Diese Erscheinung ist auf die Wirkung der sog. Newtonschen Ringe zurückzuführen. Wird das Negativ zwischen zwei Andruckplatten gepreßt, so kann sich, begünstigt durch nicht einwandfreie plangeschliffene Platten oder durch Staub, zwischen Filmrückschicht und der Andruckplatte ein Luftpolster wechselnder Dicke bilden. In der Aufsicht können diese unregelmäßigen Figuren in bunten Farben direkt beobachtet werden. Diese Newtonschen Ringe können meistens nur mit großer Mühe beseitigt werden; als Mittel werden empfohlen: dünne Papiermasken oder ebensolche aus Cellophan zwischen Filmrückseite und Andruckplatte.

f) Änderung der Gradation durch Vorbelichtung und Nebenlicht. Vorbelichtung der Positivpapiere durch ungeeignetes Dunkelkammerlicht bewirkt eine Verflachung der Gradation. Werden die Negative in der Negativhalterung nicht durch geeignete Maskenrahmen seitlich abgedeckt, so daß seitliches Licht auf die Bildauflagefläche fällt, so wird dadurch das positive Bild ebenfalls verflacht und bei sehr starkem Störlicht tritt eine Verschleierung der Lichter ein.

6. Die Praxis der Entwicklung des positiven Bildes

Das im Kontakt oder auf optischem Wege belichtete Positivpapier wird in trockenem Zustand in die Entwicklerlösung gelegt, schnell untergetaucht und bewegt. Besonders bei den schnell entwickelnden Papieren ist gleichmäßige Entwicklung durch Bewegung von größter Bedeutung, da sonst Flecken und ungleichmäßige Schwärzungsflächen entstehen. Als

Hauptregel gilt bei der Positivtechnik die Anweisung, daß die Kopierzeit der optimalen Entwicklungsdauer anzupassen ist. Nur in Ausnahmefällen soll eine fehlerhafte Belichtung beim Kopieren durch Variation der Entwicklungsdauer ausgeglichen werden. Die Entwicklungszeit für Kontaktpapiere beträgt bei richtiger Belichtung etwa 60 Sekunden und für Bromsilberpapiere 2 bis 3 Minuten bei 18—20° C.

Die Positiv-Entwickler sind kräftig arbeitende, verhältnismäßig hochkonzentrierte Entwickler, in der Hauptsache auf Metol-Hydrochinon-Basis. Die Zusammensetzung des Entwicklers beeinflußt den Charakter des Bildes in verschiedener Hinsicht.

a) Eigenschaften eines Positiv-Entwicklers. Folgende Eigenschaften eines Positiv-Entwicklers sind zu seiner Beurteilung und Charakterisierung von ausschlaggebender Bedeutung:

> Kontrastwirkung,
> Entwicklungs- und Belichtungsspielraum,
> Bildton,
> Quälbarkeit,
> Haltbarkeit und
> Ergiebigkeit.

Kontrastwirkung: Je nach der Zusammensetzung arbeitet ein Positiv-Entwickler härter oder weicher. Bestimmend hierfür ist das Verhältnis von Metol zu Hydrochinon und der Gehalt an Alkalien. Metol-Soda-Entwickler arbeiten weich, durch Zusatz von Hydrochinon in steigendem Maße tritt eine kontrastreichere Wirkung auf.

Entwicklungs- und Belichtungsspielraum: Die Eigenschaft eines Entwicklers, Fehlbelichtungen durch Veränderung der Entwicklungszeit auszugleichen, wird als Entwicklungs- und Belichtungsspielraum bezeichnet. Bei Überbelichtung muß entsprechend kürzer entwickelt werden, während bei sehr knapper Belichtung die Entwicklung entsprechend verlängert werden muß, um ein genügend kräftiges Bild zu erhalten. Bei Überbelichtung und kurzer Entwicklungszeit entstehen neben einer Gradationsverflachung häufig mißfarbene Bildtöne. Dieser Fehler kann vermieden werden durch Zusätze von besonderen Stabilisatoren (s. S. 100). Selbst bei richtiger Belichtung kommt es vor, daß die Bilder bei Entwicklung über die Normalzeit hinaus allmählich zu dunkel werden. Stabilisatoren ermöglichen es, auch hierbei Besonderes zu leisten. In einem guten Handelsentwickler muß ein richtig belichtetes Bild auch nach doppelt verlängerter Entwicklungszeit noch vollkommen brauchbar sein.

Der Bildton ist besonders von der Zusammensetzung und besonderen Zusätzen abhängig. Benzotriazol als Zusatz erzeugt Bilder von ausgesprochen blauem Bildton. Andere Zusätze bewirken einen mehr neutralgrauen oder warmschwarzen Bildton. Zusätze, die unter sonst gleichen Belichtungs- und Entwicklungsbedingungen eine Braunentwicklung bewirken, sind bisher nicht bekannt geworden. Vielfach werden zur direkten Braunentwicklung sehr stark verdünnte Hydrochinon-Entwickler empfohlen; doch erfordern diese stark verlängerte Belichtungs- und Entwicklungszeiten, auch ist ihre Wirkung sehr von der Beschaffenheit des Papieres abhängig.

Quälbarkeit: Überlagerte Papiere zeigen vielfach bei normaler Entwicklung Grau- und Gelbschleier. Schleier kann auch auftreten bei langausgedehnter Entwicklung infolge starker Unterbelichtung. Bei Kontaktpapieren tritt dieser Entwicklungsschleier wesentlich früher auf als bei

Bromsilberpapieren, auch harte Papiergradationen neigen in stärkerem Maße dazu als normale oder weiche. Durch Zusatz von Stabilisatoren kann jeder Schleier nahezu vollständig unterdrückt werden.

Haltbarkeit: Positiv-Entwickler dürfen selbst bei längerem Gebrauch und Stehen an der Luft nicht oxydiert werden. Sie müssen praktisch bis zum Verbrauch ohne störende Verfärbung und ohne Nachlassen des Entwicklungsvermögen verwendbar sein. Die Konservierung wird ausschließlich bewirkt durch den Sulfitgehalt. Stark gechlortes Wasser beeinträchtigt die Haltbarkeit.

Ergiebigkeit: Positiv-Entwickler dürfen bei längerem Gebrauch keine Abnahme des Entwicklungsvermögens zeigen, sie müssen praktisch benutzt werden können, bis die Restmenge des Entwicklers zur vollständigen und einwandfreien Benetzung des Bildes nicht mehr ausreicht. Flüssigkeitsverluste des Entwicklers durch Verschleppung werden durch Zusatz von frischem Entwickler ergänzt. Besondere Nachfüll-Lösungen sind hierzu nicht erforderlich, da Positiv-Entwickler an und für sich sehr reichliche Kaliumbromidmengen enthalten und durch die Vermehrung bei der Entwicklung keine Beeinflussung des Entwicklungsvorganges eintritt.

b) Die Zweischalen-Entwicklung. Aufnahmen von Objekten mit sehr hohen Kontrasten (Innenaufnahmen, Gegenlichtaufnahmen, technische Aufnahmen) sind meistens sehr schwer zu kopieren, bzw. zu vergrößern. Bei richtiger Auswahl der Papiergradation fehlen je nach der Belichtung entweder die Schattenzeichnungen oder die Details in den Lichtern. Diese Erscheinung ist darauf zurückzuführen, daß der Kopierumfang der Positivpapiere nicht ausreicht, um den Schwärzungsumfang derartiger Negative unterzubringen. Werden von derartigen Aufnahmen dagegen Diapositive hergestellt, so erhält man ganz ausgezeichnete Ergebnisse. Bei derartig schwierigen Positivarbeiten hat sich die Entwicklung nach der Zweischalenmethode bewährt: Man entwickelt zunächst in einem weich arbeitenden Positiv-Entwickler (Metol-Soda), bis die richtige Lichterzeichnung erreicht ist, und anschließend wird ohne Zwischenwässerung in einem kräftig arbeitenden Metol-Hydrochinon-Entwickler zu Ende entwickelt. Die letztere Entwicklung gibt den Schatten die erforderliche Tiefe und die Brillanz. Nach dieser Zweischalenmethode arbeitet die „Vigutol"-Methode der Firma LEONAR. Man entwickelt in Vigutol A an und führt dann die Hervorrufung in Vigutol B zu Ende. Dabei hat man die Möglichkeit, die Bildkontraste zu beeinflussen. Das Bild wird umso härter, je kürzer es in Vigutol A entwickelt wurde.

7. Die Unterbrechung der Entwicklung, die Fixage und die Wässerung des positiven Bildes

In Übereinstimmung mit dem Negativverfahren folgt auch beim Positivprozeß auf die Entwicklung zunächst die Unterbrechung, anschließend die Fixage und zum Schlusse die Wässerung. Diese Vorgänge wurden bereits eingehend unter Berücksichtigung des Positivverfahrens an anderer Stelle behandelt (s. Unterbrechung S. 180, Fixage S. 181, Wässerung S. 192).

Die Unterbrechung und Fixage wird in Schalen vorgenommen. In Großbetrieben werden zusätzliche Vorrichtungen verwendet zur Bewegung des Fixierbades. Die Wässerung erfolgt in größeren Betrieben ausschließlich in besonderen Wässerungsmaschinen, in denen durch die Strömung des Wassers die Bilder dauernd bewegt werden.

8. Die Tonung des positiven Bildes

Das an und für sich schwarze Silberbild kann durch eine Reihe von Tonungsverfahren in verschieden farbige Töne umgewandelt werden. *Sepia- und Brauntöne* werden vornehmlich durch *Schwefeltonungen* erzeugt. Man unterscheidet direkte und indirekte Schwefeltonung. Bei der direkten Schwefeltonung wird das Silberbild in einem Arbeitsgang in Schwefelsilber umgewandelt; bei den indirekten Tonungen erfolgt erst eine Bleichung des Silberbildes in Silberbromid, das in einem zweiten Bad durch schwefelhaltige Bäder in Schwefelsilber übergeführt wird. Ähnlich wie Schwefel verhält sich auch Selen, das rötlichere Töne ergibt. Schwefelgetonte Bilder sind haltbarer als ungetonte, da das Schwefelsilber keiner Zersetzung durch atmosphärische Einflüsse unterliegt. Auf die Tonung von sehr großem Einfluß ist die vorhergehende Behandlung sowie die Art des Papieres. Die Entwicklung beeinflußt die Korngröße des ausgeschiedenen Silbers, die in engstem Zusammenhang mit der entstehenden Farbnüance der Tonung steht. Braunstichig entwickelte Bilder erhalten durch Schwefeltonung einen lehmig-gelben Ton; überbelichtete und deshalb kurz entwickelte Bilder erhalten bei der Tonung zu helle, und gequälte Bilder zu schwärzliche Töne. Die Unterbrechung darf nicht zu lange ausgedehnt sein, da hierdurch die Auswaschbarkeit ungünstig beeinflußt wird. Zu lange Fixierzeit und zu stark ausgenutztes Fixierbad wirken in gleicher Weise ungünstig. Die Wässerung der zur Tonung bestimmten Bilder ist besonders sorgfältig auszuführen; sehr zu empfehlen ist die Einschaltung eines Sodabades vor der Wässerung (s. S. 199).

Entwicklungspapiere sind folgenden weiteren Tonungen zugänglich:

> Blautonung mit Eisenalaun,
> Rötlich-braun mit Urantonung,
> Kirschrote Töne mit Kupfertonung,
> Grüne Töne mit Ferriammoniumzitrat, Vanadiumchlorid.

9. Die Trocknung

Nur gelegentlich werden Bilder heute noch durch Aufhängen oder Auflegen auf Trockenrahmen getrocknet, fast ausschließlich werden

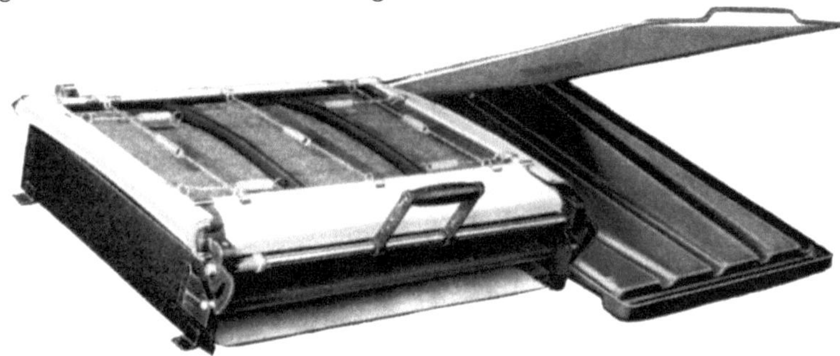

Abb. 83.   Hochglanzpresse mit Abquetschvorrichtung   (AGFA Kamerawerk, München)

Trockenpressen und Trockenmaschinen mit großer Leistungsfähigkeit verwendet. Beim Trocknen durch Aufhängen oder Auflegen ist darauf zu achten, daß die anhaftenden Wasserflecken auf der Schichtseite entfernt werden, da diese Unterschiede im Glanz und wellige Stellen erzeugen. Besonders bei matten Papieren treten durch stehende Wassertropfen sehr störende Fehlererscheinungen auf. Beim Auslegen müssen die Bilder mit der Schicht auf dem Trockentuch liegen, da sonst ein Krümmen nach der Schichtseite eintritt. Auch bei zu schnellem Trocknen rollen sich die Bilder sehr leicht. Bei Verwendung von Trockenpressen oder Maschinen verläuft der Trocknungsprozeß mehr oder weniger zwangsläufig und kann leicht kontrolliert werden. Bei der Heißtrocknung tritt bei allen Papieren ein erhöhter Glanz auf. Zur Erhaltung der künstlerischen Oberfläche vieler Papiere ist deswegen die Heißtrocknung nicht empfehlenswert.

Abb. 84. Zweiseitige Hochglanzpresse, schwenkbar (BÜSCHER, Neuenrade)

Bei der Heißtrocknung sollte im allgemeinen eine Temperatur von 65° C nicht überschritten werden. Meistens sind die Photopapiere herstellungsmäßig so gehärtet, daß kein Schmelzen der Schicht und Kleben zu befürchten ist. Bei fabriksfrischer Ware muß vor der Heißtrocknung ein besonderes Härtebad oder Härtefixierbad verwendet werden.

Eine besondere Art der Trocknung ist die Erzeugung von Hochglanz. Dieser kann auf zwei Arten der Trocknung erhalten werden: Nach der älteren Methode werden die Bilder auf eine gut polierte und eventuell besonders präparierte Spiegelglasplatte gequetscht und an der Luft bis zum Abspringen getrocknet. Zur Präparierung haben sich besonders Ochsengallelösungen bewährt. Festkleben der Bilder bei diesem Verfahren ist auf unsaubere Platten oder zu dicken Auftrag der Präparierlösung zu-

Abb. 85. Positiv-Trockenbatterie (F. HOMRICH & SOHN, Hamburg)

rückzuführen. Bei Trocknung der Bilder in Zugluft springen sie zonenweise ab und es entsteht der sog. „Muschelbruch". Bei der Hochglanz-Heißtrocknung werden hochglanzpolierte, verchromte Stahlfolien verwendet. Auf diese werden die Bilder luftblasenfrei und frei von Schmutzteilchen aufgequetscht, dann die beschickte Folie in die Presse gelegt und getrocknet. Vielfach treten hierbei Fehler der verschiedensten Art auf, wie kleine matte Punkte, sog. „Stippchen", matte, breite Ränder, narbiger Hochglanz u. a. m. Besonders gefürchtet ist die Stippchenbildung. Diese kann sehr wesentlich unterdrückt werden durch Benutzung von Hochglanzlösungen (Glanzol, Flexogloß) oder auch durch Netzmittel (Mirasol, Agepon, Wettinol). Wirksam ist auch vielfach eine Behandlung der Bilder in verdünnter Spirituslösung. Man legt die Bilder einige Minuten in diese Behandlungsbäder und reibt auch die Hochglanzplatten vor dem

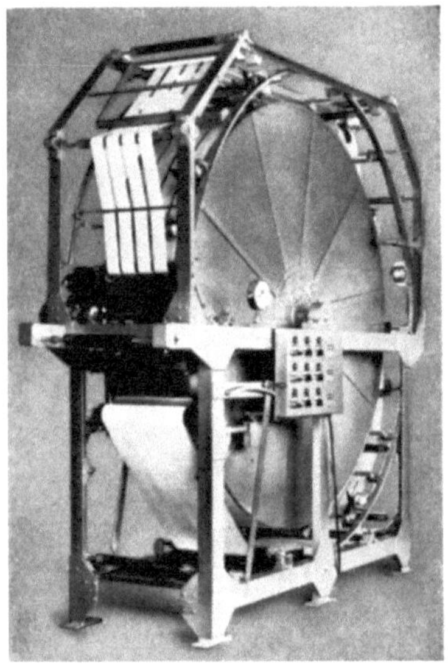

Abb. 86. Hochglanz-Trockenmaschine
(GERSTER, Rheinsheim)
Zylinderdurchmesser: 2 m, Breite: 1,25 m,
Stundenleistung: 7000 St. 22 × 30 cm

Abb. 87. Infrarot-Trockenmaschine (METEOR, Siegen)

Auflegen der Bilder sauber mit derselben Lösung ab. Wichtig ist ebenfalls für die Qualität des Hochglanzes die Art des Aufquetschens. Die Platte, die mit den Bildern belegt ist, wird mit einem Gummituch bedeckt und dann fährt man mit leichtem Druck mit einem Rollenquetscher einmal in Längsrichtung und anschließend in Querrichtung darüber. Man vermeide vor allem Hin- und Herrollen. Die Trockentemperatur soll bei der Heißtrocknung keinesfalls zu hoch sein (über 65° C), die verchromte Folie muß in einwandfreiem Zustand und sorgfältigst gereinigt und frei von Öl und Fett sein. Frische Platten sind vor Ingebrauchnahme mit heißer Sodalösung zu reinigen und reichlich zu spülen.

Trockengeräte sind heute in den verschiedensten Ausführungen im Handel. Abb. 84 zeigt eine Trockenpresse mit zwei Trockenflächen, die in einem Gestell schwenkbar ist. Mehrere Trockenpressen können auch in einer Batterie übereinander angeordnet sein, wodurch bei geringem Raumbedarf die Leistungsfähigkeit entsprechend gesteigert wird (Abb. 85). Besonders leistungsfähig sind Trockenmaschinen, die ein kontinuierliches Arbeiten ermöglichen. In neuester Zeit wird zur Heizung derartiger Maschinen vielfach Infrarot-Strahlung benutzt.

10. Die Diapositiv-Herstellung

Diapositive sind Kopien auf durchsichtiger Unterlage (Glas, Film), die für die Projektion Verwendung finden. Zur Herstellung von Diapositiven stehen Platten, Planfilme und Kleinbildfilme 35 mm, in den Gradationen hart und normal zur Verfügung. Infolge der sehr hohen Anpassungsfähigkeit

Abb. 88a. Kleinbild-Kontaktkopiermaschine für Diafilme und Papierstreifen mit Lichtmeß-Einrichtung (F. HOMRICH & SOHN, Hamburg)

Abb. 88b. Kopierstreifen mit der Kleinbild-Kontaktkopiermaschine hergestellt

dieses Materials kommt man mit diesen beiden Gradationen gut aus. Die Verarbeitung der Diapositive erfolgt in ganz analoger Weise wie die der Positivpapiere. Liegt das Negativ in richtiger Größe vor, so wird das Diapositiv durch Kopieren im Kontakt hergestellt. Da die Empfindlichkeit der Diapositivschichten verhältnismäßig hoch ist, muß das Kopierlicht entsprechend gedämpft werden. Bei flauen Negativen ist kürzer zu belichten, die Entwicklungszeit dagegen entsprechend zu verlängern. Bei reichlicher Belichtung und kurzer Entwicklungszeit entstehen bei harten Negativen weiche Diapositive. Zur Entwicklung kann jeder Papierentwickler verwendet werden. Die Entwicklungszeit soll in normalen Fällen etwa 2 bis $2^1/_2$ Minuten betragen und darf nicht zu früh unterbrochen werden. Ein Belegen der Lichter in der Aufsicht ist keinesfalls störend, da gerade „glasige" Bildstellen bei der Projektion unangenehm sind. Diapositive gehen im Fixierbad sehr stark zurück, wodurch eine weitgehende Klärung des Bildes bewirkt wird. Ein gutes Diapositiv soll nach der Trocknung, auf weißes Papier gelegt, wie ein zu dunkel kopiertes Papierbild wirken. Diapositive lassen sich nach den üblichen Methoden verstärken und abschwächen. Besondere Klarheit und Brillanz erhalten die Diapositive, wenn

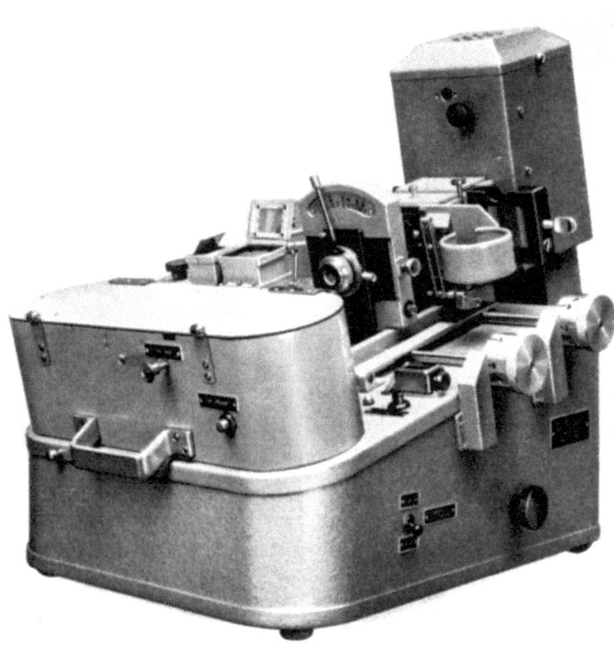

Abb. 89. Optische Diamaschine für Schwarzweißfilme, Papierstreifen und für Colorfilme (F. HOMRICH & SOHN, Hamburg)

sie kräftig kopiert sind und nachträglich in FARMERschem Abschwächer geklärt werden.

In den verschiedensten Farben getonte Diapositive finden besonders in der Kinoreklame Anwendung (s. Vorschriften S. 288).

XIV. Vorschriften und Rezepturen
A. Entwickler-Vorschriften

1. Universal-Entwickler

Universal-Entwickler sind in gleicher Weise für die Negativ- und Positiventwicklung geeignet. Besonders bewährt sind Zusammensetzungen von Metol und Hydrochinon. Der besondere Vorteil derartiger Lösungen ist ihre hohe Ergiebigkeit und Haltbarkeit.

a) Metol-Hydrochinon-Entwickler

Ansco 125

Wasser (etwa 40...50° C)	750,0 ccm
Metol	3,0 g
Natriumsulfit sicc.	64,0 g
Hydrochinon	12,0 g
Soda sicc.	55,25 g
Kaliumbromid	2,0 g
Wasser bis auf	1000,0 ccm

Negativ-Entwicklung: Verdünnung 1 : 1, Entwicklungszeit: 3...5 Minuten bei 20° C; für weichere Entwicklung Verdünnung 1 : 3, Entwicklungszeit: 3...5 Minuten bei 20° C.

Positiv-Entwicklung: Für Kontakt- und Vergrößerungspapiere Verdünnung 1 : 2, Entwicklungszeit: 1...2 Minuten bei 20° C; für weichere Entwicklung Verdünnung 1 : 4, Entwicklungszeit: 1,5...3 Minuten. Zur Erzielung höherer Brillanz kurz belichten und lange entwickeln.

Ilford ID-36

Wasser (etwa 40...50° C)	750,0 ccm
Metol	1,5 g
Natriumsulfit sicc.	25,0 g
Hydrochinon	6,3 g
Soda sicc.	34,5 g
Kaliumbromid	0,4 g
Wasser bis auf	1000,0 ccm

Negativ-Entwicklung: Für Schalenentwicklung Verdünnung 1 : 1, Entwicklungszeit: 3...5 Minuten bei 20° C. Für Tankentwicklung Verdünnung 1 : 3, Entwicklungszeit: 6...10 Minuten bei 20° C.

Positiv-Entwicklung: Gebrauchsfertig, Entwicklungszeit für Kontaktpapiere: 45...60 Sekunden; für Vergrößerungspapiere: 1,5...3 Minuten.

Kodak D-72

Wasser (etwa 40...50° C)	750,0 ccm
Metol	3,1 g
Natriumsulfit sicc.	45,0 g
Hydrochinon	12,0 g
Soda sicc.	68,0 g
Kaliumbromid	1,9 g
Wasser bis auf	1000,0 ccm

Negativ-Entwicklung: Verdünnung 1 : 1...1 : 2, je nach dem gewünschten Kontrast, Entwicklungszeit: 5...10 Minuten bei 20° C.

Positiv-Entwicklung: Verdünnung 1 : 1, Entwicklungszeit: 1 Minute bei 20° C. Zur Hervorrufung von warmen Tönen Verdünnung 1 : 3...1 : 4 und Zusatz von 8 ccm 10%ige Kaliumbromid-Lösung auf 1 Liter gebrauchsfertige Lösung, Entwicklungszeit: 1,5 Minuten. Zur Erzielung von höherem Kontrast Verdünnung 1 : 1 mit Zusatz von 1 Gramm Kaliumbromid auf 1 Liter gebrauchsfertige Lösung.

Entwicklung von Diapositiven: Verdünnung 1 : 2, Entwicklungszeit: 1...2 Minuten. Für kontrastreiche Entwicklung Verdünnung 1 : 1 und für weiche Entwicklung Verdünnung 1 : 4.

Du Pont 53-D

Wasser (etwa 40...50° C)	500,0 ccm
Metol	3,0 g
Natriumsulfit sicc.	45,0 g
Hydrochinon	12,0 g
Soda sicc.	67,5 g
Kaliumbromid	1,9 g
Wasser bis auf	1000,0 ccm

Negativ-Entwicklung: Verdünnung 1 : 2, Entwicklungszeit: 4...7 Minuten bei 20° C, je nach dem gewünschten Kontrast und den Eigenschaften des Negativmaterials.

Positiv-Entwicklung: Verdünnung 1 : 2; Entwicklungszeit für Kontaktpapiere: 45...60 Sekunden, Bromsilber- und Chlorbromsilber-Papiere: 1,5...3 Minuten bei 20° C.

b) p-Aminophenol-Entwickler

Diese Entwicklersubstanz eignet sich besonders zur Herstellung von hochkonzentrierten Lösungen. Der Entwickler ist durch Veränderung der Gebrauchskonzentration sehr abstimmfähig.

Ansatz in getrennten Lösungen nach Eder

Lösung A

Wasser	750,0 ccm
Aminophenol, salzsauer	20,0 g
Wasser bis auf	1000,0 ccm

Lösung B

Wasser	1000,0 ccm
Natriumsulfit sicc.	60,0 g
Pottasche	120,0 g
Wasser bis auf	2000,0 ccm

Negativ-Entwicklung: 1 Teil Lösung A + 2 Teile Lösung B + 1...2 Teile Wasser; Entwicklungszeit: 4...7 Minuten bei 20° C.

Positiv-Entwicklung: 1 Teil Lösung A + 2 Teile Lösung B; Entwicklungszeit für Kontaktpapiere: etwa 1 Minute; für Bromsilberpapiere: 2...3 Minuten.

Hochkonzentrierter Ansatz in einer Lösung nach Andresen

Es werden zunächst nacheinander in 100 ccm Wasser 30 g Kaliummetabisulfit und 10 g p-Aminophenol salzsauer gelöst. Hierzu fügt man langsam unter Umrühren eine Lösung von 70 g Ätzkali in 90 ccm Wasser, bis sich das zunächst ausgeschiedene p-Aminophenol (Base) gerade wieder gelöst hat. Hierbei wird die Lösung warm und man muß zeitweise kühlen, bevor weitere Ätzkalilösung zugesetzt wird. Der konzentrierte Entwickler muß in gut verschlossener Flasche aufbewahrt werden. Er zersetzt sich sehr leicht, wenn zuviel Ätzkalilösung zugesetzt wurde.

Eigenschaften des Entwicklers: Bei geringer Verdünnung (1 : 10...1 : 20) arbeitet der Entwickler rapid und kontrastreich, bei größerer Verdünnung (1 : 30...1 : 40) langsam und weich.

Negativ-Entwicklung: Für Repro-Strichaufnahmen Verdünnung 1 : 10...
...1 : 15; für Repro-Halbtonaufnahmen Verdünnung 1 : 20, Entwicklungszeit: etwa 4...7 Minuten bei 18° C.

Für bildmäßige Aufnahmen und Schalenentwicklung Verdünnung 1 : 20; Entwicklungszeit: 4...6 Minuten bei 18° C.

Für Dosen- und Tankentwicklung Verdünnung 1 : 40...1 : 60; Entwicklungszeit: 10...20 Minuten.

Da verdünnte Entwickler eine wesentlich geringere Haltbarkeit besitzen und deswegen derartig verdünnte Lösungen zur Verwendung im Tank weniger geeignet sind, ist es empfehlenswert, der stark verdünnten Lösung etwa 50 g Natriumsulfit sicc. je Liter zuzusetzen, wodurch seine Haltbarkeit wesentlich erhöht wird.

Positiv-Entwicklung: Verdünnung 1 : 15, Entwicklungszeit: 1...3 Minuten.

Diapositiv-Entwicklung: Verdünnung je nach gewünschtem Kontrast 1 : 20...1 : 30; Entwicklungszeit: 1...2 Minuten.

c) Technik der Mehrfach-Lösungen

Bei diesem System werden die Entwicklersubstanzen sowie verschiedene Alkalien in getrennten Lösungen angesetzt, so daß zum Gebrauch je nach dem vorgesehenen Verwendungszweck eine Vielzahl von Mischmöglichkeiten gegeben sind.

Ansätze nach Schwörer (Photo-Schule, Hamburg)

Lösung A
Wasser (40...50° C) . 750,0 ccm
Metol . . . . 14,0 g
Natriumsulfit sicc.. . 140,0 g
Wasser bis auf . . . 1000,0 ccm

Lösung B
Wasser (40...50° C) . 750,0 ccm
Natriumsulfit sicc.. . 100,0 g
Hydrochinon . . . . 18,0 g
Wasser bis auf . . . 1000,0 ccm

Lösung C
Wasser . . . . . . 750,0 ccm
Pottasche . . . . 150,0 g
Wasser bis auf . . . 1000,0 ccm

Lösung D
Wasser . . . . . . 750,0 ccm
Soda sicc. . . . . . 110,0 g
Wasser bis auf . . . 1000,0 ccm

Lösung E
Wasser . . . . . . 750,0 ccm
Kaliumbromid . . . 100,0 g
Wasser bis auf . . . 1000,0 ccm

Negativ-Entwicklung:

Art der Entwicklung	Anzahl ccm der Stammlösungen						Temp. ° C	Entw.-Zeit Min.
	A	B	C	D	E	Wasser		
Ausgleichs-Entw., weich . .	100	—	—	—	—	100	18	8...12
Ausgleichs-Entw., kräftig .	100	—	10	—	—	100	18	6...7
normal belichtet, weiche Entw.	20	5	10	—	1...3	100	18	4
normal belichtet, normale Entw.	10	10	10	—	3	100	18	4
normal belichtet, harte Entw.	5	20	10	—	2...3	75	18	4
normal belichtet, sehr harte Entw.	—	40	20	—	6...10	60	18	4
überbelichtet, normale Entw.	100	200	100	—	3...5	—	18	4...5
überbelichtet, harte Entw..	—	300	50	—	3...5	—	18	4...5
unterbelichtet, schnelle Momentaufnahmen . . .	20	5	20	—	—	150	19...24	3...5

Positiv-Entwicklung:

Papiersorte	Bildton und Gradation	Anzahl ccm der Stammlösungen						Temp. ° C	Entw. Zeit Min.
		A	B	C	D	E	Wasser		

Kontaktpapiere (Chlorsilber):

Papiersorte	Bildton und Gradation	A	B	C	D	E	Wasser	Temp. ° C	Entw. Zeit Min.
Agfa Lupex, weiß	reinschwarz	20	50	—	70	3	150	18	1
	reinschwarz weich	65	—	30	90	1,5	205	18	1,5
	blauschw.	40	100	—	90	1,5	70	18	1
Lupex, chamois	braunschw.	—	133	53	—	2	114......400	18	4
Kodak Velox	reinschwarz	30	100	—	60	0,7	110	18	0,75
	warmschw.	30	100	—	80	4,5	90	18	1
Leonar Lumarto	reinschwarz	30	70	—	85	2	115	19	1
	warmschw.-braun	—	60	—	240	12	—	18	5
Mimosa Sunotyp	reinschwarz	35	100	—	100	3	65	18	1
Radityp	reinschwarz	50	50	—	25	2...3	175	18	1...15

Chlorbromsilberpapiere:

Papiersorte	Bildton und Gradation	A	B	C	D	E	Wasser	Temp. ° C	Entw. Zeit Min.
Agfa Portriga	warmschw.	20	50	—	70	3	160	18	1
Kodak Kodura, Kodopal	warmschw.	20	65	—	25	10	190	19	1,5
Kodura, Kodopal	braun	17	55	—	35	48	195	20	2,5
Kovita	reinschwarz	20	60	—	20	9	200	20	1,5
Leonar Imago	warmschw.	45	100	—	70	3	85	18	1
Mimosa Velotyp	braunschw.	50	50	—	25	2	175	18	1
Carbon-Braun	rotbraun	—	55	35	—	1	212	20	5

Vergrößerungspapiere (Bromsilber):

Papiersorte	Bildton und Gradation	A	B	C	D	E	Wasser	Temp. ° C	Entw. Zeit Min.
Agfa Portriga Rapid	warmschw.	20	50	—	70	3	160	18	1
Brovira	reinschwarz	20	50	—	70	3	160	18	1
Kodak Bromsilber	reinschwarz	25	70	—	40	0,5	165	18	1,5
Leonar Leigrano	reinschwarz	30	65	—	85	2,5	120	18	2
Grandamo	reinschwarz kräftig	30	65	—	85	2,5	120	18	2
Mimosa Bromosa	reinschwarz	100	95	—	50	3...4	55	18	2
Gravura	reinschwarz	50	50	—	25	2	175	18	2
Orthotyp	reinschwarz	50	50	—	25	2	175	18	2

2. Negativ-Entwickler

a) Entwickler zum Gebrauch in der Schale nach Sicht, für mittlere und größere Formate

Derartige Entwickler sind meistens hochkonzentriert und arbeiten rapider als die Tank- oder Dosen-Entwickler. Nicht alle hochkonzentrierten Entwickler können durch Verdünnung in Zeitentwickler verwandelt werden, ohne daß sich ihre Wirkungsweise sehr wesentlich ändert.

α) Entwickler für Aufnahmen bei normalem Objekt-Kontrast:

Metol-Entwickler nach Eder

Wasser (etwa 40...50° C)	500,0 ccm
Metol	15,0 g
Natriumsulfit sicc.	60,0 g
Soda sicc.	100,0 g
Kaliumbromid	1,5 g
Wasser bis auf	1000,0 ccm

Gebrauchsverdünnung: Für kräftige Entwicklung 1 : 1; für weichere Entwicklung 1 : 2.

Metol-Hydrochinon-Entwickler nach Eder

Wasser (etwa 40...50° C)	500,0 ccm
Metol	7,0 g
Hydrochinon	7,0 g
Natriumsulfit sicc.	75,0 g
Soda sicc.	100,0 g
Kaliumbromid	1,0 g
Wasser bis auf	1000,0 ccm

Besonders geeignet für Moment- und Porträtaufnahmen. Gebrauchsverdünnung: je nach der gewünschten Gradation 1 : 1...1 : 3.

Metol-Hydrochinon, Ansco 40

Wasser (etwa 50° C)	900,0 ccm
Metol	4,5 g
Natriumsulfit sicc.	54,0 g
Hydrochinon	7,5 g
Soda sicc.	46,0 g
Kaliumbromid	3,0 g
Wasser bis auf	1000,0 ccm

Verdünnung 1 : 2; Entwicklungszeit: 4...5 Minuten bei 20° C.

Metol-Hydrochinon, Gevaert G. 212, weich arbeitend

Wasser (etwa 50° C)	750,0 ccm
Metol	2,0 g
Natriumsulfit sicc.	25,0 g
Hydrochinon	1,5 g
Soda sicc.	30,0 g
Kaliumbromid	0,5 g
Wasser bis auf	1000,0 ccm

Entwicklungszeit: 5 Minuten bei 18° C. Ohne weitere Verdünnung gebrauchsfertig.

Metol-Pyrogallol-Entwickler, Ilford ID-4

Lösung A

Wasser (etwa 50° C)	750,0 ccm
Metol	4,0 g
Kaliummetabisulfit	12,0 g
Pyrogallol	12,0 g
Wasser bis auf	1000,0 ccm

Lösung B
Soda sicc.. . . . .   74,0 g
Wasser bis auf . . . . 1000,0 ccm

Zum Gebrauch werden gleiche Teile Lösung A und Lösung B gemischt.

Metol-Pyrogallol-Entwickler, Gevaert G. 202

Lösung A
Wasser (etwa 50° C) . . . .   750,0 ccm
Metol . . . .   4,0 g
Kaliummetabisulfit . . . .   10,0 g
Pyrogallol . . . .   10,0 g
Natriumsulfit sicc. . . . .   50,0 g
Kaliumbromid . . . .   1,0 g
Wasser bis auf . . . . 1000,0 ccm

Lösung B
Soda sicc. . . . .   79,6 g
Wasser bis auf . . . . 1000,0 ccm

Für normal belichtete Negative werden gleiche Teile Lösung A und B gemischt. Bei Überbelichtung ist bei der Mischung der Anteil an Lösung A zu erhöhen, bei Unterbelichtung dagegen der Anteil der Lösung B.

Der Entwickler arbeitet bei gleichanteiliger Mischung der Lösungen A und B weich, ist noch weichere Gradation erwünscht, so ist die Mischung mit 1...2 Teilen Wasser zu verdünnen. Entwicklungszeit: etwa 5 Minuten bei 18° C.

Pyrogallol-Entwickler, Gevaert G. 213

Wasser (etwa 50° C) . . . .   750,0 ccm
Pyrogallol . . . .   2,5 g
Kaliummetabisulfit . . . .   2,5 g
Natriumsulfit sicc. . . . .   10,0 g
Soda sicc. . . . .   4,9 g
Wasser bis auf . . . . 1000,0 ccm

Entwicklungszeit: Etwa 10 Minuten bei 18° C. Der Entwickler arbeitet weich.

Pyrogallol-Entwickler, nach Welborne Piper

Lösung A
Wasser (etwa 50° C) . . . .   750,0 ccm
Natriumsulfit sicc. . . . .   75,0 g
Kaliummetabisulfit . . . .   18,0 g
Pyrogallol . . . .   18,0 g
Wasser bis auf . . . . 1000,0 ccm

Lösung B
Soda sicc. . . . .   55,0 g
Wasser bis auf . . . . 1000,0 ccm

Für weiche Entwicklung sind 1 Teil Lösung A mit 1 Teil Lösung B und 2 Teilen Wasser zu mischen; Entwicklungszeit: etwa 4 Minuten bei 18° C. Für kontrastreichere Entwicklung sind zu mischen: 1 Teil Lösung A + 1 Teil Lösung B + 1 Teil Wasser; Entwicklungszeit: etwa 5...6 Minuten bei 18° C.

Amidol-Entwickler, Ilford ID-9

Wasser (etwa 50° C) . . . .   750,0 ccm
Natriumsulfit sicc. . . . . 100,0 g
Amidol . . . .   18,0 g
Kaliumbromid . . . .   4,0 g
Wasser bis auf . . . . 1000,0 ccm

Entwicklungszeit: 6...10 Minuten bei 20° C. Der Entwickler besitzt nur geringe Haltbarkeit und muß bald nach dem Ansatz verwendet werden.

Glyzin-Entwickler, Ilford ID-10

Wasser (etwa 50° C)	750,0 ccm
Glyzin	33,3 g
Natriumsulfit sicc.	26,6 g
Pottasche	166,6 g
Wasser bis auf	1000,0 ccm

Entwicklungszeit je nach dem gewünschten Kontrast 12...20 Minuten. Zum Gebrauch ist 1 Teil dieser Vorratslösung mit 1 Teil Wasser zu verdünnen.

Zweibad-Entwickler nach Staude

Lösung A

Wasser (etwa 50° C)	750,0 ccm	750,0 ccm	750,0 ccm
Metol	4,0 g	4,0 g	3,0 g
Hydrochinon	10,0 g	10,0 g	7,5 g
Kaliummetabisulfit	30,0 g	—	30,0 g
Natriumsulfit sicc.	—	9,0 g	—
Pottasche	—	—	1,3 g
Kaliumbromid	2,0 g	2,0 g	2,0 g
Eisessig	—	3,0 ccm	—
Wasser bis auf	1000,0 ccm	1000,0 ccm	1000,0 ccm
pH-Wert	4,0	6,0	6,3

Lösung B

Wasser	500,0 ccm
Pottasche	100,0 g
Natriumsulfit sicc.	10,0 g
Kaliumbromid	2,0 g
Wasser bis auf	1000,0 ccm
pH-Wert	etwa 12

Die Badezeit beträgt normalerweise 4 Minuten in Lösung A und 4 Minuten in Lösung B.

Der Vorteil dieser Methode besteht darin, daß die Entwicklung nicht beobachtet zu werden braucht. Der Entwickler ist äußerst sparsam im Gebrauch und kann sehr weit ausgenutzt werden. Es wird bei der gleichen Schicht immer dasselbe Gamma erzielt. Die Gradation kann durch Veränderung der Konzentration des ersten Bades am sichersten variiert werden und ist für jedes Material vor der Entwicklung einzustellen. Durch abgekürzte Badezeiten in Lösungen A und B kann die Gradation ebenfalls weicher gestaltet werden, doch müssen die Zeiten kürzer als 4 Minuten sein. Betragen die Badezeiten über 4 Minuten, so tritt eine Veränderung des Gammawertes nicht mehr ein. Bei der Behandlung der Schichten nacheinander in den Lösungen A und B erfolgt keine Zwischenwässerung; um eine zu starke Verschleppung der Entwicklerlösung zu vermeiden, soll die Schicht nach dem Baden in Lösung A abgestreift werden.

Diese Zweibad-Entwicklung ist für überbelichtete Aufnahmen nicht gut geeignet, es entstehen leicht zu flaue Negative und detailarme Lichter.

β) Entwickler für Aufnahmen mit hohem Objekt-Kontrast (Gegenlicht-, Innenaufnahmen, technische Aufnahmen)

Metol-Sulfit-Entwickler Kodak D-23

Wasser (etwa 50° C)	750,0 ccm
Metol	7,5 g
Natriumsulfit sicc.	100,0 g
Wasser bis auf	1000,0 ccm

Entwicklungszeit: 8...15 Minuten bei 20° C.

Empfindlichkeitsausnutzung und Körnigkeit sind etwa gleich wie bei Kodak D-76. Seine geringe Alkalität und der hohe Salzgehalt ermöglichen auch die Entwicklung bei hohen Temperaturen bis 30° C, wobei ein Chromalaun-Unterbrecherbad zu verwenden ist.

Der Entwickler ist wiederholt zu verwenden, Entwicklungszeitverlängerung bei jedem Roll- oder Kleinbildfilm 10%. Bei Entwicklern mit hohem Sulfitgehalt entsteht häufig auf der Schicht ein weißlicher Kalkschleier (Kalziumsulfit). Dieser kann durch Baden in 2%iger Essigsäure leicht entfernt werden.

Metol-Soda-Entwickler, Gevaert G. 207

Wasser (etwa 50° C)	750,0 ccm
Metol	4,0 g
Natriumsulfit sicc.	100,0 g
Soda sicc.	5,0 g
Wasser bis auf	1000,0 ccm

Entwicklungszeit: etwa 8 bis 10 Minuten. In 1 Liter können etwa 6 bis 7 Rollfilme entwickelt werden, darnach kann eine Regenerierung (Auffrischung) erfolgen durch Zusatz von 85 ccm 2,5%iger Sodalösung je Liter Entwickler. Anschließend können nochmals 3 Rollfilme entwickelt werden.

Brenzkatechin-Entwickler nach Windisch

Stammlösung:

Brenzkatechin	20,0 g
Natriumsulfit sicc.	2,5 g
Wasser bis auf	100,0 ccm

Gebrauchslösung:

Stammlösung	5,0 ccm
Wasser	100,0 ccm
Natronlauge, 10%ig	5,0 ccm

Entwicklungszeit: 10...15 Minuten bei 18° C.

Brenzkatechin-Entwickler nach Cuisinier

Lösung A

Brenzkatechin	4,0 g
Milchsäure	10 Tropfen
Wasser bis auf	100,0 ccm

Lösung B

Wasser	50,0 ccm
Pottasche	25,0 g
Wasser bis auf	1000,0 ccm

Gebrauchslösung:

5 T. A + 10 T. B + 90 T. Wasser

Zweibad-Entwicklung nach Stöckler

Lösung I

Wasser . . . . 500,0 ccm
Metol . . . . 5,0 g
Natriumsulfit sicc. . . . . 100,0 g
Wasser bis auf . . . . 1000,0 ccm

Lösung II

Borax . . . . 10,0 g
Wasser bis auf . . . . 1000,0 ccm

Behandlungsdauer in Lösung I 3 bis 6 min, in Lösung II 3 min.

γ) Entwickler für hohen Negativ-Kontrast
s. Repro-Entwickler

δ) Entwickler für besondere Zwecke

Maximum-Energie-Entwickler, Kodak D-82

Für sehr schwache Belichtungen. Der Entwickler holt im unteren Teil der Schwärzungskurve sehr viel heraus.

Wasser (etwa 50° C) . . . . 750,0 ccm
Methanol . . . . 48,0 ccm
Metol . . . . 14,0 g
Natriumsulfit sicc. . . . . 52,5 g
Hydrochinon . . . . 14,0 g
Ätznatron . . . . 8,8 g
Kaliumbromid . . . . 8,8 g
Wasser bis auf . . . . 1000,0 ccm

Entwicklungszeit: etwa 5 min bei 20°C. Der Entwickler ist nur einige Tage haltbar. Entwickler ergibt größtmögliche Dichte bei geringster Belichtung

Empfindlichkeitssteigernder Entwickler, Kodak SD-19a

Lösung A

0,2%ige 6-Nitrobenzimidazol-Lösung . . . . 20,0 ccm
   (als Antischleiermittel)
Hydrazinchlorhydrat (Beschleuniger) . . . . 1,6 g
Wasser bis auf . . . . 1000,0 ccm

Lösung B

Wasser (etwa 50° C) . . . . 750,0 ccm
Metol . . . . 2,0 g
Natriumsulfit sicc. . . . . 100,0 g
Hydrochinon . . . . 9,0 g
Soda sicc. . . . . 50,0 g
Kaliumbromid . . . . 5,0 g
Wasser bis auf . . . . 1000,0 ccm

Gebrauchslösung: 30 Teile Lösung A + 1000 Teile B. Entwicklungszeit: 12...20 min.

b) Negativ-Schalen- und Tankentwickler

Entwickler, deren Rapidität durch Verdünnung gemindert werden kann, ohne daß die photographischen Eigenschaften verändert werden und ihre Haltbarkeit und Ergiebigkeit sehr stark nachläßt, können als Schalen- und Tankentwickler verwendet werden. Zur Ergänzung der Entwicklerverluste bei Gebrauch der Tankentwickler über längere Zeit-räume sind immer besondere Nachfülllösungen zu verwenden, die gleich-zeitig eine chemische Auffrischung (Regenerierung) bewirken. Ein grund-sätzlicher Unterschied zwischen Tank- und Dosenentwicklung besteht nicht. Bei der Dosenentwicklung verzichtet man auf die Verwendung von Nachfüllösungen aus rein wirtschaftlichen Gründen.

Entwickler, deren Rapidität zum Gebrauch in der Schale oder im Tank durch die Verdünnung reguliert wird, arbeiten meistens brillant. Sie sind hauptsächlich zur Entwicklung von Rollfilmen und Planfilmen geeignet, von denen Kontaktkopien hergestellt werden. Für Kleinbildfilme, die stark vergrößert werden sollen, empfiehlt sich ihre Anwendung nicht.

Metol-Hydrochinon-Entwickler, Ansco 47 mit Regenerator Ansco 47a

	Ansco 47	Ansco 47a
Wasser (etwa 50° C). . .	750,0 ccm	750,0 ccm
Metol	1,5 g	3,0 g
Natriumsulfit sicc. . . .	45,0 g	45,0 g
Natriumbisulfit	1,0 g	2,0 g
Hydrochinon	3,0 g	6,0 g
Soda sicc.	5,1 g	102,0 g
Kaliumbromid	0,8 g	—
Wasser bis auf	1000,0 ccm	1000,0 ccm

Für Schalenentwicklung unverdünnt zu verwenden; Entwicklungszeit: 6...8 min bei 20° C.

Für Tankentwicklung Verdünnung: 1 Teil Entwickler + 1 Teil Wasser; Entwicklungszeit: 12...16 minuten bei 20° C.

Metol-Hydrochinon-Entwickler, Kodak D-61 mit Regenerator Kodak D-61a

	Kodak D-61	Kodak D-61a
Lösung A		
Wasser (von etwa 50° C)	500,0 ccm	500,0 ccm
Metol	3,1 g	1,0 g
Natriumsulfit sicc. . . .	90,0 g	30,0 g
Natriumbisulfit	2,1 g	0,6 g
Hydrochinon	5,9 g	2,0 g
Soda sicc.	14,0 g	—
Kaliumbromid	1,7 g	0,5 g
Wasser bis auf	1000,0 ccm	1000,0 ccm
Lösung B		
Soda sicc.		40,0 g
Wasser bis auf		1000,0 ccm

Für Schalenentwicklung verdünne 1 Teil Entwickler mit 1 Teil Wasser. Entwicklungszeit: etwa 6 min bei 20° C. Für Tankentwicklung werden 1 Teil Entwickler mit 3 Teilen Wasser verdünnt; Entwicklungszeit: etwa 12 min bei 20° C. Zur Ergänzung der Entwicklerverluste dient der Regenerator Kodak 61a. Zum Gebrauch werden 3 Teile A mit 1 Teil B gemischt und jeweils nach Bedarf dem Tank zugesetzt. Der Entwickler erzeugt gut kopierfähige Negative und arbeitet in Verbindung mit der Nachfüllung über lange Zeiträume sehr konstant.

Metol-Hydrochinon-Entwickler, Ilford ID-2

Wasser (von etwa 50° C)	750,0 ccm
Metol	2,0 g
Natriumsulfit sicc.	75,0 g
Hydrochinon	8,0 g
Soda sicc.	36,4 g
Kaliumbromid	2,0 g
Wasser bis auf	1000,0 ccm

Für Schalenentwicklung wird 1 Teil der Vorratslösung mit 2 Teilen Wasser verdünnt. Entwicklungszeit: etwa 3 bis 6 min bei 20° C.

Verdünnung bei Tankentwicklung: 1 Teil Entwickler mit 5 Teilen Wasser; Entwicklungszeit: 6...12 min bei 20° C.

Metol-Entwickler nach H. Jacobson

Wasser (von etwa 50° C) . . . . 500,0 ccm
Metol . . . . 15,0 g
Natriumsulfit sicc. . . . . 75,0 g
Pottasche . . . . 75,0 g
Kaliumbromid . . . . 2,0 g
Wasser bis auf . . . . 1000,0 ccm

Für Schalenentwicklung ist die Vorratslösung 1 : 4 zu verdünnen; Entwicklungszeit: 3...5 min bei 18° C.

Für Tankentwicklung Verdünnung 1 : 10; Entwicklungszeit: etwa 20 min bei 18° C.

Glyzin-Entwickler, Ansco 72

Wasser (von etwa 50° C) . . . . 750,0 ccm
Natriumsulfit sicc. . . . . 125,0 g
Pottasche . . . . 250,0 g
Glyzin. . . . . 50,0 g
Wasser bis auf . . . . 1000,0 ccm

Für Schalenentwicklung Verdünnung 1 : 4; Entwicklungszeit: 5...10 min.

Für Tankentwicklung Verdünnung 1 : 15; Entwicklungszeit: 20...25 min.

Pyrogallol-Soda-Entwickler, Ilford ID-1

Vorratslösung

Kaliummetabisulfit . . . . 24,0 g
Pyrogallol . . . . 100,0 g
Wasser bis auf . . . . 1000,0 ccm

Arbeitslösung A

Vorratslösung . . . . 50,0 ccm
Wasser bis auf . . . . 500,0 ccm

Arbeitslösung B

Wasser (von etwa 50° C) . . . . 250,0 ccm
Soda sicc. . . . . 183,6 g
Natriumsulfit sicc. . . . . 25,0 g
Kaliumbromid (10%ige Lösung) . . . . . 6,0 ccm
Wasser bis auf . . . . 1000,0 ccm

Für Schalenentwicklung werden gleiche Teile der Arbeitslösungen A und B gemischt. Entwicklungszeit: 3...5 min bei 20° C. Für Tankentwicklung sind zu mischen: 1 Teil Vorratslösung + 5 Teile Arbeitslösung B + 20 Teile Wasser. Entwicklungszeit: 5...10 min bei 20°C.

Metol-Pyrogallol-Entwickler, Kodak D-7

Lösung A

Wasser (von etwa 50° C) . . . . 500,0 ccm
Metol . . . . 7,5 g
Natriumbisulfit . . . . 7,5 g
Pyrogallol . . . . 30,0 g
Kaliumbromid . . . . 4,2 g
Wasser bis auf . . . . 1000,0 ccm

Lösung B

Wasser . . . . 1000,0 ccm
Natriumsulfit sicc. . . . . 150,0 g

Lösung C

Wasser . . . . 1000,0 ccm
Soda sicc. . . . . 76,5 g

Für Schalenentwicklung werden verwendet: 1 Teil A + 1 Teil B + + 1 Teil C + 8 Teile Wasser. Entwicklungszeit: etwa 7 min bei 20° C.

Metol-Hydrochinon-Tankentwickler

	Agfa 42	Agfa 45	Ansco 17M	Ansco 17M a Nchf.	Ansco 48M	Ansco 48M a Nchf.	Gevaert G. 210	Gevaert G. 210 Nachf.	Ilford ID-34	Ilford ID-34R Nachf.	Kodak DK-50	Kodak DK-50R Nachf.	Kodak DK-60a	Kodak DK-60aTR Nachf.
Wasser (von etwa 50° C) .	750,0	750,0	750,0	750,0	750,0	750,0	750,0	750,0	750,0	750,0	500,0	750,0	750,0	750,0
Metcl.	0,8	1,1	1,5	2,2	2,0	8,3	0,6	1,2	0,6	3,1	2,5	3,0	2,5	5,0
Natriumsulfit sicc.	45,0	13,0	80,0	80,0	40,0	30,0	19,0	8,0	10,0	19,5	30,0	50,0	50,0	50,0
Natrium-bisulfit . . .	—	—	—	—	—	—	—	—	2,5	4,6	—	—	—	—
Hydrochinon .	1,2	1,8	3,0	4,5	2,5	10,0	1,6	3,4	3,1	3,1	2,5	10,0	2,5	10,0
Soda sicc.. . .	8,0	4,5	—	—	—	—	4,0	9,0	9,2	18,5	—	—	—	—
Natrium-metaborat. .	—	—	2,0	8,0	10,0	40,0	—	—	—	—	—	—	—	—
Kodalk	—	—	—	—	—	—	—	—	—	—	10,0	40,0	20,0	40,0
Kaliumbromid	1,5	0,65	0,5	—	0,5	—	0,5	—	0,3	—	0,5	—	0,5	—
Wasser bis auf							jeweils 1000,0 ccm							
Entw.-Zeit in Minuten . .	—	—	10—15	4—6		8		8—12		5—10		7		

Volumen- und Mengenangaben jeweils in ccm, bzw. in g.

Für Tankentwicklung sind zu mischen 1 Teil A + 1 Teil B + 1 Teil C +
+ 13 Teile Wasser; der Entwickler ist etwa 2 bis 3 Wochen haltbar. Als
Nachfüllösung kann folgende Mischung der Lösungen verwendet werden:
1 : 1 : 1 : 4. Entwicklungszeit etwa 10 min. Bei längerem Gebrauch
müssen die Entwicklungszeiten verlängert werden.

c) Negativ-Tankentwickler

Die in dieser Gruppe zusammengestellten Entwickler sind in der
Hauptsache Entwickler für Roll-, Pack- und Planfilme. Es werden brillante
Negative erzeugt, die sich besonders durch gute Kopierfähigkeit aus-
zeichnen. Diese Entwickler sind deswegen besonders für Kopieranstalten
empfehlenswert, bei denen hauptsächlich Rollfilme zur Bearbeitung anfallen. Daneben sind sie auch vorzüglich geeignet zur Entwicklung von
Porträt-, Atelier-, Landschaftsaufnahmen sowie anderer Aufnahmen
größeren Formates.

Gegenüber den Entwicklern, die sowohl als Schalen- wie als Tankentwickler verwendet werden können, zeichnen sich diese Tankentwickler
durch ihre Stabilität im Gebrauch über lange Zeiträume sowie durch ihre
besondere Haltbarkeit aus. Diese Ansätze sind deswegen für Großtanks
über 35 Liter besonders zu empfehlen. Zur Ergänzung der Entwicklerverluste werden immer besondere Nachfüllösungen verwendet.

Für Betriebe, die laufend größere Mengen Kleinbildfilme zu entwickeln
haben, empfiehlt sich die Benutzung eines zweiten Tankes mit einem Ansatz eines Feinkorn-Ausgleichs- oder Superfeinkorn-Entwicklers.

Pyrogallol-Metol-Entwickler, Du Pont 2-D

Lösung A

Wasser (von etwa 50° C)	900,0 ccm
Metol	7,5 g
Natriumbisulfit	7,5 g
Pyrogallol	30,0 g
Kaliumbromid	4,0 g
Wasser bis auf	1000,0 ccm

Lösung B

Wasser (von etwa 50° C)	900,0 ccm
Natriumsulfit sicc.	150,0 g
Wasser bis auf	1000,0 ccm

Lösung C

Wasser (von etwa 50° C)	900,0 ccm
Soda sicc.	75,0 g
Wasser bis auf	1000,0 ccm

Gebrauchslösung für Tankentwicklung: 1 Teil A + 1 Teil B + 1 Teil C +
+ 13 Teile Wasser. Zur Nachfüllung werden gleiche Teile der Lösungen
A, B, C gemischt und nach Bedarf zugesetzt.
Entwicklungszeit: 7...14 min bei 18° C.

3. Die Feinkornentwickler

Auf Grund ihrer Wirksamkeit werden drei Arten von Feinkorn-
entwicklern unterschieden: Feinkornausgleichsentwickler, echte oder
Superfeinkornentwickler und physikalische Entwickler. Von den zahlreich
bekannt gewordenen Rezepturen können nur die charakteristischsten
und bewährtesten Typen angegeben werden. Entwickler mit Nachfüll-
lösungen können sowohl für die Dosenentwicklung wie auch als Großansätze
für die Tankentwicklung verwendet werden.

a) Feinkorn-Ausgleichsentwickler

α) Metol-Entwickler

	Agfa 14	Ansco 12	Andresen	Kodak DK-20	Kodak DK-20 R[1]	Kodak D-23	Kodak D-25	Kodak D-25 R[1]	Gevaert G. 224
Wasser (von etwa 50° C) . .	750,0	750,0	750,0	750,0	750,0	750,0	750,0	750,0	750,0
Metol	4,5	8,0	15,0	5,0	7,5	7,5	7,5	10,0	6,0
Natriumsulfit sicc.	85,0	125,0	75,0	100,0	100,0	100,0	100,0 .	100,0	90,0
Soda sicc. . . .	1,0	4,9	—	—	—	—	—	—	—
Borax	—	—	—	—	—	—	—	—	3,0
Kodalk	—	—	—	2,0	20,0	—	—	20,0	—
Natrium-rhodanid . . .	—	—	—	1,0	5,0	—	—	—	—
Kaliumrhodanid	—	—	—	—	—	—	—	—	1,0
Natriumbisulfit .	—	—	—	—	—	—	15,0[2]	—	—
Kaliumbromid .	0,5	2,5	0,2	0,5	1,0	—	—	—	0,5
Wasser bis auf .	jeweils 1000,0 ccm							—	—
Entw.-Zeit bei 18° C in Min. .	6—10	9—16	10—15	15—25	—	15—20	20—35	—	13—24

Gewichts- und Volumenangaben in g, bzw. ccm.

[1] Vorschriften mit R sind Nachfüllösungen zum betreffenden Entwickler.

[2] Bei Temperaturen über 25° C die Hälfte.

β) Metol-Hydrochinon-Entwickler

	Kodak D-76[1]	Kodak D-76 R	Kodak D-76 d	Ansco 17	Ansco 17 a R	Ansco 17 M	Ansco 17 Ma R	Ilford JD-11	Gevaert G. 206	Du Pont 6-D	Du Pont 6-DR
Wasser (von etwa 50° C)	750,0	750,0	750,0	750,0	750,0	750,0	750,0	750,0	750,0	750,0	900,0
Metol	2,0	3,0	2,0	1,5	2,2	1,5	2,2	2,0	2,0	2,0	3,0
Natriumsulfit sicc. . .	100,0	100,0	100,0	80,0	80,0	80,0	80,0	100,0	100,0	98,0	10,0
Hydrochinon	5,0	7,5	5,0	3,0	4,5	3,0	4,5	5,0	4,0	5,0	7,5
Borax	2,0[1]	20,0	8,0	3,0	18,0	—	—	2,0	2,0	2,0	20,0
Borsäure	—	—	8,0	—	—	—	—	—	—	—	—
Natriummetaborat . . .	—	—	—	—	—	2,0	8,0	—	—	—	—
Ammoniumchlorid . . .	—	—	—	—	—	—	—	(40,0)	—	—	—
Kaliumbromid	—	—	—	0,5	—	0,5	—	—	—	—	—
Wasser bis auf						jeweils 1000,0 ccm					
Entw.-Zeit in Min. bei 18° C	16—25	—	15—20	10—20	—	10—15	—	5—13	8—10	10—20	—

Volumen- und Gewichtsangaben in ccm, bzw. g.

Rezepturformeln mit der Zusatzbezeichnung „R" sind Nachfüllösungen zu dem betreffenden Entwickler.

[1] Boraxzusatz kann erhöht werden bis auf 20 g pro Liter, wodurch die Entwicklungszeit auf ein Viertel sinkt.

γ) Metol-Kombinationen und andere Entwicklersubstanzen

Metol-Glyzin-Entwickler, Focal-Feinkorn-Entwickler

	Entw. Ansatz	Nachfüllung
Wasser (von etwa 50° C)	750,0 ccm	750,0 ccm
Metol	3,0 g	5,0 g
Glyzin	5,0 g	—
Natriumsulfit sicc.	90,0 g	90,0 g
Soda sicc.	1,0 g	4,0 g
Borax	1,0 g	2,0 g
Kaliumbromid	0,5 g	—
Kaliumrhodanid	1,0 g	—
Wasser bis auf	1000,0 ccm	1000,0 ccm

Entwicklungszeit: 15...20 min; verlangt 2fache Überbelichtung.

Metol-Pyrogallol-Entwickler, Ney

Wasser (von etwa 50° C)	750,0 ccm
Metol	2,0 g
Pyrogallol	10,0 g
Natriumsulfit sicc.	100,0 g
Triaethanolamin	2,0 g
Wasser bis auf	1000,0 ccm

Metol-Meritol-Entwickler, Johnson of Hendon, London

	1	2
Wasser (von etwa 50° C)	800,0 ccm	800,0 ccm
Metol	—	2,3 g
Natriumsulfit sicc.	90,0 g	90,0 g
Meritol	16,0 g	13,7 g
Wasser bis auf	1000,0 ccm	1000,0 ccm

Entwicklungszeiten in Vorschrift 1: 12...30 min; in Vorschrift 2: 6...15 min bei 18° C.

Hydrochinon-Azeton-Entwickler, Lumière und Seyewetz

Wasser (von etwa 50° C)	750,0 ccm
Natriumsulfit sicc.	120,0 g
Hydrochinon	7,0 g
Azeton	4,0 g
Kaliumbromid	1,0 g
Wasser bis auf	1000,0 ccm

Die Entwicklungsdauer beträgt etwa 30 min bei 18° C. Höherer Azetongehalt erhöht die Rapidität, gleichzeitig nimmt die Körnigkeit zu.

Pyrogallol-Entwickler, Bürki

Lösung A

Wasser (etwa 50° C)	500,0 ccm
Kaliummetabisulfit	60,0 g
Pyrogallol	60,0 g
Wasser bis auf	1000,0 ccm

Lösung B

Trinatriumphosphat	100,0 g
Wasser bis auf	1000,0 ccm

Zum Gebrauch werden 1 Teil Lösung A mit 9 Teilen Lösung B gemischt. Entwicklungszeit: etwa 6 min. Der gebrauchsfertige Entwickler ist nur einmal zu verwenden. Dieser Entwickler soll ein besonders feines Korn ergeben.

Amidol-Entwickler nach Th. Lazenby

Wasser . . . . 500,0 ccm
Ammoniumchlorid . . . . 150,0 g
Natriumsulfit sicc. . . . . 30,0 g
Diaminophenol, salzs. (Amidol). . . . . . . 4,0 g
Wasser bis auf . . . . 1000,0 ccm

Entwicklungszeit: etwa 6 min bei 18° C. Es tritt sehr leicht Verschleierung auf.

Brenzkatechin-Feinkornausgleichs-Entwickler

Lösung A

Wasser . . . . 750,0 ccm
Brenzkatechin . . . . 200,0 g
Natriumsulfit sicc. . . . . 50,0 g
Wasser bis auf . . . . 1000,0 ccm

Lösung B
10% Natronlauge.

Zum Gebrauch sind zu mischen: 500 ccm Wasser + 2 ccm Lösung A + 3 ccm Lösung B. Entwicklungszeit bei 18° C: 10...20 min.

b) Echte Feinkorn-(Feinstkorn-)Entwickler
(Entwickler mit p-Phenylendiamin, o-Phenylendiamin)

p-Phenylendiamin-Entwickler, Lumière und Seyewetz (1927/28)

Wasser (von etwa 50° C) . . . . 750,0 ccm
Natriumsulfit sicc. . . . . 60,0 g
p-Phenylendiamin (Base) . . . . 10,0 g
Borax . . . . 50,0 g
Wasser bis auf . . . . 1000,0 ccm

Entwicklungszeit bei 18° C etwa 60 min. Es werden Negative sehr großer Feinkörnigkeit, jedoch mit geringer Deckung erzielt. Außerdem tritt sehr leicht dichroitischer Schleier auf.

p-Phenylendiamin-Metol-Entwickler, Lumière und Seyewetz (1933)

Wasser (von etwa 50° C) . . . . 750,0 ccm
Metol . . . . 5,0 g
Natriumsulfit sicc. . . . . 60,0 g
p-Phenylendiamin (Base) . . . . 10,0 g
Trinatriumphosphat. . . . . 3,5 g
Kaliumbromid . . . . 1,0 g
Wasser bis auf . . . . 1000,0 ccm

Entwicklungszeit bei 18° C: etwa 7 min.

p-Phenylendiamin-Glyzin-Entwickler

	V. B. Sease 1935	Du Pont 5-D
Wasser (von etwa 50° C)	750,0 ccm	750,0 ccm
Natriumsulfit sicc.	90,0 g	90,0 g
p-Phenylendiamin (Base)	10,0 g	10,0 g
Glyzin.	6—12 g	2,0 g
Wasser bis auf	1000,0 ccm	1000,0 ccm

Der als Sease III bekannte Entwickler enthält 6,0 g Glyzin pro Liter und entspricht dem Entwickler Du Pont 21-D.

Entwicklungszeit für Du Pont 5-D bei 20° C: 25...30 min.

Diese Entwicklerkombination verlangt 1,5- bis 2fache Überbelichtung. Die folgende Entwicklerkombination mit verschiedenen Zusätzen, deren Wirksamkeit nicht eindeutig klar ist, soll diesen Nachteil nicht aufweisen.

p-Phenylendiamin-Metol-Entwickler nach H. Champlin (1936)

Wasser (von etwa 50° C)	750,0 ccm
Metol	2,5 g
Natriumsulfit sicc.	45,0 g
Benzoesäure (reinst)	1,0 g
Salizylsäure (reinst)	0,5 g
Borsäure (reinst)	2,5 g
Glyzin	11,5 g
p-Phenylendiamin (Base)	11,5 g
Wasser bis auf	1000,0 ccm

Entwicklungszeit bei 21° C: etwa 13 min, nach dreimaligem Gebrauch 23° C.

o-Phenylendiamin-Entwickler

	Windisch W 665	de Fero 1936	Seyewetz 1936
Wasser (von etwa 50° C)	750,0 ccm	750,0 ccm	750,0 ccm
Metol	12,0 g	5,0 g	5,0 g
Natriumsulfit sicc.	90,0 g	60,0 g	60,0 g
Hydrochinon	—	—	1,5 g
o-Phenylendiamin	12,0 g	10,0 g	5,0 g
Trinatriumphosphat	—	5,0 g	3,5 g
Kaliummetabisulfit	10,0 g	—	—
Kaliumbromid	—	0,7 g	0,7 g
Wasser bis auf	1000,0 ccm	1000,0 ccm	1000,0 ccm

Entwicklungszeit bei 18° C: 12...15 min.

c) Physikalische oder halbphysikalische Entwickler

Vorschrift nach ODELL (1933)

Die belichtete Emulsion wird 90 min in folgender Lösung behandelt:

Kaliumjodid	10,0 g
Natriumsulfit sicc.	12,5 g
Wasser bis auf	1000,0 ccm

Dann wird anschließend 45 min entwickelt in:

Wasser	500,0 ccm
Natriumthiosulfat krist.	40,0 g
Natriumsulfit sicc.	15,0 g
Silbernitrat	4,0 g
(ist getrennt zu lösen und unter Umrühren zuzusetzen)	
Wasser bis auf	1000,0 ccm

Kurz vor dem Gebrauch werden 4,0 g Diaminophenol, salzs. (Amidol) in wenig Wasser gelöst, zugesetzt. Fixage und Wässerung erfolgt wie üblich.

4. Kine-Negativ-Maschinen-Entwickler

Prinzipiell kann jeder Tankentwickler als Maschinenentwickler verwendet werden, z. B. Kodak D-76. Daneben gibt es besondere Spezialentwickler.

	Agfa 1 kräftig	Agfa 5 normal	Agfa 6 s. weich	Agfa Ds 6 weich	Agfa Ds 7 weich	Kodak DK60a	Kodak DK60aTR	Du Pont 101-D
Wasser (von etwa 50° C).....	750,0	750,0	750,0	750,0	750,0	750,0	750,0	750,0
Metol	5,0	1,0	0,5	0,5	—	.2,5	5,0	0,8
Natriumsulfit sicc.	40,0	40,0	20,0	17,5	30,0	50,0	50,0	90,0
Hydrochinon	6,0	6,0	4,0	1,0	—	2,5	10,0	1,0
Glyzin	—	—	—	—	12,5	—	—	—
Soda sicc.	—	21,0	20,0	10,0	—	—	—	—
Pottasche........	40,0	—	—	—	—	—	—	—
Borax	—	—	—	—	—	—	—	0,3
Kodalk	—	—	—	—	—	20,0	40,0	—
Kaliummeta-bisulfit	—	1,2	5,0	0,5	—	—	—	—
Zitronensäure	—	0,5	—	—	—	—	—	—
Kaliumbromid ...	2,0	1,0	1,0	1,0	—	0,5	—	—
Pinakryptholgrün 1 : 500..........	—	—	—	30ccm	30ccm	—	—	—
Wasser bis auf ..	jeweils auf 1000,0 ccm							
Entw.-Zeit bei 18° C in min.....	3—4	5—6	10—12	15	15	7	—	7—11

Volumen- und Gewichtsangaben in ccm bzw. g.

5. Luftbild-Entwickler

Da das Luftbild einen sehr geringen Helligkeitskontrast aufweist, müssen insbesondere für Aufnahmen in großen Höhen sehr hart arbeitende Entwickler verwendet werden. Für weiche Entwicklung kann erforderlichenfalls auch ein Ausgleichsentwickler (wie D-76) verwendet werden.

	Kodak D-19	Kodak D-19 R[1]	Kodak DK-60b
Wasser (etwa 50° C) . .	500,0 ccm	500,0 ccm	750,0 ccm
Metol	2,2 g	4,4 g	1,25 g
Natriumsulfit sicc. . . .	96,0 g	96,0 g	25,0 g
Hydrochinon	8,8 g	17,6 g	1,25 g
Soda sicc.	47,0 g	47,0 g	—
Kodalk	—	—	10,0 g
Natriumsulfat sicc. . . .	—	—	50,0 g
Antischleiermittel (Benzotriazol) 0,2% . .	—	—	8 ccm
Kaliumbromid	5,0 g	—	0,25 g
Ätznatron	—	7,5 g	—
Wasser bis auf	jeweils 1000,0 ccm		

[1] Regenerier- und Nachfüllösung.

Antischleiermittellösung wird hergestellt durch Auflösung von 1 g Benzotriazol in 500,0 ccm Wasser von 50° C.

Kodak D-19 arbeitet sehr hart, Entwicklungszeit: etwa 5...7 min. Kodak DK-60b entwickelt wesentlich langsamer und ergibt geringeren Negativ-Kontrast. Für hohen Kontrast ist eine Entwicklungszeit von etwa 20 min bei 20° C erforderlich. Entwicklungszeit für mittleren Kontrast etwa 13 min und für weiche Entwicklung etwa 6 min.

6. Röntgen-Entwickler

Für die Entwicklung von Röntgenaufnahmen sind ebenfalls sehr kontrastreich arbeitende Entwickler erforderlich. Vorzüglich geeignet ist hierfür die Kodak-Vorschrift D-19. Röntgenentwickler sind auch umgekehrt geeignet zur Entwicklung von Luftbildaufnahmen.

	Ansco 30	Gevaert G. 209a	Du Pont 30-D
Wasser (von etwa 50° C) .	750,0 ccm	750,0 ccm	750,0 ccm
Metol	3,5 g	4,0 g	5,0 g
Natriumsulfit sicc. . . .	60,0 g	65,0 g	60,0 g
Hydrochinon	9,0 g	10,0 g	7,5 g
Soda sicc.	34,0 g	45,0 g	50,0 g
Kaliumbromid	2,0 g	5,0 g	4,5 g
Wasser bis auf		jeweils 1000,0 ccm	

Entwicklungszeiten: Ansco 30 für Röntgenaufnahmen etwa 6 min, Röntgenschirmbilder 8 min und Luftbildfilme etwa 10 min bei 18° C.
G. 209a etwa 5...8 min bei 20° C.

DuPont 30-D etwa 4...6 min bei 20° C.

7. Repro-Entwickler

Die Reproduktionstechnik umfaßt die Wiedergabe von Vorlagen (Bildern, Texten, Kurven, Druckschriften u. a.) zur Vervielfältigung. Die drucktechnische Wiedergabe über Klischees ist Aufgabengebiet der graphischen Technik. Die Herstellung von photographischen Vervielfältigungen, wobei das Endprodukt ein photographisches Bild ist, ist Aufgabe der Photokopietechnik. In der graphischen Technik werden die erforderlichen Negative zur Übertragung auf die Druckplatte fast ausschließlich auf optischem Wege hergestellt, in der Photokopietechnik werden jedoch Kontakt- und optische Verfahren angewandt. Durch die Kontaktmethode werden Reproduktionen in natürlicher Größe und in objektgetreuer Form in zweimaligem Arbeitsgang (Reflexkopierverfahren) hergestellt, während der einmalige Arbeitsgang nur beim Durchkopieren lesbare Negative liefert. Die optischen Methoden liefern in einem Arbeitsgang seitenrichtige oder seitenverkehrte Negative in verschiedenem Maßstab, die direkt als Lesefilme verwendet werden können oder von denen in einem weiteren Arbeitsgang Positivkopien hergestellt werden können. Bei Anwendung von Spezialmaterial und Umkehrentwicklung können auch direkt Positive erhalten werden.

In graphischen Betrieben wird heute wegen seiner Wirtschaftlichkeit und auch wegen des besonders hohen Auflösungsvermögens vielfach noch das nasse Kollodiumverfahren ausgeübt. Erst in den letzten Jahrzehnten sind graphische Gelatineemulsionen mit diesem klassischen Verfahren ernstlich in Wettbewerb getreten.

Für die Entwicklung von Repro-Gelatineemulsionen kommen verschiedene Typen von Entwicklern in Frage. Grundsätzlich arbeiten hierfür geeignete Entwickler kontrastreicher als normale Negativentwickler, da Druckvorlagen immer einen geringen Helligkeitsumfang aufweisen. Für rein bildmäßige Vorlagen mit Halbtönen sind normal bis kräftig arbeitende Entwickler verwendbar. Für Strichvorlagen ohne Halbtöne werden besonders kräftig und rapid arbeitende Entwickler angewandt, die höchsten Kontrast und stärkste Deckung ergeben. Der Hauptentwicklertyp ist hierfür Hydrochinon-Ätznatron, bzw. für Spezialmaterial wie Kodalith, Peruprint, Photolith, Reprolith, Hydrochinon-Paraformaldehyd. In der Mikrokopietechnik (Aufnahmen von Vorlagen auf Kleinbildfilm) muß den hierbei auftretenden Anforderungen bezüglich Auflösungsvermögen und Körnigkeit besonders Rechnung getragen werden. Geeignet sind hierfür kräftig arbeitende Tankentwickler oder bei weniger rapid und kräftig arbeitenden Entwicklern kann zur Erreichung genügender Deckung, bzw. höheren Kontrastes, die Entwicklungszeit entsprechend verlängert werden. Das Copyrapid-Verfahren, das in der Dokumentation eine sehr große Verbreitung findet, arbeitet mit einer besonders zusammengesetzten ätzalkalischen Lösung. Normale Entwickler können hierfür nicht verwendet werden.

Bei der Entwicklung von Registrierpapieren spielt der Kontrast eine ganz untergeordnete Rolle, bedeutsam ist bei derartigen Aufnahmen die Entwicklung der geringsten Lichteindrücke. Hierfür kommen demnach neben dem ätzalkalischen p-Aminophenol-Entwickler (s. S. 236) hauptsächlich ebenfalls besondere Spezialentwickler zur Verwendung.

a) Spezial-Entwickler für Kodalith-, Peruline-, Photolith-, Reprolithfilme und ähnliche Materialien

Hydrochinon-Paraformaldehyd-Entwickler

	Ansco 79b	Kodak D-85
Lösung A		
Wasser (von etwa 50° C)	750,0 ccm	750,0 ccm
Natriumsulfit sicc.	1,0 g	30,0 g
Paraformaldehyd	30,0 g	7,5 g
Natriumbisulfit	—	2,2 g
Kaliummetabisulfit	10,5 g	—
Wasser bis auf	1000,0 ccm	—
Lösung B		
Wasser (von etwa 50° C)	750,0 ccm	—
Natriumsulfit sicc.	120,0 g	—
Borsäure	30,0 g	7,5 g
Hydrochinon	90,0 g	22,5 g
Kaliumbromid	60, g	1,0 g
Wasser bis auf	3000,0 ccm	1000,0 ccm
Gebrauchsverdünnung	1 T. A + 2 T. B	—
Entwicklungszeiten bei 18° C	2…3 min	2…3 min

Bei richtiger Belichtung muß das Bild in 30…45 sek erscheinen. Der gebrauchsfertig gemischte Entwickler ist nur kurze Zeit haltbar.

Hydrochinon-Soda-Entwickler

	Ansco 81	Du Pont 82-D
Wasser (von etwa 50° C)	750,0 ccm	750,0 ccm
Natriumsulfit sicc.	55,0 g	30,0 g
Hydrochinon	35,0 g	26,0 g
Soda sicc.	68,0 g	31,0 g
Zitronensäure	5,5 g	—
Kaliummetabisulfit	—	10,0 g
Kaliumbromid	10,0 g	4,0 g
Wasser bis auf	1000,0 ccm	1000,0 ccm
Entwicklungszeiten bei 20° C	3 min	3…3,5 min

Diese Entwickler sind gut haltbar.

b) Entwickler für Strich-Aufnahmen

Hydrochinon-Ätznatron-Entwickler

	Ilford ID-13	Kodak D-8
Lösung A		
Wasser (von etwa 50° C)	750,0 ccm	750,0 ccm
Natriumsulfit sicc.	—	90,0 g
Kaliummetabisulfit	25,0 g	—
Hydrochinon	25,0 g	45,0 g
Kaliumbromid	25,0 g	30,0 g
Wasser bis auf	1000,0 ccm	—
Lösung B		
Natriumhydroxyd	50,0 g	37,5 g
Wasser bis auf	1000,0 ccm	1000,0 ccm
Gebrauchsverdünnung	1 : 1	2 : 1

Entwicklungszeit bei 20° C: 2...3 min.

c) Entwickler für allgemeine Repro-Aufnahmen
(für Kontrast- und Halbton-Aufnahmen)

Metol-Hydrochinon-Soda-Entwickler und Hydrochinon-Pottasche

	Ansco 90	Du Pont 9-D	Du Pont 10-D	Kodak D-11
Wasser (von etwa 50° C) .	jeweils 750,0 ccm			
Metol	5,0 g	1,0 g	—	1,0 g
Natriumsulfit sicc. . . .	40,0 g	75,0 g	15,0 g	75,0 g
Hydrochinon	6,0 g	9,0 g	16,5 g	9,0 g
Soda sicc.	34,0 g	25,0 g	50,0 g	25,5 g
Pottasche	—	—	50,0 g	—
Borsäure	—	—	30,0 g	—
Kaliumbromid	3,0 g	5,0 g	2,0 g	5,0 g
Wasser bis auf	jeweils 1000,0 ccm			

Entwicklungszeiten: Ansco 90 bei 20° C: 4...6 min. Kontrast kann erhöht werden durch Erhöhung des Kaliumbromidgehaltes auf 6 g pro Liter. Du Pont 9-D je nach dem gewünschten Kontrast und dem Filmmaterial 3...8 min bei 20° C. Du Pont 10-D 4...8 min bei 20° C. Kodak D-11 Entwicklungszeit 4 min bei 20° C. Wird geringerer Kontrast gewünscht, so kann der Entwickler mit dem gleichen Volumen Wasser verdünnt werden.

d) Entwickler für Mikrokopiefilme

	Gevaert G. 203	Kodak D-41
Wasser (von etwa 50° C)	750,0 ccm	750,0 ccm
Metol	0,5 g	2,0 g
Natriumsulfit sicc.	50,0 g	100,0 g
Hydrochinon	5,0 g	5,0 g
Soda sicc.	32,0 g	—
Borax	—	5,0 g
Zitronensäure.	2,0 g	—
Kaliumbromid	2,0 g	—
Benzotriazol 0,2%-Lösung	—	5,0 ccm
Wasser bis auf	1000,0 ccm	1000,0 ccm

Entwicklungszeiten bei 20° C 4...7 min.

e) Entwickler für Dokumentenpapiere

	Gevaert G. 254	Gevaert G. 255	Du Pont 57-D
Wasser (von etwa 50° C) .	750,0 ccm	750,0 ccm	750,0 ccm
Metol	—	3,0 g	1,5 g
Natriumsulfit sicc. . . .	100,0 g	60,0 g	19,5 g
Hydrochinon	52,5 g	10,0 g	6,0 g
Soda sicc.	—	45,0 g	24,0 g
Kaliumhydroxyd . . .	25,0 g	—	—
Kaliumbromid	3,0 g	4,0 g	0,8 g
Wasser bis auf		jeweils 1000,0 ccm	

Kaliumhydroxyd wird am besten getrennt in wenig Wasser gelöst und nach dem Erkalten zugefügt. Entwicklungszeit für G. 254: 1,5... ...2 min bei 18° C. G. 255 ist ein Spezialentwickler für wasserfeste Papiere, Entwicklungszeit: etwa 3 min. Entwicklungszeit bei 57-D: 30...60 sec

f) Entwickler für Registrierpapiere

	Du Pont 60-D
Wasser (von etwa 50° C)	750,0 ccm
Metol	5,0 g
Natriumsulfit sicc.	60,0 g
Hydrochinon	7,5 g
Soda sicc.	50,5 g
Kaliumbromid	4,5 g
Wasser bis auf	1000,0 ccm

Entwicklungszeit bei 20° C: 5 min. Der Entwickler ist auch für Röntgenaufnahmen geeignet.

8. Vorschriften für sensitometrische Zwecke
a) Behandlung nach DIN 4512

Entwicklung

Lösung A

Wasser (von etwa 50° C) dest.	300,0 ccm
Metol	2,0 g
Kaliummetabisulfit	15,0 g
Hydrochinon	5,0 g
Kaliumbromid	1,0 g
Wasser dest. bis auf	500,0 ccm

Lösung B

Pottasche	50,0 g
Wasser dest. bis auf	500,0 ccm

Zum Gebrauch werden gleiche Teile der beiden Teillösungen gemischt. Entwickelt wird optimal, d. h. so lange und bei einer solchen Temperatur, daß eine möglichst hohe Empfindlichkeit erreicht wird. Hierbei wird die Oberfläche ununterbrochen mit einem weichen Haarpinsel überfahren. Die Probe muß von einer mindestens 1 cm hohen Entwicklerschicht bedeckt sein.

Fixierung: Normales saures Fixierbad ohne besondere Angabe.

Trocknung: In gleichmäßig bewegter Luft bei Zimmertemperatur.

b) Behandlung nach American Standard Method Z 38.2.1—1947 und British Standard 1380:1947

Entwicklung von Roll- und Packfilmen

Wasser dest. (von etwa 50° C)	750,0 ccm
Metol	2,0 g
Natriumsulfit sicc.	50,0 g
Hydrochinon	4,0 g
Soda sicc.	6,0 g
Kaliumbromid	0,75 g
Wasser dest. bis auf	1000,0 ccm

Entwicklungszeit: 4 min, vorausgesetzt, daß der γ-Wert nicht kleiner als 0,50 ist, anderenfalls Verlängerung der Entwicklungszeit, bis dieser Wert erreicht wird.

Entwicklung von Kleinbildfilmen

Wasser dest. (von etwa 50° C)	750,0 ccm
Metol	2,0 g
Natriumsulfit sicc.	80,0 g
Hydrochinon	4,0 g
Borax	4,0 g
Kaliumbromid	0,5 g
Wasser dest. bis auf	1000,0 ccm

Entwicklungszeit: 8 min, bzw. erforderlichenfalls Verlängerung, bis ein γ-Wert von 0,50 erreicht wird.

Entwicklung von Planfilmen und Platten: Derselbe Entwickler wie für Roll- und Packfilme; Entwicklungszeit: etwa 5 min. Der γ-Wert muß zur Empfindlichkeitsbestimmung zwischen 0,60 und 0,80 liegen.

Entwicklertemperatur: Jeweils $20 \pm 0,5°$ C.

Bewegung während der Entwicklung: In einem Vakuum isolierten Gefäß (Dewar-Gefäß) von 22 cm Länge und 4 cm innerem Durchmesser, jede Sekunde 45° über und unter der Horizontalen bewegt.

Fixierung

Natriumthiosulfat krist.	250,0 g
Natriumsulfit sicc.	10,0 g
Natriumbisulfit	25,0 g
Wasser bis auf	1000,0 ccm

Fixierzeit: 15 min bei 20° C.

Wässerung: In Wasser von $20 \pm 5°$ C.

Trocknung: In bewegter Luft von $20 \pm 5°$ C.

c) Behandlung nach dem französischen Normenvorschlag Pr S 20-002

Entwicklung

Wasser dest. (von etwa 50° C)	750,0 ccm
Metol	2,0 g
Natriumsulfit sicc.	50,4 g
Hydrochinon	4,0 g
Soda sicc.	10,0 g
Kaliumbromid	1,0 g
Wasser dest. bis auf	1000,0 ccm

Entwicklertemperatur: $20 \pm 0,3°$ C.

Unterbrecherbad:

Natriumbisulfit	50,0 g
Wasser bis auf	1000,0 ccm

Behandlungsdauer: 30 ± 5 sec bei $20 \pm 10°$ C.

Fixierung:

    Natriumthiosulfat krist. . . . . 250,0 g
    Natriumbisulfitlauge (D 15° = 1,32 — 1,33) .   20,0 ccm
    Wasser bis auf . . . . 1000,0 ccm

Fixierdauer: Das Doppelte der Zeit, die zum Verschwinden der milchigen Trübung erforderlich ist, $\pm$ 2 Minuten.

Wässerung: In fließendem Wasser 90 $\pm$ 30 min bei 20 $\pm$ 5° C.

Trocknung: Bei 20° C und 70% relativer Luftfeuchtigkeit.

d) Entwickler für wissenschaftliche Sensitometrie

(8. Intern. Kongreß, Dresden 1931).

    p-Aminophenol salzsauer . . . .   7,25 g
    Natriumsulfit sicc. . . . . 50,0 g
    Soda sicc. . . . .   50,0 g
    Wasser bis auf . . . . 1000,0 ccm

9. Positiv-Entwickler

a) Diapositiv-Entwickler

Für die Entwicklung von Diapositiven (Filmen und Platten) sind grundsätzlich alle Papierentwickler in etwas stärkerer Verdünnung (1 : 1 bis 1 : 2) geeignet. Bei richtiger Belichtung sind Diapositive in etwa 2 bis 3 min ausentwickelt. Die unbelichteten Stellen im Diapositiv müssen glasklar sein. Ist dies nicht der Fall, so können sie in verdünntem FARMERschen Abschwächer geklärt werden; diese Maßnahme ist meistens immer empfehlenswert.

Diapositiv-Entwickler für warme Bildtöne, Kodak D-32

    Lösung A

    Wasser (von etwa 50° C) . . . . 500,0 ccm
    Natriumsulfit sicc. . . . .   6,3 g
    Hydrochinon . . . .   7,0 g
    Kaliumbromid . . . .   3,5 g
    Zitronensäure. . . . .   0,7 g
    Wasser bis auf . . . . 1000,0 ccm

    Lösung B

    Kaltes Wasser . . . . 1000,0 ccm
    Soda sicc. . . . .   30,0 g
    Ätznatron . . . .   4,2 g

Gebrauchsverdünnung: 1 Teil Lösung A + 1 Teil Lösung B, für wärmere Töne 1 Teil A + 2 Teile B.

Entwicklungszeit bei 21° C: etwa 5 min.

Diapositiv-Entwickler für braune bis Rötel-Töne, Ilford ID-37

    Lösung A

    Wasser (von etwa 50° C) . . . . 750,0 ccm
    Pyrogallol . . . .   12,0 g
    Kaliummetabisulfit . . . .   4,0 g
    Wasser bis auf . . . . 1000,0 ccm

    Lösung B

    Wasser (von etwa 50° C) . . . . 750,0 ccm
    Soda sicc. . . . .   35,0 g
    Natriumsulfit sicc. . . . . 50,0 g
    Kaliumbromid . . . .   2,0 g
    Wasser bis auf . . . . 1000,0 ccm

Lösung C

Wasser (von etwa 50° C)	750,0 ccm
Ammoniumkarbonat	100,0 ccm
Ammoniumbromid	100,0 ccm
Wasser bis auf	1000,0 ccm

Bildton in Abhängigkeit von der Belichtung, Zusammensetzung des Entwicklers und der Entwicklungszeit

Bildton	relative Belichtung	Entwickler-Zusammensetzung ccm			Entw.-Zeit in min
		A	B	C	
Warmschwarz . .	1	100	100	—	2,5
Sepia	1,5	100	100	10	3
Braun.	2	100	100	25	4
Rotbraun	4	100	100	50	6
Rötel	8	100	100	100	18

Kine-Positiv-Entwickler

geeignet für Tank- und insbesondere für Maschinenentwicklung

	Agfa 20 kräftig	Agfa 21 weich	Agfa 22 Titel	Du Pont 121-D	Du Pont 125-D kräftig	Kodak D-16	Kodak D-16R	Du Pont 104-D f. Ton
Wasser (von etwa 50° C)				jeweils 750,0 ccm				
Metol	2,0 g	0,9 g	0,8 g	1,4 g	1,5 g	0,3 g	0,3 g	0,4 g
Natriumsulfit sicc..	25,0 g	26,0 g	40,0 g	60,0 g	60,0 g	38,0 g	38,0 g	50,0 g
Hydrochinon . . .	4,0 g	6,6 g	8,0 g	6,2 g	15,0 g	6,0 g	9,0 g	2,2 g
Soda sicc.	18,5 g	32,0 g	—	48,0 g	54,5 g	19,0 g	38,0 g	—
Pottasche	—	—	50,0 g	—	—	—	—	—
Borax	—	—	—	—	—	—	—	1,2 g
Zitronensäure. . .	—	—	—	—	—	0,7 g	0,7 g	0,4 g
Kaliummetabisulfit	—	4,75 g	—	—	—	1,4 g	1,4 g	—
Kaliumbromid . .	2,0 g	0,9 g	5,0 g	1,8 g	4,5 g	0,9 g	—	—
Wasser bis auf . .				jeweils 1000,0 ccm				
Entwicklungszeit bei 20° C in min.	3—4	3—4	5—8	3—5	3—4	5—10	—	—

b) Entwickler für Positiv-Papiere

α) Entwickler für neutralschwarze Bildtöne

	Ansco 130	Gevaert G. 251	Du Pont 56-D	Kodak D-72
Wasser (von 50° C)		jeweils 750,0 ccm		
Metol	2,2 g	1,5 g	3,3 g	3,1 g
Natriumsulfit sicc.	50,0 g	25,0 g	33,5 g	45,0 g
Hydrochinon	11,0 g	6,0 g	10,0 g	12,0 g
Soda sicc.	66,0 g	40,0 g	56,0 g	68,0 g
Kaliumbromid	5,5 g	1,0 g	3,3 g	1,9 g
Glyzin.	11,0 g	—	—	—
Wasser bis auf		jeweils 1000,0 ccm		
Gebrauchsverdünnung . .	1 : 1	—	1 : 2	1 : 1
Entwicklungszeit bei 20° C:				
Gaslichtpapiere	1,5—3	1—1,5	1	1
Bromsilber.	2—6	1,5—2	1—2	—

β) Entwickler für blauschwarze Bildtöne (bei Chlorsilberpapieren)

	Ansco 103	Gevaert G. 252	DuPont 54-D
Wasser (von etwa 50° C)	jeweils 750,0 ccm		
Metol	3,5 g	2,5 g	2,7 g
Natriumsulfit sicc.	45,0 g	25,0 g	40,0 g
Hydrochinon	11,5 g	6,0 g	10,6 g
Soda sicc.	66,0 g	46,0 g	75,0 g
Kaliumbromid	1,2 g	0,5 g	0,8 g
Wasser bis auf	jeweils 1000,0 ccm		
Gebrauchsverdünnung	1 : 2	—	1 : 2
Entwicklungszeit bei 20° C in min .	1—1,5	1	1

γ) Entwickler für warmschwarze Bildtöne

	Ansco 135	DuPont 51-D	Kodak D-52
Wasser (von etwa 50° C)	jeweils 750,0 ccm		
Metol	1,6 g		1,5 g
Natriumsulfit sicc.	24,0 g		22,5 g
Hydrochinon	6,6 g		6,3 g
Soda sicc.	20,5 g		15,0 g
Kaliumbromid	2,6 g		1,5 g
Wasser bis auf	jeweils 1000,0 ccm		
Gebrauchsverdünnung	1 : 1		1 : 1
Entwicklungszeit bei 20° C in min .	1,5—2		1,5—2

δ) Weicharbeitende Papier-Entwickler

	Ansco 120	DuPont 59-D	Gevaert G. 253
Wasser (von etwa 50° C)	jeweils 750,0 ccm		
Metol	12,5 g	3,0 g	3,0 g
Natriumsulfit sicc. . . ·	36,0 g	36,0 g	20,0 g
Soda sicc.	32,0 g	18,0 g	20,0 g
Kaliumbromid	1,8 g	4,0 g	1,0 g
Wasser bis auf	jeweils 1000,0 ccm		
Gebrauchsverdünnung	1 : 2	1 : 3	1 : 1
Entwicklungszeit bei 20° C in min .	1—3	3—4	1—2

ε) Amidol-Entwickler für Bromsilberpapiere

	Ansco 113	DuPont 61-D
Wasser (von etwa 20° C)	750,0 ccm	750,0 ccm
Natriumsulfit sicc.	44,0 g	15,4 g
Amidol	6,6 g	3,8 g
Kaliumbromid	0,55 g	0,25 g
Wasser bis auf	jeweils 1000,0 ccm	
Entwicklungszeit bei 20° C in min . . .	1—2	2—3

Entwickler ist nur kurze Zeit brauchbar.

ζ) Entwickler für braune bis rotbraune Bildtöne

	Ansco 110	Gevaert G. 261	Gevaert G. 265
Wasser (von etwa 50° C)	jeweils 750,0 ccm		
Natriumsulfit sicc.	57,0 g	40,0 g	40,0 g
Hydrochinon	22,5 g	6,0 g	6,0 g
Soda sicc.	63,75 g	30,0 g	30,0 g
Natriumbikarbonat	—	—	10,0 g
Glyzin	—	6,0 g	6,0 g
Wasser bis auf	jeweils 1000,0 ccm		

	Ansco 110	Gevaert G. 261	Gevaert G. 265
Gebrauchsverdünnung je nach dem gewünschten Bildton bis . . .	1 : 5	1 : 4	1 : 4
Belichtungszeit-Verlängerung . .	3—4mal	3—8mal	3—5mal
Entwicklungszeit je nach Verdünnung und Belichtung bei 20° C in min.	5—7	7—10	3—10

Je stärker die Verdünnung, um so rötlicher der Bildton.

c) Zweischalen-Entwicklung für Photopapiere

Normalerweise wird zur Entwicklung von Positivpapieren nur ein einziger Entwickler verwendet. Vielfach werden hierbei besonders bei sehr detailreichen Negativen nur unbefriedigende Ergebnisse erzielt. Die Zweischalen-Entwicklungsmethode kann bei diesen schwierigen Vergrößerungen manchmal sehr wertvoll sein. Bei dieser Methode werden zwei Positiventwickler nebeneinander verwendet, und zwar werden die Bilder zunächst in einem weich arbeitenden Entwickler (z. B. Ansco 120) anentwickelt und anschließend ohne Unterbrechung in einem brillant arbeitenden Entwickler (z. B. Ansco 125) ausentwickelt. Der erste Entwickler hat die größere Wirkung, er bestimmt insbesondere die Wiedergabe der Lichter. Die Belichtungs- und Entwicklungszeit wird dementsprechend gewählt (1...3 min). Im zweiten Entwickler erhalten die Schatten Tiefe (Entwicklerzeit: 0,5...1 min).

10. Gerbende Entwickler

(Die Schicht wird entsprechend der Schwärzung gegerbt)

Sulfitfreier Brenzkatechin-Entwickler

Lösung A

Wasser	750,0 ccm
Schwefelsäure 10%	2,0 ccm
Brenzkatechin	10,0 g
Kaliumbromid	2,0 g

Lösung B

Wasser	750,0 ccm
Pottasche	50,0 g
Wasser bis auf	1000,0 ccm

Zum Gebrauch werden gleiche Teile der Lösungen A und B gemischt.

Pyrogallol-Entwickler

Lösung A

Wasser	750,0 ccm
Natriumsulfit sicc.	10,0 g
Schwefelsäure 10%	5,0 ccm
Pyrogallol	30,0 g
Kaliumbromid	2,0 g
Wasser bis auf	1000,0 ccm

Lösung B

Wasser	750,0 ccm
Soda sicc.	40,0 g
Wasser bis auf	1000,0 ccm

Zum Gebrauch werden je 1 Teil Lösung A und B und 2 Teile Wasser gemischt.

11. Fixier-Entwickler

Brenzkatechin-Fixiernatron-Entwickler, Ellon

Lösung A

Wasser von etwa 20° C	300,0 ccm
Natriumsulfit sicc.	75,0 g
Brenzkatechin	35,0 g
Ätznatron	35,0 g
Wasser bis auf	500,0 ccm

Lösung B

Fixiernatron krist.	100,0 g
Wasser bis auf	500,0 ccm

Zum Gebrauch werden gemischt: 120 ccm Lösung A, 200 ccm Lösung B und 300 ccm Wasser.

Amidol-Fixier-Entwickler, Lumière und Seyewetz

Wasser (von etwa 20° C)	750,0 ccm
Natriumsulfit sicc.	40,0 g
Amidol	5,0 g
Natriumtriphosphat	20,0 g
Fixiernatron krist.	25—50 g
Wasser bis auf	1000,0 ccm

Entwicklungszeit bei 18° C: etwa 15...20 min.

Fixier-Entwickler für Ferrotyp-Platten

(Schnellphotographien auf Blech)

Wasser (von etwa 50° C)	750,0 ccm
Natriumsulfit sicc.	15,5 g
Hydrochinon	20,0 g
Soda sicc.	3,0 g
Kaliumbromid	8,0 g
Fixiernatron krist.	248,0 g
Ammoniak, spez. Gew. 0,910	45,0 ccm
Wasser bis auf	1000,0 ccm

Es entsteht ein sehr helles Silberbild.

Fixier-Entwickler, Keller, Mätzig und Möglich (1944)

Lösung A

Kalialaun	40,0 g
Wasser	etwa 400,0 ccm

Lösung B

Ätznatron	30,0 g
Wasser	etwa 200,0 ccm

Die Lösung A wird langsam unter Bewegung in die Lösung B gegossen, so daß sich immer wieder das ausgefällte Aluminium auflöst.

In der Mischlösung A + B werden aufgelöst 23,0 g Glyzin und hinzugefügt *Lösung C*.

Lösung C

Wasser	etwa 200,0 ccm
Natriumsulfit sicc.	50,0 g
Kaliumbromid	7,0 g
Natriumthiosulfat krist.	etwa 100,0 g

Zum Schlusse wird die Lösung mit Wasser auf 1000,0 ccm ergänzt.

Entwicklungszeit für Gamma = 0,6: 10 min bei 18° C, $5^{1}/_{2}$ min bei 30° C, wobei keine Bewegung stattfindet. Durch Bewegung werden die Zeiten wesentlich verkürzt. Das Bad ist sehr gut haltbar.

B. Unterbrecherbäder

1. Nicht härtende saure Unterbrecherbäder

Saure Unterbrecherbäder werden fast ausschließlich bei der Verarbeitung von Papieren verwendet.

a) Essigsäure-Unterbrecherbad

	für Papiere	für Kodalith- u. ähnl. Filme
Wasser	1000,0 ccm	1000,0 ccm
Eisessig 98/100%	20,0 ccm	35,0 ccm
oder		
(Essigsäure 80%)	25,0 ccm	45,0 ccm

b) Kaliummetabisulfit-Unterbrecherbad

Wasser bis auf	1000,0 ccm
Kaliummetabisulfit	40,0 g

c) Nicht quellendes, saures Unterbrecherbad, Kodak SB-5 (für Negativ-Material)

Wasser	500,0 ccm
Eisessig 98/100%	8,0 ccm
oder (80% Essigsäure)	10,0 ccm
Natriumsulfat sicc.	45,0 g
oder (krist.)	105,0 g
Wasser bis auf	1000,0 ccm

In einem Liter können etwa 20 Roll- oder Kleinbildfilme behandelt werden. Dieses Bad kann zur Behandlung bis 27° C verwendet werden. Bei Temperaturen unter 24° C ist seine Verwendungsdauer größer. Seine Ergiebigkeit wird wesentlich vergrößert, wenn die Filme nach der Entwicklung kurz abgespült werden.

Behandlungsdauer 1...2 min.

2. Härtende Unterbrecherbäder

Zur Verwendung bei der Verarbeitung von Negativmaterial bei hohen Temperaturen (Tropen).

	Ansco 216	Kodak SB-4
Wasser (von etwa 50° C)	750,0 ccm	750,0 ccm
Chromalaun	30,0 g	30,0 g
Natriumsulfat sicc.	—	60,0 g
oder (krist.)	—	140,0 g
Wasser bis auf	1000,0 ccm	1000,0 ccm

Die Bäder sind in frischem Zustand blauviolett, durch den Gebrauch werden sie allmählich gelbgrün und haben dann keine gerbenden Eigenschaften mehr.

Wenn sich beim Ansatz ein grüner Niederschlag bildet, so kann dieser vermieden werden durch Zusatz von 2 ccm Schwefelsäure konz.

Es ist empfehlenswert, das Material kurz (1 sek) mit Wasser abzuspülen und dann in das Härtebad zu bringen. Behandlungsdauer: etwa 3 min.

Saures Härte-Unterbrecherbad, Du Pont 2-S

Wasser (von etwa 50° C)	750,0 ccm
Chromalaun	15,0 g
Eisessig 98/100%	6,5 ccm

Negativmaterial kann ohne Zwischenspülung in das Bad gebracht werden. Behandlungsdauer: 3...5 min.

C. Fixierbäder

Die heutigen Fixierbadvorschriften weisen keine generellen Unterschiede auf, es bestehen nur geringfügige Unterschiede in den Mengenverhältnissen.

Beim Ansatz beachte man, daß es zwei verschiedene Sorten von Natriumthiosulfat gibt:

Natriumthiosulfat krist. in Kristallen oder Perlen ($Na_2S_2O_3 \cdot 5\,H_2O$, Molekulargewicht 248),
Natriumthiosulfat sicc. ($Na_2S_2O_3$, Molekulargewicht 158).

Bei den folgenden Ansatzvorschriften ist die Verwendung von Natriumthiosulfat krist. zugrunde gelegt. Wird an Stelle dieses Salzes Natriumthiosulfat sicc. verwendet, so ist jeweils diese Mengenangabe mit dem Faktor 0,6 zu multiplizieren; es wird von diesem Salz entsprechend dem Verhältnis der Molekulargewichte weniger benötigt.

1. Saure, nicht härtende Fixierbäder

	f. Negative u. Positive Kodak F-24	f. Röntgen Gevaert G. 301B
Wasser (von etwa 50° C)	750,0 ccm	750,0 ccm
Natriumthiosulfat, krist. .	240,0 g	300,0 g
Kaliummetabisulfit oder Natriumbisulfit	25,0 g	25,0 g
Natriumsulfit sicc.[1] . . .	10,6 g	10,0 g
Wasser bis auf	1000,0 ccm	1000,0 ccm

Fixierzeit für Negativmaterial 5...10 min bei 20° C.

[1] Natriumsulfit kann auch entbehrt werden, nach verschiedenen Autoren soll dadurch die Stabilität erhöht werden.

2. Härtende Fixierbäder

a) mit Chromalaun

Kodak F-16

Lösung A

Wasser (von etwa 50° C) . . . . 2000,0 ccm
Natriumthiosulfat, krist. . . . . 960,0 g
Natriumsulfit sicc. . . . . 60,0 g
Wasser bis auf . . . . 3000,0 ccm

Lösung B

Wasser (von etwa 50° C) . . . . 1000,0 ccm
Chromalaun . . . . 60,0 g
Schwefelsäure, konz.[1] . . . . 8,0 ccm

[1] Die Schwefelsäure muß der Lösung und keinesfalls umgekehrt zugefügt werden, da sonst Verspritzen eintreten kann.

Zur Herstellung der Gebrauchslösung wird die Lösung B langsam und unter Umrühren der Lösung A zugesetzt (nicht umgekehrt!)

Das frische Bad hat gut härtende Eigenschaften, es zersetzt sich jedoch sehr leicht und verliert seine Härtewirkung, auch wenn es nicht gebraucht wird. Verbrauchte Bäder setzen sehr leicht Schlamm auf Negativen ab. Dieser muß vor der Trocknung durch Abreiben entfernt werden.

b) Kalialaun-Härtefixierbäder

Härtefixierbad für Filme, Platten und Papiere, Kodak F-5

Wasser (von etwa 50° C)	600,0 ccm
Natriumthiosulfat krist.	240,0 g
Natriumsulfit sicc.	15,0 g
Eisessig 98/100%	60,0 ccm
Borsäure	7,5 g
Kalialaun	15,0 g
Wasser bis auf	1000,0 ccm

Die Chemikalien müssen in der angegebenen Reihenfolge gelöst werden, wobei darauf zu achten ist, daß jede Substanz vollständig gelöst ist, bevor die nächste zugefügt wird.

Fixierzeit für Negative in frischem Bad: etwa 10 min.

Ergiebigkeit: etwa 30 Roll- oder Leicafilme in 1 Liter Fixierbad.

Dieses Fixierbad kann auch unter Verwendung einer Härte-Vorratslösung angesetzt werden:

Härte-Vorratslösung, Kodak F-5a

Wasser (von etwa 50° C)	600,0 ccm
Natriumsulfit sicc.	75,0 g
Eisessig 98/100 ccm	65,8 ccm
Borsäure	37,5 g
Kalialaun	75,0 g
Wasser bis auf	1000,0 ccm

Die Chemikalien sind in der angegebenen Reihenfolge zu lösen, Natriumsulfit muß vor Zugabe der Essigsäure vollständig gelöst sein, da sonst Schwefelausscheidung erfolgt.

Zur Herstellung eines Härtefixierbades wird 1 Teil dieser Härte-Vorratslösung zu 4 Teilen einer 30%igen Natriumthiosulfat-Lösung zugesetzt (300 g Natriumthiosulfat krist. in 1 Liter Wasser gelöst).

Eigenschaften dieses Bades wie Kodak F-5.

Härtefixierbad für Negative und Positive, Kodak F-6

ohne Schwefeldioxyd-Geruch

Wasser (von etwa 50° C)	600,0 ccm
Natriumthiosulfat krist.	240,0 g
Natriumsulfit sicc.	15,0 g
Eisessig 98/100%	13,5 ccm
oder	
Essigsäure 80%	17,0 ccm
Kodalk oder Natriummetaborat	15,0 g
Kalialaun	15,0 g
Wasser bis auf	1000,0 ccm

Beachte Auflösungsvorschrift wie bei den vorstehenden Bädern.

Ansatz mit Härte-Vorratslösung, Kodak F-6a

Wasser (von etwa 50° C)	600,0 ccm
Natriumsulfit sicc.	75,0 g
Eisessig 98/100%	65,8 ccm
oder	
Essigsäure 80%	82,25 ccm
Kodalk oder Natriummetaborat	75,0 g
Kalialaun	75,0 g
Wasser bis auf	1000,0 ccm

1 Teil dieser Härte-Vorratslösung wird zu 4 Teilen einer kalten 30%igen Natriumthiosulfat-Lösung zugesetzt (300 g Natriumthiosulfat krist. gelöst in 1 Liter Wasser).

Härtendes Fixierbad, Kodak F-25

für Kinefilme und 35-mm-Kleinbildfilme

Wasser (von etwa 50° C)	500,0 ccm
Natriumthiosulfat krist.	300,0 g
Natriumsulfit sicc.	5,0 g
Eisessig 98/100%	10,0 ccm
Borsäure	5,0 g
Kalialaun	10,0 g
Wasser bis auf	1000,0 ccm

Die Chemikalien werden in der angegebenen Reihenfolge gelöst, wobei jeweils auf restlose Lösung der vorhergehenden zu achten ist.

Dieses Bad bleibt im Gebrauch sehr gut klar und ist sehr ergiebig. In 1 Liter Fixierbad können etwa 30 m Kinefilm 35 mm fixiert werden.

Härte-Vorratslösung, Kodak F-25a

für Kinefilme und Kleinbildfilme

Wasser (von etwa 50° C)	500,0 ccm
Natriumsulfit sicc.	25,0 g
Eisessig 98/100%	50,0 ccm
Borsäure	25,0 g
Kalialaun	50,0 g
Wasser bis auf	1000,0 ccm

Die Chemikalien müssen nacheinander gelöst werden und müssen vor Zugabe der nächsten jeweils vollständig gelöst sein.

Wird dieses Bad zur Behandlung bei Temperaturen über 21° C verwendet, so ist der Natriumsulfitgehalt auf das Doppelte zu erhöhen.

Zum Gebrauch wird 1 Teil dieser Lösung zu 4 Teilen einer 30%igen Natriumthiosulfatlösung (300 g gelöst in 1000 ccm Wasser) hinzugefügt.

Bei diesem Bad findet innerhalb 3 bis 4 Wochen während des Gebrauches keine Schwefelabscheidung statt.

Härtefixierbad für sehr stark alkalische Entwickler, Kodak F-10

Wasser (von etwa 50° C)	500,0 ccm
Natriumthiosulfat krist.	330,0 g
Natriumsulfit sicc.	7,5 g
Kodalk oder Natriummetaborat	30,0 g
Eisessig 98/100%	10,0 ccm
oder	
Essigsäure 80%	12,5 ccm
Kalialaun	22,5 g
Wasser bis auf	1000,0 ccm

Die Chemikalien sind in der angegebenen Reihenfolge zu lösen und vor Zugabe müssen die vorhergehenden vollständig gelöst sein.

3. Schnellfixierbäder

a) Nichthärtendes Schnellfixierbad mit Ammoniumchlorid

Wasser (von etwa 50° C)	600,0 ccm
Natriumthiosulfat krist.	225,0 g
Natriumbisulfit oder	
Kaliummetabisulfit	20,0 g
Ammoniumchlorid	20,0 g
Wasser bis auf	1000,0 ccm

b) Härtende Schnellfixierbäder mit Ammoniumchlorid

Kodak F-7

Wasser (von etwa 50° C)	600,0 ccm
Natriumthiosulfat krist.	360,0 g
Ammoniumchlorid	50,0 g
Natriumsulfit sicc.	15,0 g
Eisessig 98/100%	13,0 ccm
oder	
Essigsäure 80%	16,25 ccm
Borsäure	7,5 g
Kalialaun	15,0 g
Wasser bis auf	1000,0 ccm

Die Chemikalien müssen in der angegebenen Reihenfolge aufgelöst werden.

Dieses Schnellfixierbad ist als Negativ- und Positiv-Fixierbad zu verwenden. Es hat eine sehr hohe Ergiebigkeit und Fixiergeschwindigkeit. Feinkornfilme und Papiere dürfen nicht über die erforderliche Zeit fixiert werden, da sonst Abschwächung erfolgt. Eine Abschwächung des Silberbildes tritt besonders leicht bei Bildern mit warmen Tönen auf. Ammoniumchlorid greift auch nichtrostende Stahlgefäße an. Bei Verwendung von derartigen Arbeitsgefäßen ersetzt man 50 g Ammoniumchlorid durch 60 g Ammoniumsulfat.

Schnellfixierbad-Vorratslösung, Kodak F-8

Wasser (von etwa 50° C)	500,0 ccm
Natriumthiosulfat krist.	360,0 g
Ammoniumchlorid	50,0 g

Nach vollständiger Lösung werden hierzu 200,0 ccm Härte-Vorratslösung Kodak F-5a hinzugefügt und der Ansatz auf 1000,0 ccm mit Wasser ergänzt.

c) Schnellfixierbäder mit Ammoniumthiosulfat

Härtefixierbad mit Chromalaun, Kodak ATF-2 für Negative

Wasser	700,0 ccm
Ammoniumthiosulfat 60%	185,0 ccm
oder	
Ammoniumthiosulfat	110,0 g
Natriumsulfit sicc.	15,0 g
Schwefelsäure 5%	80,0 ccm
Chromalaun	15,0 g
Wasser bis auf	1000,0 ccm

Fixierzeit 1...2 min. Das Bad ist nicht zur Fixage von Papieren geeignet.

Durch Verschleppung von Entwickler wird das saure Bad neutralisiert und verliert seine härtenden Eigenschaften. Als Unterbrecherbad für dieses Schnellfixierbad ist besonders geeignet eine Lösung von 30 g Natriumbisulfat in 1 Liter Wasser.

Härtefixierbad mit Chromalaun, Kodak ATF-3

Wasser	700,0 ccm
Ammoniumthiosulfat	200,0 g
Natriumsulfit sicc.	15,0 g
Amidosulfosäure	9,0 g
Chromalaun	13,0 g
Wasser bis auf	1000,0 ccm

Dieses Bad hat dieselben Eigenschaften wie das vorhergehende. Die Amidosulfosäure bildet in Lösung infolge Hydrolyse Ammoniumbisulfat.

Härtefixierbad mit Kalialaun, Kodak ATF-5

für Negative und Papiere

Wasser	700,0 ccm
Ammoniumthiosulfat	200,0 g
Natriumsulfit sicc.	15,0 g
Eisessig 98/100%	15,4 ccm
oder	
Essigsäure 80%	19,0 ccm
Borsäure	7,5 g
Kalialaun	15,0 g
Wasser bis auf	1000,0 ccm

Fixierdauer *für Negative* 3...4 min. Wenn die Klärzeit 7...8 min erreicht hat, ist es erschöpft und muß erneuert werden.

Für Papiere ist das Bad mit der gleichen Menge Wasser zu verdünnen. Fixierdauer etwa 1 min. Positive dürfen in diesem Bad nicht über 10 min belassen werden.

d) Schnellfixierbad mit Kaliumrhodanid, Du Pont 9-F

Kaliumrhodanid	100,0 g
Kalialaun	50,0 g
Wasser bis auf	1000,0 ccm

Nach Lösung werden hinzugefügt:

Eisessig 98/100%	25,0 ccm

4. Fixiernatron-Zerstörer

zur Erhöhung der Haltbarkeit von photographischen Papieren

Kodak HE-1

Wasser	500,0 ccm
Wasserstoffsuperoxyd 3%	125,0 ccm
Ammoniak 3%	100,0 ccm
Wasser bis auf	1000,0 ccm

Die Papiere werden zunächst in fließendem Wasser 30 Minuten gewaschen, anschließend werden sie 6 Minuten in diese Lösung gelegt und nochmals 10 Minuten gewaschen. Bei dieser Behandlung können gelegentlich Fehler auftreten:

1. Blasenbildung. Diese Erscheinung wird vermieden, wenn die Papiere vor der Trocknung 3 min in eine 1%ige Formalinlösung gelegt werden.

2. Veränderung des Bildtones. Zur Vermeidung dieses Fehlers werden obigem Bad 1 g Kaliumbromid pro Liter zugesetzt.

3. Gelbfärbung der Weißen. In diesem Falle müssen die Bilder im Anschluß an obige Behandlung 2 min in eine 1%ige Natriumsulfitlösung gelegt werden. Darnach erfolgt eine nochmalige Wässerung von 10 min und dann Trocknung.

Als Fixiernatronzerstörer ist nach EDER auch eine 0,2%ige Chloraminlösung geeignet.

5. Fixiernatron-Test

zur Feststellung des Auswässerungsgrades bei photographischen Papieren und auch Negativen

Test nach Du Pont 1-WT

Lösung A	*Lösung B*	*Lösung C*
Wasser . . . . . 30,0 ccm	Stärke . . . . . 2,5 g	Unterchlorige Säure
Kaliumjodid . . . 30,0 g	warm gelöst in . 500,0 ccm	konz.. . 30,0 ccm
Jod resubl. . . . 13,5 g		Wasser . . 270,0 ccm
Wasser bis auf . . 500,0 ccm		

Zum Gebrauch werden gemischt:

Lösung B . . . . 60,0 ccm
Lösung A . . . . 3,5 ccm
Lösung C . . . . 3,5 ccm
Wasser bis auf . . . . 500,0 ccm

Diese gebrauchsfertige Lösung ist tiefblau. Man läßt in einem Reagenzglas zu etwa 4 ccm dieser Lösung die gleiche Menge Tropfwasser von den Negativen oder Positiven zutropfen. Bleibt die Blaufärbung bestehen oder erfolgt nur eine geringe Aufhellung, so ist die Auswässerung beendigt. Wird die Lösung dagegen entfärbt, so muß die Wässerung weiter fortgesetzt werden.

Hypo-Test, HT-1a

Wasser dest. . . . . 180,0 ccm
Kaliumpermanganat. . . . . 0,3 g
Ätznatron . . . . 0,6 g
Wasser bis auf . . . . 1000,0 ccm

Zur Prüfung des Auswässerungsgrades von Negativen wird 1 ccm dieser Vorratslösung mit 250 ccm Wasser verdünnt. In diese verdünnte Lösung läßt man von einem Roll- oder Kleinbildfilm (Spule B II-8 oder 35 mm Leicafilm) 30 Sekunden lang Waschwasser zutropfen. Enthält dieses Waschwasser geringe Spuren von Thiosulfat, so entfärbt sich die Lösung zu Orangefarbe, bei höherem Gehalt an Thiosulfat erfolgt Gelbfärbung. Die Wässerung muß so lange fortgesetzt werden, bis die violette Farbe bestehen bleibt.

Bei anderen Formaten wird eine entsprechende Menge der Prüflösung verwendet. 250 ccm Prüflösung werden benötigt bei Verwendung von etwa 500 qcm Filmfläche.

Bei der Prüfung von Papieren wird 1 ccm Testlösung mit 150,0 ccm Wasser verdünnt.

Zu 15 ccm dieser verdünnten Prüflösung läßt man das Tropfwasser von 6 Bildern 9 × 12 oder entsprechender Größe während 30 sek zutropfen. Sind nur geringe Fixiernatronspuren noch vorhanden, so entfärbt sich die Lösung während dieser 30 sek zu orange und im Verlauf von 1 min wird die Lösung ganz farblos. Erfolgt die Entfärbung schneller, so enthält die Schicht noch sehr viel größere Mengen von Fixiernatron und die Wässerung muß fortgesetzt werden.

In manchen Fällen erfolgt bei diesem Test auch eine Entfärbung durch organische Substanzen im Waschwasser. In diesem Falle muß eine Vergleichsprüfung in sauberem Waschwasser vorgenommen werden.

6. Goldschutzbad

zur Erhöhung der Haltbarkeit von photographischen Negativen und Bildern, *Kodak GP-1*

Kodak GP-1

Wasser . . . . 750,0 ccm
Goldchlorid, 1%ige Lösung . . . . 10,0 ccm
Kalium- oder Natriumrhodanid, 10%ige Lösung 100,0 ccm
Wasser bis auf . . . . 1000,0 ccm

Zur Behandlung werden die gut gewässerten Bilder 10 min in dieses Bad gelegt, bis eine deutliche Veränderung des Bildtones eintritt. Anschließend erfolgt nochmals 10 min Wässern in fließendem Wasser.

Ergiebigkeit: In einem Liter können etwa 8 bis 10 Bilder 18 × 24 cm behandelt werden.

Dieses Bad ist auch vorzüglich geeignet zur Behandlung von Negativen, wenn es auf sehr große Haltbarkeit ankommt.

D. Abschwächer für Negative

Je nach der zu erzielenden Wirkung kann man vier verschiedene Arten von Abschwächern unterscheiden (G. LUTHER, 1910):

1. subtraktive,
2. proportionale,
3. super-proportionale und
4. sub-proportionale.

Subtraktive Abschwächer bewirken eine gleichmäßige Abschwächung aller Schwärzungen bei längerer Einwirkungszeit. Bei kurzer Einwirkungsdauer arbeiten diese meistens *sub-proportional* zur Klärung der Schatten und zur Erhöhung des Kontrastes. Der Haupttyp eines subtraktiv und auch sub-proportional wirkenden Abschwächers ist der rote Blutlaugensalz-Abschwächer nach E. H. FARMER (1883). Bei der *proportionalen* Abschwächung findet eine Kontrastverminderung statt. Diese ist erforderlich bei überentwickelten Aufnahmen. Saure Kaliumpermanganat-Lösungen verkörpern den Abschwächertyp mit proportionaler Wirkung.

Den Typ für *super-proportionale* Wirkung stellt Ammoniumpersulfat dar. Bei diesem Abschwächer werden vor allem die höchsten Lichter in ihrer Dichte gemindert, er dient zur Korrektur von Negativen mit hohem Objektumfang, die überentwickelt wurden.

Kaliumferrizyanid-Abschwächer nach Farmer

Subtraktive Wirkung zur Verminderung der allgemeinen Dichte (Überbelichtung) und zur Klärung von verschleierten Negativen (sub-proportionale Wirkung).

Lösung A	Eder	Kodak R-4a
Kaliumferrizyanid.	25,0 g	18,75 g
Wasser bis auf	500,0 ccm	250,0 ccm
Lösung B		
Natriumthiosulfat krist.	50,0 g	240,0 g
Wasser bis auf	1000,0 ccm	1000,0 ccm

Gebrauchsvorschrift nach EDER: 100 ccm Lösung B werden 20... ...30 ccm der Lösung A zugesetzt.

Gebrauchsvorschrift für *Kodak R-4a:* 30 ccm Lösung A + 120 ccm Lösung B + Wasser bis auf 1000 ccm.

Die Menge des Zusatzes von Lösung A ist entscheidend für die Rapidität der Wirkung. Ist geringere Rapidität erforderlich, so verwende man die Hälfte der Lösung A.

Die gebrauchsfertige Lösung ist nur kurze Zeit haltbar und muß jeweils kurz vor dem Gebrauch hergestellt werden. Die Teillösungen A und B sind unbegrenzt haltbar.

Nach Erzielung der gewünschten Abschwächung müssen die Negative gut gewässert werden.

Manchmal entstehen bei der Behandlung Flecken und ungleichmäßige Schwärzungen. Zur Vermeidung dieser Fehler müssen die Negative vor der Abschwächung gut fixiert und gewässert sein. Von Vorteil ist die Behandlung in einem Formalin-Härtebad. Man schwäche gleichzeitig niemals mehrere Negative ab und bewege das Negativ während des Abschwächungsprozesses.

Abschwächer nach Farmer in zwei Lösungen

zur Verminderung des Kontrastes (proportionale Wirkung)

Kodak R-4b

Lösung A
Kaliumferrizyanid. . . . .   7,5 g
Wasser bis auf . . . . 1000,0 ccm
Lösung B
Natriumthiosulfat krist. . . . .   200,0 g
Wasser bis auf . . . . 1000,0 ccm

Die Negative werden zunächst 1...4 min in Lösung A behandelt (18...20° C), je nach dem erforderlichen Grad der Abschwächung. Anschließend werden sie 5 min in Lösung B gebracht und dann gewässert. Dieser Prozeß kann mehrmals wiederholt werden. In 1 Liter der Lösung A können etwa 22...25 m 35-mm-Filme behandelt werden.

Zur Klärung und Beseitigung eines allgemeinen Schleiers wird die Lösung A mit der gleichen Menge Wasser verdünnt, wodurch diese Behandlungsmethode sub-proportionale Wirkung erhält.

Belitzski-Abschwächer, modifiziert, Kodak R-8

zur Verminderung des Kontrastes (proportional wirkend)

Die Abschwächung erfolgt sehr gleichmäßig. Der Abschwächer ist sehr lange haltbar.

Wasser (von etwa 50° C) . . . . 750,0 ccm
Ferrichlorid . . . .   25,0 g
Kaliumzitrat . . . .   75,0 g
Natriumsulfit sicc. . . . .   30,0 g
Zitronensäure. . . . .   20,0 g
Natriumthiosulfat krist. . . . . 200,0 g
Wasser bis auf . . . . 1000,0 ccm

Natriumzitrat kann anstelle von Kaliumzitrat nicht verwendet werden, da hiermit die Abschwächung beträchtlich langsamer verläuft.

Zur starken und schnellen Abschwächung wird der Abschwächer ohne weitere Verdünnung benutzt. Abschwächungsdauer: 1...10 Minuten. Ist langsamere Wirkung erwünscht, so kann der Abschwächer mit der gleichen Menge Wasser verdünnt werden. Ergiebigkeit: etwa 10 m 35-mm-Film in einem Liter Lösung.

Kaliumpermanganat-Abschwächer nach H. Huse und A. N. Nietz, 1916

Lichter und Schatten werden prozentual vollkommen gleich abgeschwächt.

Lösung A
Wasser . . . . 750,0 ccm
Kaliumpermanganat. . . . .   0,25 g
Schwefelsäure konz. . . . .   1,36 ccm
Wasser bis auf . . . . 1000,0 ccm
Lösung B
Ammoniumrhodanid. . . . .   25,0 g
Wasser bis auf . . . . 1000,0 ccm

Zum Gebrauch werden 1 Teil Lösung A und 3 Teile Lösung B gemischt. Einwirkungsdauer: 1...3 min.

Zur besseren Kontrolle des Abschwächungsvorganges kann die Gebrauchslösung mit der gleichen Menge Wasser verdünnt werden. Nach der Abschwächung folgt Unterbrechung in 1%iger Kaliummetabisulfit-Lösung und Wässerung.

Permanganat-Abschwächer mit subtraktiver Wirkung

Lösung A DuPont 5-R

Kaliumpermanganat . . . . 50,0 g
Wasser (von etwa 50° C) bis auf . . . . . 1000,0 ccm
(In brauner Flasche aufbewahren)
Lösung B
Wasser . . . . 1000,0 ccm
Schwefelsäure konz. . . . . 50,0 ccm

Zum Gebrauch werden verwendet: 10 ccm Lösung A + 20 ccm Lösung B + 640 ccm Wasser. Verläuft der Abschwächungsvorgang zu rapid, so kann eine größere Menge Wasser verwendet werden. Die Negative müssen vor der Abschwächung gut gewässert sein. Bildet sich auf der Abschwächerlösung ein Niederschlag, so waren die Negative nicht genügend gewässert.

Nach erfolgter Abschwächung werden die Negative einige Minuten in saures Fixierbad gelegt zur Beseitigung der Gelbfärbung. Zur Entfärbung kann auch eine 1%ige Kaliummetabisulfit-Lösung verwendet werden. Anschließend folgt Schlußwässerung.

Kaliumpermanganat-Abschwächer mit sub-proportionaler Wirkung

zur Klärung und Beseitigung des dichroitischen Schleiers

Neutrale Kaliumpermanganat-Lösung (Lösung A des vorstehenden Abschwächers, DuPont 5-R) wird verwendet, Verdünnung 1:10. Nach der Behandlung werden die Negative in eine 1%ige Kaliummetabisulfit-Lösung für einige Minuten gelegt, zur Beseitigung der Gelbfärbung. Anschließend Wässerung und Trocknung.

Kaliumbichromat-Abschwächer (proportional wirkend), Anon 1891

Wasser . . . . 750,0 ccm
Kaliumbichromat . . . . 20,0 g
Schwefelsäure konz. . . . . 40,0 ccm
Wasser bis auf . . . . 1000,0 ccm

Gebrauchsverdünnung: 1:10...1:20.

Die Negative müssen gut gewässert sein. Nach der Abschwächung werden die Negative abgespült und anschließend einige Minuten in saures Fixierbad gebracht zur Beseitigung der Gelbfärbung.

Eisen-Ammoniak-Alaun-Abschwächer, Kodak R-7

besonders geeignet für Kinefilme mit proportionaler Wirkung

Wasser . . . . 500,0 ccm
Schwefelsäure konz. . . . . 10,0 ccm
Ferriammoniumsulfat . . . . 15,0 g
Wasser bis auf . . . . 1000,0 ccm

Der Abschwächer wird ohne weitere Verdünnung verwendet. Die Negative müssen vor der Abschwächung gut gewässert sein, vorteilhaft ist eine Vorhärtung in alkalischer Formalinlösung.

Ergiebigkeit: In 1 Liter Abschwächer können etwa 20 m Kinefilm behandelt werden.

Ammoniumpersulfat-Abschwächer

Abschwächung der Lichter ohne Wirkung auf die Schatten (super-proportional) bei überentwickelten und unterbelichteten Aufnahmen.

	nach Agfa
Leitungswasser	100,0 ccm
Ammoniumpersulfat	2,5 g
Schwefelsäure (10%)	1,0 ccm

Ammoniumpersulfat muß beim Auflösen knistern, anderenfalls kann das Salz verdorben sein.

	nach Stenger und Heller
Ammoniumpersulfat.	20,0 g
Natriumchlorid	0,15—0,2 g
Wasser dest. bis auf	1000,0 ccm

Die Negative müssen sehr gut gewaschen sein, da Spuren von Fixiernatron das Persulfat zersetzen und zu Versagern und zu Fleckenbildung Veranlassung geben. Ältere Negative müssen vor der Behandlung mindestens 1 Stunde gewässert werden.

Bei Beginn der Abschwächung tritt an den dichten Bildteilen weiße Trübung auf. Alle Viertelminuten ist die Abschwächung zu kontrollieren und vor Erreichung des endgültigen Abschwächungsgrades wird das Negativ aus der Lösung genommen, da die Abschwächerlösung noch nachwirkt. Diese Nachwirkung kann unterbrochen werden durch Baden der Negative in einer 1%igen Natriumsulfit-Lösung (sicc.).

Nach der Behandlung werden die Negative gut gewässert.

Kombinierter Ammoniumpersulfat-Kaliumpermanganat-Abschwächer

für überexponierte und überentwickelte Aufnahmen

Lösung A	Ilford IR-3
Wasser (von etwa 50° C)	750,0 ccm
Kaliumpermanganat.	0,25 g
Schwefelsäure konz.	1,5 ccm
Wasser bis auf	1000,0 ccm
Lösung B	
Ammoniumpersulfat	25,0 g
Wasser bis auf	1000,0 ccm

Zum Gebrauch werden 1 Teil Lösung A und 3 Teile Lösung B gemischt.

Nach erfolgter Abschwächung folgt Unterbrechung und Entfärbung in 10%iger Natriumsulfit-Lösung (sicc.) und anschließend Wässerung.

Benzochinon-Abschwächer nach Lumière und Seyewetz, 1910

Wirkung ist persulfatähnlich

Benzochinon	5,0 g
Schwefelsäure konz.	20,0 ccm
Wasser bis auf	1000,0 ccm

Abschwächungsdauer: etwa 4...5 min.

Unterbrechung der Abschwächung in 20%iger Natriumbisulfit- oder Kaliummetabisulfit-Lösung.

Umentwicklung zur Abschwächung von zu dichten und zu harten Negativen. Diese Methode ist auch vorzüglich geeignet zur Entfernung von Flecken, zur Beseitigung des dichroitischen Schleiers und zur Kornverfeinerung.

Bleichbad mit Kaliumpermanganat nach Ilford

Wasser (von etwa 50° C)	750,0 ccm
Kaliumpermanganat	6,0 g
Natriumchlorid	13,0 g
Eisessig 98/100%	50,0 ccm
Wasser bis auf	1000,0 ccm

Die Negative werden in diesem Bad zunächst vollständig gebleicht (Dauer etwa 10 min). Dieser Vorgang wird bei hellroter Dunkelkammerbeleuchtung ausgeführt. Anschließend erfolgt Behandlung in 5%iger Kaliummetabisulfit-Lösung zur Beseitigung der Braunfärbung und Wässerung etwa 5...10 min.

Das so behandelte Negativ wird nunmehr im Tageslicht bis zur Erreichung der gewünschten Deckung wiederentwickelt. Hierzu ist jeder Metol-Hydrochinon-Entwickler geeignet. Wird auf besondere Feinkörnigkeit Wert gelegt, so kann zur Wiederentwicklung ein Feinkornentwickler verwendet werden.

Zum Schlusse wird fixiert und ausgewässert.

Der Bleichprozeß verursacht eine starke Erweichung der Gelatineschicht, diese kann vermieden werden, wenn das Negativ vor der Ausbleichung in einem 1%igen Chromalaunbad etwa 3...5 min gehärtet wird.

Bleichbad mit Kaliumferrizyanid, Du Pont 2-R

Wasser	900,0 ccm
Kaliumferrizyanid	13,7 g
Kaliumbromid	27,5 g
Ammoniak 0,91	1,3 ccm
Wasser bis auf	1000,0 ccm

Die Negative werden bei hellrotem Dunkelkammerlicht bis zur vollständigen Weißfärbung ausgebleicht, anschließend kommen sie zur Beseitigung der Gelbfärbung in ein 2%iges Natriumbisulfitbad und werden dann noch etwa 2...3 min gewaschen.

Die Wiederentwicklung wird bei Tageslicht ausgeführt. Besonders geeignet ist hierfür folgender Entwickler:

Wasser	900,0 ccm
p-Aminophenol, salzs.	16,0 g
Kaliumbromid	5,0 g
Wasser bis auf	1000,0 ccm

Entwicklungsdauer bei 18° C etwa 20...30 min. Anschließend Fixage und Wässerung.

Bleichbad mit Kaliumbichromat nach Eder, Du Pont 4-R

Salzsäure konz.	30,0 ccm
Kaliumbichromat	10,0 g
Kalialaun	50,0 g
Wasser bis auf	1000,0 ccm

In dieser Lösung werden die Negative zunächst bei hellrotem Dunkelkammerlicht vollständig bis zur Weißfärbung gebleicht. Anschließend erfolgt kurzes Abspülen und Beseitigung der Gelbfärbung in einer 2%igen Natriumbisulfit-Lösung und kurze Wässerung. Die nunmehr folgende Wiederentwicklung wird bei Tageslicht vorgenommen. Hierzu ist jeder Metol-Hydrochinon-Entwickler geeignet, der zur besseren Überwachung etwas stärker verdünnt angewandt wird.

Nach der Wiederentwicklung wird kurze Zeit fixiert und reichlich gewässert.

Bleichbäder mit Kupfersulfat

	nach Eder	Agfa
Wasser	750,0 ccm	750,0 ccm
Kupfersulfat	50,0 g	100,0 g
Natriumchlorid	50,0 g	100,0 g
Schwefelsäure konz.	—	25,0 ccm
Wasser bis auf	1000,0 ccm	1000,0 ccm

Die Negative werden zunächst bei gemäßigtem Licht bis zur Weißfärbung ausgebleicht und anschließend kurz (2...3 min) gewässert. Hierauf folgt die Wiederentwicklung bei Tageslicht in einem normalen Entwickler oder in einem Feinkornentwickler, bis die gewünschte Deckung erreicht ist. Zum Schlusse wird in saurem Fixierbad fixiert und nochmals gewässert.

E. Abschwächer für Papiere

Jod-Kaliumzyanid-Abschwächer, Ilford IR-5

Lösung A

Wasser (von etwa 50° C)	750,0 ccm
Kaliumjodid	25,0 g
Jod, resubl.	4,0 g
Wasser bis auf	1000,0 ccm

Lösung B

Kaliumzyanid	8,0 g
Wasser bis auf	1000,0 ccm

Zum Gebrauch werden 25 ccm Lösung A und 25 ccm Lösung B gemischt und mit Wasser auf 500,0 ccm verdünnt.

Kaliumzyanid ist ein äußerst wirksames Gift, selbst die Dämpfe sind schädlich.

Klärbäder für Negative und Positive zur Beseitigung von Schleier und Farbflecken (dichroitischer Schleier)

Verdünnte Kaliumferrizyanid-Lösung nach FARMER s. Kodak R-4b.
Neutrale Kaliumpermanganat-Lösung, s. DU PONT 5-R.
Umentwicklung zur Abschwächung s. dort.
Bei der Umentwicklung von Negativen zur Entfernung von Flecken oder Schleier, wobei deren Kontrast und Deckung richtig ist, darf zur Wiederentwicklung kein Entwickler mit einem Lösungsmittelzusatz für Bromsilber verwendet werden (Metol-Sulfit), da hierdurch gleichzeitig Abschwächung erfolgt.

Thiokarbamidbad zur Entfernung von dichroitischem Schleier

	Eder	Kodak SS-2
Thiokarbamid (Thioharnstoff)	20,0 g	11,2 g
Zitronensäure	10,0 g	11,2 g
Wasser bis auf	1000,0 ccm	1000,0 ccm

Behandlungsdauer: mindestens etwa 5 min.
Die Negative müssen gut gewässert sein. Anschließend an die Behandlung erfolgt nochmals Wässerung.
Bei sehr schwach gehärteten Schichten müssen die Schichten in einem alkalischen Formalin-Härtebad behandelt werden.

Alaun-Zitronensäure-Klärer nach Eder

besonders geeignet für Positive

Kalialaun . . . . 200,0 g
Zitronensäure. . . . . 50,0 g
Wasser bis auf . . . . .1000,0 ccm

Behandlungsdauer: 30 min und mehr.

F. Verstärker für Negative

Quecksilber-Verstärker

	Ansco 330	Ilford I. In-1	Gevaert G. 526	Kodak In-1
Wasser (ca. 50° C)		jeweils 750,00 ccm		
Quecksilberchlorid	10,0 g	25,0 g	20,0 g	22,5 g
Kaliumbromid	10,0 g	—	24,0 g	22,5 g
Ammoniumchlorid	—	25,0 g	—	—
Salzsäure, konz.	—	—	4,0 ccm	—
Wasser bis auf		jeweils 1000,0 ccm		

Die Negative müssen zur Verstärkung sehr gut gewässert und frei von Verunreinigungen sein. Die Schicht darf auch nicht mit Händen angefaßt werden.

Die Negative werden zunächst bis zur Weißfärbung gebleicht, anschließend kurz gewässert (10 min) und dann in einem der folgenden Bäder geschwärzt:

1. in 10%iger Natriumsulfitlösung (sicc.) oder
2. in einem Metol-Hydrochinon-Entwickler oder
3. in einem 10%igen Ammoniakbad.

In der angegebenen Reihenfolge der Schwärzungsbäder nimmt der Verstärkungsgrad zu. Bei langer Einwirkung von Natriumsulfit oder Ammoniak geht die Verstärkung etwas zurück. Mit Entwickler geschwarzte Negative können wiederholt ausgebleicht und verstärkt werden. Ist die Verstärkung zu intensiv ausgefallen, so kann Aufhellung erfolgen durch Behandlung in schwacher Fixiernatronlösung.

Quecksilberjodid-Verstärker nach Eder

Wasser (ca. 50° C) . . . . 500,0 ccm
Quecksilberchlorid . . . . 6,0 g

Nach Lösung wird 10%ige Kaliumjodidlösung zugesetzt, bis der anfangs gebildete rote Niederschlag sich wieder gelöst hat (etwa 75 ccm).

Anschließend Zusatz einer Lösung von 200 g Natriumsulfit sicc. in 1000 ccm Wasser.

Dieser Verstärker wirkt etwas zarter als die Quecksilberchlorid-Verstärker. Die Verstärkung ist ohne Nachentwicklung verwendbar, kann jedoch auch mit dieser kombiniert werden, wodurch die Haltbarkeit der verstärkten Negative erhöht wird.

Quecksilberjodid-Verstärker nach Ilford I. In-2

Wasser (von etwa 50° C) . . . . 750,0 ccm
Natriumsulfit sicc. . . . . 100,0 g
Quecksilberjodid . . . . 10,0 g
Wasser bis auf . . . . .1000,0 ccm

Die Chemikalien werden in der angegebenen Reihenfolge gelöst. Zur Erhöhung der Haltbarkeit erfolgt nach der Verstärkung Wiederentwicklung mit einem Universal- oder Schalenentwickler.

Monckhovens Verstärker, Ansco 331

besonders geeignet für Reproaufnahmen (Strich und Halbton), der
Kontrast wird wesentlich gesteigert

Lösung A

Wasser (von etwa 50° C) . . . .   750,0 ccm
Quecksilberchlorid . . . .   23,0 g
Kaliumbromid . . . .   23,0 g
Wasser bis auf . . . . 1000,0 ccm

Lösung B

Wasser (von 18° C) . . . .   750,0 ccm
Kaliumzyanid . . . .   23,0 g
Silbernitrat . . . .   23,0 g
Wasser bis auf . . . . 1000,0 ccm

Zweckmäßigerweise werden Kaliumzyanid und Silbernitrat, jedes für
sich gelöst, und die Silbernitratlösung zu der Kaliumzyanidlösung zugefügt,
bis ein bleibender Niederschlag sich bildet. Nach Verdünnung auf 1000,0 ccm
bleibt diese Lösung $^1/_4$ Stunde stehen und wird dann filtriert. Vorsicht
mit Kaliumzyanid, es ist ein sehr starkes Gift!

Zur Verstärkung werden die Negative zunächst in der Lösung A ausgebleicht, anschließend abgespült und dann in die Lösung B gelegt. Zum
Schluß folgt Wässerung. Zu dichte Negative können in schwacher Fixiernatronlösung wieder aufgehellt werden.

Kupfer-Blutlaugensalz-Verstärker nach Eder

sehr intensiv wirkend

Lösung A

Kaliumzitrat . . . .   100,0 g
Wasser bis auf . . . . 1000,0 ccm

Lösung B

Kupfersulfat . . . .   10,0 g
Wasser bis auf . . . . 1000,0 ccm

Lösung C

Kaliumferrizyanid . . . .   10,0 g
Wasser bis auf . . . . 1000,0 ccm

Alle Lösungen sind vor dem Gebrauch zu filtrieren. Zum Gebrauch
werden gemischt: 600 ccm Lösung A + 80 ccm Lösung B + 70 ccm
Lösung C.

Die Farbe der Bilder verändert sich langsam in rötliche Töne, ohne
daß Flecken entstehen.

Chrom-Verstärker

sehr abstimmfähig, gleichmäßig wirkend, erzeugt sehr haltbare Bilder.
Besonders auch geeignet für Kinefilme

Bichromat-Stammlösung   Ilford I. In-3

Kaliumbichromat . . . .   100,0 g
Wasser bis auf . . . .   1000,0 ccm

Bleichlösungen zum Gebrauch	A.	B.
Bichromat-Stammlösung	100,0 ccm	100,0 ccm
Salzsäure, konz.	2,4 ccm	12,0 ccm
Wasser bis auf	1000,0 ccm	1000,0 ccm

Die Gebrauchsbleichlösungen werden kurz vor dem Gebrauch gemischt. Der Verstärkungsgrad hängt von der Konzentration der Salzsäure ab, zu wenig verzögert den Vorgang, zu viel verhindert die Anlagerung der Chromverbindung. Lösung A wirkt intensiver.

Die Negative werden zunächst bei hellrotem Dunkelkammerlicht gebleicht, bis alles Negativsilber in weißes Silberchlorid übergeführt ist. Anschließend wird gut gewässert zur Beseitigung der Gelbfärbung. Die so behandelten Negative werden dann bei künstlichem Licht oder gemäßigtem Tageslicht in einem kräftig arbeitenden Entwickler wiederentwickelt. Direktes Sonnenlicht ist hierbei zu vermeiden, da hierdurch die Dichte vermindert wird und Fleckenbildung verursacht werden kann. Nach vollständiger Durchentwicklung erfolgt Wässerung und Trocknung. Der Prozeß kann zur intensiveren Verstärkung wiederholt werden.

Silber-Verstärker, Kodak In-5

geeignet für Negative und Diapositive. Es findet eine sehr intensive Verstärkung statt, ohne daß die Farbe des Silberbildes verändert wird. Die Verstärkung kann sehr leicht kontrolliert und gesteuert werden durch Veränderung der Behandlungsdauer.

Lösung A
Silbernitrat . . . . 60,0 g
Wasser bis auf . . . . 1000,0 ccm
Lösung ist in brauner Flasche gut haltbar.

Lösung B
Natriumsulfit sicc. . . . . 60,0 g
Wasser bis auf . . . . 1000,0 ccm

Lösung C
Natriumthiosulfat, krist.' . . . . 105,0 g
Wasser bis auf . . . . 1000,0 ccm

Lösung D
Metol . . . . 24,0 g
Natriumsulfit sicc. . . . . 15,0 g
Wasser bis auf . . . . 1000,0 ccm

Gebrauchsvorschrift: 1 Teil Lösung B wird unter Umrühren langsam zu 1 Teil Lösung A zugesetzt. Die entstehende weiße Ausfällung wird gelöst bei Zusatz von 1 Teil Lösung C. Diese Mischung der Teillösungen A, B, C läßt man einige Minuten stehen, bis sie klar ist, dann werden 3 Teile der Lösung D hinzugefügt. Der Verstärker ist nunmehr gebrauchsfertig und muß umgehend verwendet werden. Er hält sich nur etwa 30 min.

Der Grad der Verstärkung hängt von der Behandlungsdauer ab, welche nicht über 25 min ausgedehnt werden soll. Nach der Verstärkung werden die Negative etwa 2 min in ein 25%iges Natriumthiosulfat-Bad gebracht und dann gewässert.

Die Negative müssen vor der Behandlung sehr gut gewässert und frei von Fixiernatronspuren sein. Vorteilhaft ist eine Vorhärtung in einem alkalischen Formalin-Härtebad. Man behandle zur gleichen Zeit nicht mehrere Negative auf einmal.

Chinon-Thiosulfat-Verstärker, Kodak In-6

Sehr intensive Verstärkung bei Negativmaterial. Das Bild ist braun gefärbt, seine Haltbarkeit ist gleich der Uranverstärkung. Die Verstärkung wird durch saure Fixierbäder zerstört, ein Umstand, der bei zu intensiver Verstärkung von Nutzen sein kann.

Lösung A

Wasser dest. (von 20° C)	750,0 g
Kaliumbichromat	22,5 ccm
Schwefelsäure, konz.	30,0 ccm
Wasser bis auf	1000,0 ccm

Lösung B

Wasser dest. (von etwa 20° C)	750,0 ccm
Natriumbisulfit	5,8 g
Hydrochinon	15,0 ccm
Wasser bis auf	1000,0 ccm

(Netzmittel in entsprechender Konzentration)

Lösung C

Wasser dest. (von etwa 20° C)	750,0 ccm
Natriumthiosulfat, krist.	22,5 g
Wasser bis auf	1000,0 ccm

Das benutzte Wasser muß frei von Chloriden sein. Zum Gebrauch werden 1 Teil Lösung A unter Umrühren zu 2 Teilen Lösung B hinzugefügt und dann 2 Teile Lösung C zugegeben.

Alle Negative werden vor der Verstärkung zunächst nochmals 5... ...10 min gewässert und dann in alkalischer Formalinlösung gehärtet (5 min). Berühren der Schicht mit den Fingern verursacht Fleckenbildung. Behandlungsdauer zur höchsten Verstärkung etwa 10 min. Anschließend wird 10...20 min gewässert und dann normal getrocknet.

Uran-Verstärker

sehr intensive Verstärkung, die wegen der intensiven Färbung schlecht beurteilt werden kann. Ergibt meistens zu harte Negative. Geeignet für Repro-Strichaufnahmen.

nach Eder, Agfa
Gevaert G. 527

Lösung A

Urannitrat	10,0 g
Wasser bis auf	1000,0 ccm

Lösung B

Kaliumferrizyanid	10,0 g
Wasser bis auf	1000,0 ccm

Zum Gebrauch werden gemischt: 5 Teile Lösung A + 5 Teile Lösung B + 1 Teil Eisessig 98/100%. Die Gebrauchslösung ist nur kurze Zeit haltbar. Nach der Verstärkung werden die Negative gewaschen zur Beseitigung der Gelbfärbung der Gelatineschicht. Durch zu langes Waschen geht die Verstärkung zurück. Zu intensive Verstärkung kann besonders rückgängig gemacht werden durch Baden in verdünnter Ammoniak- oder Sodalösung.

Zur Beseitigung der Gelbfärbung der Lichter ist eine Behandlung in $5^0/_0$iger Natriumchloridlösung empfehlenswert.

G. Tonungen für Papiere

1. Schwefel- und Selentoner für braune Töne

a) Direkte Tonung (Einbadtoner)

Natriumthiosulfat-Kalialaun-Toner, Kodak T-1a]

(Sepia-Töne)

Die Papiere müssen vor der Tonung mit alkalischer Formalinlösung gehärtet werden. Die Tonungslösung wird folgendermaßen hergestellt:

Wasser (von etwa 20° C) . . . . .2800,0 ccm
Natriumthiosulfat, krist. . . . . 480,0 g
Nach vollständiger Lösung wird zugefügt:
Wasser (von etwa 70° C) . . . . 640,0 ccm
Kalialaun . . . . 120,0 g

Zu dieser Mischlösung wird weiter folgende Lösung einschließlich des gebildeten Niederschlages unter Umrühren zugesetzt:

Wasser (von etwa 20° C) . . . .   64,0 g
Silbernitrat . . . .   4,2 g
Natriumchlorid . . . .   4,2 g

Anschließend wird die Lösung mit Wasser auf 4000,0 ccm ergänzt.

Die Bildung eines schwarzen Niederschlages in der Lösung ist ohne Einfluß auf die Tonung.

Die Lösung wird nunmehr auf 49° C erhitzt und die gleichmäßig durchgefeuchteten Positive, welche in diesem Falle nicht fixiernatronfrei sein brauchen, werden in das heiße Bad gelegt. Die Temperatur soll dabei keinesfalls über 50° C sein, da sonst Flecken und Blasen entstehen. Die Tonung dauert höchstens 20 min. Nach der Tonung werden die Bilder zur Entfernung des Schwefels mit einem Wattebausch abgerieben und dann 30 Minuten gewässert.

Dieses Tonbad ergibt warmbraune Töne auf Bromsilberpapieren, bei Chlorbromsilber (Portriga oder ähnliche Typen) entstehen meist gelbliche Töne.

Schwefelammonium-Ferrizyankali-Umtoner
(geeignet für alle Entwicklungspapiere)

Lösung A
Schwefelammonium, 10%ig . . . .   25,0 ccm
Wasser bis auf . . . . 125,0 ccm

Lösung B
Ferrizyankalium . . . .   2,0 g
Kaliumbromid . . . .   4,0 g
Wasser bis auf . . . . .1000,0 ccm

Lösung B wird langsam unter Umrühren der Lösung A zugesetzt. Die Mischung klärt sich allmählich und ist mehrere Wochen haltbar. Die Tonungsdauer beträgt etwa 3...15 min.

Schwefelleber-Toner, Kodak T-8

(besonders geeignet für chlorsilberhaltige Papiere)

Wasser . . . . 750,0 ccm
Schwefelleber . . . .   7,5 g
Soda sicc. . . . .   2,0 g
Wasser bis auf . . . . .1000,0 ccm

Die gut gewaschenen Papiere werden zur Tonung in das Bad gelegt. Tonungsdauer bei 18° C 15...20 min, bei 38° C 3...4 min.

In 1 Liter Toner können etwa 30 bis 40 Drucke 18×24 cm behandelt werden. Wenn das Bad während des Gebrauches trübe wird, so kann seine Wirkung durch Zusatz der gleichen Menge Soda sicc. wieder aufgefrischt werden.

Die getonten Bilder werden 30 min gewässert.

Selen-Toner, Ilford IT-3

(besonders geeignet für chlorsilberhaltige Papiere)

Wasser (von etwa 50° C)	500,0 ccm
Natriumsulfid, krist.	100,0 g
Selen Pulver	6,8 g
Wasser bis auf	1000,0 ccm

Natriumsulfid wird heiß gelöst und dann Selen zugesetzt, anschließend wird weiter erhitzt, bis das Selen gelöst ist.

Zum Gebrauch wird der Toner 1 : 10 verdünnt.

Tonungsdauer: etwa 2...3 min.

Die getonten Bilder werden zum Schlusse 30 min gewässert.

b) Indirekte Tonung (Zweibad-Tonung)

Die Bilder werden zunächst gebleicht und anschließend in einem besonderen Bad getont.

Schwefelantimon-Toner nach Ph. Strauß

Lösung A (Bleicher)

Wasser	150,0 ccm
Ferrizyankalium	8,0 g
Kaliumbromid	4,0 g
Kaliumzitrat	10,0 g
Pottasche	2,0 g
Wasser bis auf	200,0 ccm

Lösung B (Toner)

Wasser	250,0 ccm
Zitronensäure	20,0 g
Soda sicc.	7,8 g

Lösung wird zunächst aufgekocht, dann nochmals zugesetzt.

Soda sicc.	4,0 g

und nach dem Abkühlen:

Natriumsulfantimoniat (Schlippesches Salz)	5,0 g
Wasser bis auf	500,0 ccm

Die Bilder werden zunächst in der Lösung A gebleicht, dann 5... ...10 min gewässert und schließlich in Lösung B getont.

Die Bilder erhalten einen hellschokoladenbraunen Ton und dunkeln am Licht nach dunkelbraun nach.

Ein haltbares blaustichiges Schwarzbraun erhält man durch Nachbehandlung in folgendem Bad:

Nachbehandlungsbad

Ammoniumzitrat	10,0 g
Ammoniak, konz. 0,910	10,0 ccm
Kupfersulfat	4,0 g
Wasser bis auf	200,0 ccm

Braunstichiges Blauschwarz ergibt das *Nachbehandlungsbad:*

Nachbehandlungsbad

Ammoniumzitrat	20,0 g
Ammoniak, konz. 0,910	10,0 ccm
Bleinitrat	4,0 g
Wasser bis auf	200,0 ccm

Schwefel-Sepia-Toner

Lösung A (Bleicher)	Kodak T-7a	Ansco 221	Ilford IT-1	DuPont 4a-T
Wasser (von etwa 50° C)		jeweils 750,0 ccm		
Kaliumferrizyanid	75,0 g	50,0 g	100,0 g	25,0 g
Kaliumbromid	75,0 g	10,0 g	100,0 g	27,4 g
Soda sicc.	—	17,0 g	—	—
Ammoniak, konz. 0,910	—	—	—	2,0 ccm
Kaliumoxalat	195,0 g	—	—	—
Eisessig 98/100%	11,2 ccm	—	—	—
Wasser bis auf	2,0 l	1,0 l	1,0 l	1,0 l
Gebrauchsverdünnung	1 : 1	1 : 2...8	1 : 9	1 : 8
Bleichzeit in Min.	1	1	1	1
Lösung B (Toner)				
Natriumsulfid, krist.	45,0 g	45,0 g	50,0 g	50,0 g
Wasser bis auf	1,0 l	1,0 l	1,0 l	1,0 l
Gebrauchsverdünnung	1 : 7	1 : 8	1 : 9	1 : 8
Tonungsdauer in Min.	0,5...1	1	—	0,5...1

Die Drucke werden nach der Bleichung etwa 10 min gewässert. Schlußwässerung nach der Tonung etwa 30 min.

Entstehen bei der Tonung Flecken oder Fingerabdrücke auf der Oberfläche des Papieres, so legt man diese einige Minuten in 3%ige Essigsäure.

Im Ilford-Toner IT-1 können wärmere Töne erzielt werden, wenn der Kaliumbromidgehalt auf die Hälfte reduziert wird.

Papiere mit rauher Oberflächenstruktur sind zweckmäßig vor der Bleichung zu trocknen.

Chlorsilberpapiere ergeben bei Schwefeltonung warme Töne. Papiere, die an und für sich warmschwarze Töne bei der Entwicklung ergeben, erhalten dagegen einen schmutziggelben Ton. Der Ton dieser Papiere kann wesentlich verbessert werden, wenn sie nach der Bleichung in Lösung A (Bleicher) getont werden in einer Einbadtoner-Lösung (Selen-Toner, Ilford IT-3 oder SchwefelUebertoner, Kodak T-8). In manchen Fällen werden auch angenehme Töne dadurch erzielt, daß man ohne auszubleichen die Bilder zunächst in der Lösung B (Toner) antont und anschließend erst ausbleicht und eventuell auch nochmals nachtont.

2. Farbige Tonungen

a) Röteltöne

Nelson Gold-Toner, Ansco 223, Kodak T-21

ergibt je nach der Behandlungsdauer warmbraune bis Röteltöne

Lösung A

Wasser (von etwa 50° C)	4000,0 ccm
Natriumthiosulfat, krist.	960,0 g
Ammoniumpersulfat	120,0 g

Das Ammoniumpersulfat wird erst nach vollständiger Lösung des Natriumthiosulfates unter Umrühren zugesetzt. Hierbei muß die Lösung milchig werden, anderenfalls ist zu erwärmen.

Nach dem Erkalten setzt man der obigen Lösung unter kräftigem Rühren die folgende Lösung zu:

Wasser (kalt)	64,0 ccm
Silbernitrat	5,2 g
Natriumchlorid	5,2 g

Die Chemikalien sind in der angegebenen Reihenfolge zu lösen.

Lösung B
Wasser . . . . 250,0 ccm
Goldchlorid . . . .   1,0 g

Zum Gebrauch sind zu mischen: 125,0 ccm Lösung B zu der Gesamtmenge von Lösung A unter Umrühren.

Das Bad muß zum Gebrauch erkaltet sein und es muß sich ein Niederschlag gebildet haben. Die klare Lösung wird zur Tonung abgegossen und auf 38 bis 43° C erwärmt. In diesem Temperaturbereich muß die Tonung vorgenommen werden. Die Papiere werden vorher eingeweicht und dann im Tonungsbad belassen, bis der gewünschte Ton erreicht ist. Nach der Tonung wird nochmals 5 min fixiert und anschließend eine Stunde gewässert. Das Tonungsbad kann von Zeit zu Zeit aufgefrischt werden durch Zusatz von Goldlösung. Wird zu einem warmen braunen Ton getont, so muß die Auffrischung nach der Behandlung von 50 Bildern 18×24 cm durch Zusatz von 4 ccm Goldlösung erfolgen.

Gold-Toner, Ansco 231
Wasser (von etwa 50° C) . . . . 750,0 ccm
Ammoniumrhodanid. . . . . 105,0 g
oder Kaliumrhodanid . . . . 135,0 g
Goldchlorid, 1%ige Lösung . . . .   60,0 ccm
Wasser bis auf . . . . 1000,0 ccm

Röteltöne: Die Bilder müssen erst behandelt sein in Schwefel-Sepia-Toner (s. d.). Die so behandelten ungewässerten Bilder werden in obige Lösung gebracht, bis der gewünschte Ton erreicht ist (15...45 min). Anschließend wird nochmals gewässert. Wird die Menge des Rhodanids auf die Hälfte vermindert, so erhält man rötere Töne.

Tiefblaue Töne: Die Schwarzweiß-Bilder werden ohne Vortonung direkt in den Goldtoner gebracht.

Uran-Toner nach Sedlaczeck
rötliche braune Töne

Vorbad:
Salzsäure, 10%ige . . . .   1,25 ccm
Wasser bis auf . . . . 100,0 ccm
Behandlungsdauer: 5 min.

Tonbad:
Wasser . . . . 750,0 ccm
Urannitrat. . . . .   5,0 g
Kaliumzitrat. . . . .   5,0 g
Ferrizyankalium . . . .   2,0 g
Wasser bis auf . . . . 1000,0 ccm

Die Bilder werden, ohne abzuspülen, aus dem Vorbad in das Tonbad gebracht, die Salzsäure bringt die Tonung in Gang. Es entstehen rotstichige dunkelbraune Bilder. Nach dem Tonen wird abgespült und 3 min in 1%igem Essigsäurebad gebadet. Anschließend folgt Klärung in folgendem Bad:

Klärbad:
Kaliumzitrat . . . .   5,0 g
Natriumsulfat sicc. . . . .   25,0 g
Wasser bis auf . . . . 1000,0 ccm
Behandlungsdauer: 3 min.

Zum Schluß wird nochmals in 0,5%iger Natriumthiosulfat-Lösung fixiert und dann gewässert. Zu lange Wässerung macht die Tonung rückgängig, man kann dies vermeiden, indem man dem Waschwasser etwas Essigsäure zusetzt.

Kupfertoner nach Namias

ergibt violettrote Bilder

Wasser	750,0 ccm
Kaliumzitrat	25,0 g
Kupfersulfat	4,0 g
Ferrizyankalium	3,0 g
Kalialaun	5,0 g
Wasser bis auf	1000,0 ccm

Die Chemikalien sind in der angegebenen Reihenfolge zu lösen. Die Weißen werden bei Behandlung in diesem Bad nicht angefärbt. Die Leuchtkraft der Farbe kann noch erhöht werden durch Nachbehandlung in folgender Lösung:

Wasser	750,0 ccm
Kupfersulfat	50,0 g
Natriumchlorid	20,0 g
Salzsäure, konz.	10,0 ccm
Wasser bis auf	1000,0 ccm

Anschließend wird in einem 10%igen Fixierbad fixiert und dann gewässert.

Kupfer-Toner für kirschrote Töne

Wasser	750,0 ccm
Ammoniumoxalat	10,0 g
Kupfersulfat	40,0 g
Ferrizyankalium	30,0 g
Oxalsäure	0,5 g
Wasser bis auf	1000,0 ccm

b) Blaue Töne

Eisenblau-Toner	Ansco 241	Kodak T-12
Wasser (von etwa 50° C)	500,0 ccm	500,0 ccm
Ferriammoniumzitrat, grün	8,0 g	4,0 g
Kaliumferrizyanid	8,0 g	4,0 g
Eisessig 98/100%	242,0 ccm	—
Oxalsäure	—	4,0 g
Wasser bis auf	1000,0 ccm	1000,0 ccm

Es ist empfehlenswert, für den Ansatz möglichst dest. Wasser zu verwenden. Die Bilder müssen zur Blautonung gut gewässert sein. Die Tonungsdauer beträgt etwa 10...15 min, je nach dem gewünschten Grad der Tonung. Bei voller Durchtonung erscheinen die Bilder grünlich, durch reichliches Wässern entsteht ein klarer blauer Ton. Die Bilder müssen zur Tonung etwas heller gehalten werden, da sie durch die Tonung verstärkt werden.

Die Eisenblau-Tonung ist empfindlich gegen Alkalien. Soll der erzielte Ton erhalten bleiben, so wasche man die Bilder in Wasser, das mit einigen Tropfen Essigsäure angesäuert ist. Durch Baden der Bilder nach dem Wässern in 0,5%iger Boraxlösung werden die Bilder etwas weicher und der Ton verändert sich nach blaugrau, je nach der Behandlungsdauer.

Eisenblau-Toner, Ilford IT-6

Lösung A

Wasser (von etwa 50° C) . . . . 750,0 ccm
Kaliumferrizyanid. . . . . 2,0 g
Schwefelsäure, konz. . . . . 4,0 ccm
Wasser bis auf . . . . 1000,0 ccm

Lösung B

Wasser (von etwa 50° C) . . . . 750,0 ccm
Ferriammoniumzitrat, grün . . . . 2,0 g
Schwefelsäure, konz. . . . . 4,0 ccm
Wasser bis auf . . . . 1000,0 ccm

Zum Gebrauch werden beide Lösungen filtriert und gleiche Teile gemischt. Die Bilder werden zur Tonung etwas heller gehalten und müssen gut gewässert sein.

Die Tonungsdauer richtet sich nach dem Grad des gewünschten Tones. Anschließend erfolgt Wässerung, wobei das Waschwasser mit einigen Tropfen Schwefelsäure oder Essigsäure angesäuert wird.

Eisenblau- und Grün-Toner, Gevaert G. 416

Lösung A, Bleichbad

Ammoniak, konz. 0,910 . . . . 3,0 ccm
Kaliumferrizyanid. . . . . 50,0 g
Wasser bis auf . . . . 1000,0 ccm

Lösung B, Blautonbad

Ferriammoniumzitrat, grün . . . . 20,0 g
Salzsäure, konz. . . . . 50,0 ccm
Wasser bis auf . . . . 1000,0 ccm

Lösung C, Grüntonbad zur Nachbehandlung

Natriumsulfid, krist. . . . . 10,0 g
Wasser . . . . 1000,0 ccm
Salzsäure[1], konz. . . . . 50,0 ccm

[1] Salzsäure kurz vor Gebrauch zusetzen!

Die gut gewässerten Positive werden zunächst in Lösung A gebleicht, bis die tiefsten Schwärzungen eine gelblichweiße Farbe angenommen haben. Anschließend erfolgt Wässerung, bis die Weißen klar weiß sind und die Gelbfärbung beseitigt ist.

Nunmehr wird die Blautonung in Lösung B durchgeführt. Tonungsdauer etwa 5 min. Nach ausgiebiger Wässerung können die Positive, die blau getont werden sollen, getrocknet werden. Ist grüne Tonung gewünscht, so erfahren die Positive eine weitere Behandlung in Lösung C. Behandlungsdauer ebenfalls etwa 5 min. Zum Schluß wird etwa 30 min gewässert.

c) Grüne Töne
(s. vorstehende Anweisung, G. 416)

Eisengrün-Toner, Ansco 251

Lösung A, Bleicher

Wasser . . . . 750,0 ccm
Kaliumferrizyanid . . . . 40,0 g
Ammoniak, konz. 0,910 . . . . 15,0 ccm
Wasser bis auf . . . . 1000,0 ccm

Lösung B, Blautonbad

Wasser . . . . 750,0 ccm
Ferriammoniumzitrat, grün . . . . 17,0 g
Salzsäure, konz. . . . . 40,0 ccm
Wasser bis auf . . . . 1000,0 ccm

Lösung C, Grüntonbad

Natriumsulfid, krist. . . . . 2,0 g
Wasser bis auf . . . . 1000,0 ccm
Salzsäure, konz. . . . . 10,0 ccm

Die Salzsäure wird erst kurz vor dem Gebrauch zugesetzt.

Die gut gewässerten Drucke werden zunächst in Lösung A gebleicht, Behandlungsdauer etwa 1 Minute. Anschließend Wässerung etwa 30 min.

Nunmehr kommen die Positive in das Blautonbad, Lösung B, wobei sie eine blaue Farbe annehmen, Behandlungsdauer etwa 45...60 sec. Die Schatten müssen vollständig durchgetont sein. Die blaugetonten Positive werden dann 4...6 min gewässert; längere Wässerung ist zu vermeiden, da die Blautonung zurückgeht.

Die weitere Behandlung in Lösung C ergibt grüne Töne. Behandlungsdauer etwa 30 sec. Zum Schluß werden die getonten Positive 20...30 min gewässert. Heißtrocknung ist zu vermeiden.

Alle Lösungen müssen 24 Stunden vor Gebrauch angesetzt werden. Es ist größte Reinlichkeit zu beachten, Spuren von Lösung A erzeugen in Lösung B blaue Flecken. Lösung C ist stark riechend, man arbeite deswegen bei guter Ventilation oder am offenen Fenster.

Vanadiumtoner, Tetenal

Wasser . . . . 750,0 ccm
Oxalsäure . . . . 7,0 g
Vanadiumchlorid . . . . 1,0 g
Ferrichlorid . . . . 1,0 g
Ferrizyankalium . . . . 1,0 g
Wasser bis auf . . . . 1000,0 ccm

Tonungsdauer: 5...10 min. Anschließend muß bis zur Klärung der Weißen gewässert werden. Dieser Einbadtoner liefert sehr schöne grüne Töne, leider ist jedoch die Lösung nur kurze Zeit haltbar.

3. Tonung durch Ausbleichen und Wiederentwickeln

Wird das fertige Bild durch Ausbleichen wieder in Brom- oder Chlorsilber verwandelt, so kann man durch geeignete Entwicklung braune Bilder erzeugen. Dieses indirekte Verfahren wird hauptsächlich für die der Braunentwicklung schwer zugänglichen Bromsilberpapiere empfohlen.

Vorschrift nach Manley

Bleichbäder:

A. Ferrizyankalium . . . . 3,0 g
   Bromammonium . . . . 4,0 g
   Wasser bis auf . . . . 100,0 ccm

B. Kupfersulfat . . . . 5,0 g
   Schwefelsäure, konz. . . . . 0,05 g
   Natriumchlorid . . . . 10,0 g
   Wasser bis auf . . . . 100,0 ccm

C. Kaliumbichromat . . . . 2,0 g
   Schwefelsäure, konz. . . . . 6,0 g
   Natriumchlorid . . . . 10,0 g
   Wasser bis auf . . . . 100,0 ccm

Entwickler:

Lösung A

Wasser (von etwa 50° C) . . . . 750,0 ccm
Kaliummetabisulfit . . . . 20,0 g
Hydrochinon . . . . 30,0 g
Kaliumbromid . . . . 4,0 g
Wasser bis auf . . . . 1000,0 ccm

Lösung B

Ammoniumkarbonat . . . . 100,0 g
Wasser bis auf . . . . 1000,0 ccm

Es werden folgende Farbtöne erhalten:

	Bleichbad	Entwickler-Lösungen
tiefpurpurbrauner Goldton	A	1 T. A + 1 T. B
Sepiaton	C	1 T A + 1 T. B + 1 T. Wasser
tiefbrauner Ton	C	4 T. A + 6 T. B + 2 T. Wasser
tiefbrauner Ton	C	2 T. A + 1 T. B + 2 T. Wasser

Vorschrift nach Valenta

Bleichbad:

Ferrizyankalium . . . . 4,0 g
Kaliumbromid . . . . 2,0 g
Wasser bis auf . . . . 100,0 ccm

Entwickler:

Lösung A

Brenzkatechin . . . . 10,0 g
Natriumsulfit sicc. . . . . 25,0 g
Wasser bis auf . . . . 500,0 ccm

Lösung B

Wasser . . . . 250,0 ccm
Soda sicc. . . . . 18,5 g

Lösung C

Wasser . . . . 100,0 ccm
Natriumsulfoantimonat . . . . 10,0 g
(Schlippesches Salz)

Der Entwickler wird unmittelbar vor dem Gebrauch aus den Stamm-
lösungen gemischt:

Lösung A . . . . 50,0 ccm
Lösung B . . . . 25,0 ccm
Lösung C . . . . 1—3 ccm

Zwischen Bleich- und Entwicklungsprozeß ist gut zu wässern. Nach der
Entwicklung folgt nochmals Fixage und Wässerung.

H. Vorschriften zur Herstellung von farbigen Diapositiven

Durch Kombination von zwei verschiedenfarbigen Diapositiven (das
eine seitenrichtig, das andere seitenverkehrt) können auch zweifarbige
hergestellt werden. Ein weiteres Diapositiv in einer dritten Farbe kann
dazwischen montiert werden, so daß man auf diese Weise dreifarbige Dias
erhält. Diese Methoden sind besonders geeignet zur Herstellung von Kino-
reklamebildern.

1. Metallsalz-Tonungen

a) Einbadverfahren

Blaue Töne, Eisenblaubad nach Agfa

Lösung A

Ferrizyankalium . . . . 9,4 g
Kaliumbichromat-Lösung 0,1% . . . . 12,5 ccm
Wasser bis auf . . . . 1000,0 ccm

Lösung B

Eisenammoniakalaun . . . . 10,6 g
Oxalsäure . . . . 12,5 g
Wasser bis auf . . . . 1000,0 ccm

Beide Lösungen werden filtriert, dann Lösung A in Lösung B gegossen. In dieser Lösung werden die gut gewässerten Diapositive getont, bis der gewünschte Farbton erreicht ist. Besonders glasklare Töne werden durch eine nachträgliche Fixage in verdünnter Fixiernatronlösung erhalten. Zu dieser Fixage müssen die Dias sehr gut gewässert sein, da sonst eine Abschwächung erfolgt. Zum Schlusse wird nochmals gut gewässert.

Eisenblau-Toner, Kodak T-11

Kaliumpersulfat	0,5 g
Eisenammoniakalaun	1,4 g
Oxalsäure	3,0 g
Kaliumferrizyanid	1,0 g
Ammoniumalaun	5,0 g
Salzsäure 10%	1,0 ccm
Wasser bis auf	1000,0 ccm

Die Chemikalien werden zweckmäßig einzeln in einer geringen Menge Wasser gelöst, in der angegebenen Reihenfolge gemischt und zum Schluß auf das Gesamtvolumen aufgefüllt. Die Lösung muß bei richtigem Ansatz blaß gelblich und klar sein.

Tonungsdauer der gut gewässerten Diapositive 2...10 min. Anschließend wird 10...15 min gewässert, bis die Lichter klar sind. Gelegentlich zeigt die Gelatine eine schwache gelbe Anfärbung, doch ist dies für die Projektion ohne Belang. Wenn die hohen Lichter blau angefärbt sind, dann ist dies auf Entwicklungsschleier oder auf verbrauchtes Tonbad zurückzuführen.

Zu lange Nachwässerung ist zu vermeiden, da dadurch Abschwächung verursacht wird.

In 1 Liter Tonbad können etwa 20 m Kinefilm getont werden, wobei nach 3 m die Säure des Tonbades erneuert werden muß.

Gelbbraune Töne (Urantonung) nach Agfa

Lösung A

Kaliumferrizyanid	12,5 g
Kaliumbichromat-Lösung, 0,1%	12,5 ccm
Wasser bis auf	1000,0 ccm

Lösung B

Urannitrat	13,75 g
Oxalsäure	12,5 g
Wasser bis auf	1000,0 ccm

Beide Lösungen werden filtriert und zum Gebrauch gleiche Teile Lösung A in Lösung B gegossen. Es entsteht eine gelbliche Lösung, die keinen Niederschlag enthalten darf. Nach längerem Gebrauch des Bades muß die Oxalsäure aufgefrischt werden durch Zusatz in Portionen von 12,5 g in etwas Wasser gelöst.

Rotbraune Töne (Kupfertonung) nach Agfa

Lösung A

Kupfersulfat	5,0 g
Natriumzitrat	25,0 g
Wasser bis auf	300,0 ccm

Lösung B

Ferrizyankalium	4,0 g
Wasser bis auf	200,0 ccm
Kaliumbichromat-Lösung, 0,1%	5,0 ccm

Vor dem Gebrauch werden beide Lösungen filtriert und unter Umrühren zusammengegossen.

b) Zweibadverfahren

Bleichen und Tonen kann in getrennten Bädern ausgeführt werden. Nach guter Wässerung werden die Dias zunächst vollständig ausgebleicht, anschließend 5...10 min gewaschen und dann getont. Zum Schluß folgt nochmals gute Wässerung.

Das Bleichbad ist für alle folgenden Tonungsvorschriften das gleiche.

Bleichbad

Ferrizyankalium	20,0 g
Wasser bis auf	1000,0 ccm

Tonbäder

1. *Sepia (Schwefeltonung)*

Schwefelnatrium krist.	10,0 g
Natriumsulfit sicc.	5,0 g
Wasser bis auf . . . . ·.	1000,0 ccm

2. *Rotbraun (Kupfertonung)*

Kupferchlorid	50,0 g
Wasser bis auf	1000,0 ccm

3. *Tiefbraun (Urantonung)*

Uranylnitrat	30,0 g
Kaliumbromid	15,0 g
Wasser bis auf	1000,0 ccm
Oxalsäure	20,0 g

4. *Grasgrün (Eisentonung)*

Ferrichlorid	20,0 g
Kaliumbromid	10,0 g
Oxalsäure	10,0 g
Wasser bis auf	1000,0 ccm

5. *Blaugrün (Eisentonung)*

Ferrioxalat	20,0 g
Kaliumbromid	10,0 g
Oxalsäure	10,0 g
Wasser bis auf	1000,0 ccm

6. *Olivgrün (Mischtonung)*

Mischen der Tonungsbäder 3 und 4, je nach dem gewünschten Ton; z. B. 25% Nr. 3 + 75% Nr. 4 bis 75% Nr. 3 + 25% Nr. 4. Je nach dem Mischungsverhältnis entstehen grüne oder braunere Olivtöne.

Der Nachteil der Zweibad-Tonungsverfahren ist, daß bestimmte Farbtöne sehr schwer einzuhalten sind. In dieser Beziehung sind die Einbadverfahren überlegen.

2. Beizviragen (Tonungen mit Farbstoff-Lösungen)

Entwickelte und fixierte, dünn und zart gehaltene Diapositive werden gebleicht, wobei das schwarze Silberbild in ein gelblich weißes umgewandelt wird, das die Eigenschaft hat, bestimmte Farbstoffe festzuhalten (Mordants).

a) Diachromieverfahren, Agfa

Es werden drei Bäder verwendet:

Bleichbad: Chemikalien in angegebener Reihenfolge lösen.

Färbebad: Farbstoff und Zusätze werden heiß gelöst, durch ein feines Haarsieb filtriert (auch Wolle- oder Baumwolltuch ist geeignet). Tonungsdauer 2...6 min.

Säurebad entfärbt die angefärbte Gelatine.

Nach jedem Arbeitsprozeß wird kurz gespült. Es dürfen nur gut ausgewaschene Filme verwendet werden, da Spuren von Fixiernatron das Bild im Bleichbad abschwächen.

1. Blaugrün

    Lösung A. Bleichbad. Ferrizyankalium . .   2,5 g
                           Kaliumjodid . . . .   5,0 g
                           Wasser bis auf . . . 1000,0 ccm
    Lösung B. Färbebad. Blaugrün für Virage.   6,0 g
                           Zitronensäure. . . .   0,6 g
                           Wasser bis auf . . . 1000,0 ccm
    Lösung C. Säurebad. Salzsäure, konz. . . 30,0 ccm
                           Wasser bis auf . . . 1000,0 ccm

2. Grün

    Lösung A. Bleichbad. Wie bei 1.
    Lösung B. Färbebad. Grün für Virage . .   7,5 g
                           Zitronensäure. . . .   2,0 g
                           Wasser bis auf . . . 1000,0 ccm
    Lösung C. Säurebad. Wie bei 1.

3. Gelbbraun

    Lösung A. Bleichbad. Wie bei 1.
    Lösung B. Färbebad. Gelb für Virage. . .   4,0 g
                           Eisessig 98/100% . .   6,0 ccm
                           Wasser bis auf . . . 1000,0 ccm
    Lösung C. Säurebad. Wie bei 1.
    Das Bild erscheint in der Projektion rein sepia.

4. Rot

    Lösung A. Bleichbad. Wie bei 1.
    Lösung B. Färbebad. Rot für Virage . . .   5,0 g
                           Zitronensäure. . . .   2,0 g
                           Wasser bis auf . . . 1000,0 ccm
    Lösung C. Säurebad. Wie bei 1.
    Das Bild erscheint in der Projektion satt rot.

b) Uvachromie von Traube

    Lösung A. Bleichbad. Kupfersulfat . . . .   7,0 g
                           Ferrizyankalium . .   14,0 g
                           Kaliumzitrat,
                             dreibasisch . . . .   70,0 g
                           Wasser bis auf . . . 1000,0 ccm

Bleichzeit etwa 10 min, anschließend 10...15 min wässern.

Lösung B. Färbebäder:

        1. Blau   Thionin
                       oder
                       Capriblau
                       oder
                       Nilblau 2 B . . . .   1,0 g
                       Eisessig 98/100% . .   5,0 ccm
                       Wasser bis auf . . . 1000,0 ccm
        2. Gelb   Thioflavin
                       oder
                       Auramin
                       oder
                       Acridingelb A . . .   1,0 g
                       Eisessig . . . . . .   5,0 ccm
                       Wasser bis auf . . . 1000,0 ccm

3. Rot	Pyronin G		
	oder		
	Fuchsin		
	oder		
	Rodamin S	1,0 g	
	Eisessig	5,0 ccm	
	Wasser bis auf . . .	1000,0 ccm	
4. Blaugrün	Methylgrün		
	oder		
	Aethylgrün	1,0 g	
	Eisessig	5,0 ccm	
	Wasser bis auf . . .	1000,0 ccm	

Nach dem Anfärben wird kurz gewaschen und anschließend in folgendem Fixierbad fixiert:

Fixierbad:	Wasser	500,0 ccm
	Natriumthiosulfat	
	krist.	100,0 g
	Ammoniumchlorid .	50,0 g
	Wasser bis auf . . .	1000,0 ccm

Zum Schluß wird gut gewässert und dann getrocknet. Dieses Verfahren eignet sich besonders zur Herstellung von Dreifarbendiapositiven.

Zu starke Tonung kann durch Behandlung in 5%iger Essigsäure abgeschwächt werden; noch stärker wirkt 0,1%ige Kaliumpermanganat-Lösung mit einigen Tropfen Schwefelsäure angesäuert.

c) Beizfarben-Verfahren nach J. H. Christensen, A. und L. Lumière und E. J. Wall

Bleichbad, Lösung A

Kupfersulfat	26,0 g
Kaliumzitrat	60,0 g
Eisessig	30,0 ccm
Wasser bis auf	800,0 ccm

Lösung B

Kaliumrhodanid	20,0 g
Wasser bis auf	200,0 ccm

Kurz vor dem Gebrauch werden die beiden Lösungen gemischt und mit der gleichen Menge Wasser verdünnt. In dieser Bleichlösung werden die Bilder häufig zunächst schmutziggrau und erst beim nachfolgenden Wässern weiß. Nachher wird kurz abgespült und 10 min in einer 10%igen Kaliumzitrat-Lösung behandelt. Anschließend erfolgt Wässerung.

Nach der Wässerung erfolgt Tonung. Es werden hierzu 0,5%ige Farbstofflösungen mit einem Zusatz von 1% Eisessig verwendet (LUMIÈRE und SEYEWETZ), d. h. auf 1000,0 ccm Farblösung jeweils 5,0 g Farbstoff und 10 ccm Eisessig.

Rote Töne ergeben die Farbstoffe: Fuchsin, Akridinrot, Rhodamin.
Gelbe Töne: Auramin, Brillantfuchsin, Akridingelb, Thioflavin.
Blaue Töne: Methylenblau, Methylengrün, Capriblau, Nilblau.

Nach der Tonung wird gewässert, bis die klaren Teile des Bildes farblos geworden sind. Erfolgt bei der Wässerung keine Klärung, so bade man das Bild kurze Zeit in der folgenden Lösung:

Kaliumpermanganat	0,4 g
Schwefelsäure, konz.	2,0 ccm
Wasser bis auf	1000,0 ccm

Hiernach wird das Bild abgespült und in einer 2%igen Kaliummetabisulfit-Lösung gebadet, dann folgt nochmals Wässerung.

3. Virage oder Kolorierung

Bei der einfachen Virage (Färbung, Kolorierung) wird im Gegensatz zur Metallsalztonung und der Beizvirage (chemische Färbung) das schwarze Silberbild nicht angegriffen und umgewandelt, es färbt sich nur die Gelatine an. Bei der Tonung entsteht ein farbiges Bild auf ungefärbtem Grund, bei der Virage oder Färbung ein schwarzes Bild auf farbigem Grund.

Man kann die beiden Verfahren miteinander kombinieren und erhält dann farbige Bilder auf andersfarbigem Grunde. In diesem Falle hat erst die Tonung zu erfolgen und dann die Färbung.

Das Färben von Positivfilmen erfolgt kalt in den angegebenen Farbstofflösungen. Diese Lösungen sind mit warmem Wasser anzusetzen und durch ein Tuch oder Haarsieb zu filtrieren. Das Färben dauert je nach dem gewünschten Farbton 2...6 min. Die Filme müssen zur Behandlung ganz trocken oder vollständig durchgefeuchtet sein. Nach dem Färben wird kurz gespült und dann getrocknet.

Virage-Bäder nach Agfa für 1 Liter Lösung:

1. Filmrot R	1,75 g		9. Filmblau R	1,1 g
Zitronensäure	1,3 g		Filmrot V	0,45 g
2. Filmrot V	0,7 g		Zitronensäure	1,2 g
Zitronensäure	2,0 g		10. Filmblau G	1,0 g
3. Filmblau R	1,5 g		Filmgelb T	0,5 g
Zitronensäure	0,5 g		Zitronensäure	1,0 g
4. Filmblau G	1,0 g		11. Filmblau G	0,75 g
Zitronensäure	1,0 g		Filmgelb T	1,0 g
5. Filmgelb T	1,75 g		Zitronensäure	1,0 g
Zitronensäure	1,0 g		12. Filmblau G	0,75 g
6. Filmorange G	1,5 g		Filmgelb T	1,1 g
Zitronensäure	0,7 g		Filmrot Z	0,3 g
7. Filmrot Z	1,25 g		Zitronensäure	0,9 g
Zitronensäure	1,0 g			
8. Filmrot V	0,6 g			
Filmblau R	0,3 g			
Zitronensäure	1,5 g			

4. Doppeltonungen

Wie bereits im vorhergehenden Abschnitt kurz erwähnt, können Doppeltonungen auf diese Weise ausgeführt werden, daß man zunächst eine Metallsalztonung oder Beizvirage durchführt und anschließend ein Färbeverfahren folgen läßt.

Folgendes Tonbad nach Kodak T-18 ergibt in den Schatten tiefblaue Töne, während die Mitteltöne weiß bleiben und die Eigenschaft erhalten, bestimmte Farbstoffe festzuhalten ("Mordants"). Läßt man auf das Tonbad ein Beizfarbbad, Kodak T-17a, folgen, so werden die Mitteltöne je nach dem Farbbad farbig angefärbt, während die Schatten tiefblau bleiben. Bei der Metallsalztonung und nachfolgender einfacher Virage erhält man farbige Silberbilder auf farbigem Grunde. Bei diesem Doppeltonverfahren werden im Gegensatz dazu doppelfarbige Silberbilder erzeugt, während der Untergrund weiß bleibt.

Bleich- und Tonbad, Kodak T-18

Ammoniumpersulfat	0,5 g
Ferriammoniumsulfat	1,4 g
Oxalsäure	3,0 g
Kaliumferrizyanid	1,0 g
Salzsäure, 10%	1,0 ccm
Wasser bis auf	1000,0 ccm

Die Chemikalien werden einzeln in wenig Wasser gelöst und in der angegebenen Reihenfolge zusammengegossen und dann auf das Gesamtvolumen mit Wasser aufgefüllt. Die Lösung muß schwach gelblich und klar sein.

Die gut gewässerten Positive werden so lange getont, bis die Schatten den gewünschten Ton erreicht haben. Es wird dann 10...15 min gewässert und hierauf in folgenden Farbstofflösungen, je nach dem gewünschten Ton, für die Mitteltöne gebadet (5...15 min).

Beizfarbstoff-Lösung; Kodak T-17a

Farbstoff	0,2 g
Eisessig 99/100%	0,5 ccm
Wasser bis auf	1000,0 ccm

Die Farbstoffe werden heiß gelöst, filtriert und dann Eisessig zugefügt und auf die Gesamtmenge aufgefüllt.

Farbstoffe:

Safranin A (rot)	Victoriagrün (grün)
Chrysoidin 3 R (orange)	Methylenblau BB (blau)
Auramin (gelb)	Methylviolett (violett)[1]

[1] nur ein Viertel der Menge verwenden

Nach der Beizvirage wird 5...10 min gewässert. Im Bleich- und Tonbad können etwa 20 m Kinefilm behandelt werden, wobei nach 3 m die Säure wieder zu ergänzen ist, wodurch eine Auffrischung erfolgt.

5. Farbentwicklung

Die belichteten Diapositive werden direkt farbig entwickelt und das gleichzeitig entstandene Silberbild durch anschließende Bleich- und Fixierbäder entfernt (Agfacolor-Verfahren).

Farbentwickler

Lösung A

Diaethyl-p-phenylendiamin, schwefelsauer	2,75 g
Wasser bis auf	500,0 ccm

Lösung B

Natriumsulfit sicc.	2,0 g
Pottasche	75,0 g
Kaliumbromid	2,5 g
Wasser bis auf	500,0 ccm

Beide Lösungen werden 24 Stunden vor dem Gebrauch gemischt.

Zusätze zur Farbgebung, und zwar 10 ccm auf 100 ccm Entwickler:

Blaßgrün:	Dichlor-o-kresol	0,9 g
	Methanol	100,0 ccm
Blaugrün:	Dichlor-alpha-Naphthol	1,0 g
	Methanol	100,0 ccm
Gelb:	Chlorazetoazetanilid	1,0 g
	Methanol	100,0 ccm
Purpur:	p-Nitrophenylazetonitril	8,0 g
	Methanol	100,0 ccm
Braungelb:	Zyanazetanilid	0,4 g
	Methanol	50,0 ccm
	Azeton	50,0 ccm
Blau:	alpha-Naphthol	0,7 g
	Methanol	100,0 ccm

Entwicklungsdauer: 6...11 min. Anschließend Wässerung: 5 min.

Stoppbad: 10% Natriumphosphat primär

Einwirkungsdauer: 2 min. Zwischenwässerung: 1 min.

Bleichbad:	Kaliumphosphat primär . .	5,8 g
	Natriumphosphat sek. . . .	4,3 g
	Kaliumferrizyanid.	100,0 g
	Wasser bis auf	1000,0 ccm

Behandlungsdauer: 4...5 min. Zwischenwässerung: 1...2 min.

Klärbad: 5% Natriumsulfit sicc.

Einwirkungsdauer: 2 min. Anschließend Wässerung, etwa 2 min.

| *Fixierbad:* | Natriumthiosulfat krist. . . | 200,0 g |
| | Wasser bis auf . . . . . . | 1000,0 ccm |

Fixierdauer: 5 min.

Schlußwässerung: etwa 30 min.

6. Pinatypie-Verfahren

Zur Herstellung von ein- oder mehrfarbigen Diapositiven nach dem Pinatypie-Verfahren benötigt man nur besondere Druckplatten und Pinatypie-Farbstoffe. Das Verfahren beruht auf der Eigenschaft dieser Farbstoffe, gehärtete Gelatine nicht, ungehärtete dagegen stark anzufärben.

Als Druckplatte wird verwendet die „Agfa-Platte für Pinatypie", die auch selbst herzustellen ist.

Herstellung der Druckplatte:

Sauber gereinigte Glasplatten werden mit folgender Lösung überzogen:

Gelatine pro Photo, hart	15,0 g
Wasser	270,0 ccm
Alkohol	30,0 ccm

Die Gelatine wird zunächst etwa 1 Stunde eingeweicht, dann bis zur Lösung erwärmt und dann Alkohol zugefügt. Nach Filtrieren wird diese Gelatinelösung noch warm auf die Platten gegossen, für eine 9×12-Platte werden 6 bis 8 ccm benötigt. Die begossenen Platten läßt man an einem staubfreien Ort trocknen.

Sensibilisierung der Druckplatten: Die käuflichen oder selbst hergestellten Druckplatten werden in folgendem Bad sensibilisiert:

| Kaliumbichromat . . . . | 5,0 g |
| Wasser . . . . | 200,0 ccm |

Kaliumbichromat wird in der Gesamtmenge Wasser kalt gelöst und anschließend einige Tropfen Ammoniak bis zum Umschlag der Farbe von orange nach hellgelb zugesetzt. Ein geringer Überschuß an Ammoniak schadet nicht.

Die Druckplatten werden in diesem Bad mit der Schicht nach oben bei gedämpftem Licht 2...3 min gebadet, Temperatur 15 bis höchstens 20° C. Man läßt dann die Platte gut abtropfen und trocknet in senkrechter Lage im Dunkeln. Das Trocknen soll bei 15 bis 25° C etwa 4... ...6 Stunden dauern. Diese sensibilisierten Platten sind etwa 4...6 Wochen haltbar.

Anfertigung der Farbdias: Bei der Herstellung von mehrfarbigen Diapositiven, insbesondere Dreifarbendiapositiven, erzeugt man das rote und blaue Teilbild getrennt, und das gelbe Teilbild als drittes auf dem roten. Das blaue Teilbild dient dann gleichzeitig als Deckglas für das rote mit dem gelben. In diesem Falle muß natürlich das Blaudiapositiv das Spiegelbild des kombinierten roten und gelben sein.

Da die Gerbung der Schicht entsprechend der erfolgten Lichtwirkung und die nachfolgende Anfärbung umgekehrt wie diese erfolgt, muß man, um wieder ein Positiv zu erreichen, von einem Positiv ausgehen.

Rotdruck: Unter dem Grünfilter-Diapositiv wird eine sensibilisierte Druckplatte im Sonnen- oder Kohlenbogenlicht 2...10 min belichtet. Die Empfindlichkeit der Platte ist etwa so groß wie bei Zelloidinpapier; so daß dieses Papier als Photometer verwendet werden kann. Die belichtete Platte wird gewässert, bis das ablaufende Wasser auf weißem Papier farblos erscheint. Es folgt nunmehr Baden in 5%iger Kaliummetabisulfit-Lösung, 1 min lang, dann Wässerung. Die Platte kann nunmehr direkt eingefärbt oder auch erst getrocknet werden. Bei Zwischentrocknung erhält man klarere Weißen. Es folgt nunmehr die Anfärbung in folgendem Farbbad:

Pinatypie-Rot F . . . . 1,0...4,0 g
mit wenig Wasser zu einem Brei verruhrt und Zusatz
3...5 ccm Ammoniak, konz., dann Verdünnung auf
150 ccm mit kaltem Wasser.

Verdünnte Lösungen geben weichere Bilder, konzentriertere härtere. Die Behandlungsdauer in diesem Bad dauert etwa 5...10 min. Erscheint das Rotbild genügend intensiv, so wird gut gespült und dann in folgendem Chromalaunbad gehärtet und dann nach nochmaliger Wässerung getrocknet.

Chromalaun . . . . 3,0 g
Wasser . . . . 100,0 ccm
Zufügen von einigen Tropfen Ammoniak, bis eben bleibender Niederschlag entsteht.

Blaudruck: Das für diesen Druck erforderliche seitenverkehrte Rotfilter-Diapositiv kann man unter entsprechenden Maßnahmen im Vergrößerungsapparat herstellen, man kann jedoch auch hierzu das Pinatypieverfahren anwenden. Man belichtet hierzu eine Druckplatte unter dem Rotfilter-Diapositiv etwas länger als für den Blaudruck erforderlich ist, wässert und färbt in folgendem Farbbad ein:

Pinatypie-Braunschwarz M . . . . 1,0...2,0 g
Wasser . . . . 100,0 ccm

Anschließend Behandlung im Fixiator für Pinatypie (HOECHST) und Wässerung. Das so hergestellte Diapositiv wird zur Anfertigung des Blaudruckes verwendet.

Eine Druckplatte wird hinter dem Diapositiv etwa doppelt so lange wie beim Rotdruck belichtet. Es folgt dann Wässerung und Baden in 5%iger Kaliummetabisulfit-Lösung, anschließend nach nochmaligem Spülen die Blaufärbung in folgendem Färbebad:

Pinatypie-Blau F . . . . 2,0...3,0 g
Wasser . . . . 200,0 ccm
oder mit besserer Grunwiedergabe
Pinatypie-Blau D . . . . 2,0...3,0 g
Wasser . . . . 200,0 ccm

Man kann die Farbgebung in noch nassem Zustand am besten dadurch beurteilen, daß man dieses Blaubild mit dem bereits hergestellten Rotbild kombiniert (übereinander legt) und mit einem Gelbfilter betrachtet. Ist die Färbung nicht intensiv genug, so behandelt man im Färbebad nochmals weiter. Nach der Färbung erfolgt wieder Härtung und dann Wässerung.

Gelbdruck: Das Rotbild wird auf eine Spiegelglasplatte gelegt, die nivelliert ist, und mit einer 5%igen Gelatinelösung überzogen. Für eine 9 × 12 cm Platte benötigt man etwa 4 bis 5 ccm. Nach dem Erstarren der Gelatine wird die Platte bei mäßiger Wärme staubfrei getrocknet. Man sensibilisiert nunmehr diese Gelatineschicht durch Baden in einer Lösung von 3 g Ammoniumbichromat in 100 ccm Wasser mit Zusatz von einigen Tropfen Ammoniak konz. (s. Sensibilisierung der Druckplatten). Man legt nunmehr das Blaufilter-Diapositiv so auf das mit der Bichromat-Gelatine bedeckte rote Diapositiv, daß sich alle Konturen genau decken, und befestigt die Platten aneinander mit Tesafilm. Es wird dann etwa 1,5mal so lange belichtet wie für den Blaudruck. Anschließend erfolgt Wässerung und Behandlung in 5%iger Kaliummetabisulfit-Lösung, dann wieder Wässerung und dann Gelbfärbung. Hierzu dient folgende Farbstofflösung:

Pinatypie-Gelb F . . . . 3,0 g
Wasser . . . . 200,0 ccm

Es wird so lange gefärbt, bis alle drei Teilbilder übereinander gelegt eine harmonische Wirkung ergeben. Eine zu starke Einfärbung des Gelbbildes kann durch Baden in einer verdünnten Ammoniaklösung (5%) beliebig abgeschwächt werden. Nach richtiger Farbgebung wird im Fixatorbad (HOECHST) fixiert, gewässert und getrocknet. Zur Herstellung von farbigen Diapositiven nach dem Pinatypie-Verfahren sind besonders folgende Farbstoffe geeignet:

Pinatypie-Amaranth D (lilarot)
„　　　Gelb D
„　　　Rötel D
„　　　Karmoisin D
„　　　Violett D
„　　　Blau D

Das Verfahren eignet sich auch zur Herstellung von Anaglyphen-Dias, hierzu sind die Farbstoffe Komplement-Grün D und Komplement-Rot D zu verwenden.

7. Koppmann-Relief-Verfahren

Dieses Verfahren ist dem Pinatypie-Verfahren ähnlich, unterscheidet sich jedoch in einigen Punkten sehr wesentlich. Beim Pinatypie-Verfahren dient zur Anfärbung ein Quellrelief, bei dem KOPPMANN-Prozeß wird dagegen die ungehärtete Gelatine in heißem Wasser weggewaschen und man erhält ein Auswaschrelief. Damit dieses Relief auf der Unterlage haften bleibt, muß von der Rückseite der Schicht durch den Schichtträger hindurch belichtet werden. KOPPMANN benutzt weiter die Eigenschaft bestimmter Entwickler, vor allem von sulfitfreiem Brenzkatechin-Entwickler, die Schichten entsprechend des sich ausscheidenden Silbers zu gerben. Während man bei der Pinatypie, um ein Positiv zu erhalten, von einem Positiv ausgehen muß, muß man beim KOPPMANN-Verfahren ein Negativ benutzen. Zur Herstellung der Druckplatten werden beim KOPPMANN-Verfahren lichtempfindliche Silbersalzschichten verwendet, die eine ähnliche Zusammensetzung aufweisen wie die Diapositivplatten. Besondere

Materialien für den gesamten Arbeitsprozeß werden von der Jos-Pe-Gesellschaft, Hamburg, in den Handel gebracht.

Zur Herstellung von Dreifarbendias wird jedes der Dreifarben-Teilnegative auf je eine Diapositivplatte oder -film (Jos-Pe-Druckplatte) durch den Schichtträger hindurch im Kontakt- oder Vergrößerungsapparat belichtet, die Schichten in gerbendem Spezialentwickler entwickelt, mit warmem Wasser von etwa 50° C wird dann die nichtgegerbte Gelatine ausgewaschen und man erhält so das Auswaschrelief. Dieses wird dann mit geeigneten Farbstoffen angefärbt und man läßt nun den Farbstoff in eine aufgepreßte Gelatineschicht wandern. Dieser Absaugeprozeß kann auch in ähnlicher Weise bei der Pinatypie angewandt werden. Man erhält so seitenrichtige positive Bilder fast beliebiger Farbe.

Zur Schichtgerbung entsprechend der Silberausscheidung ist folgender Entwickler nach E. J. WALL geeignet:

Lösung A

Brenzkatechin	6,0 g
Natriumsulfit sicc.	2,0 g
Wasser bis auf	500,0 ccm

Lösung B

Ätznatron	1,5 g
Kaliumbromid	1,0 g
Wasser bis auf	500,0 ccm

Zum Gebrauch werden gleiche Teile gemischt. Entwicklungszeit bei 15° C: etwa 3 min.

Nach der Entwicklung wird kurz abgespült und anschließend in 5%iger Kaliummetabisulfit-Lösung mindestens 1 min lang gebadet. Man bringt die Platte dann in warmes Wasser von etwa 50° C und wäscht die nicht gehärtete Gelatine aus. Die Weiterbehandlung erfolgt jetzt bei hellem Licht. Man läßt nunmehr an der Luft oder in der Wärme trocknen. Die Platte enthält ein aus Gelatine und Silber bestehendes Relief in allen feinen Tonabstufungen. Ist diese Druckplatte zu glasig in den Lichtern, so war sie unterbelichtet und es muß eine neue angefertigt werden. Sind die Lichter zu stark geschlossen, so war sie überbelichtet oder zu lange entwickelt. Der Charakter der Druckplatte muß für jede Farbe etwas anders gehalten werden wegen der spezifischen Eigentümlichkeiten der Druckfarben. Die Rotdruckplatte muß in der Aufsicht gegen einen dunklen Hintergrund fast geschlossene Lichter zeigen, ähnlich einem überbelichteten Kontaktbild. Die Gelbdruckplatte darf denselben Charakter zeigen, die Lichter müssen jedoch reiner sein. Die Blaudruckplatte muß einem leichten normalen Kontaktbild, das etwas zur Härte neigt, gleichen.

Die Druckplatten werden vor jedem Druck durch Baden in entsprechenden Jos-Pe-Farbstofflösungen 2...5 min eingefärbt und dann mit Wasser abgespült, bis kein Farbstoff mehr abläuft. Man bringt nunmehr eine gelatinierte Platte nach vorheriger Einweichung mit der eingefärbten Druckplatte in Kontakt und läßt die Schichten unter Druck einige Minuten einwirken. Nach genügender Absaugung ist der Einfarbendruck fertig. Auf dieselbe Schicht können dann unter genauer Passung die weiteren Teilbilder übertragen werden. Zum Schluß wird gewaschen und getrocknet.

I. Umkehrentwicklung für Kinefilme 16 mm, 9,5 mm und 8 mm

Vorschrift nach Agfa bzw. Perutz

Erst-Entwicklung

	Agfa 826	Perutz
Wasser (von etwa 50° C) . .	750,0 ccm	750,0 ccm
Metol	2,0 g	2,0 g
Natriumsulfit sicc.	25,0 g	30,0 g
Hydrochinon	14,0 g	12,0 g
Pottasche	40,0 g	—
Ätznatron	2,0 g	18,0 g
Kaliumrhodanid	2,5 g	5,0 g
Kaliumbromid	2,0 g	8,0 g
Natriumsulfat sicc.	10,0 g	—
Wasser bis auf	1000,0 ccm	1000,0 ccm

Entwicklungszeit bei 18° C: etwa 10...12 min.

Zwischenwässerung: etwa 10 min in fließendem Wasser.

Bleichbad:

Kaliumbichromat	5,0 g
Schwefelsäure, konz.	5,0 ccm
Wasser bis auf	1000,0 ccm

Zwischenwässerung: 5 min in fließendem Wasser.

Klärbad:

Natriumsulfit sicc.	50,0 g
Wasser bis auf	1000,0 ccm

Klärdauer: 5 min in fließendem Wasser.

Zwischenwässerung: 5 min in fließendem Wasser.

Belichtung: etwa 60...100 Watt-Lampe, Abstand 1 m, 1 min; Belichtung kann überschritten werden, Tageslicht ist jedoch zu vermeiden.

Zweit-Entwicklung

Wasser (von etwa 50° C)	750,0 ccm
Metol	5,0 g
Natriumsulfit sicc.	40,0 g
Hydrochinon	6,0 g
Pottasche	40,0 g
Kaliumbromid	2,0 g
Wasser bis auf	1000,0 ccm

Entwicklungszeit bei 18° C: 6...8 min

Zwischenwässerung: 1 min in fließendem Wasser.

Fixage:

Natriumthiosulfat, krist.	200,0 g
Kaliummetabisulfit	20,0 g
Wasser bis auf	1000,0 ccm

Fixierdauer: 5 min.

Schlußwässerung: 30 min.

Umkehrentwicklung nach Ansco

für Ansco Hypan, Type 391 und SSS Pan, Type 393

Erst-Entwicklung

	Ansco U-60
Wasser (von etwa 50° C)	750,0 ccm
Calgon	1,0 g
Hydrochinon	15,0 g
Natriumsulfit sicc.	40,0 g
Soda sicc.	64,0 g
Natriumrhodanid	3,0 g
Natriumhydroxyd	5,0 g
Ansco Substanz DA-1 (5%-Lösung)	1,0 ccm[1]
Kaliumbromid	5,0 g
Wasser bis auf	1000,0 ccm

[1] Vermutlich Antischleiermittel (Benzotriazol).

Entwicklungszeit: 6...7 min bei 18° C.

In 1 Liter können etwa 60 m Umkehrfilm 16 mm entwickelt werden. Zur Ergänzung der Entwicklerverluste und zur Regenerierung wird folgende Nachfüllösung verwendet:

	Regenerator Ansco U-60R
Wasser (von etwa 50° C)	750,0 ccm
Calgon	1,0 g
Hydrochinon	20,0 g
Natriumsulfit sicc.	50,0 g
Soda sicc.	64,0 g
Natriumrhodanid	4,0 g
Natriumhydroxyd	7,5 g
Ansco Substanz DA-1 (5%-Lösung)	1,0 ccm
Wasser bis auf	1000,0 ccm

Zwischenwässerung: 10 min in fließendem Wasser.

Bleichbad:

Kaliumbichromat	5,0 g
Schwefelsäure, konz.	5,0 ccm[1]
Wasser bis auf	1000,0 ccm

[1] Schwefelsäure muß ins Wasser gegossen werden, niemals umgekehrt, Gefahr des Zerspritzens!

Bleichdauer: etwa 5 min, erforderlichenfalls auch mehr.

Zwischenwässerung: 5 min in fließendem Wasser.

Klärbad:

Wasser	1000,0 ccm
Natriumsulfit sicc.	50,0 g
Behandlungsdauer: 5 min.	

Zwischenwässerung: 5 min in fließendem Wasser.

Belichtung: 200-Watt-Lampe im Abstand von etwa 2 m, Belichtungsdauer 2...3 min. Bei Rahmenentwicklung wird dieser gedreht, damit der ganze Film in allen Teilen durchbelichtet wird.

Zweit-Entwicklung

Wasser (von etwa 50° C)	750,0 ccm
Metol	0,8 g
Natriumsulfit sicc.	40,0 g
Hydrochinon	8,0 g
Soda sicc.	42,5 g
Kaliumbromid	5,0 g
Wasser bis auf	1000,0 ccm

Entwicklungszeit: etwa 5 min bei 18° C.

Erfolgt der Umkehrprozeß in einer Spiral- oder Korrexdose, so kann keine Belichtung und Zweitentwicklung vorgenommen werden. In diesem

Falle wird der Film zweckmäßiger durchgeschwärzt durch Behandlung in einer 1%igen Schwefelnatriumlösung ohne vorherige Belichtung. Hierbei entsteht ein braunes Schwefelsilberbild.

Zwischenwässerung: 1 min in fließendem Wasser.

Härtefixierbad:

> *Lösung A*
>
> Wasser . . . . 600,0 ccm
> Natriumthiosulfat, krist. . . . . 300,0 g
>
> *Lösung B*
>
> Wasser (von etwa 50° C) . . . . 200,0 ccm
> Borsäure. . . . . 5,0 g
> Natriumsulfit sicc. . . . . 7,0 g
> Eisessig 99/100% . . . . 10,0 ccm
> Kalialaun . . . . 10,0 ccm
> Wasser bis auf . . . . 400,0 ccm

Nach Erkalten wird Lösung B zu Lösung A gegossen.

Fixierdauer: 5 min.

Schlußwässerung: 15 min in fließendem Wasser.

Trocknung: 15 min.

Umkehrprozeß Gevaert

> für Gevaert Ortho Reversal
> Reversal Microgran
> Super Reversal
> Du Pont Type 314
> Type 302

Erst-Entwicklung

> Wasser (von etwa 50° C) . . . . 750,0 ccm
> Metol . . . . 2,0 g
> Natriumsulfit sicc. . . . . 50,0 g
> Soda sicc. . . . . 42,5 g
> Kaliumrhodanid . . . . 4,0 g
> Kaliumbromid . . . . 4,0 g
> Hydrochinon . . . . 8,0 g
> Wasser bis auf . . . . 1000,0 g

Entwicklungszeit: 6...8 min bei 18° C.

Zwischenwässerung: 3...5 min in fließendem Wasser.

Bleichbad:

> Kaliumbichromat . . . . 5,0 g
> Schwefelsäure, konz. . . . . 5,0 ccm[1]
> Wasser bis auf . . . . 1000,0 ccm
>
> *oder*
>
> Kaliumpermanganat. . . . . 2,0 g
> Schwefelsäure, konz. . . . . 5,0 ccm[1]
> Wasser bis auf . . . . 1000,0 ccm

[1] Schwefelsäure muß immer der Lösung zugesetzt werden, niemals Wasser zu Schwefelsäure gießen!

Bei Benutzung des Kaliumpermanganat-Bleichbades muß bei warmem Wetter der Film vor der Erstentwicklung gehärtet werden. Zu diesem Zwecke bade man den Film in einer 0,5%igen Chromalaunlösung etwa 5 min.

Bleichdauer: etwa 3 min.

Zwischenwässerung: 1...2 min.

Klärbad:

    Natriumbisulfit . . . .   50,0 g
    Wasser bis auf . . . . 1000,0 ccm

Behandlungsdauer 3 min.

Zwischenwässerung: 1...2 min in fließendem Wasser.

Belichtung: 60-Watt-Lampe im Abstand von 1 Meter etwa 1 min.

Zweit-Entwicklung

    Wasser (von etwa 50° C . . . . 750,0 ccm
    Metol . . . .   1,5 g
    Natriumsulfit sicc. . . . .   25,0 g
    Hydrochinon . . . .   6,0 g
    Soda sicc. . . . .   38,25 g
    Kaliumbromid . . . .   1,0 g
    Wasser bis auf . . . . 1000,0 ccm

Entwicklungsdauer: etwa 3 min. Nach Durchschwärzung muß die Entwicklung noch etwa 2 min fortgesetzt werden.

Zwischenwässerung: 1 min in fließendem Wasser.

Härtefixierbad:

    Wasser (von etwa 50° C) . . . . 500,0 ccm
    Natriumthiosulfat, krist.. . . . . 240,0 g
    Natriumsulfit sicc. . . . .   30,0 g
    Eisessig 99/100% . . . .   47,5 ccm
    Borsäure. . . . .   7,5 g
    Kalialaun . . . .   15,0 g
    Wasser bis auf . . . . 1000,0 ccm

Chemikalien müssen nacheinander gelöst werden.

Fixierdauer: etwa 5 min.

Schlußwässerung: 30 min.

Umkehrprozeß Du Pont

für Du PONT Rapid Reversal Pan, Type 330, besonders bei Maschinenentwicklung (HOUSTON-Modell 11 B u. 22

Erst-Entwicklung

    Wasser, kalt . . . . 750,0 ccm
    Metol . . . .   1,0 g
    Natriumsulfit sicc. . . . .   50,0 g
    Hydrochinon . . . .   20,4 g
    Natriumhydroxyd . . . .   20,0 g
    Kaliumbromid . . . .   4,0 g
    Kaliumrhodanid . . . .   2,5 g
    Wasser bis auf . . . . 1000,0 ccm

Entwicklungszeit: 2 min 45 sec.

In 1 Liter können etwa 60 m Umkehrfilm 16 mm entwickelt werden, wenn alle 20 m die Entwicklerverluste durch frischen Entwickler ergänzt werden.

Zwischenwässerung: 1 min 20 sec.

Bleichbad:

    Wasser . . . . 750,0 ccm
    Kaliumbichromat . . . .   17,8 g
    Schwefelsäure, konz. . . . .   10,7 ccm
    Wasser bis auf . . . . 1000,0 ccm
    Bleichdauer: 1 min 20 sec.

In 1 Liter können 35 m 16 mm-Film gebleicht werden.

Zwischenwässerung: 1 min 20 sec.

Klärbad:

<pre>
Natriumsulfit sicc. . . . .   143,0 g
Wasser bis auf . . . . 1000,0 ccm
</pre>
Behandlungsdauer: 1 min 20 sec.
Ergiebigkeit wie bei Bleichbad.

Zwischenwässerung: 1 min 20 sec.

Belichtung: Ohne nähere Angaben.

Zweit-Entwicklung

<pre>
Wasser, kalt . . . . 750,0 ccm
Metol . . . .   1,0 g
Natriumsulfit sicc. . . . .   50,0 g
Hydrochinon . . . .   20,0 g
Natriumhydroxyd . . . .   15,0 g
Wasser bis auf . . . . 1000,0 ccm
</pre>

Entwicklungszeit: 1 min 20 sec.

Ergiebigkeit: 150 m 16 mm-Film in 1 Liter Lösung.

Zwischenwässerung: 1 min 20 sec.

Fixierbad: Saures Negativ-Fixierbad. Du Pont empfiehlt Röntgen-Fixer, das in einer besonderen Packung geliefert wird.

Schlußwässerung: mindestens 4 min bei Sprühwässerung.

Umkehr-Prozeß nach Kodak
für Kodak Super-X und Super-XX Blue Base Reversal Films

Vorhärtung:

Lösung A
<pre>
Formaldehyd 37% . . . . , , .   5,0 ccm
</pre>
Lösung B
<pre>
Wasser . . . .   900,0 ccm
6-Nitrobenzimidazol-Lösung 0,5% . . . . .   40,0 ccm
Natriumsulfit sicc. . . . .   50,0 g
Soda sicc. . . . .   10,0 g
Wasser bis auf . . . . 1000,0 ccm
</pre>

Zum Gebrauch werden beide Lösungen gemischt.

Behandlungsdauer: 3 min.

Zwischenwässerung: 1 min.

Erst-Entwicklung

	Kodak D-67 f. Super-X	Kodak D-88 f. Super-XX
Wasser (von etwa 50° C) . .	500,0 ccm	750,0 ccm
Metol	2,2 g	—
Natriumsulfit sicc.	96,0 g	48,8 g
Hydrochinon	8,0 g	24,4 g
Soda sicc.	50,0 g	—
Borsäure.	—	5,9 g
Kaliumbromid	5,0 g	2,6 g
Natriumrhodanid	2,0 g	—
Natriumhydroxyd	—	24,4 g
Wasser bis auf	1000,0 ccm	1000,0 ccm
Entwicklungszeit:	10 min.	10 min.

Zwischenwässerung: 2 min in fließendem Wasser.

Bleichbad:

	Kodak R-9 f. Super-X	Kodak TC-1 f. Super-XX
Wasser	1000,0 ccm	1000,0 ccm
Kaliumbichromat	9,4 g	90,0 g
Schwefelsäure, konz.	12,0 ccm	96,0 ccm
Verdünnung z. Gebrauch:	ohne	evtl. 1 : 1

Bleichdauer: 3 min.

Zwischenwässerung: 2 min.

Klärbad:

	Kodak CB-1
Natriumsulfit sicc.	90,0 g
Wasser bis auf	1000,0 ccm

Klärzeit: 4 min.

Zwischenwässerung: 1 min.

Belichtung: 10 sec bei 50 cm Abstand, Nitraphotlampe 500 Watt.

Zweit-Entwicklung

	Kodak D-19 f. Super-X u. Super-XX
Wasser (von etwa 50° C)	500,0 ccm
Metol	2,2 g
Natriumsulfit sicc.	96,0 g
Hydrochinon	8,0 g
Soda sicc.	47,6 g
Kaliumbromid	5,0 g
Wasser bis auf	1000,0 ccm

Für Super-XX kann auch der noch rapider arbeitende Entwickler Kodak D-88 (s. Erstentwickler) verwendet werden. Man setzt diesem Entwickler pro Liter 0,25 g Kaliumjodid zu.

Entwicklungszeit: 3 min.

Statt der Belichtung und Zweitentwicklung kann auch eine Behandlung im Tonbad Kodak T-19 durchgeführt werden. Hierbei wird das gesamte Bromsilber in Schwefelsilber übergeführt.

	Kodak Tonbad T-19
Wasser bis auf	1000,0 ccm
Schwefelnatrium, krist.	20,0 g

Zwischenwässerung nach der Zweitentwicklung: 1 min.

Fixierbad mit Härtezusatz:

	Kodak F-5
Wasser (von etwa 50° C)	600,0 ccm
Natriumthiosulfat, krist.	240,0 g
Natriumsulfit, sicc.	15,0 g
Eisessig 99/100%	13,5 ccm
Borsäure	7,5 g
Kalialaun	15,0 g
Wasser bis auf	1000,0 ccm

Fixierdauer: 5 min.

Schlußwässerung: 20 min in fließendem Wasser.

K. Umkehr-Entwicklung bei Papieren

Direkt-Positiv-Papier-Entwickler

	Gevaert	Kodak D-88
Wasser (von etwa 50° C) . .	750,0 ccm	750,0 ccm
Natriumsulfit sicc.	80,0 g	48,8 g
Hydrochinon	34,0 g	24,4 g
Borsäure.	—	5,6 g
Kaliumbromid	7,0 g	2,6 g
Kaliumhydroxyd	50,0 g	—
Natriumhydroxyd	—	24,4 g
Wasser bis auf	1000,0 ccm	1000,0 ccm
Entwicklungszeit:	—	1 min

Zwischenwässerung: 15 sec.

Bleichbad:

	Gevaert	Kodak R-9
Wasser	1000,0 ccm	1000,0 ccm
Kaliumbichromat	32,0 g	9,4 g
Schwefelsäure, konz.	32,0 ccm	12,0 ccm
Bleichzeit:	—	30 sec

Zwischenwässerung: 15 sec.

Klärbad:

	Gevaert	Kodak CB-1
Natriumsulfit sicc.	150,0 g	90,0 g
Wasser bis auf	1000,0 ccm	1000,0 ccm
Klärdauer:	—	30 sec

Zwischenwässerung: 15 sec.

Toner:

	Gevaert	Kodak T-19
Schwefelnatrium, krist. . . .	120,0 g	60,0 g
Schwefelblumen	30,0 g	—
Wasser bis auf . . . . . , . .	1000,0 ccm	1000,0 ccm
Tonungsdauer:	—	30 sec

Schlußwässerung: 30 sec.

An Stelle der Tonung kann, wenn Photographieton gewünscht wird, Belichtung und Zweitentwicklung erfolgen. Als Zweitentwickler kann der Erstentwickler (Direkt-Positiv-Papier-Entwickler) verwendet werden. Entwicklungszeit: 30 sec. An diese Entwicklung kann sich ein Fixierbad, möglichst mit Härtezusatz, anschließen. Bei der Tonung ist dieses nicht erforderlich. Bei Entwicklung und Fixage muß eine Schlußwässerung von mindestens 10 min erfolgen.

L. Die Verarbeitung des photographischen Materials in den Tropen bzw. bei höheren Temperaturen

Die Verarbeitung des photographischen Negativmaterials bei Temperaturen bis 26° C ist mit keinen Schwierigkeiten verbunden. Vorteilhaft ist, um eine Schichtverletzung infolge stärkerer Quellung, insbesondere beim Fixieren und Wässern zu verhüten, die Vornahme einer Schichthärtung vor oder im Fixierbad. Besonders ist darauf zu achten, daß niemals auf ein wärmeres Bad ein wesentlich kälteres folgt, da hierdurch sehr leicht eine Netzstruktur der Schicht entsteht. Die umgekehrte Reihenfolge, warmes Behandlungsbad auf kälteres, ist dagegen nicht störend und führt zu keinen Fehlererscheinungen.

Bei der Verarbeitung von Negativschichten, die nicht besonders gegerbt sind, bei Temperaturen von 25 ... 35° C, müssen Entwickler verwendet werden, die eine geringe Quellung der Schicht bewirken. Zur Verminderung der Quellung ist besonders ein Zusatz von Natriumsulfat (Glaubersalz) geeignet. Durch diesen Zusatz wird die sonst wesentlich verkürzte Entwicklungszeit verlängert.

Bei Temperaturen über 35° C ... 45° C muß die Negativschicht vor der Entwicklung gegerbt werden.

Entwickler für Temperaturen bis 35° C

Kontrastreich arbeitender Entwickler, insbesondere für *Reproduktionen geeignet, Kodak D-13*

Wasser (von etwa 40−50° C)	750,0 ccm
p-Aminophenol, salzsauer	5,2 g
Natriumsulfit sicc.	52,5 g
Hydrochinon	10,5 g
Soda sicc.	51,0 g
Kaliumjodid	2,1 g
Natriumsulfat sicc.	45,0 g
Wasser bis auf	1000,0 ccm

Entwicklungszeit: etwa 6...7 min bei 29° C. Nach der Entwicklung wird 30 sec in Wasser gespült und anschließend folgt eine Schichthärtung in einem Formalin-Härtebad (1 Teil Formalin + 19 Teile Wasser), Dauer 3 min; dann wird nochmals 1 min gewässert, weiter 5...10 min fixiert und 15...20 min gewässert.

Wässerung vor und nach der Formalinhärtung ist erforderlich, da einerseits der Entwickler mit Formalin leicht Farbflecken, andererseits mit dem Fixierbad milchige Trübungen und auf den Schichten dichroitischen Schleier erzeugt.

Normal arbeitender Entwickler für bildmäßige Aufnahmen größeren *Formates, Gevaert G. 222a*

Wasser (von etwa 40−45° C)	750,0 ccm
Metol	2,0 g
Natriumsulfit sicc.	50,0 g
Hydrochinon	5,0 g
Natriumsulfat sicc.	45,0 g
Pottasche	30,0 g
Kaliumbromid	1,5 g
Wasser bis auf	1000,0 ccm

Entwicklungszeiten bei	21°	25°	30°	35° C
	5	3,5−4	2	1,5 min

Die Entwicklung wird in einem härtenden Zwischenbad (s. S. 264) unterbrochen und anschließend folgt Behandlung in einem Härtefixierbad.

Entwickler für Kleinbildfilme, Gevaert G. 223:

Wasser (von etwa 40−50° C)	750,0 ccm
Metol	5,0 g
Natriumsulfit sicc.	50,0 g
Borax	5,0 g
Natriumsulfat sicc.	50,0 g
Kaliumrhodanid	1,0 g
Kaliumbromid	1,0 g
Phenol	0,3 ccm
Wasser bis auf	1000,0 ccm

Entwicklungszeiten bei	21°	25°	30°	35° C
	12	10	7	3,5 min

Dieser Entwickler wird verwendet in Verbindung mit einem härtenden Unterbrecherbad und härtendem Fixierbad.

Zusatz von Natriumsulfat in Tropenentwicklern: Jeder Entwickler kann durch Zusatz von Natriumsulfat zur Entwicklung bei höheren Temperaturen bis 35° C geeignet gemacht werden. Bei schwach alkalischen Entwicklern genügt eine geringere Menge als bei stärker alkalischen Entwicklern.

	Zusatzmengen Natriumsulfat sicc.	
	für weich	für kontrastreich
Temperaturbereich	arbeitende Entwickler	
18—25° C	50,0 g	100,0 g
25—30° C . . . . .ʼ.	75,0 g	125,0 g
30—35° C	100,0 g	150,0 g

Bei Temperaturen von 30...35° C muß die Entwicklungszeit um ein Drittel verkürzt werden.

Unterbrecherbäder für Arbeiten bei höheren Temperaturen:

Unterbrecherbad f. Temp. von 18—25° C		Unterbrecherbad f. Temp. von 25—35° C	
Wasser	1000,0 ccm	Wasser	1000,0 ccm
Eisessig	9,0 ccm	Chromalaun	30,0 g
Natriumsulfat sicc. .	45,0 g	Natriumsulfat sicc. .	60,0 g

Filme und Platten werden 3 min behandelt unter Bewegung. Ausnutzungsfähigkeit jedes Bades: etwa 20...25 Roll- oder Kleinbildfilme.

Unterbrecherbad für Papiere zur Behandlung bei höheren Temperaturen:

Wasser	1000,0 ccm
Natriumsulfat sicc.	50,0—100,0 g
Soda sicc.	10,0 g
Formalin.	10,0 ccm

Behandlungsdauer 5 min, anschließend spülen und in normalem Fixierbad fixieren.

Verarbeitung bei Temperaturen über 35°. Die Negativschichten müssen vor der Entwicklung gegerbt werden.

Gerbungsbad vor der Entwicklung:

Lösung A	Gebrauchslösung	Nachfüllösung
Wasser	1000,0 ccm	1000,0 ccm
6-Nitrobenzimidazollös. 0,5%	40,0 ccm	55,0 ccm
Natriumsulfat sicc.	70,0 g	70,0 g
Soda sicc.	10,0 g	23,0 g
Lösung B		
Formalin 40%	5 ccm	8,5 ccm

Kurz vor dem Gebrauch wird die Lösung B in die Lösung A gegossen. Die Nachfüllösung wird je nach Bedarf verwendet, um das Volumen der Gebrauchslösung konstant zu halten. Die Gebrauchslösung in gemischtem Zustand hat nur eine sehr beschränkte Haltbarkeit, sie zersetzt sich allmählich und ist dann wirkungslos (Haltbarkeit bei 40° C etwa 1 Woche).

Zur Behandlung wird das Negativmaterial in dem Bad etwa 5...8 min bewegt und anschließend etwa 1 min in Wasser gespült. Bei längerer Einwirkungsdauer des Bades tritt ein erheblicher Empfindlichkeitsverlust auf.

Zur Entwicklung bis 35° C kann jeder gebräuchliche Entwickler verwendet werden. Bei 35° C beträgt die Entwicklungszeit etwa die Hälfte von der bei 20° C. Da bei höheren Temperaturen die Entwicklung zu rapid verläuft und dadurch Ungleichmäßigkeiten in der Entwicklung auftreten. verwendet man zweckmäßiger langsam arbeitende Entwickler.

Die Weiterverarbeitung des photographischen Materials in den Tropen. Da das photographische Silberbild in feuchter Atmosphäre bedeutend weniger stabil ist als in trockener, ist dem Fixier- und Wässerungsprozeß in den Tropen besondere Beachtung zu schenken. Zur Fixierung ist jedes härtende Fixierbad geeignet (s. S. 265). Für ausreichende Wässerung ist Sorge zu tragen; dem letzten Waschwasser wird zweckmäßig ein Antiseptikum zugefügt, wie Salizylsäure, Benzohexa, Thymol, um Bakterieneinwirkung zu verhüten. Die Trocknung ist möglichst zu beschleunigen durch eine Vorbehandlung in einem Alkoholbad (s. S. 207), damit Verunreinigungen durch Staub möglichst weitgehend vermieden werden. Zum Schutz vor Insekten wird die Trocknung unter Moskitonetzen vorgenommen.

M. Die Verarbeitung des photographischen Materials in Polargegenden bzw. bei tiefen Temperaturen

Die Entwicklung bei tieferen Temperaturen bis 10° C ist bereits mit Schwierigkeiten verbunden und bei 0° C ist sie auf normale Weise überhaupt nicht mehr möglich. Es besteht nicht nur die Schwierigkeit, daß die Bestandteile des Entwicklers bei tiefen Temperaturen infolge ihrer geringeren Löslichkeit ausfallen und das Lösungsmittel gefriert, die Entwicklersubstanzen verlieren ihr Reduktionsvermögen. Um die Gefriertemperatur der Lösungen herabzusetzen, hat sich insbesondere ein Zusatz von Äthylenglykol in wechselnder Menge bewährt, das Entwicklungsvermögen kann aktiviert werden durch Verwendung von kaustischen Alkalien (204 b).

Zur Entwicklung bei tiefen Temperaturen sind insbesondere ätzalkalische Entwickler, wie Kodak D-8 und Kodak D-82 + Ätzkali geeignet (Formel für D-8 s. S. 256, für Normalentwickler D-82 s. S. 243).

Kodak D-82 + Ätzalkali zur Entwicklung bei tiefen Temperaturen:

Wasser (von etwa 40—50° C)	500,0 ccm
Metol	14,0 g
Hydrcchinon	14,0 g
Natriumsulfit sicc.	52,5 g
Natriumhydroxyd	17,6 g
Kaliumbromid	8,8 g
Benzotriazol	0,2 g
Wasser bis auf	1000,0 ccm

Zur Entwicklung bei Temperaturen bis — 1° C kann der Entwickler entsprechend der Ansatzvorschrift verwendet werden. Zur Entwicklung bei noch tieferen Temperaturen bis — 15° C werden 3 Teile der Lösung mit 1 Teil Äthylenglykol verdünnt. Zur Aufbewahrung des Entwicklers bei tiefen Temperaturen muß die Zufügung des Glykol gleich nach dem Ansatz erfolgen.

Entwicklungszeit-Tabelle für Kodak SD-22 bei verschiedenen Temperaturen
(Filmmaterial Kodak Super XX; Gamma = 0,8)

Entwickler	Gefrier-temperatur ° C	Entwicklungs-zeit in Minuten	bei Entwickler-temperatur ° C
Kodak D-72 (1 : 1)	− 1,6	9 27	16 5
Kodak D-8	− 1,6	3 9,5	16 5
Kodak D-8+ 25% Glykol .	− 18	6 22,5 70	16 5 − 7
Kodak D-82+Ätzalkali . .	− 2,2	3 9	16 5
Kodak D-82+Ätzalkali+ 25% Glykol	− 16	5,3 21,5 70	16 5 − 7

Zur Entwicklung bei *noch tieferen Temperaturen* ist insbesondere die
Kodak-Formel SD-22 geeignet

Kodak SD-22

Lösung A

Wasser (von etwa 40—50° C) . . . . 500,0 ccm
Natriumbisulfit . . . . 100,0 g
Amidol . . . . 40,0 g
Brenzkatechin . . . . 40,0 g
Benzotriazol . . . . 2,0 g
Wasser bis auf . . . . 1000,0 ccm

Lösung B

Wasser (kalt) . . . . 500,0 ccm
Natriumhydroxyd . . . . 120,0 g
Kaliumbromid . . . . 20,0 g
Kaliumjodid . . . . 4,0 g
Wasser bis auf . . . . 1000,0 ccm

Zum Gebrauch werden gemischt: ·

bei Temperaturen bis − 1° C   1 Teil Lösung A+ 1 Teil Lösung B+ 2 Teile Wasser
bei Temperaturen bis − 15° C   1 Teil Lösung A+ 1 Teil Lösung B+ 1 Teil Wasser
+ 1 Teil Glykol
bei Temperaturen bis − 40° C   1 Teil Lösung A+ 1 Teil Lösung B+ 2 Teile Glykol

Die gebrauchsfertigen Mischungen sind nur sehr beschränkt haltbar,
die Herstellung der Mischungen muß deswegen erst kurz vor dem Gebrauch erfolgen.

Tabelle 17. *Entwicklungszeit-Tabelle für Kodak SD-22 bei verschiedenen Temperaturen*
(Filmmaterial Kodak Super XX; Gamma = 0,8)

Entwickler	Gefrier-temperatur ° C	Entwicklungs-temperatur ° C	Entwicklungs-zeit in Minuten	Schleier	Empfind-lichkeits-ausnutzung
SD-22	− 3,3	16 5	1 2,5	0,25 0,17	650 620
SD-22 mit 25% Glykol .	− 18	16 5 − 7	2 5,5 15	0,26 0,19 0,11	620 850 800
SD-22 mit 50% Glykol .	− 40	16 5 − 7 − 18	4,5 12 40 140	0,30 0,19 0,18 0,17	800 900 900 900

Unterbrecherbad für tiefe Temperaturen: 1% Essigsäure mit Zusatz von 20...25% Glykol.

Der Fixierprozeß bei tiefen Temperaturen: In gewöhnlichem Fixierbad verläuft die Fixage bei tiefen Temperaturen äußerst langsam, die Fixierzeit wird noch wesentlich verlängert, wenn Glykol in steigender Konzentration zugefügt wird. Hochempfindliche Negativschichten benötigen beispielsweise in einem 10%igen Ammoniumthiosulfatbad mit 20% Glykolzusatz zur Klärung allein 1 Stunde bei einer Temperatur von $-7°$ C. Wesentlich kürzere Fixierzeiten werden erzielt bei Benutzung eines 40%igen Kaliumrhodanidbades. Ein derartiges Bad benötigt zur Klärung eines Negatives bei $-7°$ C etwa 4 Minuten. Häufig wird Kaliumrhodanid als Fixiermittel auch in Verbindung mit Glykol verwendet, doch wird dadurch die Gelatine sehr stark angegriffen, man muß deswegen gleichzeitig etwa 5% Formalin zur Gerbung hinzufügen. Geeignet zur Fixierung bei tiefen Temperaturen ist auch eine Lösung von 3% Natriumzyanid + 20% Glykol, doch ist eine derartige Lösung äußerst giftig.

Die Wässerung bei tiefen Temperaturen: Häufig werden Negative, die in Kaliumrhodanid fixiert sind, beim nachfolgenden Wässern opaleszierend. Diese Opaleszenz ist für die Auswertung meistens nicht störend, sie kann entfernt werden, wenn man die Negative einige Zeit mit Natriumthiosulfat nachfixiert. Eine restlose Auswässerung der Fixierbadreste ist bei tiefen Temperaturen nicht möglich. Man erreicht eine zunächst genügende Haltbarkeit durch zweimaligen Wasserwechsel nach einer Wässerungszeit von 10 min in Wasser mit 25% Glykolgehalt bei Temperaturen zwischen $0...-15°$ C bzw. von 25 min Wässerungszeit in Wasser von 50% Glykolgehalt bei Temperaturen bis $-25°$ C.

Eine nochmalige Fixage und Wässerung ist später nachzuholen.

Die Trocknung bei tiefen Temperaturen: Bei tiefen Temperaturen verläuft die Trocknung besonders in ruhender Luft äußerst langsam. Bei der Wässerung in reinem Wasser gefriert das Wasser in der Gelatineschicht, diesen Nachteil verhindert der Glykolzusatz. Zur Schnelltrocknung muß man absoluten Alkohol verwenden, da bei Verwendung von verdünntem Alkohol nach dem Verdunsten des Alkohols das restliche Wasser ebenfalls gefriert. Bei tiefen Temperaturen sind durch Alkohol keine Schädigungen des Filmes zu erwarten, wenn die Einwirkungsdauer nicht zu lange währt ($2...5$ min bei Temperaturen bis $-15°$ C bzw. 10 min bei noch tieferen Temperaturen).

Trockendauer nach Alkoholbehandlung bei $-18°$ C etwa 1 Stunde.

N. Die Wiedergewinnung des Silbers aus gebrauchten Fixierbädern

Photographische Negativschichten enthalten etwa 10 g, Positivschichten etwa 2 g metallisches Silber pro Quadratmeter Fläche. Von dieser Silbermenge gehen etwa 75% in das Fixierbad. Normal ausgenutzte Fixierbäder enthalten etwa 4 bis 5 g Silber pro Liter.

Zur Wiedergewinnung des Silbers können zwei Verfahren angewandt werden:

a) die chemische Aufarbeitung.
b) die Elektrolyse.

a) Die chemische Aufarbeitung

Die chemische Wiedergewinnung des Silbers ist die wirtschaftlichste für kleinere und mittlere Betriebe. Die Fixierbadrückstände werden zweckmäßigerweise zunächst in einem Holz- oder Steingutgefäß gesammelt, bis eine Menge von etwa 50 Liter erreicht ist, und dann wird das Silber als Metall oder Schwefelsilber gefällt. Nach der Fällung läßt man den Niederschlag absitzen und hebert dann die silberfreie Lösung vom Bodensatz ab. Anschließend werden erneut die verbrauchten Fixierbadreste in dem Bottich gesammelt und das Silber dann gefällt. Hat sich der Bodensatz nach mehrmaliger Fällung allmählich angesammelt, so wird er entnommen, vom anhaftenden Wasser befreit und getrocknet. Zur Trocknung verwendet man zweckmäßig ein Mulltuch, das man an den vier Ecken an einer geeigneten Vorrichtung befestigt (Stuhlbeine eines umgekehrten Stuhles). Den in dieses Filtertuch gefüllten Satz läßt man abtropfen und anschließend in der Sonne oder Wärme trocknen. Der Silbergehalt des getrockneten Silberschlammes ist je nach der angewandten Fällungsmethode verschieden.

Folgende Tabelle enthält eine Zusammenstellung von bewährten und wirtschaftlich arbeitenden Fällungsmitteln (27).

Tabelle 18. *Silberabscheidung aus gebrauchten Fixierbädern mit Metallen und durch gelöste Fällungs- oder Reduktionsmittel*

Verfahren	Anwendungsform	Abscheidungsart	Vorteil	Nachteil	Ausbeute
1. Eisen . .	Pulver	Silbermetall	Weißes, reines Silber	Fein verteiltes Pulver, möglichst Karbonyleisen erforderlich. Bei grobem Pulver Niederschlag nicht rein	Zur Fällung von 1 kg Silber werden 4,3 g Eisenpulver grob benötigt, Niederschlag enthält 14% Silber. Auf 1 kg Silber werden 1,1 kg Karbonyleisen benötigt, Niederschlag enthält 50% Silber
2. Zink . .	Pulver	Silbermetall	Billig und einfach	Kein reines Silber	Für 1 kg Silber sind 2,8 kg Zink zur Fällung erforderlich; Gehalt des Niederschlages 53% Silber
3. Kupfer .	Platten	Metall	Fester, reiner Niederschlag	Muß von Zeit zu Zeit entfernt werden durch Abbürsten	0,3 kg Kupfer fällen 1 kg Silber; Silbergehalt des Niederschlages nahezu 100%
4. Schwefelleber + + Ätznatron .	Lösung	Schwefelsilber	Einfach und billig	Schwefelwasserstoff-Entwicklung	Verbrauch für 1 kg Silber 1,5 kg Schwefelleber + + 5 kg Ätznatron
5. Ferrosulfat + + Ätznatron .	Lösung	Silbermetall	Einfach und billig	Kein reines Silber	Für 1 kg Silber werden 5 kg Ferrosulfat + 5 kg Ätznatron benötigt
6. Blankit + + Soda .	Lösung	Silbermetall	Sehr reines Silber	Erwärmen notwendig	Zur Fällung von 1 kg Silber werden 3 kg Blankit + 3,1 kg Soda benötigt

Besonders bewährt hat sich bei der Abscheidung des Silbers mit Metallen das Zink in Form von Staub. Die vollständige Abscheidung erfolgt erst nach mehreren Tagen; der Niederschlag setzt sich leicht ab.

Die angeführten nassen Verfahren arbeiten einwandfrei und wirtschaftlich. Beim Schwefelleberverfahren wird das Fixierbad zunächst mit einer 30%igen Ätznatronlösung, technisch, alkalisch gemacht, bis sich rotes Lackmuspapier blau färbt. Anschließend setzt man eine konzentrierte Schwefelleberlösung zu, bis eine Probe der gut umgerührten Mischung Bleipapier nicht mehr bräunt. Die Natronlauge kann zur Verbilligung des Verfahrens auch durch verbrauchten, alten Entwickler ersetzt werden. Auf 1 Liter Fixierbad muß man hierbei etwa 1 Liter Entwickler verwenden. Bei der Fällung mit Schwefelleber entsteht Schwefelwasserstoff. Diese Methode kann deswegen nur in gut gelüfteten Räumen oder im Freien angewandt werden.

Die Ferrosulfatlösung arbeitet ebenfalls billig. Hierbei entsteht metallisches Silber. Bei Ausführung dieses Verfahrens setzt man dem Fixierbad zunächst die Ferrosulfatlösung, technisch, und darauf die Natronlauge zu und rührt gut um. Das ausgefällte Silber benötigt zum Absitzen etwa 1...2 Tage (674c).

Blankit als Fällungsmittel liefert sehr reines Silber. Das Fixierbad wird mit 3 g Blankit für je 1 g Silber und mit 15 g Soda sicc. je Liter Bad versetzt. Anschließend wird kurz gekocht, wobei schwarzes Silber von großer Reinheit ausfällt (530, 646).

b) Die elektrolytische Aufarbeitung

Unter Einwirkung von elektrischem Strom kann das Silber aus seinen Lösungen abgeschieden werden. Diese Elektrolyse wird in Zellen vorgenommen, die zwei nicht angreifbare Elektroden, z. B. Kohle als Anode und Kathode, V 2 A-Stahl oder Silberblech als Kathode enthalten. Werden Kohle oder V 2 A-Stahl als Kathode verwendet, so kann das Silber nach seiner Abscheidung von diesen durch Abschaben entfernt werden. Diese Arbeit kann umgangen werden, wenn ein leicht zerstörbares Material, wie z. B. wasserdichte Pappe mit Kupfer oder Eisenpulver überzogen, verwendet wird.

Zur einwandfreien Arbeitsweise des Verfahrens ist eine sehr große Kathodenfläche erforderlich, da nur bei einer geringen Stromdichte (etwa 0,2 Amp./m²) mattweißes Silber von hoher Reinheit abgeschieden wird. Bei hoher Stromdichte (über 10 Amp./m²) entsteht pulveriges Silber, das zum Teil mit Schwefelsilber verunreinigt ist. H. ARENS und J. EGGERT (27) haben einen für die Praxis geeigneten Apparat von 12 Liter Inhalt zusammengestellt und beschrieben. Dieser Apparat enthält 30 Platten aus V 2 A-Stahl von 26 × 20 cm Größe (Gesamtfläche etwa 3 qm). Unter Anwendung einer Stromstärke von 0,8 Amp. wird der größte Teil des Silbers bei einem Gehalt von 5 g Silber in 1 Liter Fixierbad in etwa 24 Stunden abgeschieden. Die Elektrizitätsmenge, die zur Abscheidung von 1 kg Silber benötigt wird, beträgt größenordnungsmäßig etwa 0,5 Kilowattstunden im Stromkreis der Zelle (Spannung 1 Volt), wobei für Gleichrichtung und Transformation etwa 100% zuzurechnen sind, also insgesamt etwa 1 Kilowattstunde.

Durch die Elektrolyse bei niedriger Stromstärke erfolgt keine vollständige Abscheidung, es bleiben etwa 0,2 bis 0,5 g Silber pro Liter zurück. Diese Reste können nur durch eine wesentlich verlängerte Elektrolyse oder durch eine Elektrolyse bei hoher Stromdichte herausgeholt werden, wobei das erstere Verfahren unwirtschaftlich arbeitet bzw. beim zweiten Verfahren auf einen sauberen, reinen Niederschlag verzichtet wird. Es können auch zur restlosen Entfernung die bereits geschilderten chemischen Aufarbeitungsverfahren angewandt werden.

Zur schnellen Wiedergewinnung des Silbers durch Elektrolyse kann man Stromdichten bis 170 Amp./m² anwenden, doch muß hierbei, um ein hochwertiges Silber zu erhalten, die Lösung erwärmt werden (652, 656, 657). Über die theoretischen Vorgänge bei der Elektrolyse s. (212).

O. Die zweckmäßige Dunkelkammerbeleuchtung

Im Interesse der Bewegungsfreiheit, Sicherheit und Arbeitsleistung ist eine möglichst helle und zweckmäßige Dunkelkammerbeleuchtung anzustreben. Dieses Ziel darf jedoch keinesfalls auf Kosten der Schleiersicherheit erreicht werden.

Voraussetzung für die volle Ausnutzung der Dunkelkammerbeleuchtung ist ein heller Decken- und Wandanstrich. Ein weißer oder reingelber Anstrich übt eine aufhellende Wirkung auf das Dunkelkammerlicht aus, so daß der Wirkungsbereich wesentlich erweitert erscheint. Bei einwandfreier Beleuchtung erniedrigt ein heller Anstrich keinesfalls die Schleiersicherheit, da die Wände und Decken nur das Licht reflektieren können, mit dem sie angestrahlt werden. Zweckmäßig ist es, dunkle Gegenstände, wie Tanks, Schränke usw., mit Orientierungsstreifen von etwa 2 cm Breite zu versehen, um sich leichter zurechtzufinden. Vorteilhaft zur Markierung von Stufen, Ecken und Mauervorsprüngen ist auch die Anbringung von selbstleuchtenden Zeichen. Diese Leuchtfarben sind dagegen nicht geeignet zur Arbeitsplatzbeleuchtung, da sie bei höchstempfindlichen Materialien Schleier verursachen.

Man unterscheidet indirekte und direkte Dunkelkammerbeleuchtung. Die indirekte Beleuchtung dient zur allgemeinen Beleuchtung des Raumes, während die direkte die Arbeitsplätze beleuchtet. Die direkte Beleuchtung muß so angebracht sein, daß sie keinesfalls in die Augen strahlt. Das für die verschiedenen Arbeiten benötigte Licht wird einzig durch die im empfohlenen Abstand angebrachte Leuchte bestimmt. Diese muß mit der richtigen Lampenstärke ausgerüstet und mit einem einwandfreien Filter versehen sein.

Tabelle 19. *Dunkelkammerschutzfilter und ihre Verwendung*

Filterfarbe	Beleuchtungsart	Lampenstärke in Watt	Mindestabstand in Meter	Verwendungszweck
dunkelgrün	indirekt	25	2,50	Universal-Raumbeleuchtung für alle Negativarbeiten
dunkelgrün (matt)	indirekt (Lampe zur Wand gekehrt)	15	0,75	Für panchromatisches Material
	direkt	15	2,50	Für panchromatisches Material

Filterfarbe	Beleuchtungs-art	Lampen-stärke in Watt	Mindest-abstand in Meter	Verwendungszweck
rotbraun	direkt	15	1,00	Printon, Diapositive,
	indirekt	25	2,50	Röntgen, ortho-
rot	direkt	15	1,00	chromatisches
	indirekt	25—40	2,50	Material, Dokumen-
gelb (matt)	direkt	15	0,75	tenaufnahme, Repro-
	indirekt	25	2,50	Kontaktpapiere
gelbgrün (matt, dunkel)	direkt	15	0,75	Orthochromatische Kontaktpapiere, Vergrößerungspapiere
gelbgrün (matt, hell)	indirekt	25	2,50	Portriga-Rapid, Dokumenten- Vergrößerungspapiere
hellgrün	direkt	mit Neon- Glimm- lampe	0,75	Infrarot-Material
olivgrün	direkt	15	0,75	Colorpapier- und Positivfilm
dunkelgrün	direkt	15	0,75	Color- Negativmaterial
dunkelrot	indirekt	15	0,75	Röntgen- und Fluorapid-Material
orange	indirekt	HgQ 125		Kontaktpapiere und Reflexpapiere
orange (dunkel)	indirekt	HgQ 125		Bromsilberpapiere
grun	indirekt	HgQ 125		Bromsilberpapiere

XV. Fehler im Negativ und Positiv

Fehler im Negativ und Positiv sind fast ausschließlich auf unsachgemäße Verarbeitung bzw. nicht einwandfreie Beschaffenheit der Chemikaliensätze zurückzuführen. Das heute auf dem Markt erscheinende photographische lichtempfindliche Material wird mit einer solchen Sorgfalt hergestellt und unterliegt ständiger schärfster Kontrolle, daß Fehler, die fabrikatorische Ursachen haben, beim Verbraucher äußerst selten zutage treten.

Die Erscheinungsform eines Fehlers, seine Art und Auswirkung, gestattet in den meisten Fällen Rückschlüsse auf die Ursache. Ist diese eindeutig erkannt, so kann in künftigen Fällen das Auftreten des Fehlers vermieden werden, wodurch Geld, Zeit und viel Ärger erspart werden. Hingegen ist es nicht immer möglich, den Fehler zu beseitigen. Beim positiven Bild wird man sich meistens mit der Verhütung des Fehlers begnügen, da die Herstellung eines neuen Positives meistens weniger umständlich ist als ein besonderes Behandlungsverfahren.

A. Negativfehler

Die Negativfehler können entsprechend ihrer Erscheinungsform in folgende Gruppe eingeteilt werden:

1. Fehlerhafte Beschaffenheit des Bildes als Ganzes (unrichtiger Kontrast, unrichtige Dichte, Körnigkeit),
2. Unrichtige Dichte an bestimmten Stellen,
3. Unscharfe Negative,
4. Verzerrte Bilder,
5. Negativschleier (Grauschleier, Braunschleier, dichroitischer Schleier),
6. Linien, Streifen, Flecken,
7. Kleine rundliche Flecken und Markierungen,
8. Mechanische Fehlererscheinungen,
9. Niederschläge, Schaum, Schlamm,
10. Farbige Flecken.

1. Fehlerhafte Beschaffenheit des Bildes als Ganzes

Das Negativ ist das Ergebnis aus Belichtung und Entwicklung. Von der Belichtung ist in erster Linie die Zeichnung in den Schatten und die allgemeine Dichte abhängig. Durch die Entwicklung wird besonders die Deckung der Lichter, also der Kontrast, beeinflußt. Bei richtiger Belichtung zeigen die Schattenpartien noch gute Abstufung der Einzelheiten; bei Unterbelichtung fehlen die Details in den Schatten und, da das Licht zur Veränderung des Bromsilbers nicht ausreichte, kann keine Entwicklung etwas herausholen. Bei Überbelichtung erhalten Schatten und Lichter im gleichen Verhältnis mehr Licht. Bei richtig geleiteter Entwicklung ändert sich nichts im Verhältnis der Durchlässigkeiten der Lichter und Schatten, das Negativ ist im allgemeinen dichter geworden. Sind die Lichter im Verhältnis zu den Schatten zu stark gedeckt, so ist der Kontrast zu groß und man bezeichnet das Negativ als hart. Im Gegensatz dazu zeigen weiche oder flaue Negative zu geringe Lichterdeckung.

Für die Kleinbildtechnik ist mit Rücksicht auf die Vergrößerungsfähigkeit eines Negatives von besonderer Bedeutung der innere Aufbau des Bildes, die Struktur. Die photographische Schwärzung besteht aus mikroskopisch kleinen Silberkörnern. Die Unterschiede in den Schwärzungen werden hervorgerufen durch Ansammlung derartiger Silberkörner in verschiedener Größe und Menge und in verschiedenen Lagen in der Schicht übereinander. Beim Kopier- und insbesondere beim Vergrößerungsprozeß wird das Licht an den Silberkörnern und ihren Ansammlungen in den verschiedenen Lagen der Schicht vielfach zerstreut und es kann bei ungünstiger Struktur dieses Bildaufbaues ein zerrissenes, körniges positives Bild entstehen. Grobkörnige Negative gestatten keine oder nur eine sehr geringe Vergrößerungsmöglichkeit.

1. Unrichtiger Kontrast

a) Zu harte Negative ohne Zeichnung in den Schatten

Solche Negative entstehen bei Unterbelichtung und Überentwicklung. Überentwicklung kann verursacht sein durch zu lange Entwicklungszeit oder durch normale Entwicklung bei zu hoher Temperatur.

Verhütung: Bei der Aufnahme länger belichten. Für die Belichtung sind die Schatten maßgebend. Bei der Entwicklung Zeit und Temperatur beachten. Die Entwicklungszeit ist von der Filmsorte und der Zusammensetzung des Entwicklers abhängig. Temperatur des Entwicklers mit Thermometer messen. Kann die normale Entwicklungstemperatur von 18 bis 20° C nicht eingehalten werden, so ist die Entwicklungszeit entsprechend der höheren Temperatur zu verkürzen. Die Verkürzung der Entwicklungszeit beträgt für je 3° Temperaturanstieg etwa 20 bis 25%.

Beseitigung: Zum Ausgleich des hohen Negativkontrastes weiches Papier verwenden. Gegen fehlende Schattendetails gibt es keine Abhilfe.

b) Zu harte Negative mit Zeichnung in den Schatten

Ursache: Überentwicklung bei richtiger Belichtung. Überentwicklung erfolgte durch zu lange Entwicklung oder durch normale Entwicklung bei zu hoher Temperatur.

Verhütung: siehe 1. a).

Beseitigung: Da alle Tonwerte vorhanden sind, kann auf weichem Papier ein voll befriedigendes positives Bild erhalten werden. Wird besonderer Wert auf ein korrektes Negativ gelegt, so kann das Negativ nach vorheriger Ausbleichung umentwickelt werden. Dabei kann man durch Anwendung von Feinkornentwicklern zur Wiederentwicklung auch die Körnigkeit des Negatives wesentlich verbessern. Auch Abschwächung mit weichmachenden Abschwächern (Ammoniumpersulfat, Benzochinon) ist möglich.

c) Harte und zu dichte Negative

Ursache: Überbelichtung und Überentwicklung. Übermäßig lange Entwicklung bei normaler Temperatur oder richtige Entwicklungszeit bei zu hoher Entwicklungstemperatur. Überentwicklung führt zu hohem Kontrast, Überbelichtung ergibt dichte Negative.

Verhütung: Überbelichtung in geringem Maße ist unschädlich, nur bei Kleinbildnegativen kann dadurch die Körnigkeit ungünstig beeinflußt werden. Beachte Entwicklungszeit und Temperatur unter Berücksichtigung des Aufnahmematerials.

Beseitigung: Höhere Dichte erfordert längere Kopierbelichtung. Auf weichen Papiergradationen können einwandfreie positive Bilder erzeugt werden. Eine wesentliche Verbesserung ist möglich durch Umentwicklung nach vorheriger Ausbleichung. Besonders geeignet ist hierfür Kaliumpermanganat-Ausbleichung und Wiederentwicklung mit einem Feinkornentwickler. Behandlung des Negatives mit weichmachenden Abschwächern ist ebenfalls empfehlenswert.

d) Negative nehmen an Kontrast beim Trocknen zu

Negative erscheinen richtig belichtet und entwickelt, solange sie naß sind; sie nehmen jedoch durch Dichteerhöhung in den Lichtern beim Trocknen an Kontrast zu. Diese Kontraststeigerung tritt auf bei langsamer Trocknung bei hoher Temperatur und hohem Feuchtigkeitsgehalt.

Verhütung: Bei feuchter Witterung ist ein Ventilator mit Heizung zu verwenden. Die Trockentemperatur soll möglichst nicht höher als 35° C sein. Beste Trocknung wird erreicht bei einem Feuchtigkeitsgehalt von 40 bis 70%.

Beseitigung: Für den Positivprozeß weiche Papiergradationen verwenden. Bei zu hoher Deckung in den Lichtern entstehen kalkige Weißen ohne Zeichnung, die nicht zu beseitigen sind.

e) Flaue Negative ohne Zeichnung in den Schatten

Ursache: Unterbelichtung und Unterentwicklung.

Verhütung: Bei der Aufnahme möglichst reichlich belichten. Belichtungsmesser verwenden. Unterentwicklung vermeiden durch richtige Entwicklungszeit und richtige Temperatur. Vor allem Temperaturen unter 18° C unbedingt vermeiden.

Beseitigung: Der niedrige Kontrast kann durch Verwendung von harten Papiergradationen ausgeglichen werden. Das Negativ selbst kann durch Behandlung in einem Verstärker (Chrom- oder Silberverstärker) gradationsmäßig verbessert werden. Fehlende Schattendetails können jedoch in keinem Fall korrigiert werden.

f) Flaue Negative mit Schattenzeichnung

Ursache: Unterentwicklung bei richtiger Belichtung der Aufnahme. Entwicklertemperatur zu niedrig oder Entwicklungszeit zu kurz.

Verhütung: Badtemperatur unbedingt mit einwandfreiem Thermometer nachprüfen. Entwicklungszeit entsprechend der Gamma-Zeit-Temperatur-Tabelle für jede Filmsorte einhalten.

Beseitigung: Bei Verwendung von harten Papiergradationen ist die Herstellung von harmonisch abgestuften Bildern möglich. Negativ kann erforderlichenfalls verstärkt werden.

g) Flaue Negative mit zu dichten Lichtern

Ursache: Überexponierte Aufnahmen wurden zu kurz entwickelt. Dieser Fehler tritt vielfach auf bei dem Versuch, eine starke Überbelichtung durch die Entwicklung auszugleichen.

Verhütung: Überbelichtung kann nicht durch Behandlung in stark verdünntem Entwickler oder durch kurze Entwicklung ausgeglichen werden. Überbelichtete Aufnahmen sind in jedem Fall normal zu entwickeln. Hierbei entsteht ein richtig graduiertes Negativ mit allgemein starker Deckung. Bei sehr starker Überbelichtung tritt vielfach eine Gradationsverflachung auf. In diesen Fällen ist eine kräftige Entwicklung

mit erhöhtem Bromkaliumzusatz zur Erhöhung des Kontrastes empfehlenswert.

Beseitigung: Verminderter Kontrast im Negativ kann durch Verstärkung erhöht werden. Ausgleich des verminderten Kontrastes ist auch
möglich durch Verwendung von harten Papiergradationen. Fehlende
Details in den Schatten können weder verbessert werden, noch sind sie beim
Positivprozeß ergänzbar.

h) Bildumkehrung

Das ganze Negativ oder ein Teil zeigt in der Durchsicht ein positives
Bild. (Ein positives Bild in reflektiertem Licht ist eine normale Erschei-
nung und braucht nicht berücksichtigt zu werden.) Diese Bildumkehrung
tritt auf, wenn nach der begonnenen Entwicklung die photographische
Emulsion Lichteinwirkung ausgesetzt wird. (Sabattier-Effekt, 1850, vgl.
S. 78.)

Verhütung: Dunkelkammerbeleuchtung nachprüfen und ungeeignetes
Licht für die Negativentwicklung beseitigen.

Beseitigung: Nicht möglich.

2. Unrichtige Dichte

*a) Negativ im allgemeinen dicht, Lichter stark gedeckt, die anderen Töne
flau*

Ursache: Überbelichtung und Unterentwicklung beim Versuch der
Korrektur der Überbelichtung; siehe 1. g).

*b) Dichte Negative mit stark gedeckten Lichtern und richtigem Kontrast
der anderen Töne*

Ursache: Richtige Entwicklung bei überbelichteten Negativen.

Verhütung: Die Belichtung kürzer bemessen.

Beseitigung: Auf normalem Papier wird das bestmögliche positive Bild
erhalten, wobei die Lichter zu kreidig ausfallen. Keine Abhilfe möglich.

*c) Dichte Negative mit zu stark gedeckten Lichtern und zu kontrastreich
abgestuften anderen Tönen*

Ursache: Überbelichtung und Überentwicklung.

Verhütung: Geringere Belichtung und Entwicklung.

Beseitigung: Bestmögliche Kopie oder Vergrößerung wird auf weicher
Papiergradation erzielt, wobei die Details in den Lichtern fehlen. Große
Kopierbelichtung ist erforderlich.

d) Dünne Negative ohne Zeichnung in den Schatten und geringer Kontrast

Ursache: Unterbelichtung und Unterentwicklung.

Verhütung: Bei der Aufnahme reichlicher belichten. Einen Belichtungsmesser verwenden. Entwicklungszeit verlängern oder bei höherer Temperatur entwickeln.

Beseitigung: Die fehlenden Schattendetails können durch keine Maßnahme korrigiert werden. Allgemeine Dichte des Negatives kann verstärkt und Kontrast verbessert werden durch Behandlung mit Chrom-
verstärker. Bestmögliche Kopie wird bei Verwendung von harter Papiergradation erreicht.

e) Dünne Negative ohne Zeichnung in den Schatten bei richtigem Kontrast

Ursache: Unterbelichtung und richtige Entwicklung.

Verhütung: Aufnahmebelichtung größer wählen.

Beseitigung: Ergibt bestmögliche Kopie auf normalem Papier, wobei die Schattendetails fehlen. Für diese ist keine Korrektur möglich.

f) Dünne Negative ohne Schattenzeichnung, andere Töne zu kontrastreich
Ursache: Unterbelichtung und Überentwicklung.

Verhütung: Aufnahmebelichtung größer wählen. Überentwicklung vermeiden durch Verkürzung der Entwicklungszeit bei gleicher Temperatur. In jedem Fall Abhängigkeit der Entwicklungszeit von der Temperatur für jede Filmsorte beachten.

Beseitigung: Für den Positivprozeß weiche Papiergradation verwenden zum Ausgleich des hohen Negativkontrastes. Fehlende Schattendetails können nicht korrigiert werden.

3. Grobkörnige Negative

Grobkörnige Negative ergeben beim Vergrößern zerrissene, narbige Schwärzungen. Diese Erscheinung kann eine Reihe von Ursachen haben: Verwendung einer hochempfindlichen, an und für sich grobkörnigen Emulsion; Negativ ist zu dicht infolge Überbelichtung; zu kontrastreiche Entwicklung durch Überschreitung der richtigen Entwicklungszeit oder zu hoher Temperatur des Entwicklers; Verwendung eines ungeeigneten Entwicklers oder eines zu stark ausgenutzten Entwicklers.

Verhütung: Für Aufnahmen, die sehr stark vergrößert werden sollen, verwende man möglichst eine Feinkornemulsion. Nicht jeder Entwickler ist zur Erzielung eines feinstkörnigen Bildes in gleicher Weise geeignet. Man unterscheidet Ausgleichs-Feinkornentwickler und Feinstkorn- oder „echte" Feinkornentwickler. Das Ziel dieser Entwickler ist ein langsamer Bildaufbau unter Vermeidung von Kornanhäufungen und Zusammenballungen, ohne hohe Kontraste und zu starke Deckung. Zur Vergrößerung am besten geeignet sind Negative, die auf weicher bis normaler Papiergradation bestmögliche positive Bilder ergeben. Das Gamma derartiger Negative boträgt ctwa 0,7 bis 0,8. Einhaltung der richtigen Entwicklungszeit in Abhängigkeit von der Temperatur für jedes Filmmaterial ist bei der Feinkornentwicklung von entscheidender Bedeutung. Zu weiche Entwicklung der Negative, die eine Verwendung von harten Positivpapieren erforderlich macht, ist ebenfalls für Feinkörnigkeit nachteilig.

Beseitigung: Grobkörnige Negative infolge zu hoher Deckung oder hohen Kontrastes lassen sich wesentlich verbessern durch Ausbleichen und Wiederentwickeln in einem Feinkornentwickler bis zur richtigen Deckung und zum richtigen Kontrast.

2. Unrichtige Dichte an bestimmten Stellen

1. Längsstreifen, „Entwicklungsfahnen"

Negative, die größere helle Flächen enthalten, zeigen häufig ober- oder unterhalb dieser Flächen stärkere Schwärzung. Zum Beispiel: Auf dem Negativ befindet sich ein Schornstein, der sich gegen den dunkleren Himmel abhebt. Oberhalb des Schornsteines (bei aufrechtem Negativ) ist die Schwärzung größer und verläuft allmählich in die sonst gleichmäßige Schwärzung des Himmels.

Ursache: Das Negativ hing bei der Entwicklung umgekehrt im Entwicklungstank. Der Entwickler wurde entsprechend der erfolgten Belichtung in den einzelnen Bildpartien verschieden verbraucht. Der geringer verbrauchte Entwickler an den Bildpartien des Schornsteines floß nach unten ab und erhöhte dort die Schwärzung. Diese Strömungserscheinung kann sich nur ausbilden bei ungenügender Bewegung des Negatives während der Entwicklung.

Verhütung: Kurze ruckartige Bewegung der Filme während der Entwicklung alle 2 bis 3 Minuten durch Herausheben und Wiedereintauchen.

Beseitigung: Keine.

2. Helle Streifen, ausgehend von Stellen hoher Schwärzung, „Bromstreifen"

Bei der Entwicklung von Filmen im Tank ohne jede Bewegung hat der verbrauchte Entwickler das Bestreben, nach unten abzufließen, da er spezifisch schwerer ist als der ungebrauchte Entwickler. An den Stellen hoher Schwärzungen im Negativ wird mehr Entwickler verbraucht und oxydiert als an den Stellen geringer Schwärzungen. Dieser verbrauchte Entwickler gleitet langsam an der Schicht des Negatives nach abwärts und reichert dort frischen Entwickler an Oxydationsprodukten und insbesondere Bromkalium an, wodurch an diesen Stellen die Entwicklung gehemmt wird. Die unter den höchsten Lichtern liegenden Bildstellen bleiben infolgedessen in der Entwicklung zurück und es entstehen helle Streifen im Negativ. Diese Erscheinung tritt besonders stark bei Emulsionen auf, die viel Jodsilber enthalten, während sie bei Positivemulsionen mit viel Chlorsilber nur sehr schwach ist. Auch bei der Dosenentwicklung kann dieser Fehler bemerkt werden, wenn während der Entwicklung der Film nicht bewegt wird.

Verhütung: Dieser Negativfehler, der vielfach unter dem Namen „Bromstreifen" bekannt ist, kann vermieden werden durch häufiges Bewegen des Entwicklungsgutes. Hierdurch wird der verbrauchte Entwickler durch frischen Entwickler ersetzt.

Beseitigung: keine.

3. Die höchsten Lichter zeigen Rückgang der Schwärzung, „Solarisation"

Befinden sich auf der Aufnahme beispielsweise Lichtquellen, so kann man beobachten, daß gerade die hellsten Teile dieser strahlenden Körper auf dem Negativ eine geringere Schwärzung aufweisen als die Umgebung. Diese Erscheinung bezeichnet man mit „Solarisation"; sie beruht auf einer besonderen Eigenschaft der photographischen Emulsion. Durch Verlängerung der Belichtungszeit bzw. durch Erhöhung der Lichtintensität nimmt die Schwärzung nur bis zu einem Maximum zu, darüber hinaus geht die Schwärzung zurück und es tritt Bildumkehrung ein.

Verhütung: Feinkornemulsionen zeigen geringere Solarisation als hochempfindliche, verhältnismäßig grobkörnige Schichten.

Beseitigung: keine.

4. Schwärzungsringe um Lichtpunkte hoher Intensität, „Lichthöfe"

Jeder leuchtende Punkt, der photographiert wird, wirkt innerhalb der Emulsion gegenüber den benachbarten Teilen wieder als Lichtquelle. Das Licht wird beim Durchgang durch die Schicht gestreut und gebrochen und kann schließlich an der Emulsionsunterlage reflektiert werden. Hierdurch können um leuchtende Punkte sog. „Lichthöfe" gebildet werden. Bei heutigen Emulsionen tritt dieser Fehler nur auf, wenn die Lichthofschutzschicht zur Vermeidung nicht ausreichend ist.

Verhütung: Eine photographische Schicht verwenden, die eine besonders wirksame Lichthofschutzschichte enthält.

Beseitigung: keine.

3. Unscharfe Negative

1. Ein Teil des Negatives scharf, anderer Teil unscharf

Sind Teile des Negatives scharf, während näher oder entfernt liegende Gegenstände unscharf sind, so ist diese Erscheinung auf unrichtige Entfernungseinstellung bei der Aufnahme zurückzuführen oder die Objektivblende war mit Rücksicht auf die Tiefenschärfe nicht richtig gewählt worden.

Verhütung: Auf richtige Entfernungseinstellung bei der Aufnahme achten. Bei der Wahl der Blende die erforderliche Tiefenschärfe berücksichtigen. Bei Boxkameras darf keine zu nahe Entfernung gewählt werden, da derartige Apparate nur von größerer Entfernung an scharf zeichnen.

2. Bild vollständig unscharf trotz richtiger Entfernungseinstellung

Ursache: Bewegung der Kamera während der Aufnahme.

Verhütung: Bei der Aufnahme Kamera festhalten, besonders auch noch kurz nach der Auslösung, da die Verschlußbetätigung mit etwas Verzögerung erfolgen kann. Für längere Geschwindigkeiten als $^1/_{25}$ Sekunde Stativ verwenden, falls von den Negativen Kontaktkopien hergestellt werden. Kleinbildaufnahmen sind aus freier Hand bei Belichtungszeiten von $^1/_{100}$ Sekunde an und kürzer erst vollkommen frei von Bewegungsunschärfe.

3. Bild allgemein undeutlich

Ursachen: Verschmutztes Objektiv, Beschlagen des Objektives. Dieses letztere tritt besonders häufig bei kaltem Wetter auf, insbesondere wenn man von der Kälte in eine wärmere Atmosphäre kommt. Ein allgemein flaches und verschleiertes Bild entsteht auch bei Aufnahmen bei trübem Wetter und bei Aufnahmen gegen das Licht („Gegenlichtaufnahmen").

Verhütung: Objektiv sorgfältig mit weichem Pinsel bei Verschmutzung durch Staub (z. B. bei Blitzlichtaufnahmen) reinigen. Kondenswasser auf dem Objektiv bei kaltem Wetter beseitigt man mit einem weichen Leinenläppchen. Flaue Aufnahmen bei trübem Wetter können vermieden werden durch zusätzliche Verwendung von Blitzlicht. Bei Gegenlichtaufnahmen verwende man grundsätzlich eine Sonnenblende, um Reflexe im Objektiv zu verhüten.

Beseitigung: Durch Verwendung von harten Papiergradationen beim Positivprozeß wird der Kontrast erhöht und dadurch in manchen Fällen das Bild allgemein klarer und deutlicher. Sonst keine Fehlerbeseitigung möglich.

4. Schärfe ist wellenförmig auf das Bild verteilt

Ursache: Ungleichmäßige Planlage des Filmes.

Verhütung: Andruck bzw. Filmhalter prüfen. Roll- und Kleinbildfilme richtig in Führung einlegen.

5. Mehrere Bilder auf demselben Negativ

Ursache: Doppelbelichtung. Bei einigen Typen von Boxkameras ist Doppelbelichtung durch Auf- und Abwärtsbewegung des Auslösehebels gegeben. Bildwechsel wurde bei der Aufnahme vergessen.

Verhütung: Man präge sich die erforderlichen Handgriffe genau ein und mache sie stets in der gleichen Weise.

4. Verzerrte Bilder

Ungleichmäßige Schrumpfung des Negatives

Schrumpfung verändert die Größe des Bildes. Diese Größenveränderung ist besonders schädlich in der Farbenphotographie bei der Herstellung von Farbauszügen. Bei ungleichmäßig geschrumpften Negativen ist keine Deckung der Teilbilder möglich und es entstehen dadurch Farbsäume. Schrumpfung der Negative kann verschiedene Ursachen haben. Sie kann auftreten, wenn Filmnegative auf Rahmen entwickelt und getrocknet werden. Durch das Befestigen und vielfach auch Kleben an einigen Stellen des Rahmens krümmt und verzieht sich der Film beim Trocknen. Eine häufige Ursache dieses Fehlers ist ungleichmäßiges Quellen und Schrumpfen der Gelatinezwischenschicht, insbesondere bei stark alkalischen Entwicklern, die hauptsächlich in der Reproduktionstechnik angewandt werden.

Verhütung: Filmbahnen zum Trocknen möglichst von den Entwicklungsrahmen abnehmen. Bei photomechanischen Prozessen insbesondere auf gleiche Temperatur der Lösungen achten (18 bis 20° C) und Härtefixierbäder verwenden. Für Arbeiten, bei denen exakte Maßhaltigkeit erforderlich ist, Platten verwenden. Trocknung bei mäßiger Temperatur.

Beseitigung: In manchen Fällen hilft erneutes Waschen und Trocknen des Filmes.

5. Negativ-Schleier

1. Grauschleier

Wenn ein Entwickler auf eine photographische Schicht einwirkt, so werden auch Bromsilberkörner, die nicht vom Licht getroffen sind, zu metallischem Silber reduziert. Die durch diese Silberausscheidung an unbelichteten Stellen entstandene Schwärzung wird als „Schleier" bezeichnet. Dieser Schleier kann das ganze Negativ gleichmäßig mit einer grauen Schwärzung überziehen, in diesem Fall spricht man von „Grauschleier". Ist der Grauschleier nur mäßig dicht, so ist er in den meisten Fällen nicht störend, er erhöht lediglich die Kopierbelichtung beim Positivprozeß. Manche Kleinbildemulsionen haben als Lichthofschutzschicht eine graugefärbte Emulsionsunterlage, die ebenfalls wie ein Grauschleier aussieht; sie ist jedoch vom wirklichen Grauschleier zu unterscheiden. Starker Grauschleier vermindert die Brillanz der Negative und die Detailwiedergabe, bei Kleinbildnegativen wird außerdem die Körnigkeit sehr ungünstig beeinflußt. Diapositive müssen vollkommen frei sein von jedem Grauschleier.

Grauschleier auf Negativen kann verschiedene Ursachen haben:

a) Fabrikations- oder allgemeiner Emulsionsschleier. Emulsion schleiert trotz einwandfreier, richtiger Verarbeitungsweise. Dieser Fehler tritt in erster Linie bei sehr hochempfindlichen Emulsionen ein und ist fabrikatorisch bedingt. Diese Ursache ist heute sehr selten; es ist auch sehr schwer, Emulsionsschleier und Entwicklungsschleier (durch Entwicklung bedingter Schleier) voneinander zu unterscheiden.

b) Alte und überlagerte Emulsion. Der Schleier nimmt bei langer Lagerung ständig zu. Ungünstige Lagerung bei zu großer Wärme und Feuchtigkeit wirkt verschleiernd. Schädlich ist auch die Einwirkung von Dämpfen und Gasen, wie Schwefelwasserstoff, Ammoniak, Kohlenoxydgase, Terpentin, Benzol.

Verhütung: Lagerung bei trockener Kälte frei von Gasen und Dämpfen.

c) Entwicklungsschleier. Diese Art des Schleiers ist auf die Natur und Beschaffenheit des Entwicklers, auf Verunreinigung des Entwicklers und auf unrichtige Verarbeitungstechnik zurückzuführen. Die häufigsten Fehlerquellen bestehen darin, daß der Entwickler nicht richtig angesetzt ist, indem beispielsweise die Chemikalien nicht in der richtigen Reihenfolge aufgelöst sind oder der Ansatz zu heiß erfolgte, daß Kaliumbromidzusatz vergessen wurde, daß man zuviel Alkali und zuwenig Sulfit verwendete oder gar die Chemikalien stark verunreinigt waren. Von Verunreinigungen besonders schädlich sind Schwefelwasserstoff, Spuren von Kupfer und Zinn. Schwefelwasserstoff kann sehr leicht gebildet werden, wenn man für den Ansatz Zinkeimer verwendet. Entsprechend der Ansatzvorschriften wird fast immer die Entwicklersubstanz Metol zuerst gelöst. Diese Substanz reagiert infolge ihrer chemischen Zusammensetzung sauer. Bleibt diese Lösung längere Zeit im Zinkeimer stehen, so bildet sich unter der Einwirkung der Säure mit dem Zink Schwefelwasserstoff. Auch bei konfektionierten Entwicklern, bei denen die Substanz I zuerst gelöst werden muß, reagiert dieses Substanzgemisch vielfach sauer, wodurch beim Ansatz in Zinkeimern Schwefelwasserstoffbildung auftritt. Man verwende deswegen zum Ansatz einwandfreie Gefäße. Geeignet sind Emailleeimer oder Kunststoffeimer. Bei sehr starker Verunreinigung des Entwicklers mit Schwefelwasserstoff geht der Grauschleier in einen allgemeinen Braunschleier über (s. dort).

Verhütung von Grauschleier durch Schwefelwasserstoff: Die Schleierneigung kann dadurch behoben werden, daß man zunächst einige Abfallfilme im verunreinigten Entwickler entwickelt, bis der Entwickler klar arbeitet, oder daß man dem Entwickler eine geringe Menge Bleiazetat (1 g pro Liter Entwickler) zusetzt.

Verunreinigungen durch Säuren von Kupfer und Zink treten vielfach auf bei Verwendung von metallischen Entwicklungstanks oder ungeeigneten Filmklammern. Das einzige Metall, das mit Entwicklerlosungen in Berührung kommen darf ohne nachteilige Wirkung, ist V 2 A-Stahl. Störender Entwicklungsschleier tritt weiter auf bei langer Entwicklungszeit oder bei zu hoher Entwicklertemperatur. Der Kontrast eines Negatives läßt sich durch Verlängerung der Entwicklungszeit ohne störenden Schleier nur bis zu einem bestimmten Grad steigern. In den Fällen, wo dieser Kontrast nicht ausreichend ist, muß ein anderer Entwickler oder sogar ein anderes Filmmaterial verwendet werden. Die günstigste Entwicklertemperatur ist der Bereich von 18 bis 20° C.

d) Luftschleier. Luftschleier ist eine besondere Form des Entwicklungsschleiers, der besonders bei Metol-Hydrochinon-Entwicklern beobachtet wird. Dieser Schleier entsteht, wenn der mit Entwickler getränkte Film der Lufteinwirkung ausgesetzt wird. Er tritt besonders leicht bei Kinepositiv-Filmen auf. Auch andere Entwicklersubstanzen bilden manchmal Luftschleier, wenn Spuren von Kupfer oder Zinn anwesend sind.

Verhütung: Der Luftschleier wird zurückgehalten, wenn zur Entwicklung keine frisch angesetzte Lösung verwendet wird. Bei Verwendung von frischem Entwickler fügt man diesem etwa 5% gebrauchten Entwickler zu. Dieser Zusatz oxydierter Entwicklersubstanzen wirkt wie ein Desensibilisator als schleierverhütendes Mittel. Gut wirksam ist ebenfalls Zusatz von Pinagryptolgrün zum Entwickler. Man löst 2 g Pinagryptol in 1 Liter Wasser und setzt von dieser Lösung 1 ccm auf 1 Liter Entwickler zu.

e) Verschleierung des Negatives durch falsches Licht ("Lichtschleier").
Wird die photographische Schicht vor der Entwicklung der Lichteinwirkung
durch ungeeignete Dunkelkammerbeleuchtung ausgesetzt, so entsteht
ebenfalls Grauschleier. Erfolgt diese Einwirkung nach Beginn der Entwicklung, so kann eine Bildumkehrung eintreten.

Verhütung: Dunkelkammerbeleuchtung prüfen. Orthochromatische
Schichten können bei dunkelrotem Licht entwickelt werden, panchromatische Emulsionen dagegen nur bei ganz besonders gefiltertem grünen
Licht. Die Lichtintensität darf auch bei gefiltertem Licht nicht besonders
groß sein. Man lasse das Licht möglichst nicht direkt auf die Schichten
fallen und gehe auch nicht zu nahe an die Lichtquellen heran. Wird besonderer Wert auf Beobachtung des Entwicklungsvorganges gelegt, so ist
Desensibilisierung zu empfehlen.

Beseitigung des Grauschleiers: Ein Grauschleier, der das Negativ gleichmäßig überzieht und störend ist, kann entfernt werden durch Behandlung
des Negatives in klärendem Abschwächer.

2. Braunschleier

Bei sehr starker Verunreinigung des Entwicklers mit Schwefelwasserstoff bildet sich bei der Entwicklung nicht nur graues metallisches Silber,
sondern gleichzeitig braunes Schwefelsilber. Manche Tankentwickler
zeigen schon nach kurzer Zeit nach dem Ansatz, insbesondere im Sommer
bei sehr warmer Witterung, das Auftreten dieses Braunschleiers infolge
Bildung von Schwefelwasserstoff. Diese Entstehung des Schwefelwasser-
stoffes, die sich durch Geruch an faule Eier besonders bemerkbar macht,
ist zurückzuführen auf eine Zersetzung des Sulfit des Entwicklers durch
Bakterien. Woher diese Bakterien stammen, ist nicht festzustellen. Die
Zersetzung des Tankentwicklers durch Bakterien hat zur Voraussetzung,
daß der Entwickler meistens durch Fixiernatron verunreinigt ist oder
seine Sulfitkonzentration durch Verwendung von Wasser zur Ergänzung
der Entwicklerverluste stark vermindert ist. Sulfit in hoher Konzentration
wirkt ausgesprochen bakterizid, hemmt also das Gedeihen der Bakterien.
Erst wenn der Sulfitgehalt zu schwach wird, können sie zur vollen Ent-
faltung ihrer verheerenden Wirkung kommen, vor allem wenn sie noch
zusätzliche leicht verdauliche Schwefelverbindungen, wie z. B. Natriumthiosulfat, vorfinden.

Verhütung: Die Verunreinigung des Entwicklers mit Fixiernatron ist
sorgsamst zu vermeiden. Man verwende getrennte und besonders gekennzeichnete Rührstäbe und Deckel für die verschiedenen Tanks. Filmklammern und Entwicklungsrahmen und Geräte sind nach der Wässerung
zusätzlich durch Bürsten mit heißem Wasser zu reinigen. Durch das Wässern
allein werden häufig Fixiernatronreste in den Ecken und Winkeln der
Geräte nicht entfernt. Zur Nachfüllung und zur Ergänzung der Entwicklerverluste verwende man ausschließlich die besonders abgestimmten Nachfüllösungen. Durch Bakterien zersetzte Entwickler können nicht mehr
weiterverwendet werden. Vor dem Neuansatz ist der Tank mit Salzsäure
und Chlorkalk sorgfältig zu reinigen. Hierzu gießt man etwa 1 Liter rohe
Salzsäure in den Tank von 70 Liter, füllt mit Wasser auf und gibt etwa
50 g pulverisierten Chlorkalk hinzu, rührt gut um, schließt den Tank mit
dem Deckel, der so gleichzeitig desinfiziert wird, und läßt über Nacht
stehen. Am nächsten Tag läßt man den Tank ablaufen und spült reichlich
mit Wasser nach. Bei dieser Tankreinigung müssen alle Metallteile aus dem

Tank entfernt sein, da auch V 2 A-Stahl von Salzsäure allmählich angegriffen wird. Zur Reinigung der Klammern und Geräte verwendet man eine besonders angesetzte Lösung von 5 g Chlorkalk in 1 Liter Wasser.

Beseitigung: Eine Entfernung des gleichmäßigen Braunschleiers von den Negativen ist in manchen Fällen möglich durch Ausbleichen mit Chromschwefelsäurelösung und anschließender Wiederentwicklung bei künstlichem Licht.

3. Dichroitischer Schleier

Dieser zweifarbige Schleier erscheint in auffallendem Licht gelblichgrün und in der Durchsicht rötlich. Er wird verursacht durch Verunreinigung des Entwicklers mit Natriumthiosulfat, Ammoniak und andere Bromsilber lösende Mittel. Er kann auch leicht auftreten bei Feinkornentwicklern, die besondere derartige Lösungsmittel für Bromsilber enthalten, wie Kaliumrhodanid, Ammoniumsalze oder sehr hohen Sulfitgehalt. Auch das Fixierbad kann einen dichroitischen Schleier hervorrufen, wenn es zu wenig sauer, überaltert und erschöpft und zu reich an gelösten Silbersalzen ist.

Verhütung: Enthält der Entwickler eine zu hohe Sulfitkonzentration, so kann der dichroitische Schleier verhütet werden durch Zusatz von 1,5 g Kaliumjodid auf 1 Liter Entwickler. Bei anderen Verunreinigungen des Entwicklers ist ein Zusatz von 1 g Bleiazetat auf 1 Liter Entwickler empfehlenswert. Dichroitischer Schleier entsteht niemals in frischem sauren Fixierbad. Auch sachgemäßes Abspülen zwischen Entwickler und Fixierbad und eine günstige Temperierung des letzteren (18 bis 20° C) schützen mit Sicherheit davor.

Beseitigung: Zur Entfernung des dichroitischen Schleiers verwende man eine neutrale Kaliumpermanganatlösung (1,5 g pro Liter).

6. Linien, Streifen, Flecken

1. Feine, dunkle, parallelverlaufende Linien

Ursache: Verschrammen und Zerkratzen des Filmes vor der Entwicklung. Staub und Sand in der Kamera an den Filmgleitflächen und Rollen. Filmrollen und Spulen sind zu stramm gewickelt oder beim Aufrollen der Filmspule scheuerte die Emulsion auf der Filmunterlage. Gelegentlich wird dieser Fehler auch beobachtet bei mechanischer Verunreinigung des Entwicklers.

Verhütung: Inneres der Kamera peinlich sauber halten. Filmrollen niemals zu stramm spannen und Scheuern durch Strammziehen vermeiden.

Beseitigung: Negativ vor dem Positivprozeß mit Lackschicht (Repolisan oder Zaponlack) beschichten. Kleinbildnegative für die Vergrößerung in Glyzerin zwischen zwei Glasplatten einbetten unter Vermeidung von Luftblasen. Anschließend wieder waschen und trocknen.

2. Feine, helle, parallele Linien

Ursache: Zerkratzen und Verschrammen nach der Entwicklung. Meistens unsachgemäße Behandlung der Filmrollen, Zusammenrollen unter starkem Zug. Unsaubere Filmbühne beim Kopieren und Vergrößern.

Vermeidung: Negative freihalten von Staub und Sand; stets in Hüllen und Behältern aufbewahren; besondere Sorgfalt beim Aufbewahren von Kleinbildfilmen verwenden, möglichst Scheuern von Emulsions- und Rückseite verhüten durch Zwischenlagen von nicht faserndem Papier.

Beseitigung: Wie unter 1.

3. Pinselmarken

Streifen oder Flecken, ähnlich Pinselstrichen, werden meistens verursacht durch unrichtige Zusammensetzung oder Erschöpfung des Entwicklers. Manche Entwickler arbeiten ungleichmäßig, wenn man eine Rezeptur für Schalenentwicklung versuchsweise nach Verdünnung für Tankentwicklung verwendet.

Verhütung: Entwickler stets entsprechend der Vorschrift verwenden. Beim Ansatz von Negativentwickler nur einwandfreie Chemikalien gebrauchen. Vollkommene Gewähr für einwandfreies Arbeiten bieten konfektionierte Packungen.

Beseitigung: In geringeren Fällen Retusche, sonst keine.

4. Dunkle oder schwarze Flecken mit unscharfen Rändern

Derartige Flecken werden durch ungleichmäßige Entwicklung verursacht. Sie sind zurückzuführen auf unvollständige Füllung des Entwicklungsgefäßes oder auf Zusammenkleben mehrerer Filme bei der Entwicklung.

Verhütung: Man achte auf vollständige Füllung der Entwicklergefäße, so daß der ganze Film vollständig eintaucht. Zusammenkleben von Filmen kann man vermeiden, indem man den Film besonders im Anfang der Entwicklung häufig bewegt.

Beseitigung: Keine möglich.

5. Ungleichmäßige dunkle Flecken ähnlich verspritzter Flüssigkeit

Ursache: Spritzer von Entwickler auf das Negativ in trockenem Zustand.

Verhütung: Filme beim Zubereiten des Entwicklers nicht in der Nähe herumliegen lassen.

Abhilfe: Keine.

6. Dunkle oder durchscheinende Stellen und Flecken

Ursache: Verunreinigung der Entwicklergefäße durch Fixierbadrückstände u. ä. Ungenügende Reinigung nach der vorangehenden Entwicklung.

Verhütung: Filmklammern und besonders Entwicklungsdosen, in denen entwickelt, fixiert und gewässert wird, müssen vor erneuter Ingebrauchnahme sorgfältig gereinigt werden.

Beseitigung: Keine möglich.

7. Dunkle oder durchscheinende Flecken und Streifen mit scharfen Rändern bei allgemeinem Schleier

Ursache: Verschleierung des Negatives durch ungeeignetes Dunkelkammerlicht bei Laden der Spule oder beim Entwickeln.

Verhütung: Dunkelkammerlicht prüfen und einwandfreie Filter verwenden. Jedes falsche Licht vermeiden und beseitigen.

Beseitigung: Keine.

8. Dunkle oder durchscheinende Flecken und Stellen mit scharfen Rändern ohne Rand- und Perforationsschleier

Ursache: Dieser „Lichtschleier" ist innerhalb der Kamera entstanden durch undichten Balgen oder geringen Lichteinfall an anderer Stelle.

Verhütung: Lichteinfall feststellen und abdichten.

Beseitigung: Keine.

9. Dunkle, gerade Streifen, beginnend von den Rändern des Negatives

Ursache: Die Fehlerstellen liegen meistens an bestimmten Auflage-und Haltestellen im Filmhalter. Durch zu heftige Bewegung der Entwicklungsspulen und Filmhalter strömt dauernd in starkem Strom frischer Entwickler an diesen Stellen hindurch, wodurch an diesen Stellen eine stärkere Schwärzung erzeugt wird. Dieser Fehler tritt besonders leicht auf bei rapid arbeitenden Entwicklern. Bei Dosenentwicklung häufig um die Perforation.

Verhütung: Zu starke Bewegung ist unter Umständen ebenfalls schädlich. Bewegung fördert die Entwicklung in ähnlicher Weise wie Temperaturerhöhung bis zu einem gewissen Grad. Als mäßige, richtige Bewegung ist anzusehen: Film einmal pro Minute bewegen bei kurzer Entwicklungszeit; bei langer Entwicklungszeit einmal in zwei Minuten bewegen.

Beseitigung: Keine.

10. Helle Streifen oder Flecken mit unscharfer Begrenzung

Ursache: Derartige Fehler werden verursacht durch Hindernisse im Lichtweg vor oder innerhalb der Kamera, z. B. Hutkrempe oder Finger vor dem Objektiv oder Durchbiegen des Balgens.

Verhütung: Fehlerquelle beseitigen.

11. Helle, ungleichmäßige Flecken

Ursache: Anfassen der Emulsionsseite mit den Fingern, die stets Öl und Fett enthalten, so daß der Entwickler an den Berührungsstellen abgewiesen wird. Fehler kann auch auftreten, wenn der Film zur Verhütung von Luftblasenbildung vorgewässert wird und das Wasser zu kalt ist.

Verhütung: Man berühre Filme niemals an der Emulsionsseite. Man fasse Filme grundsätzlich nur an den Rändern an. Man unterlasse jede Vorwässerung, da dadurch auch der Entwickler in seiner Zusammensetzung geändert wird.

Beseitigung: Keine möglich.

12. Statische Marken

Verästelte, scharfe Linien, die dunkler als das Bild sind, entstehen vielfach durch Entladung von statischer Elektrizität. Sie treten besonders bei kaltem trockenen Wetter bei Kinefilmen und Filmpacks auf. Die statische Elektrizität kann sich bilden durch Reiben der Filmlagen übereinander beim schnellen Abrollen und Umspulen oder durch Reibung über Samt oder Dichtungsstreifen. Die meisten heutigen Emulsionen tragen eine besondere antistatische Schicht auf der Emulsion.

Verhütung: Langsames Spulen und Rollen der Filme. Bei Filmpacks Filmwechsel mit langsamem Zug vornehmen. Bei Kameras aus Metall tritt bei Erdung durch Hände oder Verwendung eines Metallstatives statische Aufladung sehr selten auf. Holzstative und Gummipuffer verhindern Ableitung über Erde.

Beseitigung: Keine Möglichkeit.

13. Ungleichmäßige dunkle Streifen, „Rahmenmarken"

Werden Filmbänder auf Holzrahmen entwickelt, so bilden sich an den Filmauflagestellen einzelne oder doppelte Linien, häufig mit Fleckenbildung.

Verhütung: Breite Stäbe mit abgerundeten Kanten verwenden.

Beseitigung: Keine Möglichkeit.

14. Flächen ungleichmäßiger Schwärzung ohne scharfe Begrenzung
Ursache: Ungleichmäßige Entwicklung ohne Bewegung.

Verhütung: Entwicklungsgut muß in jedem Falle bewegt werden, um gleichmäßige Einwirkung des Entwicklers zu gewährleisten. Bei kurzen Entwicklungszeiten etwa einmal pro Minute den Film bewegen, bei langen Entwicklungszeiten genügt Bewegung des Filmes alle zwei Minuten.

Beseitigung: Keine möglich.

7. Kleine, rundliche Flecken und Markierungen

1. Runde, helle Flecken mit scharfer Kontur

Ursache: An der Emulsionsschicht festsitzende Luft- oder Gasblasen verhindern das Eindringen der Entwicklerlösung. Diese Erscheinung tritt besonders bei frisch angesetztem oder angewärmtem Entwickler auf. Bei Maschinenentwicklung von Kinefilmen haben diese Flecken gelegentlich elliptische Form; Schaum auf der Oberfläche des Entwicklers.

Verhütung: Bewegung während der Entwicklung. Bei Tankentwicklung das Entwicklungsgut nach Einhängen noch ein- bis zweimal herausheben, wobei Luftblasen durch Dünnerwerden der Flüssigkeitshaut aufplatzen. Bewegungen möglichst ruckartig ausführen. Bei Frischansatz von Tankentwicklern mit sauberem Rührstab an den Tankwänden entlang fahren, um dort sitzende Luftblasen zu zerstören. Luftblasen im Fixierbad verursachen gelbe Flecken.

Beseitigung: Für klare Stellen des Negatives, an denen keine Entwicklung erfolgte, gibt es keine Beseitigungsmöglichkeit. Gelbe Flecken durch ungenügendes Fixieren können durch Nachfixierung entfernt werden.

2. Helle, nahezu kreisrunde oder ungleichmäßige Flecken

Ursache: Natriumthiosulfat-Spritzer vor der Entwicklung.

Verhütung: Fixierbad ist für die Entwicklung überaus schädlich. Sauberkeit ist das erste Gebot für jede Laborarbeit.

Beseitigung: Keine.

3. Ungleichmäßige kleine Flecken im Negativ, an denen die Emulsionsschicht gänzlich fehlt

Ursache: Emulsionsfehler. Kommt heute sehr selten vor.

4. Schwarze Flecken mit scharfem Rand

Ursache: Fremdkörper in der Emulsion eingebettet während des Wasch- oder Trockenprozesses. Metallstaub von Kassetten.

Verhütung: Reinhaltung des Waschwassers. Bei starker mechanischer Verunreinigung Filterkerzen zur Reinigung verwenden. Entwickler- und Fixierlösungen erforderlichenfalls ebenfalls filtrieren.

Beseitigung: Nur eventuell durch Retusche möglich. Ausflecken im Positiv.

5. Mikroskopisch kleine, klare Stellen

Fehler tritt nur beim Vergrößern zu Tage.

Ursache: Staub auf der Emulsionsschicht während der Aufnahme. Vor der Entwicklung wurde er wieder entfernt.

Verhütung: Beim Einlegen von Platten und Filmen staube man diese vorsichtig durch Pusten ab.

Beseitigung: Retusche des Negativs und Ausflecken des Positivs.

6. Kleine schwarze oder helle Punkte

Ursache: Chemikalienstaub in der Dunkelkammer. Entwicklerstaub verursacht dunkle, schwarze bis braune Punkte; Fixiersalzstaub gibt helle Punkte.

Verhütung: Vorsicht beim Abwiegen von Chemikalien in der Dunkelkammer. Filmmaterial sorgfältig lagern.

Beseitigung: Entwicklerflecken können manchmal durch Umentwicklung entfernt werden.

7. Fingermarken

Ursache: Filmschicht berührt mit Fingern, die durch Entwicklerlösung oder Fixierbad verunreinigt waren. Bei Verunreinigung mit Entwickler sind die Linien dunkel, bei Fixierbadverunreinigung dagegen hell.

Verhütung: Hände nach jeder Verunreinigung waschen und abtrocknen. Trockene Filme niemals mit feuchten Händen anfassen.

Beseitigung: Keine Möglichkeit.

8. Trockenflecken

Graue runde und auch ungleichmäßig geformte Flecken mit dunklen Rändern bilden sich auf der Rückseite des Filmes beim Auftrocknen von anhängenden Wassertropfen. Dunkle Flecken mit weißen Zentren entstehen beim Auftrocknen von Wassertropfen auf der Emulsionsseite, besonders bei hoher Trockentemperatur. Flecken von der gleichen Dichte wie das Negativ oder mit scharfen Rändern werden verursacht durch Wassertropfen auf dem Negativ nach der Trocknung.

Verhütung: Trockenflecken können heute fast vollständig vermieden werden durch Benutzung eines Netzmittelbades nach der Wässerung. Derartige Netzmittel setzen die Oberflächenspannung des Wassers herab, so daß eine gleichmäßige Benetzung und keine Bildung von einzelnen Wassertropfen stattfindet. Mit Netzmittel behandelte Negative trocknen auch wesentlich schneller. Verhindern Netzmittel die Bildung von Trockenflecken nicht vollständig, so muß das Negativ von anhaftendem Wasser durch Zichen zwischen zwei Fingern oder unter Benutzung eines Viskoseschwammes oder Ledertuches abgestreift werden (Vorsicht vor Zerkratzen!).

Beseitigung: Wasserflecken auf der Rückseite des Filmes lassen sich durch vorsichtiges Abreiben mit Filmreiniger oder nach Anhauchen mit einem weichen nicht fasernden Leinenläppchen entfernen. Trockenflecke auf der Emulsionsseite können nur beseitigt werden durch wiederholtes Wässern und Trocknen, wobei die Verhütungsmaßnahmen beachtet werden.

9. Ölflecken

Reihen von kleinen grauen Stellen; ungleichmäßige helle graue Flecken; wabenförmige Verteilung von Flecken; schwarze Flecken mit oder ohne weißem Mittelpunkt; getüpfelte, in einer Linie liegende Markierungen. Derartige Erscheinungen werden verursacht durch Verunreinigungen des Negatives mit Öl.

Verhütung: Möglichkeit der Verunreinigung mit Öl ausschließen.

Beseitigung: Werden Ölspritzer auf Filmen vor der Entwicklung bemerkt, so können diese beseitigt werden durch ein Vorbad von Sodalösung oder durch Abreiben mit Kohlenstofftetrachlorid. Fehler durch Ölspritzer nach der Entwicklung können nicht mehr beseitigt werden.

10. Marmorierungen oder schwammige Struktur, „Sommersprossen"

Ursache: Ungenügende Bewegung während der Entwicklung, insbesondere wenn im Tank die Filme zu dicht hängen; Feuchtigkeitsaufnahme des Filmes vor der Entwicklung; Überlagerung des Materials.

Verhütung: Das Negativmaterial ist während der Entwicklung öfters zu bewegen. Als Regel für die Bewegung gilt: Bei kurzen Entwicklungszeiten pro Minute einmal bewegen, bei langen Entwicklungszeiten ist einmalige Bewegung alle zwei Minuten ausreichend.

Beseitigung: Keine möglich.

11. Helle Flecken um Perforation bei Dosenentwicklung

Ursache: Häufiger Fehler, wenn der Entwickler nach Einsetzen der Spule mit Film in die Dose gefüllt wird.

Verhütung: Dose erst mit genügender Entwicklermenge füllen und dann Filmspule einsetzen.

Beseitigung: Keine möglich.

8. Mechanische Fehlererscheinungen

1. Bläschenbildung

Emulsion löst sich von der Unterlage ab; in nassem Zustand erscheinen Bläschen, nach der Trocknung sind kleine Erhebungen feststellbar.

Ursache: Strömen des Wasserstrahls direkt auf die Schichtoberfläche; Bildung von Gasblasen durch zu warme Bäder, insbesondere bei ungenügender Schichthärtung; Bläschenbildung mit Ablösung der Schicht kann verschiedentlich auftreten durch Kohlensäureentwicklung, wenn bei stark alkalischen Entwicklern Unterbrechung in sauren Unterbrecherbädern erfolgt oder bei Fixierung in zu sauren Fixierbädern oder durch zu starke Wässerung.

Verhütung: Vorsichtige Wässerung besonders bei warmem Wetter; Stark alkalische Entwickler vermeiden, welche Kohlensäure in nachfolgenden sauren Bädern entwickeln können. Vor der Fixage zur Unterbrechung gute Zwischenwässerung einschalten.

Beseitigung: Keine möglich.

2. Brüchigkeit oder Krümmen des Filmes

Ursache: Zu hohe Trockentemperatur oder Trockenluft von zu geringer Feuchtigkeit; zu starke Schichthärtung.

Verhütung: Trockentemperatur möglichst nicht über 35° C steigern, Feuchtigkeitsgehalt der Luft soll etwa 40 bis 70% betragen. Überhärtung vermeiden. Chromalaunbäder zur Vorhärtung sind ungeeignet bei stark alkalischen Entwicklern.

Beseitigung: Nachwässern und Trocknen unter geeigneten Bedingungen.

3. Teilweises Wegschmelzen der Emulsionsschicht

Ursache: Zu hohe Trockentemperatur ohne Luftzirkulation; Trocknen in der Sonne, am Heizkörper, warmer Luftstrom gegen die Rückseite von Platten.

Verhütung: Luftzirkulation ist bei der Trocknung wichtiger als Wärme. Bei Trocknung mit Föhn, Luftstrom auf die Schicht leiten, wobei Verdunstungskälte den Schmelzvorgang verhindert.

Beseitigung: Keine möglich.

4. Rollen der Negative

Diese Erscheinung tritt vielfach auf bei Kleinbildfilmen, die keine Gelatinerückschicht auf der Emulsionsunterlage tragen.

Verhütung: Filme beim Trocknen spannen. Filmnegative möglichst nicht rollen oder wenn doch, mit der Schicht nach außen, entgegen der natürlichen Tendenz.

Beseitigung: Nochmals wässern und trocknen.

5. Kräuseln und Erweichen der Schicht an den Rändern

Ursache: Entwicklertemperatur zu hoch; Überhärtung im Fixierbad; zu langes Waschen bei hoher Temperatur.

Verhütung: Bei zu hoher Entwicklertemperatur Vorhärtung in Formalin (10%); bei Temperaturen über 21° C zu langes Wässern vermeiden.

Beseitigung: Keine möglich.

6. Grübchen, Krater und Vertiefungen in der Emulsion

Ursache: Zu schnelle Trocknung; Härtefixierbad mit Alaun enthält zuviel Härtungsmittel.

Beseitigung: Nochmals wässern und langsam bei niedriger Temperatur trocknen.

7. Netzartige Struktur der Schicht, ,,Runzelkorn"

Oberfläche der Schicht genarbt wie Leder, reliefartige Rasterung.

Ursache: Zu hohe Temperaturunterschiede der Behandlungsbäder, insbesondere bei warmer Entwicklung und Fixage und bei nachfolgender kalter Wässerung.

Verhütung: Auf gleiche Temperatur aller Bäder achten.

Beseitigung: Manchmal hilft Wiederwaschen und Härten in 10%igem Formalin, anschließend Schnelltrocknen in der Wärme.

8. Schicht strichweise abgelöst

Ursache: Kratzer mit Fingernagel oder hartem Gegenstand.

Verhütung: Sorgfältige Behandlung feuchter Negative, deren Schicht sehr leicht verletzlich ist.

Beseitigung: Keine möglich.

9. Niederschläge, Schaum und Schlamm auf der Schicht

1. Dunkle oder helle eckige Punkte und Flecken mit ungleichmäßigen Höfen

Ursache: Unvorschriftsmäßiger Ansatz des Entwicklers; Substanzen waren nicht vollständig gelöst und setzen sich auf die Schicht. Es können dadurch helle und dunkle Flecken entstehen.

Verhütung: Beim Entwickleransatz Reihenfolge der Chemikalien beim Lösen beachten.

Beseitigung: Keine Möglichkeit.

2. Kristalline Ausscheidung an der Oberfläche

Ursache: Auskristallisation von Thiosulfat infolge ungenügender Wässerung.

Verhütung: Darauf achten, daß Filme beim Wässern nicht zusammenkleben, wodurch Auswässern verhindert wird. Richtige Zirkulation des Waschwassers im Tank beachten. Ablauf der spezifisch schwereren Fixiersalzlösung von unten.

Beseitigung: Nachwässerung und Trocknung.

3. Grünlich-weißer Schlamm

Ursache: Ausfällungen von basischen Chromsalzen bei Verwendung von Unterbrecherbädern und Fixierbädern mit Chromalaunzusatz zur Härtung.

Verhütung: Bewegen der Negative in Chromalaunbädern. Zwischenwässerung zwischen Entwicklung und Härtefixierbad.

Beseitigung: In nassem Zustand den Niederschlag mit Schwamm abreiben; nach der Trocknung ist eine Entfernung nicht mehr möglich.

4. Dunkle und helle Flecken, vereinzelt und mit wabenartiger Struktur

Ursache: Schaum und Schlamm, bestehend aus Öl, Fett, Staub, ungelösten Substanzen, Oxydationsprodukten, auf der Oberfläche des Entwicklers. Diese setzen sich beim Einhängen der Filme auf die Schicht. Auch die Wände des Wässerungstankes können mit Schlamm verunreinigt sein und Ablagerungen auf der Schicht ergeben.

Verhütung: Verschmutzte Oberfläche des Entwicklers beseitigen durch Abstreifen mit Fließpapier. Entwicklungs- und Wässerungstank häufig gründlich reinigen mit Chlorkalk und Salzsäure.

Beseitigung: In manchen Fällen, wenn die Verunreinigung nur oberflächlich ist, hilft Abreiben mit Alkohol. Der Film darf jedoch vor dieser Behandlung nicht getrocknet sein. Nach der Trocknung keine Fehlerbeseitigung möglich.

5. Silberartiger Niederschlag

Ursache: Verunreinigung des Entwicklers mit Schwefelverbindungen, insbesondere Schwefelwasserstoff. Gelegentlich auch verursacht durch Verunreinigung mit Thiosulfat. Silberartiger Niederschlag besteht aus Schwefelsilber. Ein Niederschlag von Silber mit metallischem Glanz kann auftreten bei Feinkornentwicklern, die viel Sulfit oder andere Bromsilberlösungsmittel enthalten. Bei derartigen Entwicklern reichert sich der Entwickler allmählich stark an kolloidalem Silber an, das sich auf dem Film absetzt.

Verhütung: Zusatz von geringen Mengen Bleiazetat (1 g pro Liter) bei Anwesenheit von Schwefelwasserstoff. Kolloidales Silber kann manchmal entfernt werden durch Filtration des Entwicklers. Bei erforderlichem Neuansatz Tank gründlich reinigen.

Beseitigung: Mechanische Entfernung vor der Trocknung durch Abreiben mit Schwamm oder Lederlappen. Nach der Trocknung Umentwicklung nach vorherigem Ausbleichen.

6. Gelblich-weißer Niederschlag

Ursache: Schwefelniederschlag bei erschöpftem Fixierbad oder zersetztes Fixierbad durch zu hohen Säurezusatz, Unterbrecherbad zu stark sauer.

Verhütung: Trübe, schlammige Fixierbäder erneuern. Säuregrad und Silbergehalt des Fixierbades laufend überwachen.

Beseitigung: Abreibung vor der Trocknung. In der Schicht eingetrockneter Schwefel läßt sich nicht mehr entfernen.

7. Weißer, durchscheinender Niederschlag

Ursache: Beim Schnelltrocknen von Schichten nach Behandlung mit Alkohol. Diese Erscheinung beruht auf einer Strukturveränderung der Gelatine.

Verhütung: Alkohol verdünnt verwenden (1 Teil Wasser auf 10 Teile Alkohol) und Trockentemperatur nicht über 32° C.

Beseitigung: Negativmaterial nochmals waschen und langsam trocknen.

8. Weißer, rauher Niederschlag (Kalkschleier)

Ursache: Kalkschleier auf der Emulsionsschicht kann sich sehr häufig bilden. Er entsteht hauptsächlich, wenn der Entwickler keine oder ungenügende Zusätze zur Verhütung der Kalkausfällung enthält. Kalkschleier kann auch entstehen bei Verwendung von destilliertem Wasser für den Entwickleransatz. Bei seiner Bildung ist wesentlich mitbeteiligt der Kalkgehalt der Gelatine.

Verhütung: Zusatz von Calgon zum Entwickler. Die Menge richtet sich nach dem Härtegrad des verwendeten Wassers, pro Liter und Grad D. H. 0,2 g. Calgonzusatz zum Entwickler hält diesen klar, auch beim Ansatz mit unabgekochtem Leitungswasser.

Beseitigung: Baden in 2%iger Essigsäure oder 0,5%iger Salzsäure, anschließend wässern. Läßt sich ein weißer Schleier oder Niederschlag durch diese Behandlung nicht entfernen, so handelt es sich auch nicht um Kalkschleier.

10. Farbige Flecken

1. Weiße, staubartige Flecken

Ursache: Auftreten von Säuremangel im Härtefixierbad mit Kalialaun. Härtefixierbad ist weißlich trübe.

Verhütung: Mit Borsäure gepuffertes Fixierbad verwenden, das sehr beständig ist. Nach der Entwicklung reichlich Zwischenwässern.

Beseitigung: Zunächst Härtung des Filmes in 10%iger Formalinlösung. anschließend baden in 5%iger Sodalösung. waschen und trocknen.

2. Blau-grüne Flecken

Ursache: Fixage in Chromalaun-Fixierbad bei zu hoher Temperatur.

Verhütung: Behandlung bei Temperaturen von 18 bis 20° C.

Beseitigung: Keine möglich.

3. Blaue Flecken

Ursache: Ansatzwasser des Entwicklers verunreinigt durch Eisen; Fehler tritt auch vielfach bei Amidol-Entwickler auf.

Verhütung: Abgekochtes oder dest. Wasser verwenden.

Beseitigung: Umentwicklung; Amidolflecken können durch Behandlung mit 10%iger Natriumbikarbonat-Lösung mit anschließendem Waschen entfernt werden.

4. Braune Flecken

Ursache: Oxydierter Entwickler; Verunreinigung des Entwicklers mit Fixierbad; zersetztes oder erschöpftes Fixierbad.

Verhütung: Nur einwandfreie Lösungen für die Negativentwicklung gebrauchen.

Beseitigung: Umentwicklung ergibt eine Verbesserung in den meisten Fällen.

5. Gelbe und braune Entwicklerfärbungen

Negativ fleckig oder auch allgemein angefärbt.

Ursache: Alter, gefärbter Entwickler; verunreinigter Entwickler oder nicht genügend Natriumsulfit vorhanden; Pyrogallolentwickler färben Negative sehr leicht an; alkalisches oder erschöpftes Fixierbad.

Verhütung: Frische Entwickler- und Fixierlösungen verwenden. Nach der Entwicklung reichlich Zwischenwässern. Nicht färbende Entwickler wie Metol-Hydrochinon verwenden.

Beseitigung: Ein allgemeiner Farbschleier erhöht nur die Kopierbelichtung und den Kontrast. Umentwicklung oder Herstellung eines Duplikatnegatives unter Zwischenschaltung eines starken Gelbfilters.

6. Farbstoff-Flecken verschiedener Färbung

Grüne, rote, braune, lavendelfarbige Flecken und Anfärbungen, hauptsächlich an den Negativrändern, an ungeschwärzten Stellen.

Ursache: Anfärbungen durch Sensibilisierungs- oder Lichthofschutzschichtfarbstoffe, die im Entwickler und Fixierbad und beim Wässern nicht entfernt wurden. Ungenügende Bewegung im Entwickler oder Entwickler zu wenig alkalisch.

Verhütung: Bewegung im Entwickler und Fixierbad.

Beseitigung: Nachwässerung eventuell Behandlung mit schwacher Ammoniaklösung. Die graue Anfärbung des Zelluloids bei Kleinbildfilmen kann nicht entfernt werden. Diese Anfärbung dient als Lichthofschutz (Graubasis).

7. Grün-rote Flecken s. dichroitischer Schleier

8. Farbwechsel

Nach einiger Zeit wird das Negativ gelb oder braun oder es bilden sich derartig gefärbte Flecken.

Ursache: Unvollständige Fixierung oder ungenügendes Auswässern des Negatives. Anwesenheit von Resten von Thiosulfat.

Verhütung: Negativ die doppelte Zeit fixieren, die erforderlich ist, um die weißliche Bromsilberschicht zum Verschwinden zu bringen. Von der restlosen Entfernung des Fixiernatrons in der Schicht durch Wässern hängt die Haltbarkeit des Negatives ab. Mit Fixiernatronspurenprüfer Auswässerungsgrad kontrollieren.

Beseitigung: Von dem fehlerhaften Negativ bestmögliche Kopie herstellen und dann versuchen, durch Umentwicklung Fehler zu beseitigen.

9. Grün-Schleier

Ursache: Chromalaun-Unterbrecherbad bei stark alkalischen Entwicklern oder bei zu warmer Entwicklung.

Verhütung: Entwicklung bei 18 bis 20° C. Chromalaunbäder zersetzen sich sehr schnell, Erneuerung des Bades, wenn sich seine Farbe von blau nach grün verändert.

Beseitigung: Behandlung mit einer Lösung von 5% Kaliumhydroxyd oder Kaliumzitrat bei 18° C. Härtung wird dadurch rückgängig gemacht.

10. Violette Flecken

Ursache: Eisen in der Lösungen oder im Wasser; Zusammenkleben von Negativen beim Einbringen in das Fixierbad, so daß die Entwicklung noch weitergeht.

Verhütung: Für Bäderansätze gereinigtes oder wenigstens abgekochtes Wasser verwenden. Bei hohem Eisengehalt des Waschwassers Wasserreinigungsfilter einbauen. Bewegen der Negative beim Beginn des Fixierprozesses.

Beseitigung: Eisenflecken können manchmal entfernt werden durch Umentwicklung. Flecken infolge Zusammenklebens von Negativen im Fixierbad sind nicht zu beseitigen.

11. Grüne oder blaue Flecken bei Behandlung mit Blutlaugensalz-Abschwächer

Verhütung: Anderen Abschwächer verwenden.

Beseitigung: Behandlung in folgendem Bad:

  Salpetersäure, konz.. . . . . 6,0 ccm
  Kalialaun . . . . 6,0 g
  Wasser bis auf . . . . 1000,0 ccm

Anschließend wässern und trocknen.

B. Fehler im positiven Bild

Negativfehler treten unweigerlich auch im Bild auf. Bei der folgenden Übersicht der Fehlererscheinungen im positiven Bild wird jeweils ein einwandfreies Negativ vorausgesetzt. Sie beziehen sich auf die Verwendung von Chlorsilber- (Kontakt- oder auch Gaslicht-), Chlorbromsilber- (Porträt-) und Bromsilber- (Vergrößerungs-) Papieren zur Herstellung von Kontaktkopien oder Vergrößerungen. Andere, insbesondere künstlerische Kopierprozesse, wie z. B. Pigmentdruck, Bromöldruck oder Gummidruck werden nicht berücksichtigt. Einwandfreie positive Bilder zeichnen sich durch tiefe Schwärzungen ohne fehlende Zeichnungen in den Schatten aus; die Lichter müssen gleichzeitig belegt sein und Zeichnung enthalten. Ausreichende Schwärzung in den Schatten wird erzielt durch die Belichtung, für die Wiedergabe der Lichterzeichnungen ist die Gradation (Härtegrad) des verwendeten Papieres maßgebend. Schwere Fehlererscheinungen im positiven Bild wird man in den wenigsten Fällen beseitigen. Es ist meistens einfacher, ein neues Bild herzustellen. Geringe Retuschen und Ausfleckungen werden dagegen am positiven Bild fast immer vorgenommen werden müssen.

Die Positivfehler werden auf Grund ihrer Auswirkungen in folgende Gruppen eingeteilt:

  1. Fehlerhafte Beschaffenheit des positiven Bildes als Ganzes (unrichtiger Kontrast, unrichtige Schwärzung, Körnigkeit),

  2. Unscharfe Bilder,

  3. Schrumpfung der Bilder,

  4. Positivschleier (Grauschleier, Farbschleier),

  5. Linien, Streifen, Flecken,

  6. Kleine, rundliche Flecken und Markierungen,

  7. Schlamm und Niederschläge auf den Bildern,

  8. Farbstiche des Bildtones,

  9. Mechanische Fehlererscheinungen,

  10. Fehler bei der Trocknung.

1. Fehlerhafte Beschaffenheit des positiven Bildes als Ganzes

1. Unrichtiger Kontrast

a) Kontrastreiches und hartes Bild

Die Schattenschwärzungen sind tiefschwarz ohne jede Zeichnung, die hohen Lichter kalkig weiß.

Ursache: Zu harte Papiergradation für das vorliegende Negativ verwendet. Es ist zu beachten, daß Vergrößerungsapparate mit Kondensor kontrastreicher arbeiten als solche mit diffusem Licht. Am besten bewährt haben sich Apparate mit Opallampe und Beleuchtungslinse.

Verhütung: Weichere Papiergradation verwenden.

b) Flaues, kontrastloses Bild

Schwärzungen des Bildes sind nur grau belegt ohne tiefe Schwärzungen mit Detailzeichnungen, oder Lichter sind nicht klar, sondern grau oder beides zusammen.

Ursache: Zu weiche Papiergradation; Bild überkopiert.

Verhütung: Härtere Papiergradation verwenden. Bild so belichten, daß die Schattenschwärzungen bei normaler Belichtung richtig entwickeln und darnach die Lichter beurteilen. Sind die Lichter zu kalkig weiß, nächst weichere Gradation verwenden.

2. Unrichtige Schwärzung

a) Bild zu dunkel, Töne zu flach

Ursache: Überbelichtung des Bildes und zu weiche Papiergradation.

Verhütung: Kürzere Belichtung des Bildes und weichere Gradation.

b) Bild zu dunkel, Tonabstufung richtig

Ursache: Papiergradation richtig, Kopierbelichtung jedoch zu lang.

Verhütung: Bild kürzer belichten.

c) Bild zu dunkel, Lichter jedoch kalkig ohne Zeichnung

Ursache: Überbelichtung bei harten Negativen mit hoher Lichterschwärzung.

Verhütung: Weichere Papiergradation und kürzere Kopierbelichtung.

d) Bild dunkel, körnige graue Schwärzung über das ganze Bild

Ursache: Überbelichtung und Überentwicklung. Bild entwickelt viel zu rasch.

Verhütung: Kürzer belichten, so daß Bild bei normaler Entwicklung stehen bleibt.

e) Bild zu dunkel ohne Schattenzeichnung

Ursache: Manche Papiersorten, insbesondere halbmatte und matte Oberflächen, haben die Eigenschaft, beim Trocknen „nachzudunkeln". So lange die Bilder naß sind, erscheinen sie richtig in der Schwärzung und in ihren Tonabstufungen, erst nach der Trocknung wirken sie als überkopiert.

Verhütung: Generelle chemische Abhilfe ist nicht möglich. Man muß in diesem Fall bei derartigen Papieren die Bilder von vornherein heller kopieren.

f) Bild zu hell ohne Lichterzeichnung

Ursache: „Ausgefressene" Lichter entstehen bei Unterbelichtung auf normalem oder hartem Papier.

Verhütung: Längere Kopierbelichtung verwenden. Entstehen hierbei richtige, tiefe Schwärzungen mit Zeichnung in den Schatten, so muß gleichzeitig eine weichere Papiergradation verwendet werden.

g) Bild zu hell mit richtiger Detailwiedergabe der Lichter

Ursache: Zu kurze Belichtung auf zu weichem Papier.

Verhütung: Härtere Papiergradation verwenden und länger belichten.

h) Bild zu hell nach der Trocknung
Ursache: Positive, die beim Einbringen in das Fixierbad richtig in der Dichte und in den Tonabstufungen erscheinen, jedoch allmählich heller werden, bleichen im Fixierbad aus. Das Fixierbad ist zu stark oder zu warm oder die Fixierdauer ist zu lange.

Verhütung: Das Positivfixierbad soll bei richtigem Ansatz etwa 10%ig sein. Man verwende für Negative und Positive getrennte Fixierbäder. Fixiertemperatur: 18 bis 20° C. Fixierdauer etwa 10 Minuten.

3. Körnig zerrissene Schwärzungen bei Vergrößerungen, Körnigkeit

Dieser Fehler ist in erster Linie durch die „Körnigkeit" des Negativs verursacht. Doch auch durch den Positivprozeß kann die „Körnigkeit" des Bildes ungünstig beeinflußt werden. Nachteilig sind insbesondere: Verwendung von gerichtetem Licht beim Vergrößern (Kondensorapparate mit Punktlichtquellen), harte Papiergradationen und glänzende Oberflächen. Verwende deswegen möglichst Apparate mit diffusem Licht und matte, genarbte Papiere für starke Vergrößerungen. Es sei noch besonders darauf hingewiesen, daß bei großen Formaten eine gewisse Körnigkeit durchaus nicht störend ist, da derartige Bilder nie aus normaler Sehweite (25 cm), sondern aus größerem Abstand betrachtet werden.

2. Unscharfe Bilder

1. Vollständige Unschärfe des ganzen Bildes

Ursache: Bei Kontaktdrucken die Rückseite des Negatives in Kontakt mit der Papieremulsion kopiert. Das Bild ist gleichzeitig seitenverkehrt. Bei Vergrößerungen unscharfe Einstellung oder häufig bei sehr starken Vergrößerungen Vibration des Apparates während der Belichtung.

Verhütung: Bei der Herstellung von Kontaktkopien müssen stets die Emulsionsseiten des Negativs und Papieres in Kontakt sein. Scharfe Kopien mit Vertauschung der Seiten kann man erforderlichenfalls nur auf optischem Wege mit Hilfe eines Vergrößerungsapparates herstellen. Einwandfreie Scharfeinstellung bei sehr starken Vergrößerungen und dichten Negativen ist vielfach mit Schwierigkeiten verbunden. Ein einfaches Hilfsmittel ist, das Negativ am Rande, an einer nicht benötigten Schwärzungsstelle, mit einer Nadel einzuritzen und auf diese Stelle scharf einzustellen.

2. Unscharfe Stellen im Bild

Ursache: Wellen des Papieres; nicht einwandfreier Andruck der Andruckplatte des Kopiergerätes.

Verhütung: Zur Herstellung von Kontaktkopien mit gestochener Schärfe sind Kopiergeräte mit Schwammgummi oder Filz belegten Andruckplatten meistens nicht ausreichend. Besonders bei großen Formaten müssen ausschließlich pneumatische Kopiergeräte verwendet werden.

3. Schrumpfung der Bilder

Photographische Papiere sind durch die Naßbehandlung einer Schrumpfung unterworfen. Das Papier hat nach der Behandlung in trockenem Zustand nicht mehr dieselben Abmessungen wie unbehandelt. Die Abmessungen sind verkürzt. Diese Schrumpfung ist ungleichmäßig, in der Längsrichtung der Papierbahn ist die Verkürzung größer als in der Breite. Bei dünnen Papieren ist die Schrumpfung größer als bei starken. Heißtrocknung bewirkt stärkere Schrumpfung.

Verhütung: Generell keine möglich. Bei Forderungen auf Maßhaltigkeit muß die Schrumpfung bei der Positivherstellung mitberücksichtigt werden. Trocknung bei normaler Lufttemperatur. Verwendung von kartonstarken Papieren. Für meßtechnische Zwecke waren früher besondere Papiere mit Aluminiumkaschierung im Handel (Correctostat-Papiere).

4. Positiv-Schleier

1. Grauschleier

Das Bild ist besonders in den Lichtern und am Rande verschleiert.

Ursache: Ungeeignetes oder zu helles Dunkelkammerlicht; überlagertes Papier; Bild im Entwickler zu lange entwickelt oder zu hohe Entwicklertemperatur (Bild „gequält").

Verhütung: Kontakt- und Bromsilberpapiere erfordern verschiedene Dunkelkammerbeleuchtung. Grauschleier bei überlagerten Papieren kann verhindert werden vielfach durch besondere Zusätze zum Entwickler. Für Kontaktpapiere ist Zusatz von Benzotriazol (0,02 g pro Liter), für Bromsilberpapiere Nitrobenzimidazol in der gleichen Konzentration geeignet. Handelsentwickler enthalten meistens besonders wirksame Zusätze und sind deswegen sehr empfehlenswert. Quälschleier wird durch die gleichen Zusätze verhindert.

2. Dichroitischer Schleier, Farbschleier

a) Gelbschleier

Ursache: Zu lange entwickelt; Entwickler zu warm; Entwickler erschöpft; Entwickler verunreinigt, insbesondere durch Fixiernatron; ungenügende Unterbrechung nach der Entwicklung; Unterbrecherbad alkalisch oder mit Fixiernatron verunreinigt; Fixierbad ungenügend sauer oder erschöpft; überlagerte Papiere.

Verhütung: Für Kontaktpapiere beträgt die normale Entwicklungszeit etwa 1 min, für Bromsilberpapiere 2...3 min. Enthält der Entwickler besondere Stabilisatoren, so kann die Entwicklungszeit darüber hinaus beträchtlich verlängert werden. „Quälbarkeit" des Entwicklers ist eine besonders schätzungswerte Eigenschaft. Nach der Entwicklung gut Zwischenwässern oder Unterbrecherbad (4% Kaliummetabisulfit oder 2% Essigsäure) benutzen. Einwandfreies Positivfixierbad ist besonders wichtig, da genügende Ausfixierung nicht festgestellt werden kann, diese jedoch für die Haltbarkeit äußerst wichtig ist. Papiere im Fixierbad häufig bewegen und Zusammenkleben verhüten.

b) Purpurne Verfärbungen und Flecken

Ursache: Fortsetzung der Entwicklung im Fixierbad infolge ungenügender Unterbrechung. Derartig gefärbte Fingermarken entstehen auf den Papieren, wenn sie während der Entwicklung mit durch Fixiernatron verunreinigten Fingern angefaßt werden.

Verhütung: Unterbrecherbad nicht als nebensächlich betrachten. Entwickler nicht mit Fixiernatron verunreinigen. Man darf vom Entwickler nacheinander in das Unterbrecherbad und dann in das Fixierbad fassen, doch niemals den umgekehrten Weg gehen. Nach jeder Verunreinigung der Hände mit Fixierbad diese waschen und abtrocknen. Vorteilhaft ist die Verwendung von Bilderzangen, für jedes Bad eine besondere, und für das Fixierbad außerdem der Gebrauch eines Rührstabes.

c) Grünlich-braune Flecken

Ursache: Entstehen gelegentlich beim Zufügen von Bromkaliumlösung zum Entwickler, nachdem die Entwicklung des Papieres begonnen hat; auch bei altem, oxydiertem Entwickler.

Verhütung: Verwendung von einwandfreiem Entwickler und Vermeidung von Bromkaliumüberschuß, besonders nicht während der Entwicklung hinzufügen.

d) Verfärbungen beim Altern

Beim Altern verfärben sich die Schwärzungen zu blaßbraunen oder gelben Tönen, wobei manchmal auch die Weißen eine gelbliche Färbung annehmen.

Ursache: Ungenügendes Ausfixieren und Wässern des Bildes.

Verhütung: Genügendes Fixieren und Wässern ist die Grundvoraussetzung für die Haltbarkeit. Spuren von Fixiernatron haften in der Schicht und im Papierfilz sehr energisch, besonders wenn das Unterbrecherbad sehr sauer ist oder die Unterbrechung zu lange erfolgte. Papiere dürfen im Unterbrecherbad nur etwa $^1/_2$ bis 1 Minute verbleiben. Auswässerungsprozeß kann beschleunigt werden, wenn nach der Fixage die Bilder einige Minuten in 1%iger Sodalösung gebadet werden. Bei Wässerung in der Schale häufig Wasserwechsel vornehmen, bei fließender Wässerung darauf achten, daß mit Fixierbad beladenes Wasser nach unten absinkt.

Von alten unersetzlichen Bildern Reproduktion unter Verwendung eines Gelbfilters herstellen.

5. Linien, Streifen, Flecken

1. Scheuermarken und Streifen

Ursache: Durch Verletzung der Oberfläche, insbesondere von glänzenden Papieren, entstehen dunkle feine Linien.

Verhütung: Papieroberfläche vor Zerkratzen und Scheuern schützen. In manchen Fällen kann das Auftreten verhindert werden durch Zufügen von 0,25 g Kaliumjodid auf ein Liter Entwickler.

2. Flecken ungleichmäßiger Schwärzung

Ursache: Flecken ungleichmäßiger Schwärzung manchmal in Verbindung mit Gelbschleier treten auf, wenn das Bild nicht vollständig von Entwicklerflüssigkeit bedeckt ist, Bilder im Entwickler zusammenkleben oder mit Entwickler benetzte Stellen längere Zeit der Lufteinwirkung ausgesetzt sind. Im letzteren Fall entsteht besonders gelber „Luftschleier".

Verhütung: Zusammenkleben von Bildern im Entwickler verhüten und sie ständig bewegen. Betrachtung der Bilder während der Entwicklung außerhalb des Entwicklers nur kurze Zeit.

3. Ungleichmäßige Dichte, entstanden nach der Entwicklung

Ursache: Ungleichmäßiges Fixieren, wobei die Entwicklung noch fortschreitet.

Verhütung: Saure Unterbrecherbäder verwenden und Bilder im Fixierbad bewegen.

6. Kleine, rundliche Flecken und Markierungen

1. Runde, helle oder weiße Flecken

Ursache: Luftblasen auf der Emulsionsschicht, die die Entwicklung hinderten.

Verhütung: Bewegung während der Entwicklung. Anhaftende Luftblasen zerstören. Bilder mit Schicht nach unten in die Entwickler bringen und dann umdrehen.

2. Runde, dunkle Flecken

Ursache: Luftblasen nach der Entwicklung im Fixierbad, so daß die Entwicklung weiterschreitet.

Verhütung: Saure Unterbrecherbäder benutzen und Bewegung im Fixierbad.

3. Runde, farbige Flecken nach dem Trocknen nach einiger Zeit

Ursache: Luftblasen auf der Schicht während der Wässerung, so daß keine Auswässerung der Fixierbadreste erfolgte.

Verhütung: Größere Mengen Bilder in Wässerungstrommel auswässern. Bei Schalenwässerung Bilder häufig umlegen.

4. Kleine Flecken mit scharfen Rändern

Ursache: Rostteilchen aus dem Waschwasser oder Chemikalienstaub.

Verhütung: Rostige Geräteteile entfernen. Bei starker mechanischer Verunreinigung des Wassers Wasserfilter dazwischenschalten.

5. Weiße Fingermarken

Ursache: Berühren der Schicht mit unsauberen Händen, verunreinigt mit Fett oder Fixiernatron.

Verhütung: Schicht niemals mit feuchten Händen berühren.

6. Dunkle Fingermarken

Ursache: Berühren des trockenen Papieres mit durch Entwickler verunreinigten Händen.

Verhütung: Wie vorher.

7. Farbige Fingermarken

Ursache: Hände mit Fixiernatron verunreinigt, vor und während der Entwicklung die Papiere damit berührt. Tritt besonders häufig auf, wenn das Bild an der Luft im Dunkelkammerlicht betrachtet wird.

Verhütung: Sauberkeit.

8. Ungleichmäßige oder unentwickelte Stellen

Ursache: Flecken, die aussehen, als ob an diesen Stellen die Emulsionsschicht fehlt, entstehen gelegentlich bei bestimmten Papiersorten, wenn der Entwickler zu stark verdünnt verwendet wird.

Verhütung: Entwickler stets in der angegebenen Konzentration verwenden.

9. Ungleichmäßige, weiße Flecken

Ursache: Staub und Schmutzteilchen auf dem Negativ. Im Winter besonders wird beim Reinigen die Schicht- und Rückseite mit statischer Elektrizität aufgeladen, so daß Staubteilchen angezogen werden.

Verhütung: Negative mit Filmreiniger säubern. Bei Vergrößerungsgeräten ist Erdung vielfach von Nutzen.

10. Kleine, dunkle Flecken

Ursache: Kleine Löcher und Fehler im Negativ.

Verhütung: Ausflecken der Negative. Im Bild können derartige schwarze Flecken ausgebleicht werden durch Betupfen mit Jodlösung, anschließend wird wieder fixiert und gewaschen. Es entstehen dann weiße Flecken, die nach dem Trocknen ausgefleckt werden können.

7. Schlamm und Niederschläge auf den Bildern

1. Weißer, kalkiger Niederschlag, Kalkschleier

Ursache: Kalkausfällung bei stark kalkhaltiger Emulsionsgelatine oder stark kalkhaltigem Wasser.

Verhütung: Zusätze im Entwickler verwenden, die Kalkausfällungen verhindern, wie z. B. Calgon (0,2 g pro Liter und Härtegrad D. H.).

Beseitigung: Baden der Drucke in 2%iger Essigsäure.

2. Weißer oder trüber Niederschlag auf den Schatten

Ursache: Ausfällungen von Aluminiumsalzen bei erschöpftem oder nicht richtig angesetztem Härtefixierbad.

Verhütung: Frisches einwandfreies Härtefixierbad verwenden. Niederschlag kann meist vor dem Trocknen mit Schwamm abgerieben werden, oft hilft auch Baden in 1%iger Essigsäure. Nach erfolgter Trocknung ist Beseitigung nur schwer mit denselben Mitteln möglich.

8. Farbstiche des Bildtones

1. Grünliche Bildtöne

Ursache: Überbelichtung und Unterentwicklung oder Überschuß an Kaliumbromid im Entwickler.

Verhütung: Bilder so belichten, daß sie in normaler Zeit ausentwickelt sind: Kontaktpapiere etwa 1 min, Bromsilberpapiere etwa 2...3 min. Zu hohe Bromidkonzentration vermeiden.

2. Schmutziggraue Bildtöne

Ursache: Überbelichtung und Überentwicklung; Überschuß von Bromkalium; Kopierbelichtung bei feuchter Atmosphäre oder bei Chemikaliendämpfen.

Verhütung: Wie vorher.

3. Warme, braunstichige Bildtöne,

Ursache: Bei allen Entwicklern verschiebt sich durch Verunreinigung mit Fixiernatron der Bildton nach der braunen Seite. Selbst bei geringen Mengen von etwa 0,1 g pro Liter schlagen blauentwickelnde Papiere nach braunschwarzem Bildton um.

Verhütung: Peinlichste Sauberkeit.

4. Schwankungen des Bildtones

Ursache: Ungleiche Entwicklungszeiten; Verwendung von gebrauchtem Entwickler und ein anderes Mal von frischem Entwickler; Verwendung von verschieden ausgenutzten Fixierbädern.

Verhütung: Kopierbelichtung so wählen, daß Bilder immer ausentwickelt werden können und die Entwicklung nicht zu früh unterbrochen oder stark verlängert werden muß. Entwickler nicht zu stark erschöpfen, sondern rechtzeitig auffrischen. Gebrauchte Fixierbäder ergeben auch mehr braune Töne. Um auch bei frischem Fixierbad wärmere Bilder zu erhalten, setze man dem Bad pro Liter 0,5 g Kaliumjodid zu oder, falls nicht vorhanden, etwas gebrauchtes Fixierbad.

9. Mechanische Fehlererscheinungen

1. Rollen der getrockneten Bilder

Ursache: Stärkeres Schrumpfen der Gelatineschicht als die Papierunterlage, häufige Erscheinung bei Heißtrocknung.

Verhütung: Bilder nach dem Waschen in 10%iger Glyzerinlösung baden und in horizontaler Lage auf Fließpapier trocknen.

2. Rollen der Papiere in den Bädern mit Schicht nach außen

Ursache: Dieser Fehler hat in der Hauptsache fabrikatorisch bedingte Ursachen. Unter Einfluß der stark alkalischen Entwicklung quillt die Gelatineschicht auf und streckt sich. Bei der Herstellung muß diese natürliche Tendenz berücksichtigt werden. Stark alkalische Entwickler, ebenso hohe Temperatur des Entwicklers und zu lange Entwicklungszeit fördern das Rollen.

Verhütung: Absolut sicher wirkende Verhütungsmittel sind nicht bekannt, in manchen Fällen helfen härtende Unterbrecherbäder. Baden der Bilder vor Heißtrocknung in heißem Wasser.

3. Ablösen der Emulsionsschicht von der Unterlage

Ursache: Behandlung der Papiere in zu warmen Lösungen oder zu warmem Waschwasser.

Verhütung: Behandlungsbäder möglichst auf 18 bis 21° C temperieren.

10. Fehler bei der Trocknung

1. Fehler bei der Heißtrocknung von matten Papieren

Papiere mit matten Oberflächen werden vielfach zur Beschleunigung des Trockenvorganges auf Trockenpressen oder Trockentrommeln, Schicht in Kontakt mit dem Trockentuch, getrocknet. Hierbei können hauptsächlich zwei Fehler auftreten: *Speckiger Glanz teilweise oder auf der ganzen Oberfläche und Narbung der Oberfläche durch das Trockentuch.*

Ursache: Zu hohe Trockentemperatur, Schicht für diesen Zweck ungenügend gehärtet; zu grob gewebtes Trockentuch.

Verhütung: Die matte, künstlerische Oberflächenstruktur wird nur erhalten bei Lufttrocknung. Man vermeide, wenn irgend möglich, für Papiere mit besonderer Oberflächenstruktur Heißtrocknung. Anderenfalls härte man die Papiere im Härtefixierbad und heize möglichst wenig.

2. Fehler bei der Hochglanzheißtrocknung

a) Matte Punkte, unregelmäßig in Form und Größe

Ursache: Luftblasen, Unreinigkeiten, Gelatinereste, Fasern, Rost, Sand beim Trocknen zwischen Hochglanzplatte und Papier. Presse zu stark geheizt.

Verhütung: Hochglanzplatten vor der erstmaligen Benutzung reinigen mit heißer Sodalösung, mit reichlich Wasser spülen zur Entfernung der Ölschicht. Nach wiederholtem Gebrauch häufig mit Alkohol reinigen. Bilder frei von Verunreinigungen naß mit gleichmäßigem Druck aufquetschen. Eventuell Bilder in Hochglanzlösungen (Ochsengalle, Netzmittel) baden und Platte damit abreiben. Presse nicht zu stark heizen. Platte vor Beschickung abkühlen lassen.

b) Stippchenbildung; kleine, gleichmäßig geformte Punkte

Ursache: Gleiche Ursache wie vorher, meistens jedoch ungenügender Kontakt infolge Einschlusses von kleinen Luftblasen.

Verhütung: Verwendung von Netzmitteln verhütet Stippchenbildung weitgehend. Sie erzeugen eine gleichmäßige Flüssigkeitshaut auf der Platte und fördern dadurch den Kontakt zwischen Chromplatte und Schicht. Vorteilhaft ist in manchen Fällen auch der Zusatz von Alkohol zum letzten Waschwasser, worin die Bilder eingeweicht werden.

c) Vertiefungen in der Bildschicht

Ursache: Fremdkörper von mechanischen Verunreinigungen des Wassers in der Emulsionsschicht. Auf der Rückseite des Bildes machen sie sich als punktförmige Erhebungen bemerkbar.

Verhütung: Bei starker Verunreinigung des Wassers durch Sand oder Rost muß ein Wasserfilter eingebaut werden.

d) Muschelbruch, zonenweises Abspringen

Ursache: Das Spanntuch wurde zu früh geöffnet, ein Teil des Bildes war trocken und sprang ab, während ein anderer Teil noch festklebte. Zu loses Spanntuch; überlagerte Papiere.

Verhütung: Spanntuch erst nach vollständiger Trocknung öffnen.

e) Ränder reißen aus oder welliges Auftrocknen

Ursache: Übermäßige Schrumpfung durch zu schnelles Trocknen, insbesondere bei großen Formaten.

Verhütung: Verwendung von Hochglanzlösungen. Große Formate quetscht man am besten durch strahlenförmiges Rollen von der Mitte aus ab, um Spannungen im Papier zu verhindern. Bei nicht zu hoher Temperatur trocknen und Spanndruck des Tuches verstärken.

f) Narbiger oder gehämmerter Hochglanz und Kratzer

Ursache: Unglatte Hochglanzplatte. Kratzer auf der Hochglanzplatte übertragen sich auf die Bilder als matte feine Linien.

Verhütung: Hochglanzplatte muß neu verchromt werden.

g.) Bilder kleben auf der Platte

Ursache: Häufige Fehlererscheinung bei neuen Hochglanzplatten infolge Anhaftens des Polierfettes.

Verhütung: Neue Platten müssen unbedingt in 10%iger Sodalösung (heiß) mehrmals gereinigt werden. Anschließend reichlich spülen und polieren mit Alkohol und Wattebausch. Eine derartige Reinigung ist auch bei gebrauchten Platten wiederholt zu empfehlen.

h) Bildschicht schmilzt

Ursache: Zu hohe Trockentemperatur bei fabrikfrischen Papieren; Papiere zu lange, womöglich in abgestandenem Wasser, gewässert und zu heiß getrocknet.

Verhütung: Härtefixierbad verwenden.

i) Gelbliche oder braune Flecken

Ursache: Ungenügend ausfixierte oder ausgewässerte Bilder. Das in der Schicht verbliebene Fixiersalz zersetzt sich unter der Wärmeeinwirkung und es bildet sich Schwefelsilber.

Verhütung: Kontrolle des Fixierbades und reichliche Auswässerung.

3. Fehler bei der Herstellung von Hochglanz auf Glasplatten

a) Festkleben der Bilder

Ursache: Ungenügende Reinigung der Glasplatte. Netzmittel zu konzentriert.

Verhütung: Glasplatte sehr ausgiebig reinigen. Zur mechanischen Reinigung ist empfehlenswert eine Aufschwemmung von Schlemmkreide in Wasser mit Ammoniakzusatz. Anschließend reichlich spülen. Glasplatte mit Netzmittel oder Ochsengallepräparaten abreiben und Bilder sorgfältig aufquetschen. Netzmittel in richtiger Verdünnung anwenden.

b) Stippchenbildung

Ursache: Unreinigkeiten, Luftblasen, Platte nicht planpoliert.

Verhütung: Unreinigkeiten beseitigen und Netzmittelbehandlung. Einwandfreie Glasplatte verwenden.

c) Muschelbruch

Ursache: Luftzug bei freistehender Trocknung.

Verhütung: Netzmittel verwenden. Mehrere beschickte Platten unter Zwischenlagen von Saugpappen aufeinander legen.

d) Ränder lösen sich ab und trocknen ohne Hochglanz

Ursache: Übermäßige Quellung der Gelatineschicht in den Behandlungsbädern.

Verhütung: In manchen Fällen hilft Unterbrechung der Entwicklung in sauren Bädern (2% Essigsäure). Nützlich ist vor dem Aufquetschen vielfach ein heißes Wasserbad von einigen Minuten.

XVI. Verschiedenes

1. Umrechnungen von Einheiten verschiedener Systeme

U. S. Customary System in metrische Längeneinheiten

Yards (yd)	Feet (ft)	Inches (in)	Millimeter (mm)	Meter (m)
1	3	36	914,4	0,9144
0,333	1	12	304,8	0,3048
0,0277	0,0833	1	25,4	0,0254
0,00109	0,00328	0,03937	1	0,001
1,0936	3,2808	39,37	1000	1

Avoirdupois in metrische Gewichtseinheiten

Pounds (lb)	Ounces (oz)	Grains (grain)	Gramm (g)	Kilogramm (kg)
1	16	7000	453,6	0,4536
0,0625	1	437,5	28,35	0,02835
		1	0,0648	
	0,03527	15,43	1	0,001
2,205	35,27	15430	1000	1

U. S. Customary Liquid in metrische Flüssigkeitseinheiten

Gallons (gal)	Quarts (qt)	Fl. Ounces (fl oz)	Fl. Drams (fl dr)	Kubikzentimeter (ccm)	Liter (l)
1	4	128	1024	3785	3,785
0,25	1	32	256	946,3	0,9463
		1	8	29,57	0,92957
0,000975	0,0039	0,125	1 (o mins) 3,697		0,003697
		0,03381	0,2705	1	0,001
0,2642	1,057	33,81	270,5	1000	1

British Imperial Liquid in metrische Flüssigkeitseinheiten

Gallons	Quarts	Fl. Ounces	Fl. Drams	Kubik-zentimeter	Liter
(gal)	(qt)	(fl oz)	(fl dr)	(ccm)	(l)
1	4,0	160,0	1280,0	4546,0	4,546
0,25	1	40,0	320,0	1136,0	1,136
		1	8,0	28,41	0,02841
	0,003125	0,125	1 (60 min.)	3,551	0,003551
		0,032520	0,2816	1	0,001
0,2200	0,8800	35,20	281,6	1000,0	1

2. Temperaturumrechnungen

$$°\text{Celsius} \rightarrow °\text{Reaumur} \rightarrow °\text{Fahrenheit}$$
$$X\,°C = {}^4/_5\,X\,°R = ({}^9/_5\,X + 32)\,°F$$
$$°\text{Fahrenheit} \rightarrow °\text{Reaumur} \rightarrow °\text{Celsius}$$
$$Y°\,F = \left[\frac{(Y° - 32) \cdot 4}{9}\right]°R = \left[\frac{(Y° - 32) \cdot 5}{9}\right]°C$$

3. Mischregel zur Herstellung einer Lösung von bestimmtem Prozentgehalt durch Verdünnung einer höherprozentigen Lösung

Zur Lösung dieser Aufgabe in einfachster Weise dient das Mischkreuz. An die Stellen A und B werden die Prozentgehalte der Ausgangslösungen

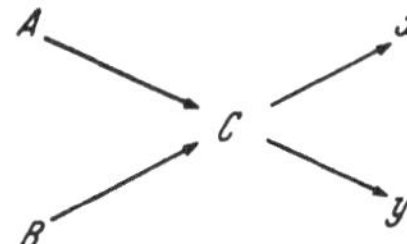

Abb. 90. Mischkreuzregel

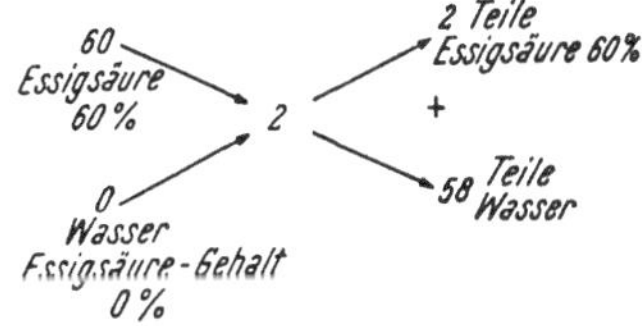

Abb. 91. Herstellung eines Unterbrecherbades von 2% Essigsäure aus vorhandener 60%iger Essigsäure nach dem Mischungskreuz

und in der Mitte des Kreuzes bei C der gewünschte Prozentgehalt eingetragen; X und Y bezeichnen die erforderlichen Anteile der beiden Ausgangslösungen, man erhält diese Werte dadurch, indem man über das Kreuz die Differenz bildet: X bezeichnet den Anteil der Lösung A und Y den Anteil der Lösung B (s. Abb. 90, 91).

Bei dem Beispiel nach Abb. 81 muß man zur Herstellung einer 2%igen Essigsäure aus einer vorhandenen 60%igen durch Verdünnung mit Wasser mischen: 2 Teile 60%ige Essigsäure (Differenz = 0 − 2 = 2) + 58 Teile Wasser (Differenz = 60 − 2 = 58). Man kann dieses Mischkreuz auch anwenden bei der Herstellung einer Lösung von mittlerem Prozentgehalt durch Mischen einer höherprozentigen Lösung mit einer niedrigerprozentigen Lösung.

4. Äquivalente Mengen verschiedener Chemikalien

Soda, Natriumkarbonat, das am meisten verwendete Alkali zur Herstellung von Entwicklern, kommt in drei verschiedenen Formen vor, die sich durch ihren Wassergehalt voneinander unterscheiden. Wird der verschiedene Wassergehalt gewichtsmäßig berücksichtigt, so können sie gegeneinander ersetzt werden:

Name	Chemische Formel	Molekular-Gewicht	Äquivalente Mengen		
Natriumkarbonat sicc.	Na_2CO_3	106,00	1	0,85	0,37
Natriumkarbonatmonohydrat	$Na_2CO_3 \cdot H_2O$	124,02	1,17	1	0,43
Natriumkarbonat, krist. . . .	$Na_2CO_3 \cdot 10\,H_2O$	286,17	2,7	2,3	1

Natriumsulfit kommt als wasserfreie Ware und als kristallisierte Ware mit Kristallwassergehalt in den Handel:

Name	Chemische Formel	Molekular-Gewicht	Äquivalente Mengen	
Natriumsulfit sicc.	Na_2SO_3	126,06	1	0,5
Natriumsulfit, krist.	$Na_2SO_3 \cdot 7\,H_2O$	252,18	2	1

Äquivalente Mengen von Natriumthiosulfat krist. und sicc.

Name	Chemische Formel	Molekular-Gewicht	Äquivalente Mengen	
Natriumthiosulfat sicc. . . .	$Na_2S_2O_3$	158,12	1	0,64
Natriumthiosulfat, krist. . . .	$Na_2S_2O_3 \cdot 5\,H_2O$	248,20	1,57	1

Äquivalente Mengen von Kaliummetabisulfit und Natriumbisulfit

Name	Chemische Formel	Molekular-Gewicht	Äquivalente Mengen	
Kaliummetabisulfit	$K_2S_2O_5$	222,32	1	1,07
Natriumbisulfit	$NaHSO_3$	104,07	0,94	1

Erforderliche Alkalimengen zur Neutralisation der sauren Sulfite (Menge=1)

	Alkalien			
	Kalium-hydroxyd (KOH)	Natrium-hydroxyd (NaOH)	Pottasche (K_2CO_3)	Soda sicc. (Na_2CO_3)
Kaliummetabisulfit ($K_2S_2O_5$) .	0,51	0,36	0,62	0,48
Natriumbisulfit ($NaHSO_3$) . .	0,54	0,39	0,66	0,51

5. Grade Baumé und Dichte

Grade Baumé	Dichte	Grade Baumé	Dichte	Grade Baumé	Dichte	Grade Baumé	Dichte	Grade Baumé	Dichte
0	0,9991	14	1,106	28	1,240	42	1,409	56	1,633
1	1,006	15	1,115	29	1,250	43	1,423	57	1,652
2	1,013	16	1,124	30	1,261	44	1,437	58	1,671
3	1,020	16	1,133	31	1,273	45	1,452	59	1,671
4	1,028	18	1,142	32	1,284	46	1,467	60	1,710
5	1,035	19	1,151	33	1,295	47	1,482	61	1,731
6	1,042	20	1,160	34	1,307	48	1,497	62	1,752
7	1,050	21	1,169	35	1,319	49	1,513	63	1,773
8	1,058	22	1,179	36	1,331	50	1,529	64	1,795
9	1,066	23	1,189	37	1,344	51	1,545	65	1,818
10	1,074	24	1,199	38	1,356	52	1,562	66	1,841
11	1,082	25	1,209	39	1,369	53	1,579		
12	1,090	26	1,219	40	1,382	54	1,597		
13	1,098	27	1,229	41	1,396	55	1,615		

6. Handelsübliche Konzentrationen der wichtigsten Säuren

N a m e	Gewichts-%	Dichte
Ameisensäure	80—85	1,19—1,20
Eisessig	98	1,055
Essigsäure	80	1,069
Essigsäure, techn.	60	1,064
Salzsäure, rauchende, roh, konz. 20° Bé	30—33	1,16—1,17
Salzsäure, rein, rauchend, konz. 23° Bé	37	1,19
Salzsäure DAB. 6. 16° Bé.	25	1,124—1,126
Salpetersäure, rauchende, roh 47,5° Bé	86—94	1,49—1,50
Salpetersäure, reine 47,5° Bé	86—94	1,49—1,50
Salpetersäure, reinst 24° Bé	33	1,20
„ , „ 34° Bé	47	1,30
„ , „ 42° Bé	65	1,40
„ , „ 19° Bé	25	1,15—1,152
Königswasser: 1 Teil Salpetersäure + 3 Teile Salzsäure		
Schwefelsäure, reinst, konz. 66° Bé	97—98	1,84
„ , techn. gereinigt, 66° Bé	97—98	1,84
„ , roh 65—66° Bé	93—95	1,82—1,84

7. Physikalische Konstanten der wichtigsten organischen Lösungsmittel

	Siedegrenzen °C	Dichte (spez. Gew.)
Äther	34—35	0,720
Azeton, chem.-rein	56,2	0,792
Äthylalkohol abs.	78,3	0,789
Äthylalkohol mit Toluol vergällt . . .	78	0,804
Äthylazetat 98/100%	77	0,901
Amylalkohol (iso-)	128—132	0,810—0,815
Amylazetat, rein . . . . . . , , . . .	130—140	0,875
Äthylenglykol, rein	197	1,109
Benzylazetat	215—216	1,060—1,062
Benzol	80—81	0,882—0,886
Benzine:		
Gasolin (Petroläther)	40—60	0,630—0,670
Leichtbenzin (Ligroin, Benzin) . . .	60—120	0,670—0,700
Schwerbenzin.	100—150	0,700—0,750
Testbenzin (Lackbenzin).	140—200	0,800
Butylalkohol	114—118	0,814—0,817
Butylazetat	215—216	1,060—1,062
Chloroform.	61,2	1,490—1,500
Dekalin	189—191	0,890
Diazetonalkohol	150—165	0,915—0,945
Methanol, rein	64—65	0,797
Methylenchlorid 98/100%	40—42	1,328
Methylazetat	56—62	0,932
Methyläthylketon	75—82	0,821
Schwefelkohlenstoff	46,3	1,263
Tetralin	205	0,975
Tetrachlorkohlenstoff	77	1,594
Trichloräthylen.	87	1,470
Xylol, rein.	137—139	0,854

8. Nachtrag

Die Härtung der photographischen Schichten

Alle photographischen Schichten, die einer Behandlung bei höheren Temperaturen ausgesetzt werden sollen, erfordern eine besondere Härtung der Gelatine. Diese Härtung der Schicht kann als Vorhärtung vor der Entwicklung (s. S. 307) im Unterbrecherbad (s. S. 264, 307) oder auch in einem härtenden Fixierbad (s. S. 265ff.) erfolgen. Zur Nachhärtung nach dem Fixieren ist besonders ein Formalin-Soda-Bad geeignet.

Formalin-Härtebad nach Kodak SH-1

Wasser	500,0 ccm
Formalin 40%	10,0 ccm
Soda sicc.	5,0 g
Wasser bis auf	1000,0 ccm

Formalin-Lösungen zeigen ihr wirksamstes Härtevermögen bei alkalischer Reaktion (pH = 8,0), während die anorganischen Härtungsmittel, Kalialaun und Chromalaun, nur in saurem Medium wirksam sind. Die Formalin-Härtung ist besonders anzuwenden, wenn beabsichtigt ist, die Negative einer Nachbehandlung, wie Umentwicklung, Abschwächung oder Verstärkung, zu unterwerfen.

Die Schichten werden im Formalin-Härtebad etwa 3 min gebadet, anschließend kurz abgespült, dann etwa 5 min in frischem Fixierbad nachfixiert und zum Schluß 15 bis 20 min gewässert. Eine beabsichtigte Nachbehandlung kann sich dann ohne Zwischentrocknung anschließen.

Die Formalin-Härtung kann durch wiederholte Behandlung in heißem Wasser oder in kalter 15%iger Salzsäure rückgängig gemacht werden.

Die Alaun-Gerbung kann aufgehoben werden durch Behandlung in 5%iger Zitronensäure.

Literaturverzeichnis

1. ABEGG, R.: Zur Frage nach der Wirkung der Bromide auf die Entwickler. Eder Jahrb. d. Phot. 18, 65 (1904).
2. ABERDAM, H.: 37/10° DIN-Empfindlichkeit. Photo-Revue (1952), ref. Photo-Technik u. -Wirtschaft 3, 306 (1952).
3. ABNEY, W. DE: A New Developer. Phot. News 24, 345 (1880).
4. ABRIBAT, M.: Le potentiel d'oxydoréduction de l'image latente et soi-disant function developpatrice. Sc. et Ind. phot. 6, 140 (1935).
5. ABRIBAT, M. u. J. POURADIER: Accélération du fixage par les cations actifs. RPS Centenary Conference (1953); Sc. et Ind. phot. 24, 473—475 (1953).
5a. ABRIBAT, M., POURADIER, J. u. Mlle J. DAVID: Influence du potentiel d'oxydoration et du pH révélateur sur l'allure du dévelopement.; Sc. et Ind. phot. 20, 121 (1949)
5b. ALENTSEV, M. H.: Schwärzungskurven bei ultrakurzer Belichtung. J. exper. theor. Physics 17, 75—78 (1947).
5c. ALNUTT: Some characteristics of Ammonium Thiosulphate Fixing Baths. J. Soc. Mot. Pict. Eng. 41, 300 (1943).
6. AMMANN-BRASS, H.: Beitrag zur Chemie der anorganischen Entwickler. Phot. Ind. 35, 827 (1937).
7. — Verfahren zur Kennzeichnung photographischer Gelatine I. u. II. Kolloid-Z. 110, 105, 161 (1948).
8. — Elektonenmikroskopische Untersuchung der physikalischen Reifung von chlorsilberarmen photographischen Emulsionen. Z. f. Naturforscher 6a, 372 (1951).
9. ANDRESEN, M.: Über p-Amidophenol als Entwickler. Phot. Mitt. 28, 124 (1891).
10. — Zur Konstitution organischer Entwickler. Phot. Mitt. 28, 286, 296 (1892).
11. — Richtigstollung. Phot. Mitt. 28, 340 (1892).
12. — In Sachen Lumière-Entwickler. Phot. Mitt. 28, 356 (1892).
13. — Das Wasserstoffsuperoxyd im Dienste der Photographie. Phot. Korr. 36, 260 (1899).
14. ANASTASEWITSCH, V. S. u. J. FRENKEL: Eine Theorie des latenten photographischen Bildes. Journ. exp. u. theor. Physik (UdSSR) 11, 127 (1941).
15. Von ANGERER, E.: Wissenschaftliche Photographie. Leipzig: 1950.
16. ARAGO: Bericht vor der franz. Akademie d. Wiss. 19. Aug. 1839. Comptes rendus 9, 250 (1839).
17. ARCHER, Fred Scott: The Chemist, März 1851.
18. — Manuel on the Collodion photogr. Process. London: 1852, 32.
19. ARENS, H.: Über die Natur des latenten Bildes bei physikalischer Entwicklung. Agfa-Veröffentl. 3, 32 (1933).
20. — Über die Theorie d. Sabattier-Effektes I. Z. f. wissenschaftl. Phot. 44, 44 (1949).
21. — desgl. II. Z, f. wissenschaftl. Phot. 44, 51 (1949).
22. — desgl. III. Z. f. wissenschaftl. Phot. 44, 172 (1949).
23. — desgl. IV. Z. f. wissenschaftl. Phot. 45, 1 (1950).
24. — desgl., V. Z. f. wissesnchaftl. Phot. 46, 25 (1951).
25. — desgl. VI. Z. f. wissenschaftl. Phot. 46, 125 (1951).
26. ARENS, H. u. H. BERGER: Bestimmung des Silbers in gebrauchten Fixierbädern. Agfa-Veröffentl. 5, 303 (1937).
27. ARENS, H. u. J. EGGERT: Rückgewinnung von Silber aus gebrauchten Fixierbädern. Agfa-Veröffentl. 5, 290 — 304 (1937); Röntgenpraxis 8, 753—763 (1936).
28. ASHIHARA, S. u. Y. MATSUDO: Édudes sur le Fixage I. J. Soc. Sci. Phot. Japan. 14, 125 — 132 (1952), ref. Sc. et Ind. phot. 24, 147 (1953).
29. AXFORD, A. J. u. J. D. KENDALL: Studien über Phenidon I. Mechanismus der Entwicklung, Additivität. PRS Centenary Conference (1953); Sc. et Ind. phot. 24, 467—468 (1953).
30. BAINES, H.: The Chemistry of Fixation. Phot. J. 69, 314 (1929).

31. BAINES, H.: The Argentothiosulphuric Acids and their Derivates. I. The Praeparation of the Sodium Salts and the Isolation of Monoargento-monothiosulphuric Acid. J. Amer. Chem. Soc. **51**, 2763 (1929).

32. BALARD: Ann. chem. phys. **32**, 337 (1826).

33. BANKS, E.: Laboratory Notes and Notions. Brit. J. phot. **42**, 648 (1895).

34. — The Theory of Development. Brit. J. phot. **43**, 677 (1896).

35. BARTELT, O. u. H. KLUG: Zur Natur des Herschel-Effektes. Z. f. Physik **89**, 779 (1934).

36. BAUKLOH, K.: Optische Sensibilisierung von Jodsilber. Z. f. wissenschaftl. Phot. **25**, 233—262 (1928).

37. BECCARIUS, G. u. BONZIUS: De Bononensi Sci. etc. **4**, 84 (1757).

38. BELITZKI, L.: Ein haltbarer Abschwächer. Eder Jahrb. d. Phot. **41**, 485 (1891).

39. BENNEWITZ, K. u. E. KELLNER: Studien über die elektrolytische Entwicklung photogr. Schichten. Z. f. wissenschaftl. Phot. **33**, 212 (1936).

40. BENNETT, H. W.: Intensification and Reduction 78, London: **1904**.

41. BERG, W. F.: Latent image formation at low temperatures Trans. Faraday Soc. **35**, 445 (1939).

42. — The Physical Chemistry of Latent Image Formation, Annual Reports on the Progr. of Chemistry for 1942. London: **1943**.

43. — Latent image distribution and Herschel-efect. A review of Belgian wartime papers on latent image formation. Phot. J. **87 B**, 112 (1947).

44. — Les Sousgermes et la dispersité des germes de l'image latente. Sc. et Ind. phot. **20**, 401 (1949).

45. — Die Subkeime und die Dispersität der Keime des latenten Bildes. Z. f. wissenschaftl. Phot. **46**, 150 (1951).

46. — Die Subkeime d. latenten Bildes. Schweiz. Phot. Rundschau 17, 38, 57, 77 (1951).

47. BERG, W. F. u. P. C. BURTON: A study of latent image formation by a double exposure technique. Part. II. Infernal Image. Phot. J. **88**, 84 (1948).

48. BERG, W. F., A. MARRIAGE u. G. W. W. STEVANS: Latent image distribution. J. opt. Soc. Amer. **31**, 385 (1941); Kodak Ber. Nr. 794-H.

49. BERKELEY, H. B.: A cure for Yellow Gelatine Negatives. Phot. News **26**, 41 (1882).

50. BERNDT, G.: Die Verzerrung photographischer Schichten (Platten). Z. f. Instrumentenkunde **53**, 510 (1933).

51. — Die Verzerrung photographischer Schichten (Filme). Z. f. Instrumentenkunde **54**, 228, 452 (1934).

52. BEUKERS, M. C. F.: Fotogr. Outwikkelars, Diss. Delft (1934).

53. BILLS, C. E.: Ascorbic Acid (Vitamine C) and Photographic Developing Action. Science **81**, 257 (1935).

54. BILTZ, M.: Absolute Empfindlichkeit photographischer Schichten. Agfa-Veröffentl. **4**, 26 (1935).

55. BILTZ, M. u. H. BRANDES: Zur Normung der Farbensensitometrie. Agfa-Veröffentl. **3**, 85 (1933).

56. BILTZ, M. u. J. EGGERT: Über die Bestimmung der Farbenempfindlichkeit von Negativmaterialien für bildmäßige Aufnahmen. Agfa-Veröffentl. 4, 35 (1935).

57. BILTZ, M. u. E. HEISENBERG: Zur Kritik des Hüblschen Systems der Farbensensitometrie. Agfa-Veröffentl. **1**, 47 (1930).

58. BIRR, E. J.: Azo-indolizine als photochemisch interessante Substanzen. Z. f. wissenschaftl. Phot. **47**, 2—27 (1952).

59. — Beiträge zum Mechanismus der Stabilisierung photogr. Emulsionen. I. Bisherige Anschauungen über den Mechanismus der Stabilisierung. Z. f. wissenschaftl. Phot. **47**, 72 (1952).

60. — desgl. II. Benzimidazole. Z. f. wissenschaftl. Phot. **47**, 103 (1952).

61. BLAU, M. u. M. WARMBACHER: Zum Mechanismus der Desensibilisierung photogr. Platten I. Z. f. wissenschaftl. Phot. **33**, 191 (1934).

62. — — desgl. II. Z. f. wissenschaftl. Phot. **34**, 253 (1935).

63. — — Bemerkungen zur Desensibilisierungstheorie von K. Weber. Z. f. wissenschaftl. Phot. **35**, 211 (1936).

64. BODENSTEIN, M.: Die Entstehung des latenten Bildes und die Entwicklung desselben in der Photographie. Preuß. Akad. d. Wiss., math. naturw. Kl. **1941**.

65. BOGDANOV, S. G. u. N. V. POLAKOVA: Pufferungsvermögen der Entwickler; ihr Einfluß. Chem. Abstr. **46**, 4939 (1952).

66. BOER, A.: Photographie am Strande. Focus (1915), 100.

67. BRANDES, H. u. R. SCHMIDT: Zwei neue photogr. Registriergeräte, der Sensitograph und Gammagraph. Agfa-Veröffentl. **3**, 106 (1933).

68. VON BRANDROWSKI, E.: Über die Oxydation des p-Phenylendiamins und des p-Amidophenols. Monatshefte f. Chemie 10, 123—128 (1889).
69. BRAUN, W.: Zur Theorie d. Sabattier-Effektes. Z. f. wissensch. Phot. 47, 27 (1952).
70. BRITZINGER, H. u. W. ECKARDT: Thiosulfat-Verbindungen. Das System Natrium-thiosulfat/Silberthiosulfat in gelöstem und kristallisiertem Zustand. Z. f. anorgan. Chemie 227, 107 (1937).
71. BROOKS, W. R. u. J. M. BLAIR: Sodiumhyposulfite and Photographic Developer. Phot. Techn. 1941, 48.
71a. BOURNE, L. B.: Photographische Krankheiten. Brit. J. Phot. Alm. 1945, 82—90.
71b. BORIN, A. V.: Hypersensibilisierung von panchromatischen Emulsionen. Kodak Abstr. 34, 6 (1948).
72. BROWN, F. M. u. C. KUNZ: A System for rapid production of photographic records. J. Franklin Inst. 235, 203—211 (1946).
72a. BROWN, H. J.: Konservierung von Archivfilmen. Sc. et Ind. phot. 23, 406 (1925).
73. BÜRKI, F. u. U. OSTWALT: Über die Bestimmung der Wasserstoffionen-Konzentration in photogr. Entwicklern und ihren Zusammenhang mit der Entwicklungsgeschwindigkeit. Helv. chim. acta 22, 30 (1933).
74. BUCHTA, E.: Über eine neue Klasse von Entwicklersubstanzen. Z. f. wissenschaftl. Phot. 45, 94 (1950).
75. BULLOCK, E. R.: On variation in the Threshold speed of an Emulsion according to be developer and conditions of development. Abridg. Sci. Publ. Kodak Res. 10, 144 (1926).
75a. — Schwefelsilber und photogr. Eigenschaften des Schwefelsilbers. I. Phot. J. 88 B, 92—96 (1948).
76. BURNER, WILLARD C. u. St. LEVINOS: Stabilisierung der photogr. Bilder. Phot. Engng. 2, 148—160 (1951).
77. BUSCH, L.: Untersuchungen über das Fixieren mit besonderer Berücksichtigung der Ausnutzungsgrenze und der Regenerierung photogr. Fixierbäder. Diss. T. H. Berlin 1925.
78. — Ordnung in der Bezeichnung fotogr. Papiere. Foto-Kino-Technik 1950, 37—39.
79. BURTON, P. C.: A study of latent image fading and growth by double exposure technique. I. II. Phot. J. 86 B, 13, 62 (1946).
80. BURTON, B. C. u. W. F. BERG: A study of latent image formation by double exposure technique. Phot. J. 86 B, 2 (1946).
81. BYCICHIN, A. u. L. VLACH: Influence d'additions de mercatobenzothiazole ou de mercaptobenzimidazole aux gélatines photographiques. Chemike Listy 41, 136—138 (1947); ref. Sc. et Ind. phot. 18, 33 (1947).
82. CABANNES, J.: siehe HOFMANN, P. O.
82a. CALHOUN, J. M.: Aufbewahrung von photogr. Filmen bei Kälte. Phot. Soc. Amer. J. 18 B, 86—89 (1952).
83. CALLIER, A.: Absorption und Diffusion des Lichtes in der entwickelten photogr. Platte nach Messungen mit dem Martensschen Polarisationsphotometer. Z. f. wissenschaftl. Phot. 7, 268 (1909).
84. CAPSTAFF, J. G. u. M. W. SEYMOUR: The Duplication of Motion Pictures Negatives. Kodak Bericht Nr. 294. Trans. Soc. Mot. Pict. Eng. 28, 223 (1927).
84a. CARLTON u. J. I. CRABTREE: Einige Eigenschaften der Feinkorn-Entwickler für Kinenegativfilme. Kodak Bericht Nr. 388. Abr. Sci. Publ. Kodak Res. Lab. 13, 191 (1929).
84b. CARELL, G. N.: Physikalische Entwicklung von Diapositiven mit warmem Ton in Gegenwart von Thiocarbamid. Phot. J. 87B, 157—163 (1947).
85. CHARRIOU, M. H. u. Mlle S. VALETTE: Où en est la question des révélateurs dits „à grins fins"? Bull. Soc. franç. photogr. Cinématogr. 23, 144 (1936).
86. — — Le Développement et le Fixage très rapides des Negatifs photographiques. Rev. franç. photogr. Cinématogr. 19, 205 (1938).
87. CHATEAU, H. u. J. POURADIER: Nature et Stabilité des complexes bromo-argentiques. Sc. et Ind. Phot. 24, 129—130 (1953).
88. CLARK, L. P.: The Determination of Hydrogenion, Baltimore 1928.
89. CAREY, E. u. A. H. WHEELER: Kontrolle der Wässerung der Bilder. Amer. Phot. 36, 16—18 (1942).
90. CLERK, L. P.: La Technique photographique, Tome I, II., Paris 1950.
91. CRABTREE, J. I.: Opalescence in Spirit-dried Negatives. Brit. J. Phot. 72, 723 (1925)
92. CRABTREE, J. I. u. H. C. CARLTON: Some Properties of Fine Grain Developers for Motion Picture Film. Kodak Bericht Nr. 388. Trans. Soc. Mot. Pict Eng. 38, 406 (1929).

92a. CRABTREE, J. I. u. H. A. HART: Einige Eigenschaften der Fixierbäder. Kodak
   Ber. 396. Trans. Soc. Mot. Pict. Eng. 13, 364 (1929)
93. CRABTREE, J. I. u. R. W. HENN: An improved Fine Grain Developer Formula.
   Kodak Bericht Nr. 695. Phot. J. 79, 17 (1939)
94. CRABTREE, J. I. u. L. E. MUEHLER: Reducing and Intensifying Solutions for
   Motion Picture Film. Kodak Bericht Nr. 473. Trans. Soc. Mot. Pict. Eng. 17,
   1035 (1931)
95. CRABTREE, J. I., G. T. EATON u. L. E. MUEHLER: The Elimination of Hypo from
   Photographic Images. Kodak Ber. 780. J. Phot. Soc. Amer. 6, 6 (1940)
96. — — — The Removal of Hypo and Silver Salts from Photographic Materials
   as affected by the Composition of the Processing Solutions. J. Soc. Mot.
   Pict. Eng. 41, 9 (1943)
97. CRABTREE, J. I. u. J. E. ROSS: A Method of Testing for Precence of Sodium
   Thiosulfate. Kodak Bericht Nr. 412. J. Soc. Mot. Pict. Eng. 14, 419 (1930)
97a. CRABTREE, J. I. u. H. D. RUSSELL: Einige Eigenschaften der Chromalaun-
   Stopp- und -Fixierbäder I., II. J. Soc. Mot. Pict. Eng. 14, 483, 667 (1930)
98. CRABTREE, J. I., H. PARKER u. H. D. RUSSELL: Einige Eigenschaften der Zweibad-
   Entwickler für Kinefilme. Kodak Bericht Nr. 517. Kinotechnik 15, 257 (1933)
99. CROSS, H. C.: Ortol-Entwickler für goldbraune Töne auf Diapositivplatten.
   Phot. Ind. 15, 112 (1917)
100. DAIMER, J.: Photographische Chemikalienkunde in Hay-Rohr, Handb. d.
   wissenschaftl. und angewandten Photographie 3, 179—284 (1929)
100a. DAVIS, C. W. u. C. B. MONK: Kondensierte Phosphorsäuren und ihre Salze.
   I. Metaphosphate. J. chem. Soc. 1949, 413—429; II. Pyrophosphate. J. chem.
   Soc. 1949, 423—427; III. Polyphosphate und Zusammenfassung. J. chem.
   Soc. 1949, 427—429
101. DAVY: Schweigger-Journal f. Chemie u. Physik 11, 68 (1814)
102. DEBOT, R.: Granulometre éléctronique semiautomatique. Bull. Soc. R. Sci.
   Liège 20, 514 (1951)
102a. — Mesures de Granularité d'agrandissements photogr. sur plaques. Research 3,
   91 (1950)
102b. — siehe Übersichtsreferat Keller-Mätzig
103. DECK, N. C.: A Combined Permanganate-Persulphate Reducer for Negatives.
   Brit. J. Phot. 63, 391 (1916)
104. DEHIO, H. u. A. SCHILLING: Untersuchungen an Feinkornentwicklern. Neue Anwendungen des lichtelektrischen Granulometers. Agfa-Veröffentl. 5, 138 (1937)
105. DENISOFF, A.: Zusatzbelichtung photographischer Platten und photographischer
   Photometrie. Z. f. wissenschaftl. Photogr. 27, 128 (1929)
106. DÉRIBÉRÉ, M.: Die Trocknung durch Infrarot-Strahlung. Electricité 33, 165—166
   (1949)
107. DESCH, F.: Die Wirkung von Harnstoff im photographischen Entwickler.
   J. Phot. Soc. Amer. 11, 467 (1943)
108. DERSCH, F. u. H. H. DÜRR: Übersensibilisierung photogr. Emulsionen durch
   Quecksilberdampf. Agfa-Veröffentl. 5, 150—158 (1937)
109. DESALME, J.: Emploi des sels d'étain pour la conservation des révélateurs.
   Bull. Soc. franç. phot. Cinematogr. 8, 192 (1921)
110. DUNDON, M. L. u. J. I. CRABTREE: Fogging Properties of Developers. Kodak
   Bericht Nr. 222. Amer. Phot. 18, 742 (1924)
111. EBERHARD, G.: Über die gegenseitige Beeinflussung benachbarter Felder auf
   einer Bromsilberplatte. Phys. Z. 18, 288 (1922)
112. EDER, J. M.: Ausführliches Handbuch der Photographie. 1. Bd., 1. T., 4. Aufl.
   (1932): J M. EDER, Geschichte der Photochemie und Photographie.
112a. — 1. Bd, 2. T., 4. Aufl.: J. M. EDER, Photochemie.
112b. — 1. Bd., 3. T., 3. Aufl.: J. M. EDER, Die Photographie bei künstlichem Licht.
113. — 2. Bd., 1. T., 3. Aufl. (1927): H. LÜPPO-CRAMER, Die Grundlagen der photographischen Negativverfahren.
113a. — 2. Bd., 2. T., 3. Aufl. (1927): J. M. EDER, Die Photographie mit dem
   Kollodiumverfahren.
113b. — 2. Bd., 3. T.: J. M. EDER u. E. KUCHINKA, Die Daguerreotypie und die
   Anfänge der Negativphotographie auf Papier.
113c. — 2. Bd., 4. T., 3. Aufl.: J. M. EDER u. A. HAY, Die theoretischen und praktischen Grundlagen der Autotypie
114. — 3. Bd., 1. T., 6. Aufl. (1930): Fr. WENTZEL, Die Fabrikation der photographischen Platten, Filme und Papiere und ihre maschinelle Verarbeitung.

115. EDER, J. M.: 3. Bd., 2. T., 6. Aufl. (1930): J. M. EDER u. H. LÜPPO-CRAMER. Die Verarbeitung der photogr. Platten, Filme und Papiere.
116. — 3. Bd., 3. T. (1932): J. M. EDER u. H. LÜPPO-CRAMER, Sensibilisierung und Desensibilisierung.
117. — 3. Bd., 4. T., 3. Aufl. (1930): J. M. EDER, Die Sensitometrie, photographische Photometrie und Spektrographie.
118. — 4. Bd., 1. T., 3. Aufl. (1928): Fr. WENTZEL, Die photographischen Kopier-verfahren mit Silbersalzen (Positiv-Prozeß) u. die photogr. Roh- u. Barytpapiere.
119. — 4. Bd., 2. T., 4. Aufl.: J. M. EDER, Das Pigmentverfahren, Öl-, Bromöl- und Gummidruck.
120. — 4. Bd., 3. T., 3. Aufl.: J. M. EDER, Heliogravüre und Rotationstiefdruck.
120a. — 4. Bd., 4. Aufl.: J. M. EDER u. A. TRUMM, Die Lichtpausverfahren, die Platinotypie und verschiedene Kopierverfahren ohne Silbersalze.
121. — Über ein neues „Rapid-Entwicklungssalz" des Handels. Phot. Korr. **17**, 108 (1880)
122. — Ammoniumpersulfat als Abschwächer für Negative. Phot. Korr. **35**, 595 (1898)
123. — Wieviel ein Photograph ersparen kann, wenn er kein Acetonsulfit ver-wendet. Phot. Korr. **40**, 486 (1903)
124. — Chloramin zur Zerstörung der letzten Reste des Fixiernatrons in photogr. Platten und Papieren. Phot. Ind. **26**, 347 (1928)
125. EDER, J. M. u. H. TOTH: Neue Entwickler mit Pyrocatechin und Resorcin. Phot. Korr. **17**, 191 (1880)
126. EDITORIAL: Potassium Ferricyanide and Ammonium Sulphocyanide Reducer. Brit. J. Phot. **39**, 49 (1892)
127. — Reduction by Re-development. Brit. J. Phot. **55**, 298 (1908)
128. — Reduction by Re-development. Brit. J. Phot. **58**, 890 (1911)
129. EDWARDS, F. W.: Verwendung von Kobaltsalzen in photogr. Prozessen. Phot. Rundschau **49**, 225 (1912)
130. EGGERT, J.: Zusammenhängender Bericht über die Vorgänge bei der Belichtung der Silberhalogenide. Z. f. Elektrochemie **32**, 491—501 (1926)
131. — Der gegenwärtige Stand der Silberkeimtheorie des latenten photogr. Bildes. Agfa-Veröffentl. **1**, 1 (1930)
132. — Zur katalytischen Abscheidung von Silber. Helv. chim acta **30**, 2114 (1947)
133. — Die Natur des latenten Bildes und seine Entwicklung. Röntgen-Blätter **2**, 249 (1949)
134. — Empfindlichkeit photogr. Emulsionen für Röntgenstrahlen in Abhängig-keit von der Korngröße. Z. f. Elektrochemie **36**, 750—753 (1930)
135. EGGERT, J. u. W. ARCHENHOLD: Das optische Streuvermögen photographisch entwickelter Schichten. Z. f. physikal. Chemie **110**, 497—513 (1924)
136. EGGERT, J. u. F. G. KLEINSCHROD: Die Temperaturabhängigkeit des photogr. Prozesses II. Z. f. physikal. Chemie **189**, 1—9 (1941)
137. EGGERT, J. u. A. KÜSTER: Callierquotient und mittlerer Korndurchmesser ent-wickelter photogr. Schichten. Agfa-Veröffentl. **40**, 50 (1935)
138. EGGERT, J. u. F. LUFT: Die Temperaturabhängigkeit des photogr. Prozesses I. Agfa-Veröffentl. **2**, 9. (1931)
139. EGGERT, J. u. W. NODDACK: Über die Prüfung des photochemischen Äqui-valentgesetzes an der photogr. Trockenplatte. Sitzungsber. d. preuss. Akade-mie d. Wiss. **29**, 631 (1921)
140. — — Zur Prüfung des photochemischen Äquivalentgesetzes an der Trocken-platte. Sitzungsber. d. preuss. Akad. d. Wissensch. **31**, 116 (1923)
141. — — Zur Prüfung des photochemischen Äquivalentgesetzes an Trockenplatten. Z. f. Physik **20**, 109 (1923)
142. — — Berichtigung zu der Arbeit. Z. f. Physik **21**, 264 (1924)
143. — — Zur Prüfung des Quanten-Äquivalentgesetzes an Halogensilberschichten. Z. f. Physik **31**, 942—948 (1925)
144. — — Zur Photochemie der Silberverbindungen. Z. f. Physik **34**, 918—920 (1925)
145. — — Quantentheorie und Photographie. Naturwissenschaften **15**, 57 (1927)
146. EGGERT, J. u. W. RAHTS: Photographie in H. GEIGER u. K. SCHEEL, Handb. d. Physik **XIX**, 552—607
147. EGGERT, J. u. J. REITSTÖTTER: Beiträge zur Kenntnis des latenten Bildes Z. f. wissenschaftl. Phot. **24**, 350—361 (1927)
148. EGGERT, J. u. R. SCHMIDT: Die photographischen Erfordernisse des Tonfilmes. Agfa-Veröffentl. **1**, 90 (1930)
149. — — Einführung in die Tonphotographie, Leipzig **1932**

150. Eggert J., u. E. Schopper: Körnigkeit photogr. Schichten bei Bestrahlung mit energiereichen Quanten. Agfa-Veröffentl. **6**, 159 (1939)

151. Eggert, J., W. Meidinger u. H. Arens: Zum Mechanismus der photogr. Sensibilisation. Helv. chim. acta **31**, 1163 (1948)

152. Egli, C. u. A. Spiller: A New Developer. Phot. News **28**, 613 (1884)

153. Elsden, V.: The Washing of Plates. Brit. J. Phot. **64**, 119 (1917)

153a. Elvegard: Der Entwicklungsverlauf bei verschiedenem pH. I. Z. f. wissenschaftl. Phot. **41**, 81 (1943)

154. Emmermann, C.: Praxis der Hypersensibilisierung auf trockenem Wege. Kleinfilmphoto **6**, 169 (1937)

155. — Praxis der Übersensibilisierung auf trockenem Wege. Kleinfilmphoto **7**, 10 (1937)

156. Engel, H.: Vergiftungen und Giftgefahren in Laboratorien. D'Ans-Lax, Taschenbuch f. Chemiker und Physiker, S. 1807, Berlin **1943**

156a. Von Euler, H. u. E. Brunius: Über die Geschwindigkeit der Oxadytion des Hydrochinons durch Sauerstoff. Z. f. physikal. Chemie **139 A**, 615 (1928)

157. Falla, L.: Sur le pouvoir résolvant des couches photographiques Sc. et Ind. Phot. **18**, 294 (1947()

158. — Sur lepouvoir résolvant des couches photographiques. Sc. et Ind. Phot. **19**, 201 (1948)

159. — Sur le pouvoir résolvant des couches photographiques. II. Sc. et Ind. Phot. **20**, 241 (1949)

160. — Sur le pouvoir résolvant des couches photographiques. III. Sc. et Ind. Phot. **21**, 41 (1950); s. auch Keller u. Mätzig, Sammelreferat

161. Falta, W.: G. Eberhard und der photographische Eberhard-Effekt. Phot. Ind. **38**, 159, 174 (1940)

162. Fajans, K.: Beeinflussung der photochemischen Empfindlichkeit von Bromsilber durch Ionenadsorption. Z. f. Elektrochemie **28**, 499 (1922)

163. Fajans, K. u. K. von Beckerath: Lichtzersetzlichkeit von positiv- und negativ-geladenen Silberhalogeniden. Chem. Ztg. **1921**, 666

164. Farmer, H.: A Convenient Reducing agent. Yearbook Phot., 1884, S. 59

165. Faermann, G. u. N. N. Shishkina: Funktion des Alkalis im Entwickler. Trav. Inst. Opt. Leningrad **9**, 1—16 (1933)

166. Ferguson, W. B.: Variation of time of development with temperature. Brit. J. Phot. **54**, 337 (1907)

167. — Investigations on the Temperature-Coefficient of a Pyro-Soda Developer. Phot. J. **50**, 412 (1910)

168. — New Method of Calculating the Time of Development at Various Temperaottures. Ph. J. **46**, 182 (1906)

169. Ferguson, W. B. u. B. F. Howard: Control of the Development Factor at Various Temperatures. Phot. J. **45**, 118 (1905)

170. Forstmann, W. u. W. Seifert: Diss. Dresden 1932

170a. Fortmüller, L., T. H. James, R. F. Quirk u. W. Vanselow: Verbindung der Wirkungen auf das latente Bild von Infrarot-Belichtung und von einer Verstärkung. J. Opt. Soc. Amer. **40**, 487—496 (1950)

170b. Fortmüller, L. J. u. T. H. James: Kinetik der Entwicklung durch Salze des Vanadiums. RPS Centenary Conf. (1953); Sc. et Ind. Phot. **24**, 315/316 (1953)

171. Frank, J. u. E. Teller: Migration and Photochemical Action of Excitation Energy Developer. J. chem. Physics **6**, 861 (1938

172. Frenkel, J.: Über die Wärmebewegung in festen und flüssigen Körpern. Z. f. Physik **35**, 652 (1926)

172a. Friedel, P. A.: Feinkorn-Entwicklung durch Jodierung. Amer. Phot. **41**, 38—39 (1947)

173. Frieser, H.: Mikrokinematographische Studien über die Belichtung und Entwicklung von Bromsilberkristallen. Z. f. wissenschaftl. Phot. **37**, 240 (1938)

174. — Mikrokinematogr. Untersuchungen der Zersetzung von Bromsilberkristallen durch Belichtung und Entwicklung. Z. f. wissenschaftl. Phot. **39**, 67 (1940)

175. — Ergebnisse der angewandten physikal. Chemie, Fortschritte der Photographie, herausgeg. von E. Stenger u. H. Staude. 2. Bd. 1940

176. — dasselbe 3. Bd. (1944)

177. Frieser, H. u. H. Hornung: Auswirkung von Körnigkeit und Auflösungsvermögen photogr. Schichten im Positiv. Z. f. wissenschaftl. Phot. **40**, 88 (1941)

178. Frieser, H. u. Linke: Zur Theorie und Messung des Auflösungsvermögens photogr. Schichten. Z. f. wissenschaftl. Phot. **37**, 20 (1938).

179. Frötschner, H.: Diplomarbeit, Dresden **1932**.

180. — Zur Arbeitsweise zusammengesetzter Entwickler. Phot. Ind. **35**, 801 (1937).

181. Fuchs, E.: Entwicklung photogr. Schichten auf elektrischem Wege. Phot. Ind. **28**, 927—928 (1930).

182. Fuhrmann, F.: Zur Theorie und Praxis des Bromöldruckes. Phot. Rundschau **50**, 261 (1913).

183. Gaudin, Marc-Ant. Aug.: La lumière, 15. April 1861.

184. Gaedicke, J.: Intermittierende Entwicklung. Eder Jahrb. d. Phot. **1911**, 60—63.

185. Godefroy, L.: Affaiblissement au permanganate de potasse des negatives, des diapositives et des autochromes. Bull. Soc. franç. phot. **1**, 392 (1910).

185a. Görisch, R.: Studien über den Callier-Effekt. Z. f. wissenschaftl. Phot. **48**, 85—102 (1953).

186. Goetz, A. u. W. O. Gould: The Objective Quantitative Determination of the Graininess of Photographic Emulsions. J. Soc. Mot. Pict. Eng. **29**, 510 (1937).

187. Goetz, A., W. O. Gould u. A. Dember: The Objective Mesurement of the Graininess of Photogr. Emulsions. J. Soc. Mot. Pict. Eng. **34**, 279 (1940).

188. Goldberg, E.: Der Aufbau des photographischen Bildes, Halle **1925**.

189. — Das Auflösungsvermögen von photogr. Platten. Z. f. wissenschaftl. Phot. **12**, 77 (1913).

190. — Lichthofprüfung. Phot. Ind. **23**, 125 (1925).

190a. Goodfellow, B. R.: Die Photographie in d. Tropen. Phot. J. **84**, 249—261 (1944).

191. Gorbachewa, I. N. u. I. I. Levkoeff: Pinakryptolgrün, seine Struktur und Eigenschaften. Photo-Kino-Chem. Ind. **1936**, 59.

191a. Grant, A. u. R. Wright: Vergleich einiger Entwickler. Brit. J. Phot. **96**, 402 (1949).

192. Le Gray, G.: Traité pratique de photographie sur papier et sur verre, Paris **1850**.

193. Gregor, H. P. u. N. N. Sherman: Entmineralisierung und Reinigung des Waschwassers durch Fremdionen. J. Soc. Mot. Pict. Eng. **53**, 183 (1949).

193a. Gruenthal, E.: Die Rolle des Natriumsulfits in Fixierbädern und Stabilisierung der Thioschwefelsäure. Phot. Soc. Amer. J. **17 B**, 90—95 (1951).

194. Gurney, R. W. u. N. F. Mott: The Theory of the photolysis of silver bromide and the photogr. latent image. Proc. Roy. Soc. **164A**, 151 (1938).

195. — — On the Colour in centres in alcalihalide crystals. Trans. Faraday Soc. **34**, 506 (1938); s. auch Mott u. Gurney.

196. Hall u. Schoen: Application of the electronmicroscope to the study of photogr. phenomono. J. Opt. Soc. Amer. **31**, 281 (1941).

197. Hamer, F. M.: A Chemical Study of Desensitizers I. Proc. VII. Intern. Congres Phot., S. 92, London **1928**.

198. — A Chemical Study of Desensitizers III. Phot. J. **70**, 232 (1930).

199. Hanneke, P.: Brenzkatechin-Entwickler mit Aceton-Zusatz. Phot. Mittlg. **34**, 372 (1898).

200. Hansen, G. u. P. H. Keck: Messungen der Körnigkeit an Negativschichten. Z. f. wissenschaftl. Phot. **37**, 86, 99 (1938).

201. Hautot, A.: Das Verteilungsgesetz der Bromsilberkörner in den lichtempfindlichen Schichten. Sc. et Ind. phot. **18**, 359 (1947).

202. — Über die Verteilung des latenten Bildes in den Körnern des Bromsilbers und die Mechanismen der Bildung des latenten Bildes. Sc. et Ind. phot. **21**, 241 (1950).

203. Hautot, A. u. H. Sauvenier: Sur l'éffet Debot. Sc. et Ind. phot. **20**, 286 (1949).

203a. — — Art der Wirkung der Desensibilisatoren. Bull. Soç. R. Sci. Liège **21**, 79, 95, 180, 187, 266, 271, 497 (1952); s. auch Keller u. Mätzig, Übersichtsreferat.

203b. Hay, A.: Handbuch der wissenschaftlichen und angewandten Photographie.

    I. Bd. Merté, W., Richter, R. u. M. von Rohr: Das photographische Objektiv **1932**.

    II. Bd. Pritschow, K.: Die photographische Kamera und Zubehör **1931**.

    III. Bd. Coehn, A., G. Jenny u. J. Daimer: Photochemie und photographische Chemikalienkunde **1929**.

    IV. Bd. M. Andresen, F. Formstecher, Heyne, W., Jahr, R., H. Lux, A. Trumm: Erzeugung und Prüfung lichtempfindlicher Schichten **1930**.

    V. Bd. Meidinger, W.: Die theoretischen Grundlagen des photographischen Prozesses **1932**.

VI. Bd. Wissenschaftliche Anwendungen der Photographie:
1. Teil. VAN ALBADA, L. E. W., DAVIDSON, Chr. R. u. E. P. LIESE-
GANG: Stereophotographie, Astrophotographie und das
Projektionswesen **1933**.
2. Teil. PÉTERFI, T.: Mikrophotographie **1933**.
VII. Bd. HUGERSHOFF, R.: Photogrammetrie und Luftbildwesen **1930**.
VIII. Bd. GREBE, L., A. HÜBL u. E. J. WALL: Farbenphotographie **1929**.
Ergänzungswerk:
I. Bd. MICHEL, K.: Objektiv, Kleinbildkamera, elektr. Belichtungs-
messer, Polarisationsfilter, Farbenphotographie, Mikrophoto-
graphie **1943**.

203c. HEIBERG, K.: Elektrolytische Silberrückgewinnung aus gebrauchten Fixierbädern. Acta radiologica **34**, 215—224 (1950).
203d. HELLENDOORN, E. W.: Quellung der Gelatine im Laufe der photogr. Behandlung. Focus **33**, 280, 302, 337, 366 (1948)
203e. — Révélateurs au génol et l'hydroquinone. Foto **4**, 413 (1949); Foto **5**, 7—9
(1950). Sc. et Ind. phot (2) **21**, 331—332 (1950).
204. HENN, R. W.: Eigenschaften der Entwickler. II. p-Amidophenol. Phot. Soc.
Amer. J. **18 B**, 90 (1952).
204a. — Eigenschaften der Entwickler. III. Verbindungen von Amidophenolen und
Hydrochinon. Phot. Soc. Amer. J. **19 B**, 131—136 (1953).
204b. HENN, R. W. u. J. I. CRABTREE: Behandlung der photogr. Schichten bei tiefen
Temperaturen. J. Phot. Soc. Amer. **12**, 445—451 (1946)
205. — — Schleier durch Schwefelverbindungen: Seine Natur, seine Ursachen und
seine Verhütung. Phot. Soc. Amer. J. **13**, 732 (1947).
205a. HENN, R. W., J. I. CRABTREE u. H. D. RUSSELL: Gebrauch von Ammoniumthiosulfat als Abschwächer. Phot. Soc. Amer. J. **17 B**, 110—113 (1951).
205b. HENN, R. W. u. M. HERZBERGER: Berechnung der Zusammensetzung der
photogr. Bäder b. ständigem Gebrauch. J. Phot. Soc. Amer. **13**, 484—491 (1947).
205c. HERMAN, L. u. F. BERNSTEIN: Remarques sur les propriétés de plaques traités
par des solutions aqueuses ou alcooliques des salicylate de sodium. Comptes
Rendus Acad. Paris **204**, 1868 (1937).
206. HERSCHEL, J. F. W.: On the Hyposulphurous Acid and its Compounds. Edin-
bourgh Phil. J. **1**, 8, 396 (1819).
207. HIBI, T.: Elektronenmikroskopie photogr. Emulsionen: 1. Bildung von Höfen
um das Korn. Sc. et Ind. phot. **24**, 309 (1953).
208. HICKMAN, K. C. D. u. D. A. SPENCER: The Washing of Photogr. Products.
I. A Constructive Criterion of Washing Devices and an Optical Method of
Testing. Phot. J. **62**, 225 (1922).
209. — — II. An Electrical Device for Measuring Minute Amounts of Hypo. Phot.
J. **63**, 208 (1923).
210. — — III. Phot. J. **64**, 539 (1924).
211. — — IV. ibid. **64**, 549 (1924).
211a. — — V. ibid. **64**, 553 (1924).
211b. — — VI. The Washing of Bromid Papers. Phot. J. **65**, 443 (1925).
212. HICKMAN, K. C. D., K. WEYERTS u. O. E. GOEHLER: Electrolysis of Silver-
Bearing Thiosulfate Solutions. Industrial and Engineering Chemistry **25**,
202 (1933).
212a. HIGGINS, G. L. u. L. A. JONES: Definition und Messung der Klarheit von
photogr. Bildern. J. Mot. Pict. Eng. **58**, 277 (1952).
213. HIGSON, G. I.: The History of Persulphate Reduction. Phot. J. **61**, 237 (1921).
214. — Potassium Persulphate as a Reducer. Phot. J. **62**, 98 (1922).
215. HILSCH, R. u. R. W. POHL: Zur Photolyse der Alkali- und Silberhalogenidkristallen. Z. f. Physik **64**, 606 (1930).
216. — — Vergleich der photogr. Elementarprozesse in Alkali- und Silbersalzen.
Z. f. Physik **77**, 421 (1932).
217. HODGSON, M. B.: Physical Characteristics of the Elementary Grains of a Plate.
J. Frankl. Inst. **184**, 705 (1917).
217a. HOFMANN, P. O.: Über einen neuen photogr. Entwicklungseffekt. Physikal.
Z. **36**, 650 (1935)
218. HOMOLKA, B.: Untersuchungen über die Natur des latenten und des negativen
photogr. Bildes. Phot. Korr. **44**, 55 (1907).

219. HOMOLKA, B.: Beitrag zur Theorie d. organ. Entwickler. Phot. Korr. **51**, 256 (1914).
220. — Neue desensibilisierende Farbstoffe. Phot. Ind. **23**, 347 (1925).
221. VON HÜBL, A.: Die Lichtfilter, Halle **1912**.
222. HURTER, F. u. V. C. DRIFFIELD: Photochemical Inverstigations and a New Method of Determination of the Sensitivenes of Photographic Plates. J. Soc. Chem. Ind. **9**, 455 (1890).
223. — — Photogr. Reseaches, herausgegeben von W. B. Ferguson, London 1920.
224. HUSE, H.: Photographisches Auflösungsvermögen. Kodak Bericht Nr. 27. Abr. Sc. Publ. Kod. Res. **2**, 46 (1915).
225. HUSE, K. u. A. H. NIETZ: Proportional Reducers. Kodak Bericht Nr. 39. Brit. J. Phot. **63**, 580 (1916).
225a. HUTCHISON, G. L., L. ELLIS u. A. ASHMORE: Die Überwachung der kinematographischen Archivfilme. Sc. et Ind. phot. **23**, 406 (1952).
226. IORECKI, O.: Belitzki Permanent Reducer. Brit. J. Almanach **1895**, 804.
227. IVES, C. E.: Arten der Anwendung photogr. Bäder u. der Lufttrocknung bei Schnellbehandlung. Phot. Engng. **2**, 116—126 (1951).
228. IVES, C. E. u. F. C. JENSEN: The Effect of Developer Agitation on Density, Uniformity and Rate of Development. J. Soc. Mot. Pict. Eng. **40**, 107 (1943).
229. JACOBSOHN, K.: Höchstempfindliches Aufnahmematerial durch Hypersensibilisierung. Dt. Kamera Almanach **19**, 157 (1928).
230. — Developing, The Negative Technique, London-New York.
231. JÄNICKE, H.: Schnellentwicklung photogr. Aufzeichnungen unter besonderer Berücksichtigung eines neuen Entwicklungsverfahrens. Diss. T. H. Berlin **1938**.
232. — Kürzung der Hervorrufungszeit photogr. Negativschichten. Phot. Ind. **35**, 514, 540 (1937).
233. JAENICKE, W.: Kinetik der Fixage III. Z. physikal. Chemie **196**, 88—102 (1950).
234. JAHN, E. L. u. H. STAUDE: Löslichkeit des Bromsilbers in Lösungen von Natriumsulfit. Z. f. Naturforscher **6**, 385 (1951).
235. JAMES, T. H.: The Reduction of Silver Ions by Hydroxylamine. Kodak Bericht Nr. 736. J. Amer. Chem. Soc. **61**, 2379 (1939).
236. — The Reduction of Silver Ions by Hydroquinone. Kodak Bericht Nr. 721. J. Amer. Chem. Soc. **61**, 648 (1939).
237. — Surface Conditions of Silver Halides and Rate of Reaction. I. Rate of Reduction of Precipitated Silver chloride. Kodak Bericht Nr. 752. J. Amer. Chem. Soc. **62**, 536 (1940).
238. II. Reduction of Nucleated Silver Chloride. Kodak Ber. Nr. 760. J. Amer. Chem. Soc. **62**, 1649 (1940).
239. — I—III. Reduction of Silver Chloride by Hydrazine. Kodak Bericht Nr. 761. J. Amer. Chem. Soc. **62**, 1654 (1940).
240. — Mechanism of Photographic Development. I. The General Effect of Oxidation Products on the Development Process. Kodak Bericht Nr. 707. J. Phys. Chem. **43**, 701 (1939).
241. — II. Development by Hydroquinone. Kodak Bericht Nr. 724. J. Phys. Chem. **44**, 42 (1940).
242.— III. Developing and Non-Developing Reducing. Kodak Bericht Nr. 782. J. Amer. Chem. Soc. **62**, 3411 (1940).
243. — Photographic Development as a Catalyzed Heterogeneous Reaction. Kodak Bericht Nr. 925. J. chem. Physics **11**, 338 (1943).
243a. — The Charge Effect in relation to the Kinetics of Photographic Development. J. Franklin Inst. **240**, 15 (1945).
244. — The Site of Reaction in Direct Photographic Development. Kodak Bericht Nr. 1090. J. chem. Physics **14**, 536 (1946).
245. JAMES, T. H. u. I. R. LEVENSON: Entwicklung durch Resorcin. Phot. Soc. Amer. J. **15**, 136 (1949).
246. — — Die Stelle der Reaktion bei der chem. Entwicklung. II. Kinetik der Entwicklung in Gegenwart von Goldkeimen. J. Colloid Sci. **3**, 447—455 (1948).
247. JAMES, T. H. u. G. C. HIGGINS: Fundaments of Photographic Theory, New-York, London 1948.
248. JAMES, T. H. u. KORNFELD: Reduction of Silver Halides and the Mechanism of Photographic Development. Chem. Revs. **30**, 1—32 (1942).
249. JAMES, T. H. u. A. WEISSBERGER: Oxydation Processes. XI. The Autoxidation of Durohydroquinone. Kodak Bericht Nr. 650. J. Amer. Chem. Soc. **60**, 98 (1938).

250. JAMES, T. H., A. WEISSBERGER u. J. H. SNELL: XII. Autoxidation of Hydroquinone and the Mono-, Di- and Trimethylhydroquinones. Kodak Bericht Nr. 675. J. Amer. Chem. Soc. 60, 2084 (1938).
251. JAMES, T. H. u. A. WEISSBERGER: XIII. The Inhibitory Action of Sulfite and other Compunds in the Autoxidation of Hydroquinone and its Homologs. Kodak Bericht Nr. 709, J. Amer. Chem. Soc. 61, 450 (1939).
252. JAMES, T. H. u. W. VANSELOW: Chromatographische Untersuchungen unter Berücksichtigung theoretischer Probleme der Photographie. J. Amer. Chem. Soc. 73, 5617 (1951).
253. — — Chromatographische Studien zur Theorie des photogr. Prozesses. II. Adsorption der Entwickler u. des Natriumsulfits am Bromsilber. J. Amer. Chem. Soc. 74, 2374 (1952).
254. JAMES, T. H., W. VANSELOW u. R. T. QUIRK: Hypersensibilisierung und Verstärkung des latenten Bildes durch Gold und Quecksilber bei chem. u. physikal. Entwicklung. Phot. Soc. Amer. J. 14, 349—353 (1948).
255. JENNY, L.: Über eine Beziehung zwischen dem Normalpotential eines Reduktionsmittels und die Verwendbarkeit als photogr. Entwickler. Helv. Chim. acta 32, 315—321 (1949).
256. JEWEL, J. E.: A chart Method of testing photographic lenses. J. Opt. Soc. Amer. 2/3, 51—61 (1919).
257. JOANOWITCH: Entwickler für über- oder unterexponierte Platten. Phot. Korr. 44, 359, 505 (1907).
258. JODL, R.: Untersuchungen über die Oxydationsprodukte der sulfitfreien Entwickler. Z. f. wissenschaftl. Phot. 37, 111 (1938).
259. JONES, L. A.: The Contrast of Photographic Printing Paper. A.B.C. J. Franklin Inst. 202, 177, 469, 589 (1926).
260. JONES, L. A. u. D. JONES: J. Franklin Inst. 203, 111 (1927).
261. JONES, L. A. u. E. JONES: J. Franklin Inst. 204, 41 (1928).
262. — — The Evaluation of Negative Film Speeds in Terms of Print Quality. Kodak Bericht Nr. 683. J. Franklin Inst. 227, 287, 497 (1939).
262a. JONES, L. A. u. G. C. HIGGINS: Körnige Struktur und photogr. Körnigkeit. Sc. et Ind. phot. 20, 201 (1949).
262b. — — Struktur der Bilder und Auflösungsvermögen. Sc. et Ind. phot. 21, 35 (1950).
262c. — — Körnigkeit und Kornstruktur des photogr. Bildes. III. Welche Eigenschaften des visuellen Systems sind von Einfluß auf die Körnigkeit und Kornstruktur? J. Opt. Soc. Amer. 37, 217 (1947).
262d. — — Körnigkeit und Kornstruktur des photogr. Bildes IV. Schwelle der visuellen Schärfe; dynamische und statische Hypothesen. J. Opt. Soc. Amer. 38, 398 (1948).
262e. — — Körnigkeit und Kornstruktur des photogr. Bildes. V. Einfluß auf die Messung der Körnigkeit bei variabler Vergrößerung. J. Opt. Soc. Amer. 41, 41 (1951).
262f. — — Körnigkeit und Kornstruktur des photogr. Bildes. VI. Erhaltene Resultate bei einem Meßapparat mit variabler Vergrößerung. J. Opt. Soc. Amer. 41, 64 (1951).
263. JONES, L. A. u. N. DEISCH: The Measurement of Graininess of Photographic Deposits. Kodak Bericht Nr. 99. J. Franklin Inst. 190, 657 (1920).
264. JONES, L. A. u. C. N. NELSON: A Study of Various Sensitometric Criteria of Negative Film Speeds. Kodak Bericht Nr. 748. J. Opt. Soc. Amer. 30, 93 (1940).
265. JONES, L. A. u. M. E. RUSSELL: The Expression of Plate Speed in Terms of Minimum Useful Gradient. Kodak Bericht Nr. 351. Proc. VII. Intern. Congres Phot., S. 130, London 1928.
266. JONES, L. A. u. R. B. WILSEY: The Spectral Selectivity of Photographic Deposits. I. Theory, Nomenclature and Methods J. Franklin Inst. 185, 231 (1918). Kodak Bericht Nr. 57.
267. JONES, L. A. u. H. CHAPMAN: A System of Intensification. Phot. News 32, 18 (1888).
268. — On Control in the Density of Negatives. Phot. J. 30, 40 (1889).
269. — A Chemical Study of Mercurial Intensification. Phot. J. 33, 95 (1893).
270. — Intensification by Mercuric Chloride and Ferrous Oxalate. Phot. J. 50, 238 (1910).
271. JOSLYN, M. H. u. G. E. K. BRANCH: The Kinetic of Absorption of Oxygen by Catechol. J. Amer. Chem. Soc. 57, 1779 (1935).

272. Jost, W.: Diffusion und Reaktion in festen Stoffen, Leipzig, **1937**.
273. Jürgens, E.: Probleme der Feinkorn-Entwicklung. Photo-Presse **5**, Nr. 41ff. (1950).
274. — ABC der Entwicklersubstanzen und der Eigenschaften unter besonderer Berücksichtigung der Patentliteratur. Photo-Presse **6** (1951).
275. Junkes, J.: Zur Klärung der Begriffe um den Eberhard-Effekt. Z. f. wissenschaftl. Phot. **36**, 217 (1937).
276. Kallab, F. u. F. Spinnler: Über den Einfluß der Thioacet-Verbindungen aromatischer Amine auf die Entwicklung. Phot. Korr. **70**, 182 (1934).
277. Kan-Kagan, A. I.: Die Wirkung der Konzentration der Entwicklersubstanz auf den Entwicklungsprozeß. Photo-Kino-Chem. Ind. **1934**, Part 3, 35.
278. Kashida, Y., K. Yokota u. M. S. Hai: Synthese von stabilisierungsaktiven Derivaten des Thiazolchinolins. Chem. Abstr. **46**, 4546 (1952).
279. Katz, E.: On the Photographic Reciprocity Law Failure and Related Effects. I. The Low Intensity Failure. J. chem. Phys. **17**, 1132—1141 (1949).
280. — On the Photographic Reciprocity Law Failure and Related Effects. II. The Low Intensity Sequence Effect. J. chem. Phys. **18**, 499—506 (1950).
281. Katz, L.: Beschleunigung der Trocknung durch Bewegung. J. Soc. Mot. Pict. Eng. **56**, 264—279 (1951).
282. Katz, L. u. W. F. Esthimer: Neue Versuche über die Schnellbehandlung von Filmen durch bewegte Flüssigkeiten. J. Soc. Mot. Pict. Eng. **60**, 105—129 (1953).
283. Keller, I. M. u. K. Mätzig: Übersichtsreferat über Arbeiten von R. Debot, L. Falla u. A. Hautot. Z. f. wissenschaftl. Phot. **43**, 138 (1948).
284. Keller, I. M., K. Mätzig u. F. Möglich: Die Kinetik der Entwicklung in Fixierentwicklern bei rapider Wirkung. Ann. d. Physik **1**, 301 (1947).
284a. — — — Fixierentwicklung. Marineforschungsbericht Nr. 30 (1944), ref. Sc. et Ind. phot. **19**, 68—70 (1948).
285. Kendall, J. D.: La chimie des sensibilisateurs, désensibilisateurs et développateurs organiques pour les halosels d'argent. Proc. IX. Congres intern. phot. Paris 1935, 227.
286. — Die neue Entwicklersubstanz „Phenidon". Brit. J. Phot. **100**, 56—57 (1953).
287. Kieser, H.: Die Photolyse des bindemittelfreien Silberbromids (Silberbestimmung). Diss. Berlin **1928**.
288. Kikuchi, S. u. H. Ukikashi: Potentiels d'oxydoréduction des révélateurs. Bull. Soc. Sci. Phot. Japan. Aug. **1951**; ref. Sc. et Ind. Phot. **23**, 181 (1952).
288a. Kikuchi, S. u. Y. Sakaguichi: Argentometrische Studie einiger Antischleierkörper (Derivate der Pyrimidine). Sc. et Ind. Phot. **24**, 276 (1953).
289. Kling, W.: Wasserlösliche grenzflächenaktive Stoffe. Angewandte Chemie **65**, 210—212 (1953).
290. Knott, E. B.: Antischleiermittel. Bios Trip No. 2133 (1946). Sc. et Ind. phot. **19**, 186 (1848).
291. Koch, E. u. C. Wagner: Der Mechanismus der Ionenleitung in festen Salzen auf Grund von Fehlordnungvorstellungen I. Z. f. physikal. Chemie **38**, 295 (1937).
292. König, E.: Die Praxis der Farbenphotographie, neubearbeitet von K. Jacobsohn, Berlin, **1930**.
293. Kohlschütter, H. W.: Über den Mechanismus der Haarsilberbildung auf Silbersulfid. Z. f. Elektrochemie **38**, 345 (1932).
294. Koppmann, G.: Neuartige Gelatinereliefs und deren Anwendung. Phot. Rundschau **59**, 144 (1922).
295. Koppmann, G.: Das Koppmann-Relief-Verfahren. Phot. Rundschau **60**, 124 (1923).
296. Kordatzki, W.: Taschenbuch der praktischen pH-Messung, München, **1933**.
297. Koseki, J.: Einfluß des 5-Bromobenzotriazol in der Emulsion und Mechanismus der Reaktion. J. Soc. Sci. Japan **43**, 45 (1951); ref. Sc. et Ind. Phot. **23**, 262 (1952).
298. Van Krefeld, A.: Graininess and Resolving Power of Photographic Emulsions. Phot. J. **74**, 590 (1934).
299. Van Krefeld, A. u. J. C. Scheffer: Graininess of Photographic Materials in Objective Absolute Measure. J. Opt. Soc. Amer. **27**, 100 (1937).
300. Krause, H.: Abschwächung photogr. Platten mit Ferriammoniumsulfat. Z. f. wissenschaftl. Phot. **18**, 192 (1919).
301. Küster, A.: Eine objektive Methode zur Bestimmung des Reflexionslichthofes. Agfa-Veröffentl. **4**, 68 (1935).
302. Küster, A. u. R. Schmidt: Zur Sensitometrie von Lichttonaufzeichnungen. Agfa-Veröffentl. **2**, 94 (1931).

303. Von Kujawa, G.: Lichthof und Auflösungsvermögen von photogr. Schichten. Agfa-Veröffentl. **2**, 104 (1931).
303a. Kumetat, K.: Über eine neue Klasse von Entwicklersubstanzen. Z. f. wissenschaftl. Phot. **43**, 113 (1948).
304. Kurtenacker, A.: Über die Anwendung der Aldehyd-Bisulfitreaktion in der Maßanalyse. Z. f. analyt. Chemie **64**, 56—61 (1924).
305. Ladenburg, A.: Kondensationsvorgänge in der Orthoreihe. Ber. d. dt. chem. Ges. **9**, 1524—1530 (1876).
306. Lainer, A.: Das saure Fixierbad ohne Trübung. Phot. Korr. **26**, 171 (1889).
306a. — Über die Eigenschaften des sauren Fixierbades. Phot. Korr. **26**, 273 (1889).
306b. — Gemischtes Alaun- und Fixierbad ohne Trübung. Phot. Korr. **26**, 311 (1889).
307. Land, E. H.: Schnelle und gemeinsame Herstellung eines Negatives und Positives. J. Opt. Soc. Amer. **37**, 61 (1947).
308. Lea, M. Carey: New Developers and Modes of Development I. Brit. J. Phot. **24**, 292 (1877).
309. — Developing Powers of Cuprous Salts. Brit. J. Phot. **25**, 276 (1878).
310. — On some New Developers. Brit. J. Phot. **27**, 325, 328, 337 (1880).
311. Leermakes, J. A.: Quantitative Relationships between Light Absorption and Spectral Sensitivity of Dye-Sensitized Photographic Emulsions. Kodak Bericht Nr. 643. J. chem. Physics **5**, 889 (1937).
312. Lehfeldt, W.: Zur Elektronenleitung in Silber- und Thalliumhalogenidkristallen. Nachr. d. Göttinger Ges. d. Wiss., math.-naturw. Kl. Fachgr. II. **1**, 171 (1935).
313. Lehmann, G.: Die Wasserstoffionen-Messung, Leipzig. **1942**.
314. Lehmann, E. u. E. Tausch: Zum Chemismus der Metol-Hydrochinon-Entwicklung. Phot. Korr. **7**, 17 (1935).
315. Leiber, F.: Untersuchung von organischen Farbstoffen auf ihre Verwendbarkeit für Lichtfilter. Jahrb. d. dt. Versuchsanstalt f. Luftfahrt **1930**.
315a. Leistner, K.: Studien über Umkehrung. Phot. Korr. **81**, 8—12 (1945).
316. Leubner, E.: Beitrag zur Chemie der photogr. Entwicklungsvorgänge. Diss. Dresden **1911**.
317. Levenson, G.I.P.: The elon-hydroquinone developer. I. Phot. J. **88 B**, 102 (1948).
317a. — The elon-hydroquinone developer. II. Oxydation durch Bromsilber; systematische Versuche über die Erschöpfung. Phot. J. **89 B**, 2—12 (1949).
317b. — The elon-hydroquinone developer. III. Mechanismus der Entwicklung. Phot. J. **89 B**, 18—20 (1949).
317c. — The elon-hydroquinone developer. IV. Entwicklung durch Metol und Hydrochinon. J. phot. Sci. **1**, 117—122 (1953).
317d. — Ergänzende Bemerkungen über die Additivität der Entwickler. Phot. J. **92**, 109—110 (1952).
317e. Levenson, G. I. P. u. Miß Joan H. Tabor: La forme des particules d'argent dans les images photographiques. Kodak Bericht Nr. 1436. Sc. et Ind. phot. **23**, 295 (1952).
318. Levinos, S. u. W. C. Burner: Stabilisierung der photogr. Bilder. Phot. Engng. **2**, 148—169 (1951).
319. Liesegang, R. E.: Entwickeln durch Elektrizität. Phot. Archiv **34**, 70 (1893).
320. — Entwicklungsversuche. Phot. Archiv **36**, 282 (1895).
321. Linke, H.: Zur Theorie und Messung des Auflösungsvermögens photogr. Schichten. Diss., Dresden, **1937**.
321a. Losco, D.: Révélateurs à grain fin à base de p-Phénylèndiamine. Sc. et Ind. phot. **21**, 19/20 (1950).
322. Luft, F. u. A. Arens: Der gegenwärtige Stand der Theorien des latenten photogr. Bildes. Agfa-Veröffentl. **4**, 1 (1935).
322a. Loveland, R. P., Miß H. M. Menihan u. A. P. A. Trivelli: Analyse der Korngrößenverteilung im photogr. Bild. J. Franklin Inst. **246**, 459 (1948).
323. Lumière, A. u. L.: Propriétés révélatrices du chlorure cuivreux ammoniacal. Bull. Soc. franç. phot. **3**, 294 (1887).
324. — Sur les Réducteurs de la série aromatique susceptibles de développer l'image. Bull. Soc. franç. phot. **7**, 310 (1891).
325. — Sur les propriétés photographiques des sels de vanadium. Bull. Soc. franç. phot. **10**, 108 (1894).
326. Lumière, L. u. A. Seyewetz: Sur une nouvelle classe de dévéloppateurs de la série aromatique. Bull. Soc. franç. phot. **10**, 392 (1894).
327. — — Über die Anwendung des Trioxymethylens in der Photographie. Phot. Korr. **40**, 128, 181 (1903).

328. LUMIÈRE, L. u. A. SEYEWETZ: Über einen photogr. Entwicklungsprozeß, der
     feinkörnige Bilder ergibt. Phot. Korr. **41**, 501 (1904).
329. — — A New Method for the rapid drying of Negatives. Brit. J. Phot. **59**, 360 (1912).
330. — — The Development of the latent Image after fixing. Brit. J. Phot. **71**, 384 (1924).
331 — — Die Entwicklung des latenten Bildes nach dem Fixieren. Phot. Ind. **22**,
     552 (1924).
331a. LUMIÈRE, A. u. A. SEYEWETZ: Nouvelle Contribution au développment d'image
     à grains fins. Bull. Soc. franç. phot. **19**, 36 (1932)
331b. — — Sur la pratique du développement des images à grains fins. Sc. et Ind.
     phot. **8**, 126 (1928).
332. LUMIÈRE, A. u. L. u. A. SEYEWETZ: Action curieuse du persulfate d' ammoniaque
     sur l'argent des phototypes et utilisation de cette action. Bull. Soc. franç.
     phot. **14**, 396 (1898).
333. — — Currious Action of Ammonium Persuphate on photogr. Images in Silver
     and the Use of the Reaction. Phot. J. **39**, 139, 266 (1899).
334. — — On the Use of Mercuric Iodide for Intensification. Brit. J. Phot. **46**,
     827 (1899).
335. — — Sur l'emploi des sels du cerium comme affaiblisseurs de l'images photo-
     graphiques aux sels d'argent. Bull. Soc. franç. phot. **16**, 103 (1900).
335a. — — Einfluß der Natur des Entwicklers auf die Korngröße des reduzierten
     Silbers. Phot. Korr. **41**, 407 (1904).
336. — — Sur l'emploi des quinones pour l'affaiblisseurs des images photogr. au
     sels d'argent. Bull. Soc. franç. phot. **1**, 392 (1910).
337. — — Sur la composition des images photogr. obtenues par développement
     et fixage des impressions latentes du gélatino-bromoiodure et du gélatino-
     bromure d'argent. Bull. Soc. franç. phot. **36** (1912).
338. — — Propriétés développatrices des metadérivés. Sc. et Ind. phot. 8, 37 (1928).
338a. — — Sur le fixage des plaques dans l'hyposulfite de soude additionné de
     chlorure d'ammonium. Bull. Soc. chim. **11**, 236 (1924).
338b. — — When are Plates fixed? Brit. J. Phot. **71**, 172 (1924).
339. LUTHER, R.: Über Abschwächer und insbesondere den Persulfat-Abschwächer.
     Phot. Rundschau **24**, 165 (1910).
340. — Proportional Reducer. Trans. Faraday Soc. **19**, 347 (1923).
341. — Zur Chemie der Fixierbäder. Phot. Ind. **26**, 626 (1928).
342. LÜPPO-CRAMER, H.: Über eine bisher unbekannte Wirkung der Entwickler auf
     Bromsilber. Phot. Korr. **38**, 421 (1901).
343. Azetonsulfit im Entwickler. Phot. Korr. **40**, 250 (1903).
343a. — Über die Verwendung des Azetons als Alkali-Ersatz in den Entwicklern.
     Phot. Korr. **40**, 309 (1903).
344. — Photographische Probleme, S. 169, Halle, **1907**.
345. — Über das Entwicklungsvermögen des Hydrosulfits für Jodsilber. Phot.
     Korr. **45**, 405 (1908).
346. — Ergänzende Versuche zur dispersoidchemischen Auffassung des Abschwä-
     chungsvorganges mit Persulfat. Phot. Korr. **49**, 118 (1912).
347. — Entwickelbarkeit der Einwirkung des Wasserstoffsuperoxyds auf reine Gela-
     tine. Phot. Korr. **49**, 501 (1912).
348. — Über Topographie des latenten Bildes und Keimkatalyse. Phot. Korr. **50**,
     61 (1913).
349. — Die Beschleunigung der Entwicklungskeimbildung im Bromsilber durch
     Jodid. Phot. Korr. **50**, 460, 503 (1913).
350. — Die Wirkung des Amidols als Schichtimprägnierung. Phot. Ind. **13**, 192 (1915).
351. — Neol, eine neue Entwicklungssubstanz. Phot. Korr. **57**, 270 (1920).
352. — Versuche über Negativ-Entwicklung bei hellem Licht. Phot. Ind. **18**, 378 (1920).
352a. — Zur Empfindlichkeitsverringerung des Bromsilbers durch Amidol und ver-
     wandte Substanzen. Phot. Ind. **18**, 505 (1920).
353. — Ein neues Verfahren, höchstempfindliche und selbst farbenempfindliche Platten
     bei gewöhnlichem Kerzenlicht zu entwickeln. Phot. Korr. **57**, 311 (1920).
354. — Photographische Hellicht-Entwicklung. Z. f. angewandte Chemie **40**, 1225 (1927).
355. — Über den Sterry-Effekt. Phot. Rundschau **64**, 384—386 (1927).
356. — Sterry-Effekt auf Chlorsilber. Z. f. wissenschaftl. Phot. **25**, 316 (1928).
357. — Skept. Ansichten über Feinkorn-Entwickler. Phot. Rundschau **69**, 251 (1932).
358. — Über Feinkorn-Entwickler. Phot. Korr. **69**, 65 (1933).
359. — Zur Frage der Feinkorn-Entwicklung. Phot. Korr. **71**, 49 (1935).
359a. — Übersensibilisierung. Phot. Korr. **70**, 129 (1934).

360. Lüppo-Cramer, H.: Zur Rolle des p-Phenylendiamins als Feinkornentwickler. Kinotechnik 18, 367 (1936).
361. — Clayden-Effekt und optimale Entwicklung. Phot. Korr. 72, 1 (1936).
362. — Zur Theorie der Solarisation. Phot. Korr. 74, 129 (1938).
363. — Angebliche Ersatzmittel für Phenosafranin. Phot. Ind. 19, 798 (1921).
364. Luvalle, J. E.: Reaktionen des Chinons auf Sulfit. I. Zwischenprodukte. J. Amer. Chem. Soc. 74, 2970 (1952).
365. Luvalle, J. E. u. A. Weissberger: Oxydationsphänomene. XVIII—XX. J. Amer. Chem. Soc. 69, 1567, 1576, 1821 (1947).
365a. Luvalle, J. E., D. B. Glass u. A. Weissberger: Oxydationsphänomene. XXI. Autoxydation von p-Phenylendiamin. J. Amer. Chem. Soc. 70, 2223 (1948).
366. Lobel, L.: Sur l'emploi des tartrates et des borotartrates comme rétardeurs. Bull. Soc. franç. Phot. Cinématogr. 15, 167 (1928).
367. Lobel, L. u. F. Lefèbre: Étude de l'action de l'acide citrique sur le révélateur au génolhydroquinone. Bull. Soc. franç. Phot. Cinématogr. 14, 48 (1927).
368. Lowry, E. M.: An Instrument for the Measurement of Graininess of Photogr. Materials. Kodak Bericht Nr. 572. J. Opt. Soc. Amer. 26, 65 (1936).
369. Maddox, R. L.: J. of Phot. 18, 422 (1871).
370. Marriage, A. ,G. W. W. Steffens u. W. F. Berg: Latent Image Distribution. Kodak Bericht Nr. 794-H. J. Opt. Soc. Amer. 31, 385 (1941).
371. Martinelli, P.: Einfluß von Antischleiermitteln in Metol-Hydrochinon-Entwicklern. Progresso fotogr. 59, 514 (1952); ref. Sc. et Ind. phot. 24, 113 (1953).
372. Manchot, W.: Über Sauerstoff-Aktivierung. Ann. Chem. 314, 177 (1901).
373. Maurer, K. u. G. Zapf: Über eine neue Klasse photogr. Entwickler. Phot. Ind. 33, 90 (1935).
374. Mecke, R. u. A. Zobel: Untersuchungen über die Sensibilisierung und Hypersensibilisierung an ultrarotempfindlichen Schichten. Z. f. wissenschaftl. Phot. 36, 59 (1937).
375. Mees, C. E. K.: The Theory of Photographic Process, New-York 1948.
376. La Mer, V. K. u. E. K. Rideal: The Influence of Hydrogen Concentration on the Auto-Oxidation of Hydroquinone. A Note on the Stability of the Quinhydrone Electrode. J. Amer. Chem. Soc. 46, 223 (1924).
377. Meidinger, W.: Das latente Bild. In E. Stenger u. H. Staude, Fortschr. d. Photographie 3, 1—72 (1944).
377a. — Das latente Bild. In Ergebnisse der angewandten physikalischen Chemie, herausg. v. E. Stenger u. H. Staude 5 (1938).
378. — Studien über den photographischen Entwicklungsprozeß. Physikal. Z. 36, 312 (1935).
379. — Untersuchungen über Masse u. Verteilung des photolytisch gebildeten Silbers in Bromsilber-Gelatine-Emulsionen. I. Die Eigenschaften der untersuchten Emulsionen. Physikal. Z. 38, 564—572 (1937).
380. Meidlinger, W.: Untersuchungen über Masse u. Verteilung des photolytisch gebildeten Silbers in Bromsilber-Gelatine-Emulsionen. II. Masse und Verteilung des photolytisch gebildeten Silbers in photogr. Schichten mit Nitrit. Physikal. Z. 38, 737—747 (1937).
381. — Untersuchungen über Masse u. Verteilung des photolytisch gebildeten Silbers in Bromsilber-Gelatine-Emulsionen. III. Masse und Verteilung des photolytisch gebildeten Silbers in Schichten ohne Nitrit. Physikal. Z. 38, 905—919 (1937).
382. — Untersuchungen über Masse u. Verteilung des photolytisch gebildeten Silbers in Bromsilber-Gelatine-Emulsionen. VI. Masse des photolytisch gebildeten Silbers in Abhängigkeit von der Temperatur. Physikal. Z. 40, 73—77 (1938).
383. — Fluoreszenz und Empfindlichkeit photogr. Halogensilberschichten bei tiefen Temperaturen. Physikal. Z. 41, 277 (1940).
384. — VI. Masse des photolytisch gebildeten Silbers in Abhängigkeit von der Temperatur und Intensität. Physikal. Z. 44, 1 (1943).
385. — Die Quantenausbeute bei der Photolyse des Halogensilbers in photogr. Schichten. Z. f. wissenschaftl. Phot. 44, 117 (1949).
385a. — Die Quantenausbeute bei der durch photolytisch gebildetes Silber sensibilisierten Photolyse des Halogensilbers in photogr. Schichten. Z. f. wissenschaftl. Phot. 44, 137 (1949).
386. — Studien über die Feinkorn-Entwicklung. Z. f. Naturforscher 6, 375—376 (1951).
387. Meister Lucius u. Brüning, Farbwerke Höchst/Main: Pinahandbuch.

387a. MENDELSOHN, K.: Proc. Physic. Soc. **49**, 38 (1937).
388. METZGER, E.: Das Benzotriazol. Foto-Kino-Technik **2**, 255 (1947/48).
389. MESTER, H.: Essais d'un papier d'agrandissement à contrast variable. Sc. et Ind. phot. **19**, 68 (1948).
390. — Die Vergrößerungspapiere mit regelbarem Kontrast „Varigam" und „Multigrade". Camera (Luzern) **28**, 116—121 (1949).
391. MILLER, A.: Rongalith C in der Photographie. Phot. Ind. **23**, 1064 (1925).
392. MILLER, F. D.: Schnelltrocknung von kinematogr. Filmen. J. Soc. Mot. Pict. Eng. **60**, 85—104 (1953).
393. MILLER, H. A.: Umkehrung in einem Bad. Phot. Soc. Amer. J. **14**, 103—106 (1948).
393a. MILLER, H. A. u. J. I. CRABTREE: Fixierentwicklung. Amer. Phot. **42**, 76 (1948).
393b. MILLER, H. A., R. W. HENN u. J. I. CRABTREE: Arten der Behandlung, die eine Empfindlichkeitssteigerung bewirken: Ein Entwickler, der die Empfindlichkeit verdoppelt. J. Phot. Soc. Amer. **12**, 586 (1946).
393c. MILLER, H. A., H. D. RUSSELL u. J. I. CRABTREE: Behandlung von Kodak-Umkehrfilmen auf blauer Unterlage. Phot. Soc. Amer. J. **15**, 382—392 (1949).
393d. MILLS, G. F. u. B. N. DICKINSON: Entfernung des in Wasser gelösten Sauerstoffes durch Filtration über Ionen-Austauscher. Indust. Engng. Chem. **41**, 2842 (1949).
394. MITCHELL, J. W.: The proprieties of silver halides containing traces of silver sulphide. Philosoph. Magaz. **40**, 249 (1949).
394a. — Lattice defects in silver crystals. Philosoph. Magaz. **40**, 607 (1949).
395. MONTAGNE, R. u. R. RICARD: Photometrie photographique dans l'ultraviolet extrème. Sc. et Ind. phot. **7**, 122 (1936).
396. MOTT, N. F. u. R. W. GURNEY: Electronic processes in ionic crystals. Oxford, **1940**.
396a. MOORE, C. S.: Zunahme der Empfindlichkeit von photogr. Schichten und Verstärkung des latenten Bildes. Phot. J. **88A**, 239—243 (1948).
397. MORSE, R. S.: Electrolytic Development of the latent image. J. Franklin Inst. **228**, 169 (1939).
398. MUELLER, F. W. H. u. J. E. BATES: New method for intensifying the latent image. Amer. Phot. **39**, 41 (1945).
399. MURRAY A.: New Control Methodes in Chemical Retouching. Brit. J. Phot. **77**, 121 (1930).
400. MUTTER, E.: Photolyse des bindemittelfreien Silberbromids (Brombestimmung). Z. f. wissenschaftl. Phot. **26**, 193 (1928).
400a. — Forschungen und Fortschritte der Entwicklungstechnik. Leica-Fotografie **1950**, 215, 270.
400b. — Grundlagen der Photographie in Theorie und Praxis. Leica-Fotografie **1951**, 114, 173, 216, 256; **1952**, 74, 156, 224; **1953**, 31, 65, 111, 185, 238.
401. — Überentwicklung und Empfindlichkeitssteigerung. Leica-Fotografie **1952**, 199—200.
402. — Steigerung der Lichtempfindlichkeit. Foto-Prisma **1952**, 330—333, 410—412.
403. — Ein deutscher Vorschlag zur Photopapier-Normung. Photo-Technik und -Wirtschaft **4**, 292—293 (1953).
404. MUTTER, E. u. B. RICHTER: Die Erzeugung monochromatischen Lichtes mittels Farbstoffgelatinefilter und geeigneter Spektrallampen als Lichtquellen. Kinotechnik **19**, 174—179 (1937).
405. NAMIAS, R.: Permanganate Reducer. Brit. J. Almanach **1908**, 638.
406. — Tonung von Bromsilber- und Chlorsilberkopien mit Schwefelkobalt. Phot. Rundschau **51**, 61 (1914).
407. NARATH, A.: Eine neue Methode zur Bestimmung des Auflösungsvermögens photogr. Emulsionen. Kinotechnik **17**, 91, 107 (1935).
408. NARATH, A. u. G. SCHIMMEL: Messung des Auflösungsvermögens von photogr. Schichten. Photo-Technik u. -Wirtschaft **3**, 439, 462 (1952).
409. NICHOLS, M. L.: The Reduction of Silver Salts with Hydroxylamine. J. Amer. Chem. Soc. **56**, 841 (1934).
410. NIETZ, A. H.: Theory of Development. Monography No. 2 on the Theory of Photography. Eastman Kodak Rochester N. Y. 1922.
411. NIETZ, A. H. u. R. A. WHITAKER: Some Effects of Dilution and Stirring of a Photographic Developer. J. Franklin Inst. **203**, 509 (1927).
412. NITZE, H.: Über die Herstellung haltbarer Abzüge. Phot. Chronik **46**, 292 (1939).
413. NIERENSTEIN, M.: An Oxidation Product of Pyrogallol. J. Amer. Chem. Soc. **107**, 1218 (1915).

414. NORMAN, D.: Effect of preexposure in spectrum photography. J. Opt. Soc. Amer. **26**, 407 (1936).
415. NUTTING, P. G.: Photographisches Auflösungsvermögen. Abr. Sc. Publ. Kodak Res. **1**, 36 (1914).
416. OBERGUGGENBERGER, V.: Untersuchungen zum Problem der Übersensibilisierung photogr. Emulsionen mit Quecksilberdampf. Sitzungsber. d. Akad. d. Wissensch. Wien, math.-naturw. Kl., Abtlg. IIa **155**, 45 (1946).
417. ODELL, A. F.: Improved Process for phys. development of plates, films and latern slides. Industrial and engineering chem. **25 II**, 877 (1933).
418. OLLENDORF, G. u. H. ANDRESEN: Verzögerer und Beschleuniger bei der Reduktion von Silbersalzen. Z. f. wissenschaftl. Phot. **35**, 119 (1936).
419. OYAMA, J.: Propriétés des dérivés du 1-Thiobenzothiazol dans les émulsions ou les révélateurs. Bull. Phot. Japan. 2.—5. Aug. **1951**; ref. Sc. et Ind. phot **23**, 178 (1952).
420. PERTERS, R.: Über Oxydations- u. Reduktionsketten und den Einfluß komplexer Ionen auf ihre elektromotorische Kraft. Z. physikal. Chemie **26**, 193—236 (1898).
421. PERRIN, F. H. u. J. H. ALTMANN: Auflösungsvermögen photogr. Schichten. J. Opt. Soc. Amer. **42**, 455, 462 (1952).
422. PERRY, E. D., A. BALLARD u. S. E. SHEPPARD: Adsorption in Photographic Development. I. On the Nonadsorption of Organic Developers to Metallic Silver. Kodak Bericht Nr. 810. J. Amer. Chem. Soc. **63**, 2357 (1947).
423. PICK, H.: Der photographische Elementarprozeß. Naturw. **38**, 323 (1951).
424. — Photographie und Photochemie. Phot. Korr. **89**, 51 (1953).
425. PINNOW, J.: Über die Einwirkung von Sauerstoff auf Hydrochinon und Sulfit. Z. f. wissenschaftl. Phot. **11**, 289 (1912).
426. — Oxydation und Schutz der Sulfit-Hydrochinon-Lösungen. Z. f. wissenschaftl. Phot. **13**, 41 (1913).
427. — Über die gemeinsame Oxydation von Hydrochinon und Sulfit durch Sauerstoff. Z. f. Elektrochemie **19**, 262 (1913).
428. — Chinon und Natriumsulfit. J. f. prakt. Chemie **89**, 536 (1914).
429. — Die Oxydation des Hydrochinons und seiner Sulfosäuren mit Fehlingscher Lösung. J. f. prakt. Chemie **98**, 81 (1918).
430. — Altern und Verderben von Sulfit-Hydrochinon-Lösungen. Z. f. wissenschaftl. Phot. **22**, 72 (1922).
431. — Über das Verderben der Sulfit-Hydrochinon-Lösungen und die Wirkungsweise der gealterten Lösungen. Z. f. wissenschaftl. Phot. **27**, 344 (1930).
432. PIPER, C. W.: The Time of Fixation. Brit. J. Phot. **60**, 59 (1913).
433. — Rapid Fixing Baths. Brit. J. Phot. **61**, 193 (1914).
434. — Two Neglected Processes of Reduction and Intensification. Brit. J. Poth. **63**, 167 (1916).
435. — More About Fixing. Brit. J. Phot. **71**, 458 (1924).
436. POHL, R. W.: Zusammenfassender Bericht über Elektronenleitung und photochemische Vorgänge in Alkalihalogenidkristallen. Physikal. Z. **39**, 36 (1938).
436a. POURADIER, J. u. M. ABRIBAT: La notion de potentiel d'oxyréduction appliqué en le développement. Sc. et Ind. phot. **15**, 204 (1944).
437. PONTIUS, R. B.: Gerbende Entwickler. Phot. Soc. Amer. J. **17B**, 76—79 (1951).
438. POTTER, R. S.: Varigam-Papier mit variablem Kontrast. Phot. J. **83**, 296 (1943).
439. — Papiere mit variablem Kontrast. Phot. Soc. Amer. J. **18**, 313—517 (1952).
440. RABINOWITSCH, A. J.: Untersuchungen zur Theorie der photogr. Entwicklung. Z. f. wissenschaftl. Phot. **33**, 57, 94 (1934).
440a. — Sur les Théories du développement photographique. IX. Congrès intern. photogr. scient. appliq., S. 327, Paris **1935**.
441. — On the Adsorption Theory of Photographic Development. Trans. Faraday Soc. **34**, 920 (1938).
442. RAIBAUD, P.: Verstärkung des latenten Bildes auf Kinefilmen. Techn. Cine. **22**, 281—283 (1951). Sc. et Ind. phot. **23**, 18 (1952).
443. REINDERS, W.: The Reduction Potential of Developers and its Significance for the Development of the latent Image. J. phys. Chem. **38**, 783 (1934).
444. REINDERS, W. u. M. C. F. BEUKERS: Einfluß des pH-Wertes und der Konzentration des Reduktionsmittels auf das Entwicklungsvermögen des Entwicklers. VIII. Intern. Kongreß Dresden, S. 171—179, **1931**.

445. REINDERS, W. u. P. DINGEMANN: Die Oxydationsgeschwindigkeit von Hydrochinon mit Sauerstoff. Rec. Trav. chim. **53**, 209 (1934).
446. REINDERS, W. u. L. HAMBURGER: Zur Silberkeimtheorie des latenten Bildes. II. Die Größe und die Art der Keime und Prokeime bei Bromsilberemulsionen. Z. f. wissenschaftl. Phot. **11**, 265 (1933).
447. REINDERS, W. u. MINJER: Redox Potentials of Complex Iron Salts with the Sodium Salts of Organic Acids. Rev. Trav. chim. **57**, 594 (1938).
448. REINDORP, J. H.: A Contribution to the Chemistry of Residual Images. Brit. J. Phot. **82**, 244 (1935).
449. RENWICK, F. F.: The Under-Exposure Period in Theory and Practice. Phot. J. **53**, 127 (1913).
450. RENWICK, F. F. u. V. B. SEASE: Sedimentary Analysis of Photographic Emulsions. Phot. J. **64**, 360 (1924).
451. ROEDER, H.: Vergleich der Helligkeitswiedergabe bei Kontakt und Vergrößerung. Phot. Ind. **37**, 751 (1939).
452. — Das Auflösungsvermögen bei der photogr. Aufnahme. Phot. Ind. **39**, 432 (1941).
452a. — Das Schärfedetail. Phot. Ind. **39** 449 (1941).
453. ROMAN H.: Préparation et régenération électrolytique de révélateurs photographiques. Kodak Bericht Nr. 1506-V. Sc. et Ind. Phot. **23** 417 (1952).
454. RONCHI V.: Über das Auflösungsvermögen photogr. Schichten. Z. f. wissenschaftl. Phot. **39** 2 (1940).
455. ROTT A.: Un nouveau principe de l'inversion; l'inversion-transfert par diffusion. Sc. et Ind. phot. **13** 151 (1942).
456. LE ROY G. A.: Sur le Développement de l'image latente en photographie par les peroxydes alkalins. Comptes rendus **119** 557 (1894).
457. RUSSELL, C.: On Development by Ammonia. Brit. J. Phot. **9** 425 (1862).
458. RUSSELL, H. D. u. J. I. CRABTREE: An Improved Potassium Alum Fixing Bath containing Boric Acid. J. Soc. Mot. Pict. Eng. **21** 137 (1933).
458a. RUSSELL, H. D.: Technik und Material zur Schnellbehandlung von Filmen, Papieren in Bändern und Formaten. Phot. Engng. **2** 136 (1952); Sc. et Ind. Phot. **23**, 398 (1952).
458b. RUSSELL, H. D. u. J. I. CRABTREE: Reduzierende Wirkung des Fixierbades auf das Silberbild. J. Soc. Mot. Pict. Eng. **18**, 371 (1932).
458c. RUSSELL, H. D., E. C. YACKEL u. J. I. BRUCE: Stabilisation Processing of Films and Papers. Kodak-Veröffentl. Nr. 1353; Phot. Soc. Am. J. **16 B**, 59—62 (1952).
459. RZYMKOWSKI, J.: Iso-Vitamin C als photogr. Entwickler. Phot. Ind. **33**, 91, 872 (1935).
460. — Das erste „elektrisch" entwickelte Portrait. Phot. Ind. **35**, 453 (1937).
461. — Die elektrolytische Entwicklung photogr. Halogensilberschichter. Habilitationsschrift, Jena, **1940**.
462. — Herstellung eines Eisenoxalat-Entwicklers mit Eisenlaktat Phot. Korr. **87**, 22 (1951).
463. — Bildumkehrung auf desensibilisierten Platten mit Pinaweiß. Phot. Korr. **88**, 19—22 (1952).
464. — Entwicklung mit Eisenkomplexsalzen der Aethylendiamintetraessigsäure. Die Pharmazie **6**, 155—156 (1951).
465. SANDVIK, O.: On the Measurement of Redolving Power of Photographic Materials. J. Opt. Soc. Amer. **14**, 169 (1927); Kodak Bericht Nr. 289. Z. f. wissenschaftl. Phot. **24**, 336 (1927).
466. SANDVIK, O. u. G. SILBERSTEIN: Die Abhängigkeit des Auflösungsvermögens eines photogr. Materials von der Wellenlänge des Lichtes. Z. f. wissenschaftl. Phot. **27**, 119 (1929).
467. — — Die Abhängigkeit des Auflösungsvermögens vom Kontrast des Objektes. Kodak Bericht Nr. 334. Z. f. wissenschaftl. Phot. **27**, 60 (1929).
468. SAUVENIER, H.: Ein Versuch über die Solarisation. Bull. Soç. Sci. Liège **17**, 214 (1948).
469. SEDLACZEK, E.: Zur Oxydation des Natriumthiosulfates. Phot. Korr. **41**, 55, 158, 202, 255, 303, 349 (1904).
470. SEITZ, F.: Color centers in Alkali Halide crystals. Rev. Mod. Physics **18**, 384 (1946).
471. SELLE: Ein neuer Verstärker. Phot. Archiv **6**, 326, 393 (1865).
472. SELWYN, E. W. H.: Experiments on the Nature of Graininess. Phot. J. **79**, 513 (1939); Kodak Bericht Nr. 717-H.

473. SHAW, W. B.: Edward's Iodide Intensifier Rediscovered. Brit. J. Phot. **80**, 327, 346 (1933)
474. SEYEWETZ, A.: Le Développement de l'image latente, **1899**.
475. — Einfluß der Natur der Entwickler auf die Größe des Kornes des reduzierten Silbers. Phot. Korr. **41**, 407 (1904).
476. — Entwicklung und gleichzeitige Desensibilisierung photogr. Präparate durch Natriumhydrosulfit. Phot. Korr. **68**, 169 (1932).
477. SEYEWETZ, A. u. S. SZYMON: Sur les produits d'oxydation des révélateurs organiques. Bull. Soc. chim. **53**, 1260 (1933).
478. — — Sur les produits d'oxydation des révélateurs photographiques par le bromure d'argent. Bull. Soc. chim. (Section 1) **54**, 1506 (1934).; s. auch A. u. L. LUMIÈRE und A. SEYEWETZ.
479. SHEPPARD, S. E.: The theory of Alkaline Development with Notes on the Affinities of Certain Reducing Agents. J. Chem. Soc. **89**, 530 (1906).
480. — Persulfate Reduction. Kodak Bericht Nr. 126; Phot. J. **61**, 450 (1921).
480a. — The Action of Soluble Chloride and Bromide on Reduction with Ammonium Persulfate. Kodak V. Nr. 140; Phot. J. **62**, 321 (1922).
481. — Über photographische Empfindlichkeit, latentes Bild und Entwicklung. VIII. Intern. Kongreß f. Phot., Dresden **1932**, 13.
482. — Photographic Gelatin. Kodak Bericht Nr. 240; Phot. J. **65**, 380 (1925).
483. — The Function of Gelatin in Photographic Emulsions. Kodak Bericht Nr. 384; Phot. J. **69**, 330 (1929).
484. — Les Composés sulfurés et les émulsions photographiques. Kodak Bericht Nr. 595; Sc. et Ind. Phot. **7**, 361 (1936).
485. SHEPPARD, S. E. u. P. A. ANDERSON: The Developing Equivalence of Sodium and Potassium Carbonates. Kodak Bericht Nr. 232, Brit. J. Phot. **72**, 23 (1925).
486. SHEPPARD, S. E. u. F. A. E. ELLIOT: The Influence of Stirring on the Rate and Course of Development. Kodak Bericht Nr. 157; J. Franklin Inst. **195**, 211 (1923)
487. — — The Influence of Stirring on the Rate and Course of Development. Kodak Bericht Nr. 208; J. Franklin Inst. **198**, 333 (1924).
488. SHEPPARD, S. E. F. A. E. ELLIOT u. S. S. SWEET: Chemistry of the Acid Fixing Bath. Kodak Bericht Nr. 175; J. Franklin Inst. **196**, 45 (1924).
489. SHEPPARD, S. E. u. R. C. HOUCK: The Influence of pH on Washing Films after Processing. Kodak Bericht Nr. 666. J. Soc. Mot. Pict. Eng. **31**, 67 (1930)
490. SHEPPARD, S. E. u. C. E. K. MEES: Untersuchungen über die Theorie des photogr. Prozesses, S. 43, Halle, **1912**
491. — — Investigations on the Theory of photogr. Process, S. 57, London **1907**
492. — — On the Development Factor. Phot. J. **43**, 48 (1903)
493. — — On the Highest Development Factor obtainable on any Plate. Phot. J. **43**, 199 (1903)
494. — — The Molecular Condition in Solution of Ferrous Oxalate. J. chem. Soc. **87**, 189 (1905)
495. SHEPPARD, S. E. u. J. MEYER: Chemical Induction in Photographic Development Pt. I. Induction and the Watkins Factor. J. Amer. Chem. Soc. **42**, 689 (1920); Kodak Bericht Nr. 84
496. SHEPPARD, S. E., P. H. TRIVELLI u. R. P. LOVELAND: Studies in Photographic Sensitivity. VI. Formation of the Latent Image. J. Franklin Inst. **200**, 51 (1925)
497. SHEPPARD, S. E. u. E. P. WIGTMANN: Effect environment on photogr. Sensitivity. III. Effect of Sodium-Sulfite. Phot. J. **71**, 281 (1931)
498. SHOR, M. I.: Gebrauch von photogr. Papieren, die infolge Überalterung schleiern. Chem. Abstr. **35**, 4295 (1941)
499. SIEDENTOPF, H.: Über Körnigkeit, Dichteschwankungen und Vergrößerungsfähigkeit photogr. Negative. Physikal. Zeitschrift **38**, 337 (1937)
499a. SHARPE, C. J.: Wiedergewinnung des Silbers und Regenerierung der Fixierbäder. Phot. J. **91 B**, 125—127 (1951)
500. SMETHURST, P. C.: Mercury Hypersensibilisation, Confirmatory Tests. Brit. J. Phot. **84**, 337 (1937)
500a. — Feinkornentwickler Pyrogallol-Metol-Borax. Brit. J. Phot. **98**, 410 (1951)
501. SNELL, J. M. u. A. WEISSBERGER: The Reaction of Thio Compounds with Quinones. Kodak Bericht Nr. 710. J. Amer. Chem. Soc. **61**, 450 (1939)
502. SOCHER, H.: Die physikalische Chemie der Sensibilisierung. In E. STENGER u. H. STAUDE, Fortschritte der Photographie **3**, 113 (1947)

502a. SOLOVIEV, S. M. u. V. A. SUSIRRNOVA: Action photogr. benzimidazoles. Sc. et Ind. phot. **20**, 11 (1949)

503. SOUTHWORTH, J.: Negative Developers for Contrast. Brit. J. Phot. **75**, 689, 706 (1928)

504. SPILLER, J.: Researches on the Hyposulphites and other Fixing Agents. Phot. J. **12**, 166 (1868)

505. SCHAUM, K. u. W. BRAUN: Versuche über die Entwicklung normal belichteter u. solarisierter Schichten. Phot. Mitt. **39**, 223 (1902)

506. SCHIEBERSTOFF, V. I. u. Y. I. BUKIN: Vergleichende Charakteristik der photogr. Eigenschaften der Entwicklersubstanzen. Kino-Photo Ind. **1932**, 111

507. SCHILLING, A.: Feinkörnigkeit und Vergrößern. Agfa-Veröffentl. **5**, 131 (1937)

508. SCHILLING, A. u. H. DEHIO: Untersuchungen an Feinkornentwicklern. Neue Anwendung d. lichtelektrischen Granulometers. Agfa-Veröffentl. **5**, 139 (1937)

509. SCHLOEMANN, E. u. E. TRABERT: Über die Abhängigkeit des Bildaufbaues von der Zusammensetzung verschiedener Papierentwickler. Agfa-Veröffentl. **5**, 194 (1937)

510. SCHILOW, N. u. S. FEDOTOFF: Physikal. Studien an photogr. Entwicklern. I. Hydrochinon-Sulfit-Entwickler. Z. f. Elektrochemie **18**, 929—939 (1912)

511. — — Physikal. Studien an photogr. Entwicklern. II. Oxydation des Ferriions in Gegenwart von Oxalation. Z. f. Elektrochemie **18**, 939—943 (1912)

511a. — — Berichtigung zu den physikal. chemischen Studien an Entwicklern. Z. f. Elektrochemie **19**, 286 (1913)

512. SCHILOW, N. u. E. TIMTSCHENKO: Physikal. Studien an photogr. Entwicklern. III. Hydrochinon als Indikator. Z. f. Elektrochemie **19**, 816—819 (1913)

513. SCHNEIDER, W. u. F. LUFT: Moderner Lichthofschutz. Agfa-Veröffentl. **5**, 170 (1937)

514. SCHÖNAICH, F.: Die Wasseraufbereitung nach dem „Schnell-Impfbehandlungs"-Verfahren (Phosphatimpfung). Die Wärme **63**, 1—4 (1940)

515. SCHOTTKY, W.: Über den Mechanismus der Ionenbewegung in festen Elektrolyten. Z. physikal. Chemie **29 B**, 335 (1935)

516. SCHUMANN, G.: Kennzahlen photogr. Emulsionen. Leica-Fotografie **1952**, 112

517. SCHWARZ, G.: Zur Theorie des photogr. Elementarprozesses und des latenten Bildes. Phot. Korr. **69**, 27 (1933)

518. — Untersuchungen an Feinkornentwicklern. Phot Korr. **70**, Beilage Nr. 1 (1934)

519. — Feinkornschichten, Feinkornentwicklung und Empfindlichkeit. Kinotechnik **10**, 51 (1937)

520. STASIW, O. u. J. TELTOW: Zur Photochemie der Silberhalogenide mit Fremdionenzusätze. Ann. d. Physik, **40**, 181—196 (1941)

521. — Über den photochemischen Elementarprozeß in Silberhalogenidkristallen. Z. f. wissenschaftl. Phot. **40**, 157 (1941)

522. — — Optischer Nachweis Schottkyscher Fehlordnung im Silberbromid. Z. f. Physik **127**, 522 (1950)

523. — — Optische Eigenschaften des Silberbromids mit Zusatz bei tiefen Temperaturen. Z. f. Physik **130**, 39 (1951)

524. STAUDE, H.: Die Behandlung der photographischen Schichten. In Ergebnis der angewandten physikal. Chemie **5**. 102 (1938)

525. — Ein vergessenes Entwicklungsverfahren. Z. f. wissenschaftl. Phot. **34**, 72 (1935)

526. — Hydrochinon und seine Oxydationsprodukte in alkalischen Lösungen. Z. f. wissenschaftl. Phot. **37**, 3 (1938)

526a. STAUDE, H. u. E. BRAUER: Adsorption der Entwickler an Bromsilber. Bunsengesellschaft Lindau, **1952**

527. STEIGMANN, A.: Blauschwarzentwicklungen an Gaslichtpapieren. Phot. Korr. **68**, 75 (1932)

528. — Hydrosulfit als Entwickler. Phot. Ind. **19**, 379 (1921)

529. — Emploi de l'iodosobenzène dans le révélateur ou dans l'émulsion. Sc. et Ind. phot. **7**, 74 (1936)

530. — Wiedergewinnung des Silbers aus gebrauchten Fixierbädern. Phot. Ind. **34**, 1118 (1936)

531. — Qualitätsverbessernde Zusätze zu photogr. Emulsionen u. Entwicklern. Chemiker Ztg. **61**, 505 (1937)

531a. — Über Entwickler- und Emulsionszusätze. Phot. Ind. **37**, 774, 800 (1939)

531b. — Phenazinotriazol as desensitizer and reagent. Brit. J. Phot. **93**, 256 (1946)

532. STENGER, E.: Die Kopierverfahren: in H. W. VOGEL, Handbuch der Photographie, **2**, 3. T. (1926)
533. STENGER, E. u. H. HELLER: A Note on Farmer's Reducer. Brit. J. Phot. **59**, 178 (1912)
534. STENGER, E. u. KERN: Die abschwächende Wirkung der Fixierbäder. Z. f. Reproduktionstechnik **5**, Sonderdruck (1912/1913)
535. STENGER, E. u. E. MUTTER: Feinkorn und Feinkornentwicklung. Phot. Ind. **31**, 117, 712, 1122 (1933)
536. STERRY, J.: Korrektur der Gradation von Bromsilberbildern durch Behandlung der belichteten Bilder vor dem Entwickeln mit Chromaten und Permanganaten. Eder, Jahrb. d. Phot. **1904**, 462
537. STEVENS, G. W. W.: Chemicals aids to rapid drying. Brit. J. Phot. **93**, 338, 346 (1946)
537a.— The effect of diffusion on the graininess and resolution obtained from processed negatives. Phot. J. Sect. B. **87**, 74—80 (1947)
538. STEVENS, G. W. W. u. R. G. W. NORIS: The Mechanism of photographic Reversal. I. The Sabattier-Effect and its Relation to Other Reversal Process. Phot. J. **78**, 524 (1938)
538a. — — The Mechanism of photographic Reversal. II. The Albert-Effect. Phot. J. **79**, 27 (1939)
538b. STEWART, O. J.: Entwicklungseigenschaften der Reductone. Phot. Soc. Amer. J. **18B**, 80 (1952)
539. STOCK, A.: Die Gefährlichkeit des Quecksilberdampfes. Angewandte Chemie **39**, 461—466 (1926)
540. STOKES, W. R.: A Development Time Chart. Brit J. Phot. **68**, 97 (1921)
541. STRAUSS, Ph.: Die Kobalttonung. Phot. Rundschau **60**, 69—73 (1923)
542. — Fixierbad und Fixierzeit. Phot. Ind. **23**, 881, 911 (1925)
543. STRÖBLE, W.: Verfahren zur serienmäßigen Prüfung und Einstellung von Aufnahmeobjektiven. Z. f. techn. Physik **19**, 332 (1938)
544. STÜRENBERG, C.: Farmers Abschwächer. Eder Jahrb. d. Phot. **1904**, 69
544a. SUSUKI, S. u. T. TORIN: Sensibilisatoren und Antischleiermittel. Sc. et Ind. Phot. **24**, 276 (1953)
545. TAUSCH, E.: Zur Chemie der photogr. Entwickler. Diss. T. H. Berlin, 1934
546. — Nochmals Benzotriazol. Photo-, Kino-Technik **3**, 25 (1949)
547. TAJIMA, M.: Einfluß von Hydrazinsulfat in den Entwicklern. Sc. et Ind. phot. **23**, 472 (1952)
547a. TAJIMA, M. u. K. HOSAYA: Optimale Azidität der Fixierbäder mit Borsäure. Sc. et Ind. phot. **23**, 319 (1952)
547b. TERRIEN, T.: Sensibilisation a l'ultraviolet par impregnation de salicylate de sodium. Comptes Rendus **202**, 211 (1935)
547c. — Quelques propriétés des plaques traitées par des solution de salicylate de sodium entre 2500—1600 A. Sc. et Ind. phot. **7**, 83 (1936)
547d. TIN KIU: Sur les plaques photogr. sensibilisées par salicylate de sodium. Comptes rendus **203**, 1144—1146 (1936)
547e. — Remarques sur les plaques sensibilisées au salicylate. Comptes Rendus **205**, 794—797 (1937)
547f. — Contrast dans le proche ultraviolet des plaques rendues fluorescentes par des solutions de salicylate de sodium. Sc. et Ind. phot. **8**, 1—6 (1937)
547g. — Action des radiations visibles sur plaques sensibilisées au salicylate de sodium. Sc. et Ind. phot. **8**, 39 (1937)
548. TOBIN: Druggists Circular **43**, 184 (1899)
549. TREADGOLD, S. D.: The Measurement of Graininess. Phot. J. **72**, 348 (1932)
550. TRIVELLI, A. P. H u. E. C. JENSEN: New Antifogging Agents in Developers. I. Kodak Bericht Nr. 440. J. Franklin Inst. **210**, 287 (1930)
550a. — — New Antifogging Agents in Developers. II. Kodak Bericht Nr. 440. J. Franklin Inst. **212**, 155 (1931)
551. TRIVELLI, A. P. H u. W. F. SMITH: Die Beziehung zwischen Kontrast und Kornzahl in photogr. Enulsionen. Kodak Bericht Nr. 678; Z. f. wissenschaftl. Phot. **37**, 140 (1938)
552. — — Resolving Power and Structure in photogr. Emulsions Series. Kodak Bericht Nr. 711. Phot. J. **79**, 630 (1939)
553. — — Empirical Relations between Sensitometric and Size-Frequency Characteristics in photogr. Emulsions. Kodak Bericht Nr. 699. Phot. J. **79**, 330 (1939)

554. Tchibisoff, K. V.: Theorie des photogr. Prozesses, Moskau, 1935
555. Tchibisoff, K. V. u. W. Tchelsoff: Chemie der Entwicklung und der Entwickler. III. Einfluß der Verdünnung des Entwicklers auf seine photogr. Eigenschaften. Kinotechnik 11, 373 (1929)
556. Tuttle, C.: The Relation between Diffuse and Specular Density. Kodak Bericht Nr. 258. J. Opt. Soc. Amer. 12, 559 (1926)
557. — Methods and Instruments for Determination of photogr. Speeds by Measurement of Relative characteristic Gradients. Kodak Bericht Nr. 726; J. Opt. Soc. Amer. 29, 267 (1939)
557a. — The Evaluation of Photographic Speed from Sensitometric Data. Kodak Bericht Nr. 818. J. Opt. Soc. Amer. 31, 709 (1941)
557b. Tuttle, C. u. A. P. H. Trivelli: Motion Photomicrographs of the Progress of Development of a Photographic Image. Kodak Bericht Nr. 341. Phot. J.68, 465 (1928).
558. Uryu, T.: Über den Mechanismus der Entwicklung. Ref. Sc. et Ind. phot. 24, 146 (1953)
559. Valenkoff, N.: Über den Eberhard-Effekt und seine Bedeutung für die photogr. Photometrie. Z. f. wissenschaftl. Phot. 27, 236 (1930)
560. Valenta, E.: Über die Löslichkeit des Chlor-, Brom- und Jodsilbers in verschiedenen anorganischen u. organischen Lösungsmitteln. Monatsh. f. Chemie 15, 249 (1894)
560a. — 4-Oxyphenylglycin als Entwicklersubstanz. Phot. Korr. 52, 90 (1915)
561. — Photographische Chemie, Halle, 1921
562. Vanselow, W., R. F. Quirk u. B. H. Carroll: Einfluß des Sauerstoffes und der Feuchtigkeit auf die Desensibilisierung der photogr. Emulsionen. Kodak Bericht Nr. 1451. Sc. et Ind. phot. 28, 44—47 (1952)
563. Vanselow, W., R. F. Quirk u. J. A. Leemarkers: Verstärkung des latenten Bildes durch Natriumperborat. Phot. Soc. Amer. J. 14, 675 — 680 (1948)
564. Varden, Lloyd, E.: One-Step Photographic Processes. Phot. Soc. Amer. J. 13, 551 (1947)
565. Vancouleurs, G. de u. R. Violett: Un Phénomène photographic peu connu: L'effet Cabannes-Hoffmann. Sc. et Ind. phot 18, 97 (1947)
566. Vogel, H. W.: Photochemie. Herausgeg. von E. König, 5. Aufl. 1906
567. — Über die Lichtempfindlichkeit des Bromsilbers für die sogenannten chemisch unwirksamen Farben. Ber., d. dt. chem. Ges. 6, 1305 (1973)
568. — Studien über die Wirkung des Eosins auf photogr. Schichten. Phot. Mittlg. 21, 47 (1884)
568a. — Das Arbeiten mit Prof. Dr. Vogels farbenempfindlichen Azalinplatten. Phot. Mittlg. 21, 106 (1884)
569. Volmer, M.: Zur Entwicklungstheorie des latenten Bildes. Z. f. wissenschaftl. Phot. 20, 189 (1921)
570. Wall, E. J.: Intensification and Reduction, Boston, 1927
571. Walter, R.: Planliege-Entwicklung. Phot. Rundschau 20, 247 (1906)
572. Warnerke: Neue Eigenschaften der Bromsilbergelatine. Phot. Mittlg. 18, 48 (1882)
572a. — Über Gelatine-Emulsionspapiere. Phot. Mittlg. 18, 65 (1882)
572b. — Warnerke's neues Verfahren. Phot. Mittlg. 18, 235 (1882)
573. Warwick, A. W.: Scientific Washing of Negatives and Prints. Amer. Phot. 11, 317 (1917)
574. Watkins, A.: A Method and Instrument for Timing Development. Brit. J. Phot. 41, 120 (1894)
575. Watzel, R.: Über die Hydrolysengeschwindigkeit von Pyrophosphat, Tripolyphosphat und Hexametaphosphat. Die Wärme/Angewandte Chemie, Neue Folge 55, 183 (1949)
576. Webb, J. H.: Theorie of the Photographic Latent Image Formation. J. Applied Phys. 11, 18—34 (1940)
577. Webb, J. H. u. C. H. Evans: An Experimental Study of Latent Image Formation by Means of Interruptea and Herschel Exposures at Low Temperature. Kodak Bericht Nr. 674. J. Opt. Soc. Amer. 28, 249 (1938)
578. — — Experiments to Test the Rebromination Theory of Photographic Solarisation. Kodak Bericht Nr. 775. J. Opt. Soc Amer. 30, 445 (1940)
579. — — Number of quanta required to form the photographic latent image. J. Opt. Soc. Amer. 31, 355 (1941)

580. WEBER, K.: Zur Theorie der Desensibilisierung. Phot. Korr. **68**, 42 (1932)
581. — Zur Theorie der Desensibilisierung u. des Herschel-Effektes. Phot. Korr. **71**, 107 (1935)
582. — Zur Theorie der Desensibilisierung IV. Z. f. wissenschaftl. Phot. **35**, 124 (1936)
582a. WEBER, K. u. B. SCHÖNBAUM: Zur Theorie der Desensibilisierung V. Z. f. wissenschaftl. Phot. **36**, 188—194 (1937)
582b. WEBER, K. u. V. ERNST: Zur Theorie der Desensibilisierung VI. Phot. Korr. **73**, 174 (1937)
583. WEICHMANN, H. K.: Photographische Platten für wissenschaftliche Photographie. Agfa-Veröffentl. **4**, 83—94 (1935). Z. f. wissenschaftl. Phot. **34**, 136 (1935)
584. WEIGERT, F.: Die Mizellartheorie des latenten photogr. Bildes. Z. f. wissenschaftl. Phot. **29**, 191—201 (1930)
584a. — Zur Photochemie der Silberverbindungen. Z. f. wissenschaftl. Phot. **34**, 907—917 (1925); Pr. Ak. d. Wissensch. **1921**, 641
585. WEINLAND: The Intermittency Effect in Photographic Exposure. J. Opt. Soc. Amer. **15**, 337 (1927)
586. WEST, W. u. B. H. CARROLL: Photoconductivity in photographic systems. J. chem. Physics **15**, 529 (1947)
587. WEST, W., B. H. CARROLL u. J. H. WHITECOMB: Adsorption der Sensibilisierungsfarbstoffe in der photogr. Emulsion. J. phys. Chem. **56**, 1054 (1952)
588. WENSKE: Zur Wirkungsweise der Ausgleichsentwickler. Phot. Ind. **27**, 482 (1929)
588a. WENTZEL, F.: Die photographisch-chem. Industrie, Dresden-Leipzig, **1926**
589. WEYDE, E.: Über die Möglichkeit, die Haltbarkeit photogr. Bilder zu verbessern. Photo-Woche **25**, 474 (1935)
590. — Über das Fixieren photographischer Papiere. Phot. Ind. **33**, 113 (1935)
591. Über die günstigste Zusammensetzung saurer Unterbrechungsbäder für die Verarbeitung photogr. Papiere. Phot. Korr. **71**, 38 (1935)
592. — Über die Möglichkeiten, die Haltbarkeit photogr. Bilder zu verbessern. Agfa-Veröffentl. **5**, 181 (1937)
593. — Woher stammen die fotochemischen Grundlagen für die Ein-Minuten-Kamera? Foto-Kinotechnik **2**, 229—232 (1948)
593a. — Silberniederschlag im Umkehrprozeß durch Diffusion. Z. f. Naturforscher **6A**, 381—382 (1951)
593b. — Wiedergabe der Details in positiven Silberbildern, hergestellt durch Diffusions-Übertragung. Phot. Korr. **88**, 203—205 (1952)
594. WEYERTS, W. J. u. K. C. D. HICKMAN: Das Argentometer. J. Soc. Mot. Pict. Eng. **25**, 335 (1935)
595. WHITE, D. R. u. J. R. WEBER: Developers and Theory of Development. K. HENNEY u. B. DUDLEY, Handbook of Photography, New York **1938**, XI.
596. WIGHTMANN, E. P. u. R. F. QUIRK: Intensification of latent image on photographic plates and films. J. Franklin Inst. **204**, 731—749 (1938)
596a. WIGHTMANN, E. P. u. S. E. SHEPPARD: The Size-Frequency Distribution of Particles of Silver Halide in Photographic Emulsions and its Reaction to Sensitometric Characteristics. I. Kodak Bericht Nr. 103. J. phys. Chem. **25**, 181 (1921)
596b. — — The Size-Frequency Distribution of Particles of Silver Halide in Photographic Emulsions and its Reaction to Sensitometric Characteristics. II. The Methods of Determining Size-Frequency Distribution. Kodak Bericht Nr. 124. J. phys. Chem. **25** 561 (1921)
597. WILLSTÄTTER, R. u. H. HEISS: Über die Konstitution des Purpurogallins. Ann. d. Chemie **433**, 17—33 (1923)
598. WILSEY, R. B.: Intensification and Reduction with Pyro Developers. Kodak Bericht Nr. 83. Brit. J. Phot. **66**, 721 (1919)
599. WINTHER, Chr.: Photochemische Wirkung komplexer Strahlung. Z. f. wissenschaftl. Phot. **32**, 151 (1933)
600. WINDISCH, H.: Die neue Photoschule **1940**, 86
601. WOLFF, H.: Über die Photolyse von Silberbromid und Silberchlorid in Wasser. Z. f. Elektrochemie **52**, 82 (1949)
602. — Das latente Bild. Fortschritte chem. Forschung **2**, 375—443 (1952)
603. WULFF, P. u. K. SEIDL: Adsorption als Primärvorgang der photographischen Entwicklung. Z. f. wissenschaftl. Phot. **28**, 239 (1930)

604. Z. 38.2.1.—1947
605. Z. 38.2.3.—1947
606. Z. 38.8.25—1950
607. Z. 38.8.100—104 (1949)
    Z. 38.8.125—134 (1948)
    Z. 38.8.150—158 (1949)
    Z. 38.8.175—182 (1949)
    Z. 38.8.200—206 (1949)
    Z. 38.8.225—232 (1948)
    Z. 38.8.250—251 (1949)
607a. PH. 4.8 (1953)
Britische Patente:
608. 101 974 v. 2. 11. 39
609. 292 140
610. 295 939/1949 (MAY & BAKER)
611. 430 916
612. 466 625
613. 466 626
614. 580 237/1944
615. 580 587/1944
616. 644 249
Belgische Patente:
617. 418 138/1937
Deutsche Patente:
618. 11 798/1897
619. 46 945/1888 (ANDRESEN)
620. 50 265/1889
621. 53 549
622. 60 174/1891 (ANDRESEN)
623. 68 718/1941 (WEYDE, E.)
624. 68 823/1941 (WEYDE, E.)
625. 69 076/1941 (WEYDE, E.)
626. 69 522/1891 (HAUFF)
627. 69 582/1891 (HAUFF)
628. 74 117/1943 (WEYDE, E.)
629. 75 505/1891
630. 75 131
631. 76 208
632. 97 596/1891
633. 102 755/HAUFF
634. 109 860/I. G.
635. 110 357/1899
636. 253 335/1912 (R. FISCHER)
637. 257 160/1911 (R. FISCHER)
638. 257 167/1911 (R. FISCHER)
639. 260 423/1951 (Anmeldg. I. G.)
640. 283 149/1915
641. 309 193/KOPPMANN
642. 310 037
643. 310 038
644. 327 111/1918 (HAUFF)
645. 345 471/1914
646. 365 256/STEIGMANN
647. 436 161/SCHULOFF u. KÖNIG
648. 452 314/1927 (K. HEPNER)
649. 490 054/1928 (K. HEPNER)
650. 594 712/1932 (GOSSLER)
651. 598 195/1931 (GOSSLER)
652. 601 652

653. 612 385
654. 612 492/1932 (I. G.)
655. 616 890/1932 (I. G.)
656. 621 677
657. 621 705
658. 628 202/1934 (PERUTZ)
659. 634 307
660. 635 769
661. 645 591/B. WENDT
662. 651 211/B. WENDT
663. 674 810/1939 (I. G.)
664. 675 060/1939 (BENCKISER)
665. 685 448/RZYMKOWSKI
666. 691 113/RZYMKOWSKI
667. 691 913/RZYMKOWSKI
667. 691 913/RZYMKOWSKI
668. 692 295/RZYMKOWSKI
669. 700 913/1935 (I. G.)
670. 701 127/RZYMKOWSKI
671. 715 458/RZYMKOWSKI
672. 717 367/RZYMKOWSKI
673. 730 212/1943 (I. G.)
674. Anmeldung 5768/02 F 7570
    v. 29. 10. 43/I. G.
674b. 735 148
674c. 907 448
Französische Patente:
675. 766 043
676. 788 472/1935
677. 788 511
678. 868 067/1940
679. 873 507/1941
680. 879 640
681. 879 993
Norwegische Patente:
682. 66 994
683. 69 510
Österreichische Patente:
684. 110 886
685. 150 819
686. 151 669
Schweizer Patente:
687. 240 472/1941
USA-Patente:
688. 208 017/1937
689. 1448 475
690. 1527 942
691. 1753 911/B. WENDT
692. 1925 557
693. 1973 466 (CRABTREE)
694. 2017 167
695. 2091 689
696. 2131 742 (B. WENDT)
697. 2132 169 (B. WENDT)
698. 2172 192 (B. WENDT)
699. 2280 300/1941 (ROTTER u. HEGMAN)
700. 2352 104/ROTT
701. 233 766/41
702. 209 374/37

Sachverzeichnis

 MIX
Papier aus verantwortungsvollen Quellen
Paper from responsible sources
FSC® C105338

If you have any concerns about our products,
you can contact us on
ProductSafety@springernature.com

In case Publisher is established outside the EU,
the EU authorized representative is:
**Springer Nature Customer Service Center GmbH
Europaplatz 3, 69115 Heidelberg, Germany**

Printed by Libri Plureos GmbH
in Hamburg, Germany